Die Messung hoher Temperaturen

Von

G. K. Burgess und **H. Le Chatelier**
Bureau of Standards Membre de l'Institut

Nach der dritten amerikanischen Auflage übersetzt und mit Ergänzungen versehen

von

Professor Dr. G. Leithäuser
Dozent an der Kgl. technischen Hochschule Hannover

Mit 178 Textfiguren

Springer-Verlag Berlin Heidelberg GmbH

1913

ISBN 978-3-642-89244-8 ISBN 978-3-642-91100-2 (eBook)
DOI 10.1007/978-3-642-91100-2

Softcover reprint of the hardcover 1st edition 1913

Erstes Vorwort.

Der hauptsächliche Zweck dieses Vorwortes ist, den Ursprung dieses Buches dem Leser zu berichten, welches Mr. Burgess und ich demselben vorlegen. Lange Zeit waren alle genauen wissenschaftlichen Untersuchungen bei hoher Temperatur unmöglich, weil es keine geeigneten Methoden zur Messung dieser Temperaturen gab. Wedgwood hat schon vor einem Jahrhundert die außerordentliche Wichtigkeit hervorgehoben, Untersuchungen bei hoher Temperatur auszuführen und baute für diesen Zweck sein Pyrometer, welches jedoch nur ein Apparat für willkürliche Vergleichungen ist. Diese Frage wurde später durch viele Wissenschaftler aufgenommen, jedoch mit nur geringem Erfolg, bis ich in bestimmter Weise meine Aufmerksamkeit auf die Genauigkeit lenkte, welche man durch richtigen Gebrauch der Thermoelemente erhalten kann.

Pouillet hat gegen 1830 und später auch Ed. Becquerel einige Messungen mit dem Gasthermometer angestellt, das mit einem Platingefäß ausgerüstet war. Diese Methode aber wurde infolge der Entdeckung von Henry Sainte-Claire-Deville vollkommen aufgegeben wegen der Durchlässigkeit des Platins für Wasserstoff; erst seit der Benutzung von elektrischen Widerstandsöfen mit Platinwickelung in der neuesten Zeit, welche frei sind von jedem verbrennbaren Stoff, ist es möglich geworden, genaue Messungen mit dem Gasthermometer mit Platingefäß zu erhalten; jedoch begrenzen dessen schwierige Behandlung und Umständlichkeit seine Anwendung auf die Eichung anderer Meßapparate.

Henry Becquerel und später sein Sohn Edmond empfahlen ebenso wie Pouillet die Benutzung von Thermoelementen; es wurde aber deren Benutzung nicht allgemein und Regnault verwarf sie vollkommen, nachdem er erhebliche Unregelmäßigkeiten in ihrem Verhalten entdeckt hatte. Diese Unregelmäßigkeiten, von denen er den Grund damals nicht erkannte, waren, wie ich später zeigte, durch die Benutzung des Eisens für das eine Metall des Elementes bedingt und auch durch die Unvollkommenheiten in der Methodik der elektrischen Messungen.

Violle empfahl, im Anschluß an Regnault und Sir William Siemens, die kalorimetrische Methode mit Platin als erhitzter Substanz anstatt des von Regnault bei den industriellen Pyrometern benutzten Eisens und des von Siemens benutzten Kupfers. Diese umständliche Methode mit ihrer mühsamen und langsamen Arbeitsart erlangte keine allgemeine Anwendung.

Man kann hier auch andere vereinzelte und auch etwas mehr verbreitete Versuche erwähnen, deren Anwendung aber kaum über einige Beobachtungsreihen eines einzelnen Forschers hinausgingen. Sir William Siemens brachte das elektrische Widerstandspyrometer in Vorschlag; vor diesem hatte Edm. Becquerel ein Strahlungspyrometer vorgeschlagen; endlich versuchten mehrere Beobachter zu Bestimmungen der Sonnentemperatur durch gewisse Methoden der Wärmestrahlung zu gelangen.

Im Jahre 1885, als ich das Problem der Messung hoher Temperaturen in Angriff nahm, gab es, wie man wohl sagen kann, nichts Bestimmtes in dieser wichtigen Frage, was man hätte anwenden können; wir hatten nur qualitative Beobachtungen für Temperaturen, die oberhalb von 500^0 C lagen. Da ich damals mit industriellen Untersuchungen, welche sich auf die Herstellung des Zementes bezogen, beschäftigt war, suchte ich nach einer Methode, welche vor allem schnell und einfach in der Handhabung war und entschied mich für die Benutzung der Thermoelemente in der Absicht, die Größenordnung der von Regnault bemerkten Fehlerquellen zu bestimmen. Die Angaben selbst eines unempfindlichen Galvanometers hätten für technische Zwecke sehr von Nutzen sein können, vorausgesetzt, daß man die Genauigkeitsgrenzen bestimmt hatte. Ich erkannte bald, daß die dieser Methode innewohnenden Fehler leicht vermieden werden konnten, indem man bei der Zusammensetzung der Elemente bestimmte Metalle, wie z. B. Eisen, Nickel und Palladium ausschloß, welche Veranlassung zu gewissen Unregelmäßigkeiten gaben; auch gab ich eine einfache Probe zur Auffindung der geeigneten Metalle an. Man nimmt einen gestreckten Metalldraht, dessen Enden mit den Klemmen eines genügend empfindlichen Galvanometers verbunden sind, das mindestens 1/10000 Volt angibt und erhitzt dann den Draht in einer Bunsenflamme von Punkt zu Punkt, indem man die letztere an dem Draht hin- und zurückführt, wobei keine elektrischen Ströme entstehen dürfen. Nun geben Eisen und Palladium, die beiden von Becquerel und Pouillet vorgeschlagenen Metalle, Veranlassung zu starken und veränderlichen Nebenströmen, welche die Genauigkeit der Messungen verhindern. Unter den verschiedenen Metallen und Legierungen, die untersucht wurden, ergaben das reine Platin und die Legierung des Platins mit Rhodium, welche auch heute noch benutzt wird, die besten Resultate.

Endlich richtete ich auch meine Aufmerksamkeit auf den wichtigen Umstand, der von Regnault übersehen war, nur Galvanometer mit hohem Widerstand anzuwenden, um den Einfluß der Widerstandsänderung der Elementendrähte beim Erhitzen zu vermeiden. Ich empfahl auch die Eichung der Elemente nicht direkt mit dem Luftthermometer, wie Becquerel dieses versucht hatte, sondern mit Hilfe bestimmter Siede- und Schmelzpunkte gewisser reiner Substanzen, derart, daß wenn diese Temperaturen genauer bekannt würden, als es im Falle meiner früheren Untersuchungen der Fall war, die Resultate mit Sicherheit korrigiert werden könnten.

Einige Monate später konstruierte ich auf den Wunsch von Sir Robert Hadfield, dem Direktor der Hekla-Stahlwerke, ein optisches Pyrometer, und eichte dasselbe durch Vergleich mit dem Thermoelemente. Mit Hilfe dieser beiden Instrumente bestimmte ich eine große Anzahl von Temperaturen im Laboratorium wie in der Industrie und berichtigte oftmals um mehrere 100 Grade die vorher mit Hilfe von willkürlichen Schätzungen geltenden Zahlen.

Von dieser Zeit an kamen die Messungen hoher Temperaturen im Laboratorium wie auch in der Industrie sehr rasch in allgemeinen Gebrauch. Einige Jahre später hielt ich es im Anschluß an eine Reihe Vorlesungen, die ich im Jahre 1898 am Collége de France hielt, für nützlich, eine Übersicht über die erreichten Fortschritte zu geben. Diese Vorlesungen, die mit Hilfe meines Assistenten, Mr. Boudouard in die Form eines Buches gebracht wurden, bildeten die erste Ausgabe dieses Werkes. Mr. Burgess, welcher meine Vorlesungen verfolgt hatte, übernahm die Arbeit, dasselbe ins Englische zu übersetzen; während aber nur geringes Bedürfnis für die französische Ausgabe vorhanden war, war die englische Übersetzung bald vergriffen. Mr. Burgess schrieb eine zweite Ausgabe, die erheblich verbessert und von ihm erweitert wurde; diese ist wiederum vergriffen. Jetzt hat Mr. Burgess das ganze Buch neu umgeschrieben, so daß es nicht länger eine Übersetzung ist, die wir dem Leser übergeben, sondern ein Original. Seit einigen Jahren haben mich meine Arbeiten auf andere Untersuchungsgebiete geführt, und ich bin nicht in der Lage gewesen, den erheblichen Fortschritt in der Messung der Temperatur zu verfolgen. Mr. Burgess hingegen ist bei diesen neuen Untersuchungen persönlich beteiligt und man verdankt ihm einen erheblichen Anteil der neueren Fortschritte. Deshalb ist dieses Buch vielmehr seine Arbeit als meine, was mich in die Lage setzt, dasselbe zu loben, da es Nutzen stiftet, und festzustellen, daß diese Veröffentlichung sowohl den Forschern als auch den Ingenieuren große Dienste leisten wird.

Paris, 15. Februar 1911.

H. Le Chatelier.

Zweites Vorwort.

Seit dem Erscheinen der „Messung hoher Temperaturen" von den Herren Le Chatelier und Boudouard im Jahre 1900 hat sich die Theorie und Praxis der Pyrometrie sehr erweitert und die Methoden, welche zu der Zeit in einem Entwickelungsstadium sich befanden, sind in ihrer Genauigkeit und bequemen Handhabung verbessert und auch mit Hilfe neuer Instrumente sowohl für technische als auch wissenschaftliche Untersuchungen geeignet gemacht worden.

In der Gaspyrometrie liegt der Beginn genauer Messung, wie man sagen kann, in der Veröffentlichung einer Anzahl metallischer Erstarrungspunkte von Holborn und Day an der Reichsanstalt im Jahre 1900, wodurch die Temperaturskala aufgestellt wurde, welche jetzt noch als Reichsanstaltsskala bekannt ist.

Andererseits ist erst seit dem Jahre 1900 die Bedeutung und Anwendbarkeit der Strahlungsgesetze auf die Pyrometrie erkannt worden. Die theoretischen Arbeiten von Wien, Planck und anderen Zeitgenossen und die Experimentaluntersuchungen und Bestätigungen von Lummer, Pringsheim, Paschen und vielen anderen, hatten bald die Entwickelung der optischen und Strahlungspyrometer von Wanner, Féry, Morse und Holborn und Kurlbaum zur Folge und auch manche Anwendungen für technischen und wissenschaftlichen Gebrauch.

In der thermoelektrischen und Widerstandspyrometrie ist in den letzten Jahren ein ungeahnter Aufschwung in der Konstruktion elektrischer Meßinstrumente, Millivoltmeter, Kompensationsapparate, Galvanometer, Wheatsonescher Brücken und ähnlicher Apparate, die für die Benutzung bei Temperaturmessungen sowohl in den Werkstätten wie auch im Laboratorium geeignet sind, zu verzeichnen. Es sind auch seit dem Jahre 1900 mit solchen Apparaten einige genaue Untersuchungen in der Pyrometrie ausgeführt worden, besonders in mehreren Staatslaboratorien und am Geophysical Laboratory in Washington. Weiterhin hat die Möglichkeit der automatischen Temperaturregistrierung eine beträchtliche Aufmerksamkeit auf sich gelenkt, was in vielen neuen Instrumenten zum Ausdruck kommt.

Soweit es praktisch war, haben wir in den folgenden Seiten uns weniger bei bestimmten Arten von Instrumenten aufgehalten, als bei den Prinzipien, auf denen sie beruhen. Wir haben aber fast alle Verfertiger von Pyrometern bezüglich ihrer Praxis um Rat gefragt und haben aus dem Material, was sie uns in freundlicher Weise zur Verfügung gestellt haben, großen Nutzen gezogen — ein Material, was in manchen Fällen an anderen Stellen nicht veröffentlicht worden ist und für welches wir unseren Dank aussprechen.

Wir haben dieses Buch für drei Arten von Lesern geschrieben: für den Student, für welchen die historische Entwickelung und die Grundprinzipien von hervorragendem Interesse sind; für den Ingenieur, welcher das Hauptinteresse besitzen wird, eine bestimmte Methode oder Instrument für seinen besonderen technischen Prozeß geeignet zu finden: und für den Forscher, welcher ein erhebliches Interesse an genauen Meßmethoden und deren Anpassung an seine Bedürfnisse hat. Wir erinnern daran, daß ein Buch in befriedigender Weise nicht allen diesen Anforderungen genügen kann. Wenn die Wünsche des Forschers etwas vernachlässigt sein sollten, so kann derselbe leicht zur Literatur seine Zuflucht nehmen, von welcher eine Übersicht im Literaturverzeichnis gegeben ist.

Wir sind Dr. C. W. Waidner für manche Vorschläge zu Dank verpflichtet; Dr. R. B. Sosman, weil er die Kapitel der Gaspyrometrie und der thermoelektrischen Pyrometrie gelesen hat; und besonders Dr. A. L. Day, aus dessen Kritik des Manuskriptes wir großen Nutzen gezogen haben.

Washington, 24. August 1911.

George K. Burgess.

Vorwort zur deutschen Ausgabe.

Bald nach dem Erscheinen der englischen Ausgabe der „Messung hoher Temperaturen“ von Burgess und Le Chatelier machte sich das Bedürfnis geltend, das Buch auch in deutscher Übersetzung zu haben, zumal da es nicht nur für Forscher geschrieben ist, sondern auch dem in der Praxis tätigen Ingenieur die Methoden der Messung hoher Temperaturen, deren praktische Ausführung und die dazu notwendigen Apparate im einzelnen vor Augen führt. So bin ich gern einer Anregung der Verlagsbuchhandlung, die deutsche Ausgabe zu besorgen, nachgekommen. Die vorliegende deutsche Ausgabe hat einige Ergänzungen erhalten. Dieselben sind hauptsächlich bedingt durch neuere Arbeiten aus dem Gebiet der Temperaturmessungen, besonders durch mehrere Arbeiten über die Konstanten der Strahlungsgesetze. Bei der hohen Bedeutung der letzteren sowohl für wissenschaftliche als auch für praktische Untersuchungen sind die Ausführungen über das Stephansche Gesetz und die Wien-Plancksche Gleichung erweitert worden, indem die neueren Untersuchungen über die Konstanten der Gesetze hinzugefügt worden sind. Von weiteren eingefügten Ergänzungen mag erwähnt werden die Methode des Mikro-Pyrometers von Burgess, die Messung von Flächentemperaturen, eine eingehendere Beschreibung des Diesselhorstschen Kompensationsapparates, gasthermometrische Untersuchungen von Day und Sosman, Untersuchungen über die Konstanz des Schwefelsiedepunktes (Meißner), Bestimmung von Flammentemperaturen (Schmidt).

Zahlreiche Druckfehler im mathematischen Teil des Buches, besonders im Kapitel über das Gaspyrometer, habe ich mich bemüht herauszubringen. Herrn Prof. Dr. Henning danke ich für manchen Hinweis in dieser Richtung.

Hannover, Juli 1913.

G. Leithäuser.

Inhaltsverzeichnis.

Einleitung.

1. Kapitel.

Normalskala der Temperaturen.

2. Kapitel.

Gas-Pyrometer.

3. Kapitel.

Kalorimetrische Pyrometrie.

4. Kapitel.

Thermoelektrische Pyrometer.

Seite

5. Kapitel.

Elektrische Widerstandspyrometer.

6. Kapitel.

Die Strahlungsgesetze.

7. Kapitel.

Strahlungs-Pyrometer.

8. Kapitel.

Optische Pyrometer.

9. Kapitel.

Verschiedene pyrometrische Methoden.

10. Kapitel.

Registrierende Pyrometer.

11. Kapitel

Die Eichung der Pyrometer.

Einleitung.

Wedgwood, der berühmte Töpfer von Staffordshire, der Erfinder feiner irdener- und Porzellanware, war der erste, der sich mit einer exakten Schätzung hoher Temperaturen beschäftigte. In einem im Jahre 1782 veröffentlichten Artikel betrachtete er, um die Bedeutung dieser Frage zu betonen, ausführlich gewisse Tatsachen, deren Studium sich auch heute noch lohnen würde.

„Ein großer Teil der Gegenstände, die man durch die Einwirkung des Feuers bekommt, hat sein gutes Aussehen und seinen Wert durch ein geringes zuviel oder zuwenig Hitze beträchtlich verloren; oft kann der erfahrene Mann aus seinen eigenen Versuchen kein Resultat erhalten, weil er nicht die Möglichkeit hat den Hitzegrad vor seinen Augen nochmals auf dieselbe Höhe zu bringen. Noch weniger kann er aus Versuchen anderer Nutzen ziehen, da es noch weniger leicht ist die unvollkommene Vorstellung, die sich ein jeder selbst von diesen Temperaturgraden macht, mitzuteilen."

Um ein Beispiel zu geben, machte sich Wedgwood für seinen persönlichen Gebrauch ein Pyrometer, indem er die Kontraktion des Tons dazu benützte. Dieses Instrument war nahe ein Jahrhundert lang das einzige Hilfsmittel bei der Untersuchung im Gebiet hoher Temperaturen. Heute ist es, nachdem es durch Apparate von mehr wissenschaftlichem Charakter ersetzt worden ist, vielleicht allzu bereitwillig in Vergessenheit geraten.

Nach Wedgwood haben viele, allerdings mit verschiedenem Erfolg, die Messung hoher Temperaturen unternommen. Praktischen Fragen allzu gleichgültig gegenüberstehend betrachteten fast alle früheren Forscher das Problem als Vorwand für gelehrte Abhandlungen. Die Neuheit und Eigenart der Methoden interessierte sie mehr, als die Genauigkeit der Resultate oder die Leichtigkeit der Messungen. Daher war, noch bis vor einigen Jahren, die Unsicherheit im Wachstum begriffen. Die Temperatur eines Stahl-Schmelzofens schwankte nach den verschiedenen Beobachtern zwischen 1500° und 2000°; diejenige der Sonne zwischen 1500° und 1 000 000°. Neuerdings ist eine große Verbesserung in den Methoden erfolgt.

Zuerst wollen wir die Hauptschwierigkeit des Problems auseinandersetzen. Temperatur ist nicht ein meßbares Quantum im wahren Sinne des Wortes. Um eine Länge oder eine Masse zu messen, muß man zählen, wievielmal man einen gegebenen Körper, den man als Einheit angenommen hat (Meter, Gramm), nehmen muß, um ein zusammengesetztes System, das entweder der Maße oder der Länge des in Frage kommenden Körpers äquivalent ist, zu erhalten. Die Möglichkeit solcher Messung setzt die vorherige Gültigkeit zweier physikalischer Gesetze voraus: das des gleichen Wertes und das der Addition. Die Temperatur gehorcht wohl dem ersten dieser Gesetze; zwei Körper, die im Temperaturgleichgwichte mit einem dritten sind, und daher hinsichtlich ihres Wärmeaustausches mit diesem dritten vergleichbar sind, werden ebenso, das ist die Behauptung, mit jedem andern im Gleichgewicht sein, der für sich mit einem von ihnen im Gleichgewicht ist. Dieses Gesetz erlaubt die Temperaturbestimmung durch den Vergleich mit einer Substanz, die willkürlich als „thermometrische" genommen ist. Aber das zweite Gesetz gilt nicht; man kann nicht durch Zusammenstellen mehrerer Körper von gleicher Temperatur ein System verwirklichen, das hinsichtlich seines Wärmeaustauschs einem Körper von verschiedener Temperatur gleichwertig wäre; derart kann die Temperatur nicht gemessen werden, wenigstens insofern man nur die Erscheinung der Konvektion in Betracht zieht.

Um eine Temperatur zu bestimmen, beobachtet man irgend einen Vorgang, der sich mit der Temperatur ändert. So wird für das 100 Grad Quecksilber-Thermometer die Temperatur aus der scheinbaren Ausdehnung des Quecksilbers vom Schmelzpunkt des Eises aus definiert, und zur Messung eine Einheit zugrunde gelegt, die gleich dem hundertsten Teil der Ausdehnung zwischen der Temperatur des Eisschmelzpunktes und des Wassersiedepunktes unter Atmosphärendruck ist.

Thermometrische Skalen. Für eine solche Bestimmung müssen vier Größen willkürlich festgesetzt werden. Der zu messende Begriff, die thermometrische Substanz, der Nullpunkt der Teilung und die Maßeinheit; während bei einer sogenannten Messung nur eine Größe willkürlich zu wählen ist — nämlich die als Einheit gewählte Größe; es ist klar, daß die Zahl thermometrischer Skalen ungeheuer groß sein kann; gar zu oft haben Experimentatoren in einer Anwandlung von Selbstgefühl es für nötig gehalten, ihre eigene zu besitzen.

In folgender Tabelle sind einige Beispiele thermometrischer Skalen aus der Menge der vorhandenen wiedergegeben:

Autor	Prinzip	Substanz	Nullpunkt	Einheit
Fahrenheit	Ausdehnung	Quecksilber	Kältester Winter	$^1/_{18}$ des Intervalles Eisp.-Siedep.
Réaumur	„	„	Eis	$^1/_{80}$ des Intervalles Eisp.-Siedep.
Celsius	„	„	„	$^1/_{100}$ des Intervalles Eisp.-Siedep.
Wedgwood	Dauernde Zusammenziehung	Ton	Entwässerungspunkt	$^1/_{2400}$ der anfängl. Dimensionen
Pouillet	Ausd. b. konst. p	Luft	Eis	$^1/_{100}$ Eisp.-Siedep.
(Normalther.)	„ „ „ v	Wasserstoff	„	
(Thermodyn. Skale)	Umkehrbare Wärmeskala	beliebig	Wärme = 0	
Siemens	Elektrischer Widerstand	Platin	Eis	

Die anfangs erwähnten ungeheueren Unterschiede in der Schätzung hoher Temperaturen liegen vielmehr in der Verschiedenheit der Skalen, als in den Fehlern der Messungen an und für sich. So sind z. B. die Versuche über die Sonnenstrahlung, die zu Werten, die von 1500° bis zu 1 000 000° geführt haben, auf Messungen begründet, die voneinander nicht mehr als 25 % abweichen.

Um dieser Verwirrung zu entgehen war es zunächst notwendig, sich über eine einzige Temperaturskala zu einigen; diejenige des Gasthermometers ist heute allgemein angenommen, und diese Wahl kann als dauernde gelten. Die Gase besitzen, mehr als irgend eine andere Substanz, eine für eine thermometrische Substanz sehr wichtige Eigenschaft — die Möglichkeit zu jeder Zeit an jeder Stelle im reinen Zustande hergestellt werden zu können; außerdem ist ihre Ausdehnung, auf welcher die Temperaturskala beruht, für sehr genaue Messungen ausreichend; endlich ist diese Skala praktisch identisch mit der thermodynamischen Skala. Dieser letztere Umstand ist theoretisch wichtiger als alle andern Eigenschaften, weil er unabhängig ist von der Natur der Erscheinung und der angewandten Substanz. Er läßt außerdem eine wahre Messung und nicht nur eine einfache Vergleichung zu; sein einziger augenblicklicher Nachteil ist, daß er experimentell mit der größten Genauigkeit nicht verwirklicht werden kann, aber das wird wahrscheinlich nicht immer der Fall sein.

Die Annahme der gasthermometrischen Skala birgt nicht in jedem Fall die Verpflichtung in sich, diesen Apparat wirklich bei allen Messungen zu benutzen. Man kann jedes Thermometer nehmen, wenn nur dessen Skala zunächst durch Vergleich mit derjenigen des Gasthermometers geeicht worden ist. Je nach den Umständen wird es Vorteil bieten, diese oder jene Methode anzuwenden; praktisch jedenfalls wendet man, wegen der Schwierigkeiten, die seinem Gebrauch anhaften, das Gasthermometer niemals an. Sie haben ihren Grund hauptsächlich in den großen Dimensionen und den beschwerlichen Ablesungen, die verlangt werden.

Für die Bestimmung sehr hoher Temperaturen kann die Gas-Skala nur durch eine indirekte Extrapolation der Gesetzmäßigkeiten irgendwelcher stofflicher Eigenschaften, deren Änderung mit der Temperatur in dem erreichbaren Gebiet der Gas-Skala experimentell untersucht ist, in Frage kommen, wobei man annimmt, daß die Änderung dasselbe Gesetz noch bei Temperaturen befolgt, bei welchen eine Kontrolle mit dem Gas-Thermometer nicht erfolgen kann.

Die Tatsache, daß gewisse Strahlungsgesetze, zu denen man zur Messung der höchsten Temperaturen seine Zuflucht nehmen muß, eine thermodynamische Grundlage haben und deshalb als Erweiterung der thermodynamischen Skala gelten können, ist von größter Wichtigkeit bei der Extrapolation auf Temperaturen, die außerhalb der erreichbaren Grenze der Gas-Skala liegen.

Es gibt einige Reihen von Temperaturmessungen mit der Gas-Skala, die bis 1100° C gut übereinstimmen, und zwei Reihen bis nahe 1600° C, die einen Unterschied von 25° bei dieser Temperatur aufweisen. Oberhalb von 1600° ändern die meisten nicht verbrennenden Substanzen fortdauernd ihre Eigenschaften, und man ist deshalb gezwungen, die Temperatur in Form der Strahlungen zu messen, die von den heißen Körpern ausgehen, da wir nicht in der Lage sind, andere, als die strahlenden Eigenschaften solcher außerordentlich hoch erhitzten Körper aufzufinden, deren Änderung gemessen werden kann, ohne daß entweder die Substanz, die als Pyrometer dient, oder die zu prüfende leidet oder fortdauernd sich verändert. Vielleicht könnten hingegen chemische Methoden zur Anwendung gelangen.

Es ist eine Errungenschaft der Strahlungsgesetze und ihrer Anwendung auf pyrometrische Methoden, daß einige neue und wichtige Fortschritte in der Messung hoher Temperaturen gemacht worden sind. Daher ist es mit gewissen Einschränkungen, die im Kapitel über die Strahlungsgesetze behandelt werden, möglich, mit einer gemeinsamen Skala die Temperaturen erhitzter Körper bis hinauf zu den höchst erreichbaren Grenzen zu messen.

Es ist unsere Absicht, in dieser Einleitung die verschiedenen pyrometrischen Methoden kurz vor Augen zu führen (d. h. Thermometer, die bei hohen Temperaturen brauchbar sind), deren Anwendung im einen oder anderen Falle vorteilhaft erscheinen mag; wir werden dann jede von ihnen mehr in den Einzelheiten beschreiben und dann die Bedingungen für ihre Anwendung erörtern. Zunächst jedoch ist es notwendig zu definieren, in welchen Grenzen die verschiedenen Skalen mit derjenigen des normalen Gasthermometers verglichen werden können; die ungenügende Genauigkeit dieses Anschlusses ist heute noch die Ursache der hauptsächlichsten Fehler bei der Messung hoher Temperaturen.

Fixpunkte. Die Eichung der verschiedenen Pyrometer wird am meisten mit Hilfe von bestimmten Schmelz- und Siedepunkten vorgenommen, die zuerst mit Hilfe des Gasthermometers festgelegt sind; die tatsächliche Genauigkeit von Messungen hoher Temperaturen ist daher völlig abhängig von derjenigen, mit welcher diese Fixpunkte bekannt sind; diese Genauigkeit war lange Zeit recht unbefriedigend, da die Fixpunkte nur nach einem indirekten Verfahren mit dem Gasthermometer verglichen werden konnten und einige von ihnen noch dazu nur mit Hilfe der Extrapolation, was immer sehr ungenau ist. Neuere Arbeiten verschiedener Beobachter hingegen, bei welchen erprobte Methoden des Erhitzens verwandt wurden, ebenso wie Substanzen größerer Reinheit und sorgsamer gebaute und geeichte Apparate haben zu viel besser übereinstimmenden Resultaten bei der Festlegung der Fixpunkte geführt, sogar bei ganz verschiedenen Methoden.

Violle machte als erster eine Reihe von Versuchen mit beträchtlich hoher Temperatur, die in dieser Beziehung bis vor wenigen Jahren unsere zuverlässigsten Zahlen bildeten. In der ersten Reihe seiner Arbeiten bestimmte er die spezifische Wärme von Platin durch direkten Vergleich mit dem Luftthermometer zwischen den Temperaturen von 500⁰ und 1200⁰. Er benutzte indirekt die so gefundene Beziehung zwischen spezifischer Wärme und Temperatur, um durch Vergleich mit Platin die Schmelzpunkte von Gold und Silber zu finden; ferner durch Extrapolation derselben Beziehung die Schmelzpunkte von Palladium und von Platin.

	Ag[1]	Au	Pd	Pt
Schmelzpunkt	*954⁰*	*1045⁰*	1500⁰	1779⁰

Endlich bestimmte er in einer zweiten Reihe von Versuchen durch direkten Vergleich mit dem Luftthermometer den Zink-Siedepunkt.

	Zn
Siedepunkt	*929,6*

Barus bestimmte, als er Physiker an der Geological Survey of the United States war, die Siedepunkte einiger Metalle mit Hilfe von Thermoelementen, die mit dem Luftthermometer geeicht waren.

	Cd	Zn
Siedepunkt	*772⁰* u. *784⁰*	*926⁰* u. *931⁰*
Mittel	*778⁰*	*928,5⁰*

[1]) Alle direkt mit dem Gasthermometer bestimmten Fixpunkte sind in Kursivschrift gedruckt.

Callendar und Griffiths haben mit Hilfe eines Platin Widerstandsthermometers, das bis zu 500° an das Luftthermometer angeschlossen war, folgende Schmelz- und Siedepunkte gefunden:

Schmelzpunkt	Sn	Bi	Cd	Pb	Zn
	232°	*270°*	*321°*	*328°*	*419°*
Siedepunkt bei 760 mm	Anilin	Naphthalin	Benzophenon	Quecksilber	Schwefel
	184,1°	*217,8°*	*305,8°*	*356,7°*	*444,5°*

Diese letzten Zahlen mögen mit den früheren Bestimmungen von Regnault und Crafts mit dem Gasthermometer verglichen werden:

Naphthalin	Benzophenon	Quecksilber	Schwefel
218°	*306,1°*	*357°*	*445°*.

Heycock und Neville wandten dieselbe Methode an, jedoch mit Extrapolation des Widerstandsgesetzes für Platin, das zu jener Zeit nur bis 450° hinauf gesichert war, und fanden folgende Schmelzpunkte:

Sn	Zn	Mg (99,5%)	Sb	Al (99%)	Ag	Au	Cu
232°	*419°*	633°	629,5°	654,5°	960,5°	1062°	1080,5°

Ebenfalls finden bei Benutzung des Platinthermometers, das bei 0, 100 und 444,7° C (Schwefelsiedepunkt) angeschlossen war, Waidner und Burgess neuerdings am Bureau of Standards folgendes:

Erstarrungspunkte

Sn	Cd	Pb	Zn	Sb	Al	Ag_3-Cu_2	Ag
231,9°	*321,0°*	*327,4°*	*419,4°*	630,7°	658,0°	779,2°	960,9°

Cu-Cu_2O	Cu
1063,2°	1083,0°

Siedepunkte

Naphthalin *218,0°* Benzophenon *306,0°*.

Jaquerod und Wassmer benutzten ein Wasserstoffthermometer mit 66 ccm Gefäßinhalt und finden

Siedepunkt: Naphthalin *217,7°*, Benzophenon *305,4°*.

Eine höchst wichtige Eichungstemperatur ist der Schwefelsiedepunkt, für den man den Wert *444,6°* C aus der Arbeit von ungefähr einhalb Dutzend Forschern festsetzen sollte.

An der Physikalisch-Technischen Reichsanstalt hat die Frage nach der Aufstellung einer Temperaturskala gebührende Beachtung gefunden. Anfang der neunziger Jahre fanden Holborn und Wien mit einem Thermoelement, das an ein Stickstoffthermometer mit Porzellangefäß bis nahe 1400° angeschlossen war, die Schmelzpunkte:

Schmelzpunkt	Ag	Au	Pd	Pt
	970^0	*1072*^{0}	1580^0	1780^0.

Diese Resultate wurden in der Folge für Silber und Gold von Holborn und Day zu hoch gefunden; sie arbeiteten, nachdem sie Porzellan versucht hatten mit einem Stickstoffthermometer mit Platin-Iridiumbirne und Thermoelement und wandten elektrische Heizung an, zwei Vorkehrungen, die wesentlich die Genauigkeit steigerten. Tatsächlich kann die Rückkehr zu Metallbirnen an Stelle von Porzellan und die Einführung der elektrischen Heizung an Stelle von Gas als der Beginn der modernen Gas-Pyrometrie angesehen werden. Holborn und Day fanden folgende Werte mit der Gas-Skala von konstantem Volumen:

Schmelzpunkt	Cd	Zn	Sb	Al	Ag	Au	Cu
	321,7^0	*419*^{0}	*630,5*^{0}	*657,5*^{0}	*961,5*^{0}	*1064*^{0}	*1084*^{0}

Diese Skala, allgemein bekannt als Reichsanstalt-Skala, wurde bis auf 1600^0 erweitert durch Holborn und Valentiner, welche unter Benutzung einer spektralen Strahlungsmethode folgende Fixpunkte fanden:

Schmelzpunkt: Palladium *1575*^{0}, Platin 1782^0.

Die neuesten Bestimmungen (1911) von Siede- und Erstarrungspunkten rühren von Holborn und Henning her:

Naphthalin $217{,}9_6{}^0$, Benzophenon $305{,}8_9{}^0$, Schwefel $444{,}5^0$,
Zinn $231{,}8_3{}^0$, Kadmium $320{,}9_2{}^0$, Zink $419{,}4_0{}^0$.

Day, Clement und Sosman haben am Geophysikalischen Laboratorium der Carnegie Institution weiterhin das Gasthermometer konstanten Volumens zu verbessern gesucht durch Fortschaffen des Gasdrucks auf die Birne und durch Ersatz des Pt-Ir-Gefäßes durch ein solches aus Pt-Rh, wodurch das Verderben der Vergleichs-Thermoelemente, das durch Zerstäuben des Iridiums verursacht wird, zurückgedrängt wurde. Ihre endgültigen Schmelztemperaturen sind für die untersuchten Metalle:

Cd	Zn	Sb	Al	Ag	Au	Cu	Ni	Co	Pd	P
320,0^0	*418,2*^{0}	*629,2*^{0}	*658,0*^{0}	*960,0*^{0}	*1062,4*^{0}	*1082,6*^{0}	*1452*^{0}	*1490*^{0}	*1549*^{0}	1755^0.

Mr. Daniel Berthelot hat in einer Reihe über mehrere Jahre ausgedehnter sehr sorgfältiger Untersuchungen Thermoelemente durch Vergleich mit einer besonderen Art des Gasthermometers geeicht, indem er die Änderung des Brechungsexponenten der Gase mit der Dichte dazu benutzte.

Auf diese Weise fand er die Punkte:

Schmelzpunkt	Ag	Au
	962^0	*1064*^{0}.

Siedepunkt	Se	Cd	Zn
	690^0	*778*^{0}	*918*^{0}.

Außer diesen direkten Messungen gibt es eine Anzahl sehr wichtiger indirekter Bestimmungen, die später erörtert werden sollen.

Wir wollen aber an dieser Stelle einige der Bestimmungen sehr hoher Temperaturen erwähnen, die mit Hilfe der Strahlungsgesetze durch Extrapolation der Reichsanstalt-Skala erhalten sind. Die Schmelzpunkte von Palladium und Platin wurden auf diese Weise von Nernst und v. Wartenberg bestimmt.

Palladium: 1541°, Platin: 1745°.

Ferner findet v. Wartenberg bei Benutzung eines Vakuum-Widerstandsofens aus Wolfram nach derselben Methode:

Ir	Rh	90 Pt — 10 Rh	W
2360°	1940°	1830°	2900°.

Endlich finden Waidner und Burgess, ebenfalls auf optischem Wege:

Pd	Pt	Ta	W
1546°	1753°	2910°	3050°.

Auch die Siedepunkte einiger widerstandsfähiger Metalle sind bestimmt worden, obwohl die Schmelzpunkte als Fixpunkte bei hoher Temperatur vorzuziehen sind. Wir wollen die sehr sorgfältig ausgeführten Siedepunktsbestimmungen von Greenwood anführen, die mit einem optischen Pyrometer gemacht sind:

Al	Sb	Bi	Cr	Cu	Fe	Pb	Mg	Mn	Ag	Sn
1800°	1440°	1420°	2200°	2310°	2450°	1525°	1120°	1900°	1955°	2270°

An Hand aller dieser Ergebnisse können wir den Schluß ziehen, daß die Fixpunkte, die sich am besten für die indirekte Herstellung der verschiedenen thermometrischen Skalen und daher für die Eichung von Pyrometern eignen, folgende sind:

Schmelzpunkte	Sn	Zn	Sb	Al	Ag	Au	Cu	Pd	Pt	Ir	W
	232°	*419°*	*631°*	*658°*	*961°*	*1063°*	*1083°*	*1550°*	1755°	2300°	3000°

Siedepunkte	Naphthalin	Benzophenon	Schwefel
	218,0°	*306,0°*	*444,6°*

Man kann sagen, daß die Skala hoher Temperatur mit einer Genauigkeit bekannt ist, die besser ist als:

0,5°	zwischen	200° u.	500° C	15°	zwischen	1100° u.	1600°,
2°	„	500° „	800°	25°	„	1600° „	2000°,
3°	„	800° „	1100°	50°	„	2000° „	2400°,
				100°	„	2400° „	3000°-

Eine eingehendere Erörterung der Fixpunktbestimmung, ihre Tauglichkeit und leichte Herstellung kann man im Kapitel XI über die Eichung finden.

Pyrometer. Eine große Zahl pyrometrischer Methoden ist vorgeschlagen worden; wir wollen nur bei denjenigen verweilen, die beträchtliche Anwendung gefunden haben oder eine Aussicht auf Erfolg bieten.

Gas-Pyrometer (Pouillet, Becquerel, Sainte-Claire-Deville, Barus, Chappuis, Holborn, Callendar, Day). Es benutzt die Druckänderung einer Gasmenge, die auf konstantem Volumen gehalten wird. Sein großes Volumen und seine Zerbrechlichkeit machen es für gewöhnliche Messungen unbrauchbar; es dient nur dazu die Temperatur definieren zu können und sollte nur zur Eichung anderer Pyrometer Anwendung finden.

Kalorimetrisches Pyrometer (Regnault, Violle, Le Chatelier, Siemens). Beruht auf der Gesamtwärme von Metallen; Platin im Laboratorium und Nickel in der Technik. Es kann für gelegentliche Untersuchungen in Einrichtungen der Industrie empfohlen werden, da seine Anwendung zumeist keine großen Vorkenntnisse erfordert und die Einrichtungskosten nicht groß sind.

Strahlungs-Pyrometer (Rosetti, Langley, Boys, Féry). Beruhen auf der Gesamtstrahlung heißer Körper. Seine Angaben sind durch das veränderliche Emissionsvermögen der verschiedenen Körper beeinflußt. Geeignet für die Bestimmung sehr hoher Temperaturen, bei denen keine thermometrische Substanz standhält (Lichtbogen, Sonne, heißeste Schmelzöfen), oder wenn man an den Körper, dessen Temperatur man zu kennen wünscht, nicht herankommen darf. Sie können selbstregistrierend hergestellt werden.

Optisches Pyrometer (Becquerel, Le Chatelier, Wanner, Holborn-Kurlbaum, Morse). Benutzt entweder die photometrische Messung der Strahlung einer gegebenen Wellenlänge eines bekannten Teils des sichtbaren Spektrums, oder das Verschwinden eines leuchtenden Drahtes auf einem hellen Hintergrunde. Seine Angaben sind, wie im vorhergehenden Falle, aber in viel geringerem Maße von Änderungen des Emissionsvermögens beeinflußt. Die Mitwirkung des Auges unterstützt sehr die Beobachtungen, vermindert aber bekanntlich ihre Genauigkeit. Die Methode ist hauptsächlich in Fabriken im Gebrauch für die Temperaturmessung schwer zugänglicher Körper — beispielsweise für bewegte Körper (beim Gießen von Metall, wenn heißes Metall durch ein laufendes Hammerwerk hindurchgeht). Es kann zur Bestimmung der höchsten Temperaturen benutzt werden und stellt die beste Gebrauchsmethode oberhalb 1700° C für Laboratorium und Werkstätten dar.

Widerstandsthermometer (Siemens, Callendar, Waidner u. Burgess). Benutzt die Änderungen des Widerstandes von Metallen (Platin) mit der Temperatur für den elektrischen Strom. Die Methode erlaubt sehr genaue Messungen bis zu 1000° C, erfordert aber die Verwendung zerbrechlicher Apparate. Sie verdient den Vorrang im Laboratorium für sehr genaue Untersuchungen. Als zweites Normal für die Wiedergabe einer einheitlichen Temperatur-Skala über den ganzen Bereich, in welchem es gebraucht werden kann, bis zu tausend Grad ist das Widerstandsthermometer, außer wenn es aus sehr dickem Draht besteht, in Genauigkeit und Empfindlichkeit unübertroffen. Es gibt jetzt ebenfalls eine zweckmäßige Form für den Gebrauch in der Industrie.

Thermoelektrisches Pyrometer (Becquerel, Barus, Le Chatelier). Es benutzt die Messung der elektromotorischen Kraft, die durch eine Temperaturdifferenz an zwei ähnlichen thermoelektrischen Kontaktstellen erzeugt wird. Wendet man zu ihrer Messung ein Deprez-d'Arsonval-Galvanometer mit ablenkbarer Spule an, so hat man einen leicht zu behandelnden Apparat, mit einer Genauigkeit, die reichlich für praktische und viele wissenschaftliche Anwendungen ausreichend ist. In Verbindung mit einem Kompensationsapparat erhält man eine Anordnung von der beträchtlichsten Genauigkeit, die bis zu 1600° C oder mit einiger Vorsicht bis zu 1750° C verwendbar ist. Dieses Pyrometer wurde manches Jahr lang in wissenschaftlichen Laboratorien gebraucht, bis es in den allgemeinen Gebrauch der Industrie überging, wo es ebenfalls sehr wertvolle Dienste leistet.

Kontraktions-Pyrometer (Wedgwood). Benutzt die dauernde Zusammenziehung, die tonartige Stoffe erleiden, wenn sie mehr oder weniger hoch erhitzt werden. Heute ist es nur noch in wenigen Manufakturen im Betrieb.

Schmelzkegel (Seger). Benutzt wird das ungleiche Schmelzen irdener Kegel von verschiedener Zusammensetzung. Sie geben nur sprungsweise Ablesungen. Solche Kegel sind nach den Arbeiten von Seeger so hergestellt, daß sie in Abständen von ungefähr 20° ihre Schmelzpunkte haben. Sie werden in der Porzellan-Industrie und ähnlichen allgemein gebraucht.

Es gibt noch eine Anzahl anderer Pyrometer, die in besonderen Fällen für diesen und jenen Zweck sich als praktisch gezeigt haben. Einige von ihnen wollen wir erwähnen; unter ihnen befindet sich das Meldometer (Joly), welches den Chemiker oder Mineralogen zur Bestimmung von Schmelztemperaturen kleiner Proben interessiert; ferner die verschiedenen Apparate der Industrie, die auf der relativen Ausdehnung von Metall gegen Metall oder Graphit beruhen und die in Bläsereien und Metallschmelzen benutzt werden, endlich die Pyrometer, die auf dem Ausströmen oder dem Druck von Luft oder Dampf beruhen (Hobson, Uhling-Steinbart, Job, Fournier).

Registrierende Pyrometer (Sir Roberts-Austen, Callendar-Le Chatelier, Siemens u. Halske). Endlich wollen wir mit einigen Einzelheiten die Verwendung der Registriermethoden für die Pyrometrie, sowohl für technische, als auch für Laboratoriums-Einrichtungen beschreiben, ein Gebiet, das in den letzten Jahren sehr reichlich bearbeitet worden ist.

1. Kapitel.

Grundskala der Temperaturen.

Wir haben gesehen, daß die Temperatur kein meßbares Quantum ist; sie ist eher mit einer willkürlich angenommenen Skala vergleichbar. Die normale oder ideale Grundskala ist die thermodynamische Skala; da es unmöglich ist, diese Skala streng zu verwirklichen, ist es nötig, eine praktische zu haben. In derselben Weise wie es neben der theoretischen Definition des Meters eine praktische Einheit gibt, einen bestimmten Meterstab, der am Bureau International des Poids et Mesures aufbewahrt wird, so gibt es neben der idealen Temperaturskala eine praktische, welche die eines bestimmten Gasthermometers ist, das wir jetzt betrachten wollen. Wir wollen zuerst die Gasgesetze, soweit wie es für unseren Zweck erforderlich ist, überblicken und dann zeigen, wie genau diese Gesetze von den wirklichen Gasen befolgt werden, die man in einigen möglichen Fällen zur Definition der Temperaturskala verwendet.

Das Boyle-Mariottesche und Gay-Lussacsche Gesetz. Die Gesetze von Mariotte (oder Boyle) und von Gay-Lussac sind die Grundlagen für die Benutzung der Gasausdehnung zur Temperaturbestimmung. Die beiden Gesetze kann man schreiben:

$$\frac{p_1 v_1}{p_0 v_0} = \frac{1 + \alpha t_1}{1 + \alpha t_0} \quad \text{. . . . . (1)}$$

wobei wir zunächst annehmen wollen, daß die Temperaturen mit dem Quecksilberthermometer von 0^0 C aus gemessen werden sollen. α ist ein Zahlen-Koeffizient, in erster Annäherung derselbe für alle Gase und sein Wert ist ungefähr:

$$\alpha = 0{,}00366 = \frac{1}{273},$$

wenn das Intervall zwischen den Temperaturen des schmelzenden Eises und des siedenden Wassers gleich 100^0 gesetzt wird.

Aber anstatt die Formel (1) als den Ausdruck eines experimentellen Gesetzes anzusehen, welches das Produkt pv mit der durch das Quecksilberthermometer definierten Temperatur verbindet, kann man auch durch Versuche nur das Mariottesche Gesetz auffinden und von vornherein die in Frage kommende Formel hinschreiben, die eine neue Definition für die Temperatur gibt und zwar angenähert die des Quecksilberthermometers. Diese neue Skala hat den Vorteil, daß sie sich von selbst für die Untersuchung viel höherer Temperaturen eignet. Die Anwendung dieses Vorganges, der von Pouillet vorgeschlagen wurde, ist sorgfältig von Regnault untersucht worden und ist seitdem die vorteilhafteste Methode geworden, um Temperaturen praktisch zu definieren.

Der Ausdruck der Gesetze von Mariotte und Gay-Lussac kann auf die Form gebracht werden:

$$pv = nR\left(\frac{1}{\alpha} + t\right) \quad . \quad . \quad . \quad . \quad . \quad . \quad . \quad (2)$$

wo n die Anzahl der Einheiten der Masse (diese Einheit kann entweder das Molekulargewicht oder das Gramm sein); R der Wert des Ausdrucks $\frac{p_0 v_0}{\frac{1}{\alpha} + t_0}$ ist für die Masseneinheit bei der Temperatur des schmelzenden Eises und unter Atmosphärendruck.

Gasthermometer. Die gleichwertigen Ausdrücke (1) und (2), welche nach Übereinkunft die Definition der Temperatur ausgedrückt durch die elastischen Eigenschaften eines Gases ergeben, können in experimenteller Hinsicht auf verschiedenem Wege zur Verwirklichung des Normalthermometers dienen.

1. Gasthermometer mit konstantem Volumen. Bei dem durch diesen Ausdruck bezeichneten Thermometer werden Volumen und Masse konstant gehalten.

Der Ausdruck (2) ergibt dann zwischen zwei Temperaturen t und t_0 die Beziehung

$$\frac{p}{p_0} = \frac{\frac{1}{\alpha} + t}{\frac{1}{\alpha} + t_0}$$

woraus

$$t - t_0 = \frac{p - p_0}{p_0}\left(\frac{1}{\alpha} + t_0\right) \quad . \quad . \quad . \quad . \quad . \quad . \quad . \quad (3)$$

folgt.

2. Gasthermometer mit konstantem Druck. Hierbei bleiben Druck und Volumen der erhitzten Masse konstant, die Masse hingegen ändert sich; ein Teil des Gases verläßt den Behälter. Die Formel (2) liefert hierfür

$$1 = \frac{n}{n_0} \frac{\frac{1}{\alpha} + t}{\frac{1}{\alpha} + t_0}$$

woraus

$$t - t_0 = \frac{n_0 - n}{n}\left(\frac{1}{\alpha} + t_0\right) \quad . \quad . \quad . \quad . \quad . \quad . \quad . \quad (4)$$

folgt.

Es würde viel logischer sein, an Stelle der klassischen Ausdrücke: Thermometer mit konstantem Volumen oder Thermometer mit konstantem Druck zu setzen „Thermometer mit variabelem Druck, Thermometer mit variabeler Masse“, was die Wirkungsweise viel besser beschreibt.

3. Thermometer mit veränderlichem Druck und veränderlicher Masse. Die Arbeitsweise dieses Apparates vereinigt die der beiden vorhergehenden Typen. Ein Teil des Gases verläßt den Behälter und der Druck wird nicht konstant gehalten. Formel (2) liefert

$$\frac{p}{p_0} = \frac{n}{n_0} \frac{\frac{1}{\alpha} + t}{\frac{1}{\alpha} + t_0}$$

woraus sich

$$t - t_0 = \frac{p n_0 - p_0 n}{p_0 n} \cdot \left(\frac{1}{\alpha} + t_0\right) \quad . \quad . \quad . \quad . \quad . \quad . \quad (5)$$

ergibt.

4. Volumetrisches Thermometer. Es gibt eine vierte Methode der Anwendung des Gasthermometers, die von Ed. Becquerel vorgeschlagen wurde und welche, wie wir später sehen werden, bei der Auswertung hoher Temperaturen hervorragendes Interesse verdient. Wir behalten den Namen für dieselbe, der ihr durch ihren Entdecker gegeben ist. Die Temperaturbestimmung wird durch zwei Messungen, die bei derselben Temperatur gemacht werden, ausgeführt, und nicht wie bei den vorhergehenden Methoden durch zwei Messungen, die bei zwei verschiedenen Temperaturen gemacht werden, von denen die eine als bekannt vorausgesetzt wird.

Die im Gefäß enthaltene Masse hat sich geändert und die nachfolgende Druckänderung wird beobachtet. Gleichung (2) liefert:

$$p v = n R \left(\frac{1}{\alpha} + t\right)$$

$$p' v = n' R \left(\frac{1}{\alpha} + t\right)$$

woraus $(p - p') v = (n - n') R \left(\frac{1}{\alpha} + t\right)$ oder $t = -\frac{1}{\alpha} + \frac{p - p'}{n - n'} \cdot \frac{v}{R}$ (6)

sich ergibt.

Dieses erfordert eine vorläufige Bestimmung des Konstanten R.

In dem besonderen Falle, in dem $p' = o$, der also ein vollständiges Vakuum voraussetzt, wird die letzte Beziehung einfacher und es wird

$$t = -\frac{1}{\alpha} + \frac{p}{n} \cdot \frac{v}{R} \quad \ldots\ldots\ldots \quad (7)$$

Die sich aus diesen verschiedenen Thermometern ergebenden Temperaturdefinitionen würden untereinander und mit der des Quecksilberthermometers übereinstimmen, wenn die Gesetze von Mariotte und Gay-Lussac strenge Gültigkeit besäßen, was man bei ihrer Anwendung annimmt, während ebenfalls die Ausdehnung des Quecksilbers im Glase linear verliefe. Der einzige Vorteil des Gasthermometers wäre dann, daß es die Skala des Quecksilberthermometers bis zu hohen Temperaturen ausdehnen würde. In dieser Hinsicht wurde es von Pouillet, Becquerel und Sainte-Claire-Deville benutzt.

Versuche von Regnault. Die sehr genauen Versuche von Regnault veranlaßten eine Änderung in den Vorstellungen, die damals herrschten, daß das Quecksilberthermometer ebensogut wie das Gasthermometer sei und führten zu einer endgültigen Annahme des Gasthermometers als Normalinstrument.

In erster Linie zeigten diese Versuche, daß verschiedene Quecksilberthermometer nicht miteinander vergleichbar sind wegen der ungleichen Ausdehnung des zu ihrer Konstruktion verwandten Glases. Daher können sie keine unveränderliche Skala für die Temperaturbestimmung liefern. Vergleicht man sie zwischen 0^0 und 100^0, so weisen sie zwischen diesen äußeren Temperaturen keine große Unterschiede auf, etwa $0{,}30^0$ als maximalen, aber bei Temperaturen, die über 100^0 hinausliegen, können diese Unterschiede beträchtlich werden und etwa 10—20^0 oder mehr erreichen. (Siehe ebenfalls 9. Kap.)

Luftthermomether konst. Vol. $p_0 = 760$	Quecksilberthermometer aus			
	Kristall-Glas	Weißem Glas	Grünem Glas	Böhmischem Glas
100°	+ 0,00°	+ 0,00°	+ 0,00°	+ 0,00°
150°	+ 0,40°	− 0,20°	+ 0,30°	+ 0,15°
200°	+ 1,25°	− 0,30°	+ 0,80°	+ 0,50°
250°	+ 3,00°	+ 0,05°	+ 1,85°	+ 1,44°
300°	+ 5,72°	+ 1,08°	+ 3,50°	
350°	+ 10,50°	+ 4,00°		

Die Zahlen dieser Tabelle geben den Wert an, um den man die vom Luftthermometer angegebenen Temperaturen vergrößern oder verkleinern muß, um sie mit denen in Einklang zu bringen, die mit den verschiedenen Quecksilberthermometern beobachtet worden sind.

Es war danach unmöglich, die praktische Temperaturskala mit Hilfe des Quecksilberthermometers zu definieren. Die Benutzung des Gasthermometers wurde nötig. Jedoch erkannte Regnault, daß es unmöglich war, einen einzigen Ausdehnungskoeffizienten α zu nehmen, unabhängig von der Natur des Gases, seinem Druck und der Art der angewandten Ausdehnung. Der Spannungskoeffizient bei konstantem Volumen (β) und derjenige bei konstantem Druck (α) sind nicht identisch. Dies folgt aus der Tatsache, daß das Mariottesche Gesetz nicht streng genau gültig ist; wir haben genau

$$pv = p_0 v_0 + \varepsilon,$$

wo ε eine sehr kleine Größe ist, aber nicht Null.

Die Versuche ließen Regnault nicht allein die Veränderung des Ausdehnungskoeffizienten entdecken, sondern auch diese Größe messen. Im folgenden sind z. B. die Resultate, die er für Luft zwischen 0° und 100° fand

Volumen konstant			Druck konstant		
Druck	β	$\frac{1}{\beta}$	Druck	α	$\frac{1}{\alpha}$
266	0,003656	273,6	760	0,003671	272,4
760	3655	272,8	2525	3694	270,7
1692	3689	271	2620	3696	270,4
3655	3709	269,5			

Für Luft von 4,5° erhielt Rankine aus den Regnaultschen Versuchen die Formel:

$$pv = p_0 v_0 + 0{,}008163 \frac{p - p_0}{\omega} . pv,$$

wo ω der Atmosphärendruck.

Diese Koeffizienten schwanken also von Gas zu Gas, wie folgende Tabelle, die ebenfalls aus Regnaults Zahlen herrührt, zeigt.

Mittlerer Koeffizient zwischen 0° und 100°.

Konstantes Volumen			Konstanter Druck		
Druck (mm)	β	$\frac{1}{\beta}$	Druck (mm)	α	$\frac{1}{\alpha}$
		Luft.			
760	0,003765	272,8	760	0,003671	272,4
3655	3709	269,5	2620	3696	270,4
		Wasserstoff.			
760	3667	272,7	760	36613	273,1
			2545	36616	273,2
		Kohlenmonoxyd.			
760	3667	262,7	760	3669	272,5
		Stickstoff.			
760	3668	272,2			
		Kohlensäure.			
760	3688	271,2	760	3710	269,5
3589	3860	259	2520	3845	259,5
		Schweflige Säure.			
760	3845	259,5	760	3902	253,0
			970	3980	251,3

Diese Versuche zeigen, daß die Gase, die sich leichter verflüssigen lassen, Koeffizienten besitzen, die sehr von denen der permanenten Gase abweichen.

Für die permanenten Gase zeigen die Koeffizienten bei konstantem Volumen weniger große Unterschiede untereinander, als diejenigen für konstanten Druck; die größte Abweichung des ersteren geht nicht über 1‰ hinaus, beim letzteren ist sie dreimal so groß. Ausgenommen für Luft, die eine Mischung ist, und den leichter zu verflüssigenden Sauerstoff enthält, sind die Koeffizienten für konstantes Volumen bei H_2, N_2 und CO gleich.

Für Wasserstoff endlich ändert sich der Ausdehnungskoeffizient nicht erheblich mit dem Drucke.

Die Ungleichheit der Ausdehnungskoeffizienten hindert uns nun aber nicht, irgend ein beliebiges Gas zu benutzen, um die Temperaturskala zu definieren, wenn wir nur dessen mittleren, zwischen 0⁰ und 100⁰ experimentell bestimmten Koeffizienten benutzen. Die Skalen werden übereinstimmend, wenn die Ausdehnungskoeffizienten mit der Temperatur sich nicht ändern. Zu diesem Schluß kam Regnault durch Vergleich von Thermometern mit konstantem Volumen, die sich durch ihren Anfangsdruck oder die Natur des Gases voneinander unterscheiden. Folgende Resultate wurden von den Fixpunkten 0^0 und 100^0 aus mit Hilfe nachstehender Formeln erhalten.

$$p v = nRT$$
$$p_0 v = nRT_0$$
$$p_{100} v = nRT_{100},$$
$$\frac{p - p_0}{p_{100} - p_0} = \frac{T - T_0}{T_{100} - T_0} = \frac{t}{100}$$

Luftthermometer.

$p_0 = 751$ mm	$p_0 = 1486$ mm
Grade	Grade
156,18	156,19
259,50	259,41
324,33	324,20

Druck: 760 Millimeter.

Luft-thermometer	Wasserstoff-thermometer	Duft-thermometer	CO_2-thermomether
Grade	Grade	Grade	Grade
141,75	141,91	159,78	160,00
228,87	228,88	267,35	267,45
325,40	325.21	322,8	322.9

Die Abweichungen gehen über $0{,}2^0$ nicht hinaus, ein Wert, von dem Regnault annahm, daß er innerhalb der Versuchsfehler liegt; er schloß daraus, daß jedes Gas mit dem gleichen Erfolg genommen werden kann und nahm für das Normalthermometer die Luft.

Trotzdem hatten seine Versuche mit der schwefligen Säure eine deutlich ausgeprägte Änderung des Ausdehnungskoeffizienten mit der Temperatur nachgewiesen. Folgende Tabelle gibt für diesen Fall den mittleren Koeffizienten bei konstantem Volumen zwischen 0^0 und t^0 an:

	β
98,0	0,0 038 251
102,45	38 225
185,42	37 999
257,17	37 923

299,90 . . . . . . 0,0037 913
310,31 . . . . . . 37 893

Analog kann man annehmen, daß ein ähnlicher Effekt bei den anderen Gasen vorhanden ist; die Unterschiede waren aber zu klein, und die Genauigkeit der Methoden Regnaults nicht ausreichend, um sie zu bestimmen.

Chappuis Resultate. Der Effekt wurde durch Versuche nachgewiesen, die mit sehr großer Genauigkeit am Bureau International des Poids et Mesures unternommen worden sind. Chappuis fand zwischen 0° und 100° systematische Abweichungen zwischen Thermometern, die mit Wasserstoff, Stickstoff und Kohlensäure bei 0° unter einem Druck von 1000 mm Hg gefüllt waren.

Wasserstoff-Therm.	N-Therm. — H-Therm.	N-Therm. — CO_2-Therm.
— 15°	— 0,016°	— 0,094°
0°	0°	0°
+ 25°	+ 0,011°	+ 0,050°
+ 50°	+ 0,009°	+ 0,059°
+ 75°	+ 0,011°	+ 0,038°
+ 100°	0°	0°

In dieser Tabelle geben die Zahlen der letzten beiden Kolumnen die mit den Stickstoff- und Kohlensäurethermometern beobachteten Abweichungen an, wenn man zur Temperaturdefinition das Wasserstoffthermometer mit konstantem Volumen benutzt; diese Abweichungen sind sicherlich systematisch. Die Resultate erlauben die Bestimmung des mittleren Ausdehnungskoeffizienten:

t	β (Wasserstoff)	β (Stickstoff)	β (Kohlensäure)
0°	. . . .	0,00 367 698	0,00 373 538
100°	0,00 366 254	367 466	372 477

Die Koeffizienten fallen danach mit steigender Temperatur, während ihr absoluter Wert höher bleibt als der des Wasserstoffs, dem sie sich zu nähern streben.

Die neueren Arbeiten von Chappuis und Harker und anderer zur Herstellung einer Normalskala für hohe Temperaturen sollen in den folgenden Abschnitten besprochen werden.

Im Intervall von 0° bis 100° stimmen die oben angeführten, aus Chappuis Zahlen aus dem Jahre 1888 ausgezogenen Werte vielleicht nicht vollkommen genau, aber sie sind wahrscheinlich sehr nahe richtig. Einige der späteren Resultate werden hier angeführt; die unter Callendar stehenden sind von ihm aus den Zahlen von Kelvin und Joule errechnet unter Anwendung einer abgeänderten Formel; Chappuis Werte stammen aus seinen letzten Bestimmungen (1902), während diejenigen von Lehrfeldt und Rose-Jnnes Werte sind, die auf besonderen thermodynamischen Annahmen beruhen.

Unterschied zwischen den Skalen des Stickstoff- und Wasserstoffthermometers.

$t_n - t_h$; Vol. = konst.; $P_0 = 100$ cm.

Temp.Cent.	Callendar 1903	Chappuis 1902	Rose-Innes 1901	Lehrfeldt 1898
+ 20	+ 0,006	+ 0,005	+ 0,002	+ 0,011
+ 40	+ 0,009	+ 0,008	+ 0,002	+ 0,017
+ 50	+ 0,009	+ 0,010	+ 0,002	+ 0,019
+ 60	+ 0,008	+ 0,009	+ 0,002	+ 0,019
+ 80	+ 0,005	+ 0,004	+ 0,001	+ 0,015

Normalskala der Temperatur. Aus diesen Versuchen geht hervor, daß die verschiedenen Skalen, die durch die verschiedenen Gasthermometer gegeben sind, nicht strenge übereinstimmen; die Abweichungen zwischen 0° und 100° sind sehr klein, aber sie sind mit Sicherheit vorhanden. Es wird deshalb notwendig, um eine streng festliegende Temperaturskala zu besitzen, in der Natur des Gases eine Wahl zu treffen, ferner die Art seiner Ausdehnung und seinen Anfangsdruck festzusetzen.

Das Normalthermometer, welches vom Bureau International de Poids et Mesures gewählt wurde um die praktische Temperaturskala darzustellen und welches heute überall angenommen worden ist, ist das Wasserstoffthermometer mit konstantem Volumen, gefüllt mit Gas unter einem Druck von 1000 mm Quecksilber bei der Temperatur des schmelzenden Eises.

Für hohe Temperaturen ist diese Definition unzulässig, da wir so zu Drucken kämen, denen der Apparat nicht würde widerstehen können. Die Anwendung der Methode mit konstantem Volumen ist überdies, das muß hervorgehoben werden, bei unveränderlicher Masse wegen der Durchlässigkeit der Gefäßwände bei hoher Temperatur weniger gut. Es würde große Vorteile mit sich bringen, wenn man ein anderes Gas als Wasserstoff anwenden und mit dem Thermometer mit variabler Masse arbeiten könnte. Praktisch ist es in den meisten neueren Arbeiten bei hoher Temperatur zur Gewohnheit geworden, den Stickstoff bei vermindertem Druck (150 bis 300 mm Quecksilber bei 0° C) zu benutzen, obwohl es bis jetzt noch keine formelle Festsetzung, weder bezüglich des Gases, noch bezüglich der Type des Thermometers gibt, die bei der Herstellung der Skala hoher Temperatur zu benutzen sind.

Mit der gegenwärtigen Versuchstechnik bei hohen Temperaturen ist es bis jetzt unmöglich gewesen, Resultate zu erhalten, die in ihrer Genauigkeit besser als 1^0 sind und praktisch sind wir noch weit davon entfernt, die höchsten Temperaturen mit dieser Genauigkeit messen zu können. Es ist sehr einleuchtend, daß wir unter diesen Umständen ohne Bedeutung für die Zusammensetzung des Normalthermometers jedes beständige Gas anwenden können, was nicht in das Einschlußgefäß hinein- oder hinausdiffundieren kann. Nach den oben beschriebenen Versuchen sollten alle Gase eine Ausdehnung besitzen, die ein wenig größer als die des Wasserstoffs ist, und ihr Ausdehnungskoeffizient, der mit steigender Temperatur abnimmt, sollte sich dem des Wasserstoffs nähern. Um experimentell den möglichen Fehler eines so abgeänderten Normalthermometers zu bestimmen, besitzen wir folgende Versuchszahlen.

Crafts verglich in der Nähe von 1500^0 bei konstantem Druck die Ausdehnung von Stickstoff und Kohlensäure und fand für die letztere einen mittleren Koeffizienten von 0,00 368, wenn er 0,00 367 für Stickstoff nahm.

Die Versuche wurden angestellt, indem in einem Meyer-Rohr Stickstoff durch Kohlensäure verdrängt wurde, oder Kohlensäure durch Stickstoff:

10 ccm N_2 verdrängen	10 ccm CO_2 verdrängen
10,03 CO_2	9,95 N_2
10,01 ,,	9,91 ,,
10,00 ,,	9,98 ,,
10,03 ,,	9,93 ,,
9,95 ,,	Mittel 9,94 N_2
10,09 ,,	
Mittel 10,02 CO_2	

Die beiden Messungen ergeben positive und negative Differenzen derselben Größenordnung; es soll aber bemerkt werden, daß die beobachtete Abweichung ($^4/_{1000}$ im Mittel) kaum über den möglichen Beobachtungsfehler hinausgeht. Es ist aber möglich, daß die Kohlensäure, die bei gewöhnlichen Temperaturen sehr von den beständigen Gasen verschieden ist, sich bei 1500^0 nicht mehr in erheblicher Weise von ihnen unterscheidet.

Violle machte einige Vergleichsmessungen mit dem Luftpyrometer, das er mit konstantem Druck und konstantem Volumen bei seinen Bestimmungen der spezifischen Wärme des Platins anwandte.

konstantes Vol.	konstanter Druck	Differenz
1171^0	1165^0	6^0
1169^0	1166^0	3^0
1195^0	1192^0	3^0

Die beiden Methoden zeigten im Überschlag eine Abweichung von 4^0, deren erheblicherer Teil auf zufällige Änderungen der Gasmasse geschoben werden sollte, die sich aus der Durchlässigkeit der Wandungen ergaben.

Chappuis hat eine erschöpfende Experimentaluntersuchung über die Abweichungen der Gase von der Normalskala bei verhältnismäßig niederen Temperaturen angestellt und findet, daß der Stickstoffkoeffizient (bei konstantem Volumen) sich allmählich verkleinert, wie schon früher festgestellt wurde (Seite 18), daß er aber in der Gegend von 75^0 C einen Grenzwert erreicht, der beträgt

$$\beta_{\text{lim}} = 0{,}00\,367\,330;$$

dabei kann man annehmen, daß das Gas oberhalb dieser Temperatur im vollkommenen Gaszustand ist.

Der mittlere Koeffizient bei konstantem Volumen ist für dieses Gas zwischen 0^0 und 100^0

$$\beta_{0-100} = 0{,}00\,367\,466$$

und der Grenzwert für einen Anfangsdruck $P_0 = 0$ ist

$$\beta_{P_0=0} = 0{,}00\,366\,17$$

Dies folgt aus der Abweichung, die Chappuis und Harker für das Stickstoffthermometer mit konstantem Volumen von der normalen Temperaturskala in Abhängigkeit vom Anfangsdruck fanden. Ihre Versuche ergaben $\frac{d\beta}{dp} = 1{,}28 \,.\, 10^{-8}$ pro mm. Druckänderung.

Es ist daran zu erinnern, daß wenn der Volumen- oder Druckkoeffizient für irgend einen Druck gefunden ist, dieser Wert nach der Definition der einzige zur Berechnung der normalen Temperaturskala ist.

Die Versuche von Chappuis und Harker wurden am internationalen Bureau der Gewichte und Maße ausgeführt und enthalten ebenfalls eine Vergleichung des Platin-Widerstandsthermometers mit dem Stickstoffthermometer bis hinauf zu 500^0 C und eine Bestimmung des Schwefelsiedepunktes, auf welche Dinge wir zurückkommen wollen.

Solche Normalskala der Temperatur für das Stickstoffthermometer ist also bestimmt durch Auffinden des Koeffizienten β, bei 0^0 C für einen Druck P_0', den das Gas unter der Annahme des vollkommenen Zustandes im Gebiet zwischen 0^0 und 100^0 haben würde. Ist $P_0 = 100$ cm, $P_{100} = 136{,}7466$ cm, so ergibt sich $P_0' = 100{,}0086$ und $\beta = \frac{P_{100} - P_0'}{100\,P_0'} = 0{,}00\,367\,348$, wenn $\beta_{\text{lim}} = 0{,}00\,367\,330$ ist, wie oben festgesetzt wurde.

Stickstoff bei konstantem Druck liefert nach Chappuis

$$\frac{d\alpha}{dp} = 1{,}19 \times 10^{-8} \text{ pro mm}$$

und $\alpha_{p=0} = 0{,}0036612$.

Für dieses Gas sind die Abweichungen von der Normalskala ungefähr doppelt so groß wie bei konstantem Volumen und die Unterschiede zwischen der unkorrigierten Skala und der theoretischen des Thermometers von konstantem Volumen, dessen Konstanten oben angegeben sind und welches die Normalskala der Temperatur darstellt, sind der von 100° aus gemessenen Temperatur proportional und haben folgende Werte:

Bei 100° . . . . . 0,000°
200° . . . . . 0,023°
300° . . . . . 0,047°
400° . . . . . 0,070°.

Diese Abweichungen sind augenscheinlich sehr klein und sind in diesem Gebiet sicherlich für jeden praktischen pyrometrischen Gebrauch zu vernachlässigen. Wir werden allerdings sehen, daß bei 1000° diese Korrektion eine gewisse Bedeutung erlangen kann.

Für Wasserstoff sind die von D. Berthelot angegebenen Grenzwerte:

$$\beta_{p=0} = 0{,}0036625$$
$$\alpha_{p=0} = 0{,}0036624$$

und die Abweichungen dieses Gases von der Normalskala sind unerheblich.

Die letzten Resultate von Chappuis hinsichtlich der elastischen Eigenschaften der verschiedenen Thermometergase sind in folgender Tabelle angegeben.

Ausdehnungskoeffizienten von Thermometergasen nach Chappuis.

$\times 10^6$	Wasserstoff	Stickstoff	Luft	CO_2
β_{0-20}	—	3675,9	—	3733,5
β_{0-40}	—	3675,4	—	3729,9
β_{0-100}	$3662{,}5_6$	3674,6	$3674{,}4_1$	3726,2
$\beta_{p=0}$	$3662{,}5_6$	3661,7	—	3670,0
$\frac{\delta\beta}{\delta P_0}$	0	0,0128	—	—
α_{0-20}	—	3677,0	—	3760,2
α_{0-40}	—	$3674{,}9_7$	—	3753,6
α_{0-100}	$3660{,}0_4$	$3673{,}1_5$	$3672{,}8_2$	3741,0
$\alpha_{p=0}$	$3662{,}4_9$	3661,2	—	3671,0
$\frac{\delta\alpha}{\delta P_0}$	0,0186	0,0119	—	—

Worin $\alpha = \frac{1}{v}\frac{dV}{dT}$ und $\beta = \frac{1}{P_0}\frac{dP}{dT}$ und $P_0 = 1000$ mm Hg.

Jaquerod und Perrot haben die Ausdehnungskoeffizienten β einiger Gase in einem Quarzgefäß zwischen 0^0 C und dem Goldschmelzpunkt und einem Anfangsdruck von 170 bis 230 mm Hg gemessen mit folgenden Resultaten:

Ausdehnungskoeffizienten bei hohen Temperaturen.

Gas	β	Goldschmelzpunkt	Druck bei 0^0 C mm
Stickstoff	0,0036643	1067,2	200—230
Sauerstoff	0,0036652	1067,5	180—230
Luft	0,0036663	1067,2	230
CO	0,0036638	1067,05	240
CO_2	p = 240 0,0036756 p = 170 0,0036713	1066,5	170

Wir können daraus bestätigen, daß wir uns bei Anwendung von irgend einem beständigen Gas mit irgend einer Art der Ausdehnung nicht wesentlich mehr als 1^0 bei 1000^0 von der Temperatur der Normalskala entfernen, und daß mit Ausnahme des CO_2 alle permanenten Gase sehr nahe denselben Ausdehnungskoeffizienten besitzen.

Theoretisch könnte man die Verwendung des Wasserstoffs unter vermindertem Druck vorziehen, welcher sicherlich keine Abweichungen von 1^0 von der Normalskala zeigen würde; jedoch besteht dabei immer die Gefahr des Hindurchwanderns von Gas durch die Gefäßwand und des Verbrennens durch Sauerstoff oder Oxyde.

Praktisch wird es wohl am besten sein Stickstoff zu nehmen, dessen Ausdehnung sich nur wenig von der des Wasserstoffs unterscheidet, noch weniger als die der Luft. Callendar hat die Verwendung von Helium oder einem anderen der neuerdings entdeckten chemisch trägen einatomigen Gase, wie z. B. Argon, vorgeschlagen, da sie weniger als Stickstoff von der Wasserstoffskala abweichen, keine Dissoziation zeigen und, wenigstens im Falle des Argons, nicht durch Metalle hindurchgehen.

Deshalb wird als Gas für das Normalthermometer für hohe Temperaturen entweder Stickstoff oder ein anderes träges Gas genommen werden.

Die thermodynamische Skala wird im Anschluß an das Carnotsche Prinzip in seiner Anwendung auf einen umkehrbaren Kreisprozeß, der zwischen zwei Quellen konstanter Temperatur arbeitet, durch die Beziehung definiert

$$\frac{Q_1}{Q_0} = \frac{T_1}{T_0} \qquad \qquad (1)$$

1. Näherungsformel. Wir wollen ausgehen von Carnots Kreisprozeß, der in bekannter Weise von zwei Isothermen und zwei Adiabaten begrenzt wird und wir wollen die Menge der absorbierten Wärme bestimmen, der Isotherme T_1 nachgehend.

Aus Joules Versuchen haben wir annähernd:

$$Q_1 = A \int p \, dv.$$

Das Mariotte-Gay-Lussacsche Gesetz liefert:

$$pv = R\left(\frac{1}{\alpha} + t\right)$$

wo t die Temperatur des Gasthermometers; daraus folgt

$$dv = -R \frac{dp}{p^2}\left(\frac{1}{\alpha} + t\right);$$

$$\text{und } Q_1 = -AR\left(\frac{1}{\alpha} + t_1\right) \int_{p_1'}^{p_1''} \frac{dp}{p} = AR\left(\frac{1}{\alpha} + t\right) \log \frac{p_1'}{p_1''}$$

Ebenso:

$$Q_0 = AR\left(\frac{1}{\alpha} + t_0\right) \log \frac{p_0'}{p_0''}$$

Gleichung (1) wird

$$\frac{T_1}{T_0} = \frac{Q_1}{Q_0} = \frac{\frac{1}{\alpha} + t_1}{\frac{1}{\alpha} + t_0} \, \frac{\log \frac{p_1'}{p_1''}}{\log \frac{p_0'}{p_0''}} \qquad \qquad (2)$$

Die Versuche über die adiabatische Ausdehnung ergaben

$$pv^\gamma = \text{konst.};$$

wo γ das Verhältnis der spezifischen Wärme bei konstantem Druck zu der bei konstantem Volumen bedeutet; dies liefert in Verbindung mit dem Mariotte-Gay-Lussacschen Gesetz

$$p^{\gamma - 1} \cdot \left(t + \frac{1}{\alpha}\right)^{-\gamma} = \text{konst.}$$

Infolgedessen hängt $\frac{p_1}{p_0}$ nur vom Verhältnis $\frac{t_1 + \frac{1}{\alpha}}{t_0 + \frac{1}{\alpha}}$ ab, welches auf der ganzen Länge der beiden Isothermen das gleiche ist. Daher ist

$$\frac{p_1'}{p_0'} = \frac{p_1''}{p_0''} \text{ oder } \frac{p_1'}{p_1''} = \frac{p_0'}{p_0''}$$

Gleichung (2) nimmt dann die sehr einfache Form an:

$$\frac{T_1}{T_0} = \frac{\frac{1}{\alpha} + t_1}{\frac{1}{\alpha} + t_0}$$

d. h. das Verhältnis der absoluten thermodynamischen Temperaturen ist gleich dem Verhältnis der absoluten Temperaturen des Gasthermometers; und wenn man auf beiden Skalen das Intervall zwischen den Temperaturen des schmelzenden Eises und siedenden Wassers gleich 100 setzt, hat man für irgend eine Temperatur $T = \frac{1}{\alpha} + t$.

Jedoch ist dieses nur eine erste Annäherung, denn wir haben Beziehungen angewandt, die nur im großen ganzen stimmen, nämlich die Gesetze von Joule, Mariotte und Gay-Lussac.

2. Zweite Näherung. Wir wollen die Aufgabe nach einer genaueren Methode betrachten. Da T sich von $\frac{1}{\frac{1}{\alpha} + t}$ nur wenig unterscheidet und die Gesetze von Mariotte und Gay-Lussac nahe gültig sind, schreiben wir nach einer von Callendar angegebenen Betrachtungsweise $pv = RT(1 - \varphi)$, wo φ eine sehr kleine Funktion von p und T (der thermodynamischen Temperatur) ist.

Man hat dann zwischen der Temperatur des Gasthermometers und der thermodynamischen Temperatur die Beziehung

$$\frac{\frac{1}{\alpha} + t_1}{\frac{1}{\alpha} + t_0} = \frac{T_1(1 - \varphi_1)}{T_0(1 - \varphi_0)},$$

mit Hilfe deren wir von der einen Temperaturskala zur anderen übergehen können, wenn man den entsprechenden Wert von φ kennt.

Wir betrachten, wie vorher, den Carnotschen Kreisprozeß und wollen die Wärmemenge bei der isothermen Ausdehnung in einer genaueren Art ausdrücken, indem wir die Versuche von Joule und Thomson über die Ausdehnung durch einen porösen Stopfen, und die von Regnault über die Abweichungen vom Mariotteschen Gesetz benutzen.

Wir setzen zu diesem Zweck die Energieänderung zwischen zwei gegebenen isothermen Zuständen einander gleich, einmal für die reversible Ausdehnung und zweitens für die Ausdehnung nach Joule und Thomson.

$$Q_1 = A \int_{p_1'}^{p_1''} p\,dv = -A(p_1''v_1'' - p_1'v_1') + \int_{p_1'}^{p_1''} \frac{d\varepsilon_1}{dp} dp,$$

wo ε die sehr kleine Wärmeänderung des Gases ist, die bei dem Joule-Thomsonschen Versuch beim Hindurchtreten durch den porösen Pfropfen eintritt. Daraus erhält man:

$$Q_1 = A \int_{p_1'}^{p_1''} v\,dp + \int \frac{d\varepsilon_1}{dp} dp \text{ (bei konstanter Temperatur)}, \quad . \quad (3)$$

$$\text{da } d(pv) = p\,dv + v\,dp.$$

Die Beziehung $pv = RT\ (1 - \varphi)$ ergibt für den Wert von v:

$v = \frac{RT}{p}(1 - \varphi)$, was in Gleichung (3) eingesetzt

$$Q_1 = ART_1 \cdot \int_{p_1'}^{p_1''} \frac{dp}{p} - ART_1 \cdot \int \varphi_1 \frac{dp}{p} + \int \frac{d\varepsilon_1}{dp} dp \quad . \quad (4)$$

ergibt. Auf gleiche Weise erhält man

$$Q_0 = ART_0 \int_{p_0'}^{p_0''} \frac{dp}{p} - ART_0 \int \varphi_0 \frac{dp}{p} + \int \frac{d\varepsilon_0}{dp} dp \quad . \quad . \quad (5)$$

Setzt man diese Werte in den Ausdruck für den Carnotschen Kreisprozeß, so sollte man nach Division mit T_1 und T_0 die Identität finden:

$$\frac{Q_1}{T_1} - \frac{Q_0}{T_0} = AR \log_e \frac{p_1''p_0'}{p_1'p_0''} - \int_{p_1'}^{p_1''} \left(AR\frac{\varphi_1}{p} - \frac{1}{T_1}\frac{d\varepsilon_1}{dp}\right) dp$$
$$+ \int_{p_0'}^{p_0''} \left(AR\frac{\varphi_0}{p} - \frac{1}{T_0}\frac{d\varepsilon_0}{dp}\right) dp = 0.$$

Das Gesetz der adiabatischen Ausdehnung ergibt:

$$\frac{p_1''p_0'}{p_1'p_0''} = 1 \qquad \log_e \frac{p_1''p_0'}{p_1'p_0''} = 0.$$

Um den Ausdruck zu einer Identität zu machen, muß notwendigerweise

$$\frac{1}{T}\frac{d\varepsilon}{dp} = AR\frac{\varphi}{p}, \text{ oder } \varphi = \frac{d\varepsilon}{dp}\,p\,\frac{1}{AR}\cdot\frac{1}{T} \text{ sein.}$$

Aus den Versuchen von Joule und Thomson haben wir für Luft:

$$\varphi = 0{,}001\,173\,.\,\frac{p_1}{p_0}\left(\frac{T_0}{T_1}\right)^3$$

worin p_0 der Atmosphärendruck und T_0 die Temperatur des schmelzenden Eises.

Dieses ist auch noch eine Annäherung, für die wir von den Joule-Thomsonschen Versuchen und dem Gesetz der adiabatischen Ausdehnung abhängig sind. Dagegen ist Näherung in mehr geschlossener Form vorhanden. Wenn sie für Luft auszureichen scheint, ist das sicherlich nicht für Kohlensäure der Fall. Auch ist die Formel nicht strenge richtig für Luft.

Korrektionen der Gasskala. Callendar hat durch Extrapolation bis zu 1000° die Korrektion berechnet, die man an den Ablesungen des Luftthermometers anzubringen hat und hat folgende Werte gefunden:

Ablesungen am Zentigradthermometer	Konstantes Volumen		Konstanter Druck	
	φ	Δt	φ	Δt
0_0	0,001173	0	0,001173	0
100°	0,000627	0	0,000457	0
200°	393	0,04	225	0,084
300°	267	0,09	127	0,20
500°	147	0,23	52	0,47
1000°	54	0,62	12	1,19

Die Abweichungen des Luftthermometers sind also bei hoher Temperatur sehr klein, wenn bei 0° und 100° Übereinstimmung herrscht, und wir haben gesehen, daß im Falle des Stickstoffs als Thermometergas die Versuche von Chappuis und Harker das gleiche erwiesen haben.

Callendar kommt bei einer neueren Betrachtung, die sich auf der Arbeit von Kelvin und Joule und den Versuchen von Chappuis und anderen aufbaut, zu folgenden Werten der Skalenkorrektion für die besten Thermometergase:

Skalenkorrektion für Gase, $\Theta_0 = 273{,}10^0$ gesetzt.

Temperatur Zentigrade	Konstanter Druck, 76 cm				Konstantes Volumen, $p_1 = 100$ cm			
	Helium	Wasserstoff	Stickstoff	Luft	Helium	Wasserstoff	Stickstoff	Luft
— 150	+ 0,073	+ 0,084	+ 0,945	+ 0,901	— 0,026	+ 0,013	+ 0,195	+ 0,186
— 100	+ 0,030	+ 0,022	+ 0,328	+ 0,314	— 0,012	+ 0,005	+ 0,080	+ 0,076
— 50	+ 0,009	+ 0,006	+ 0,090	+ 0,086	— 0,004	+ 0,002	+ 0,024	+ 0,023
— 20	+ 0,003	+ 0,002	+ 0,025	+ 0,024	— 0,001	+ 0,000	+ 0,007	+ 0,007
+ 20	— 0,0016	— 0,0009	— 0,0141	— 0,0134	+ 0,0008	— 0,0003	— 0,0043	+ 0,0041
+ 40	— 0,0022	— 0,0013	— 0,0195	— 0,0186	+ 0,0011	— 0,0004	— 0,0059	+ 0,0056
+ 50	— 0,0022	— 0,0013	— 0,0195	— 0,0186	+ 0,0011	— 0,0004	— 0,0059	+ 0,0056
+ 60	— 0,0021	— 0,0012	— 0,0180	— 0,0172	+ 0,0011	— 0,0004	— 0,0054	+ 0,0053
+ 80	— 0,0013	— 0,0008	— 0,0113	— 0,0108	+ 0,0007	— 0,0002	— 0,0038	+ 0,0034
+ 150	+ 0,0054	+ 0,0029	+ 0,043	+ 0,041	— 0,0031	+ 0,0010	+ 0,0143	+ 0,0136
+ 200	+ 0,0128	+ 0,0068	+ 0,101	+ 0,096	— 0,0076	+ 0,0024	+ 0,035	+ 0,033
+ 300	+ 0,0332	+ 0,0165	+ 0,243	+ 0,232	— 0,203	+ 0,0059	+ 0,088	+ 0,084
+ 450	+ 0,071	+ 0,034	+ 0,495	+ 0,472	— 0,047	+ 0,013	+ 0,189	+ 0,180
+ 1000	+ 0,243	+ 0,104	+ 1,53	+ 1,46	— 0,187	+ 0,044	+ 0,646	+ 0,616

Die obige Tabelle zeigt, daß man bei den Gasen, Wasserstoff und Helium der thermodynamischen Korrektion kein besonderes Gewicht beilegen muß, denn sie ist bei diesen beiden Gasen für das ganze Temperaturgebiet völlig zu vernachlässigen. Alle Gase haben, wie man sieht, eine größere Korrektion bei konstantem Druck als bei konstantem Volumen. Ferner ist zu bemerken, daß bei kleinen Anfangsdrucken diese Korrektionen proportional verkleinert werden, und daß diese Korrektion nur bei der allergenauesten Arbeit, wie bei der Aufstellung eines Fixpunktes in der Pyrometrie, z. B. des Goldschmelzpunktes, angebracht werden muß.

D. Berthelot hat eine einfache Methode angegeben, um für jedes Gas seine thermodynamische Korrektion zu überschlagen.

Für das Thermometer konstanten Volumens gilt:

$$T - T_0 = t\left(1 - \frac{a}{373}\,\frac{100 - t}{273 + t}\right)$$

worin T_0 die absolute Temperatur des schmelzenden Eises ($273{,}10^0$), T die gesuchte absolute Temperatur, die der durch das betreffende Gasthermometer gegebenen Zentigrad-Temperatur t entspricht, bei einem Anfangsdruck von 1 Atmosphäre. Für einen anderen Druck p muß die Korrektion für t mit $\frac{p}{76}$ multipliziert werden.

Für das Thermometer mit konstantem Druck gilt:

$$T - T_0 = t\left[1 - \frac{a}{373}\,\frac{100 - t}{273 + t}\left(1 + \frac{273}{373}\,\frac{646 + t}{273 + t}\right)\right]$$

Der Wert von a hängt von den kritischen Konstanten des Gases ab und ist:

$$a = \frac{27}{64} R^2 \cdot \frac{T_c^3}{p_c}$$

wo R die Gaskonstante bedeutet $\left(\text{hier } \frac{1}{273{,}1}\right)$, T_c und p_c der kritische Druck und die entsprechende Temperatur.

Tabelle der kritischen Konstanten.

	p_c	t_c	a
Kohlensäure. . .	72,9 atm	+ 31,3	2,188
Sauerstoff. . . .	50,0 „	— 118	0,422
Luft	39,0 „	— 140	0,342
Kohlenmonoxyd .	35,9 „	— 141	0,363
Stickstoff	33,6 „	— 146	0,343
Wasserstoff . . .	13,0 „	— 240	0,016
Helium	3 „	— 268	0,009

Die Formeln von Berthelot geben praktisch gleiche Werte für die thermodynamische Korrektion, wie sie von Callendar gefunden sind. Ebenso hat Buckingham im einzelnen die Abweichungen der Temperaturskalen für einige Gase für konstantes Volumen wie für konstanten Druck nach einer ähnlichen Methode wie Berthelot, aber nach einer etwas einfacheren Gleichung erörtert. Am meisten interessieren die Resultate, die sich auf das Verhalten des Stickstoffes beziehen, der jetzt allgemein als Thermometergas für Messungen bei hoher Temperatur angewandt wird; in Fig. 1 sind die Korrektionen des Stickstoffthermometers für einen Druck $P_0 = 1000$ mm Hg aus Buckinghams Arbeit angegeben.

Es muß bemerkt werden, daß die berechneten Korrektionen zur Reduktion der Ablesungen irgend eines Gasthermometers auf die thermodynamische Skala Extrapolationen der Daten des Joule-Thomsoneffekts bei gewöhnlichen Temperaturen darstellen. Dieses ist wahrscheinlich keine große Fehlerquelle, da sowohl Buckingham wie Berthelot gezeigt haben, daß für die einzelnen Gase, wenn sie nach der Methode übereinstimmender Zustände betrachtet werden, d. h. in

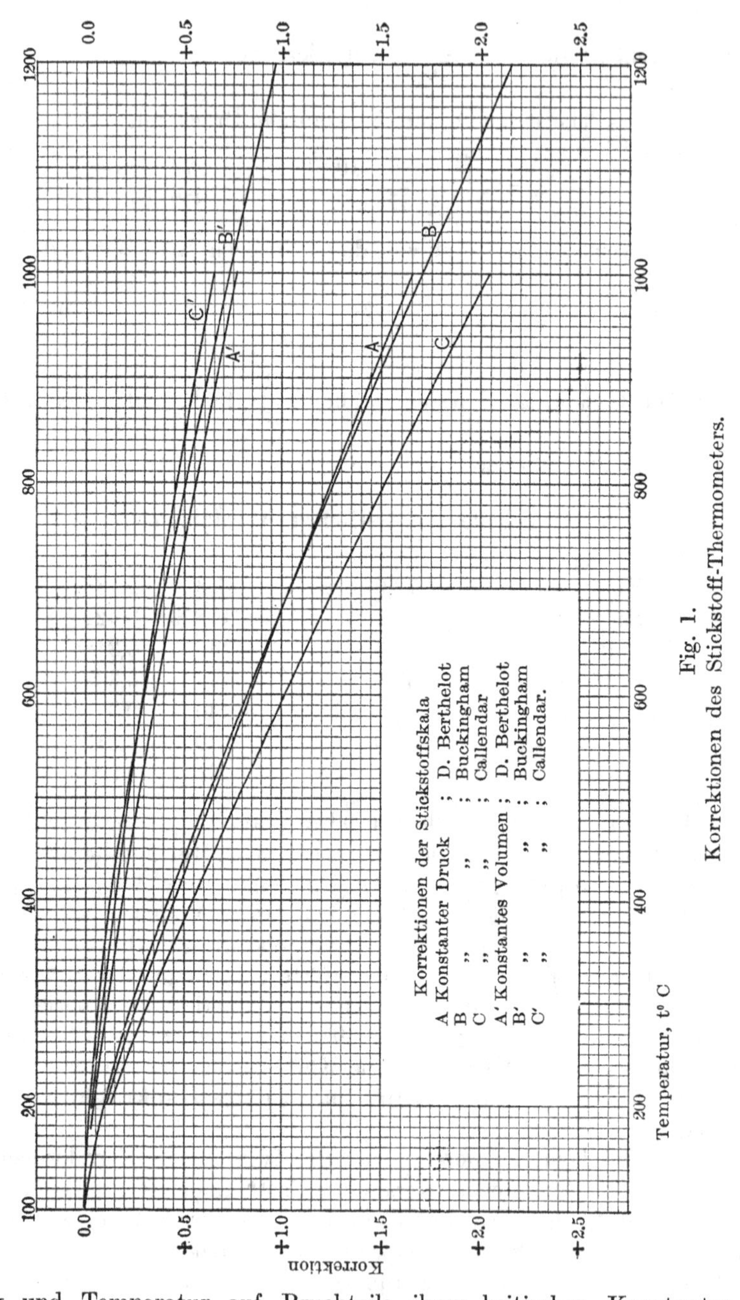

Fig. 1.
Korrektionen des Stickstoff-Thermometers.

Druck und Temperatur auf Bruchteile ihrer kritischen Konstanten reduziert sind, alle korrigierten Werte auf derselben Kurve liegen.

Die Genauigkeit der Versuche hat eine solche Höhe erlangt, daß diese vorher angegebenen Korrektionen auf die thermodynamische Skala nicht immer vernachlässigt werden können.

Der Eispunkt. Die Versuche von Kelvin und Joule können ebenfalls dazu dienen, die absolute Temperatur des Eisschmelzpunktes in der thermodynamischen Skala auszudrücken. Folgende Resultate hat Lehrfeldt vor einigen Jahren berechnet:

	Gastherm.	Thermodyn. Therm.
Wasserstoff .	273,08°	272,8°
Luft	272,43°	273,27°
Stickstoff . .	273,13°	273,2°
Kohlensäure	268,47°	274,83° Thomson 273,48 Natanson.

Die thermodynamische Temperatur des schmelzenden Eises sollte in jedem Fall die gleiche sein. Die Schwankungen kommen nur von den Ungenauigkeiten in den Messungen der Ausdehnungswärme, was eine Wiederholung der Arbeit von Joule und Thomson mit modernen Mitteln zweckmäßig erscheinen läßt.

Es gibt noch einige neuere Temperaturbestimmungen des Eisschmelzpunktes in der thermodynamischen Skala $\left(=\frac{1}{\alpha}=\frac{1}{\beta}\right)$, die sich auf den experimentell gefundenen Abweichungen einiger wirklicher Gase vom idealen Zustand aufbauen; unter Verwendung der Zahlen des Joule-Thomson-Effekts verschiedener Beobachter, der Wärmeausdehnung und Zusammendrückbarkeit, wie sie von Chappuis und Amagat bestimmt ist, benutzt die Rechnung eine veränderte Form der van der Waalsschen Zustandsgleichung. Einige dieser Werte sind folgende:

Thermodynamische Temperatur des schmelzenden Eises (Θ_0).

Autor	Benutztes Gas	Θ
D. Berthelot (1903)	H; CO_2; Luft	273,11
Buckingham (1907)	H, N, CO_2, Luft	273,174
Rose-Jnnes (1908)	H	273,131
	N	273,136

Folgende Tabelle gibt Callendars Übersicht über die Ausdehnungseigenschaften der Thermometergase. In der Tabelle ist Θ_0 die thermodynamische Temperatur des mit Wasserstoff bestimmten Eispunktes und T_0 dieser Punkt in den verschiedenen Skalen.

Ausdehnungs- und Druckkoeffizienten für $\Theta_0 = 273{,}10^0$.

Gas	Konstanter Druck, 76 cm			Konstantes Volumen, $p_0 = 100$ cm		
	$\Theta_0 - T_0$	T_0	$1/T_0$	$\Theta_0 - T_0$	T_0	$1/T_0$
Helium	+0,10	273,00	0,0 036 628	+0,19	272,91	0,0 036 640
Wasserstoff	—0,135	273,235	0,0 036 5985	+0,067	273,034	0,0 036 6254
Stickstoff	+0,70	272,40	0,0 036 708	+0,99	272,11	0,0 036 7466
Luft	+0,71	272,39	0,0 036 709	+0,96	272,14	0,0 036 7425

Chappuis letzte Werte ergeben im Falle von Wasserstoff $\frac{1}{\alpha} = 273{,}038$ und $\frac{1}{\beta} = 273{,}033$ für den Druck 0 in der Wasserstoffskala, wie von ihm selbst berechnet wurde, indem er zeigte, daß keine erhebliche Differenz in den beiden Wasserstoffskalen im Bereich von 0^0 bis 100^0 vorhanden ist und daß im Einklang mit den angeführten Tabellen die Wasserstoff- und thermodynamische Skala bei 0^0 um ungefähr $0{,}10^0$ C verschieden sind. Unsere Kenntnisse der thermodynamischen Skala kann durchaus als befriedigend angesehen werden, so wie sie durch die Korrektion der einzelnen Gasskalen verwirklicht wird. Wie wir später im Kapitel über die Strahlungsgesetze sehen werden, kann die normale oder thermodynamische Temperaturskala zu unbegrenzt hohen Temperaturen auf dem Wege der Gesamt- oder monochromatischen Strahlung ausgedehnt werden, die von einer kleinen Öffnung irgend eines durchweg auf konstanter Temperatur befindlichen Hohlraumes ausgeht. Wir hätten damit eine einzige Haupt- oder normale Temperaturskala verwirklicht, die unabhängig ist von den Eigenschaften irgend einer besonderen Substanz, zusammenhängend vom absoluten Nullpunkt bis zu den höchsten Temperaturen, die man erzeugen kann, welche außerdem durch Methoden, die in einigen Normallaboratorien herstellbar sind, für alle Zwecke der Technik und Wissenschaft praktisch hergestellt werden kann.

2. Kapitel.

Gas-Pyrometer.

Einleitung. Wir hatten gesehen, daß die Haupttemperaturskala, die von dem internationalen Komitee der Gewichte und Maße angenommen ist, durch ein bestimmtes Wasserstoffthermometer konstanten Volumens dargestellt wird, nämlich durch dasjenige des Bureau International in Sèvres, wobei aber das Instrument nicht zu Temperaturmessungen über 100^0 C benutzt worden ist. Die Type, die man als normale für höhere Temperaturen anzusehen hat, ist noch nicht durch irgend eine autoritative Körperschaft festgesetzt worden, aber aus Gründen, die wir auseinandersetzen wollen, scheint das Stickstoffthermometer mit konstantem Volumen den Vorzug zu verdienen, wenigstens für Temperaturen oberhalb 200^0 C. Hiervon haben wir im vorigen Kapitel gesehen, daß es praktisch für die Herstellung der Skala hoher Temperatur belanglos ist, welche Form des Thermometers tatsächlich benutzt wird, da die Angaben von irgend einem Gasthermometer leicht mit denen eines anderen nach wohl begründeten Rechnungsmethoden verglichen und mit großer Genauigkeit auf eine gemeinsame theoretische Grundlage gebracht werden können, nämlich auf die der thermodynamischen Skala.

Es mag an dieser Stelle nützlich sein, zu wiederholen, worin der tatsächliche Vorgang beim Festlegen einer Temperatur in einer bestimmten Gasskala besteht und zu gleicher Zeit einige der auftretenden Schwierigkeiten auseinander zu setzen. Das Gefäß des Gasthermometers muß mit seinem ganzen Volumen auf eine genügend gleichförmige Temperatur gebracht sein. Ein Gasvolumen von 500 ccm beispielsweise bei 1000^0 C auf 1^0 auf konstanter Temperatur zu halten, ist noch keinem Experimentator bis jetzt gelungen. Was für eine Art des Gasthermometers man aber auch benutzt, es ist mit Rücksicht auf die veränderliche Natur des gemessenen Vorgangs, wie Druck am Manometer, Masse verdrängten Quecksilbers usw. jedenfalls notwendig, ausgenommen bei einigen bestimmten Fällen, wie einigen Siedepunkten, auf diese betreffende Temperatur noch irgend einen anderen Körper zu bringen, dessen Angaben dauerhafter sind, wie z. B. ein Quecksilber-, Platinwiderstand- oder thermoelektrisches Thermometer, oder seltener ein Metall bei seinem Schmelzpunkt. Endlich ist es praktisch notwendig, die Angaben des Gasthermometers mit Hilfe dieser Zwischenthermometer auf eine Reihe bestimmter Temperaturen, wie Erstarrungs- und Siedepunkte zu übertragen. Die Gasskala wird daher praktisch schließlich als eine diskontinuierliche gefunden, oder bestenfalls durch kontinuierliche Interpolationen an Hand einiger empirischer Gesetze dargestellt, nicht durch das Gasgesetz. Wir werden sehen, daß weiter sehr erhebliche Einschränkungen beim Erreichen einer großen Genauigkeit mit dem Gasthermometer auftreten werden; so ist der Raum zwischen den heißen und kalten Teilen, welcher Gas enthält, auf einer unbekannten mittleren Temperatur; wegen der Gefäßausdehnung mit der Temperatur muß korrigiert werden; endlich muß das Gefäß eine genügende Festigkeit und Undurchlässigkeit bei den höchsten Temperaturen besitzen.

Das Gasthermometer dient somit nicht, wie wir früher gesehen haben, mit Notwendigkeit zur Messung von Temperaturen; es genügt, dasselbe zur Eichung der verschiedenen Vorgänge bei der Temperaturbestimmung zu benutzen, aber von vornherein gibt es auf der anderen Seite keine wirklichen Gründe, um es in allen Fällen, außer bei Fixpunktbestimmungen zu vermeiden. In der Tat ist es oft so angewandt worden, obwohl es gewöhnlich in der Praxis viel zweckmäßiger ist irgend eine andere Methode zu benutzen.

Zuerst soll das normale Gasthermometer beschrieben werden, dann mit genügenden Einzelheiten die Faktoren, die bei dem Bau und der Theorie der für hohe Temperaturen verwendbaren Gasthermometer auftreten, ferner soll eine Betrachtung einiger der verschiedenen Untersuchungen in der Gasthermometrie erfolgen und endlich die in der Zukunft auf diesem Gebiet zu untersuchenden Fragen Erwähnung finden.

Normales Gasthermometer. Dieses Thermometer, dasjenige des Bureau International der Gewichte und Maße in Sèvres, Frankreich, ist ein Thermometer mit konstantem Volumen mit reinem trockenen Wasserstoff unter dem Druck von 1 m Quecksilber bei der Temperatur des schmelzenden Eises gefüllt. Es besteht aus zwei wesentlichen Teilen: dem Gefäß, das die unveränderliche Gasmasse einschließt und dem Manometer, das dazu dient, den Druck dieser Gasmasse zu messen.

Das Gefäß besteht aus einem Platin-Iridiumrohr, dessen Volumen 1,03 899 Liter bei der Temperatur des schmelzenden Eises beträgt. Seine Länge ist 1,10 m, und sein äußerer Durchmesser 0,036 m. Es ist mit dem Manometer durch eine Platinkapillare von 0,7 mm Durchmesser verbunden.

Ein Durchmesser von 0,5 mm ist der kleinste, der in den kälteren Teilen solcher Kapillaren noch gestattet werden kann, wegen der Trägheit bei der Herstellung des Druckgleichgewichtes am Ende.

Dieses Gefäß ist horizontal unterstützt in einem doppelten Gefäß mit innerer Wasserspülung. Für die Bestimmung der 100^0-Marke, die für die Eichung unentbehrlich ist, kann die Birne in gleicher Weise in einen horizontalen mit Dampf gespeisten Erhitzer gebracht werden, der mit einigen konzentrischen Bekleidungen versehen ist.

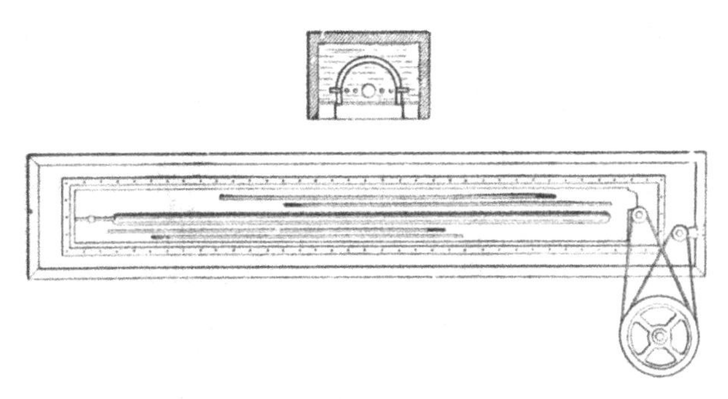

Fig. 2.
Anordnung des Thermometergefäßes.

Manometer. Der Apparat zur Druckmessung ist auf einem eisernen Gerüst von 2,10 m Höhe angebracht, das aus einer Eisenbahnschiene gemacht ist, die ihrerseits fest mit einem Dreifuß aus geschmiedetem Eisen verbunden ist. Die seitlichen Teile dieser Schiene, die auf ihrer ganzen Länge geebnet sind, tragen Schlitten, an denen die Manometerröhren und ein Barometer befestigt sind. Fig. 3 zeigt in nur wenig veränderter Form den Apparat zur Druckmessung. Er besteht hauptsächlich aus einem gegen die Luft geöffneten Manometer, dessen offener Arm A als Gefäß für ein Barometer R dient. Der andere Arm B, zur Hälfte durch ein Stahlstück H abgeschlossen, ist mit der Thermometerbirne durch die Platinkapillare C verbunden. Die beiden Manometerrohre, jedes mit 25 mm innerem Durchmesser, sind mit ihren unteren Enden in einem Stahlblock S befestigt. Sie stehen miteinander durch 5 mm weite Bohrungen innerhalb des Blocks in Verbindung. Ein Hahn E erlaubt diese Verbindung abzuschließen. Ein zweiter Dreiweghahn F ist auf demselben Block aufgeschraubt. Einer seiner Kanäle kann dazu dienen, Quecksilber herauszulassen; der andere, welcher mit einem langen biegsamen Stahlrohr verbunden ist, setzt das Manometer mit einem weiten Quecksilberreservoir D in Verbindung, welches über die Länge des Gerüstes hin gehoben oder gesenkt werden kann, entweder grob mit der Hand, oder fein mit Hilfe einer Schraube.

Das Barometer, das in dem offenen Arm sitzt, ist mit seinem oberen Teil an einem Schlitten G befestigt, dessen senkrechte Verschiebung über eine Länge von 0,70 m mit einer starken Schraube reguliert wird. Die letztere wird an ihren beiden Enden von zwei Lagern gehalten, die eine Drehung ohne Längsverschiebung zulassen; sie arbeitet auf eine Schraubenmutter, die am Schlitten fest ist und trägt am unteren Ende

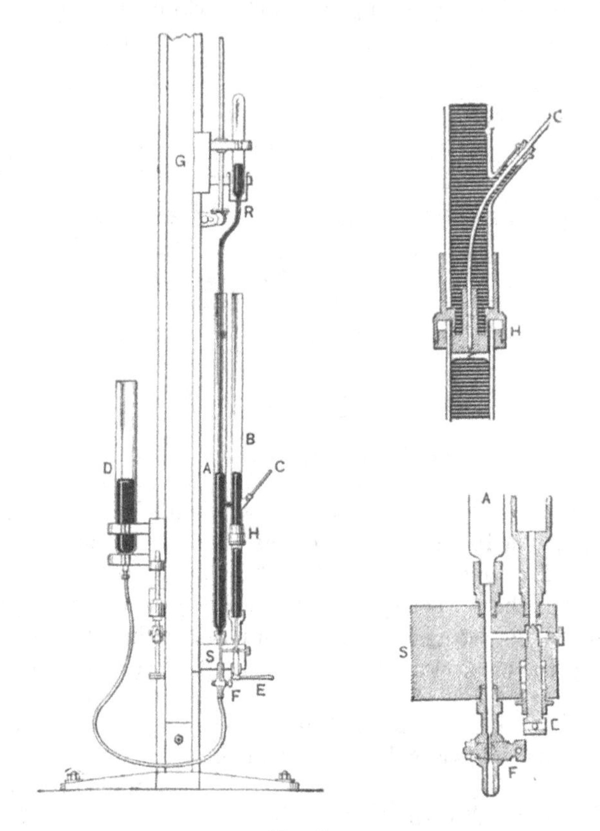

Fig. 3.
Manometer des Normalthermometers.

einen Zahntrieb, der in ein Zahnrad eingreift. Es genügt dieses Rad mit Hilfe der als Achse dienenden Stange zu drehen, um den Schlitten mit dem Barometerrohr zu heben oder zu senken. Das letztere hat in seinem oberen Teil einen Durchmesser von 25 mm. Die Kammer ist mit 2 Indizes von schwarzem Glas versehen, die in das Innere der Röhre 8 cm und 16 cm von den Enden eingeschmolzen sind. Die Merkpunkte dieser Indizes, konvex nach unten, fallen genau mit der Achse der

Barometerkammer zusammen. Derjenige Teil des Barometers, der in den offenen Manometerschenkel hineinragt, hat einen Durchmesser, der größer ist als 1 cm, und läuft in ein engeres Rohr aus, das nach oben gekrümmt ist.

Das Stahlstück, welches den geschlossenen Arm bei H abschließt, ist mit der Röhre verbunden und läßt zwischen sich und der Röhre nur einen sehr kleinen Raum frei, der mit Siegellack ausgefüllt ist. Es sitzt auf dem oberen Rand dieses Rohres auf, an welches es überdies mit fest angeschraubten Ledermanschetten gepreßt wird. Am unteren Ende wird es durch eine gut polierte ebene Fläche begrenzt, welche horizontal justiert wird. In der Mitte der Fläche, nahe der Öffnung des Kanals, welcher zu dem angeschlossenen Gefäß führt, ist eine sehr feiner Platinpunkt angebracht, dessen äußerste Spitze, die als Einstellungsmarke dienen soll, sich in einem Abstand von ungefähr 0,6 mm von der ebenen Fläche befindet.

Oberhalb dieses Stückes sitzt ein Rohr B von 25 mm innerem Durchmesser, oben offen und unten in Verbindung mit dem offenen Arm des Manometers.

Da die Längenmessung einer Quecksilbersäule leichter und mit größerer Genauigkeit anzustellen ist, wenn die Menisken, deren Höhenunterschied man finden will, in derselben Vertikalen liegen, so ist das Barometerrohr R so gebogen, daß es die Achse des geschlossenen Manometerschenkels und des Barometerschenkels in dieselbe gerade Linie bringt. Unter diesen Bedingungen ist, wenn die Verbindung zwischen den beiden Manometerschenkeln A durch E hergestellt ist, der gesamte Gasdruck im Gefäß des Thermometers durch die Höhendifferenz des Quecksilbers in den übereinanderliegenden Rohren B und R gegeben.

Die Messung der Drucke wird mit Hilfe eines mit drei Fernrohren ausgerüsteten Kathetometers vorgenommen, von denen jedes mit Mikrometer und Libelle ausgestattet ist. Der Umfang der Mikrometerschraube ist in 100 Teile geteilt; bei dem Abstand, aus welchem das Manometer abgelesen wird, entspricht jeder Teil des Kreisumfangs ungefähr 0,002 mm.

Die zur Druckmessung angenommene Methode besteht darin, die Lage jedes Quecksilbermeniskus auf einer nahe den Manometerröhren befestigten Skala zu bestimmen, die sich im selben Abstand wie die letzteren von den Fernrohren des Kathetometers befindet.

Eine der Hauptschwierigkeiten, die bei der Druckmessung auftreten, ist die Erhellung der Menisken. Die von Chappuis angewandte Methode besteht darin, an die Oberfläche des Quecksilbers einen dunklen Punkt heranzubringen, bis sein im Quecksilber reflektiertes Bild im beobachtenden Fernrohr in einem sehr kleinen Abstand vom Punkte selbst erscheint. Da diese beiden Bilder sich zumeist berühren, ist es leicht, das Fadenkreuz des Mikrometers auf die Mitte zwischen ihnen einzustellen, genau auf den Punkt, wo das Bild von der reflektierenden Oberfläche entworfen würde. Um ein recht scharfes Bild des Punktes zu bekommen, ist es nützlich, ihn von hinten mit Hilfe eines durch einen vertikalen Spalt gehenden Strahlenbündels zu beleuchten. Der Punkt und sein Bild erscheinen dann schwarz auf hellem Hintergrund. Die Verwendung eines Fadens aus schwarzem Glase ist der einer Stahlspitze vorzuziehen, wegen der Unveränderlichkeit und der größeren Kantenschärfe.

Die Methode mit dem Faden kann nur in weiten Röhren mit Vorteil angewandt werden, wo die reflektierende Oberfläche des Quecksilbers, welche bei der Bilderzeugung mitwirkt, keine erhebliche Krümmung zeigt.

Der schädliche Raum. Er besteht aus gaserfülltem Raum 1. in dem Teil des Kapillarrohres, der nicht dieselbe Temperaturänderung erfährt, wie die Thermometerbirne, 2. in dem Stahlstück, das den Stöpsel bildet, der den geschlossenen Manometerschenkel abschließt; 3. in dem Manometerrohr zwischen dem Quecksilber und der horizontalen Ebene, in welcher das Stahlstück endigt. Dabei ist vorausgesetzt, daß das Quecksilber gerade die als Einstellmarke dienende Spitze berührt.

Das Volumen des Kapillarrohres ist durch Kalibrieren mit Quecksilber bestimmt; es wurde = 0,567 ccm gefunden. Da die Länge der Kapillaren 1 m beträgt, bleibt, wenn man von seinem Volumen das von 3 cm Rohrlänge abzieht, das sich auf derselben Temperatur wie der Behälter befindet, das sind 0,015 ccm, ein Volumen von 0,552 ccm.

Das Kapillarrohr sitzt mit einer Länge von 27 mm in dem Stahlstück, das als Abschluß dient. Die gesamte Dicke des letzteren ist 28,3 mm; daher beträgt die Kanallänge, die von dem Ende des Kapillarrohres und der unteren Fläche des Abschlusses begrenzt wird, 1,3 mm. Da sein Durchmesser 1,35 mm beträgt, ist das Volumen dieses Kanals 0,0019 ccm.

Der Raum, der von einem Querschnitt des Manometerrohres an der Spitze und der ebenen Fläche des Stöpsels eingeschlossen wird, ist 0,3126 ccm groß.

Um das ganze vom Gas eingenommene Volumen zu haben, muß man noch zu diesem Raum das Volumen des im Manometerrohr durch die Krümmung des Meniskus heruntergedrückten Quecksilbers hinzufügen. Für einen Radius dieses Rohres = 12,235 mm findet man für dieses Volumen 0,205 ccm.

Wir haben daher als gesamtschädlichen Raum die Summe folgender Volumina:

Volumen des Kapillarrohres	0,5520 ccm
Volumen des Kanals im Anschlußstück .	0,0019 „
Volumen des Manometerrohres zwischen Spitze und Ebene	0,3126 „
Volumen des heruntergedrückten Quecksilbers	0,2050 „
Gesamtschädlicher Raum	1,0715 ccm.

Berührt das Quecksilber nicht gerade die Spitze, so muß man zu diesem Werte 0,4772 ccm für jedes Millimeter Entfernung zwischen Spitze und Meniskusfläche hinzufügen.

Die Ausdehnung des Gefäßmetalles wurde nach der Fizeauschen Methode bestimmt, das Volumen hatte bei den verschiedenen Temperaturen folgende Werte:

-20^0	1,03846 Liter	60^0	1,04061 Liter
0^0	1,03899 „	80^0	1,04117 „
20^0	1,03926 „	100^0	1,04173 „
40^0	1,04007 „		

Die Änderung des Gefäßvolumens, verursacht durch Druckänderungen, wurde ebenfalls geprüft; für 1 mm Hg beträgt sie 0,02337 mm^3; oder:

für 0 mm	0 mm^3
„ 100 „	2,3 „
„ 200 „	4,7 „
„ 300 „	7,0 „
„ 400 „	9,3 „

Der Nullwert wurde von Zeit zu Zeit bestimmt, indem man das Gefäß auf die Temperatur des schmelzenden Eises brachte; er ist sogar nach Erhitzen auf 100^0 vollkommen konstant. Die Abweichung beträgt höchstens 0,03 mm für einen Druck von 995 mm.

Chappuis unternahm einen sehr sorgfältigen Anschluß von vier Quecksilberthermometern aus Hartglas mit Hilfe dieses Normalgasthermometers in einem Apparat vom Aussehen der Fig. 2, und diese Quecksilberthermometer stellen mit den nach ihnen angefertigten und verteilten Kopien heute die praktischen Temperaturnormalien im Intervall von -35^0 bis $+100^0$ C dar, mit einer Genauigkeit von ungefähr $0,002^0$ C.

Nach einer Diskussion der entwickelten Formel, wollen wir die Frage nach dem experimentellen Aufbau der Skala für hohe Temperaturen in Betracht ziehen, ein Problem, das eine große Zahl fähiger Forscher manche Jahre lang beschäftigt hat und welches bis jetzt keineswegs als endgültig gelöst gelten kann, da wie wir sehen werden, schwer zu beseitigende Unsicherheiten bei der Temperaturbestimmung noch vorhanden sind, wie z. B. 0,5° bis 500° C und etwa 20° bei 1600° C, nur verursacht durch experimentelle Schwierigkeiten.

Formeln und Korrektionen. Um die hauptsächlichen hervorzuheben, wollen wir als Beispiel einige der früheren Arbeiten mit Porzellangefäßen anführen. Wie wir später sehen werden, sind alle hier besprochenen Fehlerquellen in den neueren Arbeiten mit Quarz- und Metallgefäßen wesentlich verkleinert worden.

1. Thermometer mit konstantem Volumen. Wir müssen jetzt die im vorigen Kapitel gegebene Formel des Gasthermometers genauer gestalten, indem wir die Volumenänderung des Gefäßes berücksichtigen, ferner die umgebende Temperatur der Luft, welche die Dichte des Quecksilbers verändert, und endlich das Volumen des schädlichen Raumes.

Man hat dann 3 Beobachtungsreihen zu machen und eine bestimmte Temperatur zu messen:

$$P_0 V_0 = n_0 R T_0 \quad \ldots \ldots \quad (1)$$

$$P_{100} V_{100} = n_{100} R T_{100} \quad \ldots \ldots \quad (2)$$

$$P V = n R T \quad \ldots \ldots \quad (3)$$

Setzt man $T = \frac{1}{\alpha} + t$, so dient die erste und zweite Reihe dazu, $\frac{1}{\alpha}$ zu bestimmen.

Es ist, mit Ausnahme bei sehr genauen Untersuchungen, vorzuziehen, den Wert $\frac{1}{\alpha}$ aus früher erhaltenen Resultaten zu entnehmen und die Beobachtung bei 100° fortzulassen, außer wenn man so seine experimentelle Geschicklichkeit prüfen will.

Dividiert man die dritte Gleichung durch die erste, so erhält man die Beziehung:

$$\frac{P V}{P_0 V_0} = \frac{H \Delta V}{H_0 \Delta_0 V_0} = \frac{n R T}{n_0 R T_0} = \frac{n T}{n_0 T_0} \quad \ldots \quad (4)$$

wo H und H_0 die Quecksilberhöhen, Δ und Δ_0 die Dichten dieses Metalles bedeuten.

Für eine erste Annäherung kann man die Unterschiede zwischen V und V_0, n und n_0, Δ und Δ_0 vernachlässigen. Man bekommt dann einen Näherungswert T' für die gesuchte Temperatur

$$T' = \frac{1}{\alpha} \frac{H}{H_0} \quad \ldots \ldots \quad (5)$$

für $T_0 = \frac{1}{\alpha}$.

Wir wollen jetzt die Korrektion dT für T' aufsuchen, um die richtige Temperatur zu bekommen. Um sie zu finden, nehmen wir das logarithmische Differential von (4)

$$\frac{dT}{T'} = \frac{d\Delta}{\Delta_0} + \frac{dV}{V_0} - \frac{dn}{n_0} \quad \ldots \ldots \ldots \quad (6)$$

Dann bestimmen wir die Werte der verschiedenen Ausdrücke; sind t_1 und t_2 die absoluten Temperaturen der Umgebung, wenn das Gefäß auf den Temperaturen T' und T_0 ist, so ist

$$1.\quad \frac{d\Delta}{\Delta_0} = \frac{\Delta - \Delta_0}{\Delta_0};\ \Delta = \Delta_0\,[1 - k\,(t_2 - t_1)];$$

$$k = 0{,}000\,18.\quad \frac{d\Delta}{\Delta_0} = -\,0{,}000\,18\ (t_2 - t_1).$$

$$2.\quad \frac{dV}{V_0} = \frac{V - V_0}{V_0};\ V = V_0\,[1 + k'\,(T' - T_0)].$$

$$k'\ \text{(Porzellan)} = 0{,}0000\,135$$

$$\frac{dV}{V_0} = 0{,}0000\,135\ (T' - T_0)$$

unter Vernachlässigung der Gefäßänderungen durch Schwankungen des Druckes.

$$3.\quad -\frac{dn}{n_0} = \frac{x_2 - x_1}{n_0},$$

wenn man x_2 und x_1 die Anzahl von Molekülen nennt, die im schädlichen Raum ε bei den Temperaturen t_2 und t_1 enthalten sind. Man hat dann, wenn N die gesamte Masse im Apparat

$$n = N - x_2$$
$$n_0 = N - x_1$$
$$n - n_0 = -\,(x_2 - x_1).$$

Um x_1 und x_2 zu bestimmen, dient:

$$P_0\,\varepsilon = x_1\,R\,t_1,$$
$$P\,\varepsilon = x_2\,R\,t_2,$$

$$-\frac{dn}{n_0} = \frac{\varepsilon}{V_0}\left(\frac{P}{t_2} - \frac{P_0}{t_1}\right)\cdot\frac{T_0}{P_0}.$$

Beachtet man, daß

$$\frac{P}{P_0} = \frac{T'}{T_0},\ \text{so hat man}\ -\frac{dn}{n_0} = \frac{\varepsilon}{V_0}\left(\frac{T'}{t_2} - \frac{T_0}{t_1}\right).$$

Setzt man $t = \frac{t_1 + t_2}{2}$, $\Theta = \frac{t_2 - t_1}{2}$, so erhält man nach dem Einsetzen

$$\frac{dn}{n_0} = -\frac{\varepsilon}{V_0}\left(\frac{T' - T_0}{t} - \frac{\Theta}{t}\,\frac{T' + T_0}{t}\right).$$

Diese aufeinanderfolgenden Umwandlungen dienen dazu, um aus der Formel den Einfluß zu erkennen von:

1. Dem Verhältnis des schädlichen Raumes zum Gesamtvolumen:

$$\frac{\varepsilon}{V_0};$$

2. der gemessenen Temperatur: $T' - T_0$;

3. der Änderung der umgebenden Temperatur Θ;

welches die drei hauptsächlichen Faktoren sind, von denen die in Frage kommende Korrektion abhängt.

Formel (6) wird dann:

$$\frac{dT}{T'} = -0{,}00018\,(t_2 - t_1) + 0{,}0000\,135\,(T' - T_0)$$
$$- \frac{\varepsilon}{V_0}\left(\frac{T' - T_0}{t} - \frac{\Theta}{t} \cdot \frac{T' - T_0}{t}\right).$$

Wir wollen ein Zahlenbeispiel anführen, um die Wichtigkeit dieser Korrektionsglieder in den drei folgenden Fällen zu zeigen:

$$T' - T_0 = 500^0;$$
$$T' - T_0 = 1000^0;$$
$$T' - T_0 = 1500^0;$$

nimmt man

$$\frac{\varepsilon}{V_0} = 0{,}01;$$
$$t = 27^0 + 273^0 = 300^0;$$
$$2\,\Theta = 10^0;$$

so wird $dT_{500} = -1{,}4^0 + 5{,}15^0 + 13{,}1^0 = 16{,}85^0$,
$dT_{1000} = -2{,}3^0 + 17{,}0^0 + 38{,}2^0 = 52{,}9^0$,
$dT_{1500} = -3{,}2^0 + 35{,}9^0 + 90{,}0^0 = 122{,}7$.

Diese Zahlen zeigen den erheblichen Einfluß des schädlichen Raumes, dessen genaues Volumen sich nur sehr mühsam ermitteln läßt. Diese Betrachtungsweise der Korrektionsglieder mit logarithmischen Differentialen ist nur eine Annäherung und reicht für wirkliche Messungen nicht aus, ergibt aber in klarer Art die allgemeine Erörterung der Fehlerquellen.

Wir wollen betrachten, was für eine Unsicherheit in der Temperatur aus der Unsicherheit hervorgehen kann, mit der das Volumen des schädlichen Raumes bekannt ist. Tatsächlich gibt es einen kontinuierlichen Übergang von der hohen Temperatur des Pyrometers zur Temperatur der Umgebung auf einer Länge, die von 10 bis 30 cm schwanken kann, gemäß der Dicke der Ofenwände. Die Volumina der Birne und des schädlichen Raumes, die so gewählt sein sollten, daß die obigen Formeln gültig sind, müssen so beschaffen sein, daß der wirkliche Druck demjenigen Drucke gleich ist, der unter der Annahme herrschen würde, daß ein vollkommener und plötzlicher Temperatursprung an einem bestimmten gedachten Punkte vorhanden ist, der den heißen Teil des Apparates vom kalten trennt. Die wahrscheinliche Lage dieses Punktes wird geschätzt, und wenn die Schätzung angenähert gemacht ist, werden zwei Fehler zugelassen, der eine am wirklich erhitzten Volumen und der andere am schädlichen Raum, Fehler, die gleich und entgegengesetzt sind, so weit es das Volumen betrifft. Um diesen Fehler zu überschlagen, wollen wir wie im Falle der Korrektionen die Methode der logarithmischen Differentiale anwenden.

Nimmt man dieselbe Formel wie vorher, so findet man für den relativen Fehler $\frac{dT}{T}$:

$$\frac{dT}{T} = -\frac{dV}{V_0}\left(\frac{T'-T_0}{t} - \frac{\Theta}{t} \cdot \frac{T'-T_0}{t}\right)$$

und wenn man den zweiten Ausdruck der Klammer, welcher verhältnismäßig klein ist vernachlässigt,

$$\frac{dT}{T} = -\frac{dV}{V_0}\left(\frac{T'-T_0}{t}\right).$$

Jetzt soll der Querschnitt der Kapillaren 1 qmm sein, das Gefäßvolumen 100 cc; dann findet man unter der Annahme einer Unsicherheit von 100 mm in der Lage des Übergangspunktes, ein Wert, der oft nicht übertrieben ist, folgende Fehler bei den Temperaturen:

$$dT_{500} = 1{,}7^0.$$
$$dT_{1000} = 3{,}9^0.$$
$$dT_{1500} = 8{,}5^0.$$

Man sieht daraus, daß die Unsicherheit des Beginnes vom schädlichen Raum bei 1000⁰ einen Fehler von einigen Graden erreichen kann für eine Birne von 100 ccm.

Eine zweite Fehlerquelle liegt in der Massenänderung, die das Ein und Austreten von Gas begleitet. Wie vorhin haben wir

$$\frac{dT}{T} = -\frac{dn}{n_0}.$$

Nehmen wir als Beispiel die Versuche von Crafts. In der Stunde tritt bei 1350⁰ in eine Porzellanbirne von 100 ccm 0,002 g Wasserdampf ein, oder 0,225 Milligrammoleküle; das anfängliche Volumen, das beim Versuchsbeginn eingeschlossen war, beträgt 4,5 Milligrammoleküle.

$\frac{dT}{T} = \frac{0{,}225}{4{,}5} = 0{,}05$, was zu einem Fehler von $dT_{1350^0} = 70^0$ (ungefähr) für einen Versuch von einer Stunde Dauer führt.

Diese Überlegung zeigt deutlich den großen Fehler, der durch das Eindringen eines außen befindlichen Gases im Lauf einer Stunde entstehen kann, einer Zeitdauer von viel geringerem Betrage, als der eines gewöhnlichen Versuches. Es ist wahr, daß der Fehler mit der Höhe der Temperatur stark zurückgeht, und er ist wahrscheinlich bei $1000^0 =$ Null, wenn kein Sprung in der Glasur vorhanden ist.

2. **Thermometer mit konstantem Druck.** Wir wollen darauf dieselbe Formel (4) anwenden:

$$\frac{H \Delta V}{H_0 \Delta_0 V_0} = \frac{n R T}{n_0 R_0 T_0}, \text{ welche in erster Näherung ergibt: } \frac{T'}{T_0} = \frac{n_0}{n}.$$

Nennt man t_1 und t_2 die absoluten Temperaturen der Umgebung, welche T_0 und T_1 entsprechen, u_1 und u_2 die entsprechenden Volumina des schädlichen Raums und des Gefäßes, so hat man zur Bestimmung von n und n_0 die Beziehungen:

$$n_0 = N - x_1 = \frac{H_0 \Delta_0 V_0}{t_2 . t_1}$$

$$n = N - x_2 = n_0 - (x_2 - x_1); \; x_2 = \frac{H \Delta u_2}{R t_2}; \; x_1 = \frac{H_0 \Delta_0 u_1}{R t_1}.$$

Wie vorher ist an dem Näherungswert T' für die Temperatur eine Korrektion anzubringen, die so erhalten wird:

$$\frac{dT}{T'} = \frac{dH}{H_0} + \frac{d\Delta}{\Delta_0} + \frac{dV}{V_0}, \text{ bei welchem Ausdruck}$$

die Werte der Einzelglieder bekannt sind.

Wir wollen jetzt die Fehlerquellen und ihren Einfluß erörtern.

Der Fehler, welcher der Unsicherheit in der Grenze zwischen dem heißen und kalten Volumen entspringt, ist:

$$\frac{dT}{T'} = \frac{dn_0}{n_0} - \frac{dn}{n} = \frac{dn}{n_0}\left(1 - \frac{T'}{T_0}\right) = -\frac{dn_0}{n_0}\left(\frac{T' - T_0}{T_0}\right).$$

Setzen wir, wie oben,

$$\frac{dn_0}{n_0} = \frac{1}{1000},$$

so finden wir

$$dT_{500} = 1{,}5^0.$$
$$dT_{1000} = 5{,}0^0.$$
$$dT_{1500} = 9{,}3^0.$$

Danach sind die Fehler, die dieser Ursache entspringen, noch größer als bei der Methode mit konstantem Volumen.

Um die Korrektion für den schädlichen Raum genau anzubringen, kann man die Methode des Regnaultschen Kompensators anwenden, wie in der Arbeit von Sainte-Claire-Deville und Troost; derselbe erlaubt die Meßapparate in eine beträchtliche Entfernung vom Ofen aufzustellen, was die Versuche erleichtert.

Wir wollen jetzt den Fehler, der durch den Eintritt äußerer Gase bewirkt wird, prüfen:

$$\frac{dT}{T'} = \frac{dn}{n} = \frac{dn_0}{n_0} \frac{T}{T_0}.$$

Für den Versuch von Crafts würde der Fehler 413° anstatt 70° betragen, wenn das Gefäß beim Beginn des Versuchs unter Atmosphärendruck gefüllt ist.

Es ist daher klar, daß unter jedem Gesichtspunkt die Methode mit konstantem Volumen genauer ist, als die mit konstantem Druck. Das Fehlen der Undurchlässigkeit der Gefäßwandung war das einzige Hindernis für die Anwendung der ersteren bei früheren praktischen Arbeiten.

3. **Volumenometrische Thermometer.** Das Volumenometer Becquerels verlangt nicht die Unveränderlichkeit der Gasmasse während der Versuchsdauer. Die Methode besteht in der Messung der Druckänderung, die von einer gegebenen Änderung der im Gefäß eingeschlossenen Gasmasse herrührt. Becquerel benutzte sehr kleine Änderungen der Masse. Die Druckänderungen sind dann ebenfalls klein, was die Genauigkeit der Messungen herabsetzt.

Es bietet aber theoretisch keine Unbequemlichkeit ein absolutes Vakuum herzustellen, oder, was praktisch einfacher ist, die Verdünnung zu benutzen, wie sie durch eine Wasserstrahlpumpe geliefert wird, wie das durch Mallard und Le Chatelier geschehen ist; dieses vermehrt die Genauigkeit beträchtlich. Wenn die Verdünnung vollständig ist gilt die Beziehung:

$$\frac{PV}{RT'} = n = \frac{P_0 u_0}{RT_0},$$

u_0 ist das Gefäßvolumen für die Temperatur der Umgebung T_0. Sind die beiden Volumina unter Atmosphärendruck gefüllt, $P = P_0$ so wird

$$\frac{T'}{T_0} = \frac{u}{V}.$$

Zwei Korrektionen sind anzubringen: die eine wegen der Ausdehnung der Hülle, die andere wegen der Differenz zwischen P und P_0, wenn die Verdünnung mit einer Wasserstrahlpumpe erzeugt ist.

$$\frac{dT}{T'} = \frac{dP}{P} + \frac{dV}{V};$$

im allgemeinen liegt dP in der Gegend von 15 mm Hg, welches $\frac{dP}{P} = 0{,}02$ ergibt.

Ferner

$$\frac{dV}{V} = 0{,}0000135\ (T' - T_0)$$

$$\frac{dT}{T'} = -0{,}02 + 0{,}0000135\,(T' - T_0).$$

Rechnet man diese Korrektion für verschiedene Temperaturen aus, so bekommt man

$$dT_{500} = -10{,}4^0,$$
$$dT_{1000} = -8{,}5^0,$$
$$dT_{1500} = -0{,}35.$$

Wir wollen jetzt den Fehler überlegen, welcher aus der Unsicherheit der Lage der Trennungslinie zwischen dem warmen und kalten Teil des Apparates entspringt; er ist überdies der einzige noch ausstehende

$$\frac{dT}{T'} = \frac{dV}{V}.$$

Ziehen wir wie oben die Grenze enger, auf $^1/_{1000}$, so daß $\frac{dT}{T'} = \frac{1}{1000}$, so führt das auf $dT_{500} = 0{,}77^0$; $dT_{1000} = 1{,}27^0$; $dT_{1500} = 2{,}77^0$.

Vom Gesichtspunkt aus diese Fehlerquellen zu verkleinern, ist diese Methode den anderen vorzuziehen, sie scheint aber den theoretischen Nachteil zu besitzen, nicht auf die thermodynamische Skala zurückführbar zu sein.

Diese ganze Erörterung der Fehlerquellen bei den Temperaturmessungen hat nur den Zweck eine Bestimmung der Temperatur des verwendeten Pyrometers zu bekommen; aber diese Temperatur ist selbst nicht der eigentliche Gegenstand der Messungen; sie ist nur eine Zwischenstufe um zur Kenntnis der Temperatur bestimmter anderer Körper zu gelangen, von denen angenommen wird, daß sie mit dem Pyrometer im thermischen Gleichgewicht sind. Nun ist dieses Gleichgewicht außerordentlich schwierig zu verwirklichen und es ist sehr oft der Fall, daß man keineswegs über den Grad der Genauigkeit sicher ist, mit der es hergestellt ist. Hier ist also eine Fehlerquelle, die sehr wichtig bei Temperaturmessungen, besonders bei hohen Temperaturen ist, bei denen die Strahlung von großer Bedeutung wird. Innerhalb einer Hülle, deren Temperatur nicht gleichförmig ist, können sehr erhebliche Temperaturdifferenzen zwischen benachbarten Teilen vorhanden sein. Dies trifft für die meisten Öfen zu. Man kann nicht eindringlich genug auf das Vorhandensein dieser Fehlerquelle hinweisen, mit deren Gegenwart sich allzu viele Forscher nicht genügend beschäftigt haben.

Substanz des Gefäßes. Einer der wichtigsten Punkte, die man in Erwägung ziehen muß, ist die Auswahl der Substanz, aus der das Gefäß bestehen soll; es ist nötig seine Ausdehnung zu kennen, wegen seiner Volumenänderung unter dem Einfluß der Hitze; auch muß man sicher sein über seine Undurchlässigkeit für Gase unter Druck.

Folgende Substanzen sind bis zu den letzten Zeiten zur Herstellung dieser Gefäße benutzt worden: Platin und seine Legierungen, Iridium, Eisen, Porzellan, Glas und geschmolzener Quarz.

Platin wurde trotz seines hohen Preises von Pouillet und Becquerel angewandt; es hat vor Eisen den Vorzug nicht oxydierbar zu sein, vor Porzellan nicht zerbrechlich zu sein. Sein Ausdehnungskoeffizient wächst linear mit der Temperatur.

Mittlerer linearer Ausdehnungskoeffizient	
zwischen 0^0 und 100^0	zwischen 0^0 und 1000^0
0,000 007;	0,000 009.

Im Laufe einer bekannten Streitigkeit zwischen H. Sainte-Claire-Deville und E. Becquerel, entdeckte der erstere dieser Gelehrten, daß Platin sehr durchlässig für Wasserstoff sei, ein Gas, das häufig in Flammen an Punkten vorkommt, wo die Verbrennung nicht vollkommen ist. Zum Unglück wurde Platin infolgedessen vollkommen vermieden. Man kann in sehr vielen Fällen von der Abwesenheit von Wasserstoff überzeugt sein, und die sehr genauen Untersuchungen von Randall zeigten, daß rot glühendes Platin für alle Gase außer für Wasserstoff vollkommen undurchlässig ist, sogar bei Vakuum innerhalb des Apparates. Bei elektrischer Heizung besteht keine Gefahr, daß Metallgefäße durch Ofengase angegriffen werden, wie man es bei früheren Beobachtern fürchten mußte, die andere Erhitzungsmethoden anwandten.

Legiert man Platin mit Iridium oder Rhodium, so festigt sich das Gefäß sehr, und Chappuis verwandte daher eine Platin-Iridium-Birne von einem Liter Fassungsvermögen bei seinen Untersuchungen über die normale Gas-Skala; und bei den späteren Untersuchungen von Holborn und Day in der Reichsanstalt, bei der Vergleichung von Thermoelementenangaben mit der Stickstoffskala bis zu 1150^0 C, ersetzten Gefäße aus diesem Material das Porzellan mit großem Vorteil. Legierungen mit 10 und 20% Iridium wurden angewandt und ergaben ein äußerst hartes Gefäß, und bei einer Dicke der Wandung von nur 0,5 mm erhielt man keine erhebliche Formänderung, nachdem man dasselbe den erheblichen Drucken unterworfen hatte, die bei dem Gasthermometer mit konstantem Volumen bei hohen Temperaturen erforderlich werden. Die Legierung ist ebenso undurchlässig für Stickstoff, muß aber vor reduzierenden Gasen und Silikaten bei hoher Temperatur geschützt werden.

Holborn und Day bestimmten ebenfalls die Ausdehnungskoeffizienten von Platin und von andern Metallen, Legierungen und von Porzellan.

Für Platin und Platin-Iridium fanden sie:

Platin: $\lambda \,.\, 10^9 = 8868\,t + 1{,}324\,t^2$ von 0^0 bis 1000^0;

80 Pt 20 Ir: $\lambda \,.\, 10^9 = 8198\,t + 1{,}418\,t^2$ von 0^0 bis 1000^0.

Diese Bestimmungen wurden an Stäben von ungefähr 50 cm Länge in einem sehr sorgfältig gebauten Komparator mit elektrischer Heizung vorgenommen. Die Gleichmäßigkeit der Ausdehnung des Platins wird durch die Tatsache gezeigt, daß Benoits Bestimmung nach der Fizeauschen Methode im Intervall 0^0 bis 80^0 ergab.

$$\lambda \,.\, 10^9 = 8901\,t + 1{,}21\,t^2.$$

So daß in diesem Falle eine Extrapolation von über 900^0 zu keinem erheblichen Fehler führt.

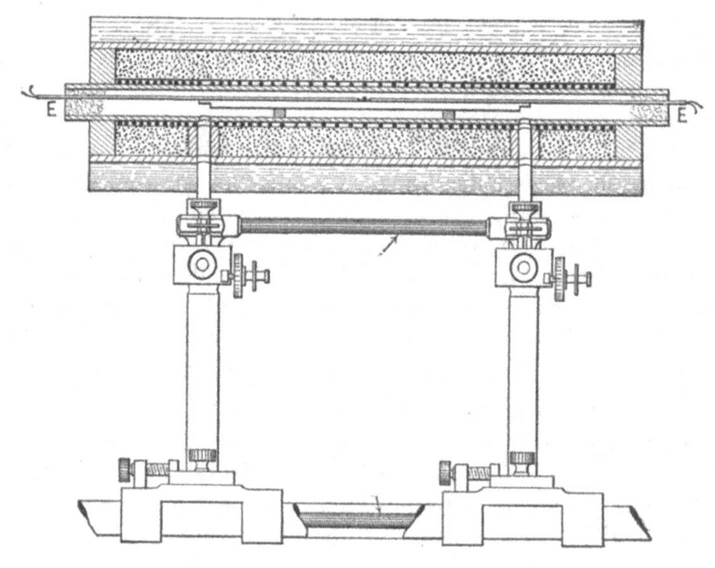

Fig. 4.
Apparat für lineare Ausdehnung.

Day und Sosman haben am Geophysical Laboratory der Carnegie Institution mit einem verbesserten Apparat (Fig. 4), ähnlich demjenigen von Holborn und Day die Ausdehnung von Platinlegierungen gemessen, welche 10 Prozent (10,6 nach der Analyse) Iridium bzw. 20% Rhodium enthielten; Legierungen, die sie zu Gasthermometergefäßen benutzten.

90 Pt . 10 Ir: $\lambda \,.\, 10^9 = 8841\,t + 1{,}306\,t^2$ von 300^0 bis 1000^0 C,

80 Pt . 20 Rh: $\lambda \,.\, 10^9 = 8790\,t + 1{,}610\,t^2$ von 300^0 bis 1400^0 C.

Es ist wichtig zu bemerken, daß nach diesen Messungen der Ausdehnungskoeffizient einer Platinlegierung von dazwischenliegender Zusammensetzung nicht durch einfache Interpolation vorausgesagt werden kann; deshalb sollte bei jeder neuen Arbeit der wirkliche Koeffizient bestimmt werden. Holborn und Valentiner finden nach einer weniger genauen Methode indessen, daß die oben angeführte Ausdehnungsformel für 80 Pt . 20 Rh bis zu 1600° ohne erheblichen Fehler angewendet werden kann. Die Rhodium-Legierung des Platins wurde im Geophysical Laboratory an die Stelle des Iridiums für das Material der Gasthermometer-Birnen gesetzt, weil man fand, daß die Stäubung des Iridiums aus den Legierungen sehr wirksam die Drähte der Thermoelemente verdarb, besonders in den kälteren Teilen derselben und so die Werte für die EMK. änderte. Die Rhodiumlegierung ist weniger gefährlich in dieser Beziehung.

Iridium. Nur eine Reihe von Messungen ist mit einem Iridiumgefäß angestellt worden, nämlich diejenige von Holborn und Valentiner; während sie Resultate zu ergeben scheint, die mit denen eines Gefäßes aus einer Legierung vergleichbar sind, ist es doch wahrscheinlich aus oben angeführtem Grunde besser ein Gefäß aus 80% Pt . 20% Rh zu benutzen. Das Iridium ist außerdem, abgesehen davon, daß es bei hoher Temperatur sehr stark stäubt, sehr brüchig. Sie finden für das Iridium bis zu 1600° den Ausdehnungskoeffizienten

$$\lambda . 10^9 = 6697\,t + 1{,}158\,t^2.$$

Eisen hat nur einen ersichtlichen Vorteil, nämlich seine Wohlfeilheit; es ist ebenso durchlässig für Wasserstoff, wie das Platin; es ist nicht sehr oxydierbar in der Luft, wird hingegen von Kohlensäure und Wasserdampf angegriffen. So ist das einzige Gas, welches mit Eisen angewandt werden kann, der reine Stickstoff, und auch das ist fraglich. Der Ausdehnungskoeffizient von Eisen ist größer und steigt schneller an, als der des Platins.

Linearer Ausdehnungskoeffizient	
zwischen 0° und 100°	zwischen 0° und 1000°
0,000 012,	0,000 015.

Der Zuwachs ist also nicht gleichmäßig; bei 850°, dem Umwandlungspunkte in die allotropische Modifikation tritt eine plötzliche Längenänderung, eine Zusammenziehung von 0,25% ein.

Es ist sehr schwer, das Eisen rein zu bekommen; sehr kleine Mengen von Kohlenstoff ändern etwas den Wert des Ausdehnungskoeffizienten. Außerdem ist die Zustandsänderung von Stahl bei 700° entsprechend der Rekaleszenz beim Erwärmen von einer linearen Zusammenziehung begleitet, die mit dem Wert des vorhandenen Kohlenstoffs sich ändert, von 0,05 bis 0,15%.

Eisen kann deshalb für eine Arbeit von irgend welcher Genauigkeit nicht ernstlich in Frage kommen, und da der einzige Grund, weshalb man mit dem Gasthermometer überhaupt arbeitet, derjenige ist, die größtmögliche Genauigkeit zu erlangen, sollte man für ein Gefäß keine Substanz verwenden, die irgend welche wirklichen Fehler zeigt.

Porzellan wurde als Resultat einer Erörterung zwischen H. Sainte-Claire-Deville und Becquerel eingeführt, es wurde als wirklich undurchlässig angesehen, aber ohne entscheidende Versuche.

Auch gut gebranntes Porzellan besteht aus einer etwas porösen und durchlässigen Masse; es ist nur die Glasur, die seine Undurchdringlichkeit gewährleistet. Aber dieser Überzug kann manchmal nicht ganz heil sein; da er oberhalb 1000° weich wird, ist er für Sprünge empfänglich, wenn man ihn eine beträchtliche Zeit mit einem Überdruck innerhalb des Apparates stehen läßt. Nach Holborn und Wien bricht die Glasur, nachdem sie auf 1100° gekommen ist, wenn eine erhebliche Druckdifferenz in der Richtung des Abhebens dieser Glasur besteht.

Endlich gibt Porzellan, wie alle Gläser, Gase ab, und zwar besonders Wasserdampf, welcher ganz schnell hindurchwandert. Ein Pyrometer daraus, welches lange in der Flamme bei ungefähr 1200° gehalten wird, wird mit Wasserdampf gefüllt, den man sich nach einigen Wochen im Manometer kondensieren sehen kann.

Die Versuche von Crafts haben bewiesen, daß die Geschwindigkeit des Hindurchtretens von Wasserdampf durch Porzellan in einem Pyrometer von 60 bis 70 ccm Kapazität bei der Temperatur von 1350° . 0,002 g Wasserdampf pro Stunde betrug.

Es ist infolgedessen nicht sicher, das Porzellan für Temperaturen über 1000° zu verwenden, wenigstens nicht bei den thermometrischen Prozessen, welche die Unveränderlichkeit der Gasmasse voraussetzen.

Die Ausdehnung von Porzellan ist Gegenstand einer großen Anzahl von Messungen gewesen, welche auch für Porzellan von sehr verschiedener Herkunft Werte geliefert haben, die nahe beieinander liegen; der mittlere lineare Koeffizient zwischen 0° und 1000° schwankt zwischen 0,0000045 und 0,000 005 für hartes Porzellan — d. h. wenn es lange Zeit bei einer Temperatur in der Gegend von 1400° gebrannt worden ist.

Im folgenden sind die Versuchsresultate von Le Chatelier und von Coupeaux angeführt; die Versuche wurden angestellt mit Porzellanstäben von 100 mm Länge, und die Zahlen ergeben die Verlängerung dieser Stäbe in mm an.

Porzellan	Temperaturen					
	0°	200°	400°	600°	800°	1000°
Bayeux	—	0,075	0,166	0,266	0,367	0,466
Sèvres dure (cuite à 1400°) . . .	—	0,078	0,170	0,270	0,360	0,470
Limoges	—	0,076	0,168	0,268	0,390	0,465
Sèvres nouvelle (cuite à 1400°) . .	—	0,090	0,188	0,290	0,378	0,490

Diese Werte muß man mit 3 multiplizieren, um die kubische Ausdehnung zu erhalten.

Porzellan hat noch einen anderen Nachteil; die Glasur ist gewöhnlich nur auf der Außenseite der Gefäße angebracht, so daß die Porosität der Masse eine Unsicherheit liefert, die der ungleichen Absorption von Gasen bei zunehmenden Temperaturen entspringt.

Nach Barus ist es nicht möglich ein Pyrometer mit trockener Luft zu füllen und zwar bei gewöhnlicher Temperatur, wenn es nicht innen glasiert ist. Das Wasser wird nicht durch mehrmaliges Auspumpen und Verwahren in trockener Luft ausgetrieben. Ein auf diese Weise gefüllter Apparat zeigt zwischen dem schmelzenden Eise und siedendem Wasser von 150^0 bis 200^0 an. Auch ist die Füllung des Apparates bei 100^0 noch nicht ausreichend; er zeigt 115^0 für das gleiche Intervall von 100^0. Barus meint, daß man bei 400^0, wenn man den Vorgang einige Male wiederholt hat, annehmen kann, daß der Apparat mit trockener Luft gefüllt ist.

Die Verwendung von Porzellangefäßen ist bei einigen neueren pyrometrischen Untersuchungen von großer Bedeutung die Ursache von vorhandenen Unterschieden bei der Bestimmung von Fixpunkten in der Pyrometrie gewesen, wie z. B. beim Schwefelsiedepunkt, Unterschiede, die hauptsächlich auf die Unsicherheit in dem Ausdehnungskoeffizient der einzelnen Proben des angewandten Porzellans zurückzuführen sind.

Die Arbeiten von Chappuis, Tutton, Bedford und von Holborn, Day und Grüneisen haben gezeigt, daß die Ausdehnung von Porzellan anomal verläuft, und daß man deshalb eine Extrapolation für den Koeffizienten nicht mit Sicherheit über nur 100 Grade für die genauesten Arbeiten vornehmen darf. Es tritt immer bei einem Thermometer mit konstantem Volumen eine Formänderung der Gefäße von unsicheren und unregelmäßigen Werten auf, die ausreichend ist um die Resultate bei Temperaturen, die so niedrig wie 500^0 C sind, zweifelhaft zu gestalten, und Holborn und Day waren nicht in der Lage, mit Porzellangefäßen irgend eine beträchtliche Genauigkeit bei 1000^0 C zu erhalten, so daß sie es schließlich verwarfen.

Sie fanden für die Ausdehnung von Berliner Porzellan

$$\lambda . 10^9 = \{ 2954\, t + 1{,}125\, t^2 \} \text{ von } 0^0 \text{ bis } 1000^0,$$

aber dieser Wert ist zu hoch für Temperaturen unter 250^0, wie von Chappuis angegeben wurde; und Holborn und Grüneisen haben gezeigt, daß oberhalb 700^0 C eine beträchtliche Änderung in den Koeffizienten eintritt, indem die Ausdehnung bei höheren Temperaturen schneller ansteigt.

Es dürfte wahrscheinlich nicht der Mühe wert sein, weitere pyrometrische Messungen mit Porzellangefäßen vorzunehmen, da es möglich ist ihre Verwendung zu umgehen.

Glas kann oberhalb 550^0 C nicht benutzt werden, aber bis zu 500^0 C kann es mit Vorteil das Porzellan ersetzen, wenn Jenaer Borosilikatglas 59 III verwendet wird, da die Formänderung nach dem Erhitzen etwas weniger groß und mehr gleichförmig ist. Der Ausdehnungskoeffizient dieses Glases, wie er in Form von Kapillarröhren von Holborn und Grüneisen gemessen worden ist, beträgt

$$\lambda . 10^9 = 5833\, t + 0{,}882\, t^2.$$

Dieses Glas wurde von Holborn und Henning im Jahre 1911 bis zu 450^0 mit den Gasen Stickstoff, Wasserstoff und Helium gebraucht, für deren letzteres es ein wenig durchlässig ist.

Jenaer Glas 16 III wurde von Eumorfopoulos bis zu 445^0 C gebraucht. Sein Ausdehnungskoeffizient im Ausdruck des Wertes von Callendar und Moss für die absolute Ausdehnung des Quecksilbers bis zu 300^0 beträgt

$$\{ 2385 + 1{,}31 \ (t - 100) \}\, 10^{-8},$$

und ist erhalten unter Verwendung der Thermometerbirne als Quecksilber-Gewichtsthermometer bei 0^0, 100^0 und 184^0. Dieses Glas hat eine störende Nachwirkung am 0-Punkt.

Einige Untersuchungen sind sowohl unter Anwendung des Thermometers mit konstantem Druck als auch mit konstantem Volumen mit Glasgefäßen bis auf 500^0 ausgedehnt worden.

Quarzglas kann man im amorphen oder geschmolzenen Zustand jetzt in Gefäßform von einigen 100 ccm Fassungsvermögen beziehen, dank mancher Versuche, die mit Erfolg in den Werkstätten von Heraeus und Siebert und Kühn durchgeführt worden sind. Die chemischen und physikalischen Eigenschaften hinsichtlich seiner Verwendung zur Pyrometrie sind von manchen Forschern geprüft worden, wobei besonders Shenstone ein Vorkämpfer für seine Verwendung für Thermometergefäße war. Glasierte Quarzgefäße scheinen einer Formänderung bis zu ziemlich hohen Temperaturen zu widerstehen, während die obere Grenze, wenn innen Vakuum ist, nicht weit von 1300^0 C entfernt liegt. Die Substanz ist nahezu weich bei 1500^0.

Geschmolzener Quarz oder Quarzglas wird durch Alkalien angegriffen und die geringsten Spuren von solchen, wie sie vom Anfassen kommen, können schaden, wenn die Erhitzung sehr hoch hinaufgeführt wird. Schwache Säuren und neutrale Salze sind ohne Einfluß, wie von Mylius gezeigt wurde, aber bei hoher Temperatur greifen alle Oxyde dasselbe an. In einer Porzellanröhre erhitzt, oder auch für sich bis zu Temperaturen oberhalb 1100^0 C verliert der Quarz eine Durchsichtigkeit, wird sprüngig und geht in kristallinische Struktur (Tridymit) über, die leicht beim Berühren in der Kälte abblättert. Wasserdampf beschleunigt auch in geringen Mengen diesen Vorgang. Moissan hat gezeigt, daß er sich leicht in einem Bleibad oberhalb 1100⁰ C löst und noch viel leichter in Zink. Villard wies nach, daß er für Wasserstoff durchlässig ist, aber weniger noch als Platin, nur scheint er keine anderen Gase zu okkludieren. Er ist ebenfalls sehr durchlässig für Helium. Travers und Jaquerod finden auch, daß Quarz durch Wasserstoff bei hoher Temperatur reduziert wird.

Sein großer Vorteil für die Gasthermometrie ist das Fehlen einer Formänderung und sein außerordentlich kleiner Ausdehnungskoeffizient, ungefähr $^1/_{17}$ desjenigen von Platin, oder genauer nach den Bestimmungen von Holborn und Henning mit einem Komparator

$$\lambda . 10^9 = 540\,t \text{ von } 6^0 \text{ bis } 1000^0.$$

Scheel findet mit einem Apparat nach Fizeau

$$\lambda . 10^9 = 322\,t + 1{,}47\,t^2 \text{ zwischen } 0^0 \text{ und } 100^0,$$

wo die Kurve denselben Charakter hat, wie für Metalle. Es steht aber die Konstanz dieses Koeffizienten in Frage.

Beim Arbeiten bei 1000^0 C wird die Ausdehnungskorrektion von ungefähr 20^0 für Porzellan oder Platin auf ungefähr 1^0 reduziert, ihre Unsicherheit wird daher vernachlässigbar und läßt eine große Zunahme der Genauigkeit zu. Quarzglas wurde mit Vorteil von Jaquerod und Perrot als Thermometergefäßsubstanz beim Goldschmelzpunkt mit mehreren Gasen angewendet. Es kann nicht ausschließlich als Hülle dienen, besonders nicht bei Temperaturen, die weit über 1100^0 C liegen, wegen der oben angegebenen Gründe.

Ältere Untersuchungen. Wir wollen jetzt auf die Versuche der verschiedenen Forscher eingehen und wollen sehen, in welchem Grade die Bedingungen für die Genauigkeit, wie sie im Laufe dieses Berichtes angegeben sind, verwirklicht worden sind.

Pouillet. Pouillet war der erste, welcher das Luftthermometer für die Messung hoher Temperaturen verwandte; er erhielt für seine Zeit sehr gute Werte.

Fig. 5.
Pouillets Thermometer.

Sein Pyrometer war aus einem Platingefäß hergestellt, eiförmig von 60 ccm Fassungsvermögen, mit welchem mittels Goldlot eine Platinkapillare von 25 cm Länge verbunden war; in demselben Querschnitt, fortgesetzt wie diese, lag eine andere von Silber von derselben Länge, die mit dem Manometer verbunden war. Die Verbindung der Platin- und Silberröhren war mittels eines Metallüberwurfs hergestellt. Der schädliche Raum besaß so ein Volumen von 2 ccm.

Das Manometer war aus 3 Glasröhren aufgebaut, die am unteren Ende in ein Metallstück eingebettet waren; das erste Rohr, das als Meßrohr diente, war in Kubikzentimeter eingeteilt, das zweite bildete das Manometer zum genäherten Ablesen und das dritte diente dazu um den Apparat zu füllen.

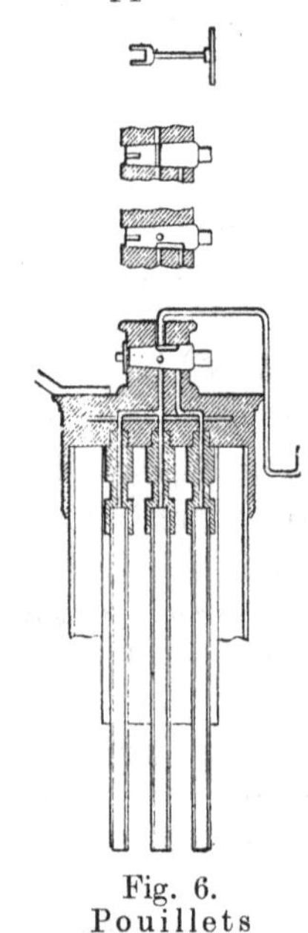

Fig. 6. Pouillets Manometer.

Ein zweckmäßig angebrachter Hahn erlaubte die Änderung der im Apparat enthaltenen Quecksilbermenge. (Fig. 6.) Das Prinzip dieses Apparates ist das gleiche, wie das des neueren Regnault-Manometers; dieses letztere unterscheidet sich von dem Pouilletschen Manometer nur durch Unterdrückung des dritten Rohres, welches durch eine Flasche ersetzt ist, die mit dem Füllhahn durch einen Gummischlauch verbunden ist.

Pouillets Bestimmungen der Schmelzpunkte sind folgende

Gold	*1180*°	(um 115° zu hoch),
Silber	*1000*°	(um 40° zu hoch),
Antimon	*432*°	(zu niedrig um 200°),
Zink	*423*°	(gut).

Ed. Becquerel. Dieser Gelehrte nahm die Arbeit von Pouillet mit demselben Apparat wieder auf und setzte sie fort. Am Ende einer Diskussion mit H. Sainte-Claire-Deville über die Frage der Durchlässigkeit des Platins, nahm er der Reihe nach Pyrometer aus Eisen und Porzellan in Gebrauch. Die mit Platin erhaltenen Resultate scheinen aber bei weitem die besten zu sein.

	Pyr. aus Pt.	Pyr. aus Porzellan
Siedepunkt von Zink	*930*° (gut),	*890*°,
Schmelzpunkt von Silber	*960*° (gut),	*916*°,
Schmelzpunkt von Gold	*1092*°,	*1037*°.

Die Zahlen für Gold weichen untereinander selbst um ungefähr 25° ab.

Versuche von H. Sainte-Claire-Deville und Troost. Die beiden haben nach ihrer Diskussion mit Becquerel zahlreiche Versuche mit dem Porzellan-Luftthermometer angestellt; sie erhielten sehr auseinandergehende Resultate, welche sie zurzeit noch nicht veröffentlicht haben.

Sie setzten ihr größtes Vertrauen auf die Bestimmungen, die sie mit Hilfe des Joddampfes machten (wir werden hiervon später reden); als dann die Ungenauigkeit dieser Methode herausgefunden war, machten sie die Resultate bekannt, die sie für den Siedepunkt des Zinks erhalten hatten.

Sie wandten einen Graphittiegel mit einer Kapazität von 15 g Zink an; das Metall wurde neu nachgefüllt in dem Maße, wie es verdampfte.

Der Tiegel wurde in einem mit Kohle gefüllten Ofen aufgestellt. Um das Pyrometer war eine Hülle aus feuerfestem Ton aufgebaut, aber dieser Aufbau war ganz unzureichend um die durch die Strahlung bewirkten Fehler zu vermeiden. Dieselben Messungen wurden mit verschiedenen Gasen wiederholt. Die Zahlen, die für den Zinksiedepunkt erhalten wurden, liegen zwischen 916° und 1079° und scheinen eine Funktion der Natur des Gases zu sein, die man nicht ausdrücken kann.

Violle. Veranlaßt durch H. Sainte-Claire-Deville, den seine aufeinanderfolgenden Fehler in die Schwierigkeiten des Problems eingeweiht hatten, machte Violle eine Reihe von Messungen, die lange Zeit unter die besten gehörten. Er gebrauchte ein Porzellanthermometer und arbeitete in gleicher Weise mit konstantem Druck und konstantem Volumen. Die Übereinstimmung der beiden Zahlen zeigt, ob die Masse konstant geblieben ist; dies ist ein Äquivalent zu der volumetrischen Methode von Becquerel.

Der hauptsächlichste Einwand, den man gegen diese Beobachtungen erheben kann, betrifft die Unsicherheit der Temperaturgleichheit des Pyrometers und des beobachteten Stoffes neben dem Normal; in dieser Hinsicht sind aber diese Versuche, die in einem Perrotofen vorgenommen worden sind, befriedigender als diejenigen, die in den früher angewandten Kohleöfen gemacht wurden.

1. Eine erste Reihe von Bestimmungen galt der spezifischen Wärme des Platins. Eine Platinmasse von 423 g wurde in einem Perrotofen längsseits des Pyrometers aufgestellt, und wenn sie im Zustand des Temperaturgleichgewichtes sich befand, wurde sie entweder direkt in Wasser oder in einen oben offenen Platintiegel getaucht, in der Mitte des Kalorimeterwassers befindlich. In einem Fall wurde der Versuch in wenigen Sekunden angestellt; in einem andern dauerte er 15 Minuten, und die Korrektion betrug gegen 0,3° auf 10°; die Ergebnisse aber stimmten überein. Bei 787° ergaben zwei Versuche 0,0364 und 0,0366; Mittel 0,0365.

Bei 1000° wurden 12 Versuche nach der Methode des Eintauchens gemacht; die gefundenen Zahlen schwanken von 0,0375 bis 0,0379, Mittel 0,0377.

Nahe bei 1200° wurden die Messungen mit konstantem Druck und konstantem Volumen gemacht

Temperatur bei konstantem Vol.	Temperatur bei konstantem Druck	Mittel	Spezifische Wärme von Platin
1171°	1165°	1168°	0,0388°
1169°	1166°	1168°	0,0388°
1195°	1192°	1193°	0,0389°

Die mittlere spezifische Wärme kann nach diesen Beobachtungen durch die Formel dargestellt werden

$$C_o^t = 0{,}0317 + 0{,}000006 \, . \, t,$$

und die wirkliche spezifische Wärme durch

$$\frac{dq}{dt} = 0{,}0317 + 0{,}000012 \, . \, t.$$

Violle benutzte diese Bestimmungen um durch Extrapolation den Schmelzpunkt des Platins zu bestimmen, den er bei 1779° fand. Er maß dazu die von 1 g festen Platins von seinem Schmelzpunkt bis zu 0° abgegebene Wärmemenge. Hierzu wurde eine bestimmte Menge von Platin geschmolzen, in welches eine Drahtspirale desselben Metalles eingetaucht wurde, und in dem Augenblicke, in dem die Badoberfläche fest wurde, wurde mit Hilfe dieses Drahtes ein Block festen Platins herausgehoben und in das Wasserkalorimeter getaucht.

Die latente Schmelzwärme des Platins beträgt 74,73 c. ± 1,5; die Zahl ist aus fünf Bestimmungen abgeleitet.

2. Eine zweite Reihe von Bestimmungen galt der spezifischen Wärme von Palladium. Diese Bestimmungen wurden zum Teil durch Vergleich mit Platin, zum Teil mit dem Luftthermometer ausgeführt. Die nach den beiden Methoden erhaltenen Werte sind übereinstimmend.

Die mittlere spezifische Wärme ist durch die Formel gegeben

$$C_o^t = 0{,}0582 + 0{,}000010 \, . \, t.$$

Die wirkliche spezifische Wärme ist gleich

$$\frac{dq}{dt} = 0{,}0582 + 0{,}000020 \, . \, t.$$

Der Palladiumschmelzpunkt wurde bei 1500° gefunden. Die latente Schmelzwärme des Palladiums, die bei denselben Versuchen gemessen wurde, ergab sich zu 36,3° Kalorien.

3. In anderen Versuchsreihen bestimmte Violle den Zinksiede-

punkt. Er verwendete einen Apparat aus emailliertem Guß, der in dreifachem Metalldampfmantel erhitzt wurde; der Topf war mit Ton und Kuhhaar überdeckt um ein Überhitzen der Wände zu vermeiden. Die Messungen wurden wechselweise mit veränderlichem Druck und Volumen angestellt. Er fand etwa 930°.

4. Eine letzte Reihe betrifft die Schmelzpunkte von Metallen, die durch Vergleich mit der Gesamtwärme des Platins bestimmt wurden:

Silber	*954* (7° zu tief),
Gold	*1045* (18° zu tief),
Kupfer (vielleicht mit Cu_2O gesättigt)	*1050*° (13° zu tief).

Mallard und Le Chatelier. Bei ihren Untersuchungen über die Verbrennungstemperaturen von Gasgemischen gebrauchten Mallard und Le Chatelier ein Porzellanpyrometer, welches evakuiert wurde; dann wurde Luft eingelassen und das so absorbierte Gasvolumen gemessen. Es ist möglich bis zu 1200° zu kommen, ohne irgend ein Zusammenbrechen des Porzellans zu bemerken; aber diese angegebene Methode ist unter der Einwirkung des Vakuums zu Ende bei 1300°.

Die Methode wurde auf folgende Weise gebraucht, um die Verbrennungstemperaturen von Gasgemischen zu messen: Die Luft wurde aus dem Apparat ausgepumpt, und die Temperatur durch das füllende Gasvolumen gemessen; die Luft wurde wieder ausgepumpt und der Apparat mit der Gasmischung angefüllt. Ob eine Verbrennung stattgefunden hatte oder nicht, wurde durch Vergleich des Volumens der Mischung mit dem unter denselben Temperaturbedingungen eingeführten Luftvolumen festgestellt, wenigstens in den Fällen der Mischungen, die mit Volumverminderung verbrennen.

Das benutzte Pyrometer hatte ein Fassungsvermögen von 62 ccm nach Abzug des schädlichen Raumes (1 ccm); folgende Tabelle gibt die Luftvolumina, die den verschiedenen Temperaturen entsprechen.

400°	26,7 c. c.
600	20,6
800	16,7
1000	14,1
1200	12,2

Nimmt man an, daß die Volumenmessungen auf 0,1 ccm gemacht sind, würde man eine Genauigkeit von nur 10° auf 1000° haben wegen des unzureichenden Volumens des thermometrischen Gefäßes.

Barus. Dieser amerikanische Physiker konstruierte einen rotierenden Apparat, bemerkenswert wegen seiner Temperaturgleichförmigkeit, den er aber nur direkt zur Eichung von Thermoelementen gebrauchte. Er arbeitete mit konstantem Druck. Mit Hilfe von so geeichten Thermoelementen bestimmte er die Siedepunkte von Zink (926^0 bis 931^0) und von Kadmium 773^0 bis 784^0; der Siedepunkt von Wismut wurde mit reduziertem Druck von 150 mm bei 1200^0 gefunden, was unter Atmosphärendruck durch Extrapolation 1500^0 ergeben würde.

Fig. 7 zeigt den Längsschnitt von Barus' Apparat. Er besteht hauptsächlich aus einem Porzellan-Pyrometer, das ein inneres Rohr enthält, in welches das Element getaucht wird. Das Pyrometer wird stationär gehalten und ist befestigt an einem Punkte seines Stieles. Es ist von einer Hülle aus Guß umgeben, deren hauptsächliche Gestalt durch die Umdrehung um die Achse des Pyrometers gegeben ist; diese Hülle ist aus

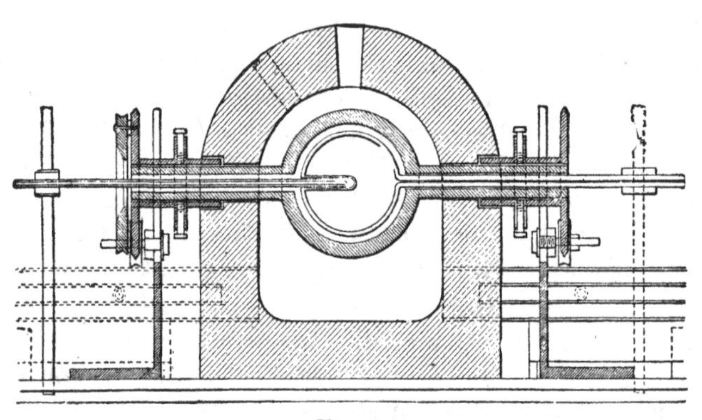

Fig. 7.
Apparat von Barus.

zwei ähnlichen Hälften zusammengesetzt, die mit Hilfe eiserner Klammern zusammengehalten werden und es kann ihr eine Drehbewegung um ihre Figurenachse, zum Zweck die Gleichförmigkeit des Erhitzens zu sichern, erteilt werden. Sie wird durch daruntergesetzte Gasbrenner geheizt. Eine äußere Umkleidung aus feuerfestem Ton hält die Hitze um die Eisenhülle zusammen.

Holborn und Wien. Holborn und Wien unternahmen eine sehr weitgehende Eichung des von Le Chatelier vorgeschlagenen Thermoelements Pt, 90 Pt — 10 Rh. Sie benutzten ein Porzellangefäß von ungefähr 100 ccm Fassungsvermögen, das an seinen beiden Enden in Porzellankapillaren auslief. Das Thermoelement ist innerhalb des Gefäßes untergebracht und jeder seiner Schenkel ist durch eine der Seitenröhren herausgeführt; diese Anordnung gestattet an verschiedenen Punkten die wirkliche Temperatur des schädlichen Raumes zu bestimmen, dessen Volumen 1,5 ccm beträgt.

Sie arbeiteten mit konstantem Volumen, mit einem sehr kleinen Anfangsdruck, um immer Unterdruck zu haben; so waren sie imstande

1430° zu erreichen. Oberhalb 1200° konnten sie mit einem Pyrometer nur eine einzige Beobachtung machen; darunter ungefähr 10 Messungen.

Sie bestimmten sehr nahe den Ausdehnungskoeffizienten ihres Porzellans, eines Erzeugnisses der Berliner Manufaktur und fanden ihn gleich 0,0000045, die gleiche Zahl, die Le Chatelier für das Porzellan von Bayeux gefunden hat.

Sie benutzten dieses Pyrometer, um mit einem Element als Zwischenglied die Schmelzpunkte bestimmter Metalle festzulegen.

Silber	*970°*
Gold	*1072*
Palladium	1580
Platin	1780

Diese Zahlen galten zurzeit ihrer Bestimmung als diejenigen, welche am meisten Vertrauen verdienten; indessen muß bemerkt werden, daß das Gefäßvolumen zu klein war um eine sehr große Genauigkeit zu gewährleisten und daß der Ausdehnungskoeffizient nicht gut bekannt war.

Wir werden auf diese Versuche bei der Behandlung der elektrischen Pyrometer zurückkommen.

Neue Experimentaluntersuchungen. Man kann behaupten, daß die genaue moderne Gasthermometrie mit der Einführung der elektrischen Öfen und dem Verwerfen der Porzellangefäße begonnen hat, was beides durch Holborn und Day bewirkt worden ist. Das Thermometer mit konstantem Volumen ist dasjenige, was allgemein bei den neueren Gasthermometer-Untersuchungen bei Temperaturen oberhalb von 500° benutzt worden ist, und das eingeschlossene Gas ist gewöhnlich Stickstoff. Weiterhin sind Versuche in der Reichsanstalt gemacht worden, wo die Arbeit bis 1100° C zuerst von Holborn und Day wiederholt und dann von Holborn und Valentiner bis zu 1600° C weitergeführt wurde. Am Geophysical Laboratory in Washington haben ebenfalls Day, Clement und Sosman eine Reihe von Fixpunkten vom Zink bis zum Palladium festgelegt unter Anwendung sehr bewährter Methoden zur genauen Messung der höheren Temperaturen. Jaquerod und Perrot benutzten einige Gase in Quarzglas bis zur Schmelztemperatur des Goldes, während das Wasserstoffthermometer von Jaquerod und Wassmer zur Bestimmung der Siedepunkte von Naphthalin und Benzophenon benutzt wurde. Die Skala des Platin-Widerstandsthermometers wurde mit der des Stickstoffs bis zu 500° C mit konstantem Druck von Callendar, mit konstantem Volumen von Chappuis und Harker und von Holborn und Henning verglichen; aus diesen Messungsreihen wurde der Siedepunkt des Schwefels von diesen Beobachtern und von Eumorfopoulos abgeleitet; letzterer verwendete Callendars Form des Thermometers mit konstantem Druck.

Wir wollen mehr im einzelnen die meisten dieser neuen Untersuchungen auseinandersetzen; zum Teil hier, zum Teil im Kapitel über die Eichung.

Holborn und Day. Ihre Anfangsarbeit wurde unternommen mit Porzellangefäßen bei Temperaturen oberhalb von 500° C unter Benutzung von Stickstoff und Wasserstoff und mit einem Gefäße aus Jenaer Borosilikatglas Nr. 59 III, gefüllt mit Wasserstoff für Temperaturen unterhalb 500°. Porzellangefäße außen glasiert und ebenso mit Innenglasur wurden verwandt. Fehler, welche durch Veränderungen in den Gefäßen bedingt waren, wurden gefunden durch „Null-Ablesungen“ und ebenfalls durch gleichzeitigen Gebrauch von Thermoelementen. Salzbäder wurden bis zu 700° zuerst gebraucht, aber später wurde elektrische Heizung in Luft bei der ganzen Arbeit in hoher Temperatur angewandt.

Die Hartglasgefäße von ungefähr 167 ccm Fassungsvermögen zeigten weniger Veränderung, nachdem sie hoch erhitzt waren, als die Thermoelemente bei den Messungen Unregelmäßigkeiten, welche veranlaßt waren durch das Nachlassen der Empfindlichkeit letzterer bei niedrigen Temperaturen; diese Glasgefäße wurden besser befunden als diejenigen von Porzellan bis hinauf zu 500° C. Die erreichbare Genauigkeit mit der Kontrolle des Thermoelementes betrug ungefähr 0,6° C.

Porzellangefäße von 100 ccm Fassungsvermögen innen und außen glasiert und mit Wasserstoff gefüllt, ergaben, falls sie nur bis 700 Grad erhitzt wurden, sehr auseinandergehende Resultate, welche hauptsächlich auf der chemischen Wirkung zwischen dem Wasserstoff und den Gefäßwänden beruhen und auf dem Wasserdampf, welcher entsteht. Bei Gebrauch von Stickstoff und der elektrischen Heizung betrug die gleiche Differenz zwischen den beobachteten und berechneten Werten $\pm$ 1,5° C. Viel weniger zuverlässige Resultate wurden mit Porzellan erhalten, welches nur auf der Innenseite glasiert war.

Die erste Versuchsreihe mit einem Metallgefäß wurde mit einer Legierung aus 20 % Iridium und 80 % Platin unternommen, während die Gefäße zylindrische Form bei einem Volumen von 208 ccm und einer Wandstärke von 0,5 mm besaßen, und der schädliche Raum beträchtlich gegenüber dem der Porzellangefäße verkleinert war. Der elektrische Heizofen war so vorgesehen, indem er in logarithmischer Verteilung gewickelt war, daß bei 1150° die Temperaturverteilung konstant bis auf 3° über demjenigen Teil des Ofens war, welcher das Gefäß enthielt. Diese Größe wurde noch weiter ausgeglichen durch die Anwesenheit des Metallgefäßes; ebenso wird bei sehr hohen Temperaturen die Neigung zum Gleichgewicht durch die Strahlung verbessert, indem letztere die Verluste an den Enden ausgleicht. Eine Temperatur-Kontrolle bis auf $^1/_{10}{}^0$ C bei 1000° C kann auf elektrischem Wege mit einiger Vorsicht hergestellt werden. Eine Genauigkeit von mehr als 1° C wurde infolgedessen erreicht und die Schlußfolgerung erschien hiernach berechtigt, daß die Metallgefäße in einem elektrisch geheizten Ofen, wo keine Gase oder andere Stoffe auf das Platin einwirken oder in Berührung mit ihm sind, jeder Form des Porzellangefäßes überlegen wären.

Ihre spätere Arbeit bestand in einer Bestimmung der Fixpunkte, indem sie das Thermoelement als Zwischenglied benutzten, nachdem sie den Ausdehnungskoeffizienten des Materials ihres Gefäßes gefunden und gezeigt hatten, daß das Gefäß keine Formänderung nach dem Erhitzen erlitt. Die Korrektion für die Ausdehnung beträgt gegen 30^0 bei 1000^0 und 40^0 bei 1150^0. Die Ausdehnung wurde bestimmt an einem 50 cm Stab in einem Komparator, der elektrisch auf 1000^0 C geheizt werden konnte. Obwohl keine Veränderung im Volumen des dünnwandigen Gefäßes beim Kühlen entdeckt werden konnte, hätte doch ein zeitliches Einsinken der glühenden Wände unter dem verhältnismäßig hohen Druck stattfinden können; deshalb wurde ein Gefäß genommen mit 1 mm dicken Wandungen, dessen Zusammensetzung 90 Pt — 10 Ir war. Dieses Gefäß war ebenso zweckmäßig wie das erste.

Die von Holborn und Day erhaltenen Resultate für diese Fixpunkte sollen ebenso wie ihre Arbeit mit Thermoelementen später besprochen werden.

Jaquerod und Perrot. Unter Verwendung eines Quarzgefäßes, welches bei konstantem Volumen aufeinanderfolgend mit Stickstoff, Luft, Sauerstoff, Kohlenmonoxyd und Kohlensäure gefüllt wurde, und unter Verwendung eines elektrischen Widerstandsofens wurden Resultate erhalten, die für den Goldschmelzpunkt mit den ersten vier Gasen auf $0{,}3^0$ übereinstimmen; sie setzten dabei einen gemeinsamen Ausdehnungskoeffizienten ein, welcher auf Chappuis Grenzwert beruhte, wobei sie verschiedenen Anfangsdruck nahmen. Die Verwendung von Quarz verkleinert die Korrektion für die Gefäßausdehnung auf 2^0 bei 1000^0. Diese Arbeit zeigt, daß in dem Gebiet von 0^0 bis 1000^0 C die Ausdehnungskoeffizienten dieser Gase praktisch einander gleich sind (vgl. Seite 23).

Callendars Thermometer mit konstantem Druck. Für die Eichung des Platinwiderstandsthermometers hat Callendar eine Anordnung des Gasthermometers mit konstantem Druck geprüft, in welchem der schädliche Raum durch einen geistvollen Kunstgriff auf einen sehr kleinen Teil reduziert wurde; er besteht im Einschalten einer Säule von Schwefelsäure in das Kapillarrohr, welche immer in dieselbe Lage gebracht wird (Fig. 8). Es ist infolgedessen erlaubt, in dem Manometer leere Räume irgend welchen Volumens zu vermeiden und das vereinfacht die Messungen.

Das Gefäß besteht aus Glas und sein Fassungsvermögen beträgt 77,01 ccm. Das Kapillarrohr hat einen Durchmesser von 0,3 mm. Es ist verbunden mit einem kleinen U-Rohr von 2 mm Durchmesser, welches die Schwefelsäure enthält. Der Gesamtwert des schädlichen Raumes ist auf diese Weise auf 0,84 ccm verkleinert.

Die Schwefelsäure wird vor jeder Messung bis zu einer bestimmten Marke herangebracht. Da die Dichtigkeit dieser Flüssigkeit $^1/_7$ derjenigen des Quecksilbers beträgt, sollten die Fehler bei der Höhenbestimmung durch 7 dividiert werden, um sie in Quecksilberhöhe auszudrücken. Die Anwendung dieser Säule aus Schwefelsäure besitzt den Nachteil, daß sie den Beobachter zwingt, fortwährend den Apparat während der ganzen Zeit des Erhitzens oder Abkühlens zu beobachten, um das Druckgleich-

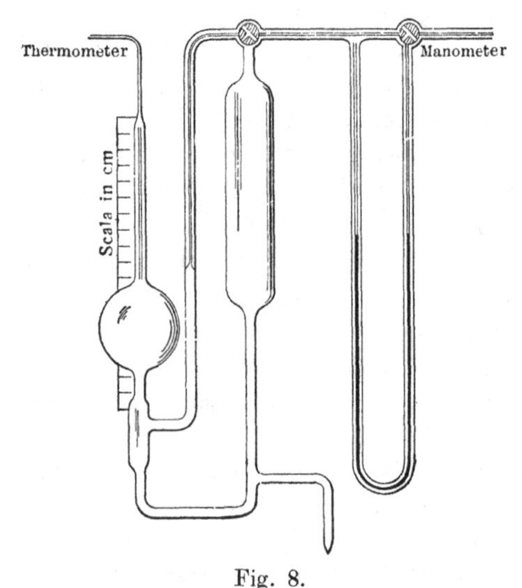

Fig. 8.
Callendars Differential-Manometer.

gewicht auf beiden Seiten dieser Säule zu erhalten; sonst würde die Flüssigkeit entweder in das Manometer getrieben, oder in das Gefäß steigen.

Das Manometer ist zur Luft offen und wird gleichzeitig mit dem Barometerstande abgelesen.

Der Ausdehnungskoeffizient des bei dem Bau des Thermometers verwandten Hartglases wurde für ein Rohr gleicher Herkunft mit Hilfe von zwei Mikroskopen gemessen, welche auf einer Mikrometerschraube angebracht waren und nur die kalten Enden der Röhre beobachteten. Ein kaltes Vergleichsrohr konnte unter die Mikroskope gelegt werden, um die Unveränderlichkeit ihres gegenseitigen Abstandes zu prüfen.

Mittlerer Ausdehnungskoeffizient.

t	α
17°	0,00000685
102	706
222	740
330	769
481	810

Nach dem Erhitzen auf 400° zeigten sich dauernde Änderungen, welche einen Betrag von 0,02 bis 0,05 auf 100 erreichten.

Wenn der Nullwert in Zeitintervallen von verschiedener Länge beobachtet wird, kann man die dauernden Änderungen im Gefäße feststellen. Folgende Tabelle gibt einige Beispiele an.

Datum	Sauerstoff-Thermometer	Stickstoff-Thermometer	Bemerkungen
	mm	mm	
Jan. 21, 1886 . . .	693,1	695,4	bei 300° gefüllt; Messung nach 4 Tagen
Jan. 22, 1886 . . .	692,9	695,1	
Jan. 23, 1886 . . .	692,9	694,9	nach Erhitzen auf 100°
Jan. 25, 1886 . . .	692,0	693,8	
Jan. 25, 1886 . . .	692,0	694,1	nach Erhitzen auf 100°

Diese Änderung des Nullwertes ist auf eine teilweise Absorption der Luft durch das Glas geschoben worden. Glas, ein amorpher Körper, nimmt etwas Flüssigkeit auf, kann infolgedessen Gase auflösen, besonders bei hoher Temperatur, obwohl dieses nicht aus der Arbeit von Holborn und Day mit dem Stickstoff hervorgeht.

Für Temperaturen, die höher liegen als 300°, wird diese Fehlerquelle sehr erheblich, besonders wenn das Gas Wasserstoff ist. Dieses Gas verschwindet allmählich durch Auflösen in dem Glase oder durch Oxydation, indem es die Elemente des Glases zersetzt. Es ist notwendig, zum Stickstoff überzugehen. Diese Tatsache wurde von Chappuis und Harker im Laufe einer Untersuchung über das Platinwiderstandspyrometer bemerkt, wenn die gemessenen Temperaturen eine Höhe von 600° erreichten.

Eine der neuesten Formen dieses Thermometers, in welchem eine vollkommene Kompensation des schädlichen Raumes vorhanden ist, ist in Figur 9 dargestellt, wo A das Thermometergefäß bedeutet, welches durch eine Kapillare a mit einem Auslaufgefäß verbunden ist, oder, wie hier dargestellt ist, mit einer Bürette B. Die Kapillare zur Kompensation b ist ebenfalls mit einem Gefäß C verbunden und die beiden Kapillaren a und b sind an das Differentialmanometer D angeschlossen.

Die Gefäße C B müssen für sehr genaues Arbeiten in ein Bad von konstanter Temperatur eingebracht werden, z. B. ein Eisbad. Die relative

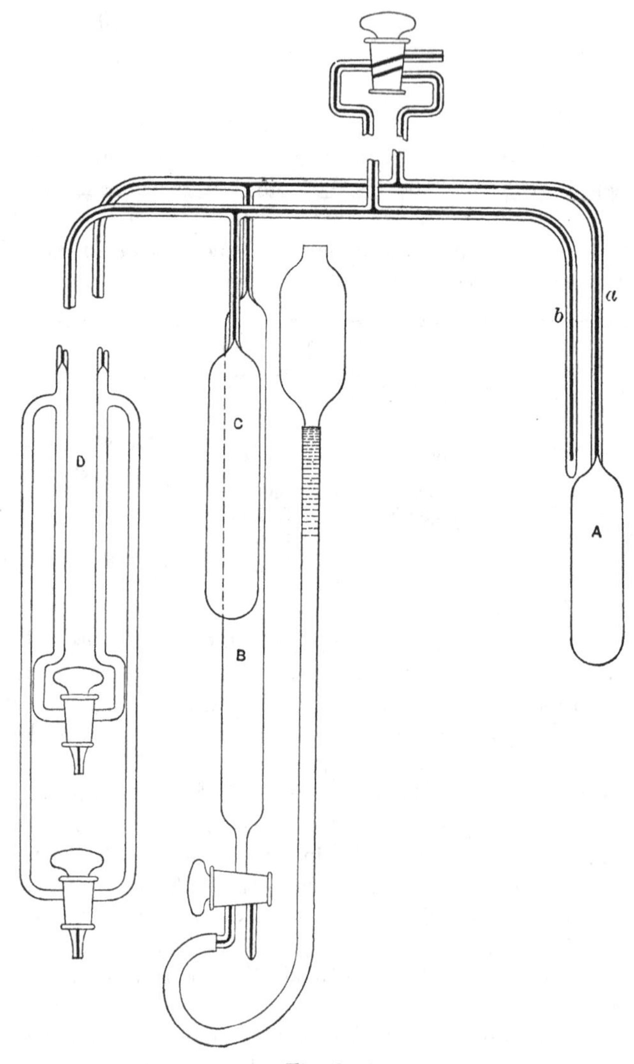

Fig. 9.
Callendars Thermometer.

Größe der Gefäße hängt für die größte Genauigkeit ab von der Höhe der Temperatur, die gemessen werden soll. Wenn Gleichgewicht und Kompensation bei irgend einer Temperatur hergestellt sind, wird die

Gasmasse in den beiden Teilen des Apparates die gleiche sein, wenn die Drucke auf Gleichgewicht gebracht sind, was durch das empfindliche Manometer D gezeigt wird, unter der Voraussetzung, daß C und B sich genau auf derselben Temperatur befinden. Für eine Änderung in der Temperatur ändert sich das Volumen des Gases in B, d. h. es wird von A etwas hinübergedrückt und dieses Volumen kann man an der Bürette ablesen oder besser durch Wägung des verdrängten Quecksilbers bestimmen. Der obere Abschlußhahn dient dazu, den Apparat zu entleeren oder zu füllen. Eine Temperaturbestimmung, welche keine Korrektionsglieder erfordert, wird folgendermaßen ausgeführt: Für die Kompensationsseite des Apparates haben wir

V_0 = Gasvolumen in C;
m_0 = Gasmasse in C;
Θ_0 = Gastemperatur in C auf der Gasskala;
p_0 = Gasdruck in C;
v = Kapillarrohrvolumen;
Θ = mittlere Temperatur

$$p_0\left(\frac{V_0}{\Theta_0}+\frac{v}{\Theta}\right)=m\,k,$$

wo k eine Konstante.

Für das Thermometer selbst haben wir mit einem ähnlichen Ausdruck

$$p_t\left(\frac{V_t}{\Theta_t}+\frac{V_m}{\Theta_m}+\frac{v}{\Theta}\right)=m_1\,k.$$

Der Index $_t$ bezieht sich auf A und $_m$ auf B.

Da aber $m_1 = m$ und $p_t = p_0$ infolge der Kompensation ist, folgt

$$\frac{V_t}{\Theta_t}+\frac{V_m}{\Theta_m}=\frac{V_0}{\Theta_0}.$$

C und B sind aber auf gleicher Temperatur Θ_0, oder $\Theta_0 = \Theta_m$; infolgedessen

$$\Theta_t=\frac{V_t\,.\,\Theta_0}{V_0-V_m}.$$

Diese Form des Thermometers wurde von Callendar und Griffiths mit einer luftgefüllten Porzellanbirne angewandt um den Siedepunkt des Schwefels zu bestimmen, für welche Temperatur sie 444,53° C auf der Skala mit konstantem Druck erhielten, nachdem sie wegen der Ausdehnung des Porzellans korrigiert hatten.

Eumorfopoulos hat unter Verwendung von Luft in einem Gefäß aus Jenaer Glas 16^{III} neuerdings mit demselben Typus des Thermometers 444,55° erhalten, mit einer Abweichung von 0,37° C bei 11 Versuchen, bei einem Thermometergefäß von 90 ccm, welches sauber abgeschirmt im Schwefeldampf sich befand. Eine frühere Veröffentlichung ergab 443,58°, aber dieses beruhte auf einer unsicheren Extrapolation der absoluten Ausdehnung des Quecksilbers von 100° aus, welche dazu benutzt war, den Ausdehnungskoeffizienten des Glasgefäßes bis zum Schwefelsiedepunkt zu erhalten. Die Korrektion von + 0,97° wurde von Callendar und Moß auf Grund ihrer neuen Messungen der absoluten Ausdehnung des Quecksilbers bis zu 300° C angebracht.

Eumorfopoulos gibt ebenso die genauen Formeln für den Gebrauch eines solchen Thermometers an. Er fand, daß Jenaer Glas 16^{III} sehr störende Änderungen des Nullwertes zeigte, indem das Gefäß sein Volumen um ungefähr 1% während der Dauer seiner Versuche veränderte.

Ausgerüstet mit einem Gefäß aus Quarzglas oder einer Platinlegierung kann ein solches Gasthermometer ein Instrument von höchster Genauigkeit für die experimentelle Ausdehnung der Gasskala mit konstantem Druck werden.

Holborn und Valentiner. Das Bedürfnis, die Gasskala zu den höchst möglichen Temperaturen auszudehnen, und zwar mit modernen Mitteln, trat in der Reichsanstalt auf, und diese schwierige Aufgabe wurde zuerst im Jahre 1906 von Holborn und Valentiner in Angriff genommen, welche die Stickstoffskala mit konstantem Volumen bis zu 1600° C mit derjenigen des Platinrhodium-Thermoelementes und der des optischen Pyrometers verglichen.

Die Versuche wurden mit zwei Gefäßen ausgeführt. Das eine aus einer Platinlegierung mit 20% Iridium mit 208 ccm Fassungsvermögen, welches in einem Heraeuswiderstandsofen mit Platinblech geheizt wurde, und das andere aus Iridium mit einem Fassungsvermögen von 54 ccm, das in einem Heraeusofen mit Iridiumrohr geheizt wurde. Anfangsdrucke von 136 bis 250 mm wurden benutzt. Um das Verderben der Drähte des einzelnen benutzten Thermoelementes zu vermeiden, wurden dieselben in Quarzglasröhren eingeschlossen. Mit Hinsicht auf den sehr beträchtlichen Ungleichförmigkeitsgrad der Temperatur innerhalb des Ofens längs des Thermometergefäßes, ungefähr 60° C in einigen Fällen, und mit Hinsicht auf die beträchtlichen Korrektionen wegen des schädlichen Raumes, 125° bis 150° bei 1600° mit dem Iridiumgefäß, schätzen diese Beobachter die Genauigkeit ihrer Resultate auf 10° bei den höchsten Temperaturen. Wir wollen auf ihre thermoelektrischen und optischen Messungen in den entsprechenden Kapiteln zurückkommen.

Day, Clement und Sosman. Seit den klassischen Untersuchungen von Barus im Anfang der achtziger Jahre sind keine erheblichen Gasthermometeruntersuchungen in Amerika ausgeführt worden, bis diese Forscher (1904—1910) eine Neubestimmung einer Reihe von Fixpunkten unternahmen, und zwar vom Zink bis zum Palladium mit Hilfe des Stickstoffthermometers mit konstantem Volumen. Die erste Arbeit von Day und Clement wurde mit einem Platiniridiumgefäß ausgeführt, aber mit Rücksicht auf das Unvermögen, den Effekt des Verderbens der Thermoelemente durch das zerstäubende Iridium vollkommen auszuschließen, auch wenn die letzteren in Quarz eingeschlossen wurden, wurde ein Gefäß aus 80 Pt — 20 Rh bei den neueren Versuchen an dessen Stelle

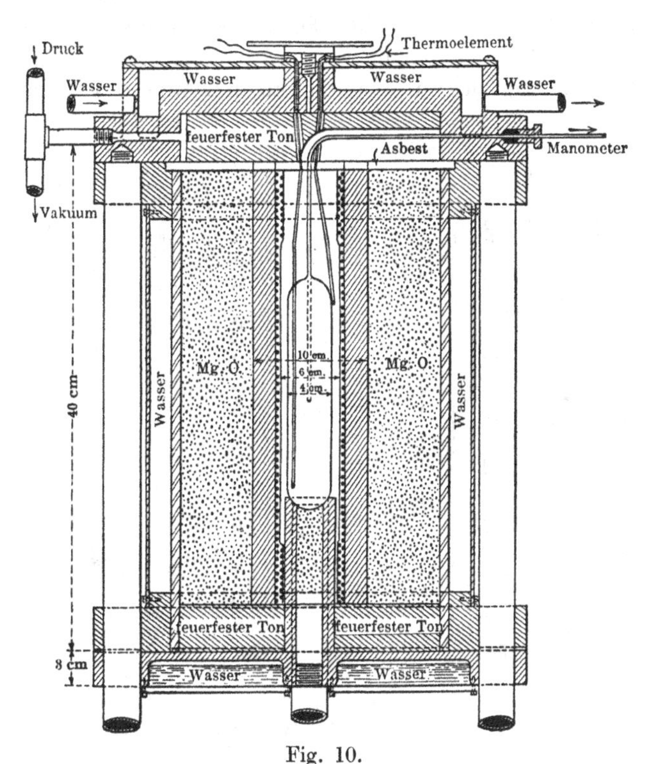

Fig. 10.
Bomben-Ofen und Gas-Thermometer des Geophysical Laboratory.

gesetzt, da von Holborn und Austin gezeigt worden war, daß Rhodium aus seinen Legierungen weniger leicht im Stickstoff herausdestilliert, als Iridium.

Die größte Aufmerksamkeit wurde darauf gerichtet, die experimentellen Methoden und die Einzelheiten der Messungen zu vervollkommnen, so z. B. wurde erstens ein absolut gasdichtes Gefäß von konstantem Volumen genommen, wobei dasselbe Gas, derselbe Druck außen wie innen vom Thermometergefäß benutzt wurde, was die Verwandlung des Ofens in eine gasdichte Bombe, wie sie in Figur 10 dargestellt ist, nötig machte; zweitens gleichförmige Verteilung der Temperatur längs des Gefäßes während der Messungen erstrebt, und zwar wurde dieses erreicht durch den Gebrauch von geeignet angebrachten und unabhängig voneinander heizbaren Spulen aus Platindraht und passend eingefügten Diaphragmen, wie es in den Figuren 11 und 12 dargestellt ist, wobei die letzteren eine Verbesserung gegenüber den früheren Ofenformen, die am Geophysical-Laboratory benutzt wurden, darstellen; drittens die Verkleinerung der Fehlerquelle auf ein Minimum, welche aus dem schädlichen Raum im Kapillarrohr hervorgeht, das das Gefäß und das Manometer verbindet, deren Einzelheiten in Figur 13 dargestellt sind; viertens die genaue Bestimmung des Ausdehnungskoeffizienten des Gefäßes und

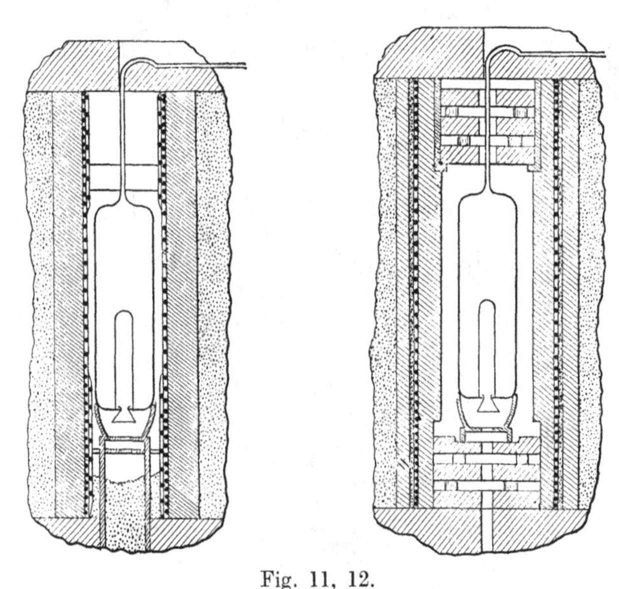

Fig. 11, 12.
Formen der Gefäße und Methoden der Wickelung und des Abschützens.

fünftens der Temperaturausgleich des Manometers durch Luftbewegung. In der Arbeit von Day und Sosman wurde die Form des Gefäßes mit rückwärtiger Einführung von Barus wieder aufgenommen (Fig. 11 u. 12) und die Temperaturverteilung längs des Gefäßes mit Hilfe von zahlreichen dort angebrachten Platindrähten geprüft, welche verschiedentlich mit dem Gefäß selbst als dem einen Teil eines Thermoelementes ebensogut als wären sie unabhängige Elemente benutzt wurden. Die früheren Werte der Fixpunkte von Silber, Gold und Kupfer, die von Day und Clement veröffentlicht waren, wurden später von Day und Sosman als zu niedrig gefunden, wahrscheinlich wegen unvollkommenen Temperaturausgleichs längs des Gefäßes und besonders an dessen Enden.

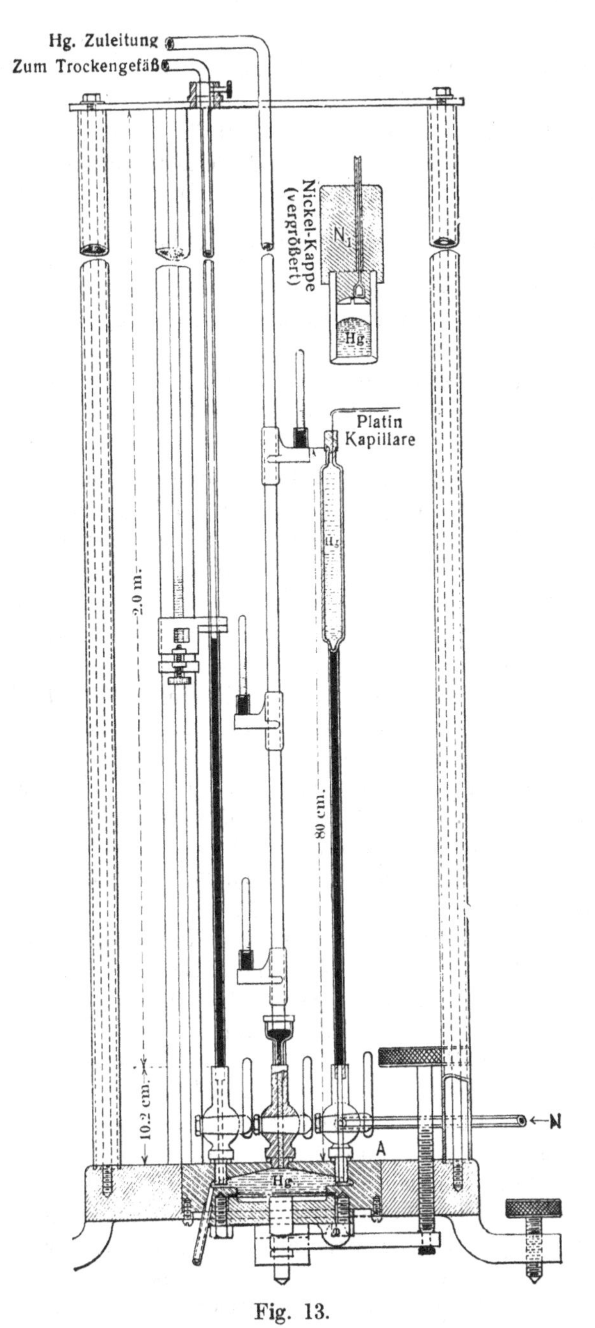

Fig. 13.
Manometer des Thermometers vom Geophysical Laboratory.

Day und Sosman wiederholten ihre frühere Arbeit bis zu 1100° und bestimmten dann einige neue Fixpunkte, Salze wie auch Metalle, im Gebiete von 100° bis zu 1600° und geben für ihre endgültigen Resultate eine sehr große Genauigkeit an, nämlich 0,3° für das Zink und 2° für den Palladium-Punkt, nachdem sie eine erschöpfende Betrachtung von etwa 25 möglichen Fehlerquellen angestellt haben. Für Messungen bei 1500° C fanden sie z. B. die Fehler, welche durch den schädlichen Raum $\frac{v}{V}$ bedingt sind auf 0,5° verkleinert, wegen der Temperatursummierung über das Gefäß auf 1° und wegen des Ausdehnungskoeffizienten des Gefäßes auf 0,2°. Es erscheint sicher, zu behaupten, daß ihre Resultate auf 1,2° bei 400° und auf 10° bei 1500° C sicher sind.

Es sollte indessen doch bemerkt werden, daß ihr Gasthermometer hauptsächlich für große Genauigkeit bei sehr hoher Temperatur bestimmt war und infolgedessen bei geringeren Temperaturen an Empfindlichkeit verliert, so daß die Werte, welche für die tieferen Fixpunkte erhalten sind, weniger Gewicht zu besitzen scheinen, als diejenigen für die höheren. Beispielsweise würden die Resultate von Day und Sosman nach Angaben von Waidner und Burgess aus der Interpolation mit dem Widerstandsthermometer vom Zinkpunkt aus zu einem Wert des Schwefelsiedepunktes führen, der 1° C niedriger sein würde, als der von einigen Forschern direkt beobachtete Wert. Die Messungen von Holborn und Henning (1911) mit dem Gas- und Widerstandsthermometer bestätigen diese Messungen von Waidner und Burgess bei den niedrigeren Erstarrungspunkten. Wir werden auf diese Frage im Kapitel über die Eichung zurückkommen. Es ist aber nicht zweifelhaft, daß diese Untersuchungen von Day und Sosman die beste ist, welche bis jetzt auf dem Gebiet der Gasthermometrie bei den höchsten Temperaturen ausgeführt worden ist.

In einer neueren gasthermometrischen Untersuchung mit dem Stickstoffthermometer mit konstantem Volumen im Bereiche von 300° bis 630° C haben Day und Sosman ihre Werte der früheren Arbeit, die sie bei tiefen Temperaturen erhalten hatten, verbessert und mit großer Genauigkeit eine direkte Bestimmung des Schwefelsiedepunktes vorgenommen, sowie auch andere Fixpunkte durch Übertragung mit dem Thermoelemente beobachtet. Die Gleichförmigkeit der Temperatur an jeder Stelle der Kugel des Luftthermometers wurde durch zwei ineinandergesetzte Flüssigkeitsbäder erzielt, von denen das eine infolge starker Rührung eine rasche Zirkulation einer dünnen Flüssigkeitsschicht um die Kugel erlaubte, während der Rest auf nahezu konstanter Temperatur blieb. Hierbei traten keine größeren Temperaturunterschiede auf, die größer waren als die Beobachtungsfehler (0,1° C). Das Gefäß war wie in der früheren Arbeit mit wiedereintretender Röhre an der

Unterseite versehen. Die erhaltenen Zahlen für die Fixpunkte befinden sich nunmehr in bester Übereinstimmung mit den letzten Bestimmungen von Holborn und Henning.

Vergleichung der Resultate. Es mag an dieser Stelle von Interesse sein, einige der bedeutendsten Konstanten und Zahlenwerte, die in den neuesten Beobachtungen gewonnen sind, welche das Stickstoffthermometer bei hoher Temperatur benutzten, miteinander zu vergleichen. Die Fehler sind diejenigen, welche die Beobachter angeben.

Einige mit dem Stickstoffthermometer erhaltenen Konstanten und Resultate.

Beobachter	Anfangsdruck in mm Hg	Gefäß-Material	Volumen des Gefäßes	v/V	Korr. für v/V bei 1100° C	Korrec. für Gefäßausdehnung bei 1100° C	Gleichförmigkeit der Temperatur längs des Gefäßes	Erstarrungspunkte		
								Zn	Au	Pd
			ccm							
Holborn und Day	286 276	80 Pt . 20 Ir 90 Pt . 10 Ir	208 196	0,0042 0,0046	20	43	3 bis 10	419,0 ± 0,5	1064,0 ± 1,0	—
Jaquerod und Perrot	195 bis 230	Quarzglas	43	0,0180	70	3	2	—	1067,2 ± 1,8	—
Holborn und Valentiner	147 137	80 Pt . 20 Ir Iridium	208 54	0,0042 0,022	20 90 bis 110	35 30	3 bis 60	—	—	1575 ± 10
Day und Sosman . .	217 bis 347	80 Pt . 20 Rh	206	0,0015	3 bis 6	46	1	418,2 ± 0,3	1062,4 ± 0,8	1549,2 ± 2,0

Ausblicke für spätere Versuche. Es ist vielleicht leichter, Präzisionsversuche zu kritisieren, als selbst anzustellen, aber nach dem bis jetzt Gesagten ist es klar, daß das Bedürfnis nach neueren Arbeiten mit dem Gasthermometer noch besteht, bevor die Skala der hohen Temperaturen in abgeschlossener Weise aufgestellt ist. So sollte die noch ausstehende Unsicherheit von ungefähr 0,5° beim Schwefelsiedepunkt ausgemerzt werden; während ferner eine gute Übereinstimmung, besser als 5° bei 1100° C besteht, ist ein Unterschied von 25° zwischen den Beobachtern beim Palladiumschmelzpunkt vorhanden (1550—1575°), und bei Temperaturen, bei denen es hoffnungslos erscheint, direkt die Gasskala anzuwenden, wächst dieser Grad der Unsicherheit erheblich an, indem er ungefähr 100° bei 3000° C beträgt oder beim Schmelzpunkt des Wolframs.

Methoden. Die Methode mit konstantem Volumen ist von den meisten Forschern, die bei hoher Temperatur gearbeitet haben, vorgezogen worden und die Resultate dieser Methode haben auch kleinere

Korrektionen, um sie auf die thermodynamische Skala zu reduzieren. Für die niedrigeren Temperaturen hingegen würde es wegen der noch ausstehenden Abweichungen gut sein, dasselbe Instrument sowohl mit konstantem Druck als auch mit konstantem Volumen zu benutzen. Das Gefäß sollte man noch bei Temperaturen, die möglichst hoch sind, in flüssige Bäder eintauchen, welche man rührt, um die Gleichmäßigkeit der Temperatur sicherzustellen; und in diesem Temperaturgebiet oder doch vielleicht bis 900⁰ ist die Übertragung der Gasskala voraussichtlich mit sehr großer Genauigkeit mit Hilfe des Platinwiderstandsthermometers vorzunehmen, dessen Drähte dazu dienen können, um ein sehr genaues Mittel von der Gefäßtemperatur zu erlangen. Die erwähnten Vorsichtsmaßregeln und ähnliche sind in neuester Zeit von Holborn und Henning bis zu 450⁰ C angewandt worden. Die volumenometrische Methode ist bei keiner neueren Arbeit benutzt worden, obwohl sie die kleinste Instrumentalkorrektion zu besitzen scheint. Sie leidet unter dem Nachteil, eine unsichere thermodynamische Korrektion zu besitzen. Diese aber tritt bei hohen Temperaturen erheblich zurück, wo die noch vorhandenen Unsicherheiten diese kleine Korrektion bei weitem übertreffen. Es würde deshalb der Mühe wert sein, mit dieser Methode neue Versuche auszuführen und zwar besonders bei sehr hohen Temperaturen. Die Methode von Crafts und Meier (S. 74) ist ebenfalls eines weiteren Studiums bei hohen Temperaturen wert. Die Arbeit von Day und Sosman zeigt, daß für das Thermometer mit konstantem Volumen die Gestaltsänderung des Gefäßes vermieden werden kann und daß der durch den schädlichen Raum bewirkte Fehler auf einen fast zu vernachlässigenden Wert gebracht werden kann. Ihre Arbeit zeigt ebenfalls die Wichtigkeit einer genauen Bestimmung des Ausdehnungskoeffizienten des Gefäßes und diejenige einer genauen Regulierung der Temperatur längs desselben mit Hilfe geeignet gebauter elektrischer Öfen. Die Unsicherheit in der Temperatur des manometrischen Teils des Apparates gibt Veranlassung zu einer beträchtlichen Fehlerquelle, welche man in Zukunft durch Wasserkühlung beseitigen sollte.

Das Gefäß. Alle neueren Arbeiten haben die Überlegenheit des Metallgefäßes, wenn dessen Ausdehnungskoeffizient sorgfältig bestimmt ist, dargelegt. Die Legierung 80 Pt. 20 Rh ist das Material, welches mit den besten Eigenschaften allen Anforderungen für Temperaturen bis zu 1600⁰ C genügt, nämlich Starrheit, Undurchlässigkeit, regelmäßige Ausdehnung und geringes Verderben der Hilfsapparate zur Temperaturmessung. Die beste Form scheint die zylindrische zu sein mit einer wieder ins Innere führenden Röhre. Es kann möglich sein, standhaltende Erden aufzufinden, welche genügend undurchlässig sind, um mit einiger Veränderung die Methode von Crafts und Meier bei sehr hohen Temperaturen benutzen zu können; vielleicht kann auch metallisches Wolfram oder eine seiner Legierungen genommen werden, um in einer passenden Atmosphäre die Gasskala bis zu den höchsten Grenzen auszudehnen. In allen Fällen ist es wünschenswert, mit einem Gefäßvolumen von höchst erreichbarer Beständigkeit zu arbeiten und mit gleichförmiger Temperaturverteilung. Bis zu 500° sollte es keine Schwierigkeit machen, ein Gefäß von 500 ccm anzuwenden.

Das Gas. Stickstoff hat sich in jeder Hinsicht als geeignet erwiesen, und dieses Gas wird wahrscheinlich weiter benutzt werden, obwohl es einen theoretischen Vorteil bieten würde, wenigstens für die höheren Temperaturen, dasselbe durch eins der einatomigen trägen Gase, wie z. B. Argon oder Helium, zu ersetzen.

Es ist die Frage aufzuwerfen, ob es sich der Mühe lohnt, die Anwendung des Gasthermometers oberhalb 1600° anzustreben, da die Konstanten der Strahlungsgesetze in diesem Gebiet genau bestimmt werden können und die Strahlungsgesetze hervorragend zur Extrapolation geeignet sind, da sie die thermodynamische Skala direkt liefern.

Das Manometer. Es würde gut sein, die etwas fehlerhafte und unsichere Beziehung auf einen veränderlichen Druck, nämlich den Atmosphärendruck, zu vermeiden. Dieses kann man erreichen, indem man bei jeder beliebigen Art des angewandten Gasthermometers den Raum über der Manometersäule auf den Druck Null auspumpt und das Manometerrohr abschmilzt, nachdem man es mit einem geeigneten Gefäß oder einer Kugel am Ende ausgerüstet hat. Diese Vorsichtsmaßregel ist ebenfalls von Holborn und Henning in ihrer letzten Arbeit eingeführt worden. Veränderungen in der Temperatur der Quecksilbersäule des Manometers können vollkommen durch Wasserkühlung vermieden werden. Die Fehler, die durch das Manometer bedingt sind, können dann leicht vernachlässigt werden im Vergleich mit denen, die durch die Ausdehnung des Gefäßes, die Temperaturverteilung längs desselben und durch die Übertragung auf das Vergleichsthermometer bedingt sind.

Im allgemeinen kann man aussprechen, daß es sich nicht lohnt, weitere Versuche mit dem Gasthermometer zu unternehmen, außer unter den größten Vorsichtsmaßregeln, um die höchstmögliche Genauigkeit sicherzustellen und zwar mit modernen Mitteln.

Luftpyrometer der Industrie. Es liegen Versuche vor, Luftthermometer zu bauen, die für den Gebrauch der Industrie passen sollen, indem öfters der Grund angegeben wurde, daß das Gaspyrometer an und für sich besser sei, als irgend ein anderes. Wir haben hingegen gesehen, daß es wahrscheinlich kein physikalisches Instrument gibt, welches in seiner Anwendung größere Schwierigkeiten zeigt, und daher scheint es vollkommen aussichtslos, irgend einen Gewinn durch die direkte Verwendung des Luftthermometers für den Gebrauch der Praxis zu erlangen. Andere hauptsächlichste Gründe sind die Zerbrechlichkeit, die unsichere Korrektion, die durch den schädlichen Raum veranlaßt ist, und das Auftreten von kleinen und öfters unbemerkten Rissen. Weiterhin wird eine empirische Eichung nötig, so daß solch ein Instrument die Gasskala selbst keineswegs hergibt.

Unter den Instrumenten, welche eine beträchtliche Anwendung erlangt haben, ist Wiborghs Luftthermometer hervorzuheben, welches in Figur 14 dargestellt ist. Ein linsenförmiges Gefäß V′ ist zur Luft geöffnet, bevor eine Beobachtung gemacht wird, wenn aber eine Temperatur abgelesen werden soll, wird diese Linse gegen die Außenluft abgeschlossen und durch einen Hebel L zusammengedrückt gehalten, welcher auf diese Weise eine bestimmte Luftmasse im Gefäße V des Thermometers ab-

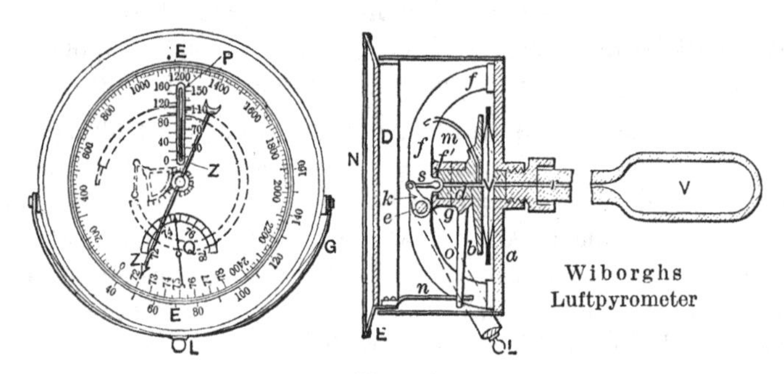

Fig. 14.
Wiborghs Luftpyrometer.

schließt; der erzeugte Druck wird auf eine Skala übertragen, wie bei einem Aneroidbarometer. Es ist eine Vorkehrung getroffen, um automatisch die Veränderungen des Atmosphärendrucks und der Außentemperatur auszugleichen. Die Bristol-Company hat ebenfalls Formen des Gasthermometers für die Industrie hergestellt.

Indirekte Vorgänge. Wir wollen in dieser Zusammenstellung verschiedene Versuche erwähnen, bei welchen die Gesetze der Gasausdehnung nur auf indirektem Wege benutzt worden oder auch auf Dämpfe ausgedehnt worden sind.

Methode von Crafts und Meier. Sie besteht in einer Abart der Methode von H. Sainte-Claire-Deville und Troost, nämlich im Entfernen des Gases mit Hilfe des Vakuums.

Crafts und Meier ersetzten das Pyrometergas durch Kohlensäure oder Chlorwasserstoff, durch Gase, die leicht mit geeigneten Stoffen absorbiert werden können. Chlorwasserstoff ist zweckmäßiger, da seine Absorption durch Wasser ausreichend ist; man muß aber bei hoher Temperatur dessen Einwirkung auf Luft unter Bildung von Chlor fürchten; deshalb ist es besser, den Stickstoff an Stelle von Luft zu verwenden.

Der Apparat (Fig. 15) besteht aus einem Porzellangefäß, dessen Einlaß groß genug ist, um das Zuführungsrohr des Gases hindurch zu lassen, welches auch auf den Boden des Gefäßes reicht. Diese Bauart vermehrt erheblich den Einfluß des schädlichen Raumes und verringert infolgedessen die Genauigkeit der Bestimmungen.

Die Methode ist besonders zweckmäßig für die Beobachtungen der Dampfdichten, die mit demselben Apparat gemacht werden können; sie erlaubt dann eine genäherte Vorstellung von der Temperatur sich zu verschaffen, bei der die Versuche ausgeführt sind.

Crafts und Meier haben auf diese Weise die Veränderung in der Dampfdichte das Jod als Funktion der Temperatur festgestellt.

Regnault hat eine ähnliche Methode vorher vorgeschlagen, ohne indessen dieselbe anzuwenden.

1. Man füllt mit Wasserstoff ein eisernes Gefäß, welches auf die Temperatur gebracht worden ist, die man zu messen wünscht und der Wasserstoff wird durch einen Luftstrom ausgetrieben; am Austritt aus dem Metallgefäße wird der Wasserstoff über eine Strecke rotglühenden Kupfers geleitet und das gebildete Wasser in Röhren absorbiert, die mit Schwefelsäure in Bimstein gefüllt sind und gewogen werden. Diese sehr umständliche Methode ist schlecht wegen der Durchlässigkeit des Eisens bei hoher Temperatur.

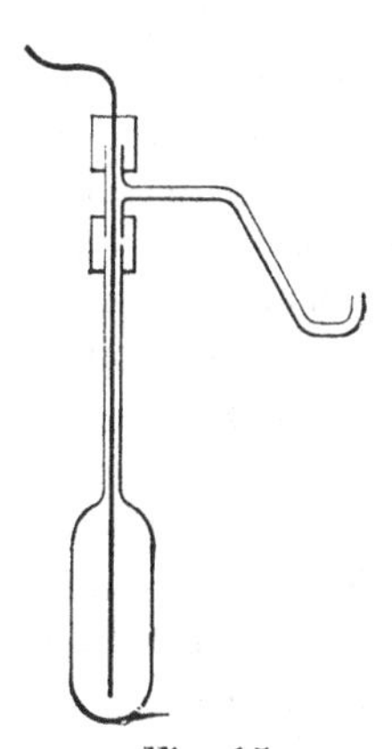

Fig. 15. Methode von Crafts und Meier.

Zur gleichen Zeit schlug er folgende Methode vor:

2. Ein eisernes Gefäß, welches Quecksilber enthält, wird genommen. Das Gefäß, welches nicht vollkommen geschlossen ist, wird auf die gesuchte Temperatur erhitzt und dann abkühlen gelassen und schließlich das zurückbleibende Quecksilber gewogen. Die Methode ist ebenso fehlerhaft wegen der Durchlässigkeit des Eisens bei hoher Temperatur; der Wasserstoff der Ofengase kann in das Gefäß hinein wandern und eine entsprechende Menge des Quecksilberdampfes verdrängen.

Methoden von H. Sainte-Claire-Deville. 1. Dieser Gelehrte versuchte zuerst die Temperatur nach einem Vorgang, welcher der Bestimmung von Dampfdichten nach Dumas ähnlich ist, zu messen. Er nahm ein Porzellangefäß, das mit Luft gefüllt war und heizte dasselbe in dem Ofen, dessen Temperatur gesucht wurde und schmolz es zu mit einer Wasserstoff-Sauerstoff-Flamme. Er maß die Luft, die darin geblieben war, indem er das Gefäß unter Wasser öffnete und das eingedrungene Wasser wog. Oder auch er bestimmte nur den Gewichtsunterschied des Gefäßes vor und nach dem Erhitzen. Beobachtungen, die am Siedepunkt des Kadmiums vorgenommen wurden, ergaben dafür 860°.

2. Bei einer zweiten Methode, welche den Vorteil hat, die Luft durch einen sehr schweren Dampf zu ersetzen, kam Deville auf den Vorschlag von Regnault zurück und benutzte den Quecksilberdampf. Er stieß aber dabei auf eine praktische Schwierigkeit. Er hatte die durchlässigen Eisengefäße durch Porzellangefäße ersetzt; das Quecksilber kondensierte sich in dem Hals des Pyrometers und fiel in kalten Tropfen in dieses hinein, was das Gefäß zum Springen brachte.

Aus diesem Grunde ging er von Quecksilber ab und ersetzte es durch Jod. Das Zurückfallen einer kalten Flüssigkeit wurde dadurch vollkommen vermieden, weil der Siedepunkt dieser Substanz (175°) und ihr Schmelzpunkt (113°) sehr nahe beieinander liegen. Eine große Zahl von Beobachtungen wurde nach dieser Methode angestellt; der Siedepunkt des Zinks beispielsweise wurde bei 1039° gefunden.

Diese Methode ist sehr fehlerhaft, da der Joddampf nicht die Gesetze von Mariotte und Gay-Lussac befolgt. Die Dampfdichte dieser Substanz nimmt mit wachsender Temperatur ab, was auf eine Verdoppelung des Jodmoleküls zurückzuführen ist. Diese Tatsache wurde durch Crafts und Meier festgestellt und von Troost bestätigt.

Methode von D. Berthelot. Alle vorhergehenden Methoden haben eine Grenze durch die Schwierigkeit, feste Körper zu finden, welche als Hüllen benutzt Temperaturen, die höher sind als 1600°, aushalten. D. Berthelot hat eine Methode mitgeteilt, welche, wenigstens theoretisch, bei jeder Temperatur von beliebiger Höhe angewandt werden kann, weil sie keine Hülle für das Gas verlangt, wenigstens keine Hülle von der gleichen Temperatur. Sie beruht auf der Veränderung des Brechungsindex einer Gasmasse, welche bei konstantem Druck erhitzt wird. Die Lichtgeschwindigkeit hängt von der chemischen Natur und der Dichtigkeit eines Stoffes ab, ist aber unabhängig von seinem physikalischen Zustand. Ein Gas, eine Flüssigkeit oder auch ein fester Körper der gleichen chemischen Natur, bewirkt eine Verzögerung des Lichtes, die nur von der Menge der durchsetzten Stoffschicht abhängt; dieses Gesetz, welches sehr angenähert für jeden Körper gilt, sollte ganz richtig sein für Substanzen, die sich den vollkommenen Gasen nähern. Diese Verlangsamung wird durch Verschiebung von Interferenzringen zwischen zwei parallelen Lichtstrahlen gemessen, von denen der eine durch das kalte Gas, der andere durch das warme läuft. Tatsächlich verwendet Berthelot eine Nullmethode. Er reguliert die Ringverschiebung auf Null, indem er bei konstanter Temperatur den

Druck des kalten Gases verändert, bis dessen Dichtigkeit derjenigen des Gases auf der warmen Strecke, welche sich auf konstantem Druck befindet, gleichgeworden ist.

Dabei tritt eine Schwierigkeit auf, welche der Notwendigkeit entspringt, das Licht in zwei parallele Strahlen zu zerlegen und dann wieder zu vereinigen, ohne eine Phasendifferenz einzuführen, welche die Ringe mit weißem Licht unsichtbar machen würde. Das ist auf folgendem Wege erreicht (Fig. 16).

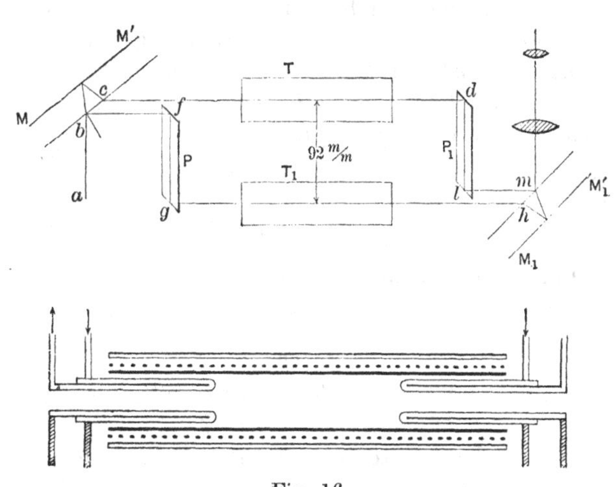

Fig. 16.
D. Berthelots Methode.

Ein Lichtstrahl a b fällt auf einen Spiegel M M', welcher ihn in zwei parallele Strahlen b f und c d zerlegt. Um die Strahlen voneinander zu trennen, so daß man den Apparat bequem zu ihnen aufstellen kann, gibt ein Prisma P dem Strahl b f die Richtung g h; man kann auf diese Weise eine Trennung von 92 mm erreichen. Ein zweites Prisma P_1 bringt den Strahl c d in die Richtung l m und nach der Reflexion an einem zweiten Spiegel M_1M_1' werden die Ringe in einem Fernrohr beobachtet, das auf Parallelstrahlen eingestellt ist. Die Röhren, welche die Gase enthalten, sind bei T und T_1 aufgestellt.

Es ist augenscheinlich notwendig, daß die Prismen P und P_1 vollkommen hergestellt sein müssen. Eine erste Justierung wird mit gelbem Licht vorgenommen, dann wird sie mit weißem Licht vervollständigt.

Das Rohr für den veränderlichen Druck ist mit zwei Glasplatten abgeschlossen, ebenso das warme Rohr; diese vier Platten müssen vollkommen einander gleich sein. Das heiße Rohr wird durch ein Dampfbad bei niedrigen Temperaturen geheizt, durch einen elektrischen Strom, der durch eine Heizspirale läuft, bei hohen Temperaturen.

Es tritt noch eine Schwierigkeit dadurch auf, daß in dem warmen Rohr ein Gebiet veränderlicher Temperatur zwischen der warmen Zone und der kalten Luft vorhanden ist.

Um den Einfluß dieser veränderlichen Zone herauszubringen, sind innerhalb des warmen Rohres zwei Röhren mit fließendem kaltem Wasser angebracht, deren Abstand für sich verändert werden kann; es ist dabei angenommen, daß die veränderliche Gegend dieselbe geblieben ist und daß der Abstand zwischen den beiden Röhren die Länge der warmen Schicht liefert, welche tatsächlich zur Verwendung kommt. Es folgt daraus, daß die verglichenen Längen der warmen Schicht und der kalten Schicht (diese letztere bleibt konstant) nicht die gleichen sind; die anzuwendende Formel wird dadurch etwas umfangreicher.

Bedeutet n der Brechungsindex eines Gases und d dessen Dichte, so hat man

$$n - 1 = kd.$$

In dem Rohr mit konstantem Druck

$$\frac{d_1}{d_0} = \frac{p}{p_0}.$$

Sollen die Ringe unverändert bleiben, so muß sein

$$(n_1 - n_0)\ L = (n' - n_0)\ l,$$

wo L die Länge der kalten Röhre und l der Abstand in der warmen.

$$k(d_1 - d_0)L = k(d' - d_0)l$$

$$L\left(\frac{d_1}{d_0} - 1\right) = l\left(\frac{d'}{d_0} - 1\right);$$

$$L\left(\frac{p}{p_0} - 1\right) = l\left(\frac{T_0}{T} - 1\right).$$

Ein Ausdruck, der eine Beziehung zwischen den Drucken und Temperaturen liefert.

Diese Methode hat, zur Prüfung der Siedepunkte benutzt, folgende Werte ergeben:

	Druck	Beobachtete Temperatur	Berechnete Temperatur
Alkohol	741,5 mm	77,69°	77,64°
Wasser	740,1	99,2	99,20
	761,04	100,01	100,01
Anilin	746,48	183,62	183,54
	760,91	184,5	184,28

Berthelot hat mit derselben Methode Thermoelemente geeicht, die er zur Bestimmung der Schmelzpunkte von Silber und Gold und der Siedepunkte von Zink und Kadmium benutzt hat.

Silber	erstarrend	962° C
Gold	erstarrend	1064° C
Zink	siedend	920° C
Kadmium	siedend	778° C.

Die gefundenen Zahlen sind fast übereinstimmend mit denen, die sich aus den besten Bestimmungen nach anderen Methoden ergeben.

Wir werden die Fixpunktbestimmungen für die Pyrometrie weiterhin im Kapitel XI erörtern.

Kapitel 3.

Kalorimetrische Pyrometrie.

Prinzip. Eine Masse m eines Körpers, die auf eine Temperatur T gebracht worden ist, wird in ein Kalorimeter geworfen, welches Wasser von einer Temperatur t_0 enthält. t_1 soll die gemeinsame Endtemperatur des Wassers und der Substanz sein. M ist der Wasserwert der in Berührung befindlichen Stoffe (Wasser, Kalorimetergefäß, Thermometer usw.), welche von der Temperatur t_0 auf t_1 erwärmt werden.

L_t^T ist die Wärmemenge, die von der Masseneinheit des Körpers zur Erwärmung von t_1 auf T gebraucht wird; dann hat man

$$L_t^T \cdot m = M(t_1 - t_0)$$

Nehmen wir als Ausgangspunkt der Temperaturen den Nullpunkt des Zentigrad-Thermometers, so ist die Wärmemenge, welche die Masseneinheit des Körpers zur Erwärmung bis zur Temperatur T braucht

$$L_0^T = L_{t_1}^T + L_0^t$$

Die Menge L_0^t ist leicht zu berechnen, weil die spezifischen Wärmen bei tiefen Temperaturen ausreichend bekannt sind.

$$L_0^t = c\,t_1$$

Der Ausdruck für die Gesamtwärme wird dann

$$L_0^T = \frac{M(t_1 - t_0)}{m} + c\,t_1$$

t_1 und t_0 sind die Temperaturen, die durch die direkten Ablesungen des Thermometers angegeben werden.

Der Wert des zweiten Gliedes ist also vollkommen bekannt und auch der des ersten Gliedes, welches ihm in der Form gleich ist. Wenn also vorliegende Versuche den Wert der Gesamtwärme L_0^T für verschiedene Temperaturen geliefert haben, kann man aus der Kenntnis von L_0^T den Wert von T bestimmen. Es wird ausreichen, in großem Maßstabe eine Kurve zu zeichnen, deren Ordinaten Temperaturen bedeuten und deren Abszissen Gesamtwärmen sind, um auf dieser

Kurve den Punkt zu finden, dessen Abszisse den durch den kalorimetrischen Versuch gelieferten Wert besitzt.

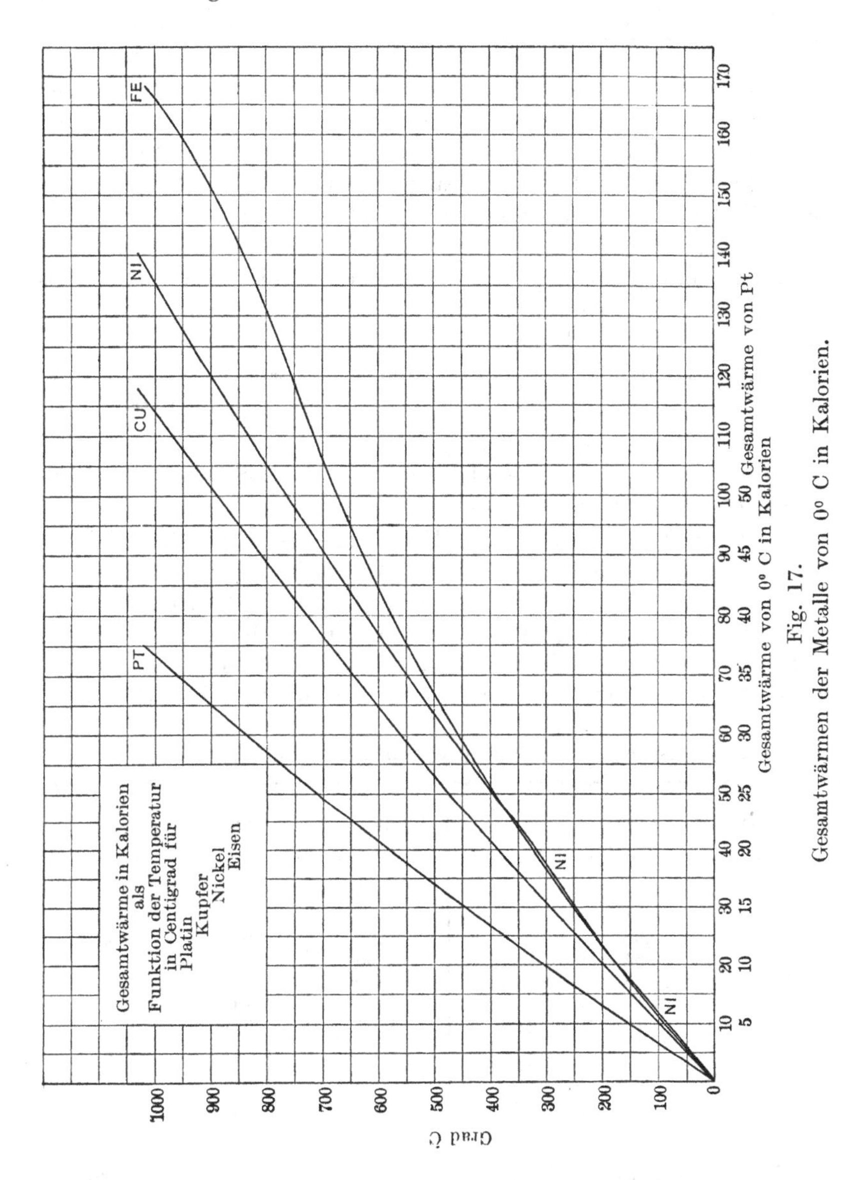

Fig. 17.
Gesamtwärmen der Metalle von 0° C in Kalorien.

In Fig. 17 sind Temperaturkurven angegeben, welche die Gesamtwärme von 0° C aus für einige Metalle darstellen, die bei der Pyrometrie mit spezifischer Wärme benutzt werden. Die Werte der Gesamtwärmen sind die Mittelwerte für jedes Metall aus den experimentellen Ergebnissen, welche in einigen der folgenden Tabellen angeführt sind.

Wahl des Metalles. Vier Metalle sind in Vorschlag gekommen: Platin, Eisen, Nickel und Kupfer.

Platin. Dieses Metall wurde zuerst von Pouillet vorgeschlagen und dann von Violle wieder aufgenommen. Es muß bei weitem allen anderen Metallen vorgezogen werden. Seine Gesamtwärme ist direkt mit den Angaben des Gasthermometers verglichen worden. Außerdem kann dieses Metall immer im gleichen Zustande wieder erhalten werden. Iridium, mit welchem das Platin des Handels oft verunreinigt ist, besitzt ungefähr die gleiche spezifische Wärme. Der hohe Preis dieser Substanzen ist das einzige Hindernis für ihre allgemeine Anwendung beim Arbeiten; für ein Kalorimeter von einem Liter Inhalt, ist es notwendig, wenigstens 100 g Platin anzuwenden — oder 5000 Mk. für ein Volumen von 5 ccm —, die leicht verloren gehen können oder fortkommen.

Violle bestimmte die Gesamtwärme des Platins von 0° bis 1200° und extrapolierte sie bis zu 1800°.

W. P. White hat die spezifische Wärme des Platins bis zu 1500° gemessen und bekommt etwas tiefere Werte als Violle. Die Unterschiede können nicht auf die Unterschiede in den Temperaturskalen geschoben werden. Einige Messungen von Tilden bis zu 600° ergaben Werte, die zwischen den beiden liegen und Plato findet zwischen 600° und 750° Werte, welche mit denen von White nahe übereinstimmen.

Gesamtwärme von Platin von 0° C aus, in Kalorien.

Temperatur	Violle	White	Temperatur	Violle	White
100	3,23	—	1000	37,70	35,45
200	6,58	—	1100	42,13	39,32
300	9,95	9,49	1200	46,65	43,28
400	13,64	13,09	1300	(51,35)	47,26
500	17,35	16,75	1400	(56,14)	49,22
600	21,18	20,44	1500	(61,05)	55,20
700	25,13	24,15	1600	(66,08)	(59,26)
800	29,20	27,88	1700	(71,23)	(63,45)
900	33,39	31,63	1800	(76,50)	—

Whites Messungen über die mittlere spezifische Wärme werden dargestellt durch die Gleichung

$$0{,}0319_8 + 3{,}4 \,.\, 10^{-6}\, t$$

Eisen. Regnault schlug bei einer Untersuchung, die er für die Pariser Gas Compagnie anstellte, das Eisen vor und veranlaßte, daß sein Vorschlag angenommen wurde. Er nahm für die spezifische Wärme 0,126 anstatt 0,106 bei Null Grad an. Er benutzte einen Würfel von 7 cm Seitenlänge, welcher in die Öfen mit Hilfe von langen Eisenstangen gebracht wurde. Das Kalorimeter war aus Holz und hatte ein Fassungsvermögen von 4 Litern.

Verschiedene Beobachter haben die Gesamtwärme von Eisen gemessen. Bei hoher Temperatur ist die Übereinstimmung unter den Resultaten nicht vollkommen, wie aus der folgenden Tabelle zu sehen ist.

Gesamtwärme von Eisen von 0° aus, in Kalorien.

Temperatur	Pionchon	Euchène	Harker	Oberhoffer	Weiß und Beck
100	11,0	11,0	—	—	—
200	22,5	23,0	23,0	23,4	23,1
300	36,8	37,0	37,0	37,5	36,1
400	51,6	52,0	51,3	52,4	49,5
500	68,2	69,5	66,9	66,0	64,4
600	87,0	84,0	83,8	84,6	81,2
700	108,4	106,0	104,1	113,4	101,0
800	135,4	131,0	127,8	135,2	124,2
900	157,2	151,5	148,0	152,1	148,5
1000	170,9	173,0	155,7	167,0	—
1100	—	—	168,8	182,6	—
1200	—	—	—	199,2	—
1300	—	—	—	215,8	—
1400	—	—	—	232,4	—
1500	—	—	—	250,5	—

Die Bestimmungen von Pionchon und von Euchène sind wegen der ungenauen Temperaturskalen, wenigstens oberhalb von 800°, keineswegs befriedigend und obgleich diejenigen der anderen Beobachter annähernd in der gleichen Skala ausgedrückt sind, welche heute die gewöhnlich benutzte ist, so ist deren Übereinstimmung durchaus unzureichend. Oberhoffers Resultate zeigen eine plötzliche Änderung in der spezifischen Wärme, die bei 650° anfängt, ferner Änderungen in der spezifischen Wärme, welche durch die allotropen Formen des Eisens bedingt sind. Die Zahlen von Weiß und Beck zeigen eine plötzliche Änderung in der spezifischen Wärme bei 750°, veranlaßt durch den magnetischen Umwandlungspunkt. Nach Oberhoffer und Meuthen vermehrt der Zusatz von Kohlenstoff zum Eisen die spezifische Wärme im Verhältnis von 0,0011 für jedes 0,5% hinzugefügten Kohlenstoffes, wenigstens für das Temperaturgebiet von 0° bis 650° C.

Hinsichtlich seiner allgemeinen Anwendung ist dieses Metall nicht sehr geeignet für die Benutzung im Kalorimeter. In erster Linie wegen seiner großen Oxydierbarkeit. Bei jedem Erhitzen wird eine Oxydschicht gebildet, welche beim Eintauchen ins Wasser abblättert, so daß die Masse des Metalls von einer Beobachtung bis zur nächsten sich ändert. Außerdem besitzt Eisen, besonders wenn es Kohlenstoff enthält, Zustandsänderungen, welche während des Erhitzens von einer deutlichen Wärmeaufnahme begleitet werden. Beim Abkühlen in Wasser tritt ein Härten ein, welches in unregelmäßiger Weise den Rückgang der Umwandlungen beeinflussen kann. Deshalb ist elektrolytisches Eisen vorzuziehen, zumal da die am meisten ausgeprägte Umwandlung, und zwar die bei der niedrigsten Temperatur, auf diese Weise vermieden wird und auch seine Oxydation kleiner ist.

Nickel. Auf dem industriellen Gas-Kongreß im Jahre 1889 schlug Le Chatelier das Nickel vor, welches bis zu 1000^0 nur wenig oxydierbar ist und welches oberhalb von 400^0 keine Zustandsänderungen wie das Eisen besitzt.

Die Gesamtwärme des Nickels wurde durch Pionchon gemessen, ferner durch Euchène und durch Weiß und Beck.

Die Unterschiede sind sehr wahrscheinlich zum Teil auf Verunreinigungen zu schieben, welche das Nickel enthalten kann, aber ebensogut auf Ungenauigkeiten experimenteller Natur und der Temperaturskala.

Gesamtwärme von Nickel von 0^0 C aus, in Kalorien.

Temperatur	Pionchon	Euchène	Weiß und Beck
100	11,0	12,0	—
200	22,5	24,0	23,1
300	42,0	37,0	36,2
400	52,0	50,0	50,0
500	65,5	63,5	63,2
600	78,5	75,0	76,6
700	92,5	90,0	90,0
800	107,0	103,0	104,9
900	123,0	117,5	—
1000	138,5	134,0	—

Kupfer wird manchmal angewandt und obgleich es, wenn es rein ist, keine Gebiete der Umwandlung zu besitzen scheint, so oxydiert es doch, blättert leicht ab und kann nicht bei so hohen Temperaturen wie irgendeins der anderen Metalle benutzt werden. In der folgenden Tabelle sind die Werte der Gesamtwärme des Kupfers angegeben, wie sie aus den Versuchen von Le Verrier und von Frazier und Richards abgeleitet sind.

Gesamtwärme von Kupfer von 0° C aus, in Kalorien.

Temperatur	Le Verrier	Frazier und J. W. Richards
100	10,4	9,6
200	20,8	19,5
300	31,2	29,8
400	42,2	40,4
500	54,7	51,4
600	66,5	62,8
700	77,8	74,4
800	91,0	86,5
900	103,8	99,0
1000	115,6	111,7

Kalorimeter. In Laboratorien wird oftmals eine Platinmasse in Verbindung mit Berthelots Kalorimeter gebraucht, welches in verschiedenen Veröffentlichungen über Kalorimetrie angegeben ist (Fig. 18). Das für die Messung der Temperaturerhöhung gebrauchte Thermometer soll sehr empfindlich sein, so daß eine Erhöhung von 2° bis 4° ausreichend ist, um die Korrektion wegen des Abkühlens vernachlässigen zu können. Wenn beispielsweise ein Thermometer gebraucht wird, welches hundertel Grade angibt, sollte die Masse des Platins ungefähr der zwanzigste Teil der im Kalorimeter befindlichen Wassermasse sein.

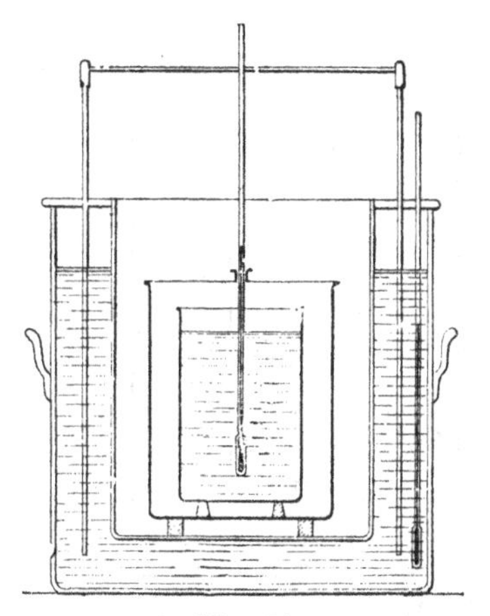

Fig. 18.
Berthelots Kalorimeter.

Eine Form des Kalorimeters mit Wassermantel ist mit seinem Ofen, wie er von White bei der Bestimmung von spezifischer Wärme benutzt wurde, in Fig. 19 im Durchschnitt dargestellt. Diese Arbeitsweise ist ebenfalls anwendbar zur Temperaturbestimmung. Die Wasserbedeckung wird zur Seite bewegt, wenn die Platinmasse in das Kalorimeter fallen soll. Diese Form des Kalorimeters verdient den Vorzug bei genauer Kalorimetrie, wenn hohe Temperaturen in Frage kommen, da die Unsicherheit der Strahlung und Verdampfung auf einen sehr kleinen Wert gebracht sind. Das gebräuchliche Quecksilberthermometer kann mit Vorteil durch irgend eine Form des elektrischen Thermometers ersetzt werden.

Kalorimeter der Industrie (Fig. 20). In den Werkstätten, wo die Messungen mit weniger Genauigkeit gemacht werden, und wo es notwendig wird, die Kosten der Apparateinrichtung in Betracht zu ziehen, kann Nickel angewandt werden. Ferner ein Thermometer, welches Zehntelgrade angibt und ein Zinkkalorimeter, was man sich selbst herstellen kann. Solch eine Einrichtung kann ungefähr nur 100 Mk. kosten. Die Nickelmasse sollte den zwanzigsten Teil der Wassermasse des Kalorimeters betragen. Die von der Pariser Gas Compagnie benutzten Kalorimeter sind nach dem Muster von Berthelot verfertigt; sie besitzen ebenfalls einen Wassermantel.

Solcher Apparat besteht im allgemeinen aus einem zylindrischen Kalorimeter A von 2 Litern Inhalt aus Zink oder aus Kupfer; ein doppelt zylindrischer Mantel B aus demselben Metall enthält Wasser und kann selbst mit Filz auf der Außenseite umgeben sein. Das Kalorimeter steht in dem Mantel mit Hilfe einer Holzstütze C. Empfehlenswert ist auch eine metallische Bedeckung, welche mit dem äußeren Gefäß

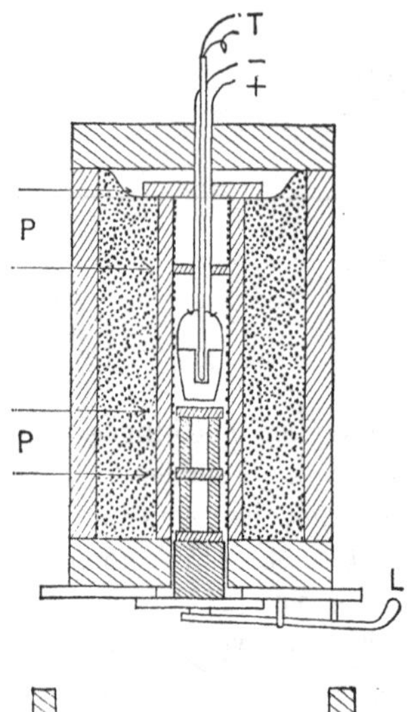

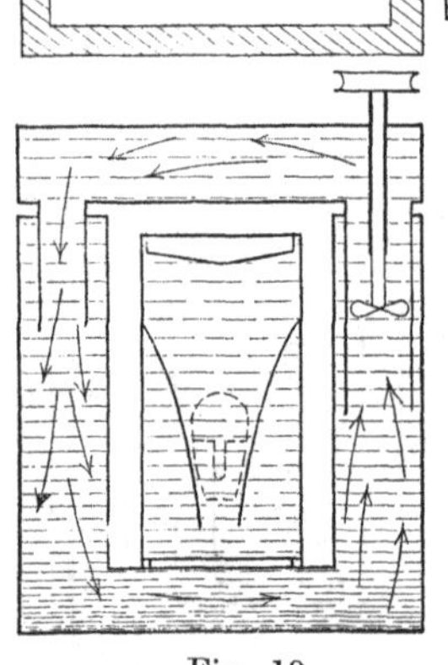

Fig. 19.
Whites Kalorimeter.

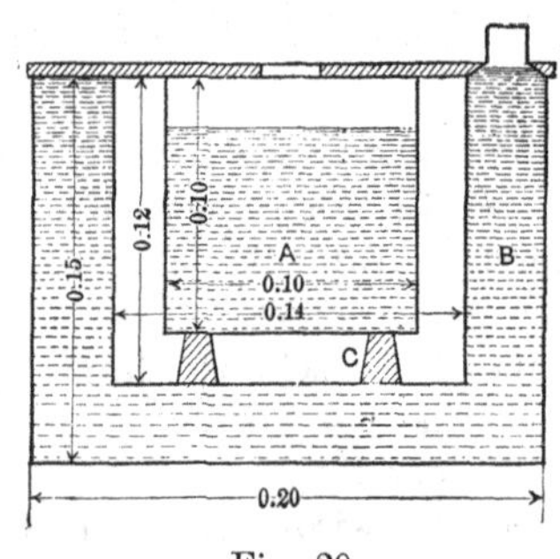

Fig. 20.
Kalorimeter der Industrie.

gut in Berührung steht. Ein Thermometer, das in Fünftelgrade eingeteilt ist und ein kleines, aber sehr langes Gefäß besitzt, dient als Rührer. Die thermometrische Substanz ist ein Nickelstück, dessen Masse gleich dem zehnten Teil der Wassermasse ist oder 200 g beträgt, so daß man einen Temperaturanstieg bekommt, der beträchtlich ist und leicht von einem Arbeiter abgelesen werden kann, der die Messungen ausführt. Mit großem Vorteil und geringen Kosten läßt sich auch als Kalorimetergefäß ein Dewarsches Glasgefäß mit 1—2 Litern Inhalt verwenden, wobei man nur darauf zu achten hat, daß die hineinfallende Metallmasse den Boden desselben nicht zerschlägt.

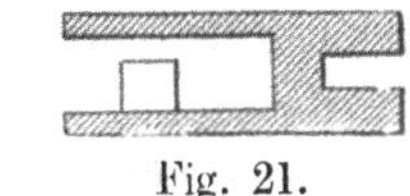

Fig. 21. Metall-Träger.

Als allgemeine Regel gilt, daß man vermeiden muß, die thermometrische Substanz auf den Boden des Ofens zu legen. Das Nickelstück, welches in der Form kleiner Zylinder dargestellt ist, von einem Durchmesser von 15—25 mm, und von einer Länge von 10—30 mm, bleibt in einem ausgehöhlten Nickelblock, damit es von dem Boden getrennt ist; letzterer ist mit einem Fuß und zwei Armen etwas oberhalb des Schwerpunktes ausgerüstet. Wenn er eine halbe Stunde lang erhitzt worden ist, nimmt ein Beobachter den Block mit einer Gabelstange heraus und ein anderer ergreift diesen Block mit Zangen, um ihn in das Kalorimeter zu entleeren.

Ein eiserner Block ist nicht gebraucht worden, weil dieses Metall sich oxydiert und Stücke abschält, welche in das Kalorimeter fallend, den Versuch vereiteln würden.

Fig. 21 zeigt eine geeignete Anordnung zur Aufnahme eines Nickelzylinders.

Siemens-Kalorimeter. Eine zweckmäßige Form eines Kalorimeters mit direkter Ablesung, die von Siemens herrührt, ist in Fig. 22 dargestellt. Wendet man immer die gleiche Wassermasse an, und einen Block von gegebener Masse und Metallart, so kann man das Thermometer mit einer Hilfsskala ausrüsten, welche so eingeteilt ist, daß man direkt die Temperatur erhält, die durch den erhitzten Block gegeben ist. Hohle Kupferzylinder sind in der Regel diesem Apparat beigegeben.

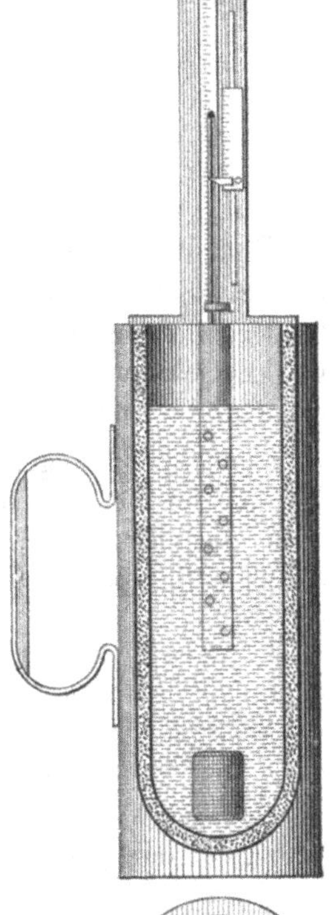

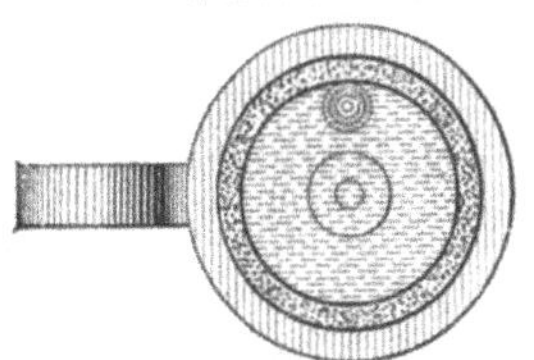

Fig. 22. Siemens-Kalorimeter.

Die Genauigkeit der Messungen. Biju-Duval unternahm eine Reihe von Versuchen, um die Fehlerquellen zu prüfen, die beim Gebrauche des industriellen Kalorimeters auftreten, indem er dessen Angaben mit denen des thermoelektrischen Pyrometers von Le Chatelier verglich. Die Beobachtungen wurden angestellt unter Veränderung folgender Bedingungen.

Benutzung eines Thermometers, das in Fünftelgrade oder in Fünfzigstelgrade geteilt war.

Benutzung des alten hölzernen Kalorimeters der Gaswerke oder des Kalorimeters mit Wassermantel.

Benutzung von Eisen oder Nickel.

1. Versuch. Altes hölzernes Kalorimeter der Gaswerke. Eisen. Thermometer mit Fünftelgraden.

$$P = 10\,000 \text{ g}$$
$$p = 1\,031 \text{ g}$$
$$t_0 = 20{,}8^0$$
$$t_1 = 36{,}2^0$$
$$Q = 153{,}5 \text{ Kal.}$$

Berechnete Temperatur:

aus der mittleren spezifischen Wärme des Eisens = 0,108; t = 1420°,
aus der mittleren spezifischen Wärme des Eisens = 0,126; t = 1210°,
aus der Gesamtwärme nach Biju-Duval; t = 915°,
aus dem thermoelektrischen Pyrometer; t = 970°.

Es ist daher augenscheinlich, daß die mittlere spezifische Wärme auch mit der von Regnault vorgeschlagenen Korrektion Temperaturen ergibt, die viel zu hoch sind. Die mit der Kurve der Gesamtwärmen gefundene Temperatur ist viel zu niedrig auf Grund folgender Wärmeverluste:

1. Absorption von Wärme durch die hölzernen Wände,
2. Strahlung des Eisenwürfels während seiner Verschiebung.
3. Abkühlung des Wassers im Kalorimeter, dessen Temperatur die Temperatur der Umgebung um 16° übertraf.

Folgende Versuche wurden mit dem Thermometer, welches Fünfzigstelgrade abzulesen erlaubte, angestellt; das Nickelstück wurde gegen Ausstrahlung durch einen Mantel geschützt. Beide Kalorimeter wurden miteinander verglichen.

2. Versuch mit dem hölzernen Kalorimeter:

$T = 975^0$ mit dem thermoelektrischen Pyrometer
$P = 10\,000$ g
$p = 145$ g
$t_0 = 20{,}21^0$
$t_1 = 21{,}99^0$
$L_0^T = 125$ Kal.
$L_0^T = 131{,}5$ Kal. aus der Kurve bei 975°.

Der Unterschied beträgt 6,5 Kalorien oder 5% Verlust, herbeigeführt durch den Mantel.

3. Versuch mit dem Wassermantel-Kalorimeter:

$T = 985^0$
$P = 2000$ g
$p = 48{,}4$ g
$t_0 = 18{,}86^0$
$t_1 = 21{,}95^0$
$L_0^T = 130$ Kal.
$L_0^T = 133$ Kal. aus der Kurve bei 985^0.

Der Unterschied beträgt 3 Kalorien oder einen Verlust von ungefähr nur 2%, wenn ein sorgsam gebautes Kalorimeter angewandt wird und ein Thermometer, das Fünfzigstelgrade angibt. Dieses entspricht einer Unsicherheit von weniger als 20^0 in der gesuchten Temperatur. Ein Teil dieser Unsicherheit kann bedingt sein durch die Temperatur selbst, welche bei diesen Messungen als genau angenommen wurde, und durch den Wärmeverlust während des Übertragens. Es ist möglich, besser als auf 5^0 mit den noch verfeinerten Methoden zu arbeiten unter Benutzung einer Platinmasse. Mit den Zehntelgrad-Thermometern bekommt man eine Ungenauigkeit von 25^0 oder mehr, da man einen größeren Temperaturanstieg des Kalorimeterwassers benötigt. Eine verhältnismäßig kleine Wassermasse ist auch mit einem weniger empfindlichen Thermometer nicht notwendig ein Nachteil, aber nur dann nicht, wenn das Kalorimeter sauber gegen Wärmeverlust und Verdampfung geschützt ist, welche durch den höheren Temperaturanstieg hervorgerufen wird.

Bedingungen für die Anwendung. Die Vorteile des kalorimetrischen Pyrometers sind folgende:

1. Seine Kosten sind gering.
2. Seine Anwendung ist leicht und erlaubt es in die Hände von Arbeitern zu geben.

Seine Nachteile sind:

1. Die Zeit für eine Beobachtung ist ungefähr eine halbe Stunde, ausgenommen in der Siemensschen Form.
2. Die Unmöglichkeit, kontinuierliche Beobachtungen vorzunehmen.
3. Die Unmöglichkeit, über 1000^0 hinauszugehen, wenn man ein Nickelstück benutzt.
4. Das Schlechterwerden der benutzten Massen, bedingt durch die Oxydation.

Seine Benutzung scheint sich nicht für Laboratorien zu empfehlen, da es kontinuierliche Methoden mit größerer Genauigkeit gibt, die leichter für solche Anwendungen in Frage kommen. Im Laboratorium wird die kalorimetrische Methode gewöhnlich zur Bestimmung der spezifischen Wärmen bei hohen Temperaturen und nicht von diesen Temperaturen selbst gebraucht. In den letzten Jahren sind sehr viele Verfeinerungen bei den kalorimetrischen Messungen eingeführt worden, so z. B. Kalorimeter mit Vakuummantel, welche fast vollkommen die Wärmeverluste während des Temperaturanstieges innerhalb des Gefäßes vermeiden; ferner Widerstandsthermometer und Thermoelemente von großer Empfindlichkeit und Genauigkeit, welche den Temperaturanstieg innerhalb des Kalorimeters genauer angeben als ein Quecksilberthermometer; ferner elektrische Heizung und Vakuumöfen für das Vorwärmen des Stückes auf die gewünschte Temperatur, ohne es zu verderben; endlich viele Einzelheiten in der Handhabung und im Aufbau, deren Beschreibung der Leser in den Schriften von Berthelot, Louginine und Schukarew, Dickinson, Richards, White, Oberhoffer u. a. finden kann.

Es ist z. B. möglich, den gesamten Fehler, der durch das Kalorimeter kommt, in den Grenzen 1 auf 10 000 zu halten. Diese Einrichtungen sind von größter Wichtigkeit für die genaue Bestimmung der spezifischen und latenten Wärmen und ähnlicher Konstanten bei hoher Temperatur, haben aber nur wenig Interesse vom Gesichtspunkt der reinen Pyrometrie, da viel sauberere und genauerere Temperaturmeßmethoden vorhanden sind, welche nicht die Übertragung einer Wärmemenge verlangen.

Das kalorimetrische Pyrometer oder das der spezifischen Wärmen kann für bestimmte Vorgänge unterhalb 1000° C in technischen Betrieben empfohlen werden, wo es nur gebraucht wird, um gelegentlich Messungen mit mäßiger Genauigkeit zu machen; in Fällen, wo kein Personal vorhanden ist, welches mit genügender Sorgsamkeit die genaueren oder feineren Methoden anwenden kann; und endlich, wo die Wichtigkeit der Messungen nicht so groß ist, als daß sich der Ankauf von kostbareren Instrumenten rechtfertigen ließe.

4. Kapitel.

Thermoelektrische Pyrometer.

Prinzip. Die Verbindungsstelle zweier Metalle, die auf eine gegebene Temperatur erwärmt werden, ist der Sitz einer elektromotorischen Kraft, welche nur eine Funktion der Temperatur ist, wenigstens unter gewissen Bedingungen, welche wir weiterhin angeben wollen. In einem Stromkreis, welcher verschiedene Verbindungsstellen bei verschiedenen Temperaturen enthält, ist die gesamte elektromotorische Kraft gleich ihrer algebraischen Summe. In einem geschlossenen Stromkreis wird infolgedessen ein Strom entstehen, welcher gleich ist dem Quotienten dieser entstehenden elektromotorischen Kraft und dem Gesamtwiderstand.

Versuche von Becquerel, Pouillet und Regnault. Becquerel war der erste, welcher die Idee hatte, die Seebecksche Entdeckung zur Messung von hohen Temperaturen auszunutzen (1830). Er benutzte ein Element aus Platin-Palladium und bestimmte die Temperatur der Flamme von einer Alkohollampe, welche er gleich 1350° fand. Tatsächlich ist die Temperatur eines in der Flamme erhitzten Drahtes nicht diejenige der Verbrennungsgase; sie ist tiefer als diese.

Die Methode wurde erforscht und angewandt in der ersten Zeit durch Pouillet und zwar in systematischer Weise; er benutzte ein Eisen-Platin-Element, welches er mit dem früher beschriebenen Luftthermometer verglich (S. 53).

Um das Platin vor der Einwirkung der Ofengase zu schützen, brachte er es in einen eisernen Flintenlauf, welcher das zweite Metall der Verbindungsstelle ausmachte. Pouillet scheint nicht von dieser Methode Anwendungen gemacht zu haben, die ihm sehr abweichende Resultate geliefert haben muß.

Edm. Becquerel nahm die Untersuchung des Elementes seines Vaters wieder auf (Platin-Palladium). Er war der Erste, welcher die große Wichtigkeit bemerkte, daß man bei diesen Messungen ein Galvanometer mit hohem Widerstand benutzen muß. Nur die elektromotorische Kraft ist eine Funktion der Temperatur und die Stromstärke ist das, was gemessen wird. Das Ohmsche Gesetz ergibt

$$E = RJ.$$

Damit man zwischen diesen Größen Proportionalität hat, ist es notwendig, daß der Widerstand des Stromkreises sich nicht ändert. Derjenige des Elementes ändert sich notwendigerweise, wenn es heiß wird. Diese Änderung muß man infolgedessen vernachlässigen können im Vergleich zum Gesamtwiderstand des Stromkreises.

Edm. Becquerel prüfte das Platin-Palladium-Element und benutzte es als Zwischenglied bei allen seinen Messungen mit Schmelzpunkten, aber er benutzte es nicht sozusagen als Pyrometer; er verglich es im Augenblick der Beobachtung mit einem Luftthermometer, das auf eine Temperatur gebracht war, die der zu messenden nahe lag. Er versuchte ebenfalls eine vollkommene Eichung dieses Elementes durchzuführen, aber sein Bestreben war nicht erfolgreich; er zog nicht die Unregelmäßigkeiten in Rechnung, die durch die Verwendung des Palladiums auftreten; außerdem benutzte er nacheinander für dessen Eichung ein Quecksilberthermometer und ein Luftthermometer, welche nicht miteinander übereinstimmten. So war er genötigt, für die Beziehung zwischen Temperatur und elektromotorischer Kraft einen sehr ausgedehnten Ausdruck anzunehmen; die Formeln, welche er angibt, enthalten zusammen zwölf Parameter, während die parabolische Formel von Tait und Avénarius mit zweien auskommt. So z. B.

$$e = a + b\,(t - t_0) + c\,(t^2 - t_0^2),$$

welche gut die Eigenschaft des in Frage kommenden Elementes bis zu 1500^0 darstellt.

Regnault griff die Untersuchung des Pouilletschen Elementes auf und er beobachtete solche Unregelmäßigkeiten, daß er ohne weiteres die thermoelektrische Methode verwarf. Aber diese Versuche waren kaum schlüssig, denn er scheint nicht die Notwendigkeit der Benutzung eines Galvanometers mit hohem Widerstand in Betracht gezogen zu haben.

Versuche von Le Chatelier und von Barus. Die thermoelektrische Methode besitzt hingegen doch sehr erhebliche praktische Vorteile für den Gebrauch im Laboratorium, und nicht minder in der Industrie, z. B.:

Geringes Volumen der thermoelektrischen Substanz,
Schnelligkeit in den Angaben,
die Möglichkeit, das Meßinstrument in jede gewünschte Entfernung zu bringen.

Le Chatelier beschloß, die Prüfung dieser Methode aufzunehmen, indem er anfangs nicht die Absicht hatte, die Unregelmäßigkeiten, welche der in Frage kommenden Erscheinung inne zu wohnen schienen, fortzubringen, sondern die Gesetze dieser Unregelmäßigkeiten zu prüfen, um die Korrektionen zu bestimmen, welche diese Methode zur Anwendung gelangen ließen, wenigstens für Näherungsmessungen in der Industrie. Diese Untersuchungen zeigten in ihrem Verlauf, daß die beobachteten Fehlerquellen unterdrückt werden konnten; die hauptsächlichste nämlich, und zwar die einzig erhebliche, kam durch ein Fehlen von Gleichförmigkeit in den Metallen, die bis zu dieser Zeit angewandt worden waren.

Barus, dessen Arbeit auf diesem Gebiet aus dem Jahre 1881 stammt, prüfte sehr im einzelnen die thermoelektrische Messung hoher Temperatur und ebenso die Vorteile und Grenzen verschiedener pyrometrischer Methoden. Er wurde durch seine Untersuchungen dazu geführt, das Element Pt, 90 Pt — 10 Ir zu bevorzugen.

Eisen, Nickel, Palladium und deren Legierungen wurden für genaue Messungen hoher Temperatur als ungeeignet befunden, weil sie auf bestimmte Zustände erhitzt Veranlassung zu Nebenströmen ergeben, die bisweilen verhältnismäßig stark sind. D. Berthelot u. a. haben hingegen seitdem mit Erfolg in oxydierender Atmosphäre Thermoelemente benutzt mit Palladium als einem Schenkel.

Als Beispiel für die Ungleichförmigkeit betrachte man die elektromotorischen Kräfte, welche durch Le Chatelier beobachtet wurden, indem er einen Draht aus Ferronickel von 1 mm Durchmesser und 50 cm Länge unten in einer Bunsenflamme entlang führte; die elektromotorischen Kräfte sind in Mikrovolt ausgedrückt (Milliontel eines Volt).

Abstand . . .	0,05	0,10	0,15	0,20	0,30	0,35	0,40	0,50
E.M.K. . . .	—200	+250	—150	—1000	—500	—200	—50	—200

Eine elektromotorische Kraft von 1000 Mikrovolt ist die von den gebräuchlichen Elementen angegebene, wenn man sie bei einer Temperatur von 100° prüft. Mit solchen Unregelmäßigkeiten, wie sie oben dargestellt sind, könnte man kaum irgendwelche Messungen vornehmen.

Diese Unregelmäßigkeiten sind manchmal durch gelegentliche Unregelmäßigkeiten in der Drahtzusammensetzung bedingt, aber im allgemeinen gibt es von vornherein keine Ungleichheit der Struktur; durch das Erhitzen wird physikalisch eine Ungleichheit hervorgebracht. Eisen und Nickel, welche auf 750° und 380° bzw. erhitzt werden, erleiden eine allotropische Umwandlung, welche durch ein plötzliches Abkühlen nur unvollkommen zurückgeht.

Im Falle des Palladiums wird in einer reduzierenden Atmosphäre das Auftreten der Wasserstoffverbindung unter vollkommener Veränderung der Natur des Metalles hervorgebracht, so daß ein Metall welches anfänglich gleichförmig war, durch einfaches Erhitzen ganz ungleichförmig wird und ein Element bilden kann.

Bestimmte Metalle und Legierungen sind ganz frei von diesem Fehler, in bemerkenswerter Weise das Platin und dessen Legierungen mit Iridium und Rhodium. Die früher bemerkten Unregelmäßigkeiten sind also durch die Anwendung von Eisen und Palladium bei allen Versuchselementen bedingt.

Eine zweite Fehlerquelle, die aber weniger wichtig ist, kommt durch das Ausglühen. Heizt man einen Draht am Teilpunkt zwischen dem gehärteten und ausgeglühten Teil, so entsteht ein Strom, dessen Stärke mit der Art des Drahtes und dem Härtegrad sich ändert. Das Knicken, welches ein Draht an einem Punkte erlitten hat, genügt, um eine Härtung herbeizuführen. Ein Element, dessen Drähte über eine bestimmte Länge hin hartgezogen sind, wird daher verschiedene Angaben machen, abhängig vom Drahtpunkte, wo die Erhitzung aufhört. Im folgenden sind die Resultate in Mikrovolt, die von Le Chatelier mit einem Platin, Platin-Iridium (20% Ir)-Element erhalten worden sind. (Die Platin-Iridium-Legierung ist sehr leicht ausgeglüht.)

	100°	445°
Vor dem Glühen	1100	7200
Nach dem Glühen	1300	7800
Unterschied	200	600

Wir wollen jetzt der Reihe nach prüfen:

1. Die Auswahl des Elementes,
2. die thermoelektrischen Formeln,
3. Meßmethoden,
4. die Fehlerquellen,
5. die Eichung.

Die Auswahl des Elementes. Wir wollen zunächst die Überlegungen und Gründe wiedergeben, welche Le Chatelier dazu führten, das Thermoelement der Zusammensetzung Platin gegen seine Legierung mit 10% Rhodium für die Temperaturmessungen in denjenigen Fällen einzuführen und zu bevorzugen, für welche die thermoelektrische Methode bequem oder anwendbar ist. Wir wollen dann einige der späteren Arbeiten von anderen Forschern auf diesem Gebiet anführen.

Bei der Auswahl des Elementes muß man achten auf die elektromotorische Kraft, die Abwesenheit von Nebenströmen und die Unveränderlichkeit der benutzten Metalle.

Die elektromotorische Kraft. Sie ändert sich sehr erheblich von Element zu Element. Im folgenden sind einige solche elektromotorischen Kräfte zwischen Null und 100° für Metalle angegeben, welche in Drahtform gezogen werden und mit dem reinen Platin ein Element bilden können.

	Mikrovolt
Eisen	2100
Hartstahl	1800
Silber	900

Cu + 10% Al	700
Gold	600
Pt + 10% Rh	500
Pt + 10% Ir	(500)
Cu + Ag	500
Ferronickel	100
Nickelstahl (5% Ni)	0
Manganstahl (13% Mn) . . .	— 300
Cu + 20% Ni	— 600
Cu + Fe + Ni	— 1200
German Silber (15% Ni) . . .	— 1200
German Silber (25% Ni) . . .	— 2200
Nickel	— 2700
Nickelstahl (35% Ni)	— 2200
Nickelstahl (75% Ni)	— 3700

Barus prüfte bestimmte Legierungen zwischen 0⁰ und 920⁰. Er erhielt gegen Platin folgende Resultate:

	Mikrovolt
Iridium (2%)	791
Iridium (5%)	2830
Iridium (10%)	5700
Iridium (15%)	7900
Iridium (20%)	9300
Palladium (3%)	982
Palladium (10%)	9300
Nickel (2%)	3744
Nickel (5%)	7121

Ferner ist hier eine andere Reihe, die von Barus beim Siedepunkt des Schwefels mit Legierungen von Platin aufgenommen wurde, welche 2, 5 und 10% von anderen Metallen enthalten.

Metalle	Au	Ag	Pd	Ir	Cu
2%	— 242	— 18	+ 711	+ 1384	+ 410
5	— 832	— 105	+ 869	+ 2035	+ 392
10	— 1225	— 158	+ 1127	+ 3228	+ 257

Metalle	Ni	Co	Fe	Cr	Sn	Zn
2%	+ 2166	+ 26	+ 3020	+ 2239	+ 261	+ 396
5	+ 3990	— 170	+ 3313	+ 3123	+ 199	+ 24
10	+ 5095	— 41	+ 3962	+ 3583	+ 151	

Metall	Al	Mn	Mo	Pb	Sb	Bi
2 %	+ 779	+ 758	+ 263	− 268	+ 1155	+ 245
5	+ 938	+ 2206	+ 1673	+ 338		
10			+ 766			

Von allen diesen Metallen sind die einzigen, die auf Grund ihrer hohen elektromotorischen Kraft auszuwählen sind, die Legierungen des Platins mit Eisen, Nickel, Chrom, Iridium und Rhodium. Die folgende Tabelle gibt in Mikrovolt die elektromotorische Kraft der 10%igen Legierung dieser 5 Metalle an, bis hinauf zur Temperatur von 1500°.

Temperaturen	Fe	Ni	Cr	Ir	Rh
100°	438	646	405	995	640
445	3962	4095	3 583	6390	3690
920	9200	9100	—	14670	8660
1500	19900	20200	—	26010	15550

Abwesenheit von Nebenströmen. Die Legierung mit Nickel gibt Nebenströme von großer Intensität, wie alle Legierungen dieses Metalls. Dasselbe ist der Fall bei Eisen. Chrom scheint nicht dieselbe Unbequemlichkeit zu besitzen; es bildet eine Legierung, die schwer zu schmelzen und deshalb in der Herstellung schwierig ist. Bei den Legierungen von Iridium und von Rhodium tritt keine erhebliche Erzeugung von Nebenströmen auf, wenn die Metalle rein und die Legierungen gleichförmig sind. Es bleiben also nur drei Metalle zur Betrachtung übrig: Iridium, Rhodium und Chrom. Von den Legierungen dieser Metalle mit Platin ist diejenige des Iridiums eine, welche sehr leicht hart wird.

Chemische Veränderungen. Alle Legierungen des Platins ändern sich langsam. Diejenigen mit Nickel und Eisen nehmen bei hoher Temperatur eine leichte oberflächliche, braune Färbung an, verursacht durch die Oxydation des Metalles. Es liegen keine Versuche darüber vor, ob diese Veränderung nach langer Zeit auch das Innere dieser Drähte erreicht.

Nach Le Chatelier werden die Legierungen des Platins und das Platin selbst durch einfaches Erhitzen, wenn es lange genug dauert, spröde und zwar besonders zwischen 1000° und 1200°. Dieses kommt ohne Zweifel durch Kristallisation. Die Platin-Iridium-Legierung unterliegt dieser Veränderung viel schneller, als das Platin-Rhodium und dieses letztere noch schneller als das reine Platin. Es ist aber die Frage, ob dieser Effekt, welcher anders ist, als eine langsame Kristallisation in einer scharf oxydierenden Atmosphäre bei Elementen auftritt, die nur aus Platin, Rhodium oder Iridium bestehen.

Aber ein viel wichtigerer Grund für die Veränderung des Platins und seiner Legierungen ist das Erhitzen auf hohe Temperaturen in einer reduzierenden Atmosphäre.

Alle flüchtigen Metalle greifen das Platin sehr heftig an und eine große Anzahl von Metallen ist flüchtig. Kupfer, Zink, Silber, Antimon, Nickel, Kobalt und Palladium geben bei ihren Schmelzpunkten schon eine genügende Dampfmenge her, um die in der Nachbarschaft befindlichen Platindrähte rasch zu verändern. Diese Metalldämpfe, ausgenommen Silber und Palladium, können nur in einer reduzierenden Atmosphäre sich halten. Unter den Metalloiden sind die Dämpfe des Phosphors und gewisser Verbindungen des Siliziums hauptsächlich gefährlich. Es ist wahr, daß man selten mit diesen Metalloiden im freien Zustande zu tun hat, aber ihre Oxyde werden in Gegenwart einer reduzierenden Atmosphäre mehr oder minder vollständig reduziert. Im Falle des Phosphors muß man nicht nur Phosphorsäure vermeiden, sondern auch die Phosphatverbindungen aller Metalle und die basischen Phosphate von reduzierbaren Oxyden; ebenso muß Silizium, Quarz und fast alle Silikate, Ton nicht ausgenommen, vermieden werden, wenn man eine reduzierende Atmosphäre benutzt.

Die reduzierenden Flammen in einem Ofen aus feuerfestem Ton führen allmählich zur Zerstörung der Platindrähte. Es ist deshalb unerläßlich, die Drähte gegen jede reduzierende Atmosphäre durch Methoden zu schützen, welche weiterhin angegeben werden.

Mit Rücksicht auf diese verschiedenen Erwägungen, nämlich elektromotorische Kraft, Gleichförmigkeit, Härte, Veränderungsmöglichkeit durch die Hitze, wurde Le Chatelier dazu geführt, das Element Pt—Pt . 10% Rh zu bevorzugen, mit der Möglichkeit, das Rhodium durch Iridium und vielleicht auch durch Chrom zu ersetzen. In allen Fällen sollten die Drähte elektrisch bis 1400° ausgeglüht werden, bevor man sie benutzt.

Der gewöhnliche Durchmesser des angewandten Drahtes ist 0,6 mm, aber einer von 0,4 mm enthält nur halb soviel Metall und besitzt auch für die meisten Zwecke der Industrie noch genügende Festigkeit. Im Laboratorium ist es von Vorteil, besonders wegen der Wärmeleitung, diesen Durchmesser noch weiter zu verkleinern.

Thermoelektrische Formeln. In Betracht der zahlreichen Versuche, die sich mit der Lösung der Frage beschäftigten, ist es doch noch ganz unmöglich gewesen, aus rein theoretischen Erwägungen eine befriedigende

Gleichung herzuleiten, die die Temperatur und elektromotorische Kraft irgend eines Thermoelementes miteinander verbindet. Wie wir sehen werden, ist es notwendig, für jede Elementenart eine empirische Gleichung oder mehrere solcher Gleichungen aufzustellen, welche manchmal mit kleiner gezogenen Temperaturgrenzen gut genug die gewünschte Beziehung darstellen. Es gibt eine große Verschiedenheit solcher Formeln und in der Vergangenheit war in erheblichem Maße eine Anwendung von unsicherer und unerlaubter Extrapolation solcher empirischer Beziehungen vorhanden, sowohl auf hohe Temperaturgebiete, als auch auf solche, die tief lagen, wobei dann die angenommenen Formeln nicht richtig waren. Hinsichtlich der allgemeinen Anwendung des Thermoelementes als Mittel der Temperaturangabe hat dieses Verfahren erhebliche Verwirrung in die Werte hineingebracht, die bei den hohen Temperaturen gelten. Wir wollen einige der Formeln, welche gebraucht worden sind, anführen, und ihre Anwendungsgebiete sowohl für die Interpolation als auch für die Extrapolation auseinandersetzen.

Beim Aufbau der thermoelektrischen Formeln ist es üblich, eine konstante Temperatur, gewöhnlich 0^0 C für die kalten Verbindungsstellen anzunehmen, und ferner, daß die einzige Quelle der elektromotorischen Kraft die heiße Verbindungsstelle ist. Der vollkommene Ausdruck hingegen für die gesamte EMK, welche in einem thermoelektrischen Stromkreis entsteht, verlangt, daß ebenfalls Rücksicht genommen wird auf erstens: den Thomson - Effekt oder die EMKK, welche durch Temperaturdifferenzen längs eines homogenen Drahtes erzeugt werden, zweitens: den Peltier - Effekt, welcher durch das Erhitzen der Verbindungsstelle zweier verschiedener Metalle irgendwo im Stromkreise auftritt; drittens: den Becquerel - Effekt oder die EMKK, welche durch physikalische oder chemische Ungleichheiten in einem einzelnen Draht auftreten.

Die EMK, welche gewöhnlich gemessen wird, ist die algebraische Summe aller dieser Größen. Praktisch braucht man den Thomson-Effekt nicht besonders beim Aufbau einer Formel zu berücksichtigen, da er nur eine Funktion der Temperaturdifferenz längs der Drähte und von ihrer Natur ist.

Man kann von den unerwünschten Peltier- und Becquerel-Effekten, von denen der erstere oftmals in den Meßapparaten und der letztere auch in den Thermoelementen-Drähten auftritt, keine rechnerische Werte angeben und sie in irgend eine nützliche thermoelektrische Formel aufnehmen und muß sie daher durch die Anwendung von Stoffen und Methoden herausbringen, die von diesen Effekten frei sind.

Die folgenden Formeln nehmen deshalb alle thermoelektrische Kreise an, in welchen die einzige Quelle einer EMK durch die Temperaturdifferenz bewirkt ist zwischen der heißen und den kalten Lötstellen des Elementes.

Thermoelektrische Kraft. Wenn man den Ausdruck für die Beziehung zwischen EMK und der Temperatur

$$\Sigma = f(t)$$

für irgend ein Element nach der Temperatur differenziert, so bekommt man eine Größe, welche als thermoelektrische Kraft bezeichnet wird,

$$\frac{d\Sigma}{dt},$$

welche wir mit H bezeichnen wollen. Diese Größe ist zweckmäßig, um das numerische Verhalten von zwei oder mehr Elementen bei irgend einer Temperatur miteinander zu vergleichen, oder auch von einem Element bei verschiedenen Temperaturen, da sie die EMK pro Temperaturgrad angibt. Für einige Elemente ist H praktisch eine lineare Funktion von t über ein beträchtliches Temperaturgebiet, d. h. $H = a + bt$, und ist ein Maß für die Empfindlichkeit irgend einer Elementenart. Wir wollen folgendes als Beispiel anführen:

Thermoelektrische Kraft von Thermoelementen.

Thermoelement	Thermoelektr. Kraft Mikrovolt	Temperatur-Bereich	Beobachter
Pt, 90 Pt — 10 Rh . .	4,3 + 0,0088 t	0 — 1300	Le Chatelier
Pt, 90 Pt — 10 Ir . .	11,3 + 0,0104 t	0 — 1000	Le Chatelier
Pt, Ni	7,8 + 0,01325 t	300 — 1300	Burgess
Cu, Ni	24,4 + 0,016 t	0 — 235	Pécheux
Cu, Konstantan . . .	42,3 + 0,058 t	0 — 320	Pécheux
Pt — Fe (geschmiedet) .	2,5 + 0,0210 t	700 — 1000	Le Chatelier

Es ist gebräuchlich, H für eine einzelne Substanz mit Hilfe einer Kurve auszudrücken, als Grundlage bei gewöhnlicher Temperatur; bei hohen Temperaturen aber wird dieses unpraktisch. Die Werte von H für Stahlarten sind von besonderem Interesse hinsichtlich ihrer Verwendung in manchen Elementen mit unedlen Metallen. In Fig. 23 sind nach Belloc die Veränderungen von H mit der Temperatur und dem Kohlenstoffgehalt für verschiedene Stahlarten gegen Platin angegeben, woraus ersichtlich ist, daß Thermoelemente mit Eisen oder Stahl als einer Komponente keine einfache Beziehung zwischen EMK und der Temperatur besitzen und daß die Beziehung zwischen thermoelektrischer Kraft (H) und Temperatur sich weit von der linearen entfernt.

Für manche Elemente werden die thermoelektrischen Kräfte der beiden Komponenten gleich und wechseln das Vorzeichen bei einer Temperatur, die man als den neutralen Punkt bezeichnet, unterhalb welcher das Vorzeichen der EMK negativ ist. Es ist augenscheinlich von Vorteil, die Thermoelemente in Gebieten zu benutzen, welche von ihrem neutralen Punkt entfernt liegen.

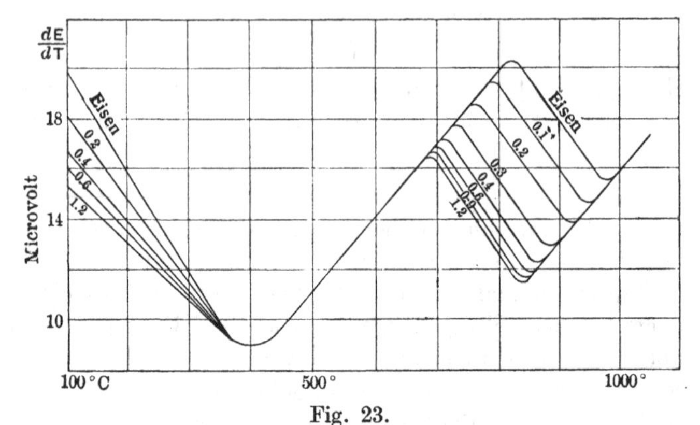

Fig. 23.
Thermoelektrizität von Stahlsorten.

Wie durch Stansfield gezeigt wurde verläuft der Peltier-Effekt

$$\left(T \frac{d\Sigma}{dt}\right)$$

sehr nahe linear mit der Temperatur für die Elemente Pt—Rh und Pt—Ir, nicht hingegen die thermoelektrische Kraft. Sosmans Beobachtungen an verschiedenen Pt—Rh Elementen haben ebenfalls diese Tatsache festgestellt.

Formeln. Avénarius und Tait haben gezeigt, daß bis zu 300° die elektromotorische Kraft einer großen Anzahl von Elementen genügend dargestellt wird mit Hilfe einer parabolischen Formel mit zwei Gliedern

$$e = a\,(t - t_0) + b\,(t^2 - t_0^2)$$

Die Versuche von Le Chatelier mit dem Platin-Palladium-Element haben gezeigt, daß dieselbe Formel auch für dieses Element gilt bis zum Schmelzpunkt des Palladiums.

$$e = 4{,}3\,t + \frac{7{,}3}{1000}\,t^2.$$

t = 100	445	954	1,060	1,550
e = 500	2950	10900	12260	24030

Platin und seine Legierungen. Für Elemente, die aus reinem Platin und einer Legierung dieses Metalles hergestellt sind, gilt dieses Gesetz indessen gar nicht. Es liegen hier drei ältere Bestimmungsreihen mit verschiedenen Elementen vor, welche eine Vorstellung von der Größenordnung der elektromotorischen Kräfte von sehr oft gebrauchten Arten von Thermoelementen geben, wie sie von diesen Beobachtern bestimmt worden sind. (e in Millivolt = 10^{-3} Volt.)

Barus Pt — Pt 10% Ir		Le Chatelier Pt — Pt 10% Rh		Holborn und Wien Pt — Pt 10% Rh	
t	e	t	e	t	e
300	2,800	100	0,550	100	0,565
500	5,250	357	2,770	200	1,260
700	7,900	445	3,630	400	3,030
900	10,050	665	6,180	600	4,920
1100	13,800	1060	10,560	800	6,970
		1550	16,100	1000	9,080
		1780	18,200	1200	11,460
				1400	13,860
				1600	16,220

Holman zeigte, daß die Resultate von Holborn und Wien durch eine logarithmische Formel mit nur zwei Parametern dargestellt werden können, welche deshalb nur zwei Eichtemperaturen verlangt. Le Chatelier zeigte ebenfalls, daß seine Resultate sich auch durch die Holmansche Formel darstellen ließen und im allgemeinen kann man sagen, daß für den Gebrauch des Thermoelementes aus Platin und seinen Legierungen mit Rhodium und Iridium unterhalb 1200° C die logarithmische Formel die Beobachtungsresultate bis auf 2° C darstellt, oder gut innerhalb der Grenzen aller Arbeiten mit Ausnahme der allergenauesten. Holmans Formel ist folgende:

$$\Sigma_0^t e = m t^n. \quad (1)$$

Wo $\Sigma_0^T e$ die elektromotorische Kraft des Elementes für irgend eine Temperatur t ist, wenn die kalte Lötstelle am Zentigrad-Nullpunkt gehalten wird. Die beiden Konstanten sind leicht zu berechnen oder graphisch auszuwerten und die entstehende Kurve dient ohne weiteres zur Bestimmung irgend einer Temperatur mit einem gegebenen Element. Die Gleichung darf nicht in der Gegend angewendet werden, in welcher das Thermoelement unempfindlich ist, d. h. unterhalb 250° C. Sie kann zum bequemen Zeichnen und Berechnen geschrieben werden:

$$\log \Sigma_0^t e = n \log t + \log m \quad (2)$$

so daß, wenn log e als Abszisse aufgetragen wird und log t als Ordinate, eine gerade Linie entsteht. Diese Formel ist mit Erfolg auf die oben beschriebenen Beobachtungen von Le Chatelier mit Platin-Rhodium-Elementen und auf die von Barus mit Platin-Iridium-Elementen angewendet worden. Holborn und Day fanden bei ihrer sehr mühsamen direkten Vergleichung des Stickstoff-Thermometers mit Thermoelementen, die aus verschiedenen Platinmetallen hergestellt waren, im Gebiet von 300° bis 1100° C, daß wenn eine Genauigkeit von 1° gewünscht wird, eine dreigliedrige Formel benutzt werden muß, um die Beziehung zwischen EMK und der Temperatur auszudrücken. Die Formel

$$\Sigma_0^t e = -a + bt + ct^2 \quad . \quad . \quad . \quad . \quad . \quad (3)$$

ist diejenige, welche sie benutzt haben. Die Arbeit, welche die Berechnung mit dieser Form verlangt, ist erheblich, und wenn nicht eine sehr große Genauigkeit verlangt wird, ist Holmans Formel vollkommen ausreichend, wenn man die Unsicherheit der absoluten Werte der hohen Temperaturen in Betracht zieht.

Stansfield leitete aus seinen theoretischen Überlegungen die Formel

$$T\frac{de}{dT} = aT + b \quad . \quad . \quad . \quad . \quad . \quad . \quad . \quad (4)$$

ab, welche man schreiben kann

$$e = aT + b \log T + c \quad . \quad . \quad . \quad . \quad . \quad . \quad . \quad (5)$$

eine Form, welche die Versuchsresultate, die mit reinen Platindrähten angestellt sind, befriedigt. Diese Form besitzt keinen praktischen Vorteil gegenüber der von Holborn und Day, nur ist sie brauchbar, wenn man die graphische Methode anwenden will, zum Auffinden kleiner Fehler bei den Schmelzpunkten. Die Werte von

$$\frac{de}{dT}$$

bei den Schmelzpunkten kann man aus der T — e Kurve ableiten und die Kurve,

$$T \text{ als Funktion von } \frac{de}{dT}$$

die so gezeichnet ist, läßt die Versuchsfehler bei diesen Punkten deutlich hervortreten. Wie die oben angegebenen Formeln zeigen, ist für Platinmetalle die Kurve, welche T als Abszisse und

$$T \cdot \frac{de}{dT}$$

als Ordinaten hat, eine gerade Linie. Die Fehler der Methode sind kleiner, als 2° bei 1000°. Die gewöhnlichen Metalle andererseits ergeben mit wenigen Ausnahmen, wie z. B. Nickel und Kobalt, nahezu eine gerade Linie für die Kurve

$$T \text{ als Funktion von } \frac{de}{dT}.$$

Eine Formel, welche mit Rücksicht auf ihre bequemere Form als beispielsweise (3) für die Berechnung von Temperaturen benutzt wurde, ist

$$t = a + be - ce^2 \quad . \quad . \quad . \quad . \quad . \quad . \quad . \quad . \quad (6)$$

Diese Formel genügt den Beobachtungen mit Platin-Rhodium und Platin-Iridium Elementen im Bereich von 300° bis 1100° C ebensogut als (3).

Wir wollen die verschiedenen Formeln miteinander vergleichen, indem wir ihre Abweichungen bei den verschiedenen Fixpunkten berechnen, wozu wir die neuesten Werte der Vergleichung eines Thermoelementes (90 Pt . 10 Rh—Pt) mit der Gasthermometerskala, nämlich diejenigen von Day und Sosman 1910, benutzen. Wir wollen als Eichtemperaturen für die Gleichungen mit 3 Gliedern (3) (5) (6) die Erstarrungspunkte von Zink, Antimon und Kupfer nehmen und für die Holmansche Gleichung (2) Zink und Kupfer.

Vergleich thermoelektrischer Formeln.

Substanz	(Pt — 90 Pt . 10 Rh)					
	Erstarrungspunkt	Beobachtet Millivolt	Beobachtete berechnete Temperaturen			
			(2)[1]	(3)	(5)	(6)
Kadmium . . .	320,0°	2,502	—0,2	— 0,3	+ 6,9	— 1,1
Zink	418,2	3,429	0	0	0	0
Antimon	629,2	5,529	+2,3	0	0	— 0,1
Silber	960,0	9,111	+2,5	+ 0,2	+ 2,2	— 0,9
Gold	1062,4	10,296	+0,4	+ 0,2	0	0
Kupfer	1082,6	10,535	0	0	0	+ 0,1
Diopsid	1391	14,231	—6	+10	—10	+19
Nickel	1452	14,969	—6	+14	—11	+28
Kobalt	1490	15,423	—7	+14	—13	+31
Palladium . . .	1549	16,140	—5	+20	—14	+42
Platin	1755	18,613	+1	+42	—15	+73

Es ist aus der Tabelle ersichtlich, daß wir ebenso viele thermoelektrische Skalen wie Gleichungen haben. Die beiden Formeln, welche am besten das Gebiet von 300° bis 1100° C darstellen, nämlich: (3) und (6), sind ersichtlich nicht für eine Extrapolation geeignet, ohne daß man besondere Korrektionen anbringt. Von allen Formeln ist die von Holman (2), welche noch dazu die einfachste ist, am besten geeignet für eine allgemeine Anwendung über das ganze Gebiet von 300° bis zu 1750°, indem sie einen maximalen Fehler von 2,5° unterhalb und von 7° oberhalb von 1100° C liefert. Keine dieser Gleichungen ist hingegen für das allergenaueste Arbeiten geeignet. Eine kubische Gleichung für t würde die Zahlen noch genauer geben, aber diese ist außerordentlich unbequem nach t aufzulösen; auch können zwei Parabeln der Art (3) benutzt werden, und zwar die erste von 300° bis 1100°, die zweite von 1100° bis 1750°.

Im Jahre 1905 benutzte Harker Thermoelemente aus Platin gegen eine 10%ige Rhodium — bzw. 10%ige Iridiumlegierung des Platins

[1]) Die eingeklammerten Zahlen beziehen sich auf die Formeln der vorausgehenden Seiten.

und extrapolierte die Gleichung (3) von 1100° C aus, wobei er 1710° C mit beiden Arten von Thermoelementen als unkorrigierten Wert für den Platinschmelzpunkt erhielt. Dieser Wert, nämlich 1710°, wurde allgemein in manchen Laboratorien als der wahre Schmelzpunkt dieses Metalles angenommen. Hingegen zeigten Waidner und Burgess im Jahre 1907, daß der für die hohen Schmelzpunkte durch Extrapolation mit Thermoelementen gefundene Wert nicht allein von der angenommenen thermoelektrischen Beziehung, sondern auch von der Natur des Elementes abhängt. Einige ihrer Resultate für die Schmelzpunkte von Palladium und Platin sind hierunter angeführt, wobei die Gleichungen für die Eichung und die Temperaturen die gleichen sind wie vorher.

Extrapolation mit verschiedenen Thermoelementen.

Art des Elements	Gleichung	Palladium SP = 1549	Platin SP = 1755
4 aus Pt, 90 Pt — 10 Rh (angenähert) 2 Fabrikate	(3)	1521° bis 1537°	1698° bis 1715°
	(2)	1536 „ 1561	1717 „ 1754
2 aus Pt, 90 Pt — 10 Ir 2 Fabrikate	(3)	1525 „ 1528	1705 „ 1710
	(2)	1516 „ 1541	1697 „ 1728
2 aus 90 Pt — 10 Rh, 80 Pt — 20 Rh	(3)	1507	1687 „ 1710
	(2)	1531	1734 „ 1755
2 aus Ir, 90 Ir — 10 Ru .	(3)	1533 „ 1551	1704 „ 1738
	(2)	1517 „ 1565	1676 „ 1757

Es sollte nach diesen Zahlen scheinen, daß die Korrektionen, die man bei einer bestimmten Art des Thermoelementes anzubringen hat, und die nach einer gegebenen Formel berechnet und extrapoliert sind, ungenau sind, indem die kleinen Veränderungen in der Zusammensetzung der Legierung von einem Element zum andern scheinbar erhebliche Differenzen in den berechneten Temperaturen hervorbringen.

Es ist eine interessante Tatsache, daß die 10 %igen Legierungen von Rh und Ir mit Pt, wenn sie nach Gleichung (3) berechnet werden, sehr genau die gleiche Temperaturskala bis zum Schmelzpunkt des Platins ergeben, obgleich die wirkliche Gestalt der EMK-Temperaturkurven sehr verschieden für diese beiden Elemente ist, wobei diejenige für Pt.Ir die mehr gradlinige ist. Es war ein belehrender Fall, daß zwei negative Tatsachen keine positive ergeben, nämlich den Wert 1710 als den wahren Platinschmelzpunkt anzugeben, da sowohl Iridium- als auch Rhodium-Elemente zum gleichen Resultate führten.

Unter Benutzung von Pt.Rh-Elementen mit 1, 5, 10 und 15 % Rh und unter Eichung mit Hilfe der Gleichung (3) bei den Schmelzpunkten von Kupfer, Diopsid und Palladium (s. oben) findet Sosman 1752° als Mittelwert für Platin mit einer Unbestimmtheit von ungefähr nur 7°.

Veränderung der EMK mit der Zusammensetzung. Sosman hat ebenfalls letztere für die Pt.Rh-Elemente geprüft und einige seiner Resultate sind in Fig. 24 angegeben. Es wird bemerkt werden, daß in dem Gebiete der 10%igen Legierung, welche diejenige ist, mit der man am meisten Messungen anstellt, oder wenigstens, deren Zusammensetzung gewöhnlich diesen Namen trägt, eine Änderung von 1% in der Zusammensetzung ungefähr 50° bei 1000° ausmacht.

Die Elemente aus unedlen Metallen. Die Beziehung zwischen EMK und Temperatur ist für einige dieser Elemente, von denen eine große Zahl im Gebrauch ist, sehr nahe geradlinig, für andere Elemente ist aber auch die Beziehung EMK-Temperatur sehr komplex; und in diesen Fällen, in welchen allotropische oder andere Umwandlungen innerhalb des Stoffes stattfinden, indem sie in einem Temperaturgebiet oder längs des Drahtes, je nachdem nacheinander Teile erhitzt oder gekühlt werden, auftreten, treten des öfteren Knickpunkte in der Kurve auf, welche Gebiete von beträchtlicher Ausdehnung ergeben, in denen das Element verhältnismäßig sehr unempfindlich ist. Wenn solche Knickpunkte auftreten, gibt es gewöhnlich keine bequem ausdrückbare Beziehung zwischen EMK und der Temperatur (s. Figur 23). Wir wollen später für einige besondere Fälle thermoelektrische Formeln von unedlen Metallen anführen.

Methoden der Temperaturmessung. Zwei Methoden kann man benutzen, um die elektromotorische Kraft eines Elementes zu messen: die Kompensationsmethode und die galvanometrische Methode. Vom wissenschaftlichen Gesichtspunkt aus ist die erste allein streng; gewöhnlich wird sie in Laboratorien benutzt. Die zweite Methode ist einfacher, besitzt aber die Unbequemlichkeit, nur indirekt die Messung der elektromotorischen Kraft zu ergeben auf dem Wege der Messung einer Stromstärke. Diese Unbequemlichkeit ist bei den neueren Formen der Instrumente mehr scheinbar als wirklich, wie gezeigt werden wird.

Es gibt aber Fehlerquellen, die der galvanometrischen Methode anhaften, wie z. B. Einwirkungen des Leitungswiderstandes und des Temperaturkoeffizienten der Leitungen und des Galvanometers, welche, wie wir sehen werden, schwierig oder gar nicht vollständig sich vermeiden lassen, sogar mit den besten hierzu gebauten Apparaten. Die Kompensationsmethode hingegen kann, soweit die Messungen der EMK in Frage kommen, so genau wie man nur will, ausgeführt werden, wenigstens so, daß die einzigen vorhandenen Unsicherheiten im Thermoelemente selbst liegen. Diese Unsicherheiten, wie z. B. Ungleichförmigkeit und Leitung längs der Drähte, veränderlicher Nullwert und tatsächliche Änderung der EMK. sind manchmal übersehen worden, wobei sie zu illusorischer Genauigkeit Veranlassung gaben.

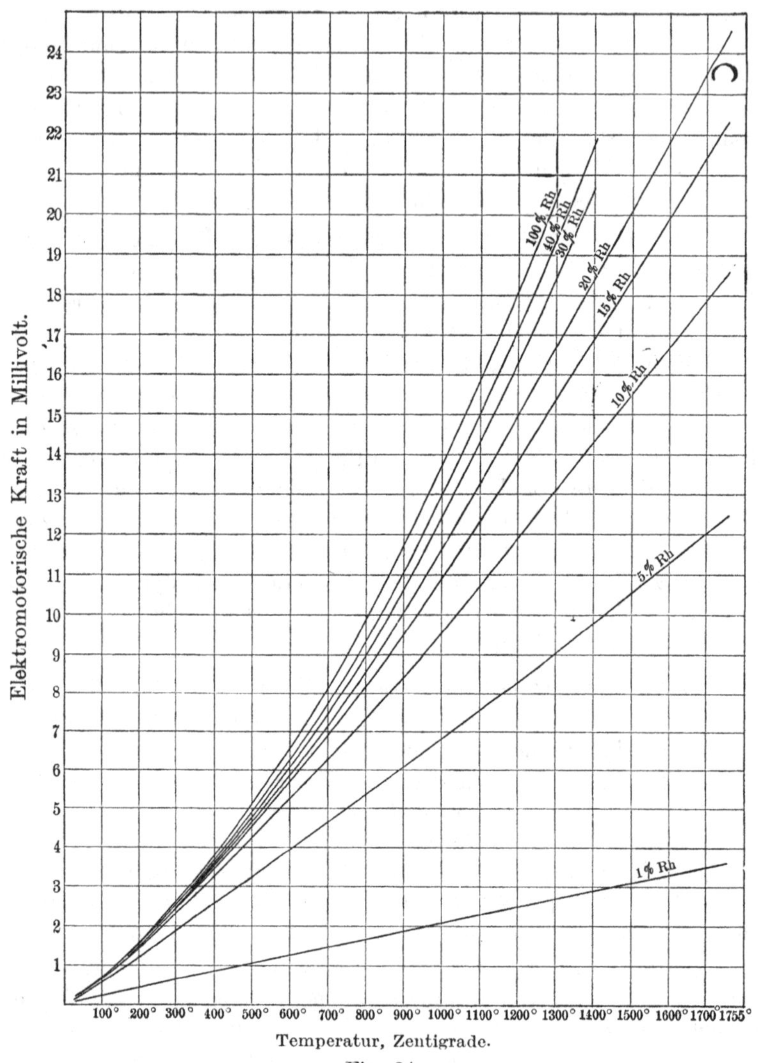

Fig. 24.
EMK. von Pt-Rh-Thermoelementen.

Wir wollen jede dieser Methoden beschreiben und ihre Anwendungsgrenzen erörtern und ebenfalls die Fehlerquellen auseinandersetzen, welche sehr leicht bei den verschiedenen Arten der thermoelektrischen Apparate auftreten.

Galvanometrische Methode. Die Messung einer elektromotorischen Kraft kann auf die einer Strommessung zurückgeführt werden; es genügt zu diesem Zweck, das Element in einen Stromkreis mit bekanntem Widerstand einzuschalten; nach dem Ohmschen Gesetz hat man

$$E = JR.$$

Wenn der Widerstand nicht bekannt ist, aber doch konstant ist, ist die elektromotorische Kraft der Stromstärke proportional und das genügt unter der Bedingung, daß die Eichung des Elementes mit demselben Widerstand vorgenommen ist. Wenn dieser Widerstand nur angenähert konstant ist, wird die Beziehung der Proportionalität auch nur angenähert richtig sein. Die Methode ist diejenige, welche allgemein in der industriellen Praxis benutzt wird, und heute kann man Galvanometer haben, welche allen Anforderungen genügen, die wir in den folgenden Paragraphen behandeln wollen. In manchen Werkstätten ist das thermoelektrische Pyrometer mißachtet worden, weil Instrumente benutzt wurden, welche augenscheinlich unzuverlässige Resultate ergaben. Mit einem besseren Verständnis für die Anforderungen und deren Erfüllung durch die Fabrikanten verschwindet dieses Vorurteil.

Widerstand der Elemente und Galvanometer. Die Drähte des Elementes bilden notwendigerweise einen Teil des Stromkreises, in welchem die Stromstärke gemessen wird, und ihr Widerstand ändert sich mit dem Wachsen der Temperatur. Es ist wichtig, auf die Größenordnung dieser unvermeidlichen Widerstandänderung Rücksicht zu nehmen.

Barus machte eine systematische Beobachtungsreihe über die Legierungen des Platins mit 10 % von anderem Metall. Da die Beziehung zwischen dem Widerstand und der Temperatur die Form besitzt

$$R_t = R_0 \ (1 + \alpha t)$$

erhielt er folgende Resultate:

	Pt (rein)	Au	Ag	Pd	Ir	Cu	Ni	Fe	Cr	Sn
Spezifischer Widerstand in Mikrohm (R)	15,3	25,6	34.8	23,9	24,4	63,9	33,7	64.6	42	39
1000 α	2,2	1	0,7	1,2	0,2	0,2	0,9	0,4	0,5	0,7

Andere Versuche ergaben die Zahlen:

	5% Al	5% Mn	10% Mo	5% Pb	2% Sb	5% Bi	2% Zn	5% Zn
R_0	22	50	17,6	7,7	29,5	16,6	47,8	25
1000 α	1,5	0,4	1,9	1,8	1	2	0,3	1,1

Der Koeffizient α ist zwischen 0^0 und 357^0 bestimmt worden. (Siedepunkt des Quecksilbers).

Die Versuche von Le Chatelier für die Elemente, welche er brauchte, ergaben die folgenden Resultate:

für Platin

$$R = 11,2\ (1 + 0,002\ t) \text{ zwischen } 0^0 \text{ u. } 1000^0,$$

für Platin-Rhodium (10 % Rh)

$$R = 27\ (1 + 0,0013\ t) \text{ zwischen } 0^0 \text{ u. } 1000^0,$$

Holborn und Wien fanden für das reine Platin

$$R = 7,9\ (1 + 0,0031\ t) \text{ zwischen } 0^0 \text{ u. } 100^0,$$
$$R = 7,9\ (1 + 0,0028\ t) \text{ zwischen } 0^0 \text{ u. } 1000^0.$$

Sehr bequeme Elemente sind aus den Platinmetallen aus Drähten von 1 m Länge und ½ mm im Durchmesser hergestellt worden; ihr Widerstand, welcher ungefähr 2 Ohm in der Kälte beträgt, verdoppelt sich bei 1000^0. Wenn dabei ein Galvanometer mit einem Widerstand von 200 Ohm benutzt wird, und man die Veränderung des Widerstandes des Elementes vernachlässigt, wird der Fehler gleich $^1/_{100}$. Im allgemeinen ist dieser Fehler noch kleiner, ausgenommen bei gewissen Anwendungen in der Praxis. So ist im Laboratorium die erhitzte Länge oft geringer als 10 cm und dann wird der Fehler auf $^1/_{1000}$ verkleinert.

Wir können den Einfluß des Widerstandes in dem elektrischen Stromkreis mit Einschluß desjenigen des Elementes und Galvanometers berechnen, indem wir das Galvanometer des Pyrometers in folgender Weise ablesen: wenn E die wahre EMK ist, die durch das Thermoelement erzeugt wird, und E' die von einem Galvanometer mit dem Widerstand R angegebene EMK, welches in Reihe mit dem Element und den Zuleitungen liegt, die für sich den Widerstand r bzw. r' besitzen, dann ist

$$E = \frac{E' (R + r + r')}{R}.$$

In dem Fall einiger Einrichtungen der Industrie, wo das Galvanometer in einem bestimmten Abstande von dem Element sich befindet, kann der Wert von r', der Widerstand der Kupferdrähte, welche das Element mit dem Galvanometer verbinden, von ebenso großer Bedeutung sein, wie derjenige der Elementendrähte r. Der Wert von r' kann natürlich klein gehalten werden, dagegen nur durch Vergrößerung des Querschnittes des benutzten Drahtes.

Obwohl die Platinelemente, welche mit Rücksicht auf ihre Kosten, ihren hohen spezifischen Widerstand und Temperaturkoeffizienten des Materials notwendigerweise einen beträchtlichen Widerstand besitzen, deshalb einen verhältnismäßig hohen Galvanometerwiderstand verlangen, muß man doch bemerken, daß bei Elementen aus unedlem Metall mit großem Querschnitt und infolgedessen kleinem Widerstand Galvanometer von sehr viel kleinerem Widerstand und deshalb von einer viel stärkeren Art im allgemeinen hier Anwendung finden können. Wenn beispielsweise das Element einen Widerstand von 0,1 Ohm und die Verbindungsdrähte einen vernachlässigbaren Widerstand haben, wie das leicht bei gewissen Arten von Pyrometerdrähten eintreten kann, so kann das Galvanometer ein Millivoltmeter von nur 10 Ohm sein, ohne daß man Fehler über ein Hundertel dadurch hereinbringt oder 10° bei 1000° C.

Galvanometer für die Pyrometrie. Es mag von Interesse scheinen, hier der historischen Entwickelung dieses Gegenstandes zu folgen, da dieses eine gute Darstellung des Einflusses eines Arbeitsgebietes auf das andere gibt und auch von dem Gesichtspunkt aus, daß die auftretenden Schwierigkeiten und die Vorsichtsmaßregeln, die man bei der Konstruktion und Anwendung dieser Instrumente zu beachten hat, noch nicht genügend von einigen Herstellern gewürdigt werden, aber auch nicht von manchen Forschern und anderen Leuten, die damit zu tun haben.

Die ersten Messungen, nämlich diejenigen von Becquerel und von Pouillet wurden mit Nadelgalvanometern angestellt und mit dem Erdmagnetismus verglichen. Solche Apparate, die zu manchem Ärger Veranlassung gaben, erfordern eine saubere Aufstellung und die Ablesungen dauern eine lange Zeit. Die Anwendung dieser Instrumente würde verhindert haben, daß die Methode praktische Bedeutung gewonnen hätte. Es ist lediglich den Galvanometern der Deprez-D'Arsonval-Type zu verdanken, daß die thermoelektrischen Pyrometer geeignet wurden, wie sie es heute sind, einen Apparat für laufende Anwendung darzustellen.

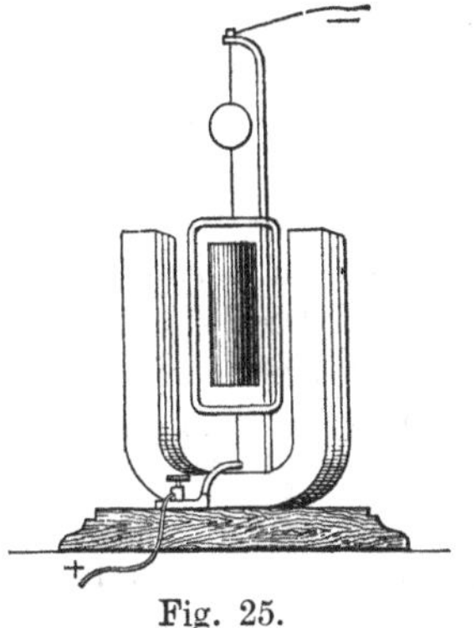

Fig. 25. Galvanometer mit Drehspule.

Dieser Apparat besteht in einer seiner ersten Formen (Fig. 25) aus einem großen Hufeisenmagnet, zwischen dessen Polen ein beweglicher Rahmen aufgehängt ist, durch welchen der Strom fließt. Die Metalldrähte, welche gleichzeitig dazu dienen, die Spule zu tragen und den Strom zuzuleiten, erfahren infolgedessen eine Drehung, welche der Ablenkung der Spule entgegenarbeitet.

Letztere gerät in eine Gleichgewichtslage, welche einerseits von der Stromstärke und andererseits vom Torsionsmoment der Drähte abhängt. Zu diesen zwei Kräften kommt im allgemeinen noch eine dritte hinzu, welche durch das Gewicht der Spule bewirkt wird und welche zu störenden Ursachen oftmals Veranlassung gibt. Wir werden hiervon später reden.

Die Messung der Winkeldrehung der Spule wird manchmal mit Hilfe eines Zeigers vorgenommen, welcher über einer geteilten Skala schwingt, öfters hingegen mit Hilfe eines Spiegels, welcher auf eine halbdurchlässige Skala das Bild eines Drahtes reflektiert, welcher vor einer engen und geeignet beleuchteten Öffnung ausgespannt ist.

Diese Galvanometer mit beweglicher Spule wurden eine Zeitlang von den Physikern als ungeeignet für irgendwelche quantitative Messungen gehalten; sie wurden nur bei Nullmethoden benutzt und dementsprechend gebaut. Um sie auch für quantitative Strommessungen geeignet zu machen, wurde es nötig, die Aufmerksamkeit auf eine Anzahl von Einzelheiten in der Konstruktion zu richten, die vorher vernachlässigt worden waren. Im folgenden sind die wichtigsten von diesen angeführt, wie sie von Le Chatelier für Galvanometer mit aufgehängter Spule angegeben worden sind.

1. Die bewegliche Spule soll einen nur wenig veränderlichen Widerstand mit der umgebenden Temperatur besitzen, zum Zweck, Korrektionen zu vermeiden, welche immer sehr unsicher sind. Spulen von Kupferdraht, die gewöhnlich benutzt werden, um die Empfindlichkeit zu vermehren, sollten vollkommen vermieden werden; es sollten Spulen aus „German“-Silber oder einem ähnlichen Metall benutzt werden, mit einem kleinen Temperaturkoeffizienten, wie z. B. Manganin.

2. Der Raum, welcher die Spule von den Magnetpolen einerseits und von dem in der Mitte befindlichen Weicheisenkern andererseits trennt, sollte genügende Größe besitzen, um mit Sicherheit jede zufällige Reibung zu vermeiden, welche die freie Bewegung der Spule hindern könnte. Die Reibungen, auf die man achten muß, kommen nicht infolge der direkten Berührung des Rahmens mit dem Magneten zustande: diese letzteren sind zu deutlich, um nicht entdeckt zu werden. Diejenigen aber, auf welche man achten muß, entstehen infolge der Reibung von Seidenfäden, welche aus der isolierenden Umhüllung der Metalldrähte hervorstehen und infolge des eisenhaltigen Staubes, welcher am Magnet anhaftet. Hierin, scheint es, liegt eine sehr erhebliche Fehlerquelle bei dem Gebrauch der Drehspulgalvanometer als Messinstrumente. Es ist kein warnendes Anzeichen für diese kleinen Reibungen vorhanden, welche den Ausschlag der Spule begrenzen, ohne hingegen derselben eine deutliche Hinderung mitzuteilen.

3. Der Aufhängedraht sollte so stark sein, daß er die Spule tragen kann, ohne dabei einem Zerreißen durch Außenstöße ausgesetzt zu sein. Andererseits sollte er so fein sein, daß er kein zu erhebliches Torsionsmoment besitzt. Zwei verschiedene Kunstgriffe tragen dazu bei, etwas diesen beiden entgegengesetzten Bedingungen zu genügen: nämlich die Verwendung der Aufhängungsart von Ayrton und Perry, welche darin besteht, den geraden Draht durch einen spiralförmigen von flachem Draht

zu ersetzen, oder noch einfacher die Verwendung eines geraden Drahtes, welchen man durch Auswalzen flach gemacht hat.

Die erste Methode bietet die größte Sicherheit gegen Erschütterungen. Sie ist andererseits schwieriger zu verwirklichen. Etwas Vorsicht muß man auch walten lassen, um zu verhindern, daß irgend welches Reiben zwischen den benachbarten Spiralen auftritt. Die zweite Methode gestattet viel leichter, große Winkeldrehungen anzuwenden, welche unerläßlich sind, wenn man die Ablesungen auf einer Blattskala vornimmt. Die allernotwendigste und wichtigste Eigenschaft der Drähte ist die Abwesenheit dauernder Torsion während der Messungen. Solche Drehungen verursachen Änderungen des Nullpunktes, welche alle Beobachtungen wertlos machen können, wenn man sie nicht bemerkt hat, und welche die Beobachtungen erheblich schwieriger machen, wenn ihretwegen eine Korrektion angebracht werden muß. Das Resultat kann man erreichen, wenn man Drähte nimmt, so lang wie man sie verwenden kann, die aber keine geringere Länge als 100 mm besitzen, indem man gleichzeitig vermeidet, ihnen anfänglich eine Drehung zu erteilen, eine Vorsichtsmaßregel, auf die man dauernd achten sollte, was man aber oft nicht tut. Wenn man wünscht, die Spule auf den Nullpunkt der Teilung zu bringen, dreht man manchmal aufs Geratewohl einen der Drähte; infolgedessen kann dann jeder der Drähte eine Anfangstorsion von beträchtlicher Größe und entgegengesetztem Vorzeichen besitzen. Wenn die beiden Drähte nicht symmetrisch angeordnet sind, wie das gewöhnlich der Fall ist, kann die dauernde Formänderung, die von dieser eingeführten Drehung ausgeht, ein fortdauerndes Wandern des Nullpunktes verursachen, welches wochen- und monatelang dauern kann, indem es während der Beobachtungen zu- oder abnimmt, je nach der Richtung des Spulenausschlages. Diese Torsion ist leicht zurzeit des Zusammenbaues zu beheben; man kann aber nicht später im Falle runder Drähte oder Spiralen, außer, wenn man den Apparat auseinandernimmt, ihre Abwesenheit feststellen. Bei der Verwendung von gestreckten, flachen Drähten hingegen ist es sehr leicht, durch eine einfache Prüfung das Vorhandensein oder die Abwesenheit von Torsion festzustellen. Dies ist also ein zweiter Grund, die letzteren anzuwenden.

Endlich muß man Drähte verwenden, welche eine sehr hohe Elastizitätsgrenze besitzen. Zu diesem Zweck ist es notwendig, daß das Metall gehärtet worden ist und außerdem, daß es keine plötzlichen Härtungen bei gewöhnlicher Temperatur erleidet. Silber ist im allgemeinen als Aufhängedraht wertlos. Ein Metall wie Eisen, welches auch nach dem Ausglühen noch eine hohe Elastizitätsgrenze besitzt, würde den Vorzug verdienen, wenn seine Veränderungen nicht zu groß wären. Man kann sich nicht darauf verlassen, eine gleichmäßige Härtung vor sich zu haben, da das Löten der Drähte, das man wegen eines guten Kontaktes nicht entbehren kann, dieselben auf einer bestimmten Länge wieder weich macht. „German"-Silber ist dasjenige Metall, welches am häufigsten für Galvanometeraufhängungen, die für pyrometrische Messungen bestimmt sind, benutzt wird. Die Legierung des Platins mit 10% Nickel scheint vor ihr den Vorzug zu verdienen. Nach dem Ausglühen besitzt sie eine hohe Elastizitätsgrenze und besitzt eine Tragfähigkeit, die viel größer ist, als diejenige der Silberlegierung. Ihr Nachteil ist, eine Elastizitätsgrenze zu besitzen, die zweimal so groß ist, welches die Ablenkungen für einen gegebenen Drahtquerschnitt auf die Hälfte reduziert. Phosphorbronze liefert ebenfalls gute Resultate.

4. Die Aufstellungen des Apparates von Galvanometern, in welchen die Spule von zwei entgegengesetzt gerichteten, gestreckten Drähten getragen wird, verlangt besondere Vorsichtsmaßregeln. In erster Linie sollte das Galvanometer dem Einfluß der Bodenerschütterungen entzogen werden, welche die Ablesung unmöglich machen; sodann ist es notwendig, daß seine Aufstellung vollkommen fest an der Stelle bleibt. Wenn die beiden äußersten Punkte der Aufhängedrähte nicht genau in der gleichen Senkrechten liegen und wenn der Schwerpunkt der Spule nicht genau in der Verbindungslinie der beiden Aufhängepunkte sich befindet, zwei Bedingungen, welche niemals ganz genau verwirklicht werden können, gleicht der Apparat einem Bifilarpendel von großer Empfindlichkeit. Die kleinste Erschütterung genügt dann, um sehr erhebliche Winkeldrehungen der Spule hervorzurufen; um sie zu vermeiden sollte der Apparat auf einer metallischen Stütze ruhen, die an einer Wand aus Mauerwerk befestigt ist. Wenn der Apparat, wie es oft geschieht, auf einem hölzernen Tisch aufgestellt ist, der auf einem gewöhnlichen hölzernen Boden steht, so genügt es, um eine Ablenkung der Spule und infolgedessen eine Nullpunkts-Wanderung zu bekommen, um den Tisch herum zu gehen, was den Boden verursacht sich leicht auszubiegen, oder auch einen Luftstrom hervorzurufen, welcher durch Veränderung des hygroskopischen Zustandes der Tischbeine den Tisch zu einer kleinen Hebung veranlaßt.

Spulen, welche frei von oben aufgehängt sind, haben diese Nachteile nicht.

Arten von Galvanometern mit aufgehängten Spulen. Eine Reihe von Galvanometern ist besonders mit Rücksicht auf ihre pyrometrische Verwendung gebaut worden; wir wollen sie kurz betrachten. Für Untersuchungen im Laboratorium ist das gewöhnliche Galvanometer mit schwingender Spule, wie es von Carpentier hergestellt ist, häufig in Frankreich benutzt worden. Man muß sicher sein, daß diese Instrumente genügend die unerläßlichen Bedingungen, welche wir erwähnt haben, erfüllen, was nicht im allgemeinen der Fall ist, wenn diese Instrumente mit Rücksicht auf die gewöhnlichen Versuche der Physiker gebaut sind.

Der Laboratoriums-Apparat, der einzige, welcher zu der Zeit der ersten Untersuchungen von Le Chatelier vorhanden war, war nicht transportfähig und konnte nicht für Versuche in den Werkstätten der Industrie aufgebaut werden. Es war infolgedessen notwendig, ein besonderes Modell eines Galvanometers zu bauen, das man leicht umher-

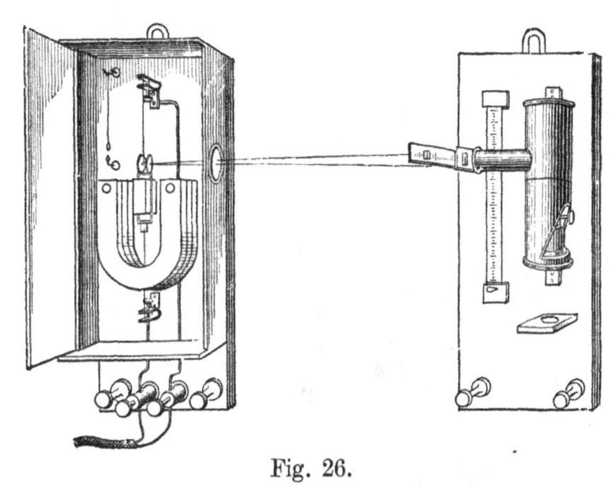

Fig. 26.
Thermoelektrisches Galvanometer von Le Chatelier.

tragen und an Ort und Stelle aufstellen konnte. Der Apparat (Fig. 26) besteht aus zwei Teilen, dem Galvanometer und der durchscheinenden Skala mit ihrer Beleuchtung. Die beiden Teile sind symmetrisch, und zum Zweck des Transports können sie mit ihren Rückseiten auf demselben Holzbrett, welches einen Griff besitzt, befestigt werden. Für Beobachtungszwecke werden sie an einer Wand mit Hilfe zweier Haken befestigt, welche man in einem geeigneten gegenseitigen Abstand einschlägt. Die Aufhängedrähte können im Fall des Zerreißens sofort ersetzt werden. Sie tragen mit ihren beiden Enden verlötet kleine Nickelkugeln, welche man nur in die gegabelten Stücke oben und unten an der Spule einzudrücken hat bzw. in die Träger des Apparates. Der Spiegel besteht aus einer plankonvexen Linse, welche auf der ebenen Fläche versilbert ist; was viel schärfere und hellere Bilder liefert, als die gewöhnlichen kleinen Spiegel mit parallelen Flächen.

Carpentier hat ebenfalls für den gleichen Zweck ein Galvanometer gebaut, bei welchem die Ablesungen mit Hilfe eines Mikroskopes vorgenommen werden. Es ist ein Apparat, der sich sehr leicht umhertragen läßt und sehr bequem ist. Er hat den Fehler, leicht eine Nullpunktsveränderung aufzuweisen, welche durch das unregelmäßige Erhitzen des Mikroskopkörpers durch die kleine Lampe hervorgerufen wird, welche zur Beleuchtung dient. Die gestreckten Drähte sind durch lange Spiralen ersetzt, welche sehr widerstandsfähig sind, so daß ein Brechen durch einen Stoß während des Umhertragens nicht erfolgen

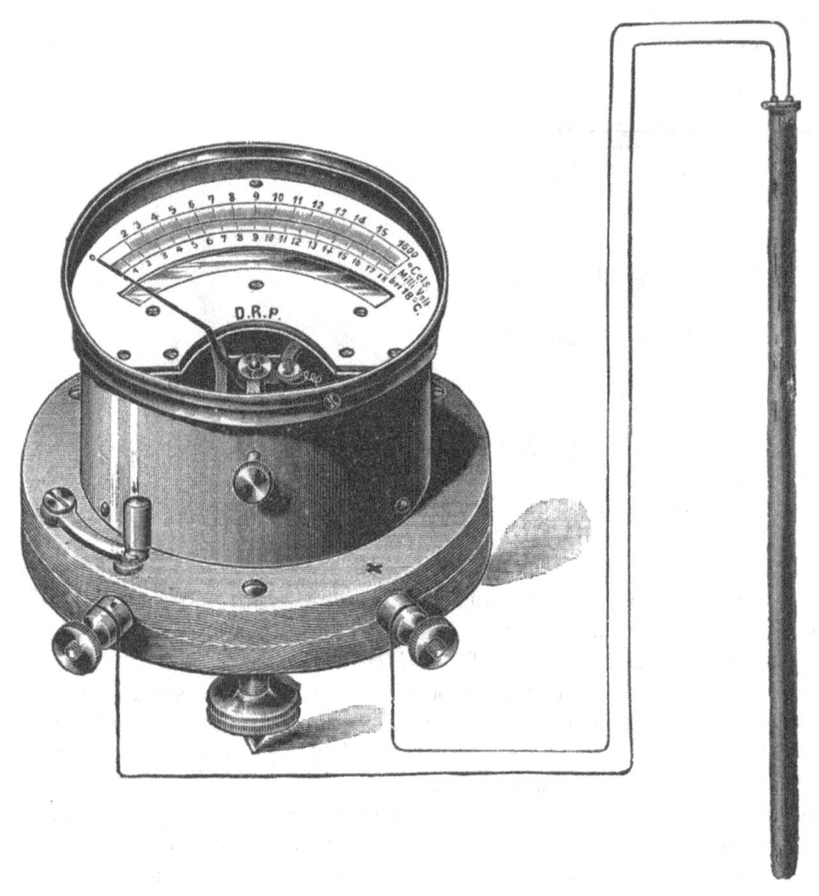

Fig. 27.
Keiser und Schmidts Anordnung.

kann. Die Benutzung dieses Apparates benötigt eine Anordnung, welche zwischen den Beobachtungen den Galvanometerkreis zu öffnen gestattet, um die Nullpunktablesung zu kontrollieren.

Bei den drei im vorigen beschriebenen Galvanometern wird die Messung der Spulenablenkung auf optischem Wege gemacht; bei den

Folgenden wird die Messung mit Hilfe einer Nadel vorgenommen, welche über einer Skala schwingt.

Nach einer Arbeit, die von Holborn und Wien an der physikalisch-technischen Reichsanstalt in Berlin über das thermoelektrische Pyrometer von Le Chatelier gemacht wurde, baute die Firma Keiser und Schmidt ein Zeigergalvanometer (Fig. 27), welches leidlich gut arbeitet, obwohl die ersten Formen dieses Instrumentes für manche Zwecke der Praxis einen zu niedrigen Widerstand besaßen und sein Temperaturkoeffizient unzulässig hoch ist. Es hat den Nachteil, etwas leicht zerbrechlich zu sein. Der Aufhängedraht der Spule scheint keinen stärkeren

Fig. 28.
Siemens & Halske, Pyrometer-Galvanometer.

Durchmesser als ein zwanzigstel Millimeter zu besitzen; die Bauart des Apparates ist sehr kompliziert. Reparaturen können nicht leicht vorgenommen werden, weder im Laboratorium noch in der Werkstätte. Die Firma Siemens & Halske hat ebenfalls ein ausgezeichnetes Modell eines Zeigergalvanometers, welches für Temperaturmessungen geeignet ist, konstruiert (Fig. 28). Sein Widerstand beträgt 340 Ohm oder 400 Ohm in den neueren Instrumenten; die Skala hat 180 Teilstriche, von denen ein jeder 10 Mikrovolt entspricht. Ferner ist eine zweite Teilung angebracht, welche die Temperatur direkt angibt unter Benutzung eines Elementes, welches mit dem Apparat zusammen gekauft wird. Ein Kommutator erlaubt, den Apparat der Reihe nach in Verbindung mit verschiedenen Thermoelementen zu bringen, wenn man den Wunsch hat, gleichzeitig mehrere Beobachtungsreihen vorzunehmen. Dieses Instrument ist mit einer guten Libelle ausgerüstet und besitzt einen kleinen Temperaturkoeffizienten. Hartmann und Braun bauen ebenfalls ausgezeichnete Instrumente dieser Art. Ihre Ausführung für Wandbefestigung ist in Fig. 29 abgebildet.

Pellin in Paris hat nach den Angaben von Le Chatelier ein Zeigergalvanometer einfacher Konstruktion verfertigt, welches am Platze repariert werden kann. Der sehr lange Aufhängedraht besteht aus einer Legierung von 10 % Nickel und Platin; er besitzt ein Zehntel Millimeter Durchmesser und ist flach ausgewalzt.

Fig. 29.
Hartmann & Braun, Wand-Type.

Der untere Draht besteht aus einer Spirale aus demselben Draht mit ein Zwanzigstel Millimeter Durchmesser, der im Inneren des Eisenkerns untergebracht ist, um eine gleichförmige Temperatur sicher zu stellen.

Wenn die Spiraldrähte der Aufhängung ungleichmäßig durch die Strahlung aus dem Raum oder aus irgend einem anderen Grunde erhitzt werden, so entsteht daraus eine erhebliche Nullpunktsverschiebung. Eine Alkohollibelle dient dazu, den Apparat senkrecht auszurichten, aber es empfiehlt sich wegen der Länge des Drahtes der Aufhängung, sich direkt davon zu überzeugen, daß die Spule keine Reibung hat. Zu diesem Zweck erteilt man dem Apparat einen kleinen Anstoß; die Spitze des Zeigers muß diesen aufnehmen und eine Zeitlang kleine schwingende Bewegungen in ihrer Längsrichtung ausführen; wenn das

Hin- und Herschwingen schnell aufhört, so zeigt es damit eine Reibung der Spule an.

Galvanometer mit Zapfenlagern. Der Ausbau von genügend empfindlichen elektrischen Instrumenten mit gelagerter, beweglicher Spule, mit Federregulierung, deren Angaben durch einen Zeiger auf einer Skala gemacht werden und sich mit der Zeit nicht verändern, ist hauptsächlich Weston zu verdanken. Es ist erst eine Errungenschaft der Neuzeit, daß Millivoltmeter mit Lagerung von genügend hohem Widerstand und Meßbereich in Verbindung mit Platinelementen verfertigt werden können. Die Merkmale der Konstruktion eines solchen Instrumentes sind in Fig. 30 angegeben, welches Pauls Konstruktion mit einer Lagerung angibt.

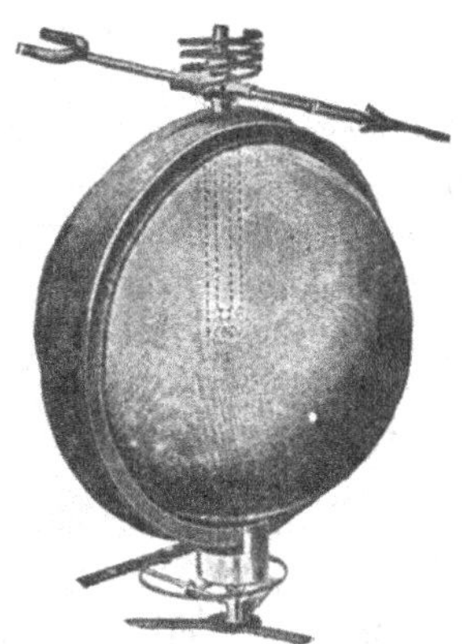

Fig. 30. Pauls Anordnung mit einem Lager.

Das Instrument ist ein Voltmeter mit beweglicher Spule und niedrigliegender Ablesung, dessen innere Spule auf dem Mittelpunkt eines runden Eisenkernes gelagert und dabei sorgsam im Gewicht ausgeglichen ist, so daß seine Lage unabhängig ist von einer Erschütterung und auch keine genaue Einstellung erfordert. Der Zapfen dreht sich in einem fein geschliffenen Edelstein, von welchem er vollkommen abgehoben werden kann durch Herunterdrücken eines Hebels, der durch das Instrument oben hindurchgeführt ist, wodurch der Apparat gegen rauhe Behandlung beim Umhertragen geschützt wird. Eine bewegliche Spule kleinen Widerstandes wird benutzt in Verbindung mit einem großen Widerstand mit vernachlässigbaren Temperaturkoeffizienten, der in das Instrument eingebaut ist, so daß jeder Fehler, der durch die Temperaturänderung der Spule bewirkt wird, so auf ein Minimum verkleinert wird. Die Bewegung der Spule wird durch eine Feder ins Gleichgewicht gesetzt und der Zeiger kann auf den Nullpunkt gebracht werden, wenn es nötig sein sollte, ohne das Instrument zu öffnen, indem für diesen Zweck eine äußere Regulierung vorgesehen ist. Das Prinzip der einen Lagerung läßt vollkommen die früher benutzten schwierigen Aufhängungen vermeiden, die oftmals Störungen verursachten, indem sie zufällig zerbrachen und damit einen inneren Eingriff in den Apparat nötig machten.

Im allgemeinen können wir angeben, daß für diese Galvanometerart die Hülle staubfrei sein muß, um die Ansammlung von Staubteilchen in dem sehr kleinen freien Raum der beweglichen Spule zu verhindern, die zwischen den Polschuhen eines kräftigen permanenten Magneten untergebracht ist. Wenn der magnetische Kreis gut gebaut ist, ändert er seine Beschaffenheit in manchen Jahren nicht und solche Instrumente werden auch nur sehr wenig von äußeren magnetischen Feldern beeinflußt, sind auch sehr kräftig, indem sie eine verhältnismäßig rohe Behandlung aushalten können. Sie erfordern keine Horizontalstellung und einige Arten haben auch keine Vorrichtung hierzu. Es ist hingegen nützlich, eine Schraube am Instrument zu haben, um den Zeiger oder das Spulensystem feststellen zu können, damit nicht, wie es manchmal der Fall ist, ein Anheben des Instrumentes den Zeiger festklemmt. Es ist ebenso zweckmäßig, leicht den Nullpunkt des Galvanometers justieren und ebenfalls auf mechanischem Wege den Einfluß der Temperaturänderungen auf die Ablesungen eines solchen Instrumentes herausbringen zu können. Es gibt viele Millivoltmeter im Handel, die einen genügenden Meßbereich und auch Empfindlichkeit für thermoelektrische Temperaturmessungen besitzen, aber nur ganz wenige von ihnen sind für solche Anwendungen besonders geeignet, und man sollte sich beim Ankauf eines Galvanometers mit Zapfenlagerung einer großen Sorgfalt befleißigen, um herauszubekommen, ob das in Frage kommende Instrument für den gedachten Zweck geeignet ist. Es ist die Gewohnheit einiger Konstrukteure pyrometrischer Apparate geworden, beispielsweise Millivoltmeter mit Zapfenlagerung von außerordentlich niedrigem Widerstand in Verbindung mit Thermoelementen von verhältnismäßig hohem Widerstand zu benutzen (vgl. S. 108). Ein Millivoltmeter kann aber wohl für die Benutzung mit einer Art von Thermoelementen geeignet sein und nicht für eine andere Art.

Um die praktischen Vorteile des Galvanometers mit Lagerung gut ausnutzen zu können, muß man, wenigstens wenn man Platinthermoelemente benutzt, eine geringe Einbuße von Genauigkeit, Meßbereich oder auch Empfindlichkeit in den Kauf nehmen. Es erscheint wenigstens bis jetzt untunlich, beispielsweise Instrumente mit weiter Skala und einem Meßbereich von 18 Millivolt herzustellen, und dabei den Widerstand über 170 Ohm wachsen zu lassen, da der Widerstandsbereich der besten Erzeugnisse von 90—160 Ohm geht. In diesem Falle muß, wie wir gesehen haben, die Angabe des Galvanometers etwas von der Länge der Zuleitungen abhängen und ebenfalls von der Eintauchtiefe des Elementes in dem erhitzten Raum.

Es gibt eine große Anzahl Fabrikate von Millivoltmetern mit Lagerung und niedrigem Widerstand, von denen einige sich für den Gebrauch mit Elementen aus unedlen Metallen mit genügend niedrigem Widerstand eignen. Unter den Firmen, welche Instrumente mit Lagerung für die Benutzung mit Platinelementen herstellen, sind Paul in London, ferner Siemens & Halske und die Cambridge Scientific Instrument Company zu erwähnen; die erste Firma stellt ein Instrument mit einer Lagerung her, die anderen solche der Weston-Type mit doppelter Lagerung.

Temperaturkoeffizient von Galvanometern. Es ist zweckmäßig, daß die Angaben der Zeigergalvanometer so wenig wie möglich durch Temperaturänderungen in den Instrumenten selbst beeinflußt werden. Bei den älteren Galvanometern für die Pyrometrie war dieser Punkt überhaupt übersehen, aber bei vielen neueren Instrumenten ist Fürsorge getroffen, um diesen Einfluß zu vermeiden. Einige der sehr bequemen und in der pyrometrischen Praxis gebrauchten Instrumente besitzen Temperaturkoeffizienten von 0,03 % bis 0,25 % pro Grad C abhängig von der Type und dem Hersteller. Alle zeigen zu tief bei einem Anstieg der Temperatur. Daß dies eine erhebliche Fehlerquelle ist, zeigt folgendes Beispiel: Wenn ein Instrument mit einem Temperaturkoeffizienten von 0,1 % pro Grad C bei 15° C kalibriert und bei 25° C benutzt wird, wie es praktisch leicht sich ereignen kann, so werden seine Angaben um 2 % zu klein sein, oder um 20° bei 1000° C, nur durch diese Ursache allein.

Die einfachste theoretische Methode, diesen Effekt zu vermeiden, ist die Anwendung von Draht, der keinen Temperaturkoeffizienten besitzt, wie z. B. Manganin, sowohl für die Spule als auch für den Hilfswiderstand der pyrometrischen Galvanometer. Manganin hat den weiteren Vorteil, daß sein Peltiereffekt gegen Kupfer fast Null ist. Es scheint aber schwierig zu sein, eine genügende Empfindlichkeit auf diesem Wege zu erlangen wegen des hohen spezifischen Widerstandes des Manganins. Es gibt noch verschiedene andere Mittel, um diesen Einfluß klein zu halten oder ganz zu vermeiden, von denen einige auf der Auswahl des Metalles beruhen und auf dem Verhältnis des Spulenwiderstandes zum Vorschaltwiderstand, und andere auf der Veränderung der Stärke eines Magnetfeldes zwischen den Polschuhen, die entweder mit der Hand oder automatisch hergestellt wird.

Bei den Instrumenten mit einer Lagerung mit 100 Ohm Gesamtwiderstand von R. W. Paul in London beträgt beispielsweise der Widerstand der beweglichen Kupferspule nur 10 Ohm; der Vorschaltwiderstand besteht aus Manganin und drückt dadurch die Veränderung im Widerstande dieses Galvanometers durch die Temperatur auf die Größenordnung von 0,047 pro Grad C herab. Die Verwendung eines regulierbaren magnetischen Nebenschlusses zur Vermeidung dieser Temperaturkorrektion kann folgendermaßen beschrieben werden. Die Ablenkung D des Galvanometers kann dem Produkt des magnetischen Flusses F und demjenigen f durch die bewegliche Spule proportional gesetzt werden oder $D = k.F.f.$ f aber ist direkt proportional der elektromotorischen Kraft e, die gemessen werden soll, und umgekehrt proportional dem Widerstande des Stromkreises, woraus

$$f = k' \frac{e}{r_{15}[1 + \alpha(t - 15)]}$$

folgt, wo r_{15} den Widerstand des Stromkreises bei 15° C bedeutet, α seinen Temperaturkoeffizienten und t seine Temperatur. Wir haben infolgedessen

$$D = k\,k'\,F \frac{e}{r_{15}[1 + \alpha(t - 15)]}.$$

Da F mit der Temperatur sich verhältnismäßig wenig ändert, folgt daraus, daß es um die gleiche Ablenkung für einen gegebenen Wert von e zu bekommen, genügend ist, zu bewirken, daß sich F proportional mit dem Widerstande des Stromkreises verändert.

Dieses ist praktisch bei den Instrumenten von Chauvin und Arnoux verwirklicht, unter Verwendung eines kleinen Weicheisenstabes, welcher in größere oder kleinere Nähe von den Magnetpolen gebracht wird, wodurch eine Veränderung in dem magnetischen Fluß durch die bewegliche Spule hervorgerufen wird. Die Bewegung des Eisenstabes wird durch eine Schraube geregelt, deren Kopf in Temperaturgrade eingeteilt ist. Die Temperatur des Hilfsthermometers, das im Gehäuse des Galvanometers eingebettet ist, wird abgelesen und die Schraube der Magnet-

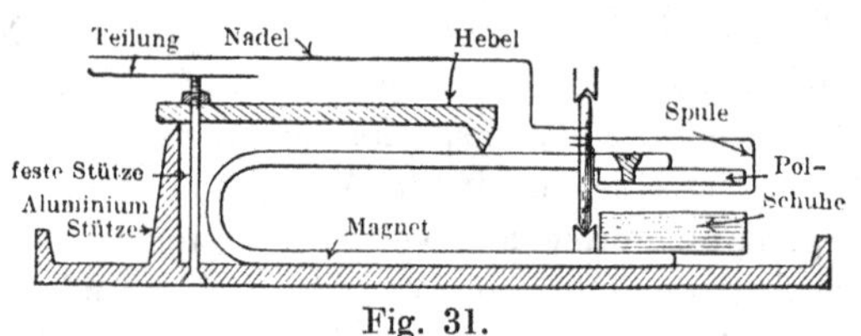

Fig. 31.
Thwings Kompensations-Anordnung.

regulierung auf die angegebene Temperatur eingestellt, dann sind die Galvanometerablesungen wegen des Temperaturkoeffizienten korrigiert.

Ein automatischer magnetischer Ausgleich wegen des Anwachsens des Galvanometerwiderstandes mit der Temperatur ist bei den Thwing-Galvanometern eingeführt worden, wie es in Figur 31 abgebildet ist. Die Spule dreht sich um das eine ihrer Enden in einem gleichförmigen Feld zwischen zwei ebenen Polflächen. Die beiden Magnetpolflächen, welche parallel zueinander angeordnet sind, unterscheiden sich von den gewöhnlich benutzten dadurch, daß sie dünn und infolgedessen biegsam sind. Diese Magnete werden durch den starken Arm eines langen Hebels etwas zusammengepreßt, von dem der kürzere Arm auf einem Pfosten ruht, der einen Teil des Aluminiumgehäuses bildet. Den Hebelunterstützungspunkt bildet ein Stab aus Invar. Änderungen in der Temperatur dehnen den Teil aus Aluminium aus oder lassen ihn einschrumpfen, wodurch der Raum zwischen den Polen des Magneten etwas verkleinert oder vergrößert wird; dabei ist das ganze so eingerichtet, daß die Änderung der Kraftlinienzahl durch die Spule die Änderung des Widerstandes ausgleichen kann.

Die Methode von Siemens & Halske zur Temperaturkompensation besteht aus einer geeigneten Vereinigung von Widerständen aus Kupfer und Manganin, die in Serie oder im Nebenschluß liegen und den Vorschaltwiderstand des Instrumentes bilden.

Es kann vielleicht an dieser Stelle erwähnt werden, daß das Herausbringen des Temperaturkoeffizienten aus den Angaben des Galvanometers nicht das Anbringen besonderer Korrektionen für die Temperaturänderungen der kalten Lötstellen des Thermoelementes vermeiden läßt (vgl. S. 145).

Galvanometer-Anordnungen für den Gebrauch der Industrie. Bei manchen Anforderungen der Industrie ist es wünschenswert, die Temperaturmessungen mit einer Sicherheit von 10^0 vornehmen zu können, oftmals über ein beträchtliches Temperaturgebiet. Diese Genauigkeit kann mit bestimmten Formen von Galvanometern für die Pyrometrie, sowohl mit Platinelementen als auch mit einigen der Elemente aus unedlen Metallen erreicht werden, aber nur wenn gewisse Bedingungen bei dem Bau und bei der Benutzung dieser Instrumente eingehalten werden. Wir wollen einige der wünschenswerten und notwendigen Gestaltungen des Galvanometers im folgenden anführen.

Das Instrument muß, wenn es zu der Type mit beweglicher Spule gehört, staubfrei sein; ferner muß Empfindlichkeit und Meßbereich genügen und gleichzeitig sollte eine weite Skala mit nahezu gleichen Teilstrich-Abständen vorhanden sein, die gut geteilt und leicht ablesbar ist und zwar ohne Parallaxe beispielsweise mit Beobachtung der Reflexion des Zeigers in einem Spiegel unterhalb der Skala. Die Ablenkung muß aperiodisch oder gedämpft geschehen und die Einstellung im offenen Zustande sollte auch nach lang andauernden Ablenkungen dieselbe bleiben. Ferner muß im Falle der Instrumente mit Spulenaufhängung und auch bei einigen Typen mit Lagerung eine geeignete Libelle vorhanden sein, welche genau justiert worden ist, und bei diesen Instrumenten sollte auch der Deckel und andere Teile, die zur Stützung dienen, frei von jedem Werfen sein. Die Nullstellung des Zeigers muß man leicht regulieren können; ferner sollte das Instrument entweder von Fehlern frei sein, die durch die Temperatur bewirkt werden, oder es sollte irgend eine Art von Kompensation vorgesehen sein. Auch darf keine Möglichkeit für das Auftreten von Thermokräften in der Wickelung innerhalb des Instrumentes vorhanden sein. Einflüsse von Stößen, auch von beträchtlicher Größe, und von Veränderungen von magnetischen

Feldern in der Nachbarschaft, sollten auf die Ablesungen nicht vorhanden sein. Für Instrumente mit Lagerung muß hauptsächlich gefordert werden, daß die gleiche EMK immer auch die gleiche Ablenkung hervorbringt. Endlich muß, wie wir oben festgestellt haben, der Widerstand des Galvanometers für die Art des Elementes, mit welchem es benutzt werden soll, genügend hoch sein. Der Einfluß der Temperaturänderungen der kalten Enden des Thermoelementes wird später behandelt werden. Wenn ein neues Element eingebaut wird, muß man beachten, daß die EMK-Skala des Galvanometers noch richtig bleibt, abgesehen vom Einfluß der Widerstandsänderung des Stromkreises. Wenn hingegen das neue Element in seinen elektrischen Eigenschaften mit den alten nicht übereinstimmt, wird die Temperaturskala des Instrumentes weiterhin nicht richtig sein.

Ein Instrument kann oftmals in Verbindung mit mehreren Elementen der gleichen oder verschiedener Art benutzt werden. Es ist dann sehr wichtig, schlechte Kontakte an den Stromschlüsseln zu vermeiden, aber mit Ausrüstungen von sehr kleinem Widerstand kommen doch nicht leicht bemerkbare Fehler in die Messungen hinein. Ein Galvanometer, das für die Verbindung mit einem Pt-Rh-Element sehr geeignet sein kann, kann mit einem Element aus unedlem Metall von kleinem Widerstand und größerer EMK benutzt werden, indem man Ballastwiderstand in den Kreis einfügt, wenn es notwendig ist. Aber ein Galvanometer, das für die Verbindung mit einem Element aus unedlem Metall geeignet ist, kann für die Benutzung mit einem aus Pt-Rh vollkommen ungeeignet sein.

Die Galvanometermethode im Laboratorium. Mit Rücksicht auf ihre verhältnismäßig kleinen Kosten und ebenfalls wegen der Schnelligkeit der Handhabung ist die Galvanometermethode zur Temperaturmessung mit dem Thermoelement häufig bei wissenschaftlichen Untersuchungen von beträchtlicher Feinheit gebraucht worden.

Es muß aber ins Gedächtnis gebracht werden, daß auch mit den besten Zeigerinstrumenten, die sorgfältig geeicht sind, wie sie oftmals bei metallurgischen und physiko-chemischen Untersuchungen benutzt worden sind, eine Genauigkeit von 5^0 mit Pt-Rh-Elementen schwierig erreichbar ist, und dieses nur unter peinlicher Beachtung der zahlreichen Fehlerquellen, die wir oben angegeben haben.

Ein empfindliches d'Arsonval-Galvanometer, das mittelst Reflexion an einer gut geteilten Skala oder auch mit Hilfe von Fernrohr und Skala abgelesen wird, ist ebenso eine bequeme Methode beim Arbeiten. Auf diese Weise kann die Empfindlichkeit gegenüber der Zeigermethode erheblich gesteigert werden, aber im allgemeinen wird die Genauigkeit nicht sehr erheblich gefördert, da praktisch all die Störungen, die der Galvanometermethode anhaften, auch hier noch vorhanden sind, was für eine Methode man auch zur Ablesung der Ablenkung der Galvanometerspule anwendet. Durch kleine Veränderung kann man die Genauigkeit der Galvanometermethode steigern, beispielsweise indem man die kalten Lötstellen auf einer bekannten und wohl bestimmten hohen Temperatur hält und das empfindliche Galvanometer nur für ein kleineres Temperaturgebiet benutzt; oder besser, indem man den größeren Teil der EMK des Elementes mit einer bekannten EMK kompensiert, welche einem Normalelement und Widerstand oder einem Voltmeter entnommen wird. Dieses letztere hingegen ist der einfachste Fall der Kompensationsmethoden, auf die wir jetzt eingehen wollen.

Kompensationsmethoden. Das Grundprinzip, auf welchem die vielen Kompensationsmethoden sich aufbauen, ist die Regulierung des elektrischen Stromkreises in der Weise, daß kein Strom durch das Thermoelement hindurchgeht. Dieses wird erreicht, indem man die EMK, die in dem Thermoelement entsteht, durch eine EMK ins Gleichgewicht setzt, deren Zahlenwert nach Belieben geändert und gemessen werden kann. Da die beiden EMKK einander entgegenarbeiten, können die Messungen so angestellt werden, daß sie alle Vorteile einer Nullmethode besitzen, was ja bei genauen Arbeiten wünschenswert ist.

Erforderliche Apparate. Eine vollkommene Einrichtung für Arbeiten bis zu 1^0 C erfordert:

1. ein Normalelement, welches keinen Strom aus sich selbst hergeben soll und nur dazu dient, zu Vergleichszwecken eine Potentialdifferenz zwischen zwei Punkten eines Stromkreises zu bestimmen, durch welchen ein durch einen Akkumulator gelieferter Strom fließt. Das benutzte Element kann ein Clark-Element sein; dessen elektromotorische Kraft bei kleinen Temperaturänderungen ist

$$e = 1{,}433 \text{ Volt} - 0{,}00119\ (t^0 - 15^0).$$

Dieses Element ist folgendermaßen zusammengesetzt: Zink, Zinksulfat, Merkurosulfat, Quecksilber. Das Zinksulfat muß vollkommen neutral sein; deshalb wird die gesättigte Lösung des Salzes auf 40^0 oder mehr erwärmt mit einem Überschuß von Zinkoxyd, um die freie Säure zu sättigen, sodann mit Merkurosulfat behandelt, um den Überschuß von Zinkoxyd, der in dem Sulfat sich gelöst hat, zu beseitigen und endlich bei Null Grad Kristallisation hervorgerufen; auf diese Weise erhält man Kristalle von Zinksulfat, welche sofort benutzt werden können.

Dieses Element ist sehr konstant. Mit einer Oberfläche der Zinkelektrode von 100 qcm und einem Widerstand von 1000 Ohm beträgt der Abfall der EMK der arbeitenden Zelle noch nicht $^1/_{1000}$; mit 100 Ohm würde er $^1/_{200}$ betragen. Praktisch ist es möglich, mit einem Widerstand von 1000 Ohm die Oberfläche der Elektroden auf 30 qcm zu verkleinern und dann die Benutzung von Akkumulatoren zu umgehen. Dann aber verschwindet der theoretische Vorteil der absoluten Strenge dieser Methode. Es gibt noch andere Formen des Normalelementes, welche den Vorteil der Tragfähigkeit und eines kleinen Temperaturkoeffizienten besitzen, indem sie sich besser dem gewöhnlichen Gebrauch als die ursprüngliche Clarksche Form anpassen. Das Carhart-Clark-Element ist mit ungesättigtem Merkurosulfat hergestellt und besitzt die EMK

$$e = 1{,}439 - 0{,}00056\ (t^0 - 15^0).$$

In dem Weston-Normal-Kadmium-Element, welches allgemein das Clark-Element als Normal der EMK verdrängt hat, und welches offiziell als Normal auf der Londoner elektrischen Konferenz von 1908 anerkannt worden ist, ist das Zink und Zinksulfat des Clarkelementes durch Kadmium und Kadmiumsulfat ersetzt; seine EMK. bei 20⁰ C beträgt 1,0183 und sein Temperaturkoeffizient ist von Wolff mit zwei Gliedern folgendermaßen bestimmt worden:

$$E = E_{20} - 0{,}0_4\,406\ (t - 20^0) - 0{,}0_6\,95\ (t - 20^0)^2.$$

In der tragbaren Form des Kadmiumelementes ist das Kadmiumsulfat ungesättigt. Dieses tragbare Element besitzt keinen erheblichen Temperaturkoeffizienten, so daß keine Vorsichtsmaßregeln, wie das Ablesen der Temperatur, vorgenommen werden muß; das Element erholt sich auch sehr rasch nach schlechter Behandlung. Seine EMK beträgt 1,0187 Volt bei 20^0, obwohl einzelne Elemente kleine Unterschiede aufweisen, nähmlich $\pm$ 0,0005 Volt. Hulett hat versucht, ein Kadmiumelement mit großer Oberfläche gleichzeitig als Stromquelle und Normal-EMK zu benutzen und zwar mit erheblichem Erfolg. Die Werte der EMK sind aber in internationalen Volt angegeben, welche in den Vereinigten Staaten gesetzmäßig sind und von dem National Bureau of Standards benutzt werden und die tatsächlichen Werte vom 1. Januar 1911 darstellen, wie sie vom Internationalen Komitee der elektrischen Einheiten empfohlen worden sind. Die früher benutzten Werte waren für das Clark 1,434 Volt bei 15^0 C und für das Weston-Normalelement 1,0189 Volt bei 25^0 in den Vereinigten Staaten.

2. Einen Widerstandskasten oder eine der Formen des Kompensationsapparates, die wir sogleich besprechen wollen. Der Widerstandskasten besitzt einen bestimmten Widerstand von ungefähr 1000 Ohm und eine Reihe von Widerständen von 0 bis zu 10 Ohm, welche durch ihre Zusammenstellung in diesem Gebiet Widerstandswerte herzustellen gestatten, die sich um ein Zehntel eines Ohm unterscheiden. Man kann zum Zweck der größeren Einfachheit aber unter Verlust von Genauigkeit diese Reihen von kleinen Widerständen durch einen einzigen Rheostaten nach Pouillet ersetzen, welcher einen Gesamtwiderstand von 10 Ohm besitzt. Dieser Apparat besteht aus zwei parallelen Drähten

von 1 m Länge und 3 mm Durchmesser, die aus einer Legierung aus Platin und 3 % Kupfer bestehen.

3. Ein empfindliches Galvanometer, welches eine genügende Ablenkung für 10 Mikrovolt besitzt. Da es in den Stromkreis des Elements verlegt wird und in diesem Falle zur Nullmethode dient, kann man hier ein Deprez-d'Arsonval-Galvanometer mit kleinem Widerstand benutzen.

Das Prinzip der Methode. Wenn man einen elektrischen Stromkreis hat, der ein Normalelement oder eine andere EMK-Quelle von bekanntem Wert E enthält, ferner eine geeignete Anordnung von Widerständen, deren Gesamtwert für den ganzen Stromkreis R ist, und wenn das Thermoelement in Reihe mit einem Galvanometer an einem Teil r von R so abgezweigt ist, daß keine Ablenkung des Galvanometers mehr vorhanden ist, so ist die EMK des Elementes durch den Ausdruck gegeben

$$e = E \frac{r}{R}.$$

Eine Abänderung dieser Methode, welche bei der praktischen Arbeit mit dem Thermoelement das Normalelement vermeidet, besitzt bestimmte

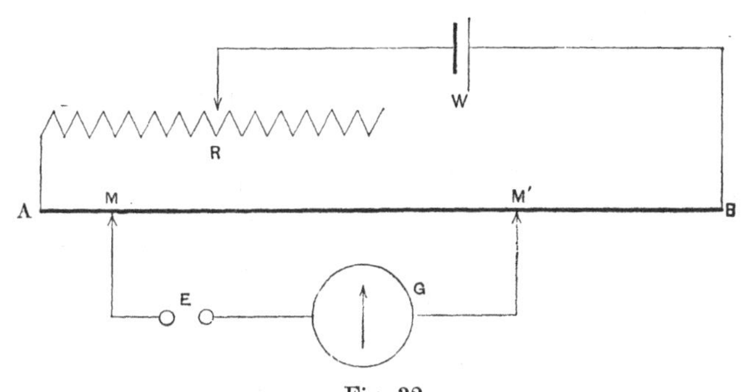

Fig. 32.
Prinzip der Kompensation.

Vorteile. Eine Sammler-Batterie bei W (Fig. 32) liegt in Reihe mit einem Widerstandssatz R und einer Anzahl von Spulen oder Verbindungen von Spulen und einem Brückendraht, wie er durch A B dargestellt ist. Die EMK des Normalelementes bei E wird gegen diejenige der Batterie W durch verändern von R ins Gleichgewicht gesetzt, wobei die Kontaktstellen M und M' bei A und B liegen und das Gleichgewicht durch das Verschwinden des Stromes in dem Galvanometer angezeigt wird. Das Normalelement bei E wird nunmehr durch das Element ersetzt, dessen EMK gemessen werden soll; M und M' werden dann in ihrer Stellung verändert, bis wiederum ein Gleichgewicht erhalten worden ist, dann hat man

$$e = E \frac{MM'}{AB}.$$

Dieses ist die einfachste Form eines Kompensationsapparates, von dem sehr geeignete Formen vorhanden sind, welche sich gerade für Temperaturmessungen eignen.

Eine andere Abänderung dieser Methode, welche die Verwendung eines Kompensationsapparates oder eines sehr sauber geeichten Widerstandssatzes vermeidet, hingegen ein geeichtes Milliampèremeter und einen oder mehrere gut bekannte Einzelwiderstände erfordert, wurde zuerst von Holman bei einer thermoelektrischen Untersuchung benutzt, und Fig. 33 erläutert das Prinzip. M ist ein Milliampèremeter und r

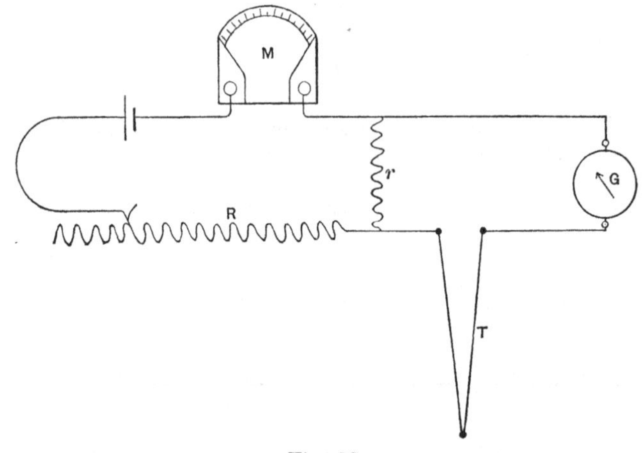

Fig. 33.
Holmans Methode.

ein kleiner (0,1 Ohm) bekannter Widerstand; R ein Widerstand mit Feinregulierung, G das Galvanometer und T das Thermoelement. Die Ablenkung von G wird auf Null gebracht durch Veränderung von R, während das Produkt des durch M angezeigten Stromes mit dem Widerstand r die gesuchte EMK liefert. Mit einer Reihe von Widerständen, die man an die Stelle von r setzen kann, kann das Gebiet der zu messenden Temperatur unbeschränkt erweitert werden. Die Genauigkeit dieser Methode ist begrenzt durch diejenige des Milliampèremeters M. Der nicht zu unterschätzende Vorteil derselben liegt darin, daß beim Regulieren der EMK an den Enden von r keine neuen EMKK in den Kreis des Thermoelementes durch Veränderung des Peltiereffektes an den Kontaktstellen desselben eingeführt werden.

Siemens & Halske bringen eine zweckmäßige Form dieses Apparates nach der Angabe von Lindeck an der Reichsanstalt in den Handel. Verschiedene andere besondere Apparatenformen für die genaue Messung der EMK von Thermoelementen sind konstruiert worden, aber sie bilden alle mehr oder minder einfache Abänderungen der obigen Methode; wir wollen einige von ihnen unter den Kompensationsapparaten behandeln.

Kompensationsapparate für den Gebrauch mit Thermoelementen. Obwohl die galvanometrische Methode für manche technische Temperaturmessungen geeignet ist, so muß man doch im allgemeinen zur Kompensationsmethode übergehen, wenn eine Genauigkeit von 10° oder mehr verlangt wird, wie das bei manchen Messungen im Laboratorium der Fall ist. Solche genaue Arbeiten werden gewöhnlich am besten mit Thermoelementen aus den Platinmetallen vorgenommen, so daß die

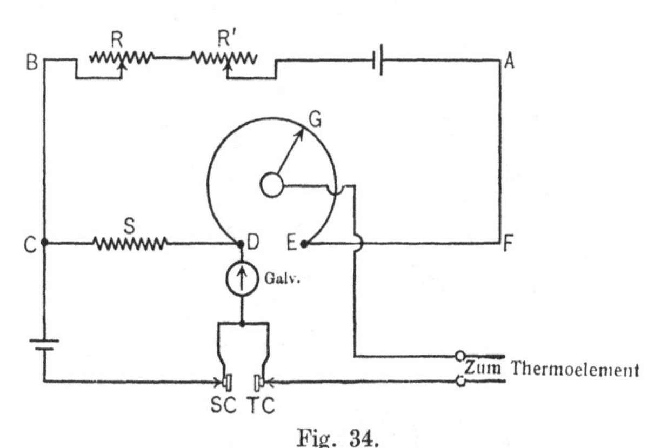

Fig. 34.
Stromkreise des Kompensationsanzeigers.

Frage nach der besten Bauart von Kompensationsapparaten für Temperaturmessungen eine wohldefinierte ist. Das Bedürfnis nach genügender Empfindlichkeit und Genauigkeit zum Zweck der Messung kleiner EMKK bei der thermoelektrischen Pyrometrie hat als Antrieb gewirkt, um in den letzten Jahren Apparate herauszubringen, die für diesen Zweck sehr geeignet sind, und daher gibt es jetzt eine beträchtliche Anzahl von Kompensationsapparaten, die den Anforderungen zur sehr genauen Temperaturbestimmung nach dieser Methode genügen, wobei auch Apparate von geringeren Kosten eine Genauigkeit liefern, die zwischen derjenigen liegt, die man mit der Galvanometermethode bekommt und derjenigen der sehr ausgearbeiteten Einrichtungen mit Kompensationsapparaten.

Der Kompensationsanzeiger von Leeds und Northrup, abgebildet in Fig. 34, zeigt eine Instrumentenart von dazwischenliegender

Genauigkeit, aber ohne die Nachteile der Galvanometermethode, da es möglich ist, Resultate bis ungefähr 3^0 C zu bekommen, mit der Benutzung von Pt-Rh-Elementen. Dieser Meßapparat besteht aus einem Weston-Normalelement, ferner aus einer Trockenbatterie und einem Galvanometer, das in den Kompensationskreis geschaltet ist; das ganze ist untergebracht in einem Kasten von geeigneter Gestalt, der eine tragbare Ausrüstung zum Eichen darstellt (Fig. 35). Das Trockenelement arbeitet auf den geschlossenen Kreis des Apparates A B C D E F, welcher die beiden Regulierwiderstände R R′ und einen festen Widerstand S aufnimmt. Der Strom in dem Kompensationskreis wird reguliert durch

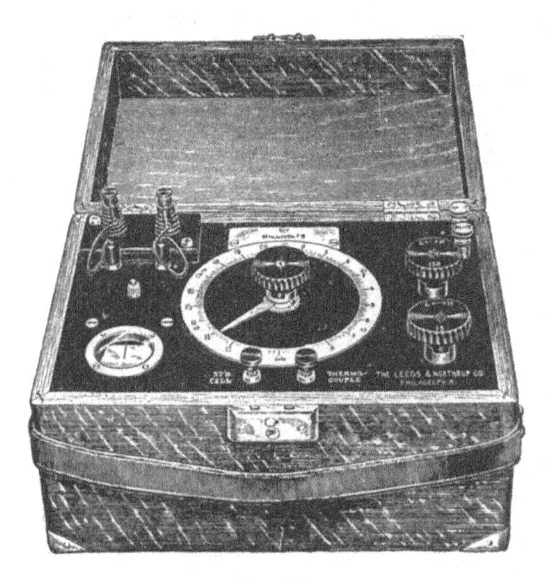

Fig. 35.
Kompensationsanzeiger.

Veränderung von R und R′ mit dem Schlüssel bei S C, bis das Galvanometer keine Ablenkung mehr zeigt. Schließt man den Schlüssel bei T C, so wird der Zeiger G auf dem Schleifdraht D E eingeschaltet, der in Millivolt geeicht ist, und verstellt, bis wiederum das Galvanometer nicht mehr abgelenkt wird, was das Gleichgewicht in dem Kreis des Thermoelementes angibt.

Anforderungen für genaue Messungen. Einige der Anforderungen, die man bei der Konstruktion von Kompensationsapparaten im Auge haben muß, wollen wir erwähnen. Für ein Arbeiten bis zu $0{,}1^0$ C mit Pt-Rh-Elementen, muß man beispielsweise eine Empfindlichkeit von 1 Mikrovolt (1 Milliontel Volt) über den ganzen Meßbereich des Instrumentes besitzen, welcher 20 Millivolt betragen mag und daher eine Genauigkeit von 1 auf 20000 bei all den Einrichtungen verlangt, welche den Endwert der EMK beeinflussen. Kontakt- oder Thermo-EMKK, wie sie auch durch kleine Temperaturunterschiede in den verschiedenen Teilen eines solchen Apparates entstehen, müssen in den Stromkreisen soweit wie möglich durch besondere Auswahl des Materials durch den Aufbau und die Art der Handhabung vermieden werden, beispielsweise dadurch, daß man dünne metallische Kontakte nimmt, Schleifkontakte in den Batteriestromkreis setzt und mit dem Galvanometer im geschlossenen Kreis arbeitet. Um die Empfindlichkeit zu erhöhen und die Verwendung von Galvanometern mit beweglicher Spule von gewöhnlich erhältlicher Beschaffenheit zulassen zu können, ist es notwendig den Widerstand des Kompensationsapparates niedrig zu halten. Dieses bewirkt, daß die Kontaktwiderstände der regulierenden Teile, wie z. B. der Kurbeln, Bedeutung erlangen, und eine sehr genaue und etwas komplizierte mechanische Konstruktion wird nötig, um diese Fehlerquelle fortzuschaffen. Es scheint praktisch notwendig zu sein, wenn man einen Kompensationsapparat konstruiert, zwischen etwas Übergangswiderstand oder geringer thermischer EMK das Gleichgewicht zu halten. Für ein schnelles Arbeiten ist es wünschenswert, daß der Stromkreis des Kompensationsapparates so angeordnet ist, daß das Normalelement eingeschaltet werden kann, ohne daß der Stromkreis des Apparates dadurch gestört wird und ebenfalls ist es vorteilhaft, den Meßbereich des Apparates ändern zu können, ohne die Regulierwiderstände ändern oder eine Neueinstellung des Normalelementes vornehmen zu müssen. Manchmal wird auch der Endwert für die EMK durch eine Galvanometerablenkung bestimmt, in welchem Fall es bequem ist, für eine konstante Galvanometerempfindlichkeit für alle EMKK zu sorgen, was durch Hilfswiderstände im Galvanometerkreis erreicht werden kann.

Eine Sache von großer Bedeutung ist die Isolation oder das Verhindern von Nebenströmen von einem Teil des Kompensationsstromkreises zum andern (innerer Verlust), ferner von außen oder auch von einem fremden Stromkreis (äußerer Verlust). Der erstere wird wenig von Bedeutung bei Kompensationsapparaten mit kleinem Widerstand, der letztere Effekt wird hauptsächlich stören, wenn das Thermoelement in einen elektrisch geheizten Ofen taucht. Er kann vermieden werden durch Einbringen von Metall-Schirmen, die mit Drähten verbunden sind und sich auf gleichem Potential befinden, zwischen dem messenden System und allen außerhalb liegenden EMKK, oder durch Kommutieren des Heizstromes oder eines anderen verdächtigen Stromkreises, wobei man aus den Ablesungen am Kompensationsapparat das Mittel nimmt, endlich auch durch Verwendung von Wechselstrom als Heizstrom.

Die meisten der gebräuchlichen Kompensationsapparate sind wenigstens zum Teil Instrumente mit Schleifdraht, jedoch ist es für die höchste Genauigkeit empfehlenswert, die teurere Kurbelkonstruktion durchweg zu verwenden. Wie wir sehen werden, kann man Kompensationsapparate, die für thermoelektrische oder widerstandselektrische Temperaturmessungen geeignet sind, jetzt bekommen, die mit 5 Kurbeln ausgerüstet sind und bis zu 0,1 Mikrovolt genaue Ablesungen gestatten, was erheblich besser ist, als was irgend ein Thermoelement bei hohen Temperaturen leisten kann.

Eine inkonstante Batterie ist störend und bei genauen Arbeiten ist es notwendig, eine besondere Aufmerksamkeit auf diesen Punkt zu richten unter gleichzeitiger häufiger Prüfung, die man gegen das Normalelement vornimmt. Akkumulatoren von beträchtlichem Volumen oder auch so gestaltet, daß sie eine sehr kleine Veränderung der EMK mit der Zeit ergeben, sollte man anwenden; auch ist es gut, da man einen so kleinen Strom aus der Batterie nimmt, dieselbe dauernd durch den Stromkreis des Kompensationsapparates geschlossen zu halten. Die Batterie kann ebenfalls mit Vorteil eingeschlossen und eingepackt werden, um Temperaturveränderungen zu vermeiden, welche Schwankungen in ihrer EMK hervorrufen, die von genügender Größe sind, um bei Arbeiten von hoher Genauigkeit zu stören.

Etwas Achtsamkeit muß man in der Auswahl der Konstruktion des Galvanometers anwenden, das bei genauen Kompensationsapparaten benutzt werden soll. Bei einer Genauigkeit bis zu 0,1^0 C mit Platinelementen, ist es notwendig eine genügende Ablenkung für ein Mikrovolt mit dem im Stromkreis liegenden Galvanometer zu bekommen, und dessen Einrichtung sollte so sein, daß der Ausschlag aperiodisch ist, wenn das Galvanometer in Verbindung mit einem gegebenen Kompensationsapparat benutzt wird. Für ein schnelles Arbeiten, wie beim Aufnehmen von Abkühlungskurven, sollte die Schwingungsdauer des Galvanometers niedrig gehalten werden und wenn die letzte Zunahme der EMK durch den Galvanometeraufschlag gemessen werden soll, ist es wünschenswert, eine Schwingungsdauer von nicht über 5 Sekunden anzuwenden. Diese Anforderungen in Verbindung mit Freiheit von thermoelektrischen Einflüssen sind sehr bedeutungsvoll für die Type des Galvanometers mit schwingender Spule und kann nur durch die sorgsam arbeitenden Konstrukteure solcher Instrumente befriedigt werden.

Arten von Kompensationsapparaten für Thermoelemente. Der Kompensationsapparat für Thermoelemente aus Cambridge, der ähnlich in seinem Aufbau demjenigen von H a r k e r ist, ist ein Instrument, das zur Messung von EMKK von 30 Millivolt oder weniger bestimmt ist. Schätzungsweise kann ein Millivolt abgelesen werden, was ungefähr 0,1^0 bei 1000^0 mit Pt-Rh-Elementen entspricht. Die Stromkreise dieses

Apparates sind im Diagramm in Fig. 36 dargestellt. Der Gesamtwiderstand im Stromkreis ist so bemessen, daß er einen Potentialfall von ungefähr 1 Volt für 50 Ohm besitzt und die Widerstände D C (42,5 Ohm) und S C (ungefähr 51 Ohm) sind abgeglichen, um einen Potentialfall von M bis N zu auf dem Schleifdraht ss zu ergeben, welcher gleich ist der EMK eines Kadmiumelementes C. Dieser Kompensationsapparat arbeitet folgendermaßen: Hat man N auf den bekannten Wert des Normalelementes C eingestellt und den Schalter K nach cc gelegt, wodurch man C gegen die Batterie B schaltet, so werden die Widerstände R_1 R_2 reguliert, bis das Galvanometer G keine Ablenkung mehr beim Schließen des Schlüssels anzeigt. Die Batterie B wird dann an Stelle des Elementes C benutzt, indem man k auf die Seite xx zur Bestimmung der unbekannten EMK X legt. Das Ausgleichen von X gegen B wird her-

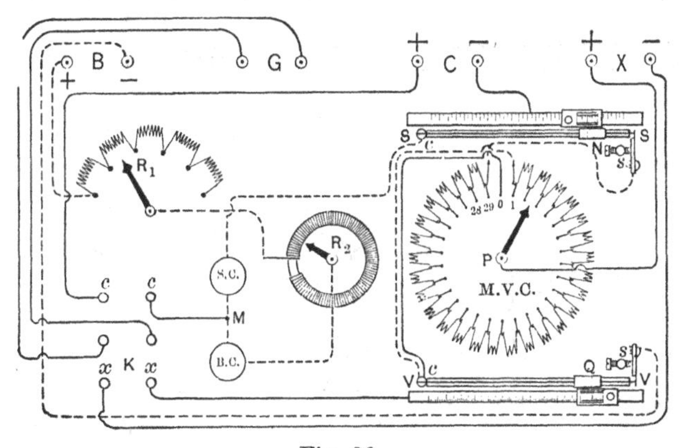

Fig. 36.
Kompensationsapparat für Thermoelemente aus Cambridge.

vorgerufen durch Drehen der Kurbel, oder durch Einschalten von Millivolt-Spulen, M V C, ferner durch Verschieben des Zeigers Q auf dem Schleifdraht VV, bis wie vorher das Galvanometer keine Ablenkung beim Schließen des Schlüssels mehr anzeigt. Der Wert von X ist dann direkt in Millivolt gegeben durch Zusammenzählen der Ablesungen von MVC und Q. Dies wird erreicht, indem man den Teil MVC aus 29 Spulen von je 0,05 Ohm herstellt, was auf der Grundlage von 1 Volt auf 50 Ohm einen Spannungsfall von 1 Millivolt auf jedem Teil ergibt. Ähnlich ist, da der Widerstand des Drahtes V V 0,06 Ohm beträgt, der Potentialfall auf seiner Länge 1,2 Millivolt, oder die maximal meßbare EMK beträgt 30,2 Millivolt. Dieser Meßbereich wird bei den meisten Thermoelementen aus unedlen Metallen wie auch bei den gewöhnlichen Platinelementen verlangt. Um die Thermokräfte und die Temperaturkoeffizienten zu verkleinern bestehen alle Widerstandsspulen aus Manganin und alle Verbindungen aus Kupfer.

Der Kompensationsapparat für Thermoelemente von Leeds und Northrup stellt eine andere, wenn auch ähnliche Lösung dieses Problems dar mit ungefähr demselben Genauigkeitsgrad. Die Schaltung der Stromkreise ist in Fig. 37 gezeichnet. Mit Hilfe des Stöpsels bei A kann der Meßbereich des Instrumentes auf das zehnfache erweitert werden. Der dicke Schleifdraht besitzt 11 Windungen und erlaubt, Ablesungen zu machen, die besser sind als 1 Mikrovolt, wenn das Galvanometer passend ist. Der Widerstand einer jeden der 17 Millivoltspulen beträgt 0,5 Ohm, was zusammen mit dem Schleifdraht einen Gesamtwiderstand von unge-

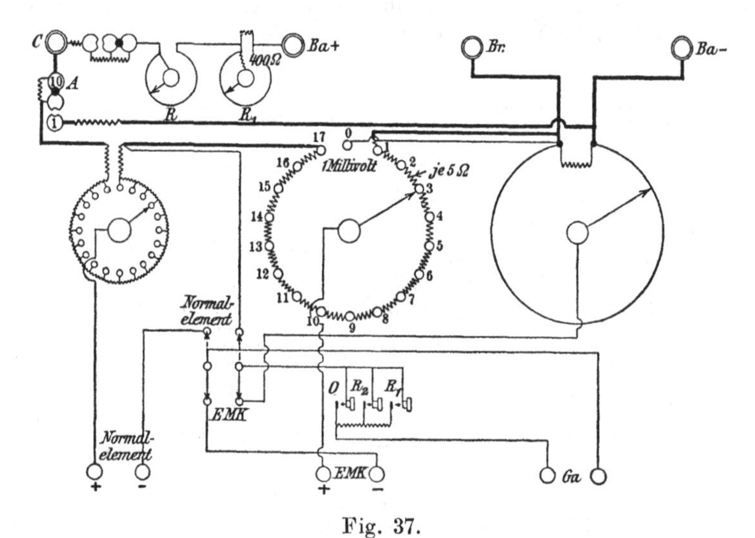

Fig. 37.
Kompensationsapparat für Thermoelemente von Leeds und Northrup.

fähr 9 Ohm im ganzen Stromkreis ergibt. Bei beiden der oben beschriebenen Instrumente können die Prüfungen mit dem Normalelement ohne Störung des Batteriestromkreises vorgenommen werden, und der Meßbereich und die Empfindlichkeit eines jeden können durch geeignete Vorrichtungen, die man in bequemer Weise im Instrument unterbringen kann, nach Wunsch erhöht werden. Es gibt ferner zahlreiche andere Kompensationsapparate, wie z. B. die von Siemens & Halske, Carpentier und Wolff, die auf ähnlichen Arbeitsmethoden beruhen. Diese Art des Apparates ist nicht vollkommen frei von inneren Thermokräften, diese können aber praktisch durch besondere Kommutierungen der Stromkreise vermieden werden.

White hat einen Kurbel-Kompensationsapparat für thermoelektrisches Arbeiten mit hoher Genauigkeit angegeben, in welchem aber die letzten zwei Dekaden durch Galvanometerablenkung ersetzt sind, was eine Galvanometerkonstruktion mit konstanter Galvanometer-Empfindlichkeit nötig macht, die auch von ihm verwirklicht worden ist. White hat ferner einen Doppel-Apparat gebaut, der veränderliche und unabhängige Messungen von rasch sich ändernden EMKK mit allen Vorteilen von zwei Instrumenten vorzunehmen erlaubt, mit den Ausrüstungen nur eines einzigen.

Der Kompensationsapparat von Dießelhorst, hergestellt von O. Wolff in Berlin, beruht auf der Vereinigung mehrerer, von Hausrath, White und Dießelhorst angegebener Dekadenkonstruktionen, bei welchen Thermokräfte eliminiert sind. Der Apparat eignet sich außerordentlich gut zur Messung kleiner EMKK, läßt z. B. 0,1 Mikrovolt mit Genauigkeit messen, während ein schnelles Überbrücken größerer Intervalle weniger leicht mit ihm zu erreichen ist. Da er sich aber bei den Präzisionsbestimmungen der Fixpunkte in den letzten Arbeiten von Holborn und Henning gut bewährt hat, mag er eingehender beschrieben werden.

Der Apparat besitzt fünf Dekaden, welche alle frei von Thermokräften sind. Sämtliche sind Doppeldekaden, bestehend aus Haupt- und Ersatzwiderständen, die zwangläufig mit einer Kurbel geschaltet werden; die Hauptdekaden sind im Schema (Fig. 37 A) mit I bis V, die Nebendekaden mit I′ bis V′ bezeichnet. Der in I eintretende Strom verzweigt sich im Verhältnis 1 : 10, wobei der stärkere Strom durch IV und II fließt bis zum Vereinigungspunkt in I′. Dekade II und III und auch IV und V sind in den Widerstandswerten identisch und für die letzteren ist die Nebenschlußkonstruktion von White benutzt worden. Außer den Dekadenwiderständen 0 bis 10 ist außerdem in jeder Dekade ein mit — 1 bezeichneter Kontaktklotz zur Kontrolle der einzelnen Dekaden untereinander vorhanden. Beim Verstellen der IV. und V. Dekade ändert sich der Widerstand der beiden Stromzweige ebensowenig wie beim Verstellen der anderen Dekaden. Die Widerstände c und d dienen zur Einregulierung des Verhältnisses der beiden Stromzweige genau auf den Wert 10 : 1, während b im fertigen Apparat derart justiert wird, daß bei der Nullstellung der Kurbeln zwischen den Punkten — X und + X keine Spannung liegt; ihre Größe ergibt sich durch Rechnung aus den Widerstandswerten der Dekaden.

Der Widerstand im Kompensationskreise ist ein wenig von der Stellung der Kurbel in der Dekade I abhängig. Die mögliche Widerstandsänderung kann man aber dadurch ohne Einfluß machen, daß man höhere Betriebsspannung mit entsprechendem Vorschaltwiderstand für den Betrieb des Apparates vorsieht. Ist das Verhältnis der Zweigströme in II und III nicht genau 1 : 10, so ist der Fehler in der Kompensationsspannung unabhängig von der Einstellung der ersten Dekade und hängt nur wenig von derjenigen der zweiten und dritten ab, denn

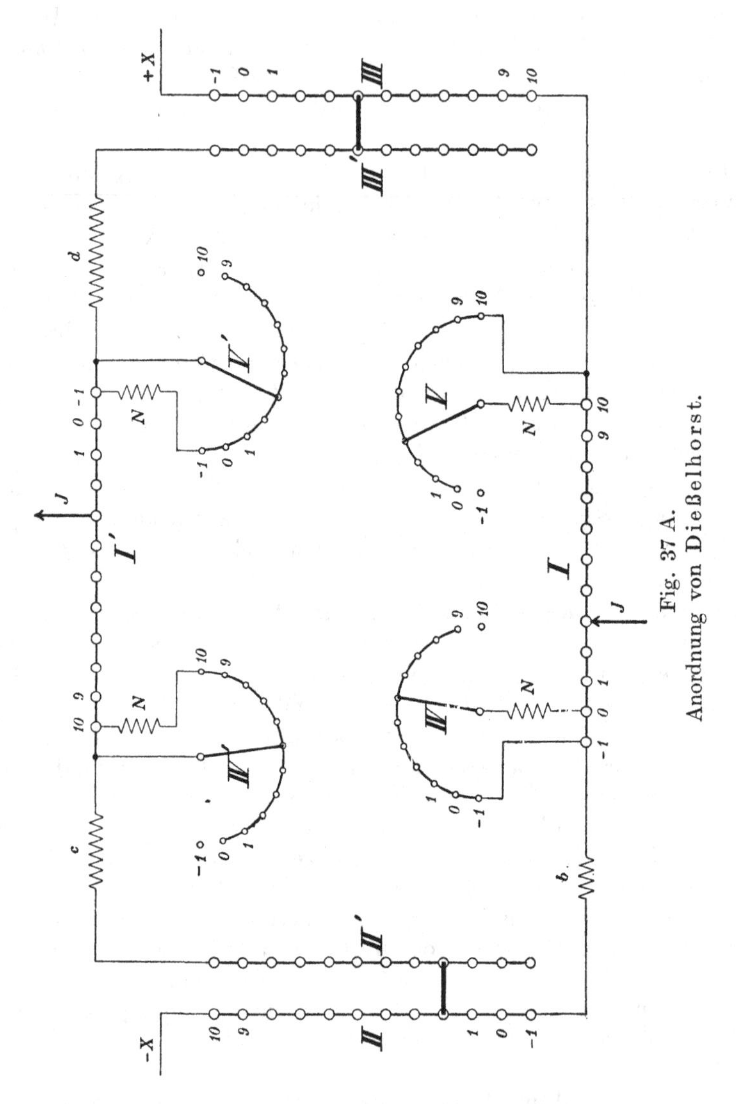

Fig. 37 A.
Anordnung von Dießelhorst.

in der Stromzuführungsdekade gehen die Widerstände stets mit der Gesamtstromstärke multipliziert in die Kompensationsspannung ein, in den übrigen Dekaden mit der Zweigstromstärke multipliziert.

Die Kurbelkontakte müssen recht genau gearbeitet sein, damit der Kontaktwiderstand, besonders in der zweiten Dekade, nicht zu Ungenauigkeiten Veranlassung gibt; man kann denselben bei guter Ausführung zu 0,0002 Ohm annehmen. Die Beeinflussung des Verzweigungsverhältnisses durch den gesamten Kontaktwiderstand beträgt ungefähr nur 2×10^{-6}.

Die beim Drehen der Kurbeln auftretenden Thermokräfte bleiben beträchtlich unter 10^{-6} Volt. Sie dürfen aber trotz ihres Vorhandenseins die Spannung im Kompensationskreis nicht merklich beeinflussen, was in der Dekade I und I′ sofort ersichtlich ist, da sie sich zur Betriebs-

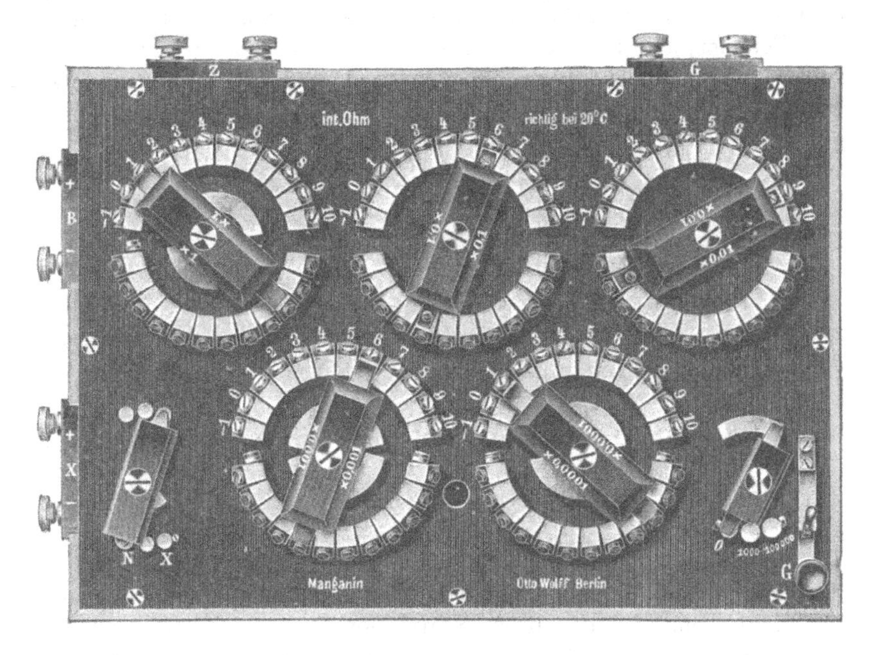

Fig. 37 B.
Ansicht des Apparates.

spannung von mindestens 2 Volt addieren und gegenüber dieser nicht schaden. In den Dekaden II und III wirkt von der Thermokraft ein Bruchteil von ungefähr 1,3%; in den Dekaden IV und V ein solcher von etwa 1,2%. Diese Zahlen sind in Anbetracht der Größe der Thermokraft überhaupt so klein, daß man den Apparat mit Recht thermokraftfrei nennen kann, was übrigens sich auch durch die Beobachtung der Ablesung eines empfindlichen Galvanometers im Kompensationskreis beim Drehen der Kurbeln ergibt.

Fig. 37 B gibt eine Ansicht des fertigen Apparates mit den fünf Doppelkurbeln der Dekaden, dem Galvanometerschalter G mit nebenliegender Kurbel zur Veränderung der Galvanometerempfindlichkeit und einem Umschalter, der den Zweck hat, das Galvanometer in den Kompensationskreis einerseits und andererseits in den Kreis eines Normalelementes zu schalten, welches an einem Rheostatenwiderstand, der gleichzeitig im Stromkreise des den Apparat speisenden Akkumulators liegt, kompensiert wird. Von den am Apparat befindlichen Klemmen werden G mit dem Galvanometer, Z mit dem Abzweigwiderstand des Normalelementes, B und X unter Zwischenschaltung eines Umschalters mit dem Batteriekreis bzw. der zu messenden EMK verbunden. Fig. 37 C zeigt schematisch die Anordnung der Schaltung. Für Klemmen und Schalter ist Messing zu vermeiden und nur gutes Kupfer zu verwenden; beim Arbeiten wird man die Klemmen ver-

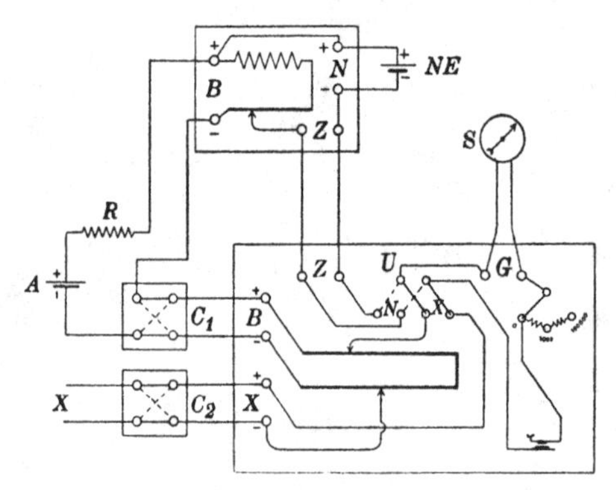

Fig. 37 C.
Schaltungsschema des Apparates von Dießelhorst.

deckt halten und für hohe Genauigkeit in Watte einpacken. In dem Schaltungsschema ist die Kompensationsanordnung nur als Schleife zwischen den Klemmen B liegend angedeutet. Von den Stromwendern muß der nicht im Akkumulatorstromkreis liegende thermokraftfrei sein. Jede genaue Messung wird mit Kommutieren der beiden Umschalter ausgeführt, wobei im Mittel der beiden Einstellungen fremde Thermokräfte eliminiert sind.

Der Apparat läßt wegen des kleinen Widerstandes die Messung kleiner EMKK mit größter Genauigkeit vornehmen, wobei aber die erwähnten Vorsichtsmaßregeln zu beachten sind. Auch kann man die Thermokraft eines Elementes gegen einen Bruchteil der EMK eines anderen damit kompensieren, was auch bei der Temperaturmesssung mit verschiedenen Elementen von Vorteil sein kann. Wie bei dem von White angegebenen Apparat, läßt sich auch bei dem Dießelhorstschen wegen der Konstanz des Kompensationswiderstandes die

Kompensationsmethode mit der Ausschlagsmethode vereinigen, so daß sich die Werte der letzten Dekaden aus der Skalenablesung ergeben können, was oftmals eine große Zeitersparnis bedeutet.

Endlich hat Wenner eine Abart des Kompensationskreises für die Messung von kleinen EMKK vorgeschlagen, die darin besteht, daß man mit einem verhältnismäßig hohen Widerstand zu einem Teil des Stromkreises einen Nebenschluß legt, welcher den Potentialpunkt einer Kurbel einschließt. Mit Hilfe einer Doppelkurbel können beide Zweigpunkte zwischen dem Nebenschluß und dem eigentlichen Stromkreis in gleichen Widerstandsstufen verändert werden, um einen kleineren oder größeren Widerstand in den Zweig einzuschalten, während der

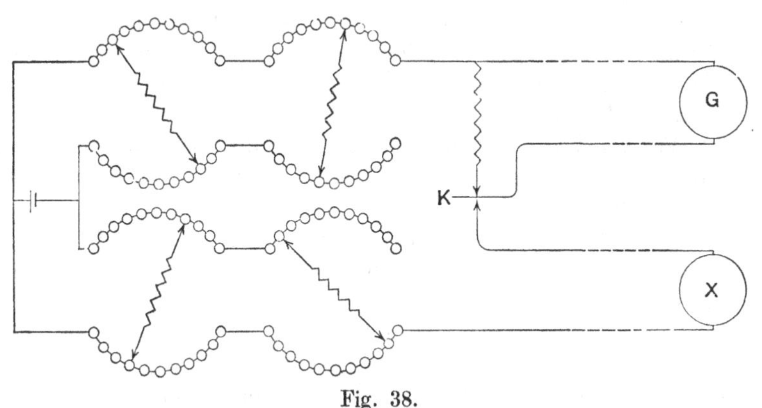

Fig. 38.
Wenners Anordnung.

Nebenschlußwiderstand konstant gehalten wird. In Fig. 38 ist eine Zeichnung dieses Apparates für die Benutzung mit Thermoelementen angegeben. Die Kurbelkontakte liegen alle im Batteriekreise, von dem jeder Zweig verhältnismäßig hohen Widerstand besitzt, so daß der Widerstand der Kontakte und die durch das Drehen der Kurbel hervorgerufenen EMKK nur eine sehr kleine Wirkung hervorrufen. Der Kompensationskreis andererseits besitzt kleinen und nahezu konstanten Widerstand, welcher es möglich macht, ein Galvanometer mit hoher Voltempfindlichkeit anzuwenden und kleine unausgeglichene Kräfte aus der Galvanometerablenkung (G) zu bestimmen. Die Wirkung von Thermo-EMKK im Galvanometer ist sehr verkleinert dadurch, daß der Stromkreis geschlossen gehalten wird und der Widerstand nahezu unabhängig ist von der Stellung des Galvanometerschalters. Unter diesen Umständen zeigt eine Änderung in der Ablenkung des Galvanometers, die durch eine Veränderung in der Stellung des Schalters (K) hervorgerufen wird, eine unkompensierte elektromotorische Kraft an, unabhängig von irgend einer nahezu konstanten EMK im Galvanometer selbst. Die Frage nach der besten Konstruktion von Präzisions-Kompensationsapparaten für die Benutzung mit Thermoelementen ist, wie man sagen kann, in einem veränderlichen Stadium und es gibt noch kein einziges Instrument, das all den oben auseinandergesetzten Bedingungen Genüge leistete, das in praktischer Form bis jetzt vorläge.

Der Stromkreis des Thermoelementes. Für ein gutes Arbeiten des Platinelementes müssen bestimmte Vorsichtsmaßregeln ergriffen werden, welche wir in Erwägung ziehen wollen. Die meisten dieser Bemerkungen passen auch für die Elemente aus unedlen Metallen mit größerer EMK.

Verbindung der Drähte. Die Kontakte der verschiedenen Teile des Stromkreises sollten in einer bestimmten Art gesichert werden; die beste Methode ist, sie zu verlöten. Klemmschrauben verursachen oft Zeitverlust, auch oxydieren sich ihre metallischen Flächen an der Kontaktstelle. Die Wichtigkeit dieser Vorsichtsmaßregeln ändert sich mit den Versuchsbedingungen; man kann mit ihnen für Versuche, welche nur wenige Stunden dauern, auskommen, weil wenig Ursache ist, daß sich die Kontakte in so kurzer Zeit verändern können; ein Verlöten ist aber im Gegenteil unbedingt nötig bei einer industriellen Einrichtung, welche für Monate benutzt werden soll, ohne neu geprüft zu werden.

In jedem Falle jedoch sollte man das Zusammenlöten der beiden Zuleitungen des Elementes absolut nicht vermeiden. Es ist wohl bekannt, daß die EMK von der Art der Verbindungsstelle unabhängig ist; die beiden Drähte, die miteinander durch Wickeln oder Löten verbunden sind, geben bei der gleichen Temperatur die gleiche EMK, aber unter Einwirkung der Wärme lösen sich sehr bald die verwickelten Teile, und dadurch entstehen schlechte Kontakte, welche den Widerstand des ganzen Stromkreises vermehren. Im allgemeinen wird dieser Fall nicht bemerkt, bis das Auseinandergehen vollkommen eintritt, so daß man davor eine ganze Reihe von falschen Messungen machen kann, ohne ein warnendes Anzeichen.

Die beste Methode des Lötens besteht in der autogenen Verbindung durch direktes Verschmelzen der Drähte des Elementes; es ist notwendig, um dies zu erreichen, Sauerstoff zur Hand zu haben. Man beginnt damit, die beiden Leitungen auf einer Länge von ungefähr 5 mm zusammen zu bringen und dann werden sie von unten mit einer Sauerstoff-Wasserstoff-Gebläselampe berührt. Sauerstoff wird durch das Zentralrohr gegeben und Gas durch den ringförmigen Raum, der Sauerstoff wird in normaler Menge zugelassen und das Gas in geringer Menge, und man öffnet allmählich dabei den Gashahn. In einem bestimmten Augenblick sieht man das Ende der Drähte schmelzen, indem es Funken absprüht; dann stellt man das Gas ab. Wenn man zu lange wartet, schmilzt die Verbindungsstelle vollkommen und trennt die beiden Drähte. Mit einiger Übung kann man eine gute Verbindungsstelle herstellen, indem man die beiden Drähte ohne sie zu verwickeln, in der Hand hält und in dem Sauerstoff-Wasserstoff-Gebläse miteinander in Berührung bringt.

Hat man keinen Sauerstoff, so können die Drähte mit Palladium gelötet werden, welche man mit Hilfe einer Gebläselampe, die mit Luft gespeist wird, zum Schmelzen bringen kann, indem man dafür sorgt, daß die Ausstrahlung dabei vermindert wird. In einem Stück Holzkohle wird eine Höhlung hergestellt, in welche die Verbindungsstelle der beiden Drähte, die miteinander verwickelt sind, gebracht wird, nachdem man um sie einen Draht oder einen kleinen Faden von Palladium herumgebunden hat. Dann wird die Flamme der Lampe direkt auf die Verbindungsstelle gerichtet.

In den Fällen, in denen das Element nicht über 1000° hinaus benutzt wird, und nur in diesen Fällen, kann das Löten auch auf noch einfachere Weise durch die Benutzung von Gold vorgenommen werden; die gewöhnliche Bunsenflamme genügt dann, um diese Verbindung herzustellen.

Das Ausglühen. Vor dem Gebrauch sollte man, auch bei neuen Elementen, die Drähte des Elementes, welche gewöhnlich hartgezogen sind, so homogen wie möglich machen, indem man sie auf elektrischem Wege ausglüht. Für die Platinelemente von 0,6 mm Durchmesser, welche allgemein benutzt werden, genügt gewöhnlich ein Strom von 14 Ampère. Der Strom wird solange geschlossen gehalten, bis die Drähte gleichförmig glühen. Im Falle der benutzten Elemente können schlechte Stellen leicht auf diese Weise entdeckt werden und sollten herausgeschnitten werden, wenn das Glühen sie nicht beseitigen kann.

Isolation und Schutz. Die beiden Zuleitungen sollten voneinander auf ihrer ganzen Länge isoliert sein. Zu diesem Zweck kann man im Laboratorium Glasröhren oder Pfeifenstiele benutzen oder auch Fäden von reinem Asbest, die man um die beiden Drähte herumwickelt, indem man sie jedesmal zwischen den beiden (Fig. 60) kreuzt, so daß man eine doppelte Schleife in der Form einer 8 bildet, wobei jeder der Drähte durch eine der Rundungen der 8 hindurch geht. Dies ist eine bequeme Methode zur Isolation für Laboratoriumsgebrauch, obwohl gewöhnlicher Asbest leicht Unreinlichkeiten enthalten kann, welche das Element verderben können. Die beiden Drähte mit ihrer Umhüllung haben eine bestimmte Steifigkeit, welche sie leicht in den Apparat schieben läßt. Mit dieser Anordnung ist es nicht möglich, über 1200° oder 1300° hinauszugehen, da bei dieser Temperatur der Asbest schmilzt. Die beste ausreichende Isolation wird aber mit Hilfe von dünnen Röhren aus hartem Porzellan erzielt, die bis 1500° C standhalten, oder auch mit solchen aus Marquardtmasse; und endlich mit solchen aus reiner Magnesia, die noch oberhalb 1600° zu brauchen sind und aus der Kgl. Porzellan-Manufaktur in Berlin bezogen werden können. Für industrielle Einrichtungen kann man kleine Tonzylinder von 100 mm Länge und 10 mm Durchmesser benutzen, welche in der Richtung der Achse zwei Höhlungen von 1 mm Durchmesser besitzen, durch welche die Drähte hindurchgehen, oder auch Röhren aus hartem Porzellan können angewandt werden. Die eine oder andere dieser Arten von Isolatoren wird in genügender Zahl aneinandergereiht; sie werden zweckentsprechend in einem Eisen- oder Porzellanrohr untergebracht. Das Porzellanrohr sollte bei festen Einrichtungen, bei welchen die Temperaturen über 800° kommen können, benutzt werden. Man kann, wie es Parvillée

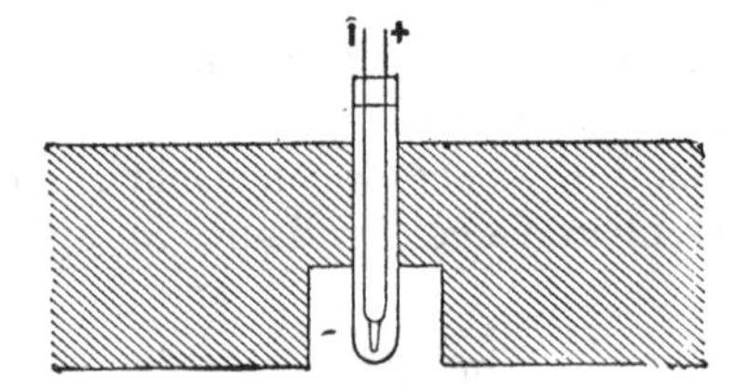

Fig. 39.
Parvillées Art des Einbaus.

in seinen Porzellanöfen tut (Fig. 39), das Porzellanrohr in das Futter der Ofenwand bringen, derart, daß sein Ende mit der inneren Oberfläche der Ausfütterung in gleicher Linie liegt. Ein offener Raum von einem Dezimeterwürfel ist im Futter um dieses Rohrende herum ausgespart. Diese Methode läßt leichter die Herstellung des Temperaturgleichgewichtes zu, ohne das Rohr allzu großen Veränderungen durch Brechen infolge zufälliger Stöße auszusetzen.

Das Eisenrohr wird für Temperaturen gebraucht, die nicht über 800° hinausgehen, beispielsweise in den Bleibädern, die dazu dienen, den Stahl zu härten und für bewegliche Elemente, die nur der hohen Temperatur ausgesetzt werden während der Zeit, die nötig ist, um die Beobachtungen zu machen. In diesem Falle wird die Lötstelle ungefähr 5 cm unter die Isolatoren und den eisernen Mantel gebracht. Die Drähte nehmen die Temperatur in 5 Sekunden an und die Beobachtung kann angestellt werden, bevor das Rohr heiß genug wird, um zu verbrennen. Sogar in Stahlöfen, deren Temperaturen über 1600° liegen, bevor auch die Drähte Zeit haben, sich zu verändern, selbst in stark reduzierenden Flammen genügt dieses Verfahren. Das andere Ende des Eisenrohres trägt einen hölzernen Griff (Fig. 40), an welchem außen die Klemmschrauben für die Galvanometer-

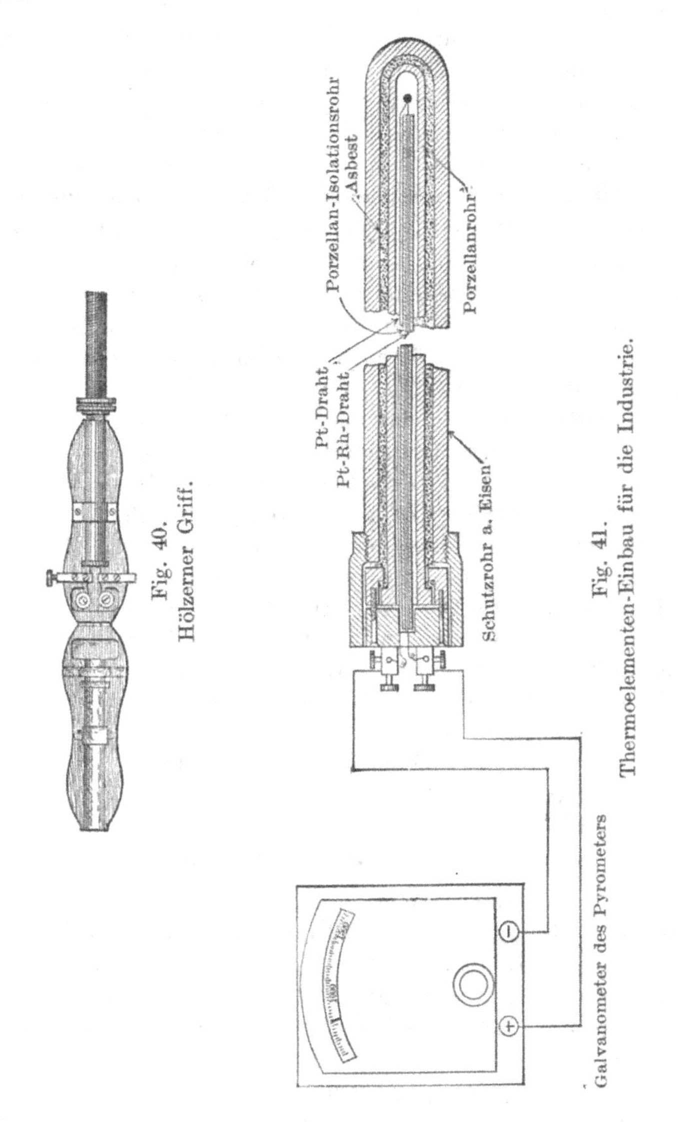

Fig. 40. Hölzerner Griff.

Fig. 41. Thermoelementen-Einbau für die Industrie.

zuleitungen angebracht sind und innen ein überschüssiges Stück des Elementendrahtes, das dazu dient, verbrannte oder abgebrochene Stücke zu ersetzen. In allen Fällen, in denen der Ofen, dessen Temperatur man zu messen wünscht, unter einem verringerten

Druck steht, muß man geeignete Vorsichtsmaßregeln ergreifen, um jeden dauernden Eintritt von kalter Luft durch die Öffnung, die zur Rohreinführung nötig ist, zu verhindern, sowohl vor, als auch während einer Beobachtung; anderenfalls hat man die Möglichkeit, ungenaue Resultate zu erlangen. Im Falle langer Beobachtungen in einer reduzierenden Atmosphäre oder in Berührung mit schmelzenden Körpern, wie z. B. den Metallen, die geeignet sind, das Platin zu verändern, sollte man das Element durch Einschluß in eine Hülle schützen, die undurchlässig ist für die geschmolzenen Metalle und auch für Dämpfe.

Für feststehende Einrichtungen in den Werkstätten der Industrie kann man ein Porzellanrohr nehmen oder auch eins aus Eisen, das an dem einen Ende, wo die Lötstelle untergebracht ist, geschlossen ist; in diesem Falle sind die Abmessungen der Röhre unwichtig. Quarz- oder Porzellanröhren in einer Eisenröhre bilden oftmals eine sehr dauerhafte und ausreichende Einlage. Fig. 41 zeigt eine Form der Anordnung eines geschützten Elementes, das mit seinem Galvanometer verbunden ist. Für Laboratoriumsuntersuchungen ist es im Gegenteil oftmals nicht zu vermeiden, um die Drähte herum eine Hülle von so kleinem Durchmesser wie möglich zu besitzen. Wenn es nur darauf ankommt, das Element gegen die Einwirkung von nicht flüchtigen Metallen zu schützen, ist es am einfachsten, wie es Roberts-Austen machte, eine in England gekaufte Paste zu verwenden, deren Name Purimachos ist, welche dazu dient, die Brennkasten wieder in Stand zu setzen, die beim Gießen benutzt werden. Wir haben hiervon eine Analyse gemacht, nach welcher wir folgende Zusammensetzung nach einem Eintrocknen bei 200° erhielten:

Aluminium und Eisen	14
Natron	3,2
Wasser	2,6
Kieselsäure (durch Differenz) .	80,2.

Sehr fein gepulverter Quarz, zu welchem 10% Ton hinzugefügt wird, wird mit einer Lösung von Natronsilikat angerührt. Zum Gebrauche wird die Masse angerührt, daß sie die Form einer dicken Paste besitzt, und das Thermoelement mit der gewünschten Länge hineingetaucht, während man die Drähte parallel zueinander in einem gegenseitigen Abstand von etwa 1 mm führt.

Das Ganze kann dann getrocknet und sehr rasch gebrannt werden, ohne Furcht, daß die Hülle abspringt, wie das mit Ton allein passieren könnte; hingegen ist diese Hülle nicht genügend undurchlässig, um das Element gegen die sehr flüchtigen Metalle, wie Zink, zu schützen. Es ist in diesem Falle besser, kleine Porzellanröhren von 5 mm innerem Durchmesser und 1 mm Wandstärke und 100 mm Länge anzuwenden, entweder gerade oder gekrümmt, je nach dem Gebrauch, zu dem sie dienen sollen. Das mit Asbestschnur oder einer kleinen inneren Porzellanröhre von 1 mm innerem Durchmesser isolierte Element wird, wie wir oben auseinandergesetzt haben, auf den Boden der Röhre heruntergeschoben. Wenn man solche Porzellanröhren nicht zur Hand hat und man eine einzige Beobachtung bei einer Temperatur, die nicht über 1000° hinausgeht, zu machen wünscht, wie z. B. eine Eichung beim Zink-Siedepunkt, so kann man eine Glasröhre benutzen. Letztere schmilzt und haftet am Asbest an, welcher an sich eine Lage von genügender Dicke festhält, um das Platin zu schützen. Beim Abkühlen hingegen zerspringt die Röhre und es ist daher nötig, eine neue Anordnung für jeden Versuch zu machen. Das ist aber für andauernde Beobachtungen nicht praktisch.

Geschmolzener Quarz ist jetzt für Thermoelemente in Form von Isolations- und Aufnahmeröhren zu haben. Dieser Stoff kristallisiert und bröckelt allmählich oberhalb 1200° und bei Gegenwart von einem flüchtigen, reduzierenden Agens, wie z. B. Graphit oder Wasserstoff, werden oberhalb von 1200° C flüchtige Siliziumverbindungen gebildet, die das Platin angreifen würden. Einige Arten von industriellen Anordnungen, wie sie für Platin-Thermoelemente benutzt werden, sind in Fig. 42 abgebildet.

Die kalte Lötstelle. Im allgemeinen unterscheidet man bei einem Thermoelement die heiße Lötstelle und die kalte. Von der letzteren nimmt man an, daß sie auf konstanter Temperatur gehalten wird. Um diese Anordnung mit Strenge zu verwirklichen, sind drei Drähte nötig, zwei aus Platin und einer aus Legierung, welche die beiden Lötstellen verbinden. Diese theoretische Anordnung ist praktisch ohne Interesse und die zweite Lötstelle kann man sich immer sparen. Wenn die Temperatur des ganzen Stromkreises, mit Ausnahme der heißen Lötstelle, tatsächlich gleichförmig ist, so bringt die Anwesenheit oder das Fehlen der kalten Lötstelle keinerlei Änderung in der EMK hervor. Wenn diese Temperatur nicht gleichförmig ist, so ist die zweite Lötstelle nicht von Belang, denn in dem Stromkreis herrscht dann eine Unbestimmtheit wegen der anderen Verbindungsstellen, die ebenso wichtig zu berücksichtigen sind: nämlich die Verbindungsstellen der Kupferzuleitungen mit den Platindrähten, ferner diejenigen der Galvanometerdrähte und die Verbindungen der verschiedenen Teile des Galvanometers untereinander.

Man muß sich selbst, so gut man kann, von der Gleichmäßigkeit der Temperatur in dem Kreis überzeugen, und zwar streng von der Gleichheit der Temperatur zwischen den entsprechenden Lötstellen, besonders denen der beiden Platindrähte mit den Kupferleitungen. Diese Unsicherheiten in der Temperatur der kalten Verbindungsstellen

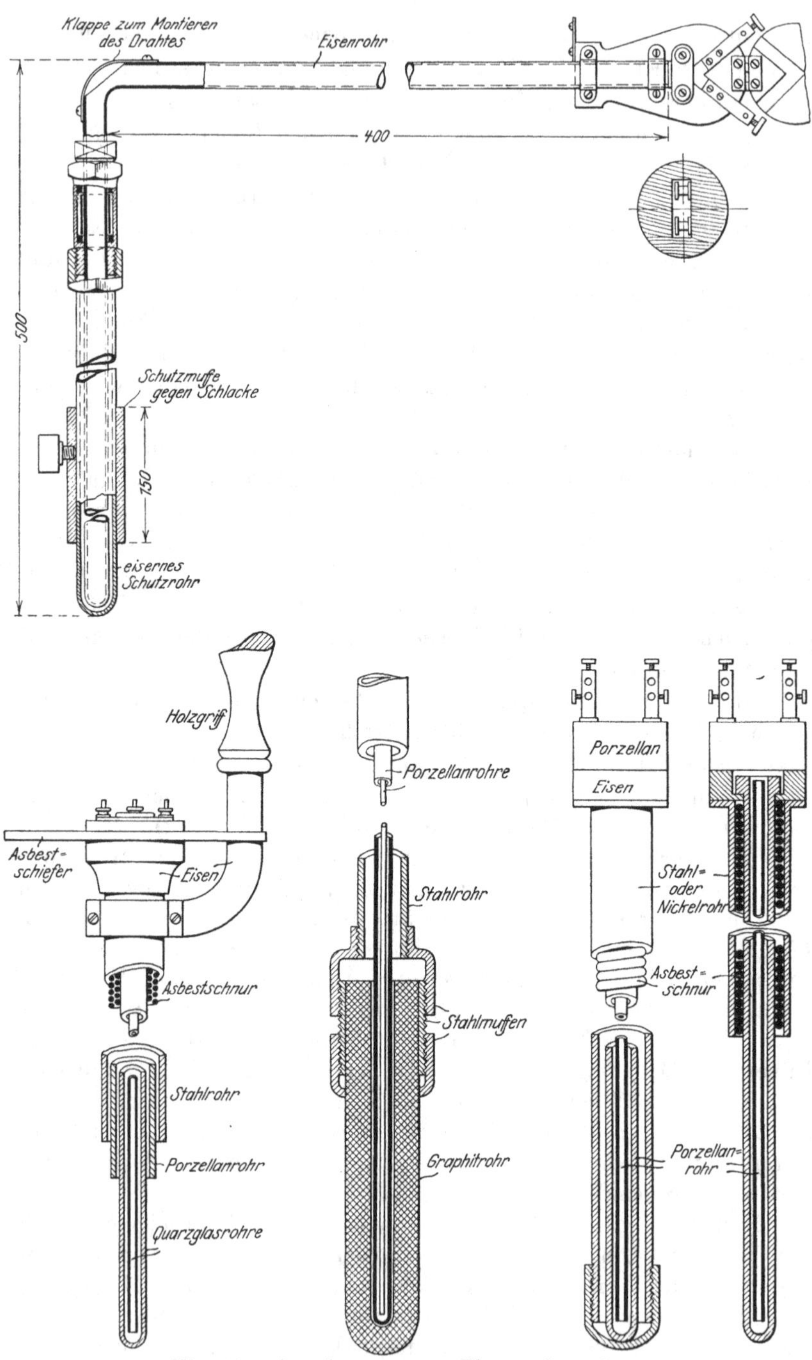

Fig. 42. Anordnungen von Thermoelementen.

bilden eine bedeutende Fehlerquelle bei der Temperaturmessung mit Hilfe von Thermoelementen, die aber für die gewöhnliche Praxis leicht vermieden werden kann. Um genaue Messungen auf 1^0, beispielsweise mit der Galvanometer-Methode zu erreichen, wird es notwendig, vollkommen gleichförmige Stromkreise zu haben, mit Einschluß des Galvanometers; ausgenommen sind nur die Lötstellen der Platindrähte mit den Zuleitungen; diese sollten in dasselbe Bad von konstanter Temperatur eingetaucht werden. Es würde hierzu nötig sein, daß die Verfertiger der Galvanometer selbst dazu übergingen, dieselbe Drahtart für alle Teile des Apparates zu benutzen, für die Spulendrähte, die Aufhängedrähte, die Zuleitungen und Teile der Spule; dies ist aber schwierig zu erreichen.

Bei der Eichung der Thermoelemente für genaues Arbeiten ist es zur Gewohnheit geworden, die kalten Lötstellen, d. h. die Kontaktstellen der Kupferzuleitungen und der Platinmetalldrähte in ein Ölbad von 0^0 zu tauchen, oder auch in ein mit schmelzendem Eis gefülltes Dewargefäß, wobei die eine der beiden Lötstellen in einem ebenfalls mit Eis gefüllten Reagenzrohre steht. Mit dem Kompensationsapparat können Unregelmäßigkeiten, die von anderen Quellen elektromotorischer Kraft im Stromkreise hervorgerufen sind, herausgebracht werden, indem man sowohl den Batteriestrom, als auch den Kreis des Thermoelementes kommutiert.

Die Korrektion wegen der kalten Lötstelle. Bei Arbeiten von hoher Genauigkeit mit Platinelementen und bei Benutzung der Kompensationsmethode sollte man die Korrektion wegen der kalten Lötstelle experimentell vermeiden, indem man die kalten Verbindungsstellen auf konstanter Temperatur, am zweckmäßigsten auf 0^0 C hält.

Wenn die Galvanometermethode benutzt wird, ist es oftmals nicht zweckmäßig, die Verbindungsstellen des Elementes mit den Galvanometerdrähten auf bestimmter Temperatur zu halten, obgleich das Galvanometer selbst so vom Ofen weggesetzt werden kann, daß seine Temperaturänderungen nur klein sind. Außer bei der wenigst genauen Art zu arbeiten, wird es erforderlich, die Temperatur der kalten Lötstelle zu beachten, die leicht mit einem Hilfsthermometer gemessen werden kann.

Nennt man t_0 die Temperatur der kalten Lötstelle, für welche das Instrument richtige Werte gibt, t die wirklich beobachtete Temperatur der kalten Lötstelle, so liegt die Korrektion, die man an den Temperaturablesungen des Galvanometers, die man beobachtet, anzubringen hat, vorausgesetzt, daß seine Angaben für ein bestimmtes Thermoelement sonst richtig sind, gewöhnlich zwischen

$$^1/_3 (t - t_0)$$

und

$$t - t_0,$$

abhängig von der Art des Elementes und der Temperatur, sowohl der kalten, als auch der heißen Verbindungsstelle. Diese Frage ist für einzelne Arten von Elementen von C. Otterhaus und E. H. Fischer im einzelnen behandelt worden.

Daß diese Korrektion im allgemeinen sowohl von der heißen, als auch von der kalten Lötstelle abhängt, hat seinen Grund darin, daß die EMK-Temperaturkurve keine gerade Linie ist (s. Fig. 24). Der Korrektionsfaktor, mit dem man

$$(t - t_0)$$

multiplizieren muß, ist numerisch gleich dem Verhältnis der Tangenten dieser Kurve für die Temperaturen der heißen und kalten Lötstelle. Als Beispiel wollen wir die Korrektionen berechnen, die für ein Pt, 90% Pt — 10% Rh Heraeus-Thermoelement anzubringen sind unter Benutzung der Daten für die EMK von Day und Sosman (S. 103).

Korrektionen für die kalte Lötstelle (Pt. 90% Pt — 10% Rh).

Temperatur der heißen Lötstelle	Korrektionsfaktor für die kalten Lötstellen von nahezu:		
	0°	20°	40°
100° C	0,76	0,81	0,86
200	,65	,68	,73
300	,60	,63	,68
400	,57	,61	,65
500	,55	,59	,63
600	,54	,57	,61
700	,53	,55	,59
800	,51	,54	,57
900	,49	,52	,55
1000	,48	,50	,53
1200	,46	,49	,51
1400	,45	,48	,50
1600	,45	,48	,50

Man muß beachten, daß die durch ein Galvanometer mit direkter Ablesung gegebene EMK ein Maß für die Temperaturdifferenz zwischen der heißen und kalten Lötstelle darstellt. Wenn der Galvanometerzeiger, wie es eine bequeme Arbeitsmethode ist, auf 0 gebracht worden ist, so entspricht diese Null-Ablesung der Temperatur der kalten Lötstelle beim Anfang; deshalb bekommt man die richtige Temperatur, indem man zu der beobachteten Temperaturablesung eine Anzahl von Millivolt hinzufügt, die der Temperatur der kalten Lötstelle entspricht und die man bekommt, wie oben auseinandergesetzt wurde. Die Ausgangstemperatur t_0 im Obigen ist natürlich die Temperatur, auf welcher die kalten Lötstellen bei der Anfangseichung gehalten worden sind, oftmals 0° oder 20° C.

So beträgt, wenn die kalte Lötstelle auf 25° C und die heiße auf 500° gehalten wird, diese Korrektion nach der oberen Tabelle

$$+ 0{,}60\,(25 - 0) = + 15^0,$$

wenn das Element bei 0° geeicht wurde und das Galvanometer für eine Temperatur der kalten Lötstelle von 25° auf Null einsteht. Es ist ein einfacher Vorgang und im allgemeinen hinreichend genau, wenn die Temperaturskala des Galvanometers angenähert der durch das Thermoelement gegebenen entspricht, den Galvanometerzeiger auf der Skala auf den Punkt zu bringen, der die Temperatur der kalten Lötstelle an-

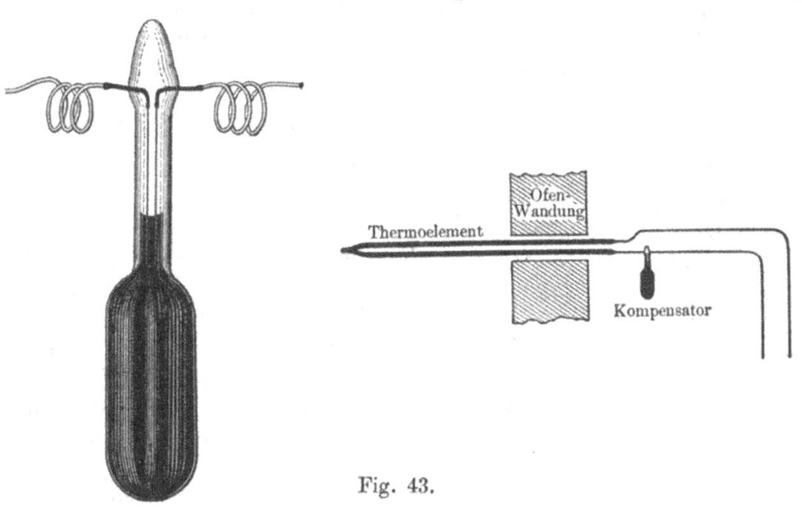

Fig. 43.

Bristols Kompensator.

zeigt. Die Galvanometerablesungen geben dann Temperaturen an, wenn sie sonst richtig sind.

Vermeiden der durch die kalte Lötstelle hervorgerufenen Veränderungen. Die Bristol-Thermoelemente aus unedlem Metall sind mit Verlängerungsstücken aus derselben Zusammensetzung wie das heiße Ende ausgerüstet und gestatten so, die kalte Lötstelle an einen Platz von kleiner Temperaturänderung zu bringen, z. B. nahe an den Fußboden, und diese Anordnung erleichtert ebenfalls die Erneuerung der kurzen, dicken Feuerenden dieser Elemente in bequemer Weise, wenn dasselbe verworfen werden muß.

Bristol hat ebenfalls einen automatischen Regler für die Temperaturen der kalten Enden mitgeteilt. Er ist in Fig. 43 gezeichnet

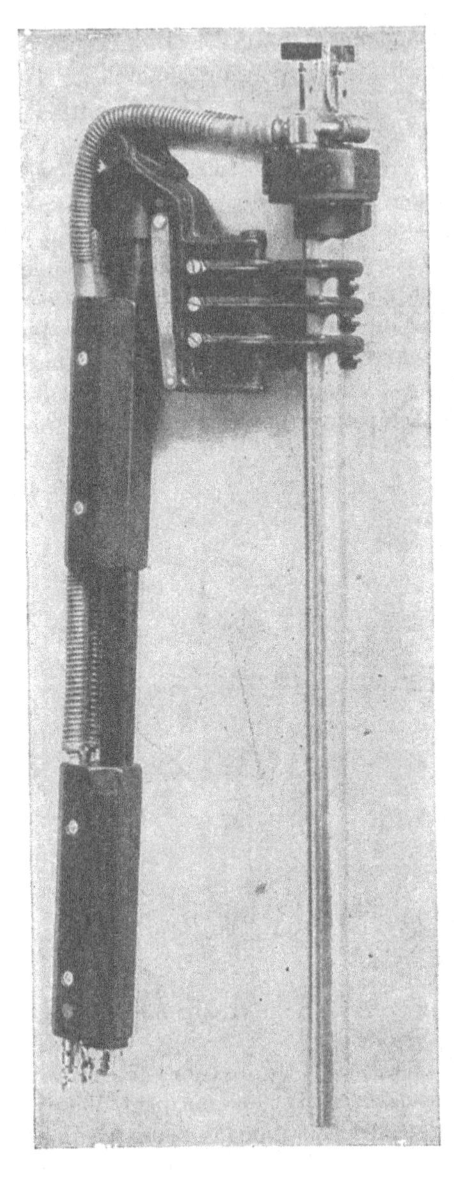

Fig. 44.
Kalte Lötstelle mit Wasserkühlung.

und besteht aus einem kleinen Glasrohr und einem Kapillarrohr, das teilweise mit Quecksilber angefüllt ist, in welches ein kurzes Stück dünnen Platindrahtes eintaucht. Diese Vorrichtung ist in den Thermokreis nahe der kalten Lötstelle eingeschaltet. Temperaturveränderungen bewirken eine Ausdehnung oder Zusammenziehung des Quecksilbers, wodurch Widerstand im Stromkreis aus- oder eingeschaltet wird. Dies wirkt entgegengesetzt der Änderung der EMK mit der Temperatur am kalten Ende, so daß man ein Gleichgewicht bekommt, wenn die Teile sauber bestimmt sind.

In den Thwing-Instrumenten wird eine Beseitigung der Temperaturveränderung der kalten Elementenenden, wo dieselben nahe an das Galvanometer herangebracht werden können, durch eine Anordnung erreicht, die aus einem gemeinsamen Streifen zweier Metalle besteht von ungleichen Ausdehnungs-Koeffizienten, der so auf die Feder, die den Zeiger beeinflußt, einwirkt, daß die Ablesung des Galvanometers ohne Stromdurchgang die Temperatur der Umgebung angibt.

In vielen industriellen Einrichtungen kann man fließendes Wasser von praktisch konstanter Temperatur benutzen und die kalten Enden des Thermoelementes können dann mit einem Wassermantel ausgerüstet und so auf genügend konstanter Temperatur gehalten werden, wie es in Fig. 44 dargestellt ist, welche für diesen Zweck eine Anordnung, wie sie von Hartmann und Braun angegeben ist, darstellt. Der bewegliche Arm kann horizontal herausbewegt werden, wenn das Thermoelement eingetaucht werden soll.

Paul sieht eine Anordnung vor, bei welcher ein billiges Hilfselement, dessen eines Ende Wasserkühlung besitzt, in Serie und entgegen dem eigentlichen Thermoelement geschaltet wird mit Hilfe von unverwechselbaren Stöpseln, welche in Löcher im Kopfe des Pyrometerrohres hineinpassen.

Die Temperaturdifferenz, die dann durch das Instrument angegeben wird, ist die zwischen dem Feuer- und dem Wasser gekühlten Ende.

Eine Breguetsche Spirale, an welcher das eine Ende der Kontrollfeder des Millivoltmeters angebracht ist, ist von C. R. Darling vorgeschlagen worden und wird von Paul in den Handel gebracht. Auf diese Weise wird der Nullpunkt des Instrumentes mit dessen Temperatur

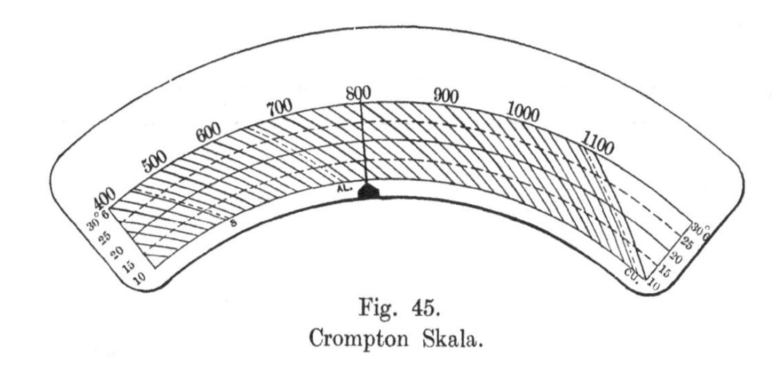

Fig. 45.
Crompton Skala.

veränderlich gemacht. Die Crompton-Company stattet ihre Instrumente mit einer vielfältigen Skala (Fig. 45) aus, welche für die Temperaturänderungen der kalten Lötstelle Ablesungen zuläßt.

Endlich kann das kalte Ende des Thermoelementes beispielsweise in ein unterirdisches Gefäß eingebettet und die Kupferdrähte von da aus zum Galvanometer geführt werden. Wir wollen andere solche Anordnungen unter der Überschrift „Zusammengesetzte Thermoelemente" erwähnen, wenn wir die Hilfseinrichtungen für Schreibapparate erörtern.

Die Konstanz von Thermoelementen. Dieser Punkt ist von größter Wichtigkeit für thermoelektrische Messungen, sowohl im Laboratorium, wie auch in den Werkstätten, da es nichts Schwerwiegenderes gibt, als das allmähliche Schlechterwerden eines Produktes, was veranlaßt ist durch hinterlistige und oftmals zu spät bemerkte Veränderungen in den zur Kontrolle dienenden Apparaten.

Das Verhalten von Thermoelementen aus Platin und seinen Legierungen ist von diesem Gesichtspunkt aus im einzelnen geprüft worden von mehreren Beobachtern, deren Zahlen aber etwas einander widersprechen.

Wenn ein Thermoelement, was sonst gut geschützt ist, lange Zeit auf hohe Temperatur erhitzt wird, so verändert sich seine EMK. Es ist deshalb gut für genaues Arbeiten, wenigstens zwei Thermoelemente zu besitzen, von denen das eine als normal benutzt und nur gelegentlich erwärmt wird und niemals über 1200° C. Auf diese Weise können Veränderungen in dem Element, das man gewöhnlich benutzt, leicht entdeckt werden. Holborn hat zusammen mit Henning und Austin eine sehr umfangreiche Arbeit über den Einfluß des andauernden Erhitzens in verschiedenen Gasen auf Gewichtsverlust und Veränderungen in den elektrischen und thermoelektrischen Eigenschaften der Platinmetalle unternommen. Folgende Tabelle zeigt die Resultate andauernden Erhitzens in Luft auf die EMK von gewöhnlich gebrauchten Platinelementen.

Einfluß längeren Erhitzens auf die EMK (gemessen gegen Pt in Millivolt).

Dauer des Erhitzens in Stunden	90 Pt — 10 Ir			
	700° C	900°	1100°	1300°
0	—	—	16,540	19,740
3	9,460	12,450	15,450	18,530
6	9,160	11,930	14,780	17,640
8	8,840	11,560	14,300	17,050
	90 Pt — 10 Rh			
	800° C	900°	1000°	1100°
0	7,230	8,340	9,480	10,670
3	7,250	8,380	9,510	10,690
6	7,270	8,400	9,540	—
9	7,280	8,410	9,540	10,720
12	7,290	8,420	9,550	—

Diese Untersuchung zeigt, daß die EMK eines Elementes und infolgedessen auch die angegebene Temperatur sich mit andauerndem Erhitzen verändert, sehr erheblich für ein Platin-Iridium-Element und ungefähr 0,5% für ein Pt-Rh-Element für eine Erhitzungsdauer von 10 Stunden. Die Veränderung ist am größten während der ersten Zeit des Erhitzens. Der beobachtete Anstieg in der EMK vom Pt-Rh-Element ist schwer zu erklären, wenn er nicht durch die Destillation von Iridium aus der Heizspule bewirkt wird, wie es aus der Arbeit von Day und Sosman hervorgeht. Vor dem Gebrauch sollte ein Thermoelement durch Hindurchschicken eines Stromes bis zur Weißglut ausgeglüht werden, wenn spätere Veränderungen klein sein sollen, falls es in einer oxydierenden Atmosphäre benutzt wird. Dieses Ausglühen kann ebenfalls sehr nahe den normalen Wert der EMK von Elementen wieder herstellen, welche in Berührung mit Silikaten gewesen sind. Veränderungen in der Temperaturverteilung längs des Drahtes können ebenfalls die vom Element angegebene EMK beeinflussen, da sie scheinbare Temperaturveränderungen von 20° bei 1000° C bei einigen Drähten hervorbringen. Je weniger gleichförmig die Drähte sind, desto deutlicher ist dieser Effekt ausgeprägt. Bei sehr genauem Arbeiten müssen deshalb die gleichen Bedingungen für das Eintauchen durchaus befolgt werden, oder die für die EMK entstehenden Veränderungen gemessen werden.

Aus diesem allen folgt, daß, wie Holborn und Day feststellten, die Temperaturskala, die einstens mit Hilfe von Thermoelementen aufgestellt wurde, nur mit Sicherheit aufrecht erhalten werden kann unter Zuhilfenahme von bestimmten Temperaturen, wie z. B. der Schmelzpunkte. Dr. W. P. White richtet seine Hauptaufmerksamkeit auf die Drahtstrecken, die durch ein Gebiet mit steilem Temperaturfall hindurchgehen und den großen Einfluß, den die Ungleichförmigkeit in diesem Teile des Drahtes auf die Temperaturablesungen mit Thermoelementen bewirken kann. Wenn wir ein inhomogenes Thermoelement betrachten, das aus kurzen Stücken, von denen jedes als homogen vorausgesetzt werden soll, besteht, so wird an jeder Verbindungsstelle von zwei Stücken eine EMK entstehen, die der Temperatur t und ihrer Differenz in thermoelektrischer Kraft ΔH proportional ist, oder für den ganzen Stromkreis

$$E = (t_1 \cdot \Delta H_1 + t_2 \cdot \Delta H_2 + \ldots t_n \Delta H_n) = \Sigma t \cdot \Delta H.$$

Es ist augenscheinlich, daß solche Teile des Stromkreises, wenn sie auf konstanter Temperatur sich befinden, und aus gleichförmigem Material bestehen ($\Delta H = 0$), zu dem Wert von E nichts beitragen werden. Aber in den Gegenden eines Temperaturfalles auf einem ungleichförmigen Draht hängen die durch die Ungleichförmigkeit bedingten Fehler auch von der Temperaturverteilung längs des Drahtes ab. Wenn ein inhomogenes Thermoelement daher in einem Ofen von konstanter Temperatur gehoben oder gesenkt wird, so ändert sich die Angabe des Elementes. Hinsichtlich dieser Tatsachen ist es von Wichtigkeit, daß diejenigen Teile der Thermoelementendrähte, welche von kalten zu heißen Gebieten führen, sowohl chemisch, wie auch physikalisch von gleichförmiger Beschaffenheit sind.

Der Einfluß von anfänglicher chemischer Ungleichförmigkeit scheint für die Platinthermoelemente entweder zu vernachlässigen oder sehr klein zu sein, kann aber für Elemente aus unedlen Metallen erheblich werden. Die Strecke zwischen dem hartgezogenen und ausgeglühten Draht ist von ausgeprägter physikalischer Ungleichförmigkeit. Diese kann und sollte immer herausgebracht werden durch Ausglühen der Drähte der meisten Elemente, die aus Platin bestehen, besonders mit einem elektrischen Strom oder auch durch Härten im Falle des Konstantan. Diejenige Quelle der Ungleichförmigkeit aber, die am meisten stört und am schwierigsten zu beseitigen ist, und die bei Platin besonders eine sehr große Fehlerquelle bildet, ist bewirkt durch Verderben der Elemente durch Verdampfung und Diffusion von Metalldämpfen auf den Platindraht in die Gegend des Temperaturfalles. Die Oxydschicht, welche sich auf einigen Metallen bildet, ist ebenfalls eine ähnliche Quelle von Unsicherheiten in den Gebieten, wo die Temperatur sich ändert.

Hinsichtlich des Verderbens der Platindrähte scheinen Kohlenstoff, Leuchtgas und andere reduzierende Stoffe nur durch ihre Reduktionswirkung auf andere Substanzen, wie z. B. auf Eisen und Quarz, wirksam zu sein und dadurch die Fähigkeit zu haben, das Platin anzugreifen. In einer oxydierenden Atmosphäre haben Eisenoxyde und Silikate keinen oder nur einen geringen Einfluß; aber Metalle, wie Iridium und Rhodium, besonders das erstere, welches sehr flüchtig ist, auch aus einem Pt-Ir-Draht bei 900° C, und die Fähigkeit hat, sich mit dem Platin zu legieren, können, wenn vorhanden, eine merkliche Veränderung der Platindrähte hervorbringen. Abschneiden der verdorbenen Teile scheint die einzige Abhilfe in diesem Falle zu bilden. Ausnahmsweise hohes Erhitzen kann ebenfalls Ungleichförmigkeit hervorrufen, hauptsächlich bei dem Draht aus der Legierung; wahrscheinlich wird sie zum Teil bewirkt durch Verdampfen und zum Teil durch Kristallisation.

M e s s u n g d e r U n g l e i c h f ö r m i g k e i t. Diese Messung ist sehr leicht und genau angestellt und sollte bei jedem Thermoelement, das für Arbeiten mit hoher Genauigkeit dienen soll, angewandt werden. Jeder der Drähte wird für sich geprüft, während seine Enden zweckmäßig auf der konstanten Temperatur von Null Grad gehalten werden. Der Draht liegt in einem Stromkreis mit einem empfindlichen Galvanometer, welches in Mikrovolt geeicht ist und wandert durch einen kurzen elektrischen Widerstandsofen, der auf konstanter Temperatur, 1000° oder 1400° C gehalten wird. Die Ablesungen am Galvanometer werden für verschiedene Stellungen des Ofens längs des Drahtes vorgenommen. Der Ofen kann zweckmäßig durch ein kurzes Porzellanrohr ersetzt werden, das mit einem Bunsenbrenner geheizt wird. Benutzt man einen empfindlichen Schreibapparat, so kann man einen kleinen Ofen automatisch längs des Drahtes sich verschieben lassen, wodurch der

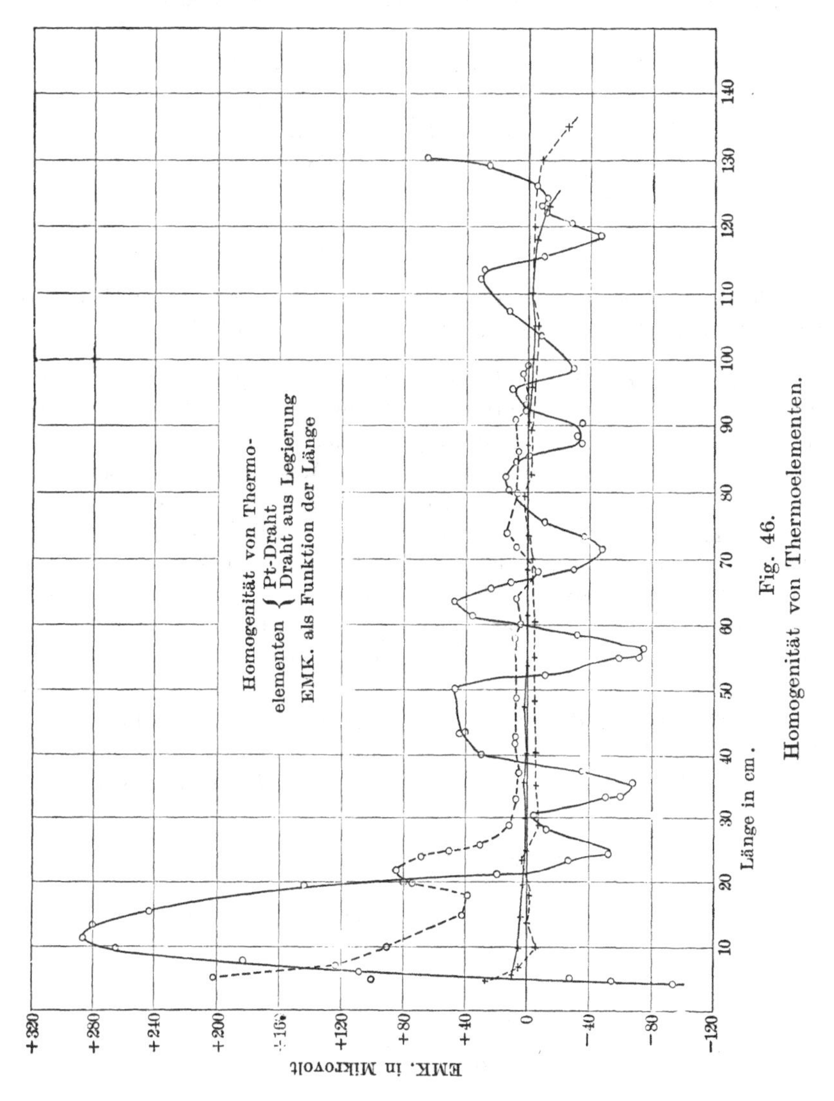

Fig. 46. Homogenität von Thermoelementen.

letztere seine eigenen Veränderungen aufzeichnet. Solch eine Anordnung wird im Bureau of Standards benutzt. Eine andere Methode ist die in Fig. 47 angegebene, welche eine Prüfung dieser Erscheinung von Punkt zu Punkt zuläßt. In Fig. 46 sind die Gleichförmigkeitskurven gezeichnet, die nach der ersten Methode aufgenommen sind, von Drähten zweier Thermolemente, von denen das eine (Pt-Rh) neu und frisch aus reinem Material und das andere (Pt-Ir) alt und verdorben ist. Diese Methoden sind leicht empfindlich genug, um die

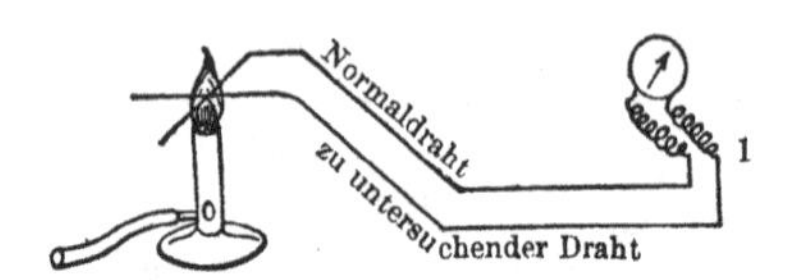

Fig. 47.
Prüfung der Homogenität.

verschiedenen Sorten von Platindraht, die im Handel für Thermoelemente vorkommen, voneinander zu unterscheiden.

Reproduzierbarkeit der thermoelektrischen Apparate. Es ist oftmals von erheblicher Bedeutung, bei allen Arten von Messungen, besonders bei solchen, die auf einer großen Skala mit zahlreichen zur Arbeit nötigen Einheiten derselben Art liegen, die Möglichkeit zu haben, entsprechende Teile des Apparates doppelt zu besitzen oder gegeneinander austauschen zu können, ohne neue Eichungen vornehmen zu müssen. Dies ist in gleicher Weise wünschenswert bei den Temperaturmessungen. Daher ist es in den letzten Jahren als großer Fortschritt zu bezeichnen, daß man versucht hat, Thermoelemente und Galvanometer für pyrometrische Zwecke herzustellen, welche gegeneinander ausgetauscht werden können.

Als Beispiel für das erstere kann man den Fall des wohlbekannten Normalthermoelementes aus 10% Platin-Rhodium von Heraeus anführen. Folgende Konstanz ist in den letzten 6 Jahren darüber zu verzeichnen:

Mittlere EMK bei 1000° C.

Jahr	Millivolt
1904	9,52
1905	9,53
1906	9,53
1907	9,57
1908	9,59
1909	9,55

Hinsichtlich der Austauschbarkeit der Galvanometer kann man bemerken, daß die Herstellung der elektrischen Instrumente in den letzten Jahren sich so entwickelt hat, daß gleichwertige Instrumente, die sich um weniger als 10° C auf ihrer ganzen Skala unterscheiden und auch keinen größeren absoluten Fehler haben, laufend durch mehrere Firmen in den Handel gebracht werden.

Thermoelemente aus unedlen Metallen. Bei diesen tritt eine Hauptanforderung auf, nämlich die nach billigen und starken Meßapparaten, da sie bei manchen technischen Vorgängen zur Temperaturkontrolle dienen sollen. Für diesen Zweck, wenn nicht auch für andere, ist die Benutzung der Thermoelemente aus unedlen Metallen mit Sicherheit eingeführt worden. Der Erfolg derselben ist durch mehrere Gründe bedingt, von denen der hauptsächlichste die Herstellung von genügend befriedigenden Legierungen von hoher EMK mit vorhandener Temperaturänderung sein mag, die noch dazu in praktischer Form als unzerbrechliche Rohre mit sehr kleinem Widerstand hergestellt werden können; ferner auch die gleichzeitige Vervollkommnung der Millivolt-

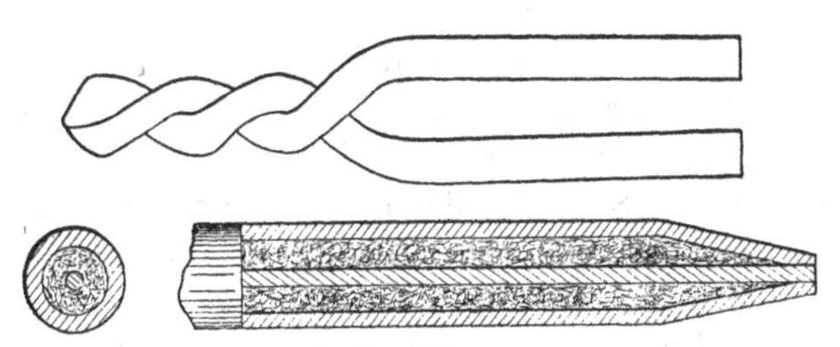

Fig. 48.
Dicke Leitungen aus unedlen Metallen.

meter mit Zapfenlagerung, die für die Benutzung als Galvanometer mit dieser Elementenart geeignet sind. Solche Stäbe kann man beispielsweise mit einem Widerstand von 0,05 Ohm in der Kälte bekommen, welcher nur um 0,01 Ohm anwächst bei einer Erhitzung auf 1000° C. Auch mit einem gewöhnlichen Millivoltmeter von nur 1 Ohm Widerstand bleibt die Eichung unter diesen Bedingungen konstant bis auf 10° C für jede Eintauchtiefe des Elementes (siehe S. 108).

Es ist in solchem Fall unerläßlich, daß alle Verbindungsstellen einen vernachlässigbaren Widerstand haben und darum sollte man besser sie verlöten. In Fig. 48 sind zwei Arten von Verbindungen für Elemente aus unedlen Metallen gezeichnet.

Eine sehr erhebliche Fehlerquelle kann aber bei der Messung der Temperatur von Stellen, in welche Thermoelemente von erheblichem Querschnitt und ungenügender Länge eingeführt werden, aus der Wärmeleitung längs des Pyrometers entstehen, wobei der Einfluß darin besteht, daß die heiße Lötstelle unter die Temperatur ihrer Umgebung abgekühlt wird.

Es ist wichtig, daß solche Pyrometer, wenn sie diesen Effekt besitzen, geeicht werden.

Die Thermokraft mancher dieser Elemente aus unedlen Metallen liegt über 20 Mikrovolt pro Grad C und manche von ihnen besitzen 40 oder noch mehr, im Vergleich zu 10 Mikrovolt pro Grad C für das gewöhnliche Platin-Rhodium-Element. Die Galvanometer mit Lagerung und kleinem Widerstande für einen Meßbereich von 20—40 Millivolt können, wenn sie für die Benutzung mit Elementen aus unedlen Metallen geeignet sein sollen, viel größer und stärker als die Instrumente gebaut werden, die in Verbindung mit Platin-Elementen für dieselbe Empfindlichkeit dienen sollen.

Da die Elemente aus unedlen Metallen viel benutzt werden, billig sind und oftmals eine Erneuerung verlangen, ist es von großem Nutzen, ein Material von gleichmäßigen, thermoelektrischen Eigenschaften zu benutzen, so daß ausgebrannte „Feuerenden" leicht ersetzt werden können, ohne eine Neueichung erforderlich zu machen. Es ist natürlich sicherer, und auch bei manchen Veranlassungen notwendig, jedes neue Feuerende zu eichen, entweder durch Vergleich mit einem Normal, oder, wie das auch in technischen Einrichtungen zweckmäßig geschehen kann, indem man die Angaben in Salzbädern von bekanntem Erstarrungspunkt bestimmt (siehe S. 178). Benutzt man Legierungen oder Metalle mit kritischen Gebieten, welche gleichzeitig eine Wärmeabsorption oder -Entwickelung bedingen, so sollte man nicht vergessen, daß man beim Neuheizen andere Resultate bekommen kann, da die tatsächliche Beziehung zwischen EMK und Temperatur von der inneren Struktur des Materials des Elementes abhängig ist und zwar nach Maßgabe des Erhitzens oder Abkühlens innerhalb dieser kritischen Gebiete. Diese Einflüsse sind hauptsächlich bei Elementen von erheblicher Ausdehnung ausgeprägt und werden vergrößert, wenn man die Eintauchtiefe des Elementes in dem zur Eichung dienenden Bade oder im Ofen verändert.

Wir wollen später einige Besonderheiten dieser Einflüsse erwähnen. Obwohl eine beträchtliche Anzahl von Thermoelementen aus unedlem Metall in den letzten Jahren auf den Markt gebracht worden ist, so scheint doch nur sehr wenig sichere Kenntnis über deren genaue Zusammensetzung, thermoelektrische Eigenschaft und Verhalten der meisten vorhanden zu sein, da einige derselben aus sehr zusammengesetzten Legierungen bestehen, wie z. B. aus Ni, Cr, Al und Cu. Es sollte hierbei vielleicht bemerkt werden, daß die Benutzung der Ausdrücke „konstant", „reproduzierbar" usw. bei den Elementen aus unedlen Metallen nicht in derselben Weise streng zu nehmen ist, wie bei den Platinelementen.

Nickel — Kupfer. Verschiedene Zusammenstellungen dieser Metalle sind für Temperaturen bis zur Höhe von 900° C benutzt und empfohlen worden. Nach den Untersuchungen von M. Pécheux scheint eins der besten dasjenige zu sein, welches aus der Legierung Konstantan (ebenfalls bekannt als „Advance") 60 Cu — 40 Ni, als einem Draht und reinem Kupfer als anderen besteht. Die EMK-Temperaturkurve nähert sich bei diesem Element einer ziemlich abgeflachten Parabel, scheint aber eine Gleichung dritten oder vierten Grades für t zu erfordern, um die Resultate mit einiger Genauigkeit bis zu 900° C darzustellen; oder dieses Gebiet kann auch in drei zerlegt werden, von denen jedes bis zum Bruchteil eines Grades von einer Parabel von der Form

$$E_{t_1}^{t_2} = a + bt + ct^2$$

dargestellt werden kann. Zwischen Null Grad und 250° C beträgt die numerische Gleichung angenähert

$$E_0^t = 40t + 0{,}03t^2$$

in Millivolt für das Kupfer-Konstantan-Thermoelement. Diejenigen mit einem geringeren Prozentgehalt von Nickel haben weniger flache Kurven, kleinere elektromotorische Kräfte und halten ihre anfängliche Eichung weniger gut, als das Kupfer-Konstantan-Element.

Der Grenzfall bei diesen Reihen, nämlich der von reinem Nickel gegen reines Kupfer, ist einigermaßen von Interesse, da er eine gute Übersicht über den Einfluß der molekularen Umwandlung auf das thermoelektrische Verhalten darstellt. Nickel erleidet solche Umwandlung etwa zwischen 230° und 390° C, welche sowohl den elektrischen Widerstand, als auch die thermoelektrische Kraft desselben veranlaßt, von ihrem normalen Verhalten in diesem Gebiet abzuweichen. Diese Einflüsse sind in Fig. 49 dargestellt, bei der die Zahlen für den Widerstand aus einigen Messungen von Somerville stammen, für den Nickeldraht und für die Thermokraft des Ni-Cu-Elementes aus den Beobachtungen von M. Pécheux.

Wenn für ein solches Element oder irgend ein anderes Thermoelement, in welchem Nickel oder eine Substanz, welche Gebiete molekularer Umwandlung besitzt, die Geschwindigkeit des Erwärmens oder Abkühlens sich ändert, so werden die Angaben des Elementes im allgemeinen für eine bestimmte Temperatur innerhalb dieses Gebietes nicht die gleichen sein, und für eine plötzliche Abkühlung kann in einigen Fällen, besonders bei Drähten oder Stäben von beträchtlichem Durchmesser, die EMK-Temperatur-Beziehung für alle Temperaturen unter diesem Gebiet ebenfalls verändert sein, bewirkt durch eine Verzögerung oder zeitweise Verhinderung der vollkommenen Umwandlung durch das Abkühlen. Wiedererhitzen und langsames Abkühlen kann dann oftmals die beim anfänglichen Ausglühen herrschenden Bedingungen wieder herstellen. Die Wichtigkeit des Ausglühens für alle derartigen

Elemente vor ihrer ersten Eichung wird aus den obigen Erwägungen deutlich.

Das Vorhandensein von Verunreinigungen scheint eine weitere Quelle von erheblicher Unsicherheit in der Konstanz dieser Elemente zu bilden und zwar für deren dauernden Gebrauch, indem von Pécheux beispielsweise festgestellt wurde, daß Elemente mit sehr reinem Nickel bei der Benutzung konstanter blieben, als diejenigen mit weniger reinem Metall. Die Zugabe von Zink in irgendwelchen Mengen zur Kupfer-Nickel-Legierung, welches die verschiedenen „German“-Silber ergibt, scheint in allen Fällen schädlich zu sein.

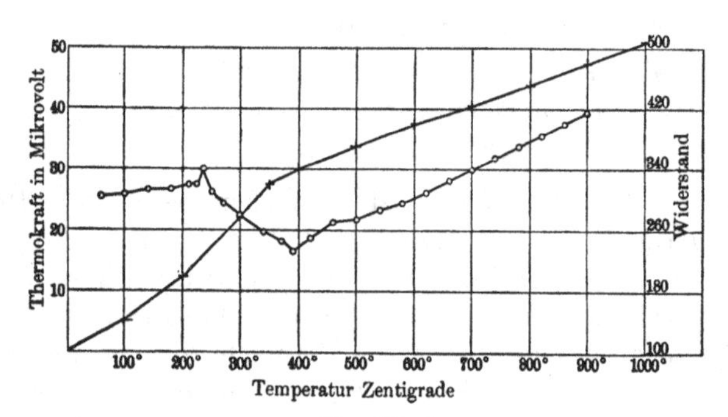

Fig. 49.
Widerstand und Thermoelektrizität von Nickel.

Die obere Grenze von 900°, die von Pécheux für die Kupfer-Konstantan-Elemente angegeben wird, ist besser auf 600° herunterzusetzen, oder sogar für dauernden Gebrauch mit etwas Genauigkeit auf noch tieferen Wert; auch pflegen bei 600° beide Drähte sich zu oxydieren und bald brüchig zu werden.

Nickel — Eisen. Wir haben schon unsere Aufmerksamkeit auf das Verhalten von Eisendrähten und die beträchtlichen Neben-EMKK, welche dieselben hervorbringen können, gerichtet. Trotzdem ist eine Röhre von weichem Eisen, die einen Nickeldraht einschließt, eine in der Industrie beliebte thermoelektrische Vereinigung gewesen und ist es auch bisweilen noch. Nickel kann, wenn es mit irgend einem anderen Metall oder einer Legierung vereinigt wird, ein Element bilden, welches Unregelmäßigkeiten in $\frac{dE}{dt}$ unterhalb 400° C besitzt, bedingt durch seine Molekularumwandlung in diesem Gebiet. In ähnlicher Weise hat man gefunden, daß Eisen und ebenso die verschiedenen Kohlenstoff und Legierungen enthaltenden Stahldrähte, ein irreführendes thermoelektrisches Verhalten zeigen, wenn man sie als einen Schenkel in Thermoelementen benutzt.

Harrison, Barrett, Belloc u. a., welche im einzelnen das Verhalten von solchen Thermoelementen geprüft haben, finden beispielsweise, daß beträchtliche Veränderungen in der EMK auftreten, veranlaßt durch Oxydation, Verbindung mit Kohlenstoff, neues Erhitzen, starkes Abkühlen, die Natur des Ofengases, die maximal erreichte Temperatur und die Erhitzungsdauer bei irgend einer Temperatur; und im allgemeinen wird in irgend einem Gebiet molekularer Umwandlung die EMK beim Abkühlen sich von der beim Erhitzen unterscheiden, indem dabei Zyklen zwischen EMK und Temperatur entstehen, oder Hysteresis. Die Elemente, welche Eisen enthalten, sind wenig geeignet oberhalb 800° C und alle solche Elemente werden ebenso, wie solche mit Stahldrähten, Nickel, Kupfer und vielen anderen ihrer Legierungen oberhalb 700° C brüchig.

Der Einfluß des Wiedererhitzens auf das Hervorbringen von Hysteresis wird an einem Versuch von Barrett über die Temperaturänderung des neutralen Punktes eines Kupfer-Stahl-Elementes deutlich gemacht.

Neutraler Punkt von Kupfer-Stahl:

	Erwärmen		
	zum ersten Male	zum zweiten Male	zum dritten Male
Beim Erwärmen	328	283	268
Beim Abkühlen	258	241	241

Die EMK ist aber nicht immer höher während des Erhitzens; folgende Legierung liefert beispielsweise kleinere EMK gegen Kupfer, Pt oder Fe beim Erwärmen. Diese Legierung (Fe = 68,8, Ni = 25,0, Mn = 5,0, C = 1,2), die von Sir Robert Hadfield hergestellt ist, besitzt ferner die bemerkenswerte Eigenschaft gegen das fast reine Eisen eine EMK zu besitzen, die innerhalb 4% von 300° bis 1050° C konstant ist. Die Veränderung der elektromotorischen Kraft mit der Zusammensetzung von Stahlsorten gegen Platin ist von Belloc geprüft worden, dessen Resultate in etwas ausgeglichener Form in Fig 23, S. 100 dargestellt sind, woraus hervorgeht, daß irgendwelche Veränderungen in der Zusammensetzung, die durch das Erhitzen oder das Gas hervorgebracht sind, große Veränderungen in der EMK solcher Elemente unter 350° C und über 700° C bewirken. Erhitzt man ein Platin- und 1,2% Kohlenstoff haltiges Stahlelement 50 mal auf 1000°, so hat sich seine EMK pro Grad bei 800° von 11 auf 19 Mikrovolt verändert.

Andererseits sind für verhältnismäßig tiefe Temperaturen sehr genaue Bestimmungen mit Thermoelementen aus Eisen oder Nickel und einer Legierung aus unedlem Metall hergestellt worden. So erreichte Palmer, der mit einem Eisen-Konstantan-Element im Bereich von 0° bis 200° C arbeitete, eine Genauigkeit von 0,04%, wenn die restelektromotorischen Kräfte mit Einschluß der durch mechanische Belastung bewirkten, herausgebracht waren.

Elemente aus zusammengesetzten Legierungen. Einige Fabrikanten haben versucht, Elemente aus unedlen Metallen herzustellen, welche von einigen der gewöhnlich bei dieser Type vorhandenen Fehler frei sind. Die Arbeit, die bis jetzt in dieser Richtung geleistet ist, läßt dieses Untersuchungsgebiet einer weiteren Bearbeitung wert erscheinen. Die meiste Mühe ist darauf verwandt worden, eine Veränderung der Eisen- und Nickelelemente durch Hinzufügen anderer metallischer Komponenten, wie z. B. Wolfram, Kupfer, Chrom, Kobalt, Silizium und Aluminium hervorzurufen. Wir wollen beispielsweise das Bristol-Thwing- und Hoskins-Element erwähnen. Eines der letzteren, eine Zusammensetzung aus Nickel und Chrom (Ni, 90 Ni — 10 Cr) hat eine EMK, die ungefähr 4 mal so groß wie diejenige des gewöhnlichen Pt-Rh-Elementes ist, die EMK-Temperatur-Beziehung ist nahezu linear bis zu 1400° C ohne irgendwelche Störungen durch Rekaleszenz von genügender Größe, um die Temperaturablesungen in technischen Betrieben ernstlich zu beeinflussen. Auch behält dieses Element nach dem Erhitzen seine Angaben genügend für manchen Gebrauch des Handels, sogar wenn es über 1300° für kurze Zeit erhitzt wird.

Für hohe Temperatur benutzt jetzt die Hoskins-Company hauptsächlich das Element Nickel-Aluminium (2% Al) -Nickel-Chrom (10% Cr) und für tiefere Temperaturen Nickel-Kupfer (65% Cu) -Nickel-Chrom (10% Cr). Die charakteristischen Eigenschaften des bei den Hoskins-Elementen benutzten Materials sind von M. A. L. Marsh angegeben, wie in folgender Tabelle gezeigt wird.

„Hoskins“ Eichungen von Thermoelementen
Kalte Lötstelle auf 25° C.

Element		Millivolt					
Positives Element	Negatives Element	100° C	232° C	419° C	657° C	800° C	1065° C
Nickel	Nickel-Chrom (10% Cr)	3,21	9,34	16,88	26,0	31,50	41,80
Nickel-Aluminium 2% Al.	„	—	9,35	17,60	28,10	34,53	46,20
Nickel-Aluminium 3⅓% Al. . . .	„	—	8,75	17,20	28,25	35,00	47,20
Nickel-Aluminium 5% Al.	„	—	8,25	16,67	—	—	47,00
Kobalt	„	3,09	9,93	20,96	33,18	—	45,58
Nickel-Kupfer 65% Cu	„	4,39	13,15	27,27	44,66	—	75,40
Kupfer	„	1,48	4,15	7,73	11,27	—	13,57

Elektrischer Widerstand von Substanzen für Thermoelemente.

Stoff	Widerstand pro Fuß 0,40 mm² Draht bei 25° C	Spezifischer Widerstand	Temperatur-Koeffizient pro Grad C
Nickel	0,26 Ohm	10,34	0,00 415
Nickel-Aluminium $3^1/_3$ % Al. .	0,63	25,0	0,00 274
Kobalt	0,356	14,15	—
Nickel-Kupfer 65 % Cu . . .	0,99	39,3	—
Kupfer	0,043	1,75	0,00 388
Nickel-Chrom 10 % Cr	1,76	70,0	0,00 051

Eine Schwierigkeit, welche in der Herstellung der Elemente aus zusammengesetzten Legierungen auftritt, ist die Reproduzierbarkeit der gleichen EMK-Temperaturbeziehung von einer Schmelze zur anderen. Die Gleichheit des Verhaltens ist aber sehr wünschenswert bei gewöhnlichen Elementen des Handels, welche häufig erneuert werden müssen, da sie die Notwendigkeit der Nacheichung oder Einstellung der Galvanometerskala für jedes Element unnötig macht.

Die edlen Metalle: Geibels Zahlen. Wir haben schon das thermoelektrische Verhalten der Platin-Rhodium-Legierungen auf S. 105 auseinandergesetzt. Einige von den Metallen der Platingruppe und deren Legierungen sind von Holborn und Day, Rudolphi, Doerinckel u. a. untersucht worden. Die beste und geeignetste Untersuchung der elektrischen und mechanischen Eigenschaften der Edelmetalle und ihrer Legierungen ist aber hinsichtlich ihrer Anwendbarkeit für Temperaturmessungen von W. Geibel im Laboratorium der Heraeus-Platin-Werkstätten unternommen worden, unter Verwendung von viel reinerem Material als es von Barus oder Le Chatelier 25 Jahre früher erhalten werden konnte. Die Zahlen von Geibel zeigen große Unterschiede gegenüber den früheren Resultaten dieser Beobachter.

Einige seiner Resultate, entnommen aus einer sehr vollständigen Mitteilung über die EMK gegen Platin, elektrische Leitfähigkeit, Temperaturkoeffizient und Belastungsstärke sind in der nachstehenden Tabelle angegeben. Drähte von 1,3 mm wurden zuerst geglüht und dann auf 1 mm in der Kälte ausgezogen. Die Zusammensetzungen bedeuten die Gewichtsprozente. Die Belastungsstärke kann man als eine genäherte Messung der Härte ansehen. Eine der bestgeeignetsten Zusammensetzungen für ein Thermoelement bis 1000° C scheint das aus 40 Pd . 60 Au — Pt zu sein, welches bei 1000° C eine 4 mal so große EMK als das gewöhnliche Le Chatelier - Element besitzt. Diese Pd-Au-Legierung besitzt ebenfalls einen sehr kleinen Temperaturkoeffizienten und gleicht der 10%igen Iridiumlegierung des Platins in seiner Härte.

Eigenschaften der Edelmetalle und ihrer Legierungen.

Metalle oder Legierung	Elektromotorische Kraft (Millivolt) gegen Platin												Elektrische Leitfähigkeit × 10⁻⁴ bei 0°C	Temperatur-koeffizient zwischen 0° und 160°	Zugfestigkeit in kg für 1 mm Draht	Beginnendes Schmelzen nach versch. Beobachtern
	100°	200°	300°	400°	500°	600°	700°	800°	900°	1000°	1100°	1200°				
Pd I	—	—	— 1,1	— 1,6	— 2,4	— 3,3	— 4,5	— 5,8	— 7,3	— 8,9	—	—	9,47	0,00328	30	1550
Pd II	—	—1,1	— 1,8	— 2,6	— 3,4	— 4,6	— 6,0	— 7,5	— 9,2	—11,0	—13,0	—15,0	—	—	—	—
Pd — Au 10	—	—1,9	— 2,9	— 4,1	— 5,4	— 6,9	— 8,4	—10,2	—12,1	—14,0	—	—	7,01	0,00224	36	1545
Pd — Au 40	—	—4,1	— 6,4	— 9,4	—12,5	—16,0	—19,7	—23,4	—27,3	—30,9	—	—	3,96	0,00079	43	1500
Pd — Au 60	—3,8	—7,0	—10,5	—15,0	—19,7	—24,2	—28,8	—33,5	—38,2	—42,7	—	—	4,05	0,00034	49	1450
Pd — Au 80	—0,5	—1,0	— 1,7	— 2,5	— 3,4	— 4,4	— 5,5	— 6,8	— 8,2	— 9,8	—	—	7,94	0,00064	45	1350
Au	+0,8	+1,8	+ 3,1	+ 4,5	+ 6,2	+ 8,0	+ 9,9	+12,0	+14,2	+16,5	—	—	47,52	0,00326	21,5	1063
Pd — Ag 10	—0,9	—2,0	— 3,3	— 5,0	— 6,8	— 9,0	—11,4	—14,2	—17,0	—	—	—	4,85	0,00117	42	1500
Pd — Ag 20	—1,8	—3,5	— 5,7	— 8,5	—11,7	—15,2	—19,2	—23,2	—27,4	—	—	—	3,26	0,00066	49,5	1450
Pd — Ag 40	—3,7	—6,8	—10,7	—15,3	—20,2	—25,4	—31,0	—36,5	—42,1	—	—	—	2,38	0,00005	51	1350
Pd — Ag 80	— 0,1	—0,2	—	— 0,3	—	— 0,4	—	— 0,5	— 0,6	—	—	—	9,58	0,00047	40	1110
Ag	+0,7	+1,7	+ 2,9	+ 4,4	+ 6,1	+ 8,2	+10,6	+13,1	+15,9	—	—	—	63,72	0,0041	31	960
Pd — Pt 10	+0,3	+0,6	+ 0,8	+ 1,0	+ 1,0	+ 0,8	+ 0,6	+ 0,1	— 0,6	— 1,5	— 2,5	— 3,7	6,93	0,00214	33	1570 ?
Pd — Pt 30	+0,8	+1,6	+ 2,5	+ 3,5	+ 4,4	+ 5,3	+ 6,2	+ 6,8	+ 7,4	+ 7,9	+ 8,1	+ 8,2	4,57	0,00128	(39)	—
Pd — Pt 60	+0,7	+1,5	+ 2,3	+ 3,3	+ 4,4	+ 5,4	+ 6,5	+ 7,6	+ 8,5	+ 9,5	+10,6	+11,5	3,78	0,00096	(43)	—
Pd — Pt 90	+0,3	+0,7	+ 1,2	+ 1,7	+ 2,3	+ 2,7	+ 3,2	+ 3,7	+ 4,2	+ 4,7	+ 5,2	+ 5,7	5,38	0,00136	42	1730 ?
Pt	—	—	—	—	—	—	—	—	—	—	—	—	9,94	0,00348	24	1755
Pt — Ir 5	+1,1	+2,1	+ 3,2	+ 4,3	+ 5,4	+ 6,5	+ 7,6	+ 8,7	+ 9,7	+10,7	+11,8	—	5,61	0,00188	40	1780 ?
Pt — Ir 10	+1,3	+2,6	+ 4,1	+ 5,8	+ 7,4	+ 9,1	+10,7	+12,3	+14,0	+15,7	+17,3	+19,0	4,34	0,00126	48	—
Pt — Ir 25	+1,2	+2,6	+ 4,3	+ 6,2	+ 8,2	+10,4	+12,6	+14,8	+17,1	+19,4	+21,8	+24,3	3,17	0,00066	98	—
Pt — Ir 35	+1,1	+2,5	+ 4,1	+ 5,9	+ 7,9	+ 9,9	+12,1	+14,4	+16,8	+19,1	+21,6	+24,3	2,71	0,00058	126	—
Ir[1])	+0,65	+1,5	+ 2,5	+ 3,6	+ 4,8	+ 6,1	+ 7,6	+ 9,1	+10,3	+12,6	+14,5	—	—	—	—	2300
Rh[1])	+0,65	+1,5	+ 2,6	+ 3,7	+ 5,1	+ 6,5	+ 8,1	+ 9,9	+11,7	+13,7	+15,8	—	—	—	—	1920
Au — Pt 10	Nicht konstant, Veränderungen bis zu 2 Millivolt bei hohen Temperaturen												9,76	0,00098	32	1630
Au — Pt 20													5,57	0,00054	52	1510
Au — Pt 40													3,06	0,00037	69	1340
Ag — Pt 10	+0,2	+0,4	+ 0,7	1,3	1,8	2,4	3,1	3,8	4,7	vor dem Heizen			—	—	—	1450 ?
				1,0	1,5	2,1	2,8	3,6	4,5	nach dem Heizen			—	—	—	—
Ag — Pt 30	—0,4	—0,8	— 1,4	2,0	2,6	3,5	4,5	5,5	6,6	vor dem Heizen			—	—	—	1200 ?
				2,1	2,8	3,7	4,7	5,7	6,8	nach dem Heizen			—	—	—	—

[1]) Holborn und Day.

Die Legierungen des Platins mit Gold oder Silber sind augenscheinlich ungeeignet für die Benutzung in Thermoelementen, da sie bei langem Erhitzen große Veränderungen in der EMK zeigen. Geibel gibt ebenso Zahlen an, welche den Einfluß des Ausglühens bei verschiedenen Temperaturen auf die Zugfestigkeit einiger dieser Legierungen anzeigen. Der Einfluß ist besonders ausgeprägt für diejenigen Legierungen, welche entsprechende Veränderungen in der EMK zeigen. Für die Pt-Ir-Legierungen ist nur ein kleiner Einfluß des Ausglühens bis zu 600° zu bemerken, aber nach einem Ausglühen über 800° fällt die Zugfestigkeit mit ansteigender Temperatur sehr rasch ab (in kaltem Zustande). Für reines Platin nimmt diese regelmäßig von 32 kg für den hartgezogenen Draht auf 17 kg nach dem Ausglühen bei 1300° C ab.

Die Legierung 60 Pd . 40 Ag hat nahezu einen Temperaturkoeffizienten Null. Wenn es von genügender Dauerhaftigkeit in seinen Eigenschaften ist, beispielsweise in Vereinigung mit 90 Pt . 10 Ir, so kann man ein Element von nahe konstantem Widerstand bekommen, das 7mal so empfindlich ist als 90 Pt . 10 Rh — Pt bei 900° C.

Alle in der Tabelle aufgeführten Legierungen scheinen feste Lösungen mit keinen Umwandlungs- oder kritischen Punkten zu sein.

Besondere Elemente. Wir können noch einige Elemente erwähnen, welche weder zu den Thermoelementen aus unedlen Metallen, noch zu den Platin-Elementen gerechnet werden können, von denen einige für verhältnismäßig tiefe Temperaturen und andere für die allerhöchsten geeignet sind.

Silber - Konstantan ist eine Zusammenstellung, welche vielfach benutzt wird und bis zu Temperaturen von der Höhe von 700° gut zu befriedigen scheint.

Silber - Nickel ist ebenfalls benutzt worden und zwar von Hevesy und Wolff von — 80° bis 920° C. Die Thermokraft ist ungefähr 3mal so groß wie die des Pt-Rh-Elementes, ist aber sehr veränderlich, und es gibt keine einfache Formel für den Ausdruck der EMK-Temperaturbeziehung, selbst nicht oberhalb 400° C.

Iridium - Ruthenium. Die obere Grenze für die dauernde Verwendung des Platin-Rhodium-Elementes ohne häufige Nacheichung liegt ungefähr bei 1600° C, obwohl der Schmelzpunkt des Platins damit erreicht werden kann. Heraeus hat für das Bedürfnis der Messung von viel höherer Temperatur ein Element in den Handel gebracht durch Verwendung von reinem Iridium für den einen Schenkel und von einer Legierung von 90 Teilen Iridium und 10 Teilen Ruthenium für den anderen, womit Temperaturen von ungefähr 2100° C gemessen werden können. Die EMK - Temperaturbeziehung für diese Elemente ist nicht ganz geradlinig.

Eichungen können in einem geeigneten Ofen durch Vergleich mit einem Pt-Rh-Element oder durch vorgenommene Ablesungen bei den Schmelzpunkten von Au, Pd und Pt vorgenommen werden, oberhalb welcher Extrapolation eintreten muß, falls nicht reines Rh als Eichpunkt geeignet erscheint oder Vergleich mit einem optischen Pyrometer vorgenommen werden kann.

Die Angaben dieses Elementes bleiben bei wiederholten Erhitzungen nahezu konstant, wenn man die außerordentlich hohen Temperaturen in Betracht zieht, welchen es ausgesetzt werden kann. Ungleichförmigkeit wird dabei natürlich auftreten. Eine erhebliche Fehlerquelle, die nicht allein diesem Element anhaftet, ist die durch die Wärmeleitung längs der dicken Zuleitungen bedingte, welche bei den höheren Temperaturen gegen 50^0 getragen kann, wenn man sie nicht berücksichtigt, indem man einige bekannte Temperaturen, wie z. B. den Platinschmelzpunkt mit derselben Eintauchtiefe, wie sie bei den Versuchen benutzt wird, beobachtet.

Dieses Thermoelement ist mit Rücksicht auf seine große Zerbrechlichkeit in kaltem Zustande nicht für irgend welchen gewöhnlichen Gebrauch der Industrie geeignet und muß mit der größten Sorgsamkeit behandelt werden; es ist natürlich auch sehr teuer.

Zusammengesetzte Thermoelemente. Diese bilden zwei Arten, von denen die erstere dazu dient, dem Element eine größere Empfindlichkeit zu erteilen, und zwar durch Erhöhung seiner EMK. Dies wird gewöhnlich erreicht, indem man zwei oder mehr Thermoelemente hintereinander schaltet, wobei die verfügbare EMK mit der Anzahl der benutzten Thermoelemente sich erhöht. Es sollte indessen daran erinnert werden, daß durch diesen Vorgang der elektrische Widerstand des Stromkreises ebenfalls proportional anwächst und dieses kann erhebliche Fehlerquellen zur Folge haben, wenn die zur Ablesung dienenden Galvanometer einen verhältnismäßig kleinen Widerstand besitzen; in diesem Fall kann also die Empfindlichkeit nicht genügend erhöht werden, um die hinzugefügten Elemente zu rechtfertigen, welche natürlich auch teuer sind, wenn Platinmetalle zur Verwendung kommen. Der Einfluß der verschiedenen Eintauchtiefe der Elementendrähte im erhitzten Raume und die Änderungen des Nullpunktes werden ebenfalls durch diese Methode verstärkt, welche bei der neueren Entwickelung der Galvanometer, die sowohl empfindlich, als auch stark gebaut sind, für gewöhnliche Fälle überflüssig geworden ist. Für die Messung kleiner Temperaturunterschiede hingegen, wie z. B. bei der Untersuchung von Umwandlungspunkten, hat die Methode ihre Vorteile.

Die andere Art des zusammengesetzten Thermoelementes, welche n der folgenden Form von Bristol zu stammen scheint, wurde erdacht, um ein Stück der teuren Platin- und Platin-Rhodiumdrähte sparen zu können. Sie besteht im Ersatz desjenigen Teiles des Elementes, welcher nicht einer Temperatur oberhalb der Rotglut ausgesetzt wird durch billige Legierungen, was in Fig. 50 dargestellt ist; dabei werden diese Legierungen so ausgewählt, daß sie dieselbe EMK-Temperaturbeziehung wie das Platin-Rhodium-Element ergeben; so daß die resultierende EMK, die durch das zusammengesetzte Element hervorgebracht wird, die gleiche ist, als wenn das ganze Element aus Platin und Platin-Rhodium bestände. In England hat Peake den Gebrauch solcher Kompensationsdrähte für Platin-Iridium oder -Rhodium vorgeschlagen, welche aus

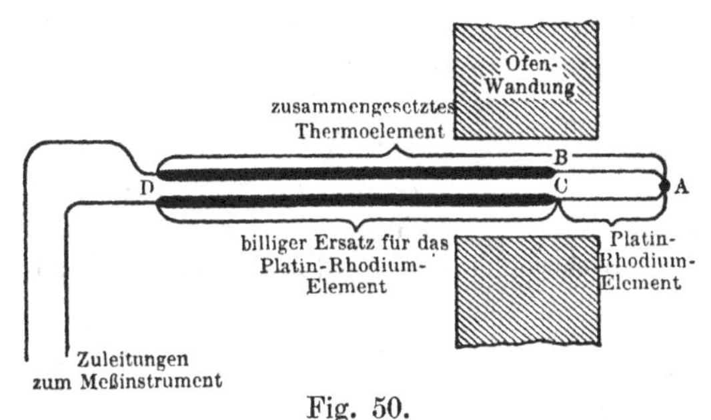

Fig. 50.
Bristols zusammengesetztes Element.

einem Kupferdraht und einem aus Kupronickel (Ni von 0,1 bis 5%) bestehen. Daß eine gute Kompensation nach dieser Methode erhalten werden kann, geht aus der folgenden Tabelle hervor, die sich auf Erzeugnisse bezieht, die von der Cambridge Scientific Instrument Company benutzt werden.

Peakes Kompensations-Drähte.

Temperatur	Pt — Pt. Ir Element	Kompensations-Drähte
°C	Millivolt	Millivolt
0	0	0
50	0,59	0,60
100	1,25	1,25
150	1,95	1,90
200	2,68	2,60
250	3,42	3,40
300	4,20	4,25

Das Kompensationselement von Chauvin und Arnoux ist das Resultat eines Versuches, die beträchtliche Drahtlänge und auch den verhältnismäßig hohen Widerstand des Platinelementes zu vermeiden; auch besitzt dasselbe gleichzeitig die Vorteile eines solchen Elementes für praktische Messungen bis zu 1600° C mit einem Instrument mit Zapfenlagerung und starker Bauart in denjenigen Fällen, in denen es nicht nötig ist, eine beträchtliche Drahtlänge der allerhöchsten Temperatur auszusetzen. Die in Fig. 51 gezeichnete Anordnung nimmt die Messung der Temperatur in zwei Stufen vor. Das Platin-Iridium-Element liegt in Serie mit einem aus Eisen-Konstantan, dessen heiße Lötstelle neben die kalte des Platinelementes gebracht ist. Mit Rücksicht auf die größere EMK des Eisen-Konstantan-Elementes ist es notwendig, dieses letztere mit einem Nebenschlußwiderstand zu versehen, damit es dieselbe Temperaturdifferenz angibt. Dieser Nebenschluß verkleinert den Gesamtwiderstand und erleichtert so die Benutzung von langen Drähten.

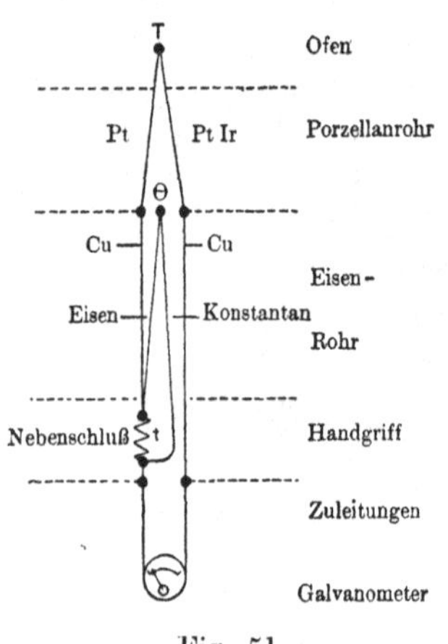

Fig. 51.
Zusammengesetztes Element von Chauvin und Arnoux.

Wie aus der Figur ersichtlich, haben wir für das Platin-Iridium-Element:

$$e = f(T - \Theta)$$

und für das Eisen-Konstantan-Element:

$$e_1 = f'(\Theta - t)$$

Wenn nun die Legierungen in ihrer Zusammensetzung richtig ausgewählt werden, scheint es möglich zu sein, den Nebenschluß so abzugleichen, daß man EMK-Temperaturkurven erhält, die sich für die beiden Elemente zwischen Θ und t übereinander lagern lassen, was der Anwendung eines einzigen Platin-Iridium-Elementes gleichwertig ist, wobei

$$E = e + e_1 = f(T - t).$$

Der Wert des Nebenschluß-Widerstandes hängt, wie sich zeigen läßt, nur von dem Widerstand des Kompensationselementes und dem Verhältnis der beiden Thermokräfte ab.

Die Temperatur Θ sollte nicht über 800° C hinausgehen und man sollte eine Röhre aus sehr reinem Eisen benutzen, um die anomalen Werte um 700° C herum zu vermeiden.

Die Eichung von Thermoelementen. Da es genügend Staatslaboratorien gibt, die für solches Arbeiten, wie die Eichung von Pyrometern, geeignet und ausgerüstet sind, ist es nicht länger für einen Privatmann notwendig, sich selbst mit dieser Sache abzugeben. Trotzdem ist es oft wünschenswert, solche Eichungen gleichzeitig mit anderen Untersuchungen oder mit dem Apparat, den man in der Hand hat, ausführen zu können. Wir wollen uns nicht mit der Beschreibung der

Eichung der benutzten elektrischen Meßapparate abgeben, wie z. B. mit derjenigen der Millivoltmeter und Kompensationsapparate; man kann dieselben in irgend einem Buch über die Eichung elektrischer Apparate finden. Es ist selten, daß ein Privatmann so eingerichtet ist, daß er die für diese elektrischen Eichungen notwendigen Ausrüstungen besitzt, und man muß dann seine Zuflucht zu den Staatslaboratorien nehmen, die die Eichung ausführen. Im Falle von Thermoelementen aber, die mit Pyrometer-Galvanometern benutzt werden, welche eine Millivoltskala mit angenäherter Richtigkeit oder auch eine Skala mit gleicher Teilung besitzen, kann die Eichung des Thermoelementes und Galvanometers auch bis zu einem verhältnismäßig hohen Genauigkeitsgrade erreicht werden, indem man eine genügende Anzahl von Fixpunkten mit dem Element bestimmt, das mit seinem Galvanometer verbunden ist.

Wir wollen infolgedessen annehmen, daß entweder der Meßapparat richtig ist, oder daß er genügend durch die mit dem Thermoelement ausgeführten Arbeiten geeicht ist.

Wir wollen zuerst die Anforderungen für Thermoelemente aus Platinmetallen zur Erreichung der höchsten Genauigkeit in Betracht ziehen, wie sie für hohe Temperaturen geeignet sind. Fernerhin Methoden, die für die industrielle Praxis und für Elemente aus unedlen Metallen anwendbar sind.

Präzisions-Eichung. Wir haben gesehen, daß für eine Genauigkeit, die besser als 5° sein soll, oder auch in vielen Fällen besser als 10°, die Anwendung der Kompensationsmethode zur Messung unerläßlich ist. Die kalten Verbindungsstellen des Elementes sollten auf 0° gehalten werden, die Elementendrähte ausgeglüht sein und eine genügende Gleichförmigkeit ergeben haben. Nur die Elemente aus Platinmetallen sollten benutzt werden, wenigstens für Temperaturen, die oberhalb 600° C liegen.

Die Eichung kann ausgeführt werden unter Benutzung von Schmelz- und Siedepunkten mit bekannten Werten oder durch Vergleich mit einem oder mehreren geeichten Pyrometern in einem geeigneten Ofen. Große Sorgfalt muß man auf die Isolation des Thermoelementenkreises verwenden, besonders bei hohen Temperaturen und wenn elektrische Heizung benutzt wird. Kommutieren des Heizstromes zeigt diesen Einfluß an. Ebenfalls ist es notwendig, eine genügende Eintauchtiefe in das Bad oder in den Ofen sicherzustellen, um die durch die Wärmeleitung längs der Elementendrähte auftretenden Fehler zu vermeiden. Dies kann man prüfen durch Änderung der Eintauchtiefe in dem Gebiet konstanter Temperatur, wobei die Ablesungen sich nicht ändern sollten, vorausgesetzt natürlich, daß die Drähte homogen sind.

Die Tiegel-Methode. Im Falle der Anwendung von Metallen oder Salzen zur Herstellung der Temperatur ihrer Erstarrungs- oder

Schmelzpunkte ist es bei genauem Arbeiten gewöhnlich besser, Tiegel zu verwenden, welche eine beträchtliche Menge des Materiales, nämlich 300 ccm oder mehr, enthalten, obwohl ein geschickter Beobachter mit einem geeigneten Ofen auch mit sehr kleinen Stoffmengen gute Resultate erhalten kann. Entweder Gasöfen oder elektrische Öfen soll man benutzen; letztere erlauben eine feinere Regulierung sowohl des Grades der Abkühlung als auch der Atmosphäre in welcher das Schmelzen oder Erstarren ausgeführt wird, die ersteren aber können gewöhnlich viel rascher angeheizt werden. Für eine Genauigkeit bis zu 1^0 ist es besser einen elektrischen Ofen anzuwenden.

Wenn man zwischen den Schmelz- und Erstarrungspunkten wählen soll, so begünstigt man die letzteren wenn möglich, da sie gewöhnlich schärfer sind, obwohl sie manchmal durch Unterkühlung komplizierter werden, wie im Falle der Metalle Antimon und Zink. Bei einigen Salzen verhindert diese Erscheinung die Benutzung der Erstarrungspunkte.

Die Tiegel sollten natürlich aus einem Stoff bestehen, welcher nicht mit dem Inhalt oder der Ofenatmosphäre reagiert oder den ersteren auflöst oder auch die Ofenatmosphäre zu dem Inhalt herantreten läßt, wenn die beiden miteinander reagieren. Für Salze ist das beste Tiegelmaterial Platin, aber auch Nickeltiegel können in manchen Fällen Dienste leisten und sind außerdem billig. Tiegel aus feuerfestem Ton und auch aus Porzellan können mit bestimmten Salzen benutzt werden. Für die nichtoxydierbaren Metalle sind mehrere Substanzen anwendbar, wie z. B. Porzellan, Magnesia, Kalk, Tonerde, Graphit und Quarz. Die oxydierbaren Metalle, welche nicht Graphit auflösen, werden am besten in Graphittiegeln geschmolzen, wobei diejenigen der Acheson-Co. zumeist aus reinem Graphit bestehen. Ein Tiegel, der nur teilweise aus Graphit besteht, wie z. B. der Dixontiegel, ist oftmals ausreichend und hält sich länger als einer aus reinem Graphit; verdient auch den Vorzug, wenn ein Gasofen benutzt wird. Diese Tiegel sollten Deckel haben und außerdem sollte die Oberfläche des Metalles mit gepulvertem Graphit überdeckt werden. In einigen Fällen muß ein Gas, z. B. CO oder H, welches als reduzierendes Agens wirkt, oder auch wie N die Oxydation verhindert, in den Ofen eingelassen werden. Bei einem Gasofen ist es nützlich, die direkte Berührung der Flammen mit dem Tiegel durch einen Einschluß des letzteren in einen Metallzylinder, wie z. B. Schmiedeeisen, zu verhindern, was auch dazu beiträgt, die Temperatur innerhalb des Tiegels auszugleichen.

Es gibt eine große Anzahl von Fabrikaten von Tiegelöfen, sowohl für Gas als auch für elektrischen Strom, die für die gewöhnlichen Erstarrungspunkt-Bestimmungen geeignet sind. Für das Erreichen von höheren

Temperaturen mit den ersteren ist ein Luftgebläse notwendig und für die letzteren bilden ein Regulierwiderstand und Strommesser oder auch ein Voltmeter notwendige Hilfsapparate.

Die elektrische Heizmethode wurde beim pyrometrischen Arbeiten zur Bestimmung von Fixpunkten mit Hilfe des Thermoelementes zuerst von Berthelot in Frankreich und von Holborn und Day in Deutschland angewendet. Die ersten Öfen wurden gebaut, indem reiner Nickel- oder Platindraht auf Porzellanröhren gewunden wurde, die in einem äußeren Porzellanrohre eingeschlossen und in Asbest eingewickelt waren. Die Öfen mit Nickelwickelung können bis zu 1300° C kurze Zeit mit Sorgsamkeit verwandt und dann leicht neugewickelt werden, wenn sie durchbrennen. Ihre Lebensdauer wird durch ein Einpacken des Drahtes zur Verhinderung seiner Berührung mit Luft verlängert. Die Platindrahtöfen sind sehr teuer, können aber bis zu 1500° C benutzt werden. Diese letzteren sind seitdem im allgemeinen in angenehmer Weise ersetzt worden durch Öfen von der Heraeustype, welche durch Herumlegen von Platinfolie von ungefähr 0,007 mm Dicke um Porzellanrohre hergestellt und mit einer Masse aus Tonerde überzogen werden, welche bei hohen Temperaturen das Platin nicht angreift. Diese Öfen sind nicht teuer und bis zu 1300° sehr dauerhaft, wenn sie sorgfältig gebraucht werden. Heraeus baut auch Iridium-Widerstandsöfen, mit welchen Temperaturen auch über 2000° C erreicht und sehr konstant erhalten werden können. Bei dieser Type muß man besondere Vorsichtsmaßregeln treffen, um die Verdampfung des Iridiums auf die Thermoelementendrähte zu verhindern. Ein weiterer Vorteil des elektrischen Ofens ist in manchen Fällen die Abwesenheit von reduzierenden Gasen.

Die Anwendung der elektrischen Heizung hat die Eichung des Thermoelementes und aller anderen Pyrometer zu einer verhältnismäßig leichten Sache gemacht und in erheblichem Maße die Genauigkeit und den erreichbaren Meßbereich bei der Aufstellung von Fixpunkten in der Pyrometrie erweitert.

Typen von elektrischen Tiegelöfen sind in den Figuren 52, 53 und 157 dargestellt. Bei denen des Geophysical Laboratory (52 und 53) ist die Platinheizspule in Marquardtmasse eingebettet. Unter den Gastiegelöfen wollen wir diejenigen der Buffalo und der White-Dental Company, ferner der amerikanischen Gas-Ofen Company und die Meker-Öfen erwähnen. Eine Ofenform, welche Le Chatelier sehr geeignet fand, ist in Fig. 54 dargestellt. Es ist ein Ofen englischer Konstruktion, welcher den Vorteil besitzt, fast unbegrenzt der Einwirkung der Hitze zu widerstehen und außerdem sich sehr leicht reparieren zu lassen. Das Prinzip der Konstruktion dieser Öfen besteht darin, sie aus zwei konzentrischen Lagen zu bauen. Die äußere Hülle aus feuerfestem Ton gibt, durch Eisen zusammengebunden, dem Ofen Festigkeit; sie empfängt nur indirekt die Einwirkung der Hitze und ist keinem Zerspringen durch Ausdehnung unter der Wirkung allzu hoher Temperaturen ausgesetzt. Die innere Einbettung, welche allein die Einwirkung der Hitze auszuhalten hat, besteht aus grobkörnigem Quarzsand, Korn-

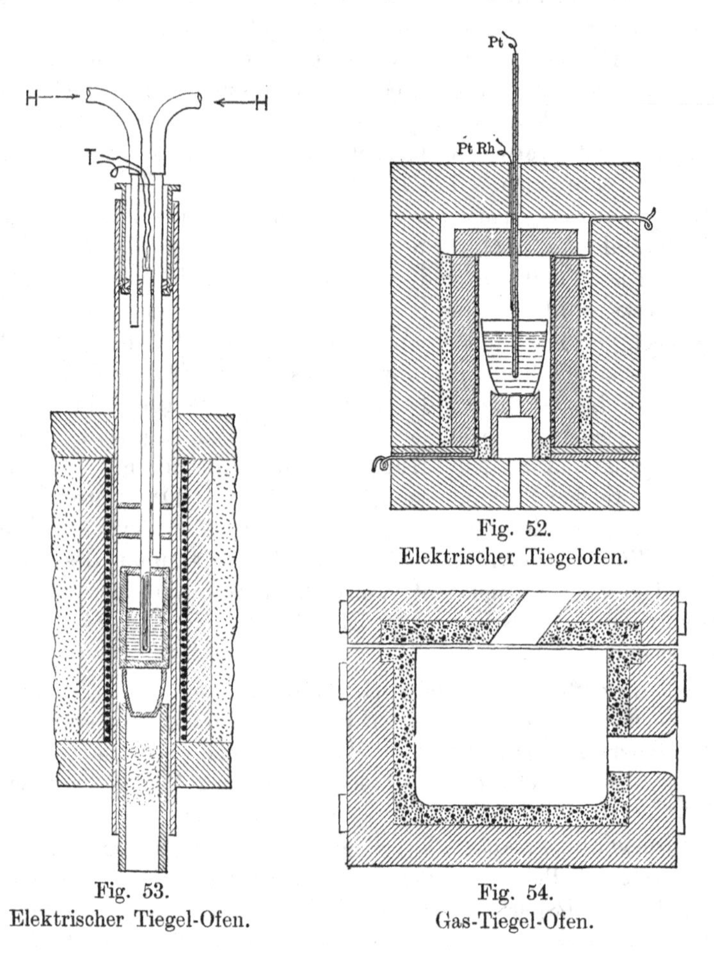

Fig. 52. Elektrischer Tiegelofen.

Fig. 53. Elektrischer Tiegel-Ofen.

Fig. 54. Gas-Tiegel-Ofen.

größe 1 mm, der mit einer sehr kleinen Menge eines Flußmittels gemischt ist. Bei einer hohen Temperatur schrumpft der Quarz nicht wie Ton; er dehnt sich im Gegenteil aus, indem er in die Form des amorphen Quarzes mit einer Dichteänderung von 2,6 bis 2,2 übergeht. Aber diese Umwandlung wird nur sehr langsam hervorgebracht, im anderen Falle würde der Ofen platzen. Wenn durch die Veränderung diese innere

Ausfütterung abfällt, so kann sie leicht ersetzt werden indem man in den Ofen ein Glasgefäß von geeignetem Durchmesser bringt, das mit einer Schicht geölten Papieres umwunden ist und um dieses herum groben Quarzsand herumpackt, den man mit einer syrupdicken Lösung von Alkalisilikat angefeuchtet hat. Der Ofen wird mit Hilfe einer seitlichen Öffnung mit einem Fletcherbrenner geheizt, welcher den Vorteil besitzt kräftig zu sein, oder auch mit einer gewöhnlichen Gebläselampe.

Die Metalle, welche man benutzen kann, die auch für eine Eichung der Thermoelemente mit der Tiegelmethode nicht zu teuer sind, sind Sn, Cd, Pb, Zn, Al, Sb, Ag, Cu, Ni, Fe und Co; die letzten vier sind leicht oxydierbar, ebenfalls auch Sb, aber sein Oxyd scheint sich nicht im Metalle aufzulösen, während Ag Sauerstoff aus der Luft absorbiert, wenn es nicht dagegen geschützt wird. Aluminium greift Tiegel, welche Silizium-Verbindungen enthalten, an und ist in der Handhabung schwierig. Das Verhalten dieser Metalle ist ausführlich in Kapitel XI auseinandergesetzt. Will man nur drei Punkte anwenden, so genügen Zn, Sb und Cu, wenn die letzten beiden in einer stark reduzierenden Atmosphäre vorgenommen werden. Es ist natürlich vollkommen notwendig, daß die Reinheit der benutzten Metalle verbürgt ist. Der eutektische Punkt Cu-Cu_2O ist wohl ausgeprägt, ebenfalls wie die Legierung Cu_2-Ag_3, so daß sie für Eichungen von Thermoelementen dienen kann.

Die genauen Werte der Erstarrungspunkte von sehr wenig Salzen sind gut bekannt, wie es auf Seite 178 gezeigt ist. NaCl ist vielleicht das mit größter Sicherheit bestimmte und wird zweckmäßig zwischen Sb und Cu eingeschaltet, um als vierter Eichungspunkt zu dienen; andere gut bekannte Salze sind $Na_2' SO_4$ und chemisch präpariertes Diopsid ($CaSiO_3 . MgSiO_3$). Ein dünner abnehmbarer Platintiegel, der im Geophysical Laboratory gebraucht wird mit einer kleinen Salzmenge, in welche das Element eingetaucht werden kann, ist in Fig. 55 dargestellt.

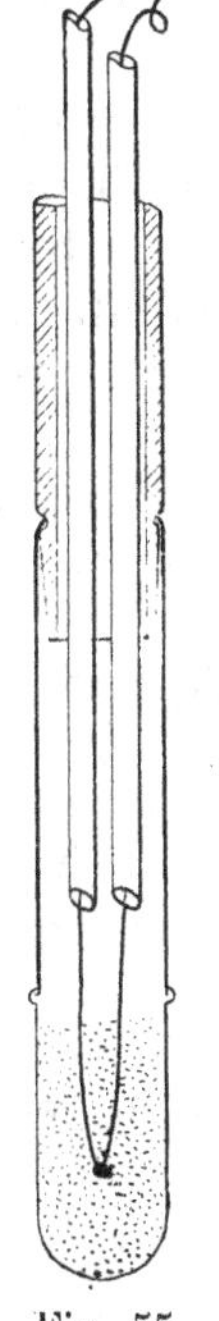
Fig. 55. Abnehmbarer Platin-Tiegel.

Einige der Salze greifen den Porzellanschutz um das Thermoelement herum an. Ein Metall, Platin oder Nickel, kann dann angewandt werden, wenn man Sorge trägt, daß die Drähte des Thermoelementes isoliert sind. Die Metalle wirken in verschiedener Weise auf die Porzellanröhren. Läßt man sie im Zink stecken, so zerbrechen sie ohne Unterschied beim Abkühlen. Wenn man sie aus flüssigem, selbst aus sehr überhitztem Aluminium herausnimmt, so brechen sie in gleicher Weise, wenn irgendwelches Metall am Porzellan hängen bleibt. Das Al löst außerdem den Quarz auf. Man kann sie hingegen in Kupfer stecken lassen und von neuem heizen, ohne daß sie brechen. Die beste Methode ist immer das Porzellan- oder ein anderes Schutzrohr aus der Flüssigkeit herauszuziehen, ohne daß etwas Substanz daran hängen bleibt, wenn man die Beobachtung mit irgend einem Metall oder Salz beendigt hat. Die Benutzung von Quarzglasschutzröhren wird im allgemeinen zu Unzuträglichkeiten führen.

Die Draht-Methode. Schmelzpunktsmessungen von einer Genauigkeit von 1^0 oder 2^0 kann man mit den nichtoxydierenden Metallen erhalten, welche sich in Drahtform ziehen lassen, wie z. B. Au (1063^0), Pd (1550^0) und mit etwas geringerer Genauigkeit Pt (1755^0), indem man eine kurze Drahtlänge zwischen die beiden Drähte der heißen Lötstelle des Thermoelementes einfügt und allmählich die Temperatur steigert, bis der Stromkreis durch das Abschmelzen des eingeschalteten Stückes sich öffnet, wobei man die höchste Ablesung aufschreibt. Nur 1 oder 2 mm des Elementendrahtes brauchen bei diesem Vorgang verloren zu gehen. Die besten Resultate werden in einem Widerstandsofen von kleinem Durchmesser erhalten; der Platinpunkt kann auf diese Weise nicht erhalten werden, ausgenommen in einer besonderen Art des Kohlenofens (Fig. 56) oder in einem Ofen aus einer Iridium- oder Platinlegierung (siehe Fig. 174, Kap. 11). Die Drähte sollten durch Porzellan-, Quarzglas oder Magnesiaröhren geschützt werden. In jedem Falle muß das Zwischenstück schmelzen und nicht an seinem Platze hängen bleiben. Es besitzt am besten nahezu den gleichen Durchmesser wie die Elementendrähte. Große Aufmerksamkeit muß man anwenden, um sich gegen Nebenströme vom Ofen her zu schützen, wobei es durchaus notwendig ist, daß kein Teil des Thermoelementenkreises irgend einen heißen Teil des Ofens im Falle des Schmelzens von Pd und Pt berührt; auch sollten sich die Isolatoren der Einzeldrähte nicht untereinander innerhalb des Ofens berühren.

Im allgemeinen werden viel weniger sichere Resultate erhalten, wenn die Knallgasflamme oder eine andere benutzt werden muß. Die Ungleichmäßigkeit der Flamme kann zum Teil durch Unterbringen des Zwischendrahtes in einem kleinen Tiegel oder in einer kleinen Umhüllung, welche dauerhaftes Material, wie gepulverte Tonerde enthält, geringer gemacht werden. Für den Platinschmelzpunkt braucht man die Knallgasflamme; der Palladiumschmelzpunkt kann mit einem starken Gebläse erhalten werden und der Goldschmelzpunkt mit einer gewöhnlichen Bunsenflamme. In industriellen Einrichtungen kann man mit Vorteil die Gebläseöfen usw. benutzen, um die gewünschte Hitze zu bekommen. Die mit der Drahtmethode erreichbare Genauigkeit wird durch Beobachtungen von Waidner und Burgess über den Schmelzpunkt des Palladiums erläutert, die in einem elektrischen Widerstandsofen ausgeführt ist (Fig. 57), wobei der Palladiumdraht zwischen die Lötstellen einer Reihe von Elementen aus Pt-Rh und Pt-Ir ein-

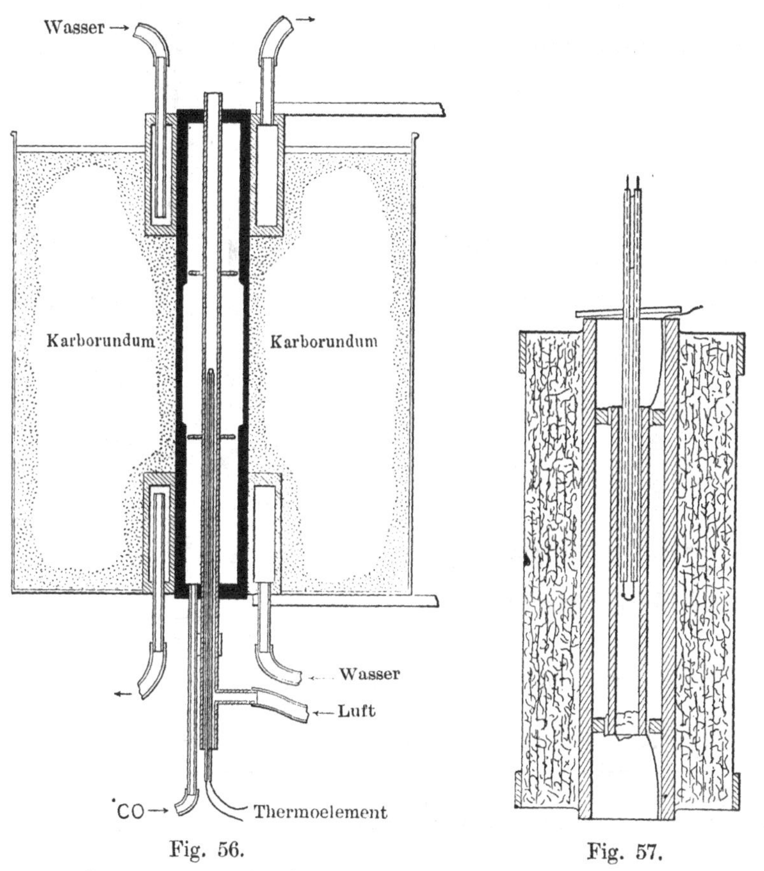

Fig. 56.
Sosmann's Kohle-Ofen.

Fig. 57.
Anordnung für die Drahtmethode.

geschmolzen war. Die Temperaturskala der Tabelle ist diejenige des Thermoelementes (Gleichung 3, S. 102).

Anstatt den Zwischendraht in den Thermoelementenkreis einzuschalten, kann er in einen benachbarten Hilfsstromkreis gelegt werden, der irgend eine elektrische Einrichtung zur Meldung des Schmelzens enthält. Die Genauigkeit wird etwas dadurch vermindert, aber das geschützte Element wird durch diesen Vorgang unversehrt bleiben.

Eine von Wright mitgeteilte Drahtmethode, die für die Benutzung kleiner Salzmengen geeignet ist, ist in Fig. 58 dargestellt. Das Salz befindet sich bei T auf einer kleinen abgeflachten Verbindungsstelle in einem elektrischen Ofen mit Wassermantel unter einem Mikroskop, mit Hilfe dessen das Schmelzen oder Erstarren beobachtet wird.

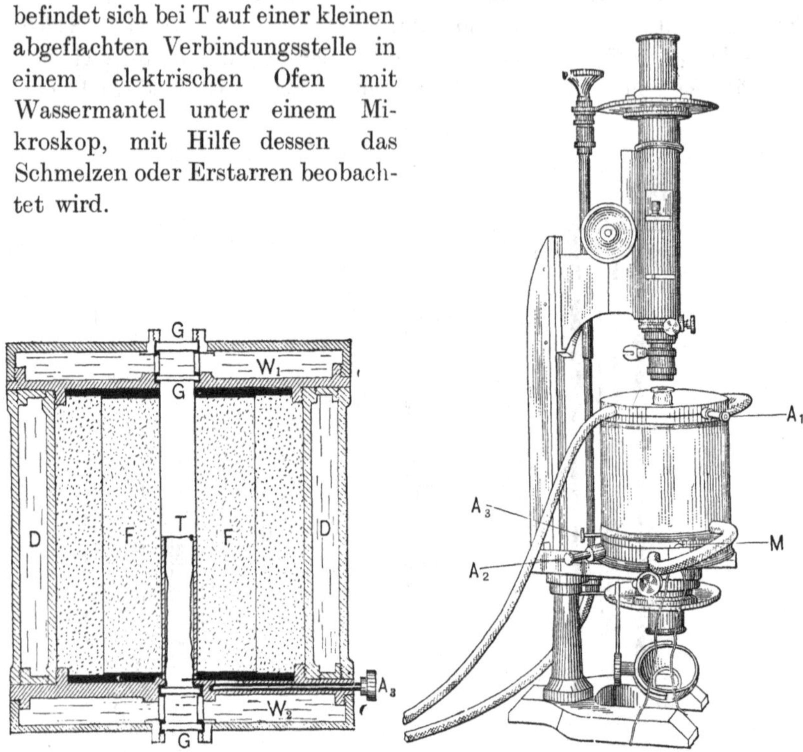

Fig. 58.
Ofen und Mikroskop für kleine Stoffmengen.

Palladium-Schmelzpunkt. — Draht-Methode.

Thermo-element	Zahl der Beobachtungen	Schmelzpunkt von Palladium	Bemerkungen
W_1	5	1531,0°	Horizontaler Ofen; blanke Drähte
S_2	6	1530,5	„ „ Porzellanrohre
W_3	4	1530,0	„ „ „
P_2	5	1529,5	„ „ „
P_1	2	1530,0	Vertikaler Ofen; vgl. Fig. 57
S_2	2	1530,5	„ „ „ „ „
P_2	2	1530,0	„ „ „ „ „
W_1	3	1530,5	„ „ „ „ „
W_6	6	1530,1	„ „ „ „ „
		Mittel = 1530,2°	S. P. auf der thermoel. Skale (Glchg. [3] Seite 102)

Siedepunkte mit Einschluß der Metalle wie Kadmium und Zink, sind oftmals für die Eichung von Thermoelementen benutzt worden, aber die siedenden Metalle sind sehr viel schwieriger in der Handhabung als die schmelzenden und es besteht dabei eine viel größere Gefahr, die Thermoelemente zu verderben. Auch besteht kein Bedürfnis, zu ihnen seine Zuflucht zu nehmen. Wenn man es aber wünscht, so können die Erstarrungspunkte von Sn, Pb, oder Cd und Zn durch die Siedepunkte von Naphthalin, Benzophenon, bzw. durch Schwefel ersetzt werden, von denen kein Stoff die gewöhnlich benutzten Elemente angreift. Die Normalform des Siedeapparates für eine Genauigkeit von 0,05° C oder mehr ist in Fig. 169 dargestellt, wobei für Naphthalin und Benzophenon ein seitliches Kondensationsrohr hinzugefügt werden sollte; es kann auch ein Luftgebläse aus einem Ringbrenner um das obere Ende der Siederöhre Verwendung finden.

Für eine etwas geringere Genauigkeit kann man den kleineren tragbaren Apparat von Barus (Fig. 59) für Siedepunkte benutzen, der ebenso Wasser wie auch Anilin aufnimmt. Er besteht aus einem dünnen Glasrohre, ähnlich den Reagenzröhren von 15 mm innerem Durchmesser, 300 mm Länge mit einer kleinen Kugel ungefähr 50 mm unter dem oberen Ende, welches offen ist. Es ist umgeben von einer Gipsmuffe von 150 mm Höhe und 100 mm Durchmesser, welche um das Glasrohr herumgelegt und von einem dünnen Metallzylinder begrenzt ist, der die äußere Oberfläche bildet. Die Kugel befindet sich genau oberhalb dieses Gipsmantels; unterhalb von ihr dehnt sich das Rohr, welches an seinem unteren Ende geschlossen ist, auf einem Abstand von 70 mm aus. Sobald der Gips hart zu werden beginnt, wird das Glasrohr herausgenommen, indem man ihm eine leichte Drehung erteilt. Den Zylinder läßt man trocknen und setzt dann das Rohr wieder an seine Stelle. Dieser Vorgang erlaubt, wenn das Rohr zerbricht, dasselbe herauszunehmen und durch ein neues zu ersetzen, was Schwierigkeit machen würde, wenn es an dem Gips anhaftete. Eine Victor Meyer-Röhre mit Mantel kann ebenfalls benutzt werden.

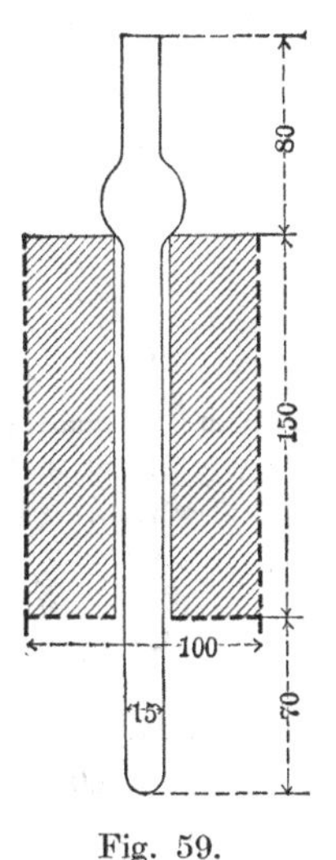

Fig. 59. Siedeapparat von Barus.

Der untere freie Teil wird mit einer Bunsenflamme zuerst nur wenig, dann ohne irgend eine besondere Vorsichtsmaßregel geheizt, nachdem man die Substanz zum Sieden hineingebracht hat. Die Flüssigkeit am Boden soll zwei Drittel der Höhe des freien Rohrendes einnehmen. Das Erhitzen wird fortgesetzt, bis die Flüssigkeit, welche durch die

Dampfkondensation entsteht, in reichlicher Menge an den Rohrwänden herabläuft. Die Flamme wird dann so reguliert, daß die Grenze der Kondensation der Flüssigkeit, welche sehr scharf ist, dauernd in der Mitte des Rohres verbleibt. Es herrscht dann eine sehr gleichförmige Temperatur in dem Inneren des Glasrohres in der ganzen Höhe des Gipszylinders. Die Lötstelle des Elementes wird hineingebracht und die Spule des Galvanometers nimmt dann eine dauernde unveränderliche Lage an. Es ist gut, die Flüssigkeit daran zu hindern, am Element herunterzulaufen, indem man einen kleinen Kegel aus Aluminium oder Asbest oberhalb

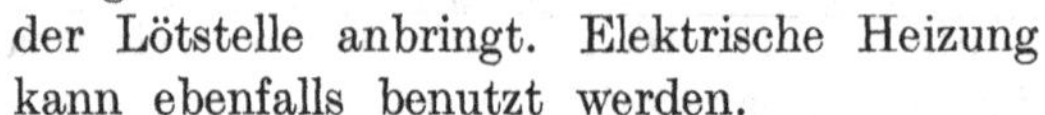

der Lötstelle anbringt. Elektrische Heizung kann ebenfalls benutzt werden.

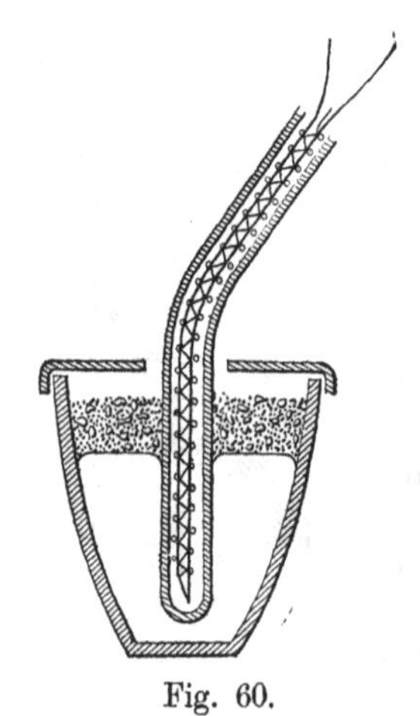

Fig. 60.
Apparat für siedendes Zink.

Für den Siedepunkt des Zinks nahm Barus kleine Porzellantiegel, die er wohl überlegt anordnete, die aber sehr umständlich und außerdem zerbrechlich und teuer sind. Man kann in einfacherer Weise einen Porzellantiegel von 70 mm Tiefe (Fig. 60) benutzen, den man mit geschmolzenem Zink 50 mm hoch anfüllt und 20 mm darüber Holzkohlenstaub schüttet. Ein Kegel mit einer zentralen Höhlung erlaubt, ein kleines Porzellanrohr mit dem Element einzuführen. Das Ganze wird geheizt, bis man eine kleine weiße Flamme, vom Zink herrührend, aus dem Tiegel herauskommen sieht. Man muß darauf achten, daß die Öffnungen für das Entweichen des Zinkdampfes groß genug sind. Sie haben aber

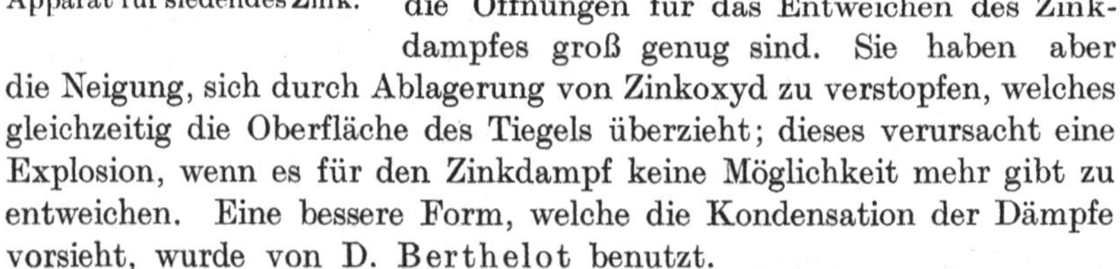

die Neigung, sich durch Ablagerung von Zinkoxyd zu verstopfen, welches gleichzeitig die Oberfläche des Tiegels überzieht; dieses verursacht eine Explosion, wenn es für den Zinkdampf keine Möglichkeit mehr gibt zu entweichen. Eine bessere Form, welche die Kondensation der Dämpfe vorsieht, wurde von D. Berthelot benutzt.

Technische Eichungen. Der Vorgang der Eichung wird sehr vereinfacht, wenn eine Ungenauigkeit von 5° C oder mehr zugelassen werden kann, wie das bei den meisten technischen Vorgängen der Fall ist. Wenn die Tiegel-Methode benutzt wird, können kleinere Tiegel und Öfen, als für die genaue Eichung, und Metalle und Salze von weniger sicherer Reinheit zugelassen werden, obwohl es natürlich sehr viel besser ist, nur sehr reine Stoffe zu verwenden. Einige Metalle, wie z. B. Al und Sb werden in ihrem Schmelzpunkt sehr durch kleine Verunreinigungen beeinflußt und sind nur schwierig in genügender Reinheit zu bekommen. Bei anderen Metallen, wie z. B. Sn, Pb, Zn und Cu, kann man sich darauf verlassen, daß sie bis auf 2° C, den richtigen Schmelzpunkt der reinen

Metalle ergeben, wenn sie aus einer im allgemeinen genügenden Bezugsquelle stammen. Die Vorsichtsmaßregeln in der Handhabung, die in den vorigen Paragraphen erwähnt wurden, hängen hier in ihrer Anwendung ab von der gewünschten Genauigkeit, wenn man etwas Überlegung anwendet. Es ist beispielsweise oftmals nicht bequem, die kalten Lötstellen auf 0° C zu halten, oder man wünscht vielleicht, dieselben während der Eichung auf dem Temperaturmittel zu halten, auf dem sie sich während des Gebrauchs befinden, oder auch sie direkt mit dem Galvanometer des Pyrometers zu verbinden. Wir haben an anderer Stelle (Seite 145) auseinandergesetzt, wie man die Veränderungen in der Temperatur der kalten Lötstellen berücksichtigen muß.

Das Galvanometer und das Thermometer kann entweder zusammen oder jedes für sich geeicht werden, die erste Methode ist aber die praktischere und macht die Benutzung irgend eines Hilfsapparates überflüssig. Fünf oder sechs Punkte sind gewöhnlich auf der Galvanometerskala ausreichend für eine technische Eichung des Elementes und des Galvanometers zusammen. Diese kann durch irgend eine der Erstarrungs- oder Siedepunkte geliefert werden, die wir erwähnt haben. Eine geeignete, nicht teure Reihe der letzteren, die nur ein geringes Maß von Vorsichtsmaßregeln in der Handhabung verlangt und in zweckmäßiger Weise in Tiegeln von 50 oder 100 ccm in einem kleinen Luftgasofen ausgeführt wird, ist folgende, wenn die Elemente aus Drähten von kleinem Durchmesser bestehen:

Sn	232° C	Al.	657° C
Pb	327	NaCl	800
Zn	419	$Cu.CuO_2$ . .	1063

Das letzte ist Kupfer, welches mit seinem Oxyd gesättigt ist. Ein Stück von kohlenstoffhaltigem Stahl (0,9 % C), welches ein kleines Bohrloch besitzt, in welches das Element hineingesteckt wird, gibt beim Abkühlen eine Eichtemperatur von ungefähr 700° C.

Wenn man die Benutzung von Salzen allein wünscht, wie es der Fall sein kann bei gewissen Elementen aus unedlen Metallen der Rohrtype, welche ohne besonderen Schutz direkt in das Bad getaucht werden, so wird man einigen Verlust von Genauigkeit haben, auch wenn große Mengen von Salz in Nickeltiegeln zur Verwendung kommen, zum Teil veranlaßt durch unsere Unkenntnis ihrer Schmelzpunkte zum Teil durch den großen Einfluß, welche kleine Verunreinigungen auf diese Temperatur ausmachen, und vor allem durch die Wärmeleitung längs der Drähte, da das Element praktisch durch das Salz in der Nähe seiner Oberfläche kurzgeschlossen ist. Dies ist offenbar noch mehr der Fall, wenn ein Element blank in Metall getaucht wird, was eine schlechte Methode ist, selbst wenn das Element es verträgt. Folgende Zusammenstellung von Salzen wird vorgeschlagen, mit beträchtlichem Vorbehalt bezüglich der Zahlenwerte, von denen einige einen Fehler von 10° C oder mehr haben können.

$NaNO_3$	308° C	$BaCl_2$	950° C
KNO_3	336	K_2SO_4	1060
$Ca(NO_3)_2$ . . .	550	Na_2SiO_3 . . .	1088
KI	680	Li_2SiO_3 . . .	1202
KCl	780	Diopsid . . .	1391
NaCl	800	Anorthit . . .	1550
Na_2SO_4	885		

Eine andere scharf definierte Temperatur, die man benutzen kann, ist die Umwandlungstemperatur des kristallinischen Quarzes bei 575° C, die man mit einer guten Menge von Quarzsand bekommt.

Es gibt noch eine andere Methode der Eichung durch Vergleich der Pyrometerangaben mit denen eines geeichten Instrumentes in demselben Ofen. Mit den Platinelementen und einem Porzellanrohr-Platinwiderstandsofen von 1,5 cm Durchmesser und 30 oder 60 cm Länge, kann man Resultate bis auf 2° oder mehr erhalten, wenn besondere Vorsichtsmaßregeln ergriffen werden, um eine konstante Temperatur zu sichern, indem man z. B. die heißen Lötstellen in einen kurzen Platinzylinder einschließt und sie durch die in einer Platinscheibe befindlichen Löcher hindurchtreten läßt. Wenn Elemente aus unedlen Metallen mit denjenigen aus Platin verglichen werden, ist es gewöhnlich notwendig, die letzteren vor dem Verderben durch die ersteren zu schützen, indem man die Platindrähte und Verbindungsstellen in glasierte Porzellan- oder andere geeignete Röhren einschließt. Eine bessere Temperaturverteilung für den Vergleich von Elementen aus unedlen Metallen, als man sie gewöhnlich in Rohröfen vorfindet, kann man erhalten, indem man große Tiegelöfen benutzt, in welchen Bäder von gemischten Salzen untergebracht werden, welche gerührt werden können und in langen eisernen Tiegeln enthalten sind.

Industrielle und wissenschaftliche Anwendungen. Die Messung von Temperaturen mit den Thermoelementen hat die genaue Kenntnis einer hohen Anzahl von hohen Temperaturen, von denen vorher wenig oder gar nichts bekannt war, erweitert. Die früheren Messungen erstreckten sich hauptsächlich in großer Zahl auf die wissenschaftliche und industrielle Untersuchung des Eisens. Mit dem Thermoelement haben Osmond und andere, Roberts-Austen, Arnold, Howe und Charpy ihre sämtlichen Untersuchungen über die molekularen Umformungen von Eisen und Stahl vorgenommen. Die Bedingungen für die Herstellung und Behandlung dieser Metalle sind durch die

Einführung dieser Methode zur Messung hoher Temperaturen in die Werkstätten der Industrie vervollkommnet worden.

Wir führen hierunter als Beispiel für die frühzeitige Benutzung des Thermoelementes eine Anzahl von Bestimmungen an, die von Le Chatelier in einer Anzahl von industriellen Unternehmen angestellt worden sind.

Stahl (Siemens-Martin-Ofen mit offenem Herd):

Gas am Auslaß des Gasgenerators	720°
Gas beim Eintritt in den Regenerator	400°
Gas am Auslaß des Regenerators	1200°
Luft am Auslaß des Regenerators	1000°
Das Innere des Ofens beim Reinigen	1550°
Abgas am Fuß des Schornsteins	300°

Glas (Beckenofen für Flaschen; Gefäßofen für Fensterglas):

Ofen	1400°
Glas in der Reinigung	1310°
Glühen der Flaschen	585°
Rollen von Fensterglas	600°.

Leuchtgas (Gaserzeugungsofen):

Höhlung des Ofens	1190°
Sohle des Ofens	1060°
Retorte am Ende der Destillation	975°
Abgas an der Sohle des Regenerators	680°

Porzellan (Öfen):

Hartes Porzellan	1400°
China-Porzellan	1275°

Heute ist die Benutzung des Thermoelementes in den verschiedensten Industrien so verbreitet, daß die obige Zusammenstellung unbegrenzt vermehrt werden könnte. Das thermoelektrische Pyrometer hat aber sich selbst, wie auch andere Arten von Pyrometern, nicht so sehr zum Zweck der Temperaturbestimmung bei einer großen Anzahl industrieller Vorgänge den Weg sich gebahnt, sondern vor allem wegen der dadurch gegebenen Möglichkeit, durch solche Temperaturmessungen die Beschaffenheit der Erzeugnisse dieser Fabriken, die von der Temperatur abhängt, zu überwachen und damit die genaue nochmalige Herstellung innerhalb einer so engen Grenze wie man nur will, mit jedem gewünschten Resultat zu ermöglichen, wodurch außerordentlich die Produktion mancher industrieller Werkstätten gesteigert worden ist.

Die Benutzung des Thermoelementes bei wissenschaftlichen Untersuchungen ist nicht weniger ausgedehnt oder fruchtbar gewesen und wir haben durch dasselbe beispielsweise, wenn man es so nennen will, eine neue Wissenschaft bekommen, oder wenigstens einen neuen Zweig der Chemie, nämlich die thermische Analyse, welche in den letzten Jahren aufgekommen ist und hauptsächlich auf der Deutung physikalisch-chemischer Erscheinungen bei hoher Temperatur mit Hilfe der Angaben des Thermoelementes beruht.

Bei der Entwickelung der wissenschaftlichen Metallurgie ist wiederum das Thermoelement zumeist das einzige Mittel zur Temperaturmessung gewesen, welches angewandt worden ist. Diese zwei Hinweise genügen, um zu zeigen, welch bedeutende Stellung für pyrometrische Untersuchungen das Thermoelement als Meßinstrument besitzt.

Bedingungen für die Anwendung. Die Thermoelemente können, wie wir gesehen haben, zweckmäßig in zwei allgemeine Klassen eingeteilt werden, nämlich in Elemente aus Platinlegierungen und die Elemente aus unedlen Metallen, von denen beide Gruppen schnell geeicht und leicht benutzt werden können. Die ersteren sind wegen ihrer geringen Größe, der Dauerhaftigkeit und Genauigkeit ihrer Angaben im allgemeinen allen anderen pyrometrischen Methoden für gewöhnliche Bestimmungen sowohl für die Wissenschaft als auch für die Industrie vorzuziehen, und zwar in dem ganzen Temperaturmeßbereich, für den sie am besten geeignet sind, oder von 300^0 bis 1600^0 C. Wir werden aber sehen, daß, wenn die höchste Genauigkeit verlangt wird, oder mehr als 1^0 C, das Widerstandsthermometer aus Platin bis zu 900^0 C von den allertiefsten Temperaturen aus den Vorzug verdient, sogar über das Thermoelement in Verbindung mit einem Kompensationsapparat. Das erstere ist ebenfalls etwas mehr für die Benutzung mit stark gebauten Registrierapparaten geeignet. Oberhalb 1000^0 C hingegen ist das Platin-Thermoelement die einzige Form des elektrischen Pyrometers, welche mit einer beträchtlichen Genauigkeit benutzt werden kann; und in Verbindung entweder mit einem geeigneten direkt zeigenden Galvanometer oder mit einem automatischen Schreibapparat bringt dieses Instrument großen Nutzen in der Industrie hervor. Es kann ferner in schneller Weise mit einem einzelnen weit abstehenden Registrierapparat in größerer Zahl zusammengeschaltet werden, wobei jedes Element ebenfalls außerdem seinen eigenen Anzeigeapparat besitzen kann.

Für Temperaturen unter 600^0 C ist es ein Gewinn in der Empfindlichkeit, ohne größeren Verlust in der Genauigkeit, wenn man solche Elemente durch Silber-Konstantan oder Kupfer-Konstantan Elemente ersetzt, von denen jedes klein gehalten werden kann; und unterhalb 500^0 C kommen wir in den Bereich der genauen Quecksilberthermometer aus Glas.

Wir haben an anderer Stelle die Vorsichtsmaßregeln und Methoden sowohl für genaues Arbeiten als auch für technischen Bedarf für die verschiedenen Arten des Elementes auseinandergesetzt.

Die Benutzung der Elemente aus unedlen Metallen ist auf das technische Gebiet beschränkt und auch hier muß man große Überlegung anwenden, um sich davon zu überzeugen, daß das benutzte Element mit seinen Eigenschaften für den Gebrauch günstig ist, für den man es ausgewählt hat. Es gibt nur wenige Elemente aus unedlen Metallen, welche mit Sicherheit oberhalb 1000° C benutzbar sind und bei manchen von ihnen ist die Benutzung für irgend einen Zweck noch sehr fraglich.

Wir werden sehen, daß selbst in diesem Gebiet, in dem es am besten geeignet ist, das Thermoelement für bestimmte Arten der Arbeit mit Vorteil durch noch andere Methoden ersetzt werden kann, wie z. B. durch die Strahlungs- und die optischen Pyrometer.

5. Kapitel.

Elektrische Widerstandspyrometer.

Einleitung. Bei dieser Methode wird gewöhnlich die Änderung des elektrischen Widerstands eines Platindrahtes als Funktion der Temperatur benutzt; diese Veränderungen sind von der Größenordnung derjenigen der Gasausdehnung. Das Verhältnis der Widerstände ist 1,39 bei 100^0 und 4,4 bei 1000^0. Da die elektrischen Widerstände mit großer Genauigkeit gemessen werden können, so bietet dieser Vorgang der Temperaturbeobachtung eine sehr große Empfindlichkeit, und wenn man genau das Gesetz anwendet, welches die Veränderung der Widerstände mit der Temperatur angibt, so können außerordentlich gute Resultate erhalten werden.

Das elektrische Pyrometer wurde von Siemens im Jahre 1871 vorgeschlagen (Bakerian Lecture); es wurde schnell in den metallurgischen Werkstätten in Gebrauch genommen auf Grund der Empfehlungen seines Erfinders, aber bald aus Gründen, die wir später auseinandersetzen wollen, aufgegeben. Diese Methode der Temperaturmessung wurde 20 Jahre später von Callendar und Griffiths wieder aufgenommen und ist seitdem sowohl im Laboratorium als auch in der Industrie in gute Aufnahme gekommen, besonders in England und auch neuerdings in Amerika. Es ist vielleicht von Interesse, zu erwähnen, daß in Cambridge (England) das Widerstandsthermometer zuerst in eine geeignete Form eines physikalischen Instrumentes gebracht wurde, und auch seine Theorie mit Erfolg von Callendar und Griffiths ausgearbeitet worden ist; dort ist es auch zuerst bei sehr feinen Messungen chemischer Erscheinungen von Heycock und Neville benutzt worden; und endlich war die Cambridge Scientific Instrument Company die erste in der Herstellung geeigneter Instrumente für industriellen und wissenschaftlichen Gebrauch.

Arbeiten der früheren Beobachter. Siemens. Das Pyrometer von Siemens besteht aus einem dünnen Platindraht von 1 m Länge und 0,1 mm Durchmesser, der auf einen Zylinder aus Porzellan oder feuerfestem Ton aufgewickelt ist; das Ganze ist in ein Eisenrohr eingeschlossen, dessen Bestimmung ist, das Instrument vor der Einwirkung der Flammen zu bewahren.

Siemens versuchte ebenfalls, aber ohne Erfolg, irdene Stoffe, die mit Metallen der Platingruppe imprägniert waren.

Um den Widerstand zu messen, brauchte er entweder ein Galvanometer für Versuche im Laboratorium oder ein Voltameter für die Messungen in den Werkstätten. In diesem letzteren Falle teilt sich der Strom aus einem Element über den erhitzten Widerstand und den Normalwiderstand bei konstanter Temperatur; in jeden dieser Kreise wurde ein Voltameter eingeschaltet: das Verhältnis der entwickelten Gasvolumina gibt das Verhältnis der Stromstärken und damit das umgekehrte Verhältnis der Widerstände an.

Endlich gab Siemens eine Formel mit drei Gliedern an, die den elektrischen Widerstand des Platins mit den Temperaturen des Luftthermometers verband, ohne aber die experimentellen Zahlen zu veröffentlichen, auf denen diese Eichung beruhte.

Die Versuche zeigten bald, daß der Apparat nicht mit sich selbst vergleichbar blieb. Ein Komitee der British Association für den Fortschritt der Wissenschaft fand, daß der Widerstand des Platins nach dem Erhitzen anstieg. Es würde infolgedessen nötig sein, den Apparat jedesmal vor seiner Benutzung neu zu eichen. Diese Veränderung des Widerstandes ist hauptsächlich durch die chemische Veränderung des Platins bewirkt, welche außerordentlich groß ist, wenn es direkt in der Flamme geheizt wird, geringer, aber doch ausgeprägt, wenn es in einer Eisenröhre sich befindet, jedoch vollkommen verschwindet, wenn ein Platin- oder Porzellanrohr benutzt wird. Dieser Anstieg des Widerstandes kann 15 % bei wiederholten Erhitzungen auf 900° erreichen.

Da Platin sehr teuer und Porzellan sehr zerbrechlich ist, war es unmöglich, diese beiden Körper in der Industrie zu benutzen, die sich zu der Zeit allein mit den Messungen hoher Temperaturen abgab, und deshalb wurde diese Methode vollkommen 20 Jahre lang verlassen.

Callendar und Griffiths. Diese Gelehrten nahmen die Methode für Zwecke des Laboratoriums wieder auf. Sie scheint die beste für manche genaue Arbeiten bis zu Temperaturen von mäßiger Höhe zu sein, unter der Bedingung, daß die Unveränderlichkeit des Platinwiderstands gesichert ist. Callendar fand, daß Ton dazu beiträgt, die Veränderung des Widerstandes zu bewirken, daß durch seinen Einfluß der Platindraht brüchig wird und daran festhaftet; diese Wirkung ist wahrscheinlich auf Verunreinigungen des Tons zu schieben. Mit Glimmer andererseits, welcher den Draht nur an den Ecken berührt (der Rahmen ist aus zwei senkrechten Glimmerstücken hergestellt), wird eine vollkommene Isolation ohne Ursache einer Veränderung erreicht; aber der

Glimmer gibt sein Kristallwasser bei 800⁰ ab und wird dann sehr zerbrechlich.

Alle metallischen Lötungen sollte man vermeiden, denn sie sind flüchtig und greifen das Platin an.

Verbindungen durch Druck (Schrauben oder Verdrehen) sind ebenfalls schlecht, denn sie lockern sich. Man sollte nur autogenes Schweißen durch Verschmelzen des Platins benutzen.

Kupferzuleitungen sollten ebenfalls verworfen werden, wenigstens in den erhitzten Teilen, wegen der Flüchtigkeit dieses Metalles. Ein Pyrometer mit solchen Leitungen, das während einer Stunde auf 580⁰ erhitzt wurde, zeigte eine Widerstandsvermehrung von $\frac{1}{3}$ Prozent.

Holborn und Wien. Diese Forscher unternahmen eine sehr vollständige Untersuchung der Veränderlichkeit von Platindrähten, bestehend in einem Vergleich zwischen den Temperaturmeßmethoden durch elektrischen Widerstand und durch Thermokräfte; sie arbeiteten mit Drähten von 0,1 mm bis 0,3 mm Durchmesser. Sie fanden bald, daß oberhalb 1200⁰ Platin schwach flüchtig zu werden beginnt, was genügt, um den Widerstand der sehr dünnen Drähte merklich zu erhöhen. Wasserstoff in Gegenwart von siliziumhaltigen Stoffen verursacht in der Gegend von 850⁰ eine schnelle Veränderung des Platins.

Hierunter sind die Resultate angeführt, welche sich auf Drähte von 0,3 mm beziehen, bei einer Länge von 160 mm.

Draht α	R bei 15⁰
Am Anfang	0,239 Ohm
Nach dem Erhitzen auf Rotglut:	
zweimal in Luft auf 1200⁰	0,238 „
einmal im Vakuum bei 1200⁰	0,240 „
„ in H bei 1200⁰	0,262 „
„ im Vakuum bei 1200⁰	0,253 „

Draht β	R bei 15⁰
Am Anfang	0,247 Ohm
Nach einigen Tagen in H bei 15⁰	0,246 „
Nach Erhitzen in H auf 1200⁰	0,255 „

Draht γ	R bei 15⁰
Am Anfang	0,183 Ohm
Nach dem Erhitzen in Luft auf 1250⁰ (dreimal)	0,182 „
„ „ „ „ H „ „	0,188 „
„ „ „ „ „ „ „	0,195 „

Draht γ wurde auf 1350° in einem irdenen Rohr erhitzt und wurde in Wasserstoff brüchig; dieses Resultat kann erklärt werden durch eine Siliziumverbindung des Platins, denn es wird nichts derartiges beobachtet, wenn der Draht durch einen elektrischen Strom im Inneren eines Glasrohres erhitzt wird, auch nicht in Wasserstoff. Ähnliche Versuche wurden durch die gleichen Beobachter mit Palladium, Rhodium und Iridium angestellt. Wir werden auf diese Frage nach der Konstanz des Platinwiderstands zurückkommen.

Gesetzmäßigkeit der Veränderung des Platinwiderstandes. Callendar und Griffiths haben den Platinwiderstand mit dem Luftthermometer bis zu 550° C verglichen; sie fanden, daß bis zu 500° die Beziehung wenigstens bis auf 0,1° durch eine parabolische Formel mit drei Parametern dargestellt werden konnte. Um solch ein Pyrometer zu eichen, würde es infolgedessen genügen, drei Fixpunkte zu besitzen. Eispunkt, Wassersiedepunkt und Schwefelsiedepunkt. Sie gaben der Beziehung eine besondere Form; es bedeute p_t die Platintemperatur, die aus der Gleichung definiert ist

$$p_t = \frac{R_t - R_0}{R_{100} - R_0} \cdot 100,$$

d. h. den Wert der Temperatur im Falle, in dem der Widerstand sich proportional mit der Temperatur ändert. Sie setzten dann

$$t - p_t = \delta \left[- \frac{t}{100} + \left(\frac{t}{100}\right)^2 \right].$$

Es scheint so, als ob diese Formel den einzigen Parameter δ besäße. In Wirklichkeit aber enthält p_t zwei.

Setzen wir für p_t dessen Wert, so haben wir

$$R_t = R_0 + t \cdot \frac{(1+\delta)(R_{100} - R_0)}{(100)^2} - \delta \frac{R_{100} - R_0}{(100)^3} \cdot t^2$$

eine Gleichung von der Form

$$R_t = R_0 (1 + \alpha t - b t^2),$$

welche manchmal bequem in der Anwendung ist. Callendar und Griffiths benutzten ihr Thermometer, bevor sie es mit dem Luftthermometer geeicht hatten. Da sie nicht in der Lage waren, t zu berechnen, so berechneten sie zunächst die angenäherte Temperatur p_t und bestimmten später die Korrektion zwischen t und p_t, nachdem sie die Formel aufgesucht hatten, welche den Unterschied zwischen diesen beiden Größen ausdrückt mit Hilfe einer sorgfältigen Bestimmung des Schwefelsiedepunktes mit dem Luftthermometer. Durch Extrapolation bis zu 1000° wurden die Schmelzpunkte von Gold und Silber sehr nahe denjenigen Werten gefunden, wie sie durch andere Beobachter bestimmt worden sind.

Harker hat am National Physical Laboratory in England arbeitend die Angaben von Platinthermometern, nachdem er sie auf die Gasskala unter Anwendung von Callendars Differenzformel reduziert hatte mit den Angaben von Thermoelementen verglichen, die an der Reichsanstalt geeicht waren, und ferner mit denjenigen eines Stickstoffthermometers mit konstantem Volumen von der Reichsanstaltsform mit einem Porzellanrohr mit Innenglasur. Besonders gebaute und ausgeglichene elektrische Öfen wurden zum Erhitzen benutzt. Wie in der nebenstehenden Tabelle zu erkennen ist, die aus einer Reihe von Harkers Messungen stammt, lag die Übereinstimmung zwischen den Skalen des Platinwiderstandes und des thermoelektrischen Pyrometers innerhalb von 0,5° C im ganzen Temperaturbereich bis zu 1000°, obgleich das Gaspyrometer etwas abweichende Resultate ergab.

Vergleich pyrometrischer Skalen nach Harker.

Temperatur			G — Pt	G — Th	P — Th
Gas-Thermometer	Thermoelement	Pt-Thermometer			
523,1	524,3	524,39	— 1,3	— 1,2	— 0,1
598,5	597,8	597,62	+ 0,9	+ 0,7	— 0,2
641,1	641,1	641,75	+ 0,6	+ 0,0	— 0,6
776,7	775,5	775,13	+ 1,6	+ 1,2	— 0,4
820,0	818,4	818,31	+ 1,7	+ 1,6	— 0,1
875,0	875,4	875,24	— 0,2	— 0,4	— 0,2
959,8	956,0	955,47	+ 4,3	+ 3,8	— 0,5
1005,0	1004,4	1004,37	+ 0,6	+ 0,6	— 0,0

Eine sehr sorgfältige direkte Vergleichung der reduzierten Angaben einiger Platinthermometer mit der Gasskala, wie sie durch das Stickstoffthermometer mit konstantem Volumen gegeben ist, wurde ebenfalls von Chappuis und Harker am International-Bureau in Sèvres vorgenommen und ihre Resultate geben ebenfalls die Bestätigung, daß die Angaben des Platinthermometers bis hinauf zu 600° C genügend gut durch die Formel von Callendar dargestellt werden können.

Es gibt noch eine andere Methode zum Vergleich der Temperaturskalen, welche für eine große Genauigkeit sich eignet, nämlich die Bestimmung von Erstarrungs- und Siedepunkten von einer Anzahl reiner Substanzen auf den verschiedenen Skalen. Diese Methode hat einige entschiedene Vorteile gegenüber der oben erwähnten Vergleichsmethode, auch wenn sie in einem noch so sorgfältig kompensierten elektrischen Ofen vorgenommen wird. Heycock und Neville in England und neuerdings Waidner und Burgess am Bureau of Standards haben die Erstarrungspunkte einiger reinen Metalle in ihrer Lage auf der Skala des

Platinthermometers bestimmt, welches bei 0°, 100° und 444,7° C (dem Siedepunkt des Schwefels) geeicht war, und finden, daß die so bestimmten Erstarrungspunkte, Temperaturen auf der Gasskala ergeben, die sich so eng an die Gasskala anschließen, wie die letztere nur bestimmt werden kann, was in der folgenden Tabelle gezeigt ist.

Gas- und Widerstands-Temperaturskalen.

	Gas-Skala		Widerstands-Skala	
	Holborn und Day	Day und Sosman	Heycock und Neville	Waidner und Burgess
Cd	321,7	320,0	320,7	321,0
Zn	419,0	418,2	419,4	419,4
Sb	630,6	629,2	630,1	630,7
Al	657,0	658,0	—	658,0
Ag	961,5	960,0	961,9	960,9
Cu	1084,1	1082,6	1082,0	1083,0

Diese Resultate bestätigen die Ansicht von der Brauchbarkeit der Callendarschen Differenzformel für ein sehr genaues Arbeiten bis zur oberen Grenze des sicheren Gebrauchs der Platinwiderstandsthermometer.

Holborn und Wien haben nachgewiesen, daß bei sehr hohen Temperaturen die Interpolationsformel sicherlich ungenau ist. Der Widerstand scheint sich asymptotisch einer geraden Linie zu nähern, während die Formel zu einem Maximum führt, das ersichtlich falsch ist; nach ihrer Meinung würde sie besser zu ersetzen sein durch einen Ausdruck von der Form

$$R_t = a + b\,(t + 273)^m$$

Im folgenden sind die Resultate zweier ihrer Versuchsreihen, die mit demselben Draht angestellt sind:

t Grad	R Ohm	t Grad	R Ohm
0	0,0355	0	0,0356
1045	0,1510	1040	0,1487
1193	0,1595	1144	0,1574
1303	0,1699	1328	0,1720
1395	0,1787	1425	0,1802
1513	0,1877	1550	0,1908
1578	0,1933	1610	0,1962

Unter Benutzung der Callendarschen Formel und mit Platindrähten fand Petavel den Schmelzpunkt von Palladium bei 1489°, den Callendar und Eumorfopoulos zu 1550° bestimmten. Die letztere Zahl ist in genauer Übereinstimmung mit den besten Bestimmungen dieser Temperatur.

Obwohl die Arbeit von Holborn und Wien und ebenso die von Tory und anderen zeigte, daß man sich auf die Konstanz des Platinwiderstandsthermometers mit dünnem Draht oberhalb 1000° C nicht verlassen kann, so ist es doch in dem Gebiet von minus 200° C bis plus 1000° C ein Mittel für die beste und im ganzen bequemste Methode zur Temperaturmessung, wenn große Genauigkeit verlangt wird, und ist besonders geeignet für eine feine Kontrolle einer bestimmten Temperatur.

Dickson hat die Formel vorgeschlagen

$$(R + a)^2 = p\,(t + b)$$

in welcher a, b und p Konstanten sind. Sie besitzt vielleicht den theoretischen Vorteil gegenüber der Formel von Callendar, daß sie für den Widerstand des Platins keinen Maximalwert erfordert. Diese Form lehnt sich indessen nicht an eine geeignete graphische Behandlung an, welche man mit der Differenzformel vornehmen kann; und fernerhin ergibt auch für Thermometer mit reinem Platindraht, die bei 3 Temperaturen in üblicher Weise geeicht sind, die Formel von Dickson nicht die gleiche Temperaturskala wie die Differenzformel, wie von Waidner und Burgess nachgewiesen wurde; sie liefert z. B. 1051° C für Kupfer anstatt 1083° C bei einer Eichung in Eis, Wasserdampf und Schwefeldampf.

Bezeichnungen. Um eine Temperatur mit Hilfe des Platinthermometers zu bestimmen, wenn das Instrument noch nicht in Grad geeicht ist, ist es notwendig, den Differenzkoeffizient δ des Drahtes zu kennen, den man durch Auffinden der Platintemperatur pt bei einem bekannten Punkte erhält, wie z. B. beim Schwefelsiedepunkt (S. S. P.) oder durch Vergleich mit einem geeichten Instrument.

Callendar hat folgende Aufstellung vorgeschlagen, welche für die Platinthermometrie geeignet zu sein scheint.

Grund-Bereich. Der Nenner $R_{100} - R_0$ in der Formel

$$pt = \frac{100\,(R - R_0)}{(R_{100} - R_0)} \quad . \quad . \quad . \quad . \quad . \quad . \quad . \quad (1)$$

für die Platintemperatur pt stellt die Änderung des Widerstands des Thermometers zwischen 0° und 100° dar.

Grund-Koeffizient = c = dem Mittelwert des Temperatur-Koeffizienten der Widerstandsänderung zwischen 0° und 100°.

$$c = \frac{R_{100} - R_0}{100\,R_0}$$

Grund-Nullpunkt $= pt_0 = \frac{1}{c} =$ dem reziproken des Grund-Koeffizienten. Er stellt die Temperatur auf der Skala des Instrumentes dar, bei welcher dessen Widerstand verschwinden würde.

Differenzformel. Folgende Formel ist die zur Berechnung geeignetste:

$$D = t - pt = \delta \cdot \left(\frac{t}{100} - 1\right) \cdot \frac{t}{100} \quad \ldots \ldots \quad (2)$$

Die parabolische Funktion gibt das Verschwinden bei 0^0 und 100^0 der obigen Formel, welche wird

$$t = pt + \delta \cdot p(t)$$

„S. S. P." Methode der Reduktion. D wird sehr bequem erhalten durch Bestimmung von R'' und ebenfalls von pt'' bei t'' beim Schwefelsiedepunkt (S. S. P.).

Widerstandsformel. Die parabolische Differenzformel ist dem Ausdruck gleichwertig

$$\frac{R}{R_0} = 1 + at + bt^2, \quad \ldots \ldots \quad (3)$$

wo $$a = c\left(1 + \frac{\delta}{100}\right), \quad b = -\frac{cd}{10000};$$

oder $$\delta = -\frac{b \cdot 10^4}{a + b \cdot 10^2}.$$

Graphische Methode der Reduktion. Ein leichter Weg, die Platintemperaturen auf die Gasskala zu reduzieren, besteht darin, daß man die Differenz $t - pt$ als Ordinate und t als Abszisse aufträgt und auf graphischem Wege die Differenzkurve für pt als Abszisse ableitet. Dieses ist sehr bequem für ein einzelnes Instrument bis hinauf zu 500^0.

Andere Methoden sind von Heycock und Neville benutzt worden, auch von Tory.

Differenzformel zur Berechnung von pt

$$t - pt = d'\left(\frac{pt}{100} - 1\right)\frac{pt}{100} = d'\,p(pt) \quad \ldots \quad (4)$$

Diese Formel ist nur benutzbar, wenn ein hoher Genauigkeitsgrad nicht gefordert wird. Der Wert von d' kann aus dem S. S. P. abgeleitet werden oder angenähert

$$d' = \frac{\delta}{(1 - 0{,}077\,\delta)}.$$

Konstruktion des Platinthermometers. Callendar beschrieb zuerst eine ausreichende und vielleicht die bequemste Form des Platinthermometers, in welcher der Platindraht auf ein Glimmerkreuz aufgewickelt wird. In Fig. 61 ist eine Laboratoriumsform des Callendarschen Thermometers mit Spannungsdrähten dargestellt, wie es am Bureau of Standards für genaue Arbeiten bis zu 1100° C benutzt wird. Der Kopf aus dickem Kupfer sichert ein Minimum des thermoelektrischen Effekts an den Verbindungsstellen des Platins gegen das Kupfer. Auch ist eine Vorrichtung vorhanden zur Luftkühlung des Kopfes, was für Arbeiten bei den höchsten Temperaturen Vorteile bietet. Die Verbindungsstellen der Zuleitungen mit der Platinspule sind leicht hergestellt durch Lichtbogenschweißung, indem man das Platin als eine Elektrode und einen Graphitstift als andere benutzt. Kein anderes Material als Platin sollte in die Verbindungsstellen, die erhitzt werden, hineinkommen. Formen des Glimmerrahmens sind in Fig. 62 abgebildet.

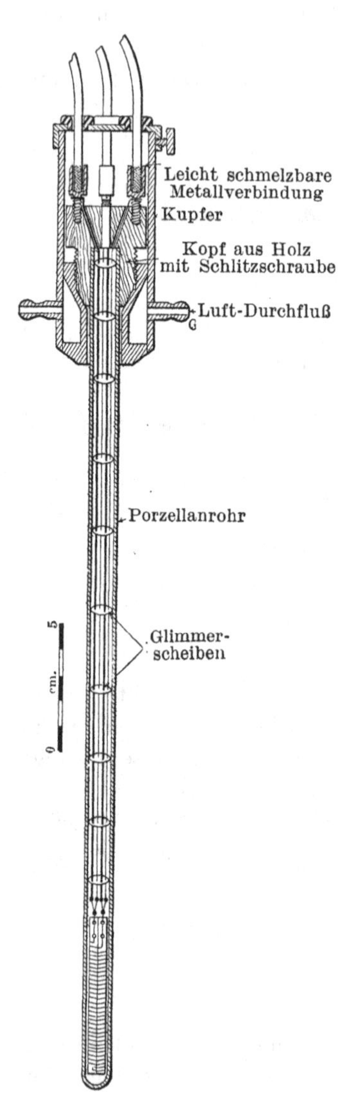

Fig. 61. Widerstandspyrometer, Laboratoriumstype.

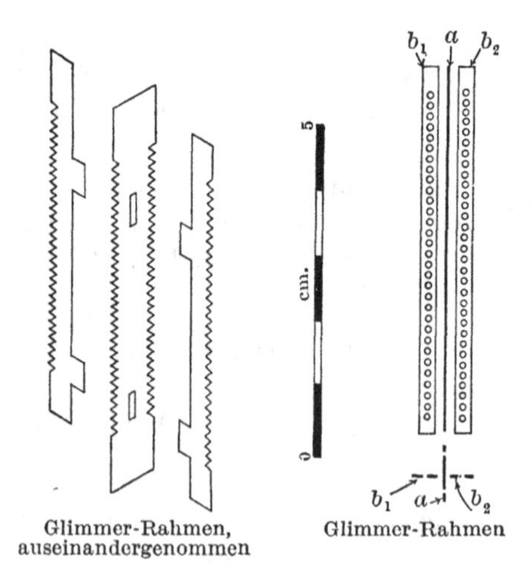

Fig. 62. Glimmer-Rahmen.

Verschiedene Abänderungen der oben beschriebenen Form werden als Formen für die Praxis benutzt, die im allgemeinen so angeordnet sind, daß sie der Platinspule sehr hohen Schutz und Widerstandsfähigkeit sichern. Glimmerrahmen sind manchmal ersetzt worden durch Speckstein z. B. von Leeds und Northrup, außer für die höchsten Temperaturen. Industrielle Arten der Anordnung, wie sie von der Cambridge-Company benutzt werden, sind in Fig. 63 abgebildet.

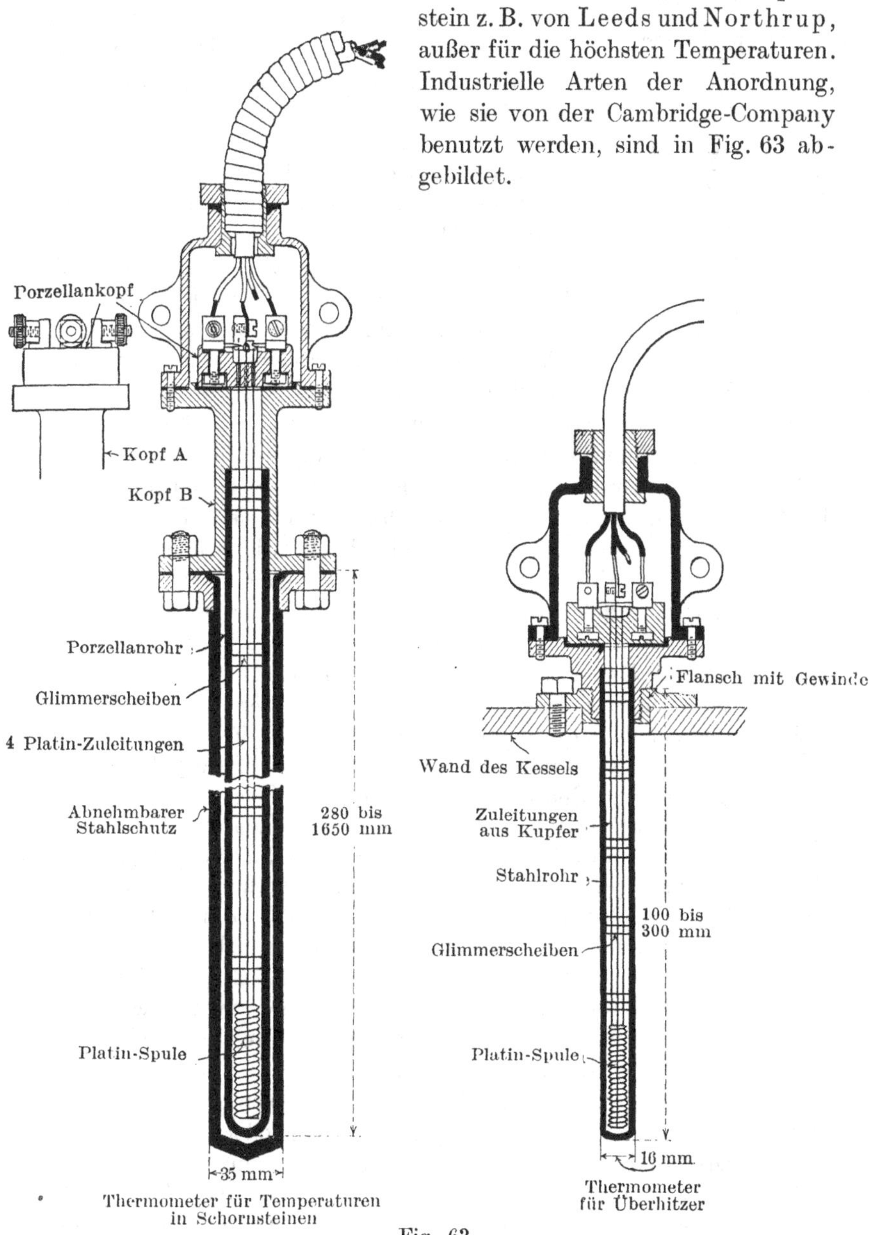

Fig. 63.
Typen industrieller Anordnung.

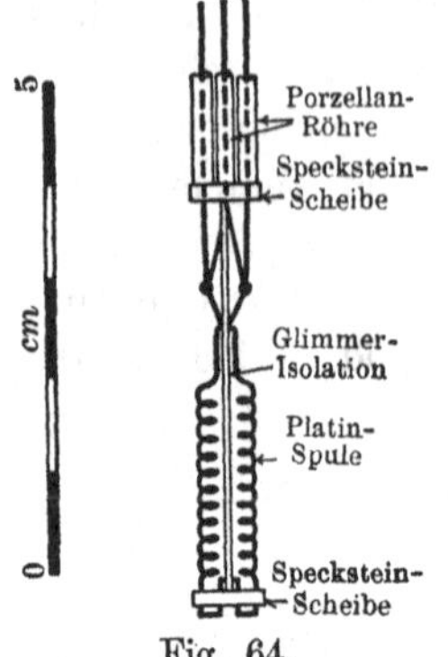

Fig. 64.
Frei aufgehängte Spule.

Die äußeren Halterohre für praktische Instrumente bestehen hauptsächlich aus Metall, wie z. B. aus Nickel oder Eisen, über einer Quarz- oder Porzellanröhre. Das eigentliche Material der Ausfütterung hängt aber von der Benutzung ab, für welche es gebraucht werden soll.

Für den Gebrauch bei sehr hohen Temperaturen haben Leeds und Northrup die Form des Thermometers mit Spannungsdrähten, wie sie in Fig. 64 dargestellt ist, konstruiert. Dicker Draht (0,6 mm) wird in der Spule benutzt, welche frei schwebt und deshalb beim Abkühlen keinen Spannungen unterworfen ist. Infolge des sehr kleinen Widerstandes sind besondere Vorsichtsmaßregeln zu ergreifen, um für die Temperaturmessungen Empfindlichkeit zu sichern. Solche Thermometer mit dickem Draht werden ihre Konstanten viel weniger verändern, als solche aus feinem Draht, wenn sie auf hohe Temperaturen gebracht werden. So fanden Waidner und Burgess, daß das Erhitzen derselben auf 1200° oder 1300° C während einiger Stunden die Nullablesungen um nur wenige Zehntelgrade veränderte, nachdem sie einmal bei 1300° ausgeglüht waren. Um ein Instrument von kleinem Volumen und gleichzeitig mit genügendem Schutz und fester Anordnung der Platinspule zu erhalten, hat Heraeus die in Fig. 65 gezeichnete Form angegeben, in welcher die Platinspule in geschmolzenes Quarzglas eingebettet ist. Das Verhalten dieser Thermometerart ist mit Drähten von 0,05 bis 0,15 mm in der Reichsanstalt geprüft worden. Der Effekt des Einbettens in Quarz vermindert den Wert von a [Gleichung (3) Seite 189] und vermehrt den Wert von δ. Im Vergleich mit Drähten in der gewöhnlichen Anordnung ist bei der gleichen Behandlung in der Hitze die Veränderung in den Konstanten für diese Thermometer sehr groß. Für das erstere änderte sich a abnehmend um 0,45 % und um 0,65 %; für das letztere betrugen die Änderungen 1,7 % bzw. 6,7 %.

Fig. 65. Anordnung in Quarz.

Wo große Schnelligkeit in den Angaben gewünscht wird, kann die Bauart, die in Fig. 66 abgebildet ist, und von Dickinson stammt, in manchen Fällen benutzt werden, wobei alle Metallteile am besten aus Platin bestehen, wenn große Dauerhaftigkeit gewünscht wird, und die Isolation aus Glimmerstreifen.

Wenn Platinthermometer mit einer bestimmten Form eines Meßapparates benutzt werden sollen, oder wenn mehrere solcher Thermometer mit einer einzigen Brücke, Schreib- oder einem anderen Registrierapparat benutzt werden sollen, ist es zweckmäßig, daß sie alle so eingerichtet sind, daß sie genau den gleichen Widerstand bei 0 Grad für den gleichen Grundbereich besitzen und infolgedessen gegeneinander ausgetauscht werden können. Dieses wird von einigen Firmen ausgeführt mit Hilfe von Hilfsspulen von Manganin, welche in dem Thermometerkopf untergebracht sind.

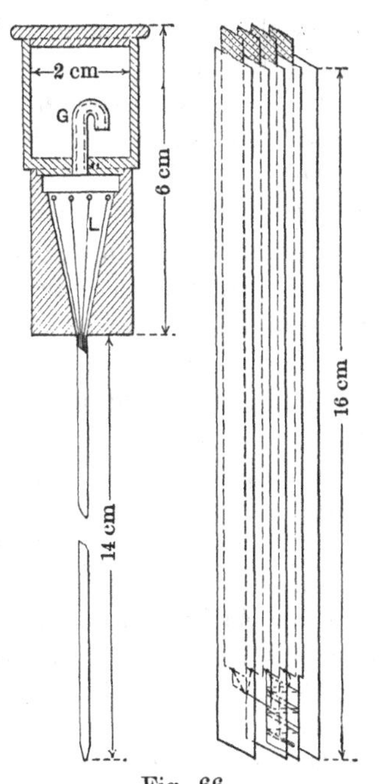

Fig. 66.
Thermometer mit geringer Trägheit.

Auswahl der Drahtart. Mit Rücksicht auf die Auswahl des Drahtdurchmessers, den man beim Bau einer Thermometerspule mit gegebenem Widerstand benutzen will, muß man mehrere Punkte berücksichtigen, außer der möglichen Strombelastung, die ohne unzulässige Erhitzung der Spule erlaubt ist, was bei dem dicken Draht günstig ist; z. B. größere Temperaturträgheit, Wärmeleitung längs der Leitungen und besonders große Gestalt der Thermometerspule, welche gleichzeitig mit den Kosten die Hauptnachteile des dicken Drahtes sind; ferner die Möglichkeit für das Auftreten von Spannungen, Zerbrechlichkeit und leichteres Verdampfen, welche die Verwendung und Genauigkeit des zu dünnen Drahtes begrenzen. Es ist leicht, genügende Stromempfindlichkeit, Konstanz des Widerstandes und Dauerhaftigkeit mit Drähten von 0,15 bis 0,20 mm Durchmesser, ausgenommen bei Pyrometern mit sehr kleinem Widerstand, nämlich 2 Ohm oder weniger zu erlangen, die man sicherlich für ein Arbeiten bei sehr hohen Temperaturen vermeiden sollte, da sie zu große Anforderungen an die Empfindlichkeit der gewöhnlichen Form der Meßapparate stellen.

Vorsichtsmaßregeln in der Konstruktion und in der Anwendung. Das Platinthermometer in seiner gewöhnlichen Konstruktion ist ein zerbrechliches Instrument im Vergleich zu seiner scheinbaren Widerstandsfähigkeit, wenn es in ein Metallrohr eingeschlossen ist, und deshalb ist eine sorgsame Behandlung erforderlich. Um ein Zerbrechen durch plötzliches Erhitzen zu vermeiden, wenn Porzellan oder ähnliche Rohre zum Einschluß benutzt werden, sollte das Pyrometer vorher in den Ofen eingebracht oder auch in einem Muffelofen vorgeheizt werden, wenn es notwendig ist, dasselbe in den heißen Ofen einzuführen. Es ist ebenfalls nötig, eine genügende Länge des Stieles in dem Ofen zu erhitzen, um den Einfluß der Wärmeleitung zu vermeiden, welche verhindern würde, daß die Thermometerspirale die Temperatur des Raumes annimmt, in welchen sie hineingebracht wird. Platin wird leicht angegriffen und sein Widerstand durch die Berührung mit den meisten Substanzen mit Einschluß mancher Dämpfe und Gase verändert, so daß die Thermometerspule sorgsam durch Stoffe geschützt werden muß, die für die Atmosphäre in welche es gebracht wird, undurchlässig sind, wie z. B. durch Porzellan, welches auf der Außenseite glasiert ist. Da Platin seine Natur beim Erhitzen verändert und da der Rahmen, auf welchen die Spule gewickelt ist, dauernd seine Größenverhältnisse ändern kann, besonders wenn Glimmer zur Verwendung kommt, so sollte das Thermometer vor der Eichung bei einer höheren Temperatur als derjenigen, bei der es gebraucht werden soll, ausgeglüht werden, Ein Platinthermometer wird seine Angaben mit der Zeit um so schneller verändern, je höher die Temperatur ist, bei der es gebraucht wird; deshalb ist es notwendig, um seine Konstanz zu kontrollieren, seine Angaben gelegentlich bei irgend einer bekannten Temperatur abzulesen, wie z. B. beim Eispunkt oder Siedepunkt. Unter gutem Schutz wird reines Platin, das auf einem Rahmen aufgewunden ist, welcher den Draht nicht verdirbt, seine Konstanten im Gebrauche weniger verändern als unreines Platin, so daß es für die Konstruktion von Pyrometern von höchster Wichtigkeit ist, nur das reinste Platin zu verwenden. Auch mit reinem Platin ist es bei Arbeiten mit großer Genauigkeit notwendig, bei Gelegenheit nachzueichen, und wenn Temperaturen über 1000^0 C häufig gemessen werden, wird dieser Vorgang sehr lästig. Große Aufmerksamkeit muß man dabei anwenden, um eine saubere Isolation aller elektrischer Stromkreise zu sichern, was hauptsächlich für Einrichtungen der Industrie, aber auch für wissenschaftliche hervorgehoben werden sollte.

Meßmethoden. Es ist klar, daß die meisten der gebräuchlichen Methoden zur Widerstandsmessung in der Platinthermometrie benutzt werden können. In der Praxis aber sind nur wenige dieser Methoden für Temperaturmessungen verwendet worden, obgleich es gegenwärtig bei der Lösung der Fragen, die besonders die Temperatur betreffen, gebräuchlich geworden ist, aus den Besonderheiten der weniger angewandten Methoden Vorteil zu ziehen, sowohl für Arbeiten von hoher Genauigkeit im Laboratorium, als auch für Anwendungen in der Praxis. So ist zu der gewöhnlichen Schleifdraht- und Rheostatenmethode der Wheatestoneschen Brücke die Thomsonsche Doppelbrücke hinzugekommen, welche gelegentlich mit Pyrometern von sehr kleinem Widerstand benutzt wird, für welche diese Methode besonders geeignet ist. Methoden mit Spannungsdrähten und Differentialgalvanometer sind ebenfalls bei genauen Arbeiten benutzt worden und für industrielle Praxis sind mehrere Ablenkungsmethoden für die direkte Ablesung von Temperaturen an einer Galvanometerskala entstanden.

Kompensation für die Pyrometerzuleitungen. Es gibt einen Hauptpunkt bei der Messung einer Widerstandsspule, die man als Pyrometer benutzt, wodurch sich diese Messung von einer gewöhnlichen Widerstandsmessung unterscheidet, nämlich dadurch, daß im Fall der Pyrometerspule ein Gebiet von großem Temperaturgradienten zwischen

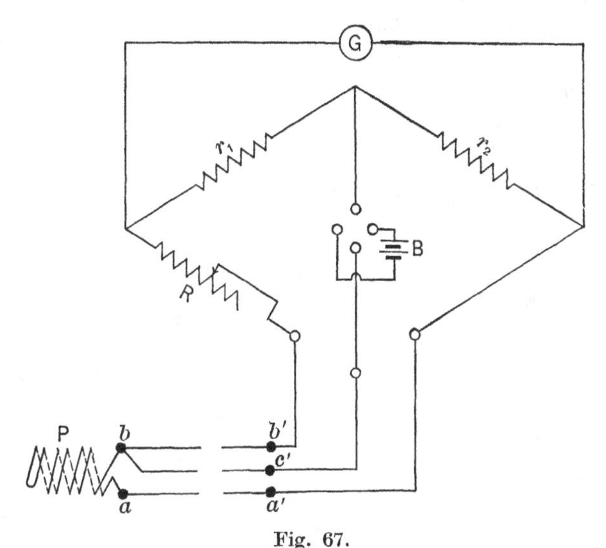

Fig. 67.
Kompensiertes Thermometer mit 3 Leitungen.

der Spule und dem Meßapparat vorhanden ist, so daß es notwendig wird, den veränderlichen Widerstand der Leitungen zur Pyrometerspule zu vermeiden, ein Widerstand, welcher sowohl mit der Eintauchtiefe als auch mit der Temperatur sich verändert. Es gibt mehrere Wege, um die notwendige Kompensation dieses veränderlichen Zuleitungswiderstandes zu erreichen, und wir werden sie unter den verschiedenen Überschriften beschreiben.

Thermometer mit drei Zuleitungen. Diese Form wurde dem Instrument zuerst durch Siemens im Jahre 1871 gegeben und ist bei der Apparatenkonstruktion für praktischen Gebrauch von Siemens und Halske und von Leeds und Northrup noch in Verwendung. Bei der Siemens-Methode (Fig. 67) bildet die Thermometerspule P einen Zweig einer Wheatstoneschen Brücke, von welcher die andern

Zweige r_1, r_2, und R sind, wobei nach dem Brückenprinzip, wenn das Galvanometer G keine Ablenkung zeigt, $P = R\frac{r_2}{r_1}$ unter Vernachlässigung der Zuleitungen.

Die Kompensation für den veränderlichen Widerstand der Thermometerzuleitungen wird in folgender Weise erreicht: Die Zuleitung aa′ von gleichem Materiale wie die Thermometer spule P, um Thermokräfte an ihrer Verbindung zu vermeiden, ist so genau wie möglich in elektrischer Beziehung der ähnlichen Zuleitung bb′ gleich gemacht. Die Zuleitung aa′ liegt in dem P Arm der Brücke und die Zuleitung bb′ ist in den R Zweig

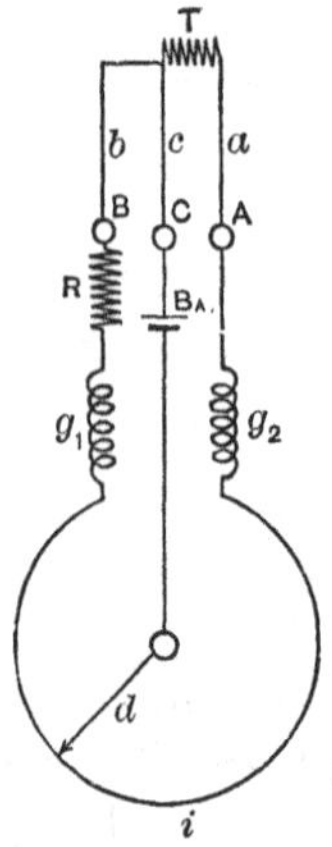

Fig. 68.
Anwendung des Differentialgalvanometers.

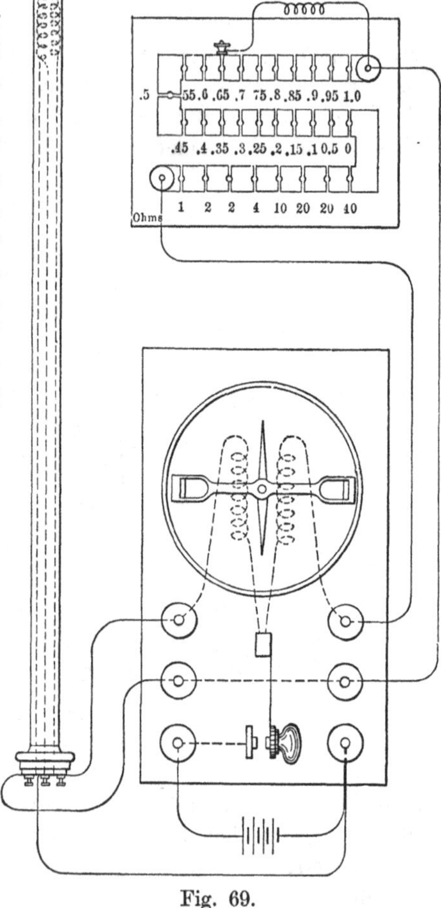

Fig. 69.
Thermometer von Siemens & Halske.

mittelst des Hilfsdrahtes c′b aus dem gleichen Material wie P gelegt. Diese Zuleitung c′b kann, wie gezeichnet, in den Batteriekreis gelegt werden, oder auch, wenn es vorgezogen wird, in den Galvanometerkreis. Es ist nicht notwendig c′b auf irgend einen besonderen Widerstand abzugleichen, sodaß dünner Draht dafür zur Verwendung kommen kann. Mit dieser Anordnung bleibt infolgedessen der Widerstand des Thermometers für eine gegebene Temperatur augenscheinlich konstant wie groß auch seine Eintauchtiefe und der Temperaturgradient längs der Zuleitungen aa′, bb′ sein mag, sofern nur dieser für beide den gleichen Wert besitzt.

Das mit drei Leitungen kompensierte Thermometer kann ebenfalls mit einem Differentialgalvanometer benutzt werden. Fig. 68 zeigt das Prinzip einer solchen Anordnung für ein Instrument von Leeds und Northrup. Der Schleifkontakt d ist auf dem Schleifdraht i in solche

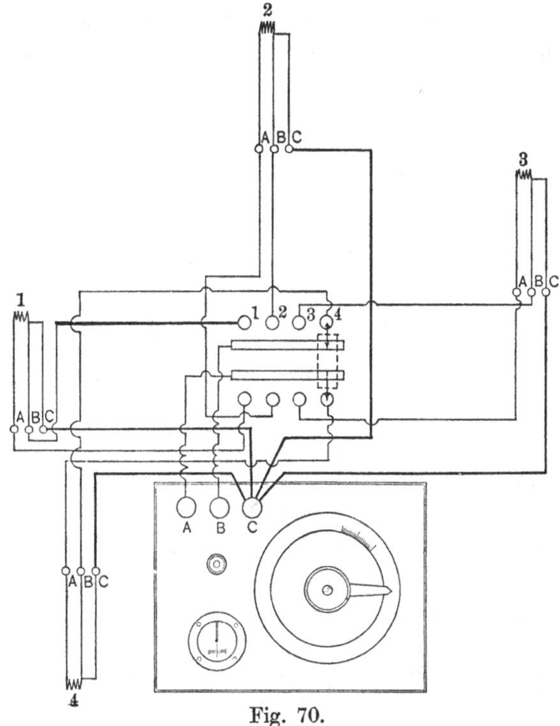

Fig. 70.
Vier Thermometer mit einem Ableseapparat.

Stellung gebracht, daß der Strom von B sich in gleicher Weise auf die Kreise $b + R + g_1$ und $T + a + g_2$ verteilt, von welchen g_1 und g_2 die beiden Differential-Galvanometerspulen sind. Wenn der Widerstand R fest bleibt, so können die Veränderungen der Temperatur von T, der Thermometerspule, direkt in Graden auf dem Schleifdraht abgelesen werden, wenn man es wünscht. Die Kompensation mit Hilfe der Zuleitungen a, b, c ist wie vorher erreicht. Die von Siemens & Halske benutzte Anordnung ist in Fig. 69 abgebildet; in Fig. 70 ist ein Schaltungsschema für 4 Thermometer der Siemenstype unter Benutzung eines einzigen Ableseapparates angeführt. Für Arbeiten mit großer Genauigkeit ist diese Methode natürlich einer Ausarbeitung und Verfeinerung fähig, wie beispielsweise bei den kalorimetrischen Messungen von Jäger und von Steinwehr, welche aber Thermometer mit 4 Leitungen benutzten.

Thermometer mit 4 Leitungen. Es gibt vier Methoden, mit welchen die kompensierten Thermometer mit vier Leitungen benutzt worden sind, nämlich die Wheatstonesche und Thomsonsche Brücke, die Methode mit Spannungsdrähten und das Differentialgalvanometer.

Die Methode der Wheatstoneschen Brücke von Callendar und Griffiths ist in Fig. 71 dargestellt, in welcher man sieht, daß die

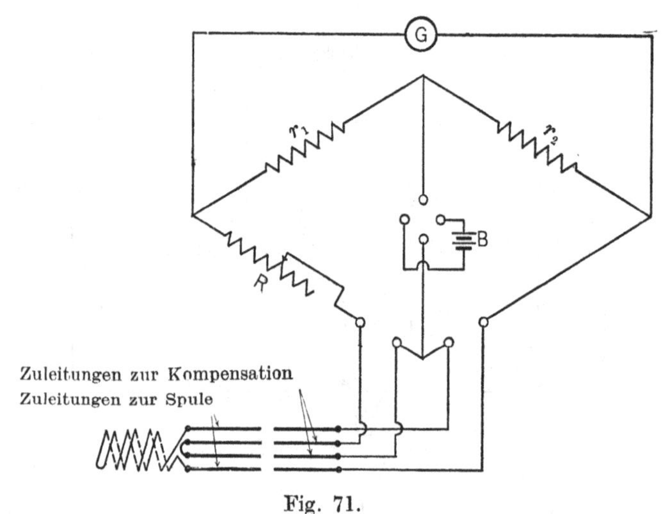

Fig. 71.
Kompensiertes Thermometer mit 4 Leitungen.

Kompensationszuleitungen in den einen Zweig R der Brücke eingeschaltet sind und die Thermometerzuleitungen in den anderen. Es ist notwendig, daß alle vier Zuleitungen so nahe wie möglich sich befinden und von gleicher Länge, Durchmesser und Material sind. Für Arbeiten von großer Genauigkeit ist es notwendig, alle Vorsichtsmaßregeln zu treffen, die man bei genauen Widerstandsmessungen benötigt, besonders auf die Vermeidung von Thermokräften und auf Unsicherheiten der genauen Werte der Teilwiderstände zu achten.

Präzisionsbrücken. In Fig. 72 sind im Grundriß die wichtigen Eigenschaften einer im Bureau of Standards konstruierten und in Benutzung befindlichen Brücke dargestellt, die von Leeds und Northrup gebaut ist und Messungen bis zu 1 auf 100000 erlaubt. Sie ist in der Figur für die Benutzung mit einem Thermometer von 4 Zuleitungen geschaltet. Diese Brücke kann ebenfalls mit einem Thermometer mit 3 Zuleitungen gebraucht werden. Einige ihrer hauptsächlichsten Eigenschaften sind: die Möglichkeit, alle Stromkreise umzuschalten, ferner die Austauschbarkeit der Einzelwiderstände; Quecksilberkontakte für die höheren Widerstände um Kontaktwiderstände zu vermeiden, eine Konstruktion, die von Waidner herrührt und die aus einem unterteilten Ohm besteht, das zu drei Kurbeln im Nebenschluß liegt, um eine schnelle Einstellung für die Endjustierung zu erreichen und die Möglichkeit zu besitzen, die Brücke ohne andere Hilfsmittel zu prüfen. Die Brücke liegt in einem Ölbad und wird durch Thermostaten-Regulierung auf konstanter Temperatur gehalten; alle Spulen bestehen aus gealtertem

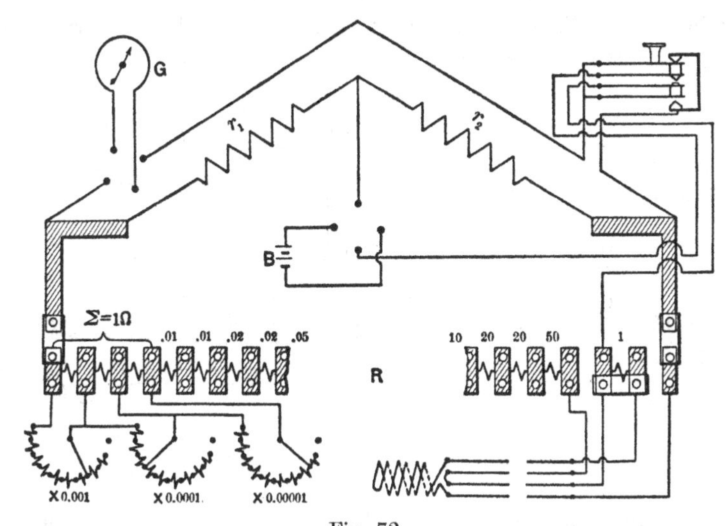

Fig. 72.
Thermometer-Brücke des Bureau of Standards.

Manganin, welches für die allerhöchste Genauigkeit luftdicht für sich abgeschlossen werden sollte, um den Einfluß der Feuchtigkeit auch innerhalb des Ölbades zu vermeiden. Als Galvanometer wird eine sehr empfindliche Form der d'Arsonval-Type von Weston benutzt, und als Stromquelle eine aus drei Trockenelementen bestehende. Einen thermokraftfreien Schlüssel kann man vermeiden und einen einfachen Kontaktschlüssel in den Batteriestromkreis legen mit einem veränderlichen Widerstand, um den gewöhnlichen Galvanometernebenschluß zur Empfindlichkeitsveränderung zu ersetzen.

Eine andere Form der selbst zu eichenden Brücke von Callendar und Griffiths, die hauptsächlich für die Benutzung mit Widerstandsthermometern für einen Grundbereich von einem Ohm bestimmt sind, wird von der Cambridge Scientific Instrument Company konstruiert. Um Temperaturveränderungen in dieser Brücke zu vermeiden, sind nicht nur die Widerstandsspulen, sondern auch die Brückendrähte und alle Kontakte unter Öl; und es ist möglich, Platintemperaturen bei dem neuesten Modell besser als auf $1/100^0$ C durch direkte Ablesung auf der Skala des Brückendrahtes aufzufinden, wenn man ein Galvanometer von geeigneter Empfindlichkeit und passendem Widerstand benutzt, wie z. B. ein Broca-Instrument von 10 Ohm.

Das Konstruktionsprinzip und die Schaltung dieser Brücke ist in Fig. 73 dargestellt, in welcher R_1 und R_2 Teilwiderstände von je 10 Ohm sind, die man gegeneinander austauschen können sollte, B C der Brückenzweig, regulierbar durch 9 Manganinspulen A R und den Schleifdraht s, während DC der Thermometerzweig ist, P und C sind die Thermometer- bzw. Kompensationszuleitungen.

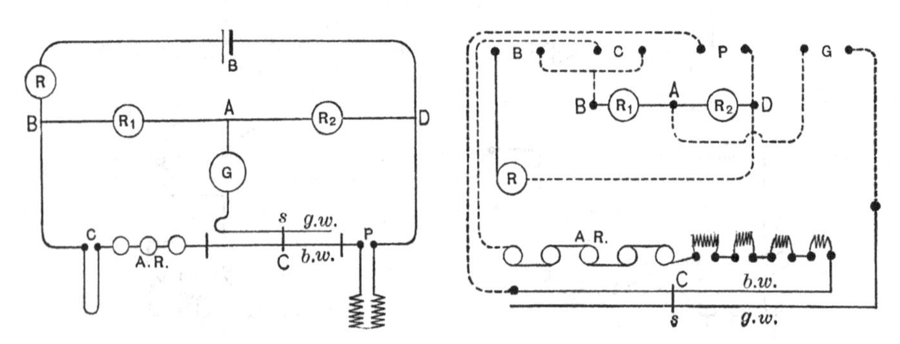

Fig. 73.
Callendar und Griffiths Brücke.

Die Einheit der Brücke ist 1^0 der Platinskala (Seite 188) und diese entspricht 0,01 Ohm für einen Grundbereich von 1 Ohm im Thermometer. Diese Brücke besitzt viele mechanische Besonderheiten, wie z. B. eine eigene Form des vereinigten Stöpsel- und Quecksilberkontaktes, ferner einen Schutz vor dem Quecksilber und eine bequeme Form des Schleifdrahtes und seiner Ablesung.

Der Widerstand des Thermometers mit Spannungsdrähten wird bestimmt, indem man den gleichen Strom aus einer Akkumulatorenbatterie durch das Thermometer und einen bekannten Widerstand in Serie schickt und den Potentialabfall mit Hilfe eines Kompensationsapparates mißt (Seite 127), zuerst am bekannten Widerstand und dann an der Thermometerspule. Diese Meßmethode für ein genaues Arbeiten ist in Fig. 74 dargestellt, welche einen Widerstand und ein Milliampèremeter im Stromkreise zeigt, um den Meßstrom einzustellen. Der Widerstandskasten mit Quecksilberkontakten kann auf 0,01 Ohm des Thermometers eingestellt werden, wodurch Fehler des Kompensationsapparates vermieden werden. Dieser Kasten kann natürlich auch durch einen einfachen Normalwiderstand ersetzt werden, wobei aber eine genaue Eichung des Kompensationsapparates erforderlich wird.

Die Stromzuleitungen brauchen für diese Thermometerart nicht auf Gleichheit abgeglichen zu werden und die Spannungsdrähte können aus dünnem Draht bestehen, wie es auch bei den Stromzuleitungen der

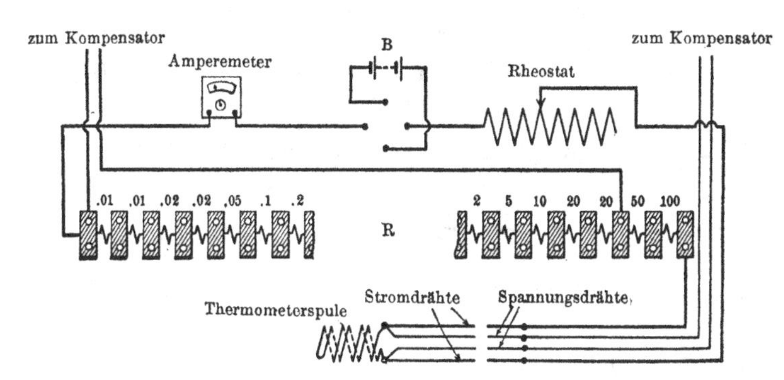

Fig. 74.
Präzisions-Thermometer mit Spannungsdrähten.

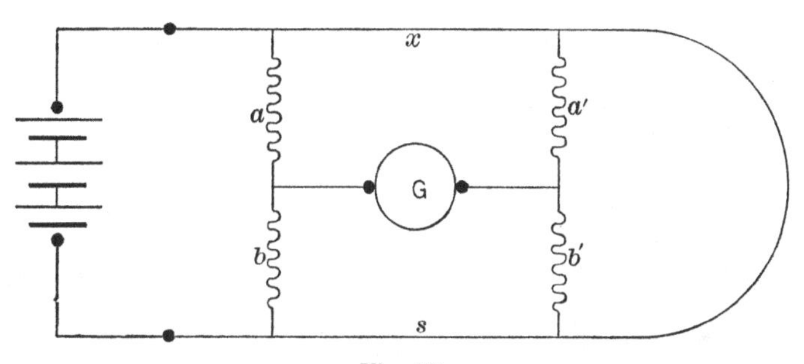

Fig. 75.
Prinzip der Thomson Brücke.

Fall ist, wobei aber das Thermometer genügend widerstandsfähig bleiben muß, so daß Fehler, die durch Wärmeleitung längs der Zuleitungen bewirkt werden, nicht bei den Messungen aufzutreten brauchen.

Die Thomson-Brücke. Das Prinzip dieser Methode zur Widerstandsmessung ist in Fig. 75 dargestellt, worin S ein regulierbarer Widerstand, x der unbekannte, und die anderen so beschaffen sind, daß, wenn durch die Konstruktion $\frac{a}{b} = \frac{a'}{b'}$ ist, daraus $x = \frac{a}{b} S$ folgt, wenn kein Strom im Galvanometer fließt. Diese Brückenmethode erlaubt, wenn sie mit einem genügend empfindlichen Galvanometer ausgerüstet wird, die Messung von 0,01 Ohm ungefähr mit der gleichen Genauigkeit vorzunehmen, wie 100 Ohm mit der gewöhnlichen Brückenmethode, und ist deshalb besonders gut für Widerstandsthermometer geeignet, welche bei sehr hohen Temperaturen gebraucht werden sollen, weil solche Instrumente aus Draht von dickem Durchmesser hergestellt werden müssen und deshalb

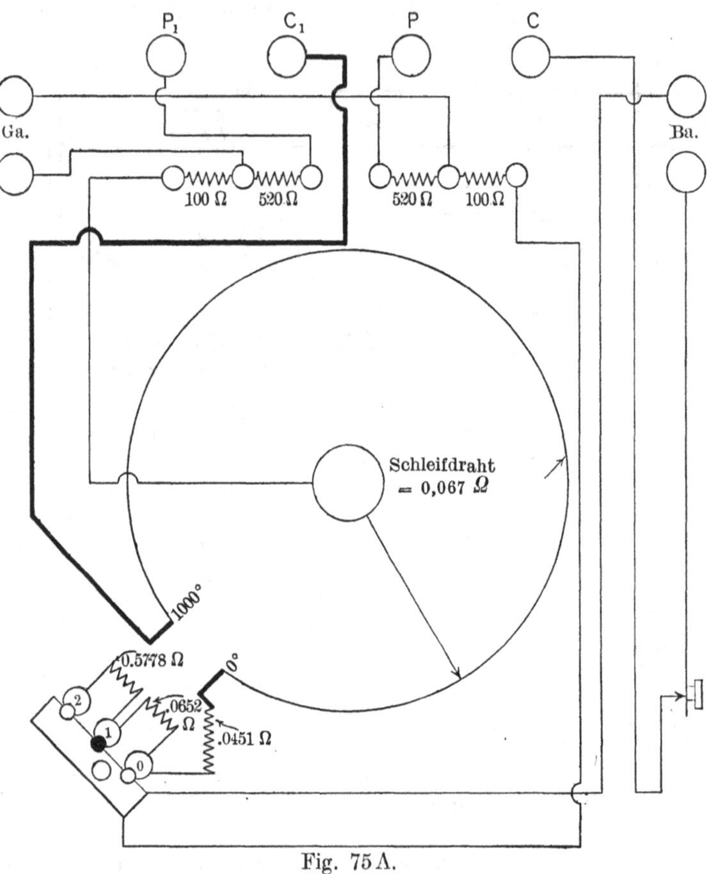

Fig. 75 A.
Spannungs-Punkt-Anzeiger.

einen kleinen Widerstand besitzen um durch das Erhitzen bedingte Veränderungen ihrer Konstanten zu vermeiden. Die Methode der Thomson-Brücke erlaubt, die Menge des Platins im Pyrometer herunterzusetzen, ein doppelter Vorteil, sowohl bezüglich der Kosten als auch des Volumens des Instrumentes.

Leeds und Northrup bauen einen Spannungspunkt-Anzeiger (Fig. 75 A) mit Schleifdraht für die Benutzung mit einem dickdrähtigen

Thermometer mit niedrigem Widerstand, was einen Strom von 0,3 Ampère führt. Die Widerstände zur Erweiterung des Meßbereichs und der Schleifdraht können für irgend ein gegebenes Thermometer in Temperaturgrade geteilt werden. Die hohen Werte (520 Ohm) von a und a' (Fig. 75), die notwendig sind, um Widerstandsänderungen in den Potentialdrähten zu vermeiden, machen es erforderlich, daß das benutzte Galvanometer eine größere Empfindlichkeit besitzen muß, als wie sie mit Leichtigkeit durch ein tragbares Zeigerinstrument erhalten werden kann. Die Galvanometerart ist die gleiche, wie sie für eine Wheatstone - Brücke mit hoher Genauigkeit gebraucht wird, mit genauer Einregulierung des kritischen äußeren Widerstandes.

Empfindlichkeit. Die Empfindlichkeit der Messungen bei der Widerstandsthermometrie ist gleich der, die man bei Widerstandsmessungen mit sehr großer Genauigkeit erhalten kann oder kann besser sein als 1 auf 100000, oder ungefähr 0,001° C für ein Thermometer für hohe Temperaturen, dessen Widerstand bei 0° C zwischen 3 und 25 Ohm liegt, wenn nur besondere Vorsicht zur Anwendung gelangt. Die Faktoren, welche die Empfindlichkeit der Widerstandsmessungen bei der Wheatstoneschen Brückenmethode begrenzen, und welche dem thermometrischen Arbeiten infolgedessen anhaften, bestehen in der praktischen Notwendigkeit, das Verhältnis 1 zu 1 zu benutzen, was wegen der Kompensation der Zuleitungen notwendig wird; ferner in der Notwendigkeit, den durch die Thermometerspule fließenden Strom so klein wie möglich zu halten, damit die Temperatur der letzteren sich nicht in unerlaubtem Maße erhöht; und endlich in der Empfindlichkeit des Galvanometers. Infolge der ersten und zweiten dieser Bedingungen können die gewöhnlichen Regeln für die Wheatstonesche Brücke nicht ohne Veränderung zur Anwendung kommen, aber glücklicherweise können die Einschränkungen, welche dadurch bedingt sind, in leichter Weise durch besondere Auswahl der Konstanten des Thermometers und Galvanometers überwunden werden. Es muß bemerkt werden, daß die Frage nach der Verwirklichung genügender Empfindlichkeit mit dem Aufkommen von Drehspul-Galvanometern oder ähnlichen Instrumenten mit großer Empfindlichkeit und praktisch konstantem Nullpunkt, über die man heute verfügt, von entschieden nebensächlicher Bedeutung bei genauer Arbeit geworden ist. Im Falle der Registrierinstrumente, wenn im allgemeinen ein weniger empfindliches Instrument benutzt werden muß, muß man diesem Punkte etwas mehr Bedeutung beimessen und besonders muß man darauf achten, daß man so schaltet, daß man nicht die Thermometer mit den stärkeren Strömen, die durch solche Galvanometer bedingt werden, überhitzt. Für den maximalen Strom durch das Galvanometer und den minimalen durch die Thermometerspulen, sollte die Brücke mit vernachlässigbarem Widerstand der Batterie folgendermaßen geschaltet werden, wie es

Callendar angegeben hat: „man schaltet die Batterie so, daß der in Serie mit dem Thermometer liegende Widerstand größer ist als der Widerstand, der parallel liegt".

Direkt zeigende Thermometer. In den letzten Jahren ist eine beträchtliche Anzahl von direkt zeigenden Widerstandspyrometern von einigen Fabriken angegeben worden. Wir wollen auf nur wenige typische Instrumente unser Augenmerk richten, welche natürlich nur in der technischen Praxis von Interesse sind. Ein Prinzip, von dem man mit Vorteil mit einigen Veränderungen Nutzen zieht, ist das des Ohmmeters, in welchem ein veränderlicher Widerstand, nämlich der des Thermometers, gegen einen festen Widerstand mit Hilfe der Ablenkung einer Galvanometerspule ins Gleichgewicht gesetzt wird, welche Ströme aus Kreisen bekommt, welche von den beiden in Frage kommenden Widerständen abgezweigt sind. Solche Ablenkungsinstrumente sind von Paul, Hartmann und Braun, Carpentier, Leeds und Northrup u. a. konstruiert worden.

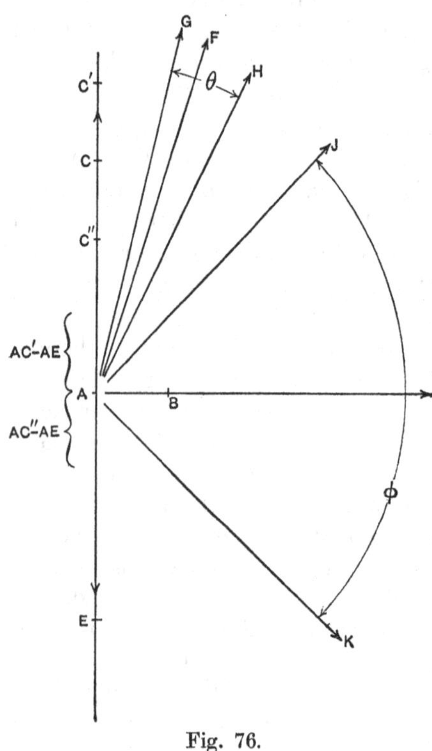

Fig. 76.
Vektor-Diagramm für Ohmmeter.

Das direkt zeigende Widerstandsthermometer von Harris, das von Mr. Robert W. Paul in London hergestellt wird, gibt Temperaturen direkt durch die Bewegung eines Zeigers über einer Skala an; ferner ist seine Genauigkeit unabhängig von der Batterie oder der benutzten Hilfsspannung.

Im Prinzip ist es ein Ohmmeter mit 2 Spulen oder ein Galvanometer mit Spulenregulierung; die für die kleinen Widerstandsänderungen erforderliche Empfindlichkeit, welche in der Platinthermometrie benötigt wird, wird erreicht, indem man die Einwirkung auf die abgelenkte Spule differential herstellt.

Die Differential-Windungen der abgelenkten Spule sind im Nebenschluß liegend mit dem Platinthermometer, bzw. mit einem Widerstand, der dem des Thermometers bei irgend einer gewünschten Temperatur gleich ist, abhängig von dem Teil der Temperaturskala, bei welchem man zu arbeiten wünscht. Die Regulierspule des Ohmmeter-Systems liegt mit einem geeignet ausgewählten Widerstand im Nebenschluß, um die erforderliche Empfindlichkeit zu liefern. Diese Kombinationen sind in Serie geschaltet; infolgedessen sind bei Stromdurchgang die von den Windungen hervorgebrachten Kräfte den Widerständen proportional, von denen sie im einzelnen abgezweigt sind.

Bei dem nebenstehenden Vektor-Diagramm ist angenommen, daß das Platinthermometer einen Grundbereich von 1 Ohm besitzt und auf einen Widerstand von 3 Ohm bei Null Grad gebracht ist, mit Hilfe eines Widerstandes, der keinen Temperaturkoeffizienten besitzt und in geeigneter Weise in den Stromkreis eingeschaltet ist. Dieses macht es möglich, die Thermometer in elektrischer Hinsicht gegeneinander austauschen zu können. Man betrachte zuerst den Fall eines Ohmmeter-Systems ohne Differentialwickelung auf der Ablenkungsspule, wobei A B die regulierende Kraft des Ohmmeter-Systems darstellen soll (proportional dem Nebenschluß zur Regulierspule, wie oben angeführt und in diesem Beispiel als 1 Ohm angenommen); A C soll die ablenkende Kraft für ein Platinthermometer von 1 Ohm Grundbereich bei 0^0 C darstellen. Der Zeiger des Instrumentes wird dann die Lage A F einnehmen. Nimmt man an, daß die Temperatur des Thermometers auf 100^0 C steigt, so wächst jetzt die ablenkende Kraft um den Wert von CC′ (proportional einem Ohm) an und wird gleich AC′, was den Zeiger veranlaßt, sich in die Stellung A G zu begeben. Ebenso wird, wenn das Thermometer auf — 100^0 C fällt, die von dem Zeiger eingenommene Stellung die Richtung A H haben, wodurch ein Winkel Θ für 200^0 Änderung gegeben ist.

Wenn aber die Ablenkungsspule differential gewickelt wird, und ein Strom von einer Stärke, daß er die ablenkende Kraft A C hervorbringt, in solcher Richtung durch die andere Wickelung geschickt wird, daß seine Wirkung A C entgegengesetzt ist, dargestellt durch den Vektor A E, so wird die Anfangslage des Zeigers die Richtung A B haben und die Veränderung CC′ in dem Vektor A C liefert eine Resultante A C″ und veranlaßt den Zeiger, die Richtung A J anzunehmen. Ebenso, wenn A C um einen Wert, welcher CC′ gleich ist, abnimmt, so liegt die resultierende Ablenkung auf der entgegengesetzten Seite der Anfangslage und der Zeiger nimmt die Lage A K ein, wobei er den großen Winkel φ für die Änderung des Thermometerwiderstandes gibt, die vorher nur den Winkel Θ mit der nicht differential geschalteten Anordnung ergab. Es soll bemerkt werden, daß man A E einen Wert erteilen kann, der demjenigen von A C bei irgend einer bestimmten Temperatur des Platinthermometers gleich ist, wodurch die Lage des Zeigers bei dieser Temperatur in die Richtung A B fällt und er den gleichen Winkel wie zuvor für die gleiche Widerstandsänderung des Thermometers anzeigt. Durch gleichzeitige

Veränderung des Vektors A B kann der Winkel φ der Temperatur der Gasskala gleichgemacht werden. Es ist so möglich, ein Instrument mit vielfachem Meßbereich zu bauen.

Beifolgendes Diagramm (Fig. 77) zeigt das Schaltungsschema für ein derartiges Instrument. Eine der Differentialwickelungen (X in der Figur) liegt im Nebenschluß zu einem Platinthermometer, während die andere Wickelung S zu einem Widerstand s im Nebenschluß liegt, welcher veränderlich gebaut ist, so daß er dem Widerstand des Thermometers bei bestimmten festgesetzten Temperaturen gleich ist. Die Regulierspule des Ohmmetersystems liegt ebenfalls im Nebenschluß zu dem Wider-

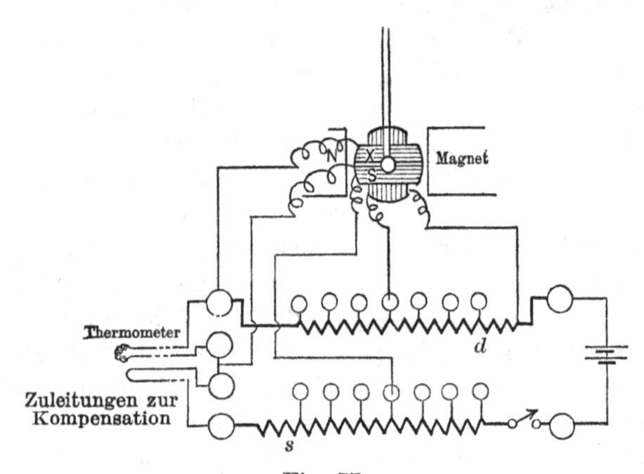

Fig. 77.
Harris-Paul Zeigerapparat.

stand d, dessen Wert durch den Grad der erforderlichen Empfindlichkeit bestimmt und mit s zusammen veränderlich gemacht ist. Diese mit Nebenschluß versehenen Wickelungen liegen in Serie und der Stromkreis ist vervollständigt durch eine Batterie und Stromschlüssel. In dieser Anordnung kann, da die Ströme in den Windungen des Ohmmetersystems von dem Widerstand des Platinthermometers s bzw. d abhängen, der Wert von s als der Vektor A E angenommen werden, der stufenweise anwächst, entsprechend der Widerstandserhöhung des Platinthermometers für jeden Temperaturbereich. Das Platinthermometer stellt der Vektor A C, A C′ etc. dar, während d—A B darstellt. Letzteres ist veränderlich mit s gemacht, damit das Instrument in allen Bereichen Grade der Gasskala angibt, und seine Werte sind nach der Formel von Callendar für das Platinthermometer berechnet.

Das Logometer und Ratiometer. Die Herren Carpentier und Joly haben ebenfalls die Konstruktion eines Ablenkungs-Widerstandsthermometers vorgeschlagen, welches auf der Benutzung des Logometers beruht, eines Apparates, der für die Messung des Verhältnisses zweier Ströme bestimmt ist. Dieses ist im Durchschnitt in der Fig. 78 dargestellt, wo zwei entgegengesetzt gewundene Spulen ähnlich denjenigen eines d'Arsonval-Galvanometers durch doppelte Lagerung in dem unsymmetrischen Feld eines permanenten Magneten N S untergebracht sind. Bei der gleichen Windungszahl der beiden Spulen hat man $iH = i'H'$ und da die elektromagnetische Kraft jeder Spule gegen ein schwächeres Feld gerichtet ist, so wird die endgültige Einstellung der Spulen stationär sein und nur von dem Verhältnis der beiden Stromstärken i und i' in den Spulen abhängen.

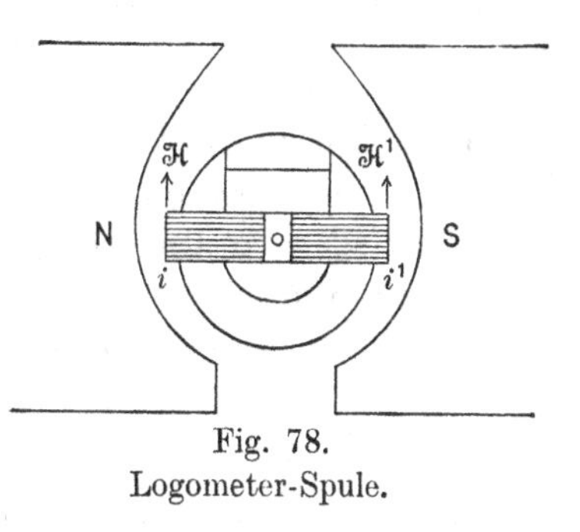

Fig. 78.
Logometer-Spule.

Für die Messung des Widerstandes ist der Stromkreis in einer seiner einfachsten Formen in der Fig. 79 dargestellt, wo die Logometerspulen im Nebenschluß liegen, eine zu einem Manganinwiderstand r und die andere zu dem Platinthermometer vom Widerstand p; wobei

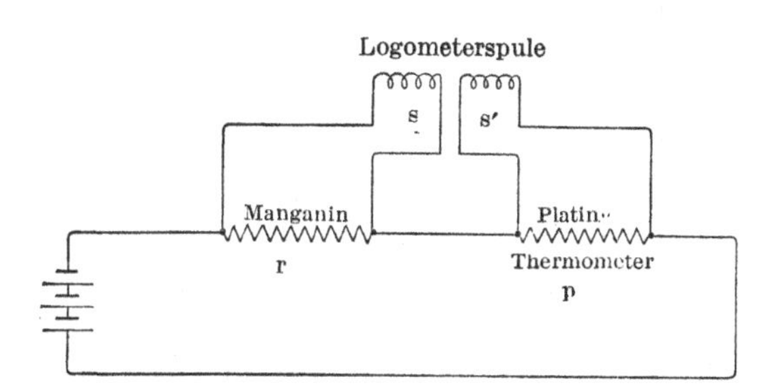

Fig. 79.
Einfacher Logometer-Stromkreis.

wenn s und s' die Spulenwiderstände bedeuten, ihre Ströme sind $\frac{ir}{s}$ und $\frac{ip}{s'}$, wo i den Strom im Hauptstromkreis bedeutet und ihr Verhältnis ist $\frac{ps}{rs'}$, eine Beziehung, deren Veränderung nur von p, dem Widerstande des Platinthermometers abhängig ist, wenn man irgendwelche Veränderungen im Widerstande der Zuleitungen zu den Logometerspulen vernachlässigt. Die Teilung des Logometers, über welcher sich ein Zeiger, der mit den beweglichen Spulen verbunden ist, bewegt, kann deshalb direkt in Temperaturgraden geeicht werden. Die Angaben des Instrumentes sind unabhängig vom Werte und auch von den Veränderungen des Stromes i. Messungen können auch mit Wechselströmen vorgenommen werden, und wenn die Manganin- und Platinspulen keinen Induktionskoeffizienten besitzen, werden die Angaben von den Veränderungen der Spannung und Frequenz unabhängig. Das Instrument kann so gebaut werden, daß es verhältnismäßig starke Richtkräfte entwickelt und kann deshalb leicht zu einem Schreibapparat gemacht werden.

Northrups Ratiometer ist ähnlich wie das vorhergehende Instrument ebenfalls eine Anpassung des Prinzips des Ablenkungs-Ohmmeters auf Temperaturmessungen. Northrup benutzt das Thermometer mit 3 Zuleitungen mit Verbindungsdrähten, wie sie in Fig. 80 dargestellt

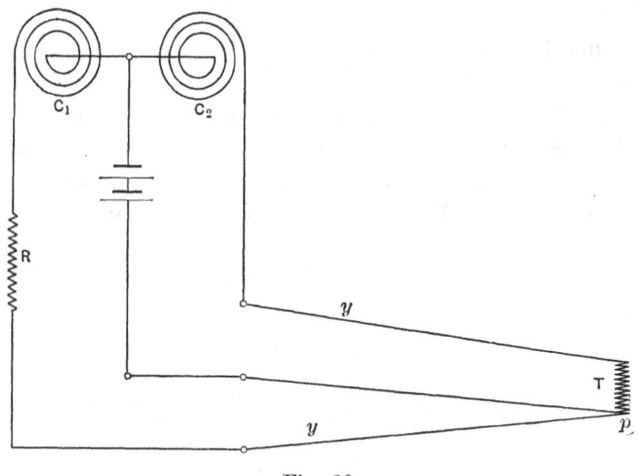

Fig. 80.
Northrups Ratiometer.

sind, in welcher C_1 und C_2 zwei flache Spulen bedeuten, welche auf einem gedämpften beweglichen System zwischen den beiden zugespitzten Pohlschuhen eines permanenten Magneten untergebracht sind. Dieses Instrument, welches in einer zweckmäßigen Form gebaut worden ist und mit einem beigefügten Mikroskop abgelesen wird, kann bis auf ungefähr $0,1^0$ C empfindlich gemacht werden und besser als auf 2^0 C konstant bleiben.

Das Ablenkungs-Instrument aus Cambridge. Die Cambridge Scientific Instrument Company hat ebenfalls neuerdings eine Ablenkungsmethode für die Messung der Temperatur mit Widerstandsthermometern herausgebracht, bei welcher die Temperatur durch den „Ausschlagstrom" in einer Wheatstoneschen Brücke gemessen wird, die mit Kompensationszuleitungen ausgerüstet ist; die Brückenzweige enthalten alle feste Widerstände, außer dem einen, welcher den Thermometerwiderstand bildet. Wie man sich denken kann, ist für eine genaue Einstellung des Nullpunktes des Instrumentes für das Brückengleichgewicht Vorkehrung getroffen, ferner für das Ausgleichen des Stromes für die erforderliche Ablenkung für den Temperaturbereich. Auch ist es ausgerüstet mit einer „Eisspule" um das Thermometer bei 0° C ins Gleichgewicht zu setzen.

Das Whippel - Instrument, das in Fig. 81 abgebildet ist, ist ein Kurbelinstrument, das das Wheatstonesche Brückenprinzip benutzt.

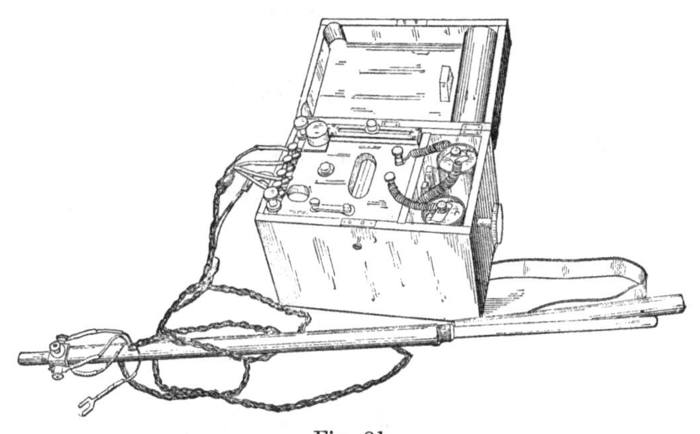

Fig. 81.
Whipple Indikator.

Der Galvanometerzeiger muß durch Drehung eines Knopfes auf Null eingestellt werden, während die Kurbelablesung die Temperatur direkt angibt.

Die Zeigerapparate von Leeds und Northrup. Diese Firma hat einige Arten von Zeigerinstrumenten mit Gleichgewicht und Ablenkung in den Handel gebracht, welche zum größten Teil entweder auf dem Differentialgalvanometer (S. 197) oder auf der Thomsonbrücke (S. 201) beruhen.

Ein sehr bequemer Zeigerapparat mit Ablenkung und justierbarer Skala ist in Fig. 82 abgebildet. Die Kurbel kann auf irgend eine gewünschte Temperatur gestellt werden; dann zeigt die Stellung des abgelenkten Zeigers an, wieviel höher oder tiefer der Ofen ist, als die betreffende Temperatur. Der Zeiger läuft über eine sehr große Skala, welche Ablesungen aus einer bestimmten Entfernung erlaubt. Der Arbeiter hat sich nur mit den Ablenkungen des Zeigers aus der senkrechten Richtung zu beschäftigen; die Genauigkeit ist unabhängig von Spannungsänderungen, und das Instrument kann, wenn man es wünscht, aus der gewöhnlichen Lichtleitung gespeist werden. Man kann noch Temperaturunterschiede von 2^0 ablesen.

Die Eichung. Für Platinthermometer, welche mit irgend einer Form eines geeichten Widerstandsmeßapparates benutzt werden sollen, wie es oben beschrieben worden ist, ist es nur nötig, um das Thermometer, zu eichen, dessen Angaben bei drei Temperaturen zu bestimmen, wie z. B. beim Eispunkt, dem Wassersiedepunkt und dem Schwefelsiedepunkt, wenn, falls der Draht aus reinem Platin besteht, die nach der Callendar-

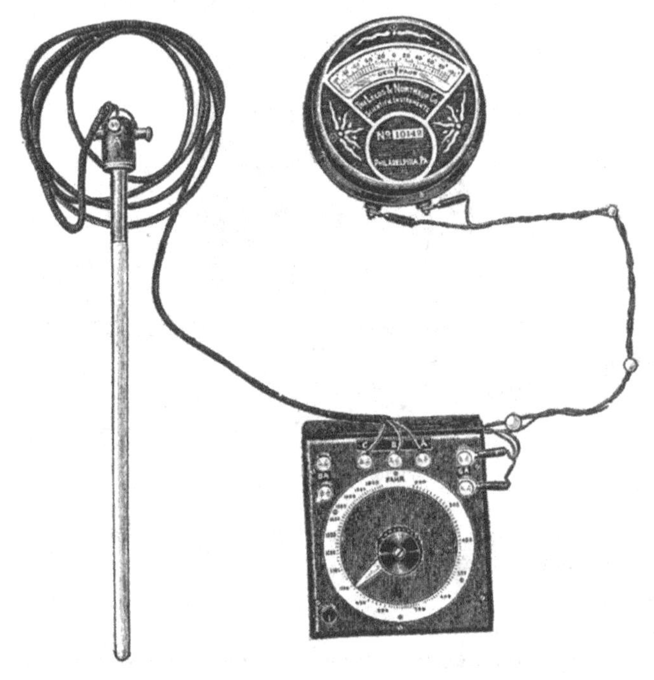

Fig. 82.
Anzeiger mit Ablenkung von Leeds und Northrup.

schen Rechenmethode gefundenen Temperaturen (s. S. 188) so genau sein sollen, wie sie mit Hilfe der Gasskala bis 1100^0 C bekannt sind.

Es besteht ein Vorteil, wenn man einen vierten Eichpunkt, wie z. B. den Erstarrungspunkt des Silbers oder denjenigen von Ag_3-Cu_2, für die Berechnung des Wertes von δ (S. 188) für unreine Drähte, welche bei hoher Temperatur benutzt werden sollen, hinzunimmt. In dem ganzen Temperaturbereich können mit solchem Draht sowohl der

Schwefel- als auch der Silberpunkt erhalten werden, wenn δ die Form $a + bt$ besitzt.

Für Thermometer, die mit direkt anzeigenden Temperaturapparaten benutzt werden sollen, ist es notwendig, ihre Angaben mit denjenigen eines Normals bei einigen Temperaturen zu vergleichen, am besten in einem Ofen der Heraeus-Type. Diese zweite Methode der Eichung ist gewöhnlich weniger genau als die erste. Methoden zur experimentellen Verwirklichung des Schwefelsiedepunktes und anderer bestimmter Temperaturen sollen im Kapitel XI über die Eichung beschrieben werden.

Das Platinthermometer kann für technische Arbeiten so gebaut sein, und sollte es auch, daß es direkt Platingrade angibt, oder noch besser Temperaturgrade. Diese Methode spart viel Zeit und auch Ärger. Die Eichkurve, die man einmal für ein Instrument aufgestellt hat, hält unbegrenzt stand, wenn man sie gelegentlich nachprüft, nachdem man mit hohen Temperaturen gearbeitet hat; so daß abgesehen vom Auftreten von Verwickelungen bei dieser Methode der Temperaturmessung die Bestimmung einer Temperatur in der Praxis auf der normalen Skala durch das Platinthermometer tatsächlich eine Sache von nur wenigen Sekunden ist.

Reduktionstabellen. Im Anhang sind Tabellen vorhanden für die Reduktion von Platintemperaturen auf Zentigrad-Temperaturen, sowohl für Drähte aus reinem, als auch für Drähte aus unreinem Platin, und ebenfalls andere Hilfstabellen.

Einige der erhaltenen Resultate. Es besteht eine bemerkenswerte Übereinstimmung unter den von einigen Beobachtern mit dem Platinthermometer erhaltenen Fixpunkten, bei Beobachtungen, die sich über einen Zeitraum von über 20 Jahren ausdehnen, wie in den folgenden Tabellen gezeigt ist, in welchen alle Beobachtungen durch Eichung des Platinthermometers in Eis, Wasserdampf und Schwefeldampf erhalten wurden, wobei hier die Temperatur des letzteren zu 444,70 auf der Stickstoffskala konstanten Volumens gesetzt ist, ein Wert, der am besten die Arbeit dieser Beobachter, ausgenommen die von Holborn und Henning, darstellt.

Skala des Widerstandsthermometers.

	Siedepunkte	
	Naphthalin	Benzophenon
Callendar und Griffiths (1891)	217,97°	305,89°
Travers und Gwyer (1905)	218,07	305,87
Holborn und Henning (1908 und 1911)[1] .	217,96	305,89
Waidner und Burgess (1910)	217,98	306,02

[1]) S.S.P. = 444,51 C mit konstantem Volumen.

	Erstarrungs-Punkte			
	Sn	Cd	Pb	Zn
Callendar und Griffiths (1891) . . .	231,9	320,8	327,8	419,0
Heycock und Neville (1897) . . .	231,9	—	—	419,4
Waidner und Burgess (1909)	231,9	321,0	327,4	419,4
Holborn und Henning (1911)[1] . . .	$231,8_3$	$320,9_2$	—	$419,4_0$

	Erstarrungs-Punkte				
	Sb	Al	Ag	Au	Cu
Heycock und Neville . . .	630,0	656[2]	961,9	1063,5	1082
Waidner und Burgess . .	630,7	658	960,9	—	1083

Benutzung als Normal. Im Jahre 1899 schlug Callendar bei einer Zusammenkunft der British Association für den Fortschritt der Wissenschaft vor, wegen der verhältnismäßig leichten Ausführung und der großen Genauigkeit von Widerstandsmessungen und mit Rücksicht auf die großen Schwierigkeiten bei der Benutzung des Gasthermometers, das Platinthermometer als zweites Normal anzunehmen, wobei man seine Angaben wie oben beschrieben reduziert und als Eichpunkte 0°, 100°, 444,5° nimmt, wobei der letzte der Schwefelsiedepunkt auf der Skala konstanten Drucks ist. Alle Platinthermometer könnte man dann mit einem, das man als Normal auswählt, vergleichen und wie oben beschrieben eichen. Er führte ebenfalls aus, daß es hinsichtlich der Übertragung und der Leichtigkeit der Reproduktion genügend ist, nur wenige Gramm des normalen Drahtes in einem gewöhnlichen Brief zu versenden, um die Skala mit der äußersten Genauigkeit in jedem Weltteil herstellen zu können.

Die Arbeit, die in der Platin- und Gasthermometrie seit dem Jahre 1899 geleistet worden ist, läßt in hohem Maße den Vorschlag von Callendar, das Platinthermometer als zweites Normal zu benutzen, berechtigt erscheinen, da, wie in dem vorstehendem Paragraphen gezeigt worden ist, ein Widerstandsthermometer aus reinem Platin mit einer Eichung bei drei Temperaturen die Gasskala mit der größten Genauigkeit bis zu so hohen Temperaturen darstellt, wie das Platinthermometer zweckmäßig benutzt werden kann. Es ist aber nicht nötig, ein Platinthermometer mit einem anderen, das man als Normal nimmt, zu vergleichen, wenn man die Mittel zu einer unabhängigen Eichung besitzt, da die charakteristischen Konstanten des reinen Platins heute bekannt sind,

[1]) S.S.P. = 444,51 C mit konstantem Volumen.

[2]) 0,5 % Verunreinigungen enthaltend.

und man dieses Metall leicht in genügender Reinheit erhalten kann, so daß letztere gelten. Es ist vielleicht besser, den Schwefelsiedepunkt auf der Skala mit konstantem Volumen zu nehmen, da die meisten der neueren Arbeiten über die Bestimmung der Fixpunkte mit dieser Skala angestellt worden sind.

Damit ein Platinwiderstandsthermometer als zweites Normal dienen kann, ist es notwendig und ausreichend, vorausgesetzt daß seine Konstruktion und Verwendung im übrigen richtig ist, daß sein Wert von $\delta = 1{,}50$ (oder 1,49 entsprechend der Skala von Holborn und Henning) und von $c = 0{,}0039$ beträgt, wenn es in Eis, Wasserdampf und Schwefeldampf geeicht wird (siehe das Kapitel über die Eichung).

Betreffs der Genauigkeit der Messungen, die man mit der Benutzung des Platinthermometers erreichen kann, läßt sich anführen, daß dasselbe in der Hand geübter Beobachter, z. B. bei der Bestimmung von Fixpunkten, eine weitgehende Übereinstimmung zeigt. So wurden beispielsweise an der Reichsanstalt je zwei Platinthermometer von verschiedenen Beobachtern an den Fundamentalpunkten und beim Schwefelsiedepunkt gemessen und darauf die Thermometer zwischen den Beobachtern ausgetauscht. Eine neue Bestimmung des Schwefelsiedepunktes von den entsprechenden Beobachtern ergab bei den einzelnen Thermometern Unterschiede, die im Mittel etwa $0{,}01^0$ betrugen.

Fehlerquellen bei genauem Arbeiten. — Erwärmung durch den Meßstrom. Es ist klar, daß, wenn ein zu starker Strom durch ein elektrisches Widerstandsthermometer geschickt wird, die dadurch eintretende Erwärmung bewirken wird, daß die Temperaturen zu hoch angezeigt werden. Der Grenzwert des Stromes ist nach Callendar ungefähr 0,01 Ampère für $0{,}01^0$ bei einem mittleren Platinthermometer von 0,15 mm Drahtdurchmesser. Wenn ein Galvanometer von genügender Empfindlichkeit benutzt wird, ist dieser Einfluß zu vernachlässigen, und wenn ein stärkerer Strom angewendet werden muß wegen ungenügender Galvanometerempfindlichkeit, so kann man den Einfluß des Erwärmens nahezu konstant halten, indem man den Strom mit Hilfe eines Rheostaten im Batteriekreise konstant hält, da der Widerstand des Thermometers fast ebenso schnell anwächst, wie der Betrag des Abkühlens oder ein wenig schneller als die Temperatur selbst. Callendar hat ebenfalls gezeigt, daß der Effekt des Erwärmens leicht durch Benutzung zweier Akkumulatoren als Stromquelle gemessen werden kann, die man zuerst parallel und dann hintereinander schaltet, wobei die Korrektion wegen der Stromwärme durch Subtraktion von einem Drittel des Unterschiedes zwischen den beiden Ablesungen von der ersten derselben gegeben ist.

Waidner und Burgess haben ebenfalls den Einfluß des Erwärmens von seiten des Meßstromes geprüft und finden, daß wenn auch der Strom die Spule um mehr als 1^0 C über ihre Umgebung hinaus erwärmt, der Wert des Grundbereichs des Thermometers doch der gleiche bleibt, als wenn eine Stromstärke von einem Fünftel des Wertes benutzt wird.

Der Einfluß ist unter Benutzung verschiedener Meßströme an einem Thermometer von $R_0 = 3{,}48\ \Omega$ hierunter angeführt.

Einfluß der Erwärmung durch den Meßstrom.

Ampere	R_0	Grundbereich	$R_{444 \cdot 33}$	pts.S.P.	δ
$2{,}5 \cdot 10^{-3}$	3,48160	1,34115	9,13220	421,33	1,503
$10{,}0 \cdot 10^{-3}$	3,48174	1,34113	9,13213	421,31	1,505
$50{,}0 \cdot 10^{-3}$	3,48705	1,34114	9,13608	421,21	1,511
$100{,}0 \cdot 10^{-3}$	3,50373	1,34173	9,14832	420,69	1,545

Erwärmung der Pt-Spule über die Temperatur der Umgebung.

Ampere	ΔT_0	ΔT_{100}	$\Delta T_{S.S.P.}$
$2{,}5 \cdot 10^{-3}$	$0{,}001^0$	$0{,}001^0$	—
$10{,}0 \cdot 10^{-3}$	0,011	0,010	—
$50{,}0 \cdot 10^{-3}$	0,41	0,41	0,29
$100{,}0 \cdot 10^{-3}$	1,65	1,69	1,20

Für eine gegebene geringe Temperaturerhöhung der Platinspule über die Temperatur ihrer Umgebung beträgt die in Wasserdampf ausgestrahlte Energie das 3,7fache und im Schwefeldampf das 52fache der bei 0^0 C ausgestrahlten, unter der Annahme, daß die Strahlung des Platins der fünften Potenz seiner absoluten Temperatur proportional ist. Für konstanten Meßstrom beträgt die Energie, die beim SSP der Spule zugeführt werden muß nur das 2,6fache der bei 0^0 C erforderlichen. Daraus folgt, daß der größere Anteil des Energieverlustes durch Konvektion und Leitung und nicht durch Strahlung bedingt ist.

T r ä g h e i t d e s P l a t i n t h e r m o m e t e r s. Das Platinthermometer nimmt, wenn es sich in einem Porzellanschutz befindet, wie das für die meisten Arbeiten notwendig ist, und wenn es außerdem eine beträchtliche Masse besitzt, nicht unverzüglich die Temperatur seiner Umgebung an. Bringt man es in ein Schwefelbad, so stellt sich ein Gleichgewicht in 10 Minuten her. Für kleine Änderungen der Temperatur ist dieser Einfluß kaum bemerkbar und kann bei den meisten Arbeiten der Praxis vernachlässigt werden.

Bei dem Einschluß in ein Metallgefäß mit dünner, flacher Wandung (siehe Fig. 66) ist die Temperaturträgheit praktisch nicht vorhanden.

I s o l a t i o n. Fehlerhafte, durch kondensierte Feuchtigkeit in den Röhren bedingte Isolation bildet manchmal bei genauem Arbeiten beim Eispunkt und tieferen Temperaturen bei Thermometern von hohem Widerstand eine Fehlerquelle, wenn deren Röhren nicht geschlossen sind. Dies kann man leicht erreichen, wenn der äußere Schutz aus Glas besteht, indem man die Platinzuleitungen in das Glas schmilzt, so daß sie in Verstärkungen enden. Wenn der äußere Schutz aus Porzellan besteht, wie es bei Arbeiten bei hoher Temperatur der Fall ist, wird dieses Abschließen nicht notwendig, ist auch nicht einmal zweckmäßig; jedoch das Auslaufen der Zuleitungen in metallische Büchsen, die eine schmelzbare Legierung enthalten, stellt auch die leichteste Methode dar, einen guten Kontakt mit dem übrigen Stromkreis zu sichern.

Kompensation wegen des Widerstandes der Zuleitungen. Es ist notwendig, um Thermoströme an den Verbindungsstellen des Thermometers selbst und ebenso Verdampfung und dadurch bewirkte Veränderung des Widerstandes zu vermeiden, Platindrähte vom Thermometer bis zu einem Punkt des Stromkreises, der sich auf konstanter Temperatur befindet, anzuwenden. Auch wenn diese Drähte von verhältnismäßig großem Durchmesser sind, so bleibt doch ein Fehler, der durch den veränderlichen Widerstand dieser Zuleitungen mit der Temperaturänderung und durch Verschiedenheit in der Eintauchtiefe bedingt ist. Es wird notwendig, entweder eine „Stabkorrektion“ anzubringen, welche ungenau und störend ist oder diesen Einfluß, wie es unter den Meßmethoden beschrieben ist, zu kompensieren. Neuerdings sind die meisten Platinthermometer, die für Zwecke der Industrie und Wissenschaft verkauft werden, kompensiert. Auch findet man unkompensierte Thermometer mit goldenen Zuleitungen. Sie können für Arbeiten von hoher Genauigkeit nicht empfohlen werden. Silberzuleitungen muß man vermeiden.

Die Kupferzuleitungen vom Thermometerkopf zum Meßapparat können einen erheblichen Widerstand besitzen. Sie sind auch, um sie biegsam zu machen, oftmals aus Litze hergestellt, wodurch ihr Widerstand sich öfters verändern kann. So fand Mr. W. Smith, daß Kupferzuleitungen von 1/40 Ohm Widerstand gegen 1 oder 2 % sich veränderten und dadurch 0,003° C Ungenauigkeit bei 0° C ergaben. Beim Arbeiten mit hoher Genauigkeit ist es augenscheinlich wichtig, die Kupferzuleitungen ebenso konstant zu halten wie das Platin. Man kann jetzt Litzendraht bekommen, in welchem jede Litze emailliert ist und dadurch den unsicheren Widerstand vermeiden.

Außer der Methode der Spannungsdrähte sind Brückenmethoden mitgeteilt worden, um den Einfluß aller Thermometerzuleitungen auf experimentellem Wege vollständig auszuschalten, was beim Arbeiten mit hoher Genauigkeit erforderlich wird, da es außerordentlich schwierig, wenn nicht unmöglich ist, die Kompensation vollkommen genau durch

Justierung bei der Konstruktion zu erreichen. Diese Methoden erfordern meistenteils ziemlich ausgearbeitete experimentelle Einrichtungen; wir verweisen den Leser wegen der Beschreibung dieser Dinge auf die Arbeiten von Edward, W. Jäger und F. W. Smith. Kurz gesagt, beruhen solche Methoden entweder darauf, daß man die Thermometerzuleitungen abwechselnd in die beiden Seiten der Brücke schaltet und diese Zuleitungen mißt, oder sie durch die Benutzung der Thomsonschen Doppelbrücke oder einer Abart vermeidet.

Leitung längs der Drähte. Die Thermometerzuleitungen können noch den Sitz einer anderen Fehlerquelle bilden, welche erheblich mit dem Durchmesser der Zuleitungen an Bedeutung gewinnt, ferner mit der eingetauchten Länge und dem Temperaturgradienten; dieser Fehler ist nämlich das Auftreten der Wärmeleitung längs der Drähte, welche den Widerstand der Thermometerspule beeinflußt. Auf diesen Einfluß muß man besonders bei den Brückenthermometern mit vier Zuleitungen achten, wo alle vier Zuleitungen aus verhältnismäßig dickem Platin bestehen. Das beste Mittel, um diese Fehlerquelle zu vermeiden, ist das Instrument so zu bauen, daß man sie vernachlässigen kann. Wenn sie vorhanden ist, kann man sie durch Veränderung der Eintauchtiefe des Thermometers in einem Bade von konstanter Temperatur erkennen und ihretwegen korrigieren.

Benutzung von unreinem Platin. Der Wert der Konstanten δ in der Formel von Callendar (2) Seite 189) ist eine Messung für die Reinheit dieses Metalles. Für das reinste Platin beträgt der Wert von δ — 1,500 unter der Annahme des SSP. = 444,70, während für unreines Platin der Wert von δ mit der Verunreinigung anwächst. Heycock und Neville prüften den Einfluß auf die Temperaturskala, der durch Verwendung von Platin von verschiedenen Reinheitsgraden hervorgebracht wurde, und kamen zum Schluß, was aber infolge einer unrichtigen Rechenmethode fehlerhaft zu sein scheint, daß Thermometer mit verschiedenen Werten von δ dieselbe Temperaturskala ergeben würden, wenn sie durch die parabolische Formel von Callendar reduziert würden.

Es ist seitdem nachgewiesen worden, daß unreines Platin nicht dasselbe Gesetz zwischen Temperatur und Widerstand befolgt wie das reine Metall, und Waidner und Burgess haben die Korrektionen mitgeteilt, die man an den nach der Callendarschen Methode erhaltenen Temperaturen anbringen muß, um unreines Platin auf die gewöhnliche Temperaturskala zu reduzieren. Sie finden für Platin von verschiedenen Reinheitsgraden, was durch die Werte von δ gegeben ist, folgende Werte für die Fixpunkte, wenn sie in allen Fällen die Callendarsche Gleichung für die Temperaturberechnung benutzen:

Erstarrungspunkte für verschiedene Werte von δ

$\delta =$	1,505	1,570	1,803
Zinn . . .	231,90	231,82	—
Zink . . .	419,37	419,32	—
Antimon . .	630,70	631,25	632,65
Ag_3-Cu_2 . .	779,2	—	784,6
Silber . .	960,9	966,2	975,3
Kupfer . .	1083,0	1092,0	1106,0

In Tabelle VIII des Anhanges sind die Korrektionen angegeben, die man bei der Benutzung von Thermometern aus unreinem Platin anzubringen hat. Drähte mit einem großen Wert von δ neigen mehr zu einer Veränderung beim Gebrauch, so daß man, obwohl korrekte Resultate mit ihnen erhalten werden können, wenn sie besonders reduziert und gelegentlich nachgeprüft werden, trotzdem die Benutzung des reinsten Platins vorziehen sollte.

Veränderungen in den Konstanten. Wenn Platinthermometer wiederholt auf Temperaturen von nahe 1000° C geheizt werden, oder auch für beträchtlich lange Zeit bei tieferer Temperatur verbleiben, so treten Veränderungen im Werte der Konstanten R_0, R_{100} und δ auf, welche eine häufige Nacheichung bei sehr genauem Arbeiten nötig machen. Pyrometer für die Benutzung bei hoher Temperatur sollten nicht in Porzellan mit Innenglasur eingeschlossen werden, auch wenn die Glasur das Metall nicht berührt, da sonst eine Verschlechterung des letzteren auftritt. Die Glimmerstützen erleiden beim Abkühlen von hoher Temperatur eine Formänderung, wachsen in ihrer Größe, wobei sie den Draht zu spannen suchen und dessen Widerstand vermehren. Aus diesem Grunde ist es vielleicht besser, die Konstanten zu benutzen, die man vor einer Messung bei hoher Temperatur bestimmt hat, als diejenigen, die man nachher findet. Ferner treten unregelmäßige Änderungen auf, wenn der Thermometerdraht nicht gut bei einer höheren als der benutzten Temperatur ausgeglüht war, welche am meisten bei den ersten wenigen Erhitzungen ausgeprägt sind. Waidner und Burgess finden, daß für Thermometer aus reinem Platin die Veränderungen in deren Konstanten nach dem Ausglühen der Drähte sehr viel geringer sind als für solche aus unreinem Platin; so ändert sich, wie es aus der folgenden Tabelle hervorgeht, welche typisch ist, R_0 nur um wenige Zehntel eines Grades für reines Platin, aber für unreines um mehrere Grade. Diese Veränderungen sind am kleinsten für reinen Platindraht von großem Durchmesser der frei von Spannungen aufgehängt ist.

Thermometer aus reinem Platin		Thermometer aus unreinem Platin	
$R_0 = 3{,}47971$ am Anfang; $\delta = 1{,}503$ $R_0 = 3{,}48164$ a. Ende; Durchm. $= 0{,}15$ mm		$R_0 = 21{,}3476$ am Anfang; $\delta = 1{,}570$ $R_0 = 21{,}0617$ a. Ende; Durchm. $= 0{,}10$ mm	
Änderung im Nullwert °C	Geschichte des Thermometers, vorher bei 1200° geglüht	Änderung im Nullwert °C	Geschichte des Thermometers, vorher bei 1200° geglüht
— 0,005	Nach Zn.S.P. 3 mal	— 0,18	Nach Zn.S.P. 10 mal
— 0,001	„ Sb.S.P. 1 „	— 0,29	„ Sb.S.P. 7 „
+ 0,007	„ Sb.S.P. 2 „	— 2,27	„ 2 Std. bei 1100° C
— 0,002	„ 2 Std. bei 1100° C	— 3,94	„ Cu S.P. 1 mal
— 0,050	„ Cu S.P. 1 mal	— 4,66	„ Cu S.P. 2 „
+ 0,013	„ Cu S.P. 2 „	— 5,99	„ Cu S.P. 2 „
+ 0,138	„ Cu S.P. 5 „	— 6,20	„ Ag S.P. 2 „
+ 0,144	„ Ag-Cu S.P. 5 „	— 6,46	„ Ag-Cu S.P. 4 „

Für unreinen Platindraht besteht der Einfluß der hohen Temperatur darin, den Wert R_0 zu vermindern und den Grundkoeffizient, c, zu vermehren; d. h. der Einfluß ist so, als ob der Draht reiner würde, vielleicht infolge eines Herausdampfens von Verunreinigungen, wie beipielsweise Iridium. Wenn das Platin rein ist, so zeigen die kleinen Veränderungen ein Verderben des Drahtes an und den Einfluß von Spannungen, welcher durch ein Anwachsen von R_0 und eine Verminderung von c deutlich wird. Die gesamte bemerkte Veränderung setzt sich zusammen aus den Einflüssen von Spannungen, vom Ausglühen, vom Verderben und vom Reinigen.

Benutzung anderer Metalle als Platin. Holborn und Wien fanden, daß bei Palladium die Absorption von Wasserstoff bei tiefer Temperatur unter Bildung des Hydrides den Widerstand um 60 % vermehrt; außerdem wird der gleiche Einfluß einer Veränderung wie bei Platin bemerkt, wenn das Palladium in Wasserstoff in die Nähe von Kieselsäure gebracht wird. Palladium, welches auf Glimmer aufgewickelt und in Porzellan eingeschlossen wurde, verhält sich ganz ähnlich wie Platin oberhalb 1000° C, wie von Waidner und Burgess gezeigt wurde. Das Gesetz der Veränderung des Widerstandes von Palladium mit der Temperatur, ist aber sehr verschieden von der Callendarschen Gleichung und ist eine Gleichung vierten Grades zwischen 0° und 1100° für eine bessere Genauigkeit als 0,5° C, obgleich bis zu 600° die Callendarsche Gleichung nahezu ausreichend ist.

Keine bestimmte Folgerung kann man aus der Arbeit von Holborn und Wien über Iridium und Rhodium ziehen, außer, daß diese Metalle ihren normalen Widerstand nur nach einem mehrmaligem Erhitzen auf eine hohe Temperatur wieder annehmen. Iridium verdampft so viel leichter als die anderen, daß es am wenigsten geeignet für Temperaturmessungen im Vergleich zu den anderen Metallen dieser Gruppe erscheint, und Platin ist augenscheinlich das beste.

Nickel ist manchmal zu Widerstandsthermometern benutzt worden, es kann aber nicht für Temperaturen über 300° C empfohlen werden, infolge der Änderung in der Beziehung zwischen Widerstand und Temperatur, wenn die Umwandlungstemperatur des Nickels annähernd erreicht ist und wegen der Oxydation bei höheren Temperaturen. Marvin hat nachgewiesen, daß für reines Nickel die Gleichung $\log R = a + mt$ angenähert in dem oben abgegrenzten Gebiet von 0° bis 300° C gilt.

Bedingungen für den Gebrauch. Das elektrische Widerstandspyrometer aus Platin scheint auf Grund der großen Meßgenauigkeit, welche es zuläßt, hauptsächlich für Untersuchungen im Laboratorium geeignet zu sein. Es scheint andererseits für viele Anwendungen in der Industrie zu zerbrechlich zu sein, wenn grobe Behandlung zu erwarten ist, obwohl es in dauernden Einrichtungen, wenn es sauber geschützt ist, sehr zweckentsprechend ist, besonders wenn man die oft störende Korrektion, welche wegen der Temperatur der kalten Lötstellen des Thermoelementes notwendig wird, vollkommen zu vermeiden wünscht.

Die Beziehung zwischen der Skala des Platinthermometers und der Gasskala ist bis zu 1100° C wohl begründet, welches ungefähr die Grenze ist, oberhalb welcher die Benutzung des Platinwiderstandspyrometers ohne häufige Nachprüfung seiner Eichung nicht sicher ist.

Das Widerstandspyrometer ist das beste Instrument für differentiales Arbeiten, ferner für das Auffinden kleiner Temperaturänderungen und für die Kontrolle einer konstanten Temperatur. Es ist ferner besonders geeignet für die Benutzung mit Schreibapparaten. Große Aufmerksamkeit muß man aber walten lassen, damit das Platin nicht verdorben wird.

Industrielle Einrichtung und Prüfung. Wir haben schon die Zerbrechlichkeit des heißen Endes eines Widerstandsthermometers erwähnt, und die Notwendigkeit, die Spule vor der Berührung mit Ofengasen zu schützen. In Einrichtungen der Industrie ist darauf zu achten, das Pyrometer so aufzustellen, daß es nicht leicht durch die Vorgänge am Ofen oder durch das Hantieren am Pyrometer beschädigt wird, wenn man es entfernen muß. Dieses kann gewöhnlich durch geeignetes Einbauen des Pyrometers im Ofen erreicht werden und durch Einfügung eines zweckmäßigen Mechanismus für das Entfernen und das Halten des Pyrometers außerhalb des Ofens. Eine Zeichnung des Halte-Arms von Leeds und Northrup für die Benutzung bei einem kleinen Öl- oder Gasbrennerofen ist in Fig. 83 dargestellt. Ein zum Verschieben eingerichtetes und mit einer Nuth versehenes Querstück L hält das Pyrometer mit dem Arm N. Das Ganze kann angehoben, gesenkt und gedreht werden an dem Gelenk M, welches die Entfernung des Pyrometers ohne Stoß zuläßt und einen Ruheplatz vorsieht, ohne ein Anfassen oder ein Zerbrechen befürchten zu müssen. Besondere Anordnungen für den Aufbau und die Anordnung von Pyrometern in Öfen, Schachtöfen und Schornsteinen sind in den Fig. 83, 84 und 85 dargestellt. Wenn das Pyrometerrohr horizontal mit einer Befestigung nur am einen Ende eingeführt ist, so besteht die Gefahr des Verbiegens und Zerbrechens, auch wenn der äußere Schutz aus Metall besteht.

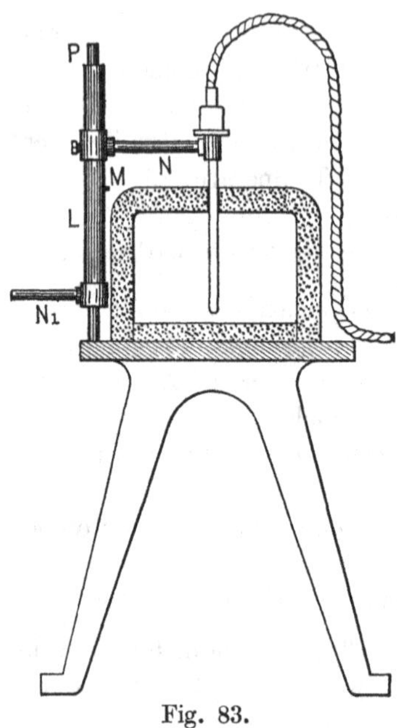

Fig. 83.
Befestigung mit Haltearm.

Das Widerstandspyrometer und sein elektrischer Stromkreis kann an Ort und Stelle geeicht und die Eichung ohne es zu entfernen nachgeprüft werden. Eine Einrichtung für die Industrie sollte immer auf saubere Isolation geprüft werden, nicht nur wenn sie neu ist, sondern auch in gewissen Zeitabständen oder wenn ein unregelmäßiges Verhalten auftritt. Die tatsächlichen Vorgänge des Ausprüfens der Isolation, der Zu-

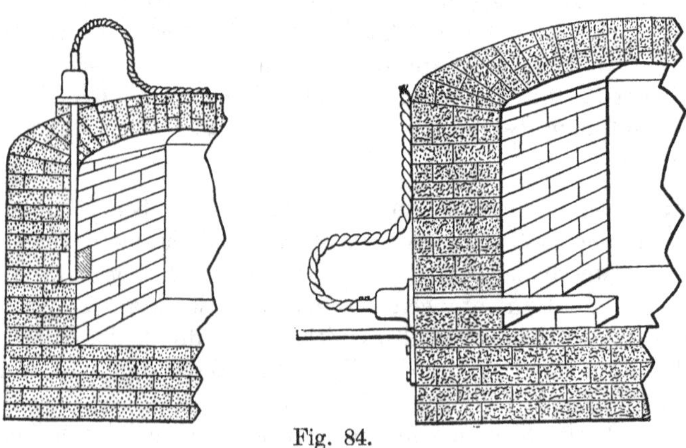

Fig. 84.
Anordnung in Öfen.

leitungen und Kontaktwiderstände hängen von der Art des Instrumentes und der Spannung, für welche es gebaut ist, ab. Mit Sicherheit kann man sagen, daß der Widerstand zwischen jedem Draht und dem Boden oder der Thermometerhülle, oder zwischen zwei unverbundenen Drähten des Systems über ein Megohm für 100 Volt betragen sollte.

Einige der Fabrikanten sehen Ausrüstungen für automatisches Prüfen der Thermometer-Apparate und Spulen vor. So bauen Leeds und Northrup eine Ausrüstung, die aus einer Anzahl von Spulen be-

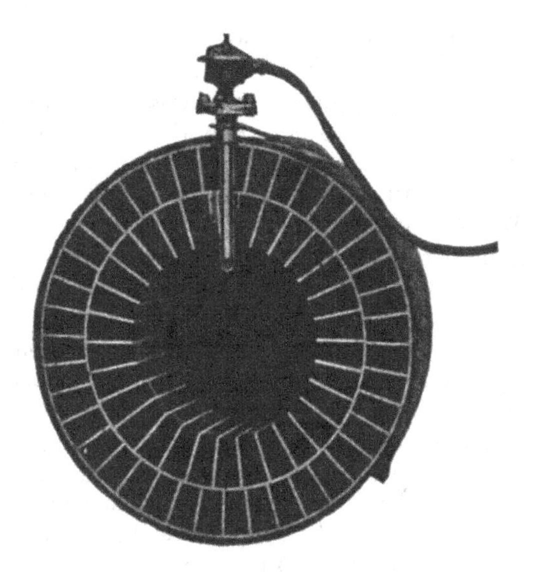

Fig. 85.
Anordnung in Kanälen.

steht, welche bestimmten Temperaturen auf dem Anzeigeinstrument entsprechen und eine andere Spule, welche dem Widerstand des Thermometers bei Zimmertemperatur gleich ist. Die Cambridge-Company baut ebenfalls „Eis-Spulen", mit Hilfe derer der Thermometerwiderstand bei 0^0 C geprüft werden kann. Die Benutzung des Widerstandspyrometers in der Industrie ist ebenfalls sehr erleichtert durch die Praxis, welche bei den Herstellern allgemein geworden ist, nämlich die Instrumente und alle Einzelteile so zu bauen, daß sie gegeneinander ausgetauscht werden können. Dieses ist besonders notwendig für Vielfach-Stromkreise, welche denselben Anzeige-Apparat benutzen, oder wenn ein einziger automatischer Schreiber in Verbindung mit einer Anzahl von Apparaten arbeiten soll. Diese Fragen werden in Kapitel X behandelt.

Benutzung des Widerstandsthermometers zur Messung von Mittelwerten.

Es mag noch eine Benutzung des Widerstandsthermometers Erwähnung finden, die dasselbe als Integrationsinstrument geeignet erscheinen läßt und seinen Gebrauch auf die Fälle ausdehnt, in denen Mittelwerte von Temperaturen gebildet werden sollen. Man kann zu diesem Zweck einen Draht in dem Raum ausspannen, dessen Temperatur man an einzelnen Stellen und auch im ganzen zu kennen wünscht. Der Widerstand des Drahtes wird gemessen, entweder im ganzen oder besser in Teilen, indem man den Draht in gleichlange Unterabteilungen zerlegt, die mit angelöteten Kupfer- oder Silberleitungen miteinander verbunden sind. Die Einzelwiderstände müssen bei bekannten, durch Bäder definierten Temperaturen geeicht sein. Den Widerstand der Einzelstücke findet man am besten durch Messung von Spannung und Strom mit Hilfe eines Kompensationsapparates, indem die zur Verbindung der einzelnen Drahtstücke dienenden kurzen Kupfer- oder Silberleitungsstücke gleichzeitig zur Befestigung mit Spannungsdrähten zur Messung des Potentialabfalles längs des Drahtes versehen sind. Auf diese Weise bestimmten z. B. Holborn und Henning die mittlere Temperatur der Quecksilbersäule eines zur Messung von Sättigungsdrucken des Wasserdampfes dienenden 12 m langen Quecksilbermanometers mit einer Genauigkeit von 0,1 Grad. In diesem Falle wurden die Widerstandsänderungen eines Nickeldrahtes gemessen, der unter Zwischenlage eines paraffinierten seidenen Bandes an das Stahlrohr des Manometers gebunden war. Er besaß einen Durchmesser von 0,5 mm und war in Längen von 2 m zerschnitten, die als Zwischenstücke 1 mm lange und 2 mm dicke Kupferleitungen erhielten. An diesen Kupferstücken waren dann auch die Spannungsleitungen befestigt.

---

6. Kapitel.

Die Strahlungsgesetze.

Allgemeine Prinzipien. Die Temperatur von Körpern kann aus der strahlenden Energie, welche sie aussenden, gemessen werden, entweder in Form von sichtbarer Strahlung oder in derjenigen der längeren ultraroten Wellen, welche man durch deren Wärmeeffekte untersucht. Für die Messung der Temperatur auf diesem Wege gebraucht man die Strahlungsgesetze.

Temperatur und Strahlungs-Intensität. Wenn wir den enormen Zuwachs der Strahlungsintensität mit ansteigender Temperatur in Betracht ziehen, so erscheint diese Methode besonders geeignet für die Messung von hohen Temperaturen. So wird beispielsweise, wenn man die Intensität des roten Lichtes ($\lambda = 0{,}65\,\mu$), die von einem Körper bei 1000° C ausgesandt wird, gleich 1 setzt, die Intensität bei 1500° C über 130 mal so groß werden und bei 2000° C über 2100mal so groß.

Der erhebliche Anstieg der photometrischen Intensität des Lichtes im Vergleich mit derjenigen der Temperatur ist durch folgende Tabelle angezeigt, die von Lummer und Kurlbaum stammt, für Licht das vom glühenden Platin ausgesandt wird. Wenn J_1 und J_2 die Intensitäten des gesamten Lichtes bedeuten, die bei den absoluten Temperaturen T_1 und T_2 (die nicht um viele Grade voneinander verschieden sind) ausgesandt werden, so sind, wenn wir mit Lummer und Pringsheim setzen

$$\frac{J_1}{J_2} = \left(\frac{T_1}{T_2}\right)^x$$

die Werte von x bei verschiedenen absoluten Temperaturen (T °C + 273°) folgende

T° abs.	x	T° abs.	x
900°	30	1400°	18
1000	25	1600	15
1100	21	1900	14
1200	19		

Aus dieser Tabelle sieht man sofort, daß bei 1000° absolut (727° C) die Intensität des Lichtes 25 mal so schnell wie die Temperatur anwächst; bei 1900° absolut (1627° C) 14 mal so schnell. Das Produkt $T . x = 25000$ scheint, wie von Rasch gezeigt worden ist, die Beziehung zwischen T und dem Exponenten x auszudrücken.

Emissionsvermögen. Es könnte daher scheinen, daß ein System von optischer Pyrometrie das auf der Intensität des von glühenden Körpern ausgesandten Lichtes beruht, ein ideales sei, insofern wenigstens, als eine verhältnismäßig rohe Messung der photometrischen Intensität die Temperatur recht genau messen würde. Dieses ist aber nur z. T. der Fall; es ist etwas durch die Tatsache beschränkt, daß verschiedene Körper, wenn sie sich auch auf der gleichen Temperatur befinden, sehr verschiedene Lichtmengen aussenden. So ist beispielsweise die Strahlungsintensität von glühendem Eisen oder von Kohle bei 1000° C sehr vielmal größer als die von solchen Substanzen wie Magnesia, blankem Platin etc. bei derselben Temperatur ausgesandte. Würde man infolgedessen irgendwelchen Schluß betreffs der Temperatur dieser Körper aus dem ausgesandten Licht ziehen, so würde das zu großen Fehlern führen. So würde beispielsweise bei 1500° C dieser Unterschied in der von Kohle und von blankem Platin ausgesandten Lichtmenge zu einem Unterschied in der beobachteten Temperatur dieser Körper von ungefähr 100° C und weniger bei tiefen Temperaturen führen.

„Der schwarze Körper". Kirchhoff wurde in einer seiner höchst bedeutenden Arbeiten über die Theorie der Strahlung zu dem wichtigen Begriff geführt, den er „schwarzen Körper" nannte, den er als einen Körper definierte, welcher alle auf ihn fallende Strahlung absorbiert und nichts davon reflektiert oder hindurchläßt. Er stellte ferner auch mit Klarheit die wichtige Tatsache fest, daß die Strahlung eines solchen schwarzen Körpers nur eine Funktion der Temperatur sei und mit der Strahlung innerhalb eines Hohlraumes übereinstimmte, dessen Wände überall die gleiche Temperatur besitzen. Es gibt verschiedene Bezeichnungen für den „schwarzen Körper" wie z. B. „Integralstrahler," „Gesamtstrahler" usw.

Experimentelle Verwirklichung. Die erste experimentelle Verwirklichung eines „schwarzen Körpers" als praktischer Laboratoriumsapparat wurde von Lummer und Wien erreicht durch möglichst gleichförmige Heizung der Wände eines dunklen Hohlraumes und unter Beobachtung der Strahlung aus dem Innenraum durch eine sehr kleine Öffnung in den Wänden des Hohlraumes. Es gibt keine bekannte Substanz indessen, deren Oberflächenstrahlung derjenigen des schwarzen Körpers genau gleichkäme. Die Strahlungen solcher Substanzen wie Kohle und Eisenoxyd kommen der schwarzen Strahlung ziemlich nahe, während solche Körper wie blankes Platin, Magnesia u. dgl., sich sehr weit von ihr entfernen. Schwarze Strahlungen, welche Temperaturen entsprechen von derjenigen der flüssigen Luft oder tiefer bis zu 2500° C oder höher (wenn geeignete Stoffe gewählt werden), sind jetzt im Laboratorium anwendbar. Für Temperaturen bis zu 600° oder höher wird dieses verwirklicht durch Eintauchen eines metallischen oder anderen Gefäßes in ein Bad von konstanter Temperatur (Flüssigkeit, Gas, Dampf oder geschmolzenes Salz) unter Beobachtung der Strahlung des Inneren durch eine kleine Öffnung in der Wandung. Bei höheren Temperaturen ist es sehr schwierig, die Wände des Hohlraumes gleichförmig zu heizen, besonders mit Gasflammen. Lummer und Kurlbaum haben in recht befriedigender Weise diese Schwierigkeit in ihrem elektrisch geheizten schwarzen Körper, welcher im Schnitt in Fig. 86 dargestellt ist, überwunden.

Das innere Porzellanrohr ist mit dünner Platinfolie überzogen, durch welche ein elektrischer Strom geschickt wird, welcher reguliert werden kann, so daß sich jede gewünschte Temperatur bis zu 1500° C einstellen läßt. Dieses Rohr ist mit einer Anzahl von Diaphragmen ausgerüstet, um die störenden Einflüsse von Luftströmen zu verkleinern. Um dieses innere Rohr vor äußeren Einflüssen zu schützen und um unnötige Wärmeverluste zu vermeiden, ist es von einigen Porzellanröhren und Lufträumen umgeben, wie in der Figur angedeutet. Die Strahlung aus dem gleichförmig geheizten Gebiet nahe der Mitte, welche aus dem Ende des Rohres bei O heraustritt, kommt der idealen schwarzen Strahlung nach Kirchhoff sehr nahe. Die Temperatur dieses Mittelraumes wird mit Hilfe eines oder mehrerer sorgfältig geeichter Thermoelemente gemessen. Wenn man Ergänzungsheizspulen an den Enden hinzufügt, oder die Platinfolie nach der Mitte zu dicker werden läßt, so kann die Temperaturverteilung verbessert werden. Waidner und Burgess waren in der Lage, eine Konstanz von 1° C über dem größeren Längenteil eines solchen Apparates zu erhalten. Die Eichung von optischen und Strahlungs-Pyrometern wird mit Hilfe eines solchen schwarzen Körpers ausgeführt. Für höhere Temperaturen sind besondere Öfen in Benutzung, welche später beschrieben werden sollen. Wie bereits festgestellt ist, sendet Magnesia, Porzellan, Eisen etc., wenn es auf dieselbe Temperatur erhitzt wird, sehr verschiedene Lichtmengen aus. Wenn hingegen diese Körper in dem Inneren eines schwarzen Körpers geheizt werden, so senden sie alle die gleiche Strahlung aus, und blickt man in die schmale Öffnung, so haben sie alle Einzelheiten ihrer Kontur verloren, da der ganze Raum von gleichförmiger Helligkeit erfüllt ist. (Es ist hierbei angenommen, daß die Strahlung rein thermisch ist, daß kein Teil derselben auf Lumineszenz beruht, da die Strahlungsgesetze nur direkt anwendbar sind, wenn letzteres der Fall ist.) So werden beispielsweise in dem oben beschriebenen schwarzen Körper, bevor die Heizung gleichförmig geworden ist, die Platindrähte des Thermoelementes als dunkle Linien auf hellerem Hintergrunde gesehen; wenn aber der Heizstrom eine Zeitlang konstant

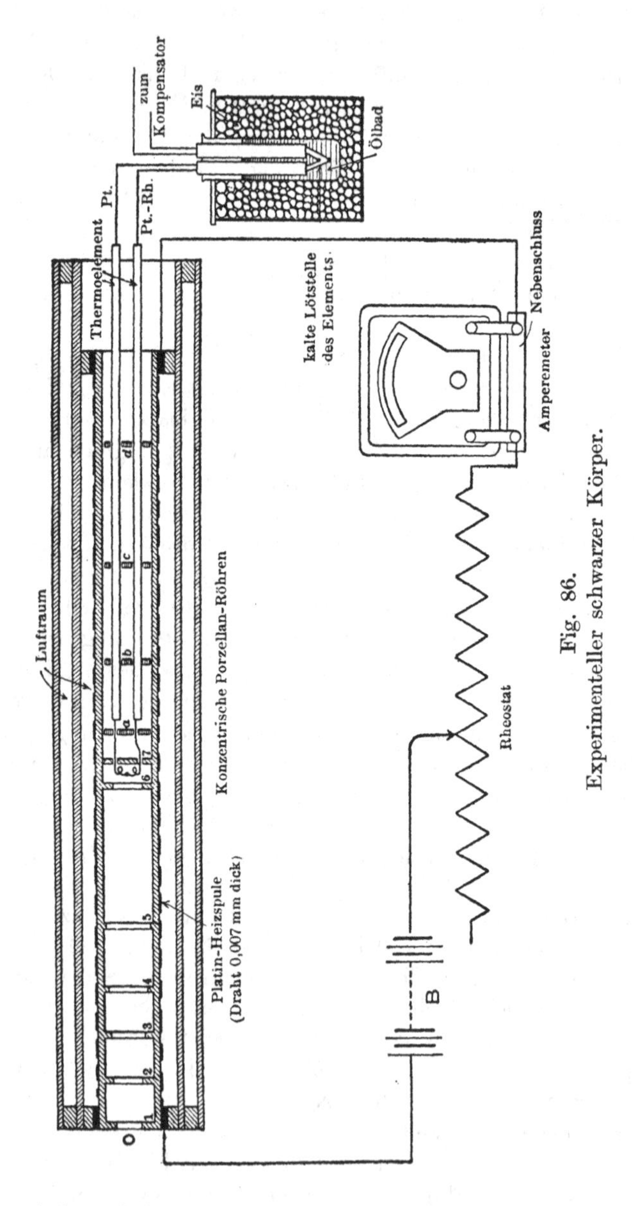

Fig. 86.
Experimenteller schwarzer Körper.

gehalten wird, so daß die Temperatur in der inneren zentralen Kammer gleichförmig geworden ist, so verschwinden die Drähte des Elementes zumeist vollständig, trotzdem von allen Substanzen das Platin und das schwarze Oxyd der strahlenden Wandungen sich am meisten in ihren Strahlungseigenschaften (Emissionsvermögen) unterscheidet.

Verwirklichung in der Praxis. Glücklicherweise ist es in der pyrometrischen Praxis oftmals leicht, sehr angenähert die Bedingungen eines schwarzen oder vollständig absorbierenden Körpers zu verwirklichen. So nähert sich der Innenraum der meisten Öfen, Schachtöfen oder Tiegelöfen, dieser Bedingung, oder der Boden einer geschlossenen Röhre irgend eines Stoffes, die man in irgend einen Raum, der auf Glut-hitze sich befindet, hineingebracht hat. Ferner sind Eisen und Kohle bei offener Beobachtung in ihren optischen Eigenschaften von dem schwarzen Körper nicht weit entfernt.

Schwarze Temperatur. Der Ausdruck „schwarze Temperatur“ ist in sehr ausgedehntem Maße in Benutzung gekommen und ist bei der Erörterung pyrometrischer Fragen von großer Wichtigkeit. Die von einem Strahlungspyrometer, welches mit einem schwarzen Körper geeicht ist, angegebenen Temperaturen, sind als „schwarze Temperaturen“ bekannt. So würde, wenn ein Stück Eisen und ein Stück Porzellan beide auf 1200° sich befinden, das optische Pyrometer, welches das von diesen Körpern ausgesandte rote Licht benutzt, als Temperatur dieser Körper 1140° bzw. 1100° angeben, d. h. daß Eisen und Porzellan bei 1200° rotes Licht der gleichen Intensität aussenden, wie es von einem schwarzen Körper bei 1140° bzw. 1100° C ausgesandt wird. Die „schwarze Temperatur“ dieser Stoffe für grünes Licht kann sich sehr erheblich von derjenigen für rotes Licht unterscheiden. Es ist zugleich augenscheinlich, daß, wenn die schwarzen Temperaturen verschiedener Körper, wie z. B. von Kohle und Platin, einander gleich sind, ihre wirklichen Temperaturen erheblich sich unterscheiden können (180° C etwa bei 1500° C). Dieses verletzt unseren gewöhnlichen Begriff von gleichen Temperaturen, welcher auf dem thermischen Gleichgewicht zwischen den Körpern sich aufbaut, wenn sie in Berührung gebracht sind. Der Ausdruck „äquivalente Temperatur“, der von Guillaume vorgeschlagen ist, wird ebenfalls für „schwarze Temperatur“ angewendet. Waidner und Burgess haben die Bezeichnung vorgeschlagen: 1500° $K_{0,65}$, was bedeuten soll: 1500° absolute Zentigrade, beobachtet mit Licht der Wellenlänge 0,65 μ.

Die Temperatur irgendeines Körpers wird deshalb, wenn sie mit Hilfe irgendeines optischen oder Strahlungspyrometers gemessen wird, immer niedriger sein, als seine wahre Temperatur, und zwar um einen Wert, der von dem Abweichen seiner Strahlung von der des schwarzen Körpers abhängig ist. Es gibt aber noch eine andere Fehlerquelle, welche dahin wirken kann, daß das Pyrometer zu hohe Angaben gibt, die durch reflektiertes Licht von seiten des Körpers bedingt ist, dessen

Temperatur gemessen werden soll. Diese Fehlerquelle kann sehr oft unterdrückt werden, wo es die Angängigkeit der Arbeit erlaubt, indem man ein Rohr bis zur glühenden Fläche herunterführt, welches die starke Strahlung von den umgebenden Flammen abschneidet. Die Größe der Fehlerquelle, die durch reflektiertes Licht von umgebenden heißeren Körpern entstehen kann, kann sehr erheblich sein (einige 100 Grade), abhängig von der Temperatur, Fläche und Lage der umgebenden heißen Körper und dem Reflexionsvermögen der Oberfläche, deren Temperatur beobachtet werden soll.

Das Kirchhoffsche Gesetz. Wenn wir einen dunklen Gegenstand betrachten und Strahlung auf ihn auftreffen lassen, so ist die Beziehung zwischen dem reflektierten (r) und absorbierten (a) Anteile:

$$r + a = 1.$$

Für solche Körper ergibt deshalb, wenn man die Einflüsse der Polarisation des Lichtes und des Einfallswinkels ausnimmt und voraussetzt, daß man es mit rauhen Oberflächen und nur mit Wärmestrahlung zu tun hat, die Bestimmung entweder des Absorptions- oder des Reflexions-Vermögens ebenfalls die andere Größe. Die Größe a hängt von der Natur der Substanz ab und ist eine Funktion der Wellenlänge und der Temperatur allein oder

$$a = f(\lambda, T).$$

Für einen strahlenden Körper ist das Emissionsvermögen e eine ähnliche Funktion von λ und T.

Nach der Definition absorbiert ein schwarzer Körper alle auf ihn einfallende Strahlung. Deshalb ist in diesem Falle $a = 1$ und $r = 0$ für alle Werte von λ und T. Das Emissionsvermögen ε eines strahlenden schwarzen Körpers ist augenscheinlich für die Theorie der Strahlung von grundlegender Bedeutung und die Funktion $\varepsilon = F(\lambda, T)$ bildet die Grundlage mehrerer Strahlungsgesetze.

Das Kirchhoffsche Gesetz kann in seiner Anwendung auf monochromatische Strahlung auf folgende Weise geschrieben werden: $e = a\varepsilon$ oder noch vollständiger:

$$\frac{e}{a} = \ldots \frac{e_n}{a_n} = \varepsilon \equiv F(\lambda, T)$$

Das Verhältnis von Emissionsvermögen zum Absorptionsvermögen ist für alle Körper die gleiche Funktion von Wellenlänge und Temperatur, und ist gleich dem Emissionsvermögen des schwarzen Körpers.

Es gibt eine Anzahl von Folgerungen aus dem Kirchhoffschen Gesetz, von denen wir einige wegen ihrer Bedeutung für Temperaturmessungen anführen wollen, indem wir daran denken, daß wir es hier nur mit Strahlung infolge thermischer Einflüsse zu tun haben.

Das Emissionsvermögen eines schwarzen Körpers ist größer als dasjenige irgendeines anderen Körpers bei gleicher Temperatur. Jeder Körper absorbiert die gleichen Strahlen, welche er bei einer bestimmten Temperatur aussendet. Er kann ebenfalls auch andere Strahlen absorbieren, diese liegen aber nicht in dem Bereich derjenigen, welche ein schwarzer Körper bei dieser bestimmten Temperatur aussendet. Im allgemeinen hängt das Verhältnis e : a, welches das gleiche für alle Körper für gegebene Werte von λ und T ist, nicht von dem Grade oder der Art der Polarisation der Strahlung ab.

Die Energiekurven $e = f(\lambda)$ für jeden Wert von T liegen ganz innerhalb der entsprechenden des schwarzen Körpers.

Im Falle zusammengesetzter Strahlungen, d. h. solcher von spektralen Banden, die als Grenzfall das ganze Spektrum haben, gilt das Kirchhoffsche Gesetz nur unter bestimmten Bedingungen; so gilt das Kirchhoffsche Gesetz für jede zusammengesetzte Strahlung zwischen den Grenzen λ_1 und λ_2, wenn die gesamte Absorption auf die Strahlung eines schwarzen Körpers der gleichen Temperatur wie die der Vergleichskörper bezogen wird.

Andererseits gilt Kirchhoffs Gesetz für zusammengesetzte Strahlungen, wenn zwei gegebene Körper sich auf gleicher Temperatur befinden und wenn jeder von ihnen als Strahlungsquelle dient, welche die Gesamtabsorption der anderen mißt.

Eine Folgerung von beträchtlicher praktischer Wichtigkeit ist folgende: wenn 2 Flächen aus beliebigen Substanzen auf der gleichen Temperatur befindlich gegeneinander strahlen, so ist jede Strahlung der Emission eines schwarzen Körpers gleichwertig. Daraus folgt, daß innerhalb eines geschlossenen Raumes bei konstanter Temperatur alle Körper Strahlung aussenden, die mit der des schwarzen Körpers übereinstimmt, und endlich ist die Strahlung aus einer kleinen Öffnung in solch einem Hohlraum von konstanter Temperatur die schwarze Strahlung und hängt nur von der Temperatur ab.

Es ist wichtig, zu bemerken, daß bei der Messung der Strahlung eines schwarzen Körpers der Empfänger ebenso ein schwarzer Körper sein sollte oder wenigstens, daß sein Absorptionskoeffizient für die Art der untersuchten Strahlung bekannt ist, wenn die Strahlungsgesetze, wie sie auf einen schwarzen Körper angewandt werden, gelten sollen, was man oft annimmt.

Das Stefansche Gesetz. Natürlich war die erste zahlenmäßige Beziehung, die zwischen der Strahlungsintensität und der Temperatur aufgesucht wurde, die für die gesamte Strahlungsenergie, die von einem Körper ausgesandt wird, geltende, da dieser Fall weniger feine Meßinstrumente verlangt als die Prüfung der spektralen Energieverteilung.

Zahlreiche Versuche, eine solche Beziehung aufzufinden, wurden von Newton, Dulong und Petit, Rosetti u. a. unternommen. Diese Versuche bestanden aber hauptsächlich in empirischen Ausdrücken, welche nur für kleine Temperaturgebiete Geltung besitzen. Der erste wichtige Schritt wurde von Stefan unternommen, welcher einige der Versuchszahlen von Tyndall über die Strahlung von glühendem Platindraht im Bereich von 525^0 bis zu 1200^0 C prüfte und zu dem Schlusse kam, daß die ausgestrahlte Energie der vierten Potenz der absoluten Temperatur proportional sei. Diese Beziehung schien weiter gestützt durch die besten Versuchszahlen anderer Beobachter, wenigstens in der Genauigkeitsgrenze ihrer Beobachtung, während sie andererseits vollkommen genau nur für die Energie der Gesamtstrahlung des schwarzen Körpers gültig war. Diese Beziehung wurde in unabhängiger Weise bestätigt von Boltzmann, der sie aus einer thermodynamischen Betrachtung ableitete. Die von Boltzmann in diese Untersuchung über die Natur der Strahlung eingeführten Bedingungen waren derart, wie sie von der Strahlung eines schwarzen Körpers befriedigt wurden. Diese Beziehung, welche heute allgemein als das Stefan-Boltzmannsche Strahlungsgesetz bekannt geworden ist, kann auch folgendermaßen ausgesprochen werden: die von einem schwarzen Körper ausgesandte Gesamtenergie ist proportional der vierten Potenz der absoluten Temperatur oder

$$E = \sigma (T^4 - T_0^4) = \int_0^\infty \varepsilon (\lambda, T)\, d\lambda,$$

wenn E die Gesamtenergie bedeutet, die von einem Körper von der absoluten Temperatur T^0 einem Körper von der absoluten Temperatur $T_0{}^0$ zugestrahlt wird, und σ eine Konstante ist, welche von den benutzten Einheiten abhängt. Gewöhnlich ist T_0 klein im Vergleich mit T, so daß man praktisch schreiben kann

$$E = \sigma T^4.$$

Dieses Gesetz hat ausreichende experimentelle Stütze durch die Untersuchungen von Lummer, Kurlbaum, Pringsheim, Paschen u. a. erhalten, innerhalb des großen Bereiches, in welchem Temperaturmessungen angestellt werden können. Ein Beispiel des experimentellen Beweises zur Stütze dieses Gesetzes ist in nebenstehender Tabelle aus den Versuchen von Lummer und Kurlbaum angeführt.

Man kann ebenfalls aus dieser Tabelle ersehen, daß, während die Intensität der Gesamtstrahlung von Eisenoxyd 4- oder 5mal so groß ist wie die des blanken Platins, sie trotzdem erheblich geringer ist als die vom schwarzen Körper ausgestrahlte. Die Gesamtstrahlung von anderen Körpern als der schwarze wächst schneller als die vierte Potenz der absoluten Temperatur an, so daß, wenn die Temperatur ansteigt, die Strahlung aller Körper sich derjenigen des schwarzen Körpers zu nähern scheint. Ob es aber einen maximalen Grenzwert der Strahlung, die durch rein thermische Ursachen bedingt ist, gibt oder nicht, ist jedoch noch eine offenstehende Frage.

Absolute Temperatur		$\sigma = \frac{E}{T^4 - T_0^4}$.		
T	T_0	Schwarzer Körper	Blankes Platin	Eisenoxyd
372,8	290,5	108,9	—	—
492	290	109,0	2,28	33,1
654	290	108,4	6,56	33,1
795	290	109,9	8,14	36,6
1108	290	109,0	12,18	46,9
1481	290	110,7	16,69	65,3
1761	290	—	19,64	—

Der Zahlenwert der Konstanten σ für den schwarzen Körper ist bei absoluten Messungen von Interesse und beim Prüfen der Konstanten der Strahlungsinstrumente. Für die von 1 cm^2 pro Grad C ausgehende Strahlung, ausgedrückt im Gramm-Kalorien pro Sekunde, reichen die für σ gefundenen Werte von weniger als $1{,}0 \,.\, 10^{-12}$ von Bottomly und King bis zu $1{,}52 \,.\, 10^{-12}$ von Féry. Die in der Tabelle angeführten Beobachter aber haben Resultate bekommen, welche in engeren Grenzen übereinstimmen, wobei manche Meßreihen über sehr große Temperaturbereiche hin ausgedehnt wurden, im Falle von Valentiner bis ungefähr 1600^0 C. Das Resultat entspricht der Temperaturskala, die von Holborn und Valentiner aufgestellt worden ist. Es muß aber bemerkt werden, daß, wenn ausgleichende Fehlerquellen in den Energiemessungen vorhanden sind, oder Fehler, die auf der nicht vorhandenen Schwärze des Strahlers oder Empfängers beruhen, es möglich ist, einen richtigen Wert von σ aus einer ungenauen Temperaturskala zu bekommen, wie es aus der logarithmischen Form des Stefan-Boltzmannschen Gesetzes hervorgeht: $\log E = \log \sigma + \eta \log T$.

Paschen hat darauf hingewiesen, daß bei den Bestimmungen der Konstanten σ in absoluten Einheiten nach der Methode von Kurlbaum mit Nachheizen des Bolometers mittels elektrischer Energie ein Fehler entstehen kann, falls das benutzte Bolometer in seiner Dicke nicht gleichförmig ist. Auf seine Veranlassung ist von Gerlach eine neue Bestimmung der Konstanten vorgenommen worden, wobei die von der Strahlung bewirkte Temperaturerhöhung eines Bleches durch die Strahlung desselben auf eine Thermosäule gemessen wurde. Paschen findet theoretisch, daß in diesem Falle die elektrische Heizung des Bleches, auch wenn es in der Dicke ganz ungleichförmig ist, keinen Fehler verursacht. Gerlach findet einen bedeutend höheren Wert der Konstanten, der näher an dem von Féry angegebenen Wert als dem Werte von Kurlbaum und auch dem von Valentiner liegt. Die Abweichung dieses Wertes kann, wie Valentiner gezeigt hat, darauf zurückzuführen sein, daß die Temperatur der Umgebung des Streifens bei der notwendigen langen Bestrahlung bei dieser Methode sich ändert. Bei gut hergestellten Bolometerstreifen ist die Dicke der Streifen aber so gleichmäßig, daß derartige Unterschiede in den Konstanten nicht durch eine Ungleichförmigkeit derselben bedingt sein können. Ein gutes Kriterium dafür, daß die Bolometerstreifen gleichförmige Dicke besitzen, erhält man, wenn man sie auf ungefähr 600^0 C elektrisch heizt und die Temperatur auf ihrer Länge mit einem optischen Pyrometer bestimmt.

Nach einer ganz anderen Methode ist neuerdings von Westphal die Konstante σ gemessen worden. Er benutzte einen zylindrischen Kupferkörper, der mittelst gemessener elektrischer Energie auf bestimmte Temperatur geheizt, innerhalb einer innen geschwärzten Glasflasche in Luft vom Druck von 1 mm etwas unter dem Mittelpunkte aufgehängt wird, so daß sein Wärmeverlust hauptsächlich durch Strahlung bedingt wird. Man läßt den Mantel des Zylinders bei unveränderten Endflächen einmal mit möglichst hohem Emissionsvermögen (E_1), dann aber mit blanker Oberfläche (O), also möglichst kleinem Emissionsvermögen (E_2) strahlen. Der Wattverbrauch des Körpers im stationären Zustande ist dann, wenn T seine Temperatur und T_0 die Temperatur der Flasche:

$$W_1 = O \cdot \sigma \cdot E_1 (T_4 - T_0^4) + f(T_1 T_0),$$

wobei $f(T_1 T_0)$ eine unbekannte Funktion der Grenztemperaturen ist und den Energieverlust durch andere Vorgänge als durch Strahlung bedeutet. Im Falle des kleinen Emissionsvermögens hat man

$$W_2 = O \cdot \sigma \cdot E_2 \cdot (T_0^4 - T_0^4) + f(T, T_0)$$

woraus

$$\sigma = \frac{W_1 - W_2}{O (E_1 - E_2)(T_1^4 - T_0^4)}$$

folgt. Die Methode verlangt also nur zwei elektrische Energiemessungen und die Bestimmung der Emissionsvermögen bei bekannten Temperaturen. Der Strahlungskörper ist in sehr geschickter Weise aus massivem Kupfer so ausgearbeitet, daß er im Innern einen schwarzen Körper darstellt, bei dem infolge der guten Wärmeleitung des Kupfers die ganze Wandung gleichförmige Temperatur besitzt. Ein äußerer Mantel, dessen Dimensionen sehr genau bestimmt sind, kann über den Körper geschoben werden. Zur Bestimmung des Emissionsvermögens der Mantelfläche läßt man den Mantel und danach den inneren schwarzen Körper auf eine Rubenssche Thermosäule strahlen. Korrektionen sind anzubringen wegen der

Temperatur des Kühlwassers T_0 der Flasche und wegen der Wärmeleitung durch die Kupferzuleitungen und durch das Gas. Die Werte der Konstanten σ der verschiedenen Meßreihen, die mit verschiedenen Schwärzungen der Oberfläche angestellt sind, zeigen keine großen Schwankungen und liegen zwischen $5{,}48 \times 10^{-12}$ und $5{,}58 \times 10^{-12} \frac{\text{Watt}}{\text{cm}^2\ \text{Grad}^4}$.
Als Mittel aus allen einzelnen Beobachtungen findet Westphal den Wert $5{,}54 \times 10^{-12}$, der eine Genauigkeit von 0,5 % zu besitzen scheint.

In der folgenden Tabelle sind einige Werte der Konstanten σ angeführt, wobei an den Zahlen von Kurlbaum und Valentiner wegen mangelnder Schwärze des Bolometers eine Korrektion von + 2,5% angebracht ist.

Kurlbaum	$5{,}45 \cdot 10^{-12}$	$\frac{\text{Watt}}{\text{cm}^2\ \text{Grad}^4}$	1898
Féry	6,30	„	1909
Bauer und Moulin	5,30	„	1909
Valentiner	5,58	„	1910
Féry u. Drecq	6,51	„	1911
Shakespear	5,67	„	1912
Gerlach	5,80	„	1912
Westphal	5,54	„	1912

Gesetze der Energieverteilung. Unter den ersten Tatsachen, die über die Natur der von Körpern ausgesandten Strahlung bemerkt werden muß, ist diejenige, daß bei tiefen Temperaturen diese Strahlung aus Wellen besteht, die von größerer Länge sind, als daß sie das menschliche Auge erregen könnten. Wenn die Temperatur steigt, so werden immer kürzere Wellen hinzutreten, welche endlich durch das Auge wahrgenommen werden können; die erste der sichtbaren Strahlungen, welche einen Reiz hervorbringt, wird rot genannt, dann orange usw., bis die violetten Wellen erreicht sind, welches die kürzesten Wellen sind, die das Auge noch entdecken kann.

Bald nachdem Langley das Bolometer gebaut hatte, welches in so bewunderungswerter Weise für die Messung der kleinen Strahlungsenergie geeignet ist, wurde eine große Menge geeigneter Versuchszahlen erhalten, die sich auf die spektrale Energieverteilung von der von verschiedenen Körpern ausgesandten Strahlung bezog. Unter den wichtigsten dieser Mitteilungen müssen die Untersuchungen von Paschen erwähnt werden, welcher die Energieverteilung in den Emissions- und Absorptionsspektren verschiedener Substanzen bestimmte. Unter den experimentellen Tatsachen, die bei diesen Untersuchungen gefunden wurden, war die, daß der größte Teil der Energie im Spektrum in dem Gebiet des Ultrarot gefunden wurde, daß die Lage der Wellenlänge mit maximaler Energie von der Temperatur des Körpers abhängig ist, und daß, wenn die Temperatur ansteigt, die Energie aller ausgesandten Wellen anwächst, aber die der kürzeren Wellen in höherem Maße als die der längeren, so daß die Lage (Wellenlänge) des Energiemaximums im Spektrum nach kürzeren Wellenlängen rückt. Diese Tatsachen werden trefflich durch die in der Fig. 87 gezeichneten Kurven, die aus einer Arbeit von Lummer und Pringsheim stammen, er-

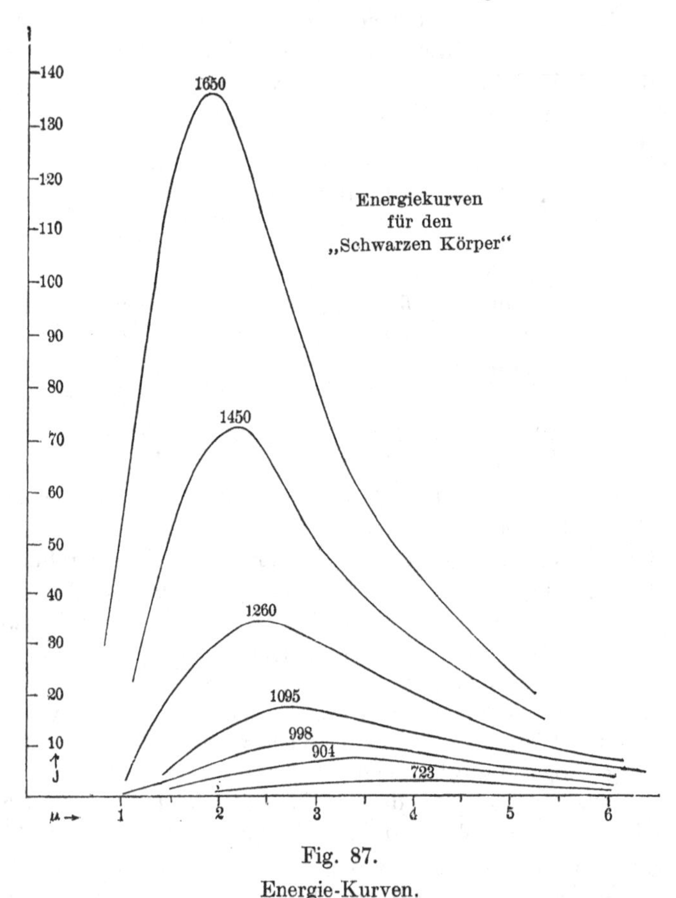

Fig. 87.
Energie-Kurven.

läutert, in welchen die Ordinaten der von einem schwarzen Körper ausgesandten Strahlungsintensität proportional sind und die Abszissen Wellenlängen bedeuten (in Tausendstel eines Millimeters).

Solche Kurven, wie sie hier abgebildet sind, bei welchen die Temperatur konstant ist, und die Energie entsprechend den Strahlungen der verschiedenen vom Körper ausgesandten Wellenlängen gemessen ist, werden „Energiekurven" genannt, d. h. die bestimmte Beziehung ist $J = f(\lambda)$ für $T =$ konstant, wo $J =$ die der Wellenlänge (λ) entsprechende Energie ist, genau genommen die in dem Spektralgebiet zwischen λ und $\lambda + d\lambda$ enthaltene Energie und T die absolute Temperatur der Strahlungsquelle bedeutet. Es ist ebenfalls von Interesse, die Änderung in der Intensität einer bestimmten Wellenlänge zu prüfen, wenn die Temperatur der Strahlungsquelle sich ändert, d. h. $J = F(T)$ aufzufinden für $\lambda =$ konstant. Dies kann natürlich erreicht werden, indem man den Bolometerstreifen in einem bestimmten Bezirk des Spektrums läßt und die Galvanometerausschläge beobachtet, wenn die Temperatur sich ändert. Die auf diese Weise für $J = F(T)$ erhaltenen Kurven werden „isochromatische" Kurven genannt.

Die Wienschen Gesetze. Wien wurde durch theoretische Überlegungen dazu geführt, auszusprechen, daß, „wenn die Temperatur wächst, die Wellenlänge jeder monochromatischen Strahlung sich derartig verkleinert, daß das Produkt aus der Temperatur und der Wellenlänge konstant ist".

$$\lambda T = \lambda_0 T_0.$$

Hieraus folgt für die Wellenlänge der maximalen Energie

$$\lambda_m T = \text{konst.} \quad \ldots \ldots \ldots \quad (I),$$

dieses Gesetz ist bekannt als das Wiensche Verschiebungsgesetz, und ist einfach ein mathematischer Ausdruck für die Tatsache, daß, wenn die Temperatur der Strahlungsquelle sich ändert, die Wellenlänge, welche im Spektrum die maximale Energie besitzt, sich derartig verändert, daß das Produkt aus dieser Wellenlänge und der entsprechenden absoluten Temperatur der Strahlungsquelle T gleich ist einer Konstanten. Wien hat dann die obige Beziehung mit dem Stefan-Boltzmannschen Gesetz vereinigt und wurde zu der Beziehung geführt, daß

$$J_{max.} T^{-5} = \text{konst.} = B \quad \ldots \ldots \ldots \quad (II)$$

ist, worin $J_{max.}$ die Energie bedeutet, welche der Wellenlänge maximaler Energie entspricht und T die absolute Temperatur des Strahlers (schwarzen Körpers) ist. Beide dieser Verallgemeinerungen von Wien für die von einem schwarzen Körper ausgesandte Strahlung haben die weitgehendste experimentelle Bestätigung im ganzen Bereich der meßbaren Temperatur erfahren, welche augenblicklich dem Experimental-Physiker zu Gebote stehen.

Als Erläuterung der experimentellen Stütze für die Geltung dieser beiden Strahlungsgesetze, ist folgende Tabelle hinzugefügt worden, die aus einer Arbeit von Lummer und Pringsheim über die Strahlung des schwarzen Körpers stammt:

λ_m	I_m	$A = \lambda_m T$	$B = I_m T^{-5}$	Absolute Temperatur	$T = \sqrt[5]{\frac{I_m}{B_{mittel}}}$	Diff.
4,53	2,026	2814	2190.10^{-17}	621,2°	621,3	+0,1°
4,08	4,28	2950	2166	723,0	721,5	−1,5
3,28	13,66	2980	2208	908,5	910,1	+1,6
2,96	21,50	2956	2166	998,5	996,5	−2,0
2,71	34,0	2966	2164	1094,5	1092,3	−2,2
2,35	68,8	2959	2176	1259,0	1257,5	−1,5
2,04	145,0	2979	2184	1460,4	1460,0	−0,4
1,78	270,8	2928	2245	1646,0	1653,5	+7,5
Mittel		2940	2188.10^{-17}			

Wie man sieht, sind diese Versuchsergebnisse in sehr befriedigender Übereinstimmung mit diesen Gesetzen, wenn man die experimentellen Schwierigkeiten in Betracht zieht, welche diesen Messungen anhaften. In den Wert von B geht die Temperatur mit der 5. Potenz ein, so daß ein kleiner Temperaturfehler einen sehr deutlichen Einfluß auf den Wert von B ausübt. Paschen fand später $\lambda_m T = 2920$, während aus den neuesten Bestimmungen $2894 = \lambda_m T$ folgt.

Wien veröffentlichte ebenfalls das Resultat einer weiteren theoretischen Untersuchung über die spektrale Energieverteilung in der Strahlung des schwarzen Körpers, worin er zu dem Schlusse kam, daß die irgend einer Wellenlänge entsprechende Energie J dargestellt wurde durch

$$J = c_1 \lambda^{-5} e^{-\frac{c_2}{\lambda T}} \quad . \; . \; . \; . \; . \; . \; . \quad \text{(III)}$$

wo J die Energie bedeutet, welche der Wellenlänge λ entspricht, T die absolute Temperatur des strahlenden schwarzen Körpers, e die Basis des natürlichen Logarithmensystems und c_1 und c_2 Konstanten. Wir haben weiter die Beziehung $c_2 = 5\,\lambda_m T$, für welche wir den Wert annehmen können: $c_2 = 14\,370$.

Die nachfolgenden experimentellen Untersuchungen von Beckman, Rubens u. a. haben gezeigt, daß das Wiensche Verteilungsgesetz nicht für lange Wellenlängen gilt, obwohl es hinreichend in dem ganzen sichtbaren Spektrum Gültigkeit besitzt und in allen Fällen benutzt werden kann, in denen $\lambda T < 3000$.

Planck hat einem dem Wienschen analogen Ausdruck abgeleitet, welcher mit Genauigkeit für alle Wellenlängen und Temperaturen Gültigkeit besitzt. Dieses Gesetz, welches in das von Wien für kleine Werte von λ übergeht, kann geschrieben werden:

$$J = c_1 \lambda^{-5} \left(e^{\frac{c_2}{\lambda T}} - 1\right)^{-1} \quad . \; . \; . \; . \; . \; . \quad \text{(IV)}$$

worin $c_2 = 4{,}965\,\lambda_m T$ eine noch genauere Lösung ist, als wie sie durch das Wiensche Gesetz (III) gegeben wird.

Andere Strahlungsgesetze sind ebenfalls vorgeschlagen worden, aber das von Planck scheint das beste zu sein, sowohl theoretisch, als auch experimentell.

Für die Strahlung aller Substanzen, welche experimentell untersucht worden sind, hat man allgemein gefunden, daß das „Verschiebungsgesetz“

$$\lambda_{m_1} T = \text{konst.} = A_1 \quad \ldots \ldots \ldots \quad (Ia)$$

auch noch gültig bleibt, wenn auch die Strahlung sehr weit von der des schwarzen Körpers abweicht. In diesem Falle ist aber der Wert der Konstanten von der für den schwarzen Körper gültigen verschieden. So fanden Lummer und Pringsheim für das blanke Platin $A_1 = 2626$.

Für die Strahlung eines anderen als des schwarzen Körpers gilt das Gesetz von der maximalen Energie, nur in der geänderten Form

$$J_m T^{-\alpha} = \text{konst.} = B_1 \quad \ldots \ldots \ldots \quad (IIa),$$

wo α nicht kleiner sein kann als 5 und wahrscheinlich auch nicht größer als 6, ein Wert, der von Lummer und Pringsheim für das blanke Platin gefunden wurde. Die allgemeine Form des Wienschen Gesetzes (III) wird dann

$$J = c_1 \lambda^{-\alpha} e^{-\frac{c_2}{\lambda T}}; \quad \ldots \ldots \ldots \quad (III')$$

wo $6 > \alpha > 5$.

Die entsprechende Form, welche das Stefansche Gesetz für nichtschwarze Körper annimmt, ist

$$E = \sigma' T^{\alpha - 1}, \quad \ldots \ldots \ldots \quad (B')$$

wo α dasselbe bedeutet, wie in der vorhergehenden Gleichung.

Lummer und Pringsheim fanden folgende Temperaturgrenzen, gegeben durch die Wiensche Beziehung (Ia):

	λ_m	$T_{max.}$	$T_{min.}$
Lichtbogen	0,7 μ	4200 abs.	3750 abs.
Nernst-Lampe	1,2	2450	2200
Auer-Brenner	1,2	2450	2200
Glühlampe	1,4	2100	1875
Kerze	1,5	1960	1750
Argand-Brenner	1,55	1900	1700

Lummer und Pringsheim erhitzten ebenfalls ein Kohlerohr elektrisch auf ungefähr 2000° C und beobachteten die Temperatur im Inneren in gleicher Weise unter der Benutzung verschiedener Strahlungsgesetze mit entsprechenden Apparaten:

Methode	T absolut
Photometrisch	2310 2320 2330
Gesamtstrahlung	2330 2345 2325
Energie-Maximum	2330 2320

Diese völlige Übereinstimmung bei solch hoher Temperatur zwischen den verschiedenen Strahlungsmethoden gibt sicher die weitere Berechtigung, die grundlegenden Gesetze bei Körpern, die nicht lumineszieren, unbegrenzt extrapolieren zu können. Waidner und Burgess fanden ebenfalls, daß diese Übereinstimmung wahrscheinlich auch noch bei der Temperatur des elektrischen Lichtbogens, nämlich 3600° C, vorhanden ist.

Hinsichtlich der ausgezeichneten Übereinstimmung unter den oben angeführten Versuchen zur Bestätigung der Gültigkeit einiger Strahlungsgesetze für Temperaturmessungen gibt es trotzdem noch eine große vorhandene Unsicherheit in den Zahlenwerten der charakteristischen Konstanten der Gleichungen, welche diese Gesetze darstellen, beispielsweise in der Größe σ im Stefanschen Gesetz (B) S. 230 und in dem Werte von c_2 in der Wienschen Gleichung (III), S. 236, für die Strahlung des schwarzen Körpers, ebenso wie in den entsprechenden Größen und besonders auch bei dem Werte des Exponenten α (Gleichung (II) etc.) für andere Substanzen.

Wir haben gesehen (S. 71), daß eine Unstimmigkeit von beträchtlicher Größe von wenigstens 25° C beim Schmelzpunkt des Palladiums in der Skala des Stickstoff-Thermometers, wie sie von Holborn und Valentiner und von Day und Sosman aufgestellt ist, vorhanden ist. Die Messungen der ersteren, welche gleichzeitig mit Gasthermometerbestimmungen angestellt sind, führten zu einem Werte $c_2 = 14200$ in der Wienschen Gleichung (III) und in einer Arbeit von Valentiner zu dem konstanten Werte von $5{,}58 \frac{\text{Watt}}{\text{cm}^2\,\text{Grad}^4}$ für σ in der Stefanschen Gleichung (B). Die Gasskala von Day und Sosman hingegen führt sehr nahe zu einem Werte von $c_2 = 14400$, wie er auch aus den optischen Messungen von Nernst und v. Wartenberg und von Waidner und Burgess hervorgeht.

Es ist sehr wichtig, daß diese noch vorhandene Unsicherheit herausgebracht wird und weitere Arbeiten auf diesem Gebiet sind über diese und verwandte Gegenstände in mehreren Laboratorien im Fortgang.

Warburg, Leithäuser, Hupka und Müller haben in den letzten Jahren eine Neubestimmung der Konstanten c_2 des Strahlungsgesetzes vorgenommen. Sie benutzten verschiedene Strahler, die übliche Art von Lummer und Kurlbaum (Fig. 86) und einem Vakuumstrahler mit elektrisch geheiztem Kohlerohr, wobei die Temperatur mit dem Wienschen Verschiebungsgesetz gemessen werden konnte im ultraroten Gebiet. Das benutzte Spiegelspektrometer vermeidet den durch den Astigmatismus der Spiegel bedingten Fehler nach Möglichkeit und läßt eine Genauigkeit der Ablesung von 10″ zu, erlaubt jedoch mit Hilfe einer Mikrometerschraube noch 1″ zu schätzen. Zur Messung der Strahlung dient ein im hohen Vakuum befindliches Linearbolometer, dessen Breite gleich der des Spaltes war und 1,3 mm betrug, entsprechend 6,4 Bogenminuten. Es zeigte sich, daß bei der Bestimmung der Konstanten c_2 die zur Dispersion der Strahlen dienende Substanz von erheblichem Einfluß wird und daß der bei den grundlegenden Untersuchungen von Lummer und Pringsheim benutzte Flußspat für genaue Versuche sich nicht zu eignen scheint, sondern durch ein Quarzprisma, welches nebenbei durch höhere Dispersion sich auszeichnet, in dem Gebiete, wo der Quarz wenig absorbiert, zu ersetzen ist. Mit einem Quarzprisma von 60^0 ergibt sich für c_2 als bester Wert 14370, was auch sehr nahe aus Beobachtungen von Isothermen gefunden wird.

Eine genaue endgültige Bestimmung von c_2 erscheint mit Hilfe der Intensitätsmessungen bei konstanter Wellenlänge (Isochromatenmethode) unter Verwendung eines recht großen Temperaturbereiches möglich, wobei man von der bekannten Temperatur des Goldschmelzpunktes (1063^0 C) ausgehen kann. Nach den bisherigen Bestimmungen weicht eine mit Hilfe dieser Konstanten bestimmte Temperatur ($c_2 = 14370$) bei 1400^0 nicht erheblich von der von Day und Sosman aufgestellten Skala ab. Die Differenz beträgt ungefähr 1^0 C. Es läßt sich aber bis jetzt nicht angeben, ob diese Differenz reell ist.

Bei der Bedeutung dieser Normalbestimmungen erscheint es berechtigt, auf die Messungen noch etwas näher einzugehen. Bei zwei Temperaturen T_1 und T_2 wurde die Hohlraumstrahlung in Form einer Energiekurve (Isotherme) aufgenommen und außerdem zum Vergleich eine Helligkeitsmessung an der roten Wasserstofflinie gemacht. T_1 und T_2 wurden nun nicht unabhängig voneinander bestimmt, wie dieses in früheren Untersuchungen geschehen ist, sondern T_2 aus T_1 aus dem Wienschen Verschiebungsgesetz nach folgender Gleichung:

$$T_2 = T_1 \sqrt[5]{\frac{Em_1}{Em_2}}$$

abgeleitet, in der E_{m_1} und E_{m_2} die Energien im Maximum der Kurve bedeuten. Die Energiemessung bei konstanter Wellenlänge, die Methode der Isochromaten, ergibt im Gültigkeitsbereich des Wienschen Gesetzes

$$c_2 = \lambda T_1 T_2 \log_{10} q/(T_2 - T_1) \log_{10} e$$

wo q das Intensitätsverhältnis bei der Wellenlänge λ bedeutet. Es ergibt sich als Fehler dc_2 in c_2 infolge eines Fehlers in T_1 bei unabhängiger Bestimmung von T_1 und T_2

$$\frac{d c_2}{c_2} = \frac{T_2}{T_2 - T_1} \frac{d T_1}{T_1}$$

ist hingegen $T_2 = k T_1$, wie in dem Falle der Benutzung des Verschiebungsgesetzes, so folgt

$$\frac{d c_2}{c_2} = \frac{d T_1}{T_1}$$

Der Fehler bei unabhängiger Temperaturbestimmung wird also $\frac{T_2}{T_2 - T_1}$ mal so groß; z. B. für $T_1 = 1335$, $T_2 = 1673$ fünfmal so groß.

Auch eine mangelnde Schwärze des Strahlers ist bei dieser Methode von viel geringerer Bedeutung. Man würde infolge derselben T_2 zu hoch finden, da $\frac{E_{m_1}}{E_{m_2}}$ zu hoch wird; c_2 würde also dadurch zu klein. Da aber andererseits in diesem Falle q zu hoch ausfällt, so tritt eine teilweise Kompensation ein, so daß Fehler, die bei unabhängiger Bestimmung der Temperatur T_2 nach Prozenten zählen, hierbei auf den zehnten Teil vermindert werden.

Die Versuche wurden meistens zwischen einer dem Goldschmelzpunkt naheliegenden, durch ein Thermoelement kontrollierten Temperatur angestellt, sie war 1337^0 abs. $\pm$ 1, und der höheren Temperatur T_2, welche $1673{,}4^0$ betrug. Die höhere Temperatur wurde auch mit einem Thermoelement, welches die Day-Sosmansche Skala wiedergab, innerhalb dieser Skala gemessen und gleich 1675^0 abs. $\pm$ 2 gefunden, während die beste radiometrische Bestimmung mit Quarz-Prisma $1673{,}4^0$ ergab. Man sieht also, daß die beiden Temperaturen innerhalb der Fehlergrenzen übereinstimmen. Bei der radiometrischen Temperaturbestimmung von T_2 ist als Korrektion die Reduktion auf unendlich schmale Spalt- und Bolometerbreite nach der Rungeschen Formel anzubringen, ferner wegen selektiver Reflexionen und Absorptionen zu korrigieren. Prismen aus Quarz zeigen auch bei verschiedenen brechenden Winkeln die gleiche radiometrische Temperatur, während Flußspatprismen dieses nicht tun; bei letzteren fällt die Intensität von längeren zu kürzeren Wellen schneller ab als beim Quarz; daher liegt die mit Flußspatprismen bestimmte Temperatur immer tiefer als die Quarztemperatur.

Hat man die Temperaturen T_1 und T_2 radiometrisch bestimmt, so kann man c_2 durch die Kenntnis des Intensitätsverhältnisses bei gleichen Wellenlängen finden; dabei fallen die Korrektionen wegen selektiver Eigenschaften fort und nur die Spaltbreiten-Korrektion ist anzubringen. Hierbei ergibt sich für $\lambda = 0{,}6563$, optisch gemessen $\log q = 1{,}431 \pm 7$ im Mittel, woraus ein in die Normalbestimmungen aufzunehmender Wert von $c_2 = 14\,385$ folgt. Aus den Werten für q für verschiedene Wellenlängen im Ultrarot folgt im Mittel ein für die Normalbestimmung gültiger Wert von $c_2 = 14\,381$. Die Einzelwerte sind aus folgender Tabelle ersichtlich:

λ		c_2
0,6563		14 385
1,132		14 395
1,329		14 386
1,588		14 360
2,172		14 379
	Mittel	14 381

Betrachtet man die für verschiedene Wellenlängen mit verschiedenen Prismen erhaltenen Werte für q, so zeigt sich für $\lambda = 1{,}588$ eine recht gute Übereinstimmung, auch bei verschiedener brechender Substanz, im Mittel $q = 0{,}5922$ mit einer Genauigkeit von $\pm 0{,}0001$. Da auch die Abweichungen bei dieser Wellenlänge zwischen Flußspat und Quarz sehr gering sind, woraus wohl folgt, daß für dieselbe die Brechungsexponenten von Flußspat und Quarz sehr gut bestimmt sind, so kann man dieser Wellenlänge für Normalbestimmungen ein recht großes Gewicht beilegen. Systematische Fehlerquellen können auftreten durch Ungenauigkeiten in der Bestimmung der Dispersionskurven der zerlegenden Substanzen, aber auch durch eine Ungenauigkeit der Spaltbreitenkorrektion, die mit abnehmender Dispersion wachsen muß. In allen Fällen erwiesen sich diese Korrektionen für $\lambda = 1{,}588\ \mu$ sehr klein. Mit dem entsprechenden Werte für q erhält man mit dieser Wellenlänge den in die Normalbestimmungen aufzunehmenden Wert von $c_2 = 14\,362$. Einen letzten Wert für die Normalbestimmungen erhielt man unter Benutzung eines Vakuum-Kohlestrahlers durch Ausdehnung des Temperaturintervalls auf eine Temperatur $T_2 = 2283{,}3^0$. Als Ausgangstemperatur wurde die mit Quarz bestimmte Temperatur von $1673{,}4^0$ gewählt und der Kohlestrahler an den offenen schwarzen Körper nach Lummer-Kurlbaum angeschlossen, indem der letztere durch eine Flußspatplatte verschlossen wurde, wie sie auch zum Abschluß des Vakuumstrahlers diente. Das Verhältnis der prismatischen Intensitäten wurde bei zwei Wellenlängen ($\lambda = 1{,}132$ und $1{,}709$) für beide Strahler gleichgemacht. Die Wellenlänge maximaler Energie ist bei

2283,3° schon sehr klein, so daß eine Korrektion wegen unvollkommener Reflexion der Silberspiegel des benutzten Spektrometers anzubringen ist, welche T_2 um 3° erhöht und den c_2-Wert um 4 pro mille erniedrigt. Die aus verschiedenen Werten für q für mehrere Wellenlängen aus Isochromaten gewonnenen c_2-Werte zeigt folgende Tabelle:

λ	c_2
0,6563	14 335
1,132	14 354
1,329	14 351
1,588	14 370
2,172	14 425
Mittel	14 367

Als Mittel, das zu den übrigen Normalbestimmungen hinzuzufügen ist, erhält man also 14 367. Nimmt man nunmehr das Mittel aus allen vier Werten, die als Normalbestimmungen gelten können, so folgt $c_2 = \frac{1}{4}(14\,385 + 14\,362 + 14\,381 + 14\,367)$ und als Endergebnis $c_2 = 14\,370 \pm 40$ Mikron. Grad. Daraus folgt $\lambda_m\ T = 2894 \pm 8$.

Als Palladiumschmelzpunkt ergibt sich mit dieser Konstanten aus dem bestimmten Helligkeitsverhältnis zwischen Gold- und Palladiumschmelzpunkt $T = 1550{,}6°$, während Day und Sosman mit dem Gasthermometer $1549{,}2 \pm 2$ gefunden haben. Die Übereinstimmung ist in Anbetracht der Messungen bei so hoher Temperatur eine ganz vorzügliche.

Mit Hilfe der bolometrischen Energiemessungen kann man im ultraroten Gebiet auch bei konstanter Temperatur mit Hilfe der Isotherme eine c_2-Bestimmung vornehmen. Es ergibt sich aus der Planckschen Formel

$$c_2 = 4{,}9651\,\lambda_m T.$$

Man muß also außer der Kenntnis von T noch die Wellenlänge des Energiemaximums kennen. Um sie genau aufzufinden, geht man zweckmäßig von der aus dem Planckschen Gesetz sich ergebenden Formel aus

$$\frac{E}{E_m} = \left(\frac{\lambda_m}{\lambda}\right)^5 \cdot \frac{142{,}32}{e^{4{,}9651\frac{\lambda_m}{\lambda}} - 1}$$

wo die Energien E, E_m sich auf λ, λ_m bezieht. Man berechnet eine Tabelle, welche $\frac{E_m}{E}$ als Funktion von $\frac{\lambda_m}{\lambda}$ angibt, entnimmt aus den beobachteten Werten für $\frac{E}{E_m}$ die zugehörigen Werte $\frac{\lambda_m}{\lambda}$ und findet so λ_m aus λ. Die Werte von E und E_m sind wegen selektiver Eigenschaften der dispergierenden Substanz zu korrigieren, nachdem sie auf das Normalspektrum reduziert sind. Bei kurzen Wellenlängen kommt auch das Reflexionsvermögen der Spiegel in Frage. Da die Korrektionen nicht mit großer Sicherheit angegeben werden können, ist diese Methode zu Normalbestimmungen weniger geeignet. Die Beobachtungen am Quarz ergaben bei $T_1 = 1337$ aus $\lambda = 1{,}588\ \mu$ die Lage von E_m bei 2,160, woraus

$$c_2 = 1337 \times 2{,}160 \times 4{,}9651 = 14\,340$$

in guter Übereinstimmung mit der Isochromatenmethode sich ergibt. Bei Benutzung eines Flußspatprismas erhält man auch hier höhere Werte für c_2; beispielsweise aus $\lambda = 1{,}588\ \mu$, $c_2 = 14150$; der hier beobachtete c_2-Wert ist ganz unabhängig von radiometrischer Temperaturbestimmung und daher mit früher beobachteten Werten anderer Forscher direkt vergleichbar. Er steht mit diesen Werten in befriedigender Übereinstimmung und zeigt, daß die älteren Resultate hauptsächlich durch die Benutzung des Flußspates als dispergierender Substanz zu weniger genauen Werten geführt haben.

Versuche mit dem Stefanschen Gesetz zeigten, daß die mit demselben erhaltenen Temperaturen höher lagen, als die mit dem Verschiebungsgesetz bestimmten, was einem kleineren Wert der Konstanten c_2 entsprechen würde, also den Beobachtungen von Holborn und Valentiner nahekommt. Die oben angeführte Übereinstimmung der Bestimmung von sehr hoher Temperatur mit den verschiedenen Strahlungsmethoden, die von Lummer und Pringsheim ausgeführt wurde, ist daher für sehr genaue Messungen noch nicht beweiskräftig. Es ist möglich, wenn auch nicht sehr wahrscheinlich, daß die Abweichung der Temperaturbestimmung mit Hilfe des Stefanschen Gesetzes durch eine nicht ganz vollkommene Schwärze des schwarzen Körpers bewirkt sein kann, da zwei Strahler nach Lummer-Kurlbaum, von denen einer wie gewöhnlich im Inneren geschwärzt, der andere hingegen weiß gelassen ist, deutlich verschiedene Resultate ergaben, und zwar der weiß gehaltene eine 5—6° höhere Temperatur bei 1400° C.

Koblenz hat am Bureau of Standards ebenfalls vorläufige Resultate von c_2 veröffentlicht, welche hingegen 14 600 nahe liegen.

Anwendungen auf die Pyrometrie. Es ist klar, daß theoretisch jedes dieser Gesetze und deren verschiedene Folgerungen als Grundlage der Pyrometrie benutzt werden kann. Praktisch ist es aber nicht zweckmäßig, dieselben alle zu benutzen. Das Verschiebungsgesetz ($\lambda_m T = A$) und das Gesetz der maximalen Energie ($J_m T^{-5} = B$) von Wien sind wohlbegründete Beziehungen. In der Praxis aber ist es außerordentlich schwierig Instrumente von genügender Empfindlichkeit zu bauen, die eine beträchtliche Genauigkeit ergeben und jedes industrielle Pyrometer, welches diese Prinzipien benutzt, kommt zurzeit nicht in Frage. Der Grund für die Unempfindlichkeit, welche der Beziehung $\lambda_m T = A$ innewohnt, liegt in der Tatsache, daß die genaue Lage der Wellenlänge, welche das Energiemaximum besitzt, sehr schwierig festzustellen ist, besonders bei verhältnismäßig tiefen Temperaturen (vgl. Fig. 87). Der Wert der maximalen Energie könnte vielleicht leichter gemessen werden; da aber diese Größe mit der 5. Potenz der Temperatur sich ändert, würde sie kaum irgendwelchen Vorzug gegenüber der ersteren Methode verdienen.

Es sind aber einige sehr bequeme, einfache und recht genaue Instrumente gebaut worden, welche entweder auf der Anwendung des Stefanschen Gesetzes $E = \sigma (T^4 - T_0^4)$ oder auf Wiens Verteilungsgesetz $J = c_1 \lambda^{-5} e^{-\frac{c_2}{\lambda T}}$ beruhen, entweder direkt oder indirekt; wir wollen in den beiden folgenden Kapiteln diese in ausgedehnterem Maße behandeln.

Die letzte Gleichung wird mit Vorteil in die logarithmische Form für Berechnungen gebracht:

$$\log J = C - \frac{c_2 \log e}{\lambda} \frac{1}{T}$$

oder wenn zwei Intensitäten zu vergleichen sind, wie bei den Temperaturmessungen, der Bestimmung eines Absorptions- oder Reflexions-Koeffizienten, oder beim Vergleich einer Strahlungsart mit einer anderen, hat man:

$$\log \frac{J}{J_1} = \frac{c_2 \log e}{\lambda} \left(\frac{1}{T_1} - \frac{1}{T}\right) \quad . \quad . \quad . \quad . \quad . \quad . \quad \text{(IIIa)}$$

Drückt man die Zahlenwerte graphisch aus, so ist es ersichtlich, daß $\log J$ als Funktion von $\frac{1}{T}$ eine gerade Linie ergibt, was die Reduktion der Beobachtungen sehr vereinfacht. Ebenfalls sieht man, daß die Konstante c_2 genau bekannt sein muß, wenn (IIIa) als Grundlage für eine genaue Temperaturmessung benutzt werden soll. Da bis vor kurzem doch noch ein beträchtlicher Grad von Ungenauigkeit in der Kenntnis dieser Konstanten bestand, wie oben gezeigt wurde, obwohl von einigen Beobachtern gefunden worden ist, daß dieser Wert über das ganze sichtbare Spektrum genügend konstant bleibt, haben wir im folgenden den Wert 14500 benutzt.

Es ist von Henning, v. Wartenberg u. a. gezeigt worden, daß sich der Absorptionskoeffizient a für die verschiedenen Wellenlängen des sichtbaren Spektrums nicht erheblich mit der Temperatur verändert, wenigstens nicht für einige Metalle; und diese Tatsache kann mit Vorteil bei Temperaturmessungen benutzt werden durch Anvisieren eines Objektes, für welches man den Wert des Absorptionskoeffizienten a, das Reflektionsvermögen $r = 1 - a$ oder das Emissionsvermögen $e = a$ kennt, wenn das des schwarzen Körpers als Einheit angenommen wird. Wenn S_λ die schwarze Temperatur absolut bedeutet ($= s + 273$), d. h. die scheinbare Temperatur der Substanz, wie sie von einem optischen Pyrometer, welches Licht von der Wellenlänge λ benutzt, und $T(= t + 273)$ die entsprechende wahre Temperatur der Substanz ist, so liefert die Wiensche Gleichung

$$\frac{1}{T} - \frac{1}{S_\lambda} = \frac{\lambda}{c_2 \log e} . \log a \quad . \quad . \quad . \quad . \quad . \quad \text{(III b)}$$

Diese Form der Wienschen Gleichung ist von der größten Wichtigkeit für die praktische Anwendung in der optischen Pyrometrie zur Bestimmung der Temperatur von glühenden Metallen und anderen Substanzen, für welche das Absorptionsvermögen bekannt ist.

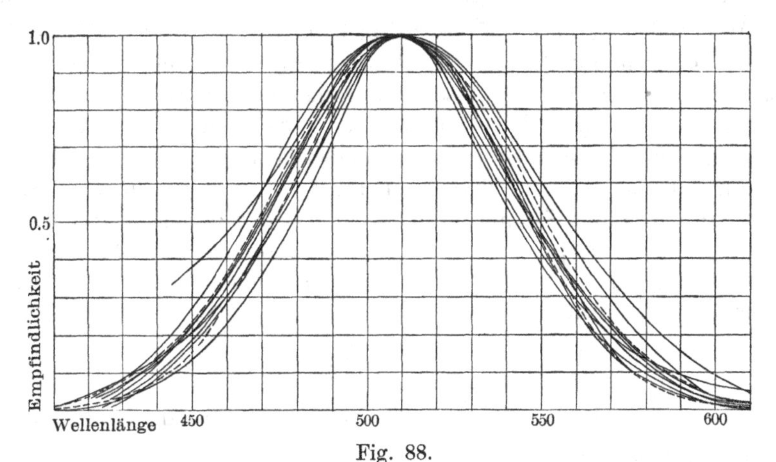

Fig. 88.
Empfindlichkeitskurve des Auges.

Es ist ebenfalls möglich, eine Temperatur mit dem Wienschen Gesetz aus der Messung der Lichtintensität bei zwei Wellenlängen zu ermitteln. Der allgemeine Ausdruck ist:

$$\log \frac{J_1}{J_2} = 5 \log \frac{\lambda_2}{\lambda_1} + \frac{c_2 \log e}{T} \left(\frac{1}{\lambda_2} - \frac{1}{\lambda_1}\right) + \log \frac{a_1}{a_2} \quad . \quad . \quad \text{(V)}$$

wo a_1 und a_2 die Absorptionsvermögen für die Wellenlängen λ_1 und λ_2 bedeuten und J_1 und J_2 die entsprechenden Intensitäten, die wegen der Empfindlichkeit des Auges korrigiert werden. Im Falle des schwarzen Körpers ist der letzte Ausdruck Null. Die Korrektion wegen der Augenempfindlichkeit ist für jeden Beobachter verschieden und die Sichtbarkeitskurve hat gewöhnlich die allgemeine Form, die in Fig. 88 nach

Nutting für mehrere Beobachter dargestellt und auf ein gemeinsames Maximum reduziert ist.

Mit Rücksicht auf den allgemeinen Nutzen bei der Anwendung der optischen Pyrometer für die Temperaturmessungen strahlender Oberflächen geben wir im Anhang, Tabelle X, die Werte der Emissions- oder Absorptionsvermögen $a = \frac{e}{\varepsilon}$, wo $\varepsilon = 1$ für gewisse dunkle Substanzen nach der Bestimmung verschiedener Beobachter; und wenn die Annahme in allen Fällen gemacht wird, daß a keinen oder nur einen sehr kleinen Temperaturkoeffizienten besitzt, können obige Gleichungen dazu verwendet werden, die wahren Temperaturen solcher Substanzen zu berechnen, wenn ihr Absorptionsvermögen a bekannt und ferner ihre scheinbare Temperatur durch ein optisches oder Strahlungspyrometer gegeben ist, wobei man daran denken muß, daß obige Formeln nur gültig sind, wenn man in absoluten Graden rechnet ($t + 273^0$ C).

Wir wollen durch ein Zahlenbeispiel die Benutzung der Tabelle X für die Berechnung der wahren Temperatur eines Metalles aus den Beobachtungen mit einem optischen Pyrometer erläutern, welches rotes Licht der Wellenlänge $\lambda = 0{,}65\,\mu$ benutzt. Nehmen wir den Fall des Strömens von flüssigem Eisen, dessen Oberfläche rein ist, und nehmen wir an, daß das optische Pyrometer 1427^0 C angibt, wenn das Pyrometer auf den reinen Strom gerichtet ist. Aus der Tabelle X ergibt sich der Wert des Absorptionsvermögens a für Eisen bei der Wellenlänge $\lambda = 0{,}65\,\mu$ zu 0,415. In der Gleichung (IIIb) haben wir nach T folgendermaßen aufzulösen:

$$\frac{1}{T} - \frac{1}{1427 + 273} = \frac{0{,}65 \cdot \log 0{,}415}{14\,500 \cdot 0{,}4343}$$

woraus $t = T - 273 = 1549^0$ C als wahre Temperatur des strömenden Metalles sich ergibt.

Gleichung (IIIb) kann ebenfalls graphisch aufgelöst werden, wie es in Fig. 89, für Pyrometer mit rotem Licht, dargestellt ist, worin jede der Kurven ein bestimmtes Absorptions-, Emissions- oder Reflexionsvermögen ($a = e = 1 - r$) darstellt, die Abszissen-Pyrometerablesungen in Zentigraden bedeuten und die Ordinaten die entsprechenden Korrektionen, die man an den Pyrometerablesungen für Substanzen von bekanntem Emissionsvermögen anbringen muß. Ähnliche Kurven können für Pyrometer mit anderem als rotem Licht gezeichnet werden. Methoden der graphischen Reduktion sind ebenfalls von Wartenberg beschrieben worden, welcher Kurven von Temperaturablesungen mit Absorptionskoeffizienten als Ordinaten und Temperaturkorrektionen als Abszissen aufträgt; und von Pirani, welcher eine Schieber- oder Nonius-Methode für die Auflösung der Wienschen Gleichung mitgeteilt hat, die in Fig. 90 wiedergegeben ist, in der eine gerade Linie von irgend einer beobachteten Temperatur S′ oder S″ durch den Wert a des Absorptionskoeffizienten für die beobachtete Substanz gezogen wird und die Linien T′ oder T″ an dem Punkte der der wirklichen Temperatur entspricht, schneidet. Diese Zeichnung ist für $\lambda = 0{,}65\,\mu$ und $c_2 = 14\,200$

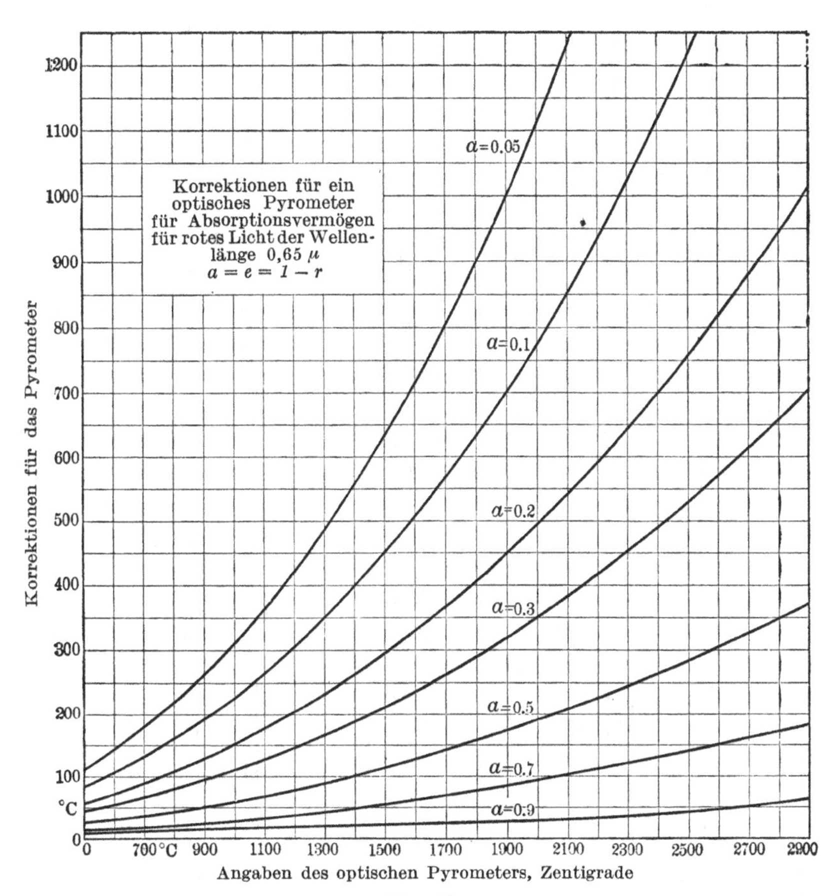

Fig. 89.
Korrektionen für ein optisches Pyrometer.

konstruiert worden. Um den Wert von a auf die Basis irgend eines anderen Wertes von c_2, wie z. B. 14 500, umzuwandeln, kann man die Gleichung benutzen: $\alpha \log a = \log a'$, wo α das Verhältnis der c-Werte ist (vgl. ebenfalls Tabelle IX im Anhang). Es muß bemerkt werden, daß bei Benutzung der in Tabelle X gegebenen Zahlen, dieselben mit einiger Genauigkeit nur für Metalle gelten, wenn sie polierte Oberflächen besitzen, entweder in festem oder in flüssigem Zustand. Wenn rauhe Oberflächen zur Messung dienen, pflegen sich die Werte des

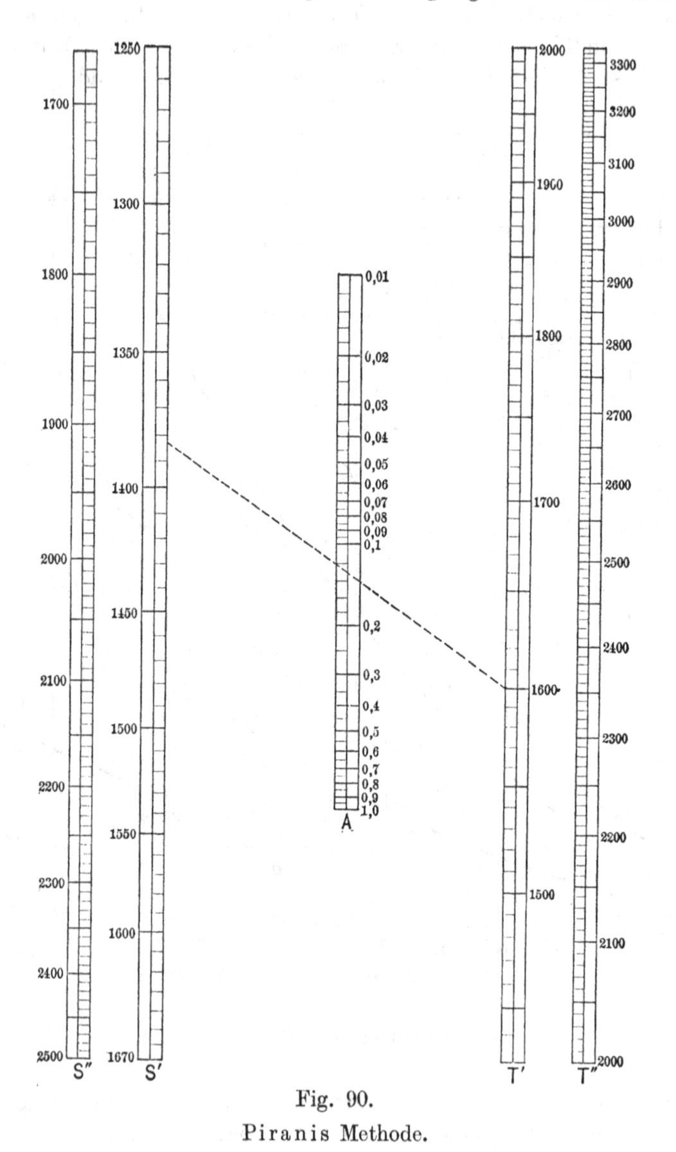

Fig. 90.
Piranis Methode.

Absorptionsvermögens im allgemeinen sehr erheblich über die in der Tabelle angegebenen zu erheben; ebenfalls sind diese letzteren für ein einzelnes Metall unsicher, in manchen Fällen sogar um 10%, nach der

Bestimmung verschiedener Beobachter, was zum großen Teil augenscheinlich durch den verschiedenen Grad von Politur der benutzten Proben bedingt ist. Ebenfalls muß bemerkt werden, daß die Oberflächen vieler Substanzen Veränderungen im Emissionsvermögen erleiden, wenn sie andauernd erhitzt werden

Der Ausdruck für das Emissionsvermögen E der Gesamtstrahlung für die Benutzung von Strahlungspyrometern, die auf dem Stefanschen Gesetz beruhen, ist

$$\log E_x = 4(\log T - \log S) \quad \ldots\ldots \quad \text{(Ba)}.$$

Es gibt nur wenig Zahlen über das Gesamtemissionsvermögen E, sowohl für die Metalle als auch für andere Substanzen, die für die Temperaturmessung mit Hilfe von Pyrometern der Gesamtstrahlung von Interesse sind. Eine rohe Vorstellung über die Größenordnung des Wertes des Gesamtemissionsvermögens E (Gleichung Ba) ist durch eine Prüfung der Werte des Absorptionsvermögens sowohl im Sichtbaren, wie auch im Ultraroten gegeben. Die Werte für 2,5 und 8 μ sind in Tabelle X angegeben. So beträgt für Eisen der Mittelwert von a aus der Tabelle 0,28, und der beobachtete Wert von E ist 0,29. Die Werte von a im Ultrarot, wie auch diejenigen von E, ändern sich im allgemeinen mit der Temperatur, wodurch ihre genaue Bestimmung für hohe Temperaturen zu einem schwierigen Vorgang wird. Bestimmungen von E bei hoher Temperatur sind für flüssiges Kupfer ausgeführt worden, und zwar ergab sich 0,14 für letzteres; für Eisen 0,29; für Kupferoxyd 0,60.

Hier ist noch Platz für eine große Anzahl von experimentellen Untersuchungen zu einer ausreichenden Bestimmung der strahlenden Eigenschaften bei hoher Temperatur von denjenigen Substanzen, mit denen man in der pyrometrischen Praxis zu tun hat.

7. Kapitel.

Strahlungs-Pyrometer.

Prinzip. Die Wärmemenge, die ein Körper durch Strahlung von einem anderen Körper empfängt, hängt von gewissen Bedingungen ab, die sich auf beide Körper beziehen, welche sind:

1. Temperatur,
2. Größe der Oberfläche,
3. Gegenseitiger Abstand,
4. Emissions- und Absorptionsvermögen.

Um die Wärmestrahlung zur Bestimmung von Temperaturen zu benutzen, mißt man die Wärmeänderung, die in dem Gegenstand, den man als Meßinstrument benutzt, durch den der Prüfung unterworfenen Gegenstand hervorgebracht wird; diese Wärmeänderung ist entweder ein Temperaturanstieg oder eine daraus hervorgehende Erscheinung, wie z. B. die Änderung des elektrischen Widerstandes, der thermoelektrischen Kraft, der Ausdehnung usw.

Die abgegebene Wärmemenge ist der Fläche der strahlenden Oberfläche F proportional und nimmt umgekehrt mit dem Quadrat der Entfernung l ab.

$$q = k\frac{S}{l^2} = k'\frac{d^2}{l^2} = k'' E \frac{d^2}{l^2},$$

d ist der Durchmesser der strahlenden Oberfläche und E deren Emissionsvermögen.

Nun ist $\frac{d}{l}$ der scheinbare Durchmesser des Gegenstandes. Die Menge der ausgestrahlten Wärme hängt also ab von dem körperlichen Winkel, unter welchem der Gegenstand gesehen wird. Jedes Instrument welches die Strahlungsintensität benutzt, muß infolgedessen eine Empfangseinrichtung von genügend kleiner Oberfläche besitzen, so daß diese von der gewünschten Strahlung vollkommen bedeckt werden kann.

Das Emissionsvermögen E ist sehr verschieden von Substanz zu Substanz, wie wir gesehen haben und für die gleiche Substanz mit der

Temperatur veränderlich. Es würde wünschenswert sein, dieses zu bestimmen, aber das ist schwierig und oft unmöglich, besonders bei hoher Temperatur, obwohl ein geringer Fortschritt in dieser Richtung für einige Substanzen gemacht worden ist, wie wir im vorigen Kapitel gesehen haben.

Der Koeffizient k'' ist nur eine Funktion der Temperatur, welche das Gesetz der Strahlungsänderung mit der Temperatur ausdrückt. Dieses Gesetz sollte in erster Linie bestimmt werden. Von der besseren oder weniger genaueren Kenntnis dieses Gesetzes hängt die innere Übereinstimmung der Resultate ab. Wir haben gesehen, daß das Stefansche Gesetz (S. 230) allen Anforderungen genügt, wenigstens im Falle des schwarzen Körpers, für die Messung der Gesamtstrahlung, obwohl die früheren Experimentatoren, die vor der Auffindung dieses Gesetzes arbeiteten, gezwungen waren, ihre Resultate empirisch darzustellen, woraus infolge der verschiedenen Annahmen große Verwirrung hervorging.

Ältere Untersuchungen: Die Temperatur der Sonne. Wir wollen jetzt die experimentellen Anordnungen betrachten, welche zur Intensitätsmessung der Wärmestrahlung benutzt worden sind; diese älteren Untersuchungen hatten als einzigen Zweck die Bestimmung der Sonnentemperatur.

Später wurden die feineren und empfindlicheren Apparatenarten erfunden, welche ebenfalls für Untersuchungen im Laboratorium geeignet waren und welche beispielsweise bei dem experimentellen Beweis der Strahlungsgesetze benutzt wurden; endlich haben wir heute auch mehrere Pyrometer für die Gesamtstrahlung von einfacher Konstruktion, welche als industrielle und wissenschaftliche Instrumente von großem Nutzen sind. Wir wollen der Reihe nach die oben erwähnten Anordnungen bei der Entwickelung der Methoden der Gesamtstrahlung betrachten, indem wir bemerken, daß die früheren Beobachter unter einer dreifachen Schwierigkeit zu leiden hatten: der ungenügenden Kenntnis der Temperaturskala, der Strahlungsgesetze und der ungenügenden Empfindlichkeit ihrer Instrumente.

Pyrheliometer von Pouillet. Vor Pouillet hatte schon Gasparin einige Versuche unternommen. Sein Apparat bestand aus einer hohlen Messingkugel, die auf einem Fuß aufgebaut und geschwärzt war; ein Thermometer wurde benutzt, um den Temperaturanstieg des in der Kugel enthaltenen Wassers zu messen. Der Vorteil dieser Anordnung war, daß der Apparat immer richtig gegen die Sonne gedreht war.

Das Pyrheliometer von Pouillet besteht aus einem Kalorimeter, welches direkt die durch Strahlung zugeführte Wärmemenge mißt

(Fig. 91). Eine sehr dünne Silberschachtel wird von einem hohlen Rohr getragen, das an einer Seite aufgeschlitzt ist, damit man das Thermometer sehen kann. Die Schachtel besitzt einen Durchmesser von 100 mm und eine Höhe von 15 mm; sie enthält 100 ccm Wasser; am unteren Ende der Schachtel ist eine metallische Scheibe vom gleichen Durchmesser wie die Schachtel angebracht und dient dazu, den Apparat gegen die Sonne auszurichten. Es genügt dabei, die Schatten der Schachtel und der Scheibe zusammenfallen zu lassen, damit das System genau ausgerichtet ist. Ein Knopf dient dazu, den

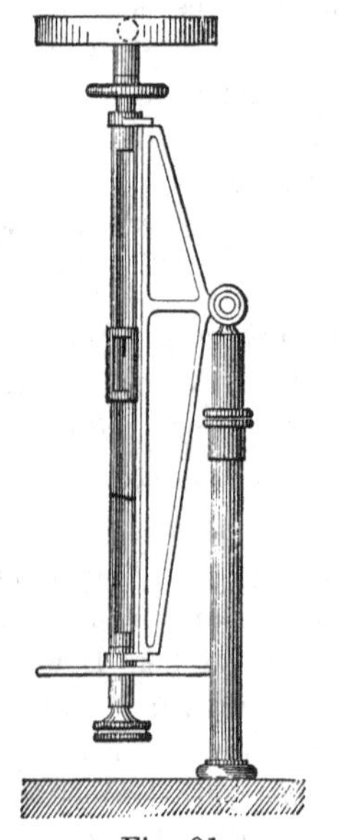

Fig. 91.
Pouillets Pyrheliometer.

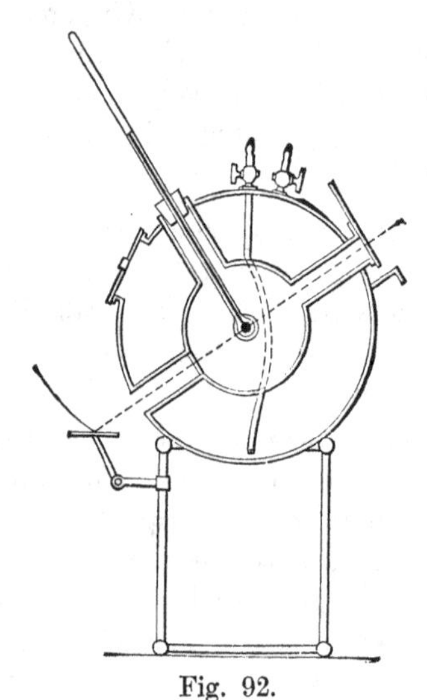

Fig. 92.
Violles Aktinometer.

Apparat um seine Achse zu drehen, um das Wasser zu rühren; endlich liefert eine Stütze die Möglichkeit, das System in jede gewünschte Lage zu bringen.

Um eine Beobachtung vorzunehmen, wird der Apparat aufgestellt und vor den Sonnenstrahlen mit Hilfe eines Schirmes geschützt. Die Angaben des Thermometers werden 5 Minuten lang beobachtet; der Schirm wird entfernt und das Thermometer 5 Minuten lang abgelesen; der Schirm wird zurückgebracht und eine neue Reihe von Thermometerablesungen 5 Minuten lang vorgenommen.

Die erste und dritte Reihe ergibt die Korrektionen wegen der Temperatur der Umgebung. Pouillet beobachtete auf diese Weise einen Temperaturanstieg von 1 Grad in 5 Minuten.

Zur Bestimmung der Sonnentemperatur war es augenscheinlich notwendig, die in der Atmosphäre absorbierte Wärme in Rechnung zu setzen (diese beträgt etwa 20 % von der Gesamtstrahlung der Sonne). Pouillet fand nach dieser Methode 1300° für die Sonnentemperatur.

Violles Aktinometer. Das Prinzip dieses Apparates ist sehr verschieden von dem des vorigen; man beobachtet das stationäre Gleichgewicht eines Thermometers, das gleichzeitig Strahlung von einem Hohlraum von konstanter Temperatur und auch die von dem heißen Körper, der untersucht werden soll, empfängt (Fig. 92).

Der Apparat besteht aus zwei kugelförmigen konzentrischen Hohlräumen aus Messing, in welchen eine Wasserzirkulation bei konstanter Temperatur bewirkt werden kann, oder auch Eis an Stelle des Wassers benutzt wird. Der innere Hohlraum von 150 mm Durchmesser ist auf der Innenseite geschwärzt. Das Thermometer besitzt ein kugelförmiges Gefäß, dessen Durchmesser zwischen 5 und 15 mm liegt; die Oberfläche des Gefäßes ist ebenfalls geschwärzt; die Skala ist in Fünftelgrade geteilt. Das Einlaßrohr trägt eine Blende, die mit Löchern von verschiedenem Durchmesser ausgerüstet ist; am Auslaß dieser Röhre ist eine Öffnung angebracht, die durch einen Glasspiegel, welcher leicht geschwärzt ist, abgeschlossen wird, welcher die Beobachtung erlaubt, daß die Sonnenstrahlen genau auf das Thermometergefäß auffallen.

Die Herstellung des Temperaturgleichgewichtes erfordert 15 Minuten und die beobachteten Temperaturdifferenzen schwanken zwischen 15° und 20°.

Violle fand auf diese Weise für die Sonnentemperatur Zahlen, die zwischen 1500° und 2500° schwanken.

Pouillet und Violle benutzten das Dulong-Petitsche Gesetz der Strahlung

$$q = a^t,$$

welches deren Entdecker auf Grund von Beobachtungen, die nur bis 300° reichten, aufgestellt hatten.

Die Konstante a kann für jeden Apparat durch einen einzigen Versuch bei konstanter Temperatur bestimmt werden. Dieses Gesetz ist, wie wir weiterhin zeigen wollen, nicht genau, so daß entsprechend der Temperatur, die man zur Bestimmung der Konstanten benutzt hat, ein verschiedener Wert der letzteren gefunden wird, und infolgedessen ebenfalls verschiedene Werte in den berechneten Temperaturen, wenn man annimmt, daß dieses Gesetz gültig ist. Dieses ist der Grund für die Unterschiede zwischen den drei Zahlen 1300, 1500 und 2500 von Pouillet und Violle. Sie entsprechen den Bestimmungen der Konstanten, die mit Hilfe vorläufiger Versuche bei den Temperaturen 100°, 300° und 1500° angestellt worden waren.

Vorher benutzte Secchi die Formel von Newton

$$q = a(t - t_0),$$

die noch weniger genau ist und fand, daß die Sonnentemperatur mehrere Millionen Grade betrüge.

Die Arbeit von Rosetti. Der italienische Gelehrte Rosetti war der erste, welcher die grundlegende Wichtigkeit der Auswahl des für die Strahlung angenommenen Gesetzes erkannt hat; er zeigte, daß eine durch einen Versuch bei 300° vorgenommene Eichung für einen in der Wasserstoff-Sauerstoff-Flamme erhitzten Körper in der Temperatur ergab:

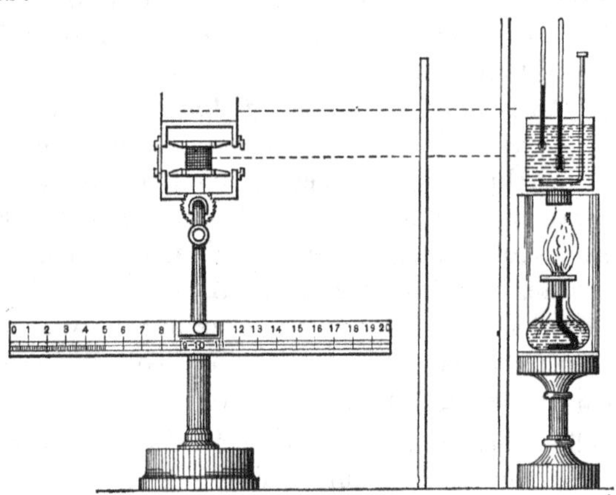

Fig. 93.
Rosettis Apparat.

46 000, wenn man das Gesetz von Newton benutzt,
1 100, wenn man das Gesetz von Dulong und Petit benutzt.
Dabei beträgt die Temperatur der Wasserstoff-Sauerstoff-Flamme ungefähr 2000°.

Dieser Physiker benutzte eine Thermosäule, deren Empfindlichkeit ohne Berührung des Elementes geändert werden konnte; im Apparat von Violle ist es im Gegensatz dazu notwendig, das Thermometer zu verändern, ein Vorgang, durch welchen die Beobachtungen sich nur schwierig vergleichen lassen.

Die Säule (Fig. 93) besteht aus 25 Schildchen aus Wismut und Antimon; diese Schildchen sind sehr dünn, denn die ganze Ausdehnung des Apparates ist nur 5 mm auf einer Seite. Das Ganze ist in ein kleines Metallrohr eingeschlossen.

Um einen Versuch zu machen, wird vor die Säule ein mit Wasser gefüllter Schirm gesetzt, welcher im Augenblick einer Beobachtung weggezogen wird.

Eine vorläufige Eichung, die mit einem Leslieschen Würfel aus Eisen mit Quecksilberfüllung unternommen wurde, welcher von 0° bis 300° erwärmt wurde, ergab folgende Resultate:

Temperaturanstieg des Rohres über die Umgebung	Galvanometerablesung
32,8°	10,0°
112,8	55,0
192,8	141,9
272,8	283,5

Newtons Gesetz und das von Dulong und Petit ergaben keine Übereinstimmung zwischen den beobachteten und berechneten Zahlenwerten. Daher schlug Rosetti die Formel vor:

$$Q = a T^2 (T - \Theta) - b (T - \Theta),$$

wo T = der absoluten Temperatur des strahlenden Körpers, Θ = der absoluten Temperatur der Umgebung.

Diese Formel mit zwei Parametern gibt notwendigerweise einen besseren Anschluß an die Erscheinung, als eine Formel mit nur einem einzigen Parameter.

$T - \Theta$.	Beobachtete Ablenkungen	Berechnete Ablenkungen	
		Dulongs Gesetz	Rosettis Gesetz
50	A = 17,2	A + 2,12	A − 0,23
100	46,4	+ 0,95	—
150	90,1	− 2,12	+ 0,70
200	151,7	+ 4,82	+ 0,99
250	234,7	+ 2,83	− 0,12

Rosetti zeigte später, daß die von ihm vorgeschlagene Formel nicht zu unverständlichen Resultaten bei höheren Temperaturen führte. Eine Kupfermasse wurde auf Rotglut in einer Flamme erhitzt und die Temperatur nach der kalorimetrischen Methode geprüft (eine sehr unsichere Methode, da die Änderung der spezifischen Wärme des Kupfers nicht bekannt war). Die beiden Methoden ergaben beziehungsweise 735° und 760°. Dieser Unterschied von 25° ist geringer als die experimentellen Unsicherheiten. Scheiben aus geschwärztem Metall, die in den oberen Teil einer Bunsenflamme gebracht wurden, ergaben im Anschluß an die Formel Temperaturen der Größenordnung nach von

1000°; das Oxychlorid des Magnesiums in der Wasserstoff-Sauerstoff-Flamme ergab 2300°. Alle diese Zahlen sind möglich.

Rosetti fand unter Benutzung dieser Formel 10 000° für die Sonnentemperatur, wobei diese Zahl aus einer Extrapolation über 300° hinaus erhalten wurde.

Moderne radiometrische Apparate. Die am häufigsten benutzten Prinzipien beim Aufbau moderner Empfangsapparate für die Wärmestrahlung sind: erstens die Erzeugung eines elektrischen Stromes in einem aus zwei ungleichen Metallen zusammengesetzten Stromkreis durch die Strahlung, welche auf eine oder mehrere Verbindungsstellen fällt, oder die Thermosäule von Nobili, oftmals die Mellonische Thermosäule genannt, welche, wie wir eben gesehen haben, von Rosetti benutzt wurde und welche ungefähr seit einem Jahrhundert in Gebrauch, erst in den letzten Jahren sehr empfindlich gemacht worden ist.

2. Die Widerstandserhöhung eines metallischen Fadens, welcher einen oder mehr Zweige einer Wheatstoneschen Brücke bildet, hervorgebracht durch die Temperaturerhöhung infolge der einfallenden Strahlung oder das Bolometer von Langley.

3. Die durch die Strahlung bewirkte Ablenkung von Flügeln, die sehr fein im Vakuum aufgehängt sind, das Radiometer von Crookes.

Bei allen diesen Arten von Apparaten, von denen wir einige kurz aufzählen wollen, sind Abarten und Verbesserungen vorhanden, wie z. B. die Verbindung der Thermosäule mit einem Drehspulgalvanometer, bekannt als Mikroradiometer. Angegeben von d'Arsonval und von Boys, unabhängig voneinander. Sie alle können zur Temperaturmessung benutzt werden, wenn sie einmal mit der Strahlung des schwarzen Körpers geeicht sind, mit den schon im vorigen Kapitel beschriebenen Grenzen in der Anwendung der Strahlungsgesetze.

Es kann vielleicht an dieser Stelle erwähnt werden, daß für eine genaue Anwendung der Strahlungsgesetze des schwarzen Körpers auf einen derartigen Apparat nicht nur die Strahlungsquelle, sondern auch der Empfänger schwarz sein sollte. Ebene, mit Lampenruß oder Platinschwarz bedeckte Flächen stellen eine Annäherung für diese Bedingung dar, welche noch besser verwirklicht werden kann, wenn das instrumentell möglich ist, indem man den Empfänger konisch gestaltet, wie das von Féry geschehen ist; oder besser, indem man eine Hohlkugel mit kleiner Öffnung nimmt, wie das von Mendenhall versucht worden ist; oder auch durch Einschluß des empfindlichen Teiles des Empfangsapparates in eine innen versilberte Hohlkugel, wie es von Paschen gemacht wurde; oder auch endlich mit einem mit Spalt versehenen Zylinder, wie er von Langley und Abbot benutzt wurde. Alle diese Arten von Apparaten werden empfindlicher gemacht, wenn man sie in ein Vakuum bringt, und das Radiometer kann kaum anders benutzt werden; dabei tritt aber die Schwierigkeit der selektiven Absorption des Fensters auf, welche erheblich werden kann, wenn man auf hohe Temperatur extrapoliert, besonders wenn man die Gesamtstrahlung benutzt. Die Strahlung eines schmalen spektralen Streifens kann ebenfalls mit allen derartigen Apparaten benutzt werden, aber dieses drückt die Empfindlichkeit außerordentlich herunter und diese Methode ist kaum für Temperaturmessungen anwendbar, außer vielleicht in einigen besonderen Fällen im Laboratorium. Sehr wenig ist bis in die neuere Zeit hinein mit radiometrischen Apparaten auf dem Gebiet der Messung irdischer Temperaturen gearbeitet worden, vielleicht dadurch bedingt, weil es andere Methoden von genügender Genauigkeit und Empfindlichkeit gibt; die radiometrischen Methoden blieben in der Praxis eben hauptsächlich auf die Untersuchung der charakteristischen Strahlung verschiedener Substanzen bei hohen Temperaturen beschränkt und auch auf die Temperaturbestimmung und spektrale Strahlung der Sonne, besonders im Ultraroten. Die Möglichkeit, die radiometrischen Methoden registrierend zu machen, und die neuere Ausbildung einfacher Arten von Apparaten haben einen Anstoß für deren Benutzung zu Temperaturmessungen gegeben. Eine vergleichende Untersuchung über die äußerste mit den verschiedenen, oben aufgezählten Apparatenarten erreichbare Empfindlichkeit, die von Coblentz herrührt, hat gezeigt, daß in dieser Hinsicht sehr wenig Unterschied vorhanden ist, obwohl jeder Apparat seine charakteristischen Eigenschaften besitzt, die ihn für bestimmte Arten der Untersuchung geeigneter erscheinen läßt als die anderen.

Die Thermosäule. Dieses Instrument war das erste, was bei Strahlungsarbeiten benutzt wurde, und sein Prinzip ist, wie wir sehen werden, das einzige von den oben erwähnten, welches tatsächlich bei der Konstruktion eines Instrumentes, das sich für radiometrische Messungen hoher Temperaturen vorwiegend eignet, benutzt worden ist. Arten von Mehrfach-Thermosäulen sind in Fig. 94 abgebildet. In a ist die lineare Thermosäule von Rubens abgebildet; mit 20 Lötstellen eines 1 mm Konstantandrahtes von ungefähr $^1/_{10}$ Millimeter Durchmesser, mit einer der Strahlung ausgesetzten Fläche von ungefähr $0,8 \times 20$ mm. Der Widerstand kann durch Verkürzen der Verbindungsdrähte klein gemacht und die Wärmekapazität und -Leitung durch Benutzung dünnerer Drähte von ca. 0,06 mm verkleinert werden und durch kleinere Herstellung der nicht bestrahlten Lötstellen im Vergleich zu den anderen. Diese Veränderungen, die in b abgebildet sind, rühren von Coblentz her; für Strahlungsquellen von kleiner Fläche kann die Form c benutzt werden. Ein empfindliches Galvanometer ist erforderlich, dessen bester Widerstand für die höchste Empfindlichkeit derjenige der Thermosäule ist. Callendar hat neuerdings mehrere

Strahlungswagen zur Messung der Strahlung in absolutem Maß vorgeschlagen, welche in bestimmter Form für die Messung hoher Temperaturen geeignet sind. Unter diesen ist zu erwähnen seine Strahlungswage mit Scheibe (Fig. 95), in welcher die durch die Strahlung zu-

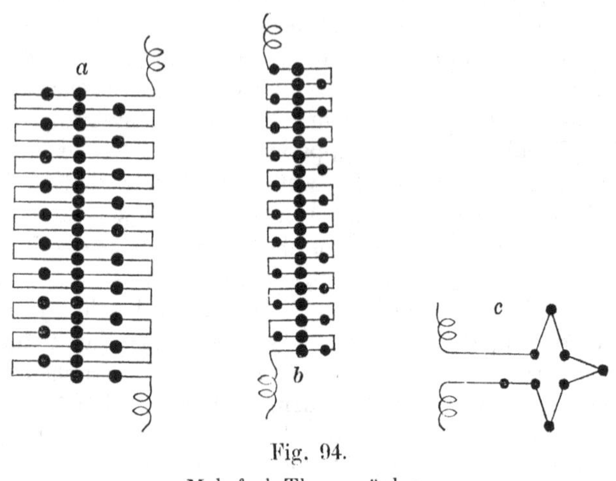

Fig. 94.
Mehrfach-Thermosäulen.

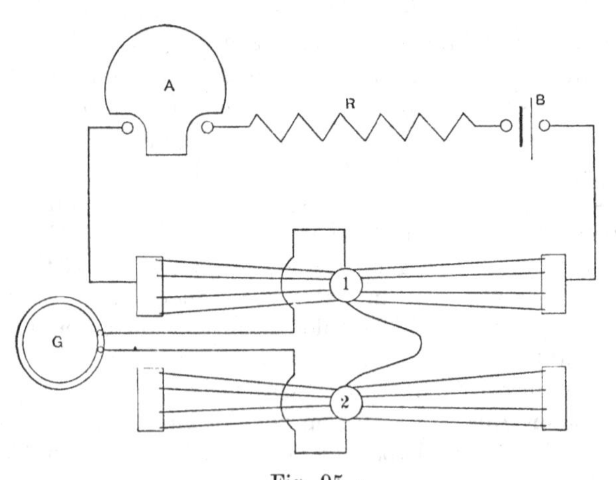

Fig. 95.
Callendars Strahlungswage.

geführte Wärme direkt durch die Absorption von Peltierwärme in einer Thermolötstelle 1 kompensiert wird, durch welche ein gemessener elektrischer Strom fließt. In der einfachsten Form dieses Instrumentes fällt die durch eine gemessene Öffnung von 2 mm Durchmesser einfallende Strahlung auf eine kleine Kupferscheibe von 3 mm Durchmesser und 0,5 mm Dicke, an welcher 2 Thermolötstellen angebracht sind, die ein Peltierkreuz bilden. Ein Element ist mit einem empfindlichen Galvanometer G verbunden, um Veränderungen in der Temperatur anzugeben, das andere ist mit einer Batterie B und einem Widerstand R in Reihe mit einem Milliamperemeter oder einem Kompensationsapparat zur Strommessung verbunden, den man braucht, um die Galvanometerablenkung auf Null zu bringen. Bedeutet A die Fläche der Öffnung in qcm, H die aufgenommene Strahlungsintensität in Watt pro qcm, a den Absorptionskoeffizienten der Oberfläche der Scheibe, P den Peltiereffekt in Volt $\left(P = T\frac{dE}{dT}\right)$, wo T die absolute Temperatur und $\frac{dE}{dT}$ die thermoelektrische Kraft, C den kompensierenden Strom in Ampere und R den wirksamen Widerstand des Elementes, so ist die Gleichung, welche den Wert der Strahlung in absolutem Maße angibt;

$$aAH = PC - C^2R.$$

Der Wert von R in dem kleinen Korrektionsgliede für den Joule-Effekt wird leicht durch Beobachtung des neutralen Stromes bestimmt $C_0 = \frac{P}{R}$, für welchen der Joule-Effekt den Peltier-Effekt ins Gleichgewicht setzt. Praktisch werden zwei ähnliche Scheiben mit ähnlichen Verbindungsstellen nebeneinander in einer dicken Kupferdose untergebracht und gegeneinander ausgeglichen, um Änderungen des Nullpunktes, die durch die Einwirkung starker Strahlung, Sonnenschein, oder durch schnelle Temperaturänderungen hervorgebracht werden, zu vermeiden. Für die Temperaturmessung mit solchem Instrument kann H als Funktion des Emissionsvermögens, Abstandes und der Temperatur der Strahlungsquelle bestimmt, oder das Instrument empirisch mit Hilfe eines schwarzen Körpers geeicht werden.

Das Mikroradiometer. Wir können die Benutzung dieses Instrumentes für Temperaturmessungen durch Beschreibung der Versuche von Wilson und Gray veranschaulichen. Diese Physiker maßen die Strahlungintensität mit Hilfe eines aufgehängten Thermoelementes, einer zuerst von Deprez und d'Arsonval aufgenommenen Methode. Eine bewegliche Spule, hergestellt aus zwei verschiedenen Metallen (Silber und Palladium) ist mit einem Seidenfaden zwischen den Polen eines Magneten aufgehängt. Die Sonnenstrahlung läßt man auf eine der Lötstellen fallen, während auf die andere Lötstelle eine Strahlungsquelle einwirkt, welche die erstere genau ins Gleichgewicht setzt. Da die Temperatur dieser Hilfsquelle notwendigerweise die kleinere ist, ist es notwendig, die scheinbare Größe, welche sie am Galvanometer besitzt, größer zu machen.

Wilson und Gray benutzten einen Apparat, der dem Mikroradiometer von Boys ähnlich ist. Der Aufhängefaden ist aus Quarz: die benutzten Metalle sind Wismut und Antimon: die auf diese Weise hervorgebrachte elektromotorische Kraft ist 20 mal so groß wie die mit dem Palladium-Silber-Element erhaltene. Die Metalldrähte R und R′ (Fig. 96) sind sehr dünn (0,1 mm), was die Bauart des Apparates sehr mühsam macht. Um die bewegliche Spule vor Luftströmen zu schützen, ist sie in ein metallisches Gehäuse eingeschlossen. Ein offenes Rohr

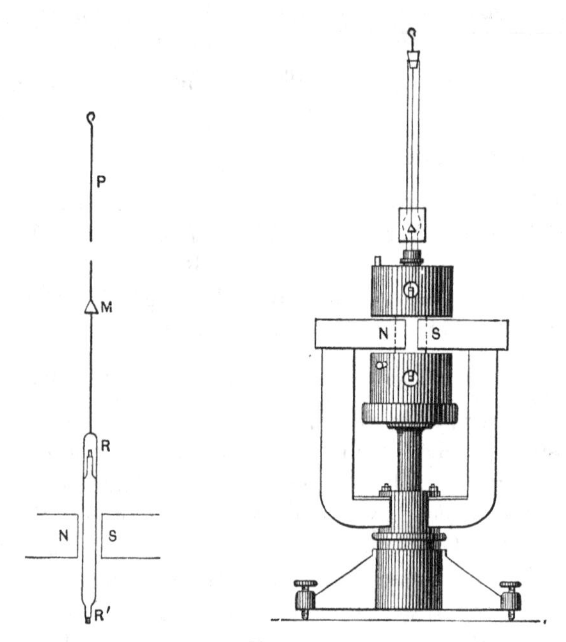

Fig. 96.
Das Mikroradiometer.

läßt die Strahlung eintreten; im Inneren vorhandene Blenden schützen dieses Rohr vor Störungen durch die Luft. Anstatt, wie es wohl geschehen ist, die Ablenkung des beweglichen Teiles zu messen, zogen diese Beobachter es vor, eine Nullmethode unter Benutzung einer anderen Strahlung zu verwenden, nämlich die von einer Abart des Meldometers von Joly, eines ebenfalls für die Eichung des Mikroradiometers benutzten Apparates. Das Meldometer (Fig. 128) besteht aus einem durch einen elektrischen Strom geheizten Platinstreifen; seine Maße sind folgende: 102 mm Länge, 12 mm Breite und 0,01 mm Dicke. Diesen Streifen setzten sie in die Mitte eines von Wasser umgebenen Hohlraumes. An einem Ende befestigt, wird er am anderen Ende von einer Feder festgehalten und trägt an diesem Ende einen Hebel, an welchem eine Spiegelanordnung befestigt ist, um auf optischem Wege die Längenveränderungen des Streifens, die durch die Heizung mit Hilfe eines stärkeren oder schwächeren Stromes entstehen, zu vergrößern.

Die Beziehung zwischen der Längenänderung und der Temperatur wird mit Hilfe des Schmelzens von sehr kleinen Bruchstücken ($^1/_{10}$ Milligramm) von Körpern bestimmt, deren Schmelzpunkte bekannt sind. Wilson und Gray benutzten die folgenden, welche für Gold und Platin sicherlich zu tief sind;

Silberchlorid	452°
Gold	1045°
Palladium	1500°

Mit diesem Apparat bestätigten sie augenscheinlich bis hinauf zu dem Schmelzpunkt des Platins das von Stefan gegebene Strahlungsgesetz

$$E = \sigma (T^4 - T_0^4).$$

Für den Zweck der Eichung wurde das Meldometer in eine bestimmte Entfernung gebracht, so daß seine Wirkung auf das Mikroradiometer immer die gleiche blieb und die Annahme gemacht, daß die Intensität sich umgekehrt mit dem Quadrate des Abstandes ändert. Es ist außerdem notwendig, das Emissionsvermögen des Platins zu kennen; Wilson und Gray nahmen als Ausgangspunkte die durch frühere Versuche gegebenen Resultate

t^0	Emissionsvermögen
300°	$\frac{1}{5,4}$
600°	$\frac{1}{4,2}$
800°	$\frac{1}{3,9}$

und sie fanden durch Extrapolation $\frac{1}{2,9}$ bei der Temperatur von 1250°, einer Temperatur, welche die Sonnenstrahlung bei dem etwas großen scheinbaren Winkel des Meldometers ins Gleichgewicht setzte. Wenn sie dann mit Rosetti und Young eine Zenithabsorption von 30% annahmen, wurde die Sonnentemperatur unter der Annahme, daß die Sonne ein schwarzer Körper sei, gleich 5900° gefunden.

Diese Zahl muß, obwohl sie im Vergleich mit späteren Arbeiten zahlenmäßig richtig ist, doch eine beträchtliche Unsicherheit besitzen, wegen der den Schmelzpunkten innewohnenden Fehler, die bei der Eichung benutzt wurden, und wegen der Tatsache, daß die Platinstrahlung nicht das Stefansche Gesetz befolgt. Ferner wurden die Konstanten des Platins durch diejenigen des Kupferoxydes ausgedrückt, von welcher Substanz sie in nicht richtiger Weise fanden, daß sie sich vom schwarzen Körper mehr als blankes Platin unterschied.

Wilson hat ebenfalls 5500° C als das beste Resultat seiner eigenen Versuche angegeben unter Benutzung eines schwarzen Körpers als Vergleichsquelle. Wilson und Gray fanden auch die Temperatur des Kohlebogens gleich 3330° C, welches Resultat jetzt für beträchtlich zu tief gehalten wird (vgl. 11. Kap.).

Das Bolometer. Obwohl das Prinzip der Strahlungsmessung durch die Widerstandsänderung eines metallischen Fadens von mehreren Beobachtern vor Langley benutzt worden war, so verdient er trotzdem den Anspruch, zuerst ein praktisches Instrument gebaut und es zu einem hohen Grade der Empfindlichkeit gebracht zu haben. Mehrere Arten von Bolometern sind benutzt worden, obwohl bei allen die Wheatstonesche Brückenmethode zur Messung des Widerstandes zur Anwendung gelangte. Für spektrophotometrischen Gebrauch dienen gewöhnlich zwei feine Streifen aus dünnem Platin als nebeneinanderliegende Zweige der Brücke; in dem Smithsonian-Instrument, das von Langley und Abbot benutzt wurde, sind die Streifen 12 mm lang, 0,06 mm breit und so dünn, daß der Widerstand ungefähr 4 Ohm beträgt; der Meßstrom beträgt 0,03 Milliampere; die Messungen sind die gleichen wie bei der Benutzung des Widerstandsthermometers in der Brücke und bei besonderen Arbeiten benutzt man ein äußerst empfindliches Galvanometer, gewöhnlich ein Kelvin-Instrument mit mehreren Spulen und kleinem Widerstande, kleiner Periode und der höchst erreichbaren Stromempfindlichkeit, 10^{-10} bis $5 \cdot 10^{-11}$ Ampere pro Millimeter bei 1 m Skalenabstand, oder ein Panzergalvanometer nach Dubois und Rubens. Ein Spektrometer besonderer Bauart ist natürlich beim Arbeiten mit spektral zerlegter Strahlung notwendig.

Für die Messung der gesamten Energie benutzt man lieber die Streifenform oder das Flächenbolometer, wie es von Lummer und Kurlbaum bei ihrer Verwirklichung der Strahlungsgesetze angewandt wurde. Bei ihrem Instrument hatten sie vier ähnliche Brückenarme aus Platinfolie, die aus 12 verbundenen Streifen mit 32 mal 1 mm² Fläche und 0,06 mm Dicke bestanden; zwei diagonale Arme wurden hintereinander gesetzt und der Strahlung ausgesetzt. Die höchste Temperaturempfindlichkeit, die mit dem Bolometer erhalten wurde, beträgt 10^{-7} Grad C pro 1 mm Ablenkung. Der Teil des Instrumentes, welcher Strahlung empfängt, ist in einem gut abgeschirmten und mit Mantel versehenen Gehäuse eingebaut, welches, wenn man es wünscht, evakuiert sein kann, und eine

Linse oder ein Spiegel wird zur Sammlung der Strahlung benutzt. In der Kurlbaumschen Form des absoluten Bolometers, welches von der Streifen- oder Flächentype ist, wird die Strahlungsintensität in absolutem Maß durch die Beobachtung des elektrischen Stromes bestimmt, welcher den gleichen Temperaturanstieg im Streifen hervorbringt wie die zu messende Strahlung. Callendar hat einige Verbesserungen an den Instrumenten eingeführt, wie z. B. automatische, experimentelle Kompensation des Streifenteils, welcher keine direkte Strahlung bekommt, indem er auf diese Weise das Kriechen bis zum Erreichen eines Maximums vermied. Dieses Instrument ist ebenfalls selbstregistrierend gemacht worden. Callendar hat ferner einige Abänderungen in der Bolometerkonstruktion angegeben, welche für Temperaturmessungen geeignet sein können, besonders, wenn eine verhältnismäßig große Fläche benutzbar ist.

Obgleich das Bolometer nicht als Pyrometer benutzt worden zu sein scheint, kann es leicht für diesen Zweck geeignet gemacht werden, und man könnte ohne Mühe Instrumente von genügender Empfindlichkeit und Widerstandsfähigkeit bauen. Man kann sie natürlich selbstregistrierend machen.

Das Radiometer. Dieses scheint für Temperaturmessungen von den bisher angeführten radiometrischen Instrumenten am wenigsten geeignet. Der Apparat besteht aus zwei geschwärzten Flügeln, welche im Vakuum an einem feinen Quarzfaden hängen (Fig. 97). Strahlung, welche auf einen Flügel auffällt, lenkt das aufgehängte System ab, dessen Ausschlagswinkel wie im Falle des Galvanometers mit Spiegel, Skala und Fernrohr abgelesen wird. Die Ablesungen sind durch manche Faktoren beeinflußt, hauptsächlich durch den noch vorhandenen Gasdruck, die Stellung der Flügel und die Natur des Fensters. Das Instrument ist nicht transportfähig und kann nicht in absolutem Maß geeicht werden. Seine Empfindlichkeit ist aber sehr groß.

Normal-Pyrheliometer. Die Internationale Union für ein Zusammenarbeiten bei der Sonnenuntersuchung vom Jahre 1905 nahm zeitweise Angströms Kompensations-Pyrheliometer als Normal an. Bei diesem Instrument wird die Strahlung von einem metallischen Streifen aufgenommen, neben dem aber, von der Strahlung abgeschirmt, ein ähnlicher Streifen sich befindet, durch welchen ein elektrischer Strom von solcher Stärke fließt, daß die Temperaturen der beiden Streifen die gleichen sind, was durch angebrachte Thermoelemente gemessen wird. Man nimmt dann an, daß der stromführende Streifen gleichwertig ist demjenigen, welcher die Strahlung empfängt. Nennt man Q die in Grammkalorien pro Minute durch den Strom hervorgebrachte Wärme, die infolgedessen der Strahlungsintensität proportional ist, r den Widerstand des Streifens und i den Strom, so haben wir nach Angström

$$Q = \frac{60}{4,19} \frac{r\,i}{b\,a} = \text{const} \cdot i^2,$$

wo a das Absorptionsvermögen der geschwärzten Streifenoberfläche und b die Breite des Streifens. Die früheren Instrumente waren mit

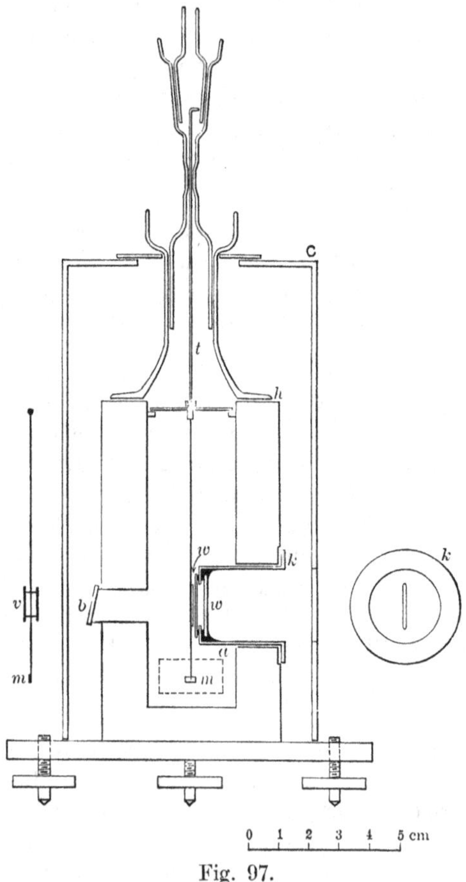

Fig. 97.
Das Radiometer.

Platinstreifen hergestellt, nachdem aber Callendar gezeigt hatte, daß der Temperaturkoeffizient des Metalles eine erhebliche Fehlerquelle bildet, benutzt man jetzt Streifen aus Manganin. Angström hat sein Pyrheliometer bei einer beträchtlichen Zahl von Laboratoriumsuntersuchungen benutzt, auch bei einer Prüfung der Strahlung von Glühlampen und der Hefnerkerze. Die letztere bestimmte er hinsichtlich ihrer Strahlung: $\frac{0{,}0147 \text{ g . cal.}}{\text{mm . qcm}}$

Von Callendar, Abbot u. a. benutzt, ergab das Angströmsche Instrument im Vergleich mit absoluten radiometrischen Apparaten zu kleine Werte für die Strahlungsintensität. Am Astrophysical Laboratory der Smithsonian Institution haben Abbot und Fowle neuerdings ein absolutes radiometrisches Instrument mitgeteilt, das aus einem schwarzen Körper-Empfänger in Verbindung mit einem Kalorimeter mit fließendem Wasser bestand. V. A. Michelson hat ebenfalls im Jahre 1894 einen schwarzen Körper-Empfänger in Verbindung mit einem Bunsenschen Kalorimeter benutzt. Eine Form des Smithsonian Normal Pyrheliometer ist zum Teil in Fig. 98 abgebildet, worin a die mit Blende ausgerüstete Kammer mit konischem Boden zum Empfang der Strahlung bedeutet, welch letztere zuerst durch das geschwärzte Rohr b hindurchtritt, welches ebenfalls mit Diaphragmen c c und mit einem elektromagnetischen Abschluß g h ausgerüstet ist. Das Wasser tritt bei e_1 ein und nachdem es über die Wände d und l des doppelten Wassermantels gelaufen ist, tritt es bei e_2 in einen automatisch wägenden Apparat aus. Bei f_1, f_2, f_3, f_4 sind die Spulen der Platin-Widerstandsthermometer, welche die Temperatur des Wassers vor und nach der Absorption der Strahlung angeben. Die Konstanten des Instrumentes werden bestimmt, indem man eine Heizspule nach m bringt und die hineingeschickte Energie auf elektrischem Wege mißt. Es wurde gefunden, daß das Kalorimeter praktisch 100% der durch die Heizspule zugeführten Energie angab.

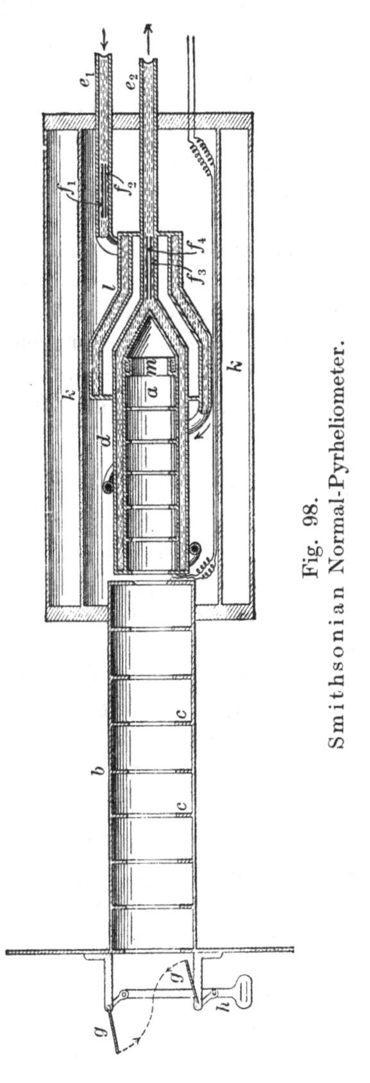

Fig. 98. Smithsonian Normal-Pyrheliometer.

Jedes von diesen Pyrheliometern kann zur Messung von Temperaturen dienen und es ist nicht unmöglich, daß ein Instrument der letzteren Bauart oder derjenigen von Michelson bei denjenigen Untersuchungen als absoluter pyrometrischer Apparat dienen kann, bei denen es von Wichtigkeit ist, daß der Empfänger ein schwarzer Körper ist und da, wo es wünschenswert ist, die Strahlung in absoluten Einheiten zu messen. Sekundäre Pyrheliometer sind ebenfalls in neuerer Zeit von Abbot, Marvin u. a. angegeben worden.

Thermoelektrische Fernrohre. Das Féry-Pyrometer war die erste bequeme Form eines Instrumentes, welches die Gesamtstrahlung benutzt und auf dem Stefanschen Gesetz beruht (S. 230), die für Temperaturmessungen in praktischen Gebrauch kam. Wie im Falle der photometrischen Pyrometer, erlangen hier die Beschränkungen betreffs der Verwirklichung eines schwarzen Körpers eine noch höhere Bedeutung, da ein Instrument, welches das ganze Spektrum benutzt, den sichtbaren und unsichtbaren Teil, sehr empfindlich für selektive Strahlungseffekte ist.

Benutzt wird das Stefan-Boltzmannsche Gesetz

$$E = \sigma (T^4 - T_0^4)$$

auf folgende Weise; Strahlung von einem glühenden Körper wird auf ein sehr empfindliches Thermoelement konzentriert und steigert dessen Temperatur. Die auf diese Weise hervorgebrachte elektromotorische Kraft an der Lötstelle wirkt auf ein empfindliches Spannungsgalvanometer in Reihe mit dem Element ein, genau in der gleichen Weise, wie bei dem elektrischen Pyrometer von Le Chatelier; so daß man hier ein Strahlungspyrometer besitzt, welches mit Hilfe eines Zeigers auf einer Skala direkte Angaben macht und deshalb leicht als Registrierinstrument herstellbar ist

Die Schwierigkeit bei der Konstruktion eines solchen Instrumentes besteht darin, einen Stoff für die Linsen zu finden, welcher für alle sichtbare und unsichtbare Strahlung durchlässig ist, so daß das Pyrometer direkt mit Hilfe des Stefanschen Gesetzes geeicht werden kann, und ferner, daß seine Angaben sich auf beliebig hohe Temperaturen erstrecken. Dieses ist in der Laboratoriumstype des Instrumentes durch Benutzung einer Flußspatlinse erreicht, welche für Temperaturen oberhalb 900° C den Bedingungen genügt, nicht in erheblicher Weise die hindurchtretenden Strahlungen zu verändern; d. h. das Verhältnis der absorbierten zu der durchgelassenen Strahlung ist konstant.

Bei tiefen Temperaturen ist ein großer Teil der Energie in der Form langer Wellen vorhanden und da der Flußspat einen Absorptionsstreifen im Ultraroten (nahe 6 μ) besitzt, wird er einen beträchtlichen

Anteil der Strahlung absorbieren und deshalb kann das Stefansche Gesetz nicht länger dafür angenommen werden.

Fig. 99 erläutert die Bauart der ursprünglichen Laboratoriumsform des Instrumentes, worin F die Flußspatlinse, P Zahnrad und Trieb zur Einstellung der Strahlung auf die Lötstelle des Eisen-Konstantan-Elementes ist, die vor Fremdstrahlung durch die Schirme C, D, die ebenfalls im Schnitt bei A B bezeichnet sind, geschützt wird. Die Thermolötstelle ist von außerordentlich kleiner Dimension, nur wenige Tausendstel Millimeter stark und ist mit einer Silberscheibe verlötet. Die Zuleitungen sind zu den isolierten Klemmschrauben b b' geführt, die so gesetzt sind, daß sie die Änderungen durch fremde Thermokräfte auf ein Minimum verkleinern. Der Stromkreis ist vervollständigt durch ein empfindliches Galvanometer mit Skalenausrüstung. Ein in Lage und Größe festes Diaphragma E E gibt einen konstanten Öffnungswinkel, unabhängig von der Einstellung, wobei der Strahlenkonus, welcher die Lötstelle trifft, sich in seiner Größe durch die Einstellung nicht ändert.

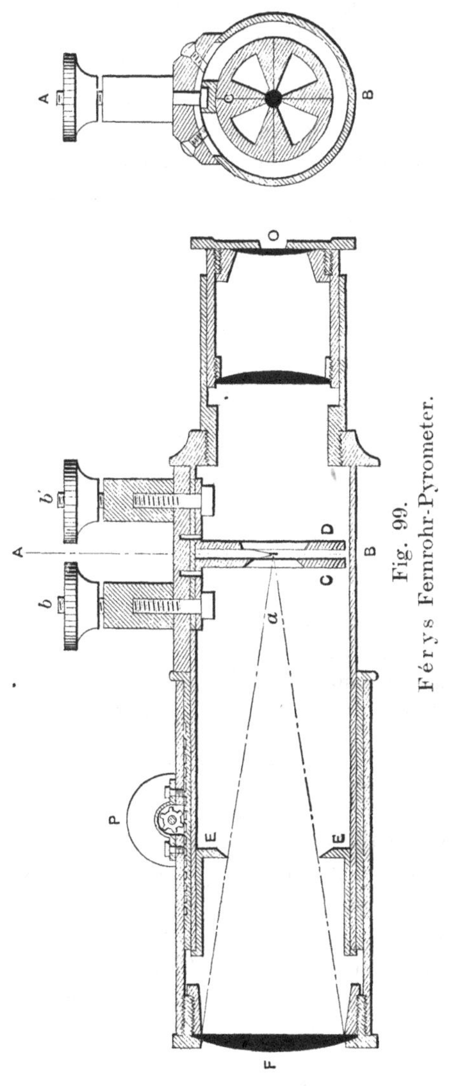

Fig. 99. Férys Fernrohr-Pyrometer.

Wenn man eine Temperaturmessung vornimmt, ist es notwendig, das Bild des glühenden Körpers scharf auf die Lötstelle mit Hilfe des Okulares O einzustellen, und man muß darauf achten, daß dieses Bild eine größere Ausdehnung als die Lötstelle besitzt. Ist einmal diese Justierung vorgenommen, so arbeitet das Pyrometer fortdauernd, solange es auf denselben Gegenstand eingestellt ist, und die Angaben auf der Galvanometerskala ergeben direkt Temperaturen nach der Eichung. Die mit dieser Form des Instrumentes erreichbare Genauigkeit ist in dem Gebiet, in welchem es mit dem thermoelektrischen Pyrometer kontrolliert werden kann, aus den von Féry erhaltenen Zahlen ersichtlich, unter der Annahme, daß Stefans Gesetz in der Form gilt

$$CE = d = 7{,}66\, T^4 \,.\, 10^{-12},$$

wo E die gesamte Strahlungsenergie, d die Galvanometerablenkung und T die absolute Temperatur ist.

d	Temperatur nach dem Thermoelement	Temperatur nach dem Stefanschen Gesetz	Δ in Graden	Fehler in $^0/_0$
11,0	844°	860°	+ 16°	1,85
14,0	914	925	+ 11	0,84
17,7	990	990	0	0,0
21,5	1054	1060	+ 6	0,60
26,0	1120	1120	0	0,0
32,2	1192	1190	— 2	0,17
38,7	1260	1250	— 10	0,80
45,7	1328	1320	— 8	0,60
52,5	1385	1380	— 5	0,36
62,2	1458	1450	— 8	0,50

Es ist ferner klar, daß wenn das Galvanometer eine gleichförmig geeichte Skala besitzt und die Temperatur T_1, welche irgend einer Ablesung auf der Skala R_1 entspricht, bekannt ist, daß dann für irgend eine andere Ablesung R_2 dieselbe durch die Beziehung gefunden werden kann

$$T_2 = T_1 \sqrt[4]{\frac{R_2}{R_1}}$$

woraus ebenfalls hervorgeht, daß die Fehler bei den Galvanometerablesungen durch 4 geteilt werden müssen, wenn man sie auf Temperaturen reduziert. Für sehr hohe Temperaturen erhält man Ausschläge, die aus der Skala des Galvanometers herausgehen, und das Instrument wird ausnahmsweise hoch erwärmt. Féry überwindet diese Schwierigkeiten, indem er eine kleinere Blende vor das Objektiv setzt, wobei die Strahlung im Verhältnis der Flächen der Öffnungen geschwächt wird.

Die höchsten Temperaturen, welche man mit diesem Pyrometer beobachten könnte, sind nur durch die Anwendung des Stefanschen Gesetzes auf ein solches ausfallend hohes Gebiet beschränkt, und ob nun das Stefansche Gesetz gilt oder nicht, so erhält man doch trotzdem übereinstimmende Angaben.

Anstatt die Ablenkung des Galvanometers zu benutzen, ist es besser, bei genauen Arbeiten einen Kompensationsapparat von niedrigem Meßbereich mit empfindlichen Galvanometer anzuwenden (vgl. S. 127).

Die oben beschriebene Laboratoriumsform des Apparates ist nicht für die Benutzung in der technischen Praxis geeignet, auch ist Flußspat schwierig in genügender Größe zu bekommen. Ein Pyrometer für die Industrie ist leicht hergestellt, indem man für die Flußspatlinse eine aus Glas von weiter Öffnung nimmt und für das empfindliche Galvanometer eins der gleichen Bauart und Empfindlichkeit, wie man es beim thermoelektrischen Arbeiten benutzt; das Instrument ist dann für jegliche praktische Anwendung widerstandsfähig genug und von genügender Empfindlichkeit und in solcher Herstellung besitzt es einen

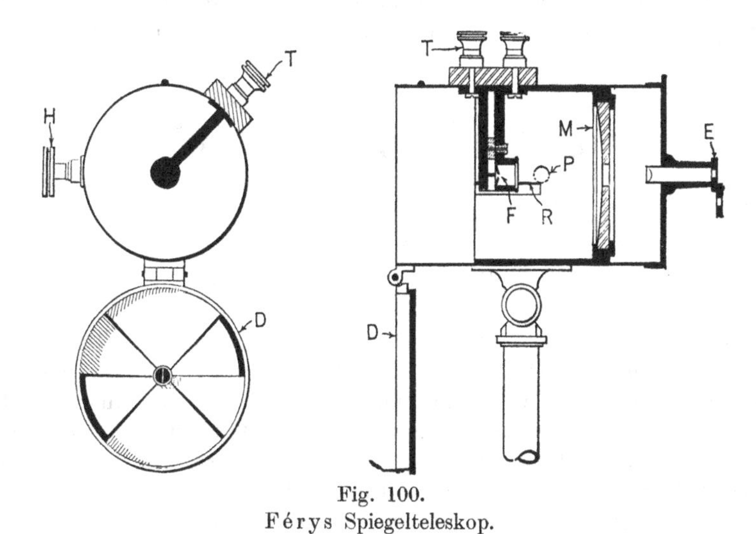

Fig. 100.
Férys Spiegelteleskop.

Meßbereich von 800 bis zu 1600° C, obwohl die obere Grenze leicht durch Anwendung zweier Skalen am Instrument erweitert werden könnte, wenn man es gleichzeitig mit einer Blende versieht.

Die Angaben der industriellen Form dieses Pyrometers werden nicht genau durch das Stefansche Gesetz dargestellt, aber das Instrument kann leicht durch direkten Vergleich entweder mit einem Thermoelement oder mit einer Laboratoriumsform des Féry-Instrumentes geeicht und die Temperaturskala an dem Instrument angebracht werden. Beide Instrumentenarten kann man dazu benutzen, um auch tiefere Temperaturen (650°) mit Hilfe empfindlicherer Galvanometer zu messen.

Férys Spiegelteleskop. Dieses Instrument (Fig. 100) wurde von Féry angegeben, um sowohl die Laboratoriums-, wie auch die technische Form des Linsenteleskopes zu ersetzen und hat bei wissenschaftlicher und auch industrieller Arbeit eine beträchtliche Anwendung gefunden. Bei der gewöhnlichen Konstruktion besteht der Spiegel aus Gold auf Glas und weiterhin ist eine geistreiche optische Einstellvorrichtung vorgesehen, mit Hilfe derer gerade Linien gebrochen zu sein scheinen (Fig. 101), wenn das Instrument nicht im Fokus steht. Der Meßbereich des Instrumentes ist mit Hilfe einer Sektorenblende erweitert, so daß Temperaturen von den tiefsten bis zu den höchsten abgelesen werden können, obwohl für die Ablesung der tiefsten Temperaturen, wenn es sich um etwas größere Genauigkeit handelt, ein sehr empfindliches Galvanometer nötig wird, oder ein noch empfindlicheres Thermoelement benutzt werden muß, um die gleiche Wirkung hervorzubringen. Die Kompensationsmethode kann natürlich zur Ablesung bei sehr genauem Arbeiten herangezogen werden, ebensogut wie bei der

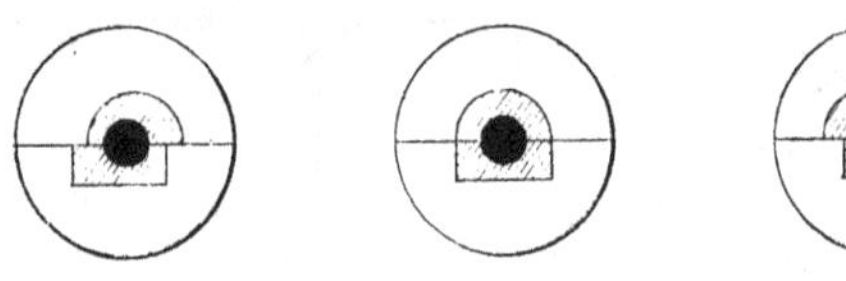

Fig. 101.
Vorrichtung zum Einstellen.

anderen Form des Fernrohres. Die Widerstandsfähigkeit des Instrumentes ist neuerdings für industrielles Arbeiten durch Einführung von Galvanometern mit Lagerung an Stelle der bisher benutzten Instrumente mit zerbrechlicher Spulenaufhängung verbessert worden. Der Goldspiegel kann beträchtlich schlechter werden, ohne erheblich die Angaben zu beeinflussen: und wenn die Öffnung des anvisierten Ofens von genügender Größe und das Teleskop im Fokus ist, so sind die Temperaturablesungen praktisch von dem Abstand unabhängig. Das Instrument erreicht seine Endeinstellung sehr rasch, ohne dabei stark zu kriechen. Die Angaben des Instrumentes scheinen etwas durch die Fläche, auf welche man einstellt und durch die Temperatur des Gebietes, welches sich gleich neben dem zentralen Strahlenkonus befindet, beeinflußt zu werden oder mit anderen Worten durch falsche Strahlung. Beispielsweise gibt ein Féry-Pyrometer, mit welchem man durch einen Widerstandsofen von 75 mm Öffnung, der auf seiner ganzen Länge offen und mit keiner Blende ausgerüstet ist, klar hindurchvisiert, einige 100° an, wenn die Ofenwände auf 1100° C sich befinden. Eine Öffnung von ungefähr 2,5 cm auf 1 m, wird für die gewöhnlichen Instrumente der Industrie benötigt. Eine geeignete Aufstellung zur Temperaturbestimmung eines Röhrenofens ist in Fig. 102 dargestellt.

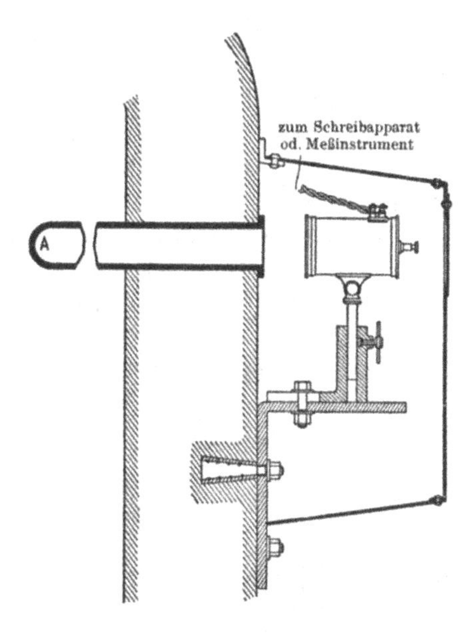

Fig. 102.
Aufstellung am Ofen.

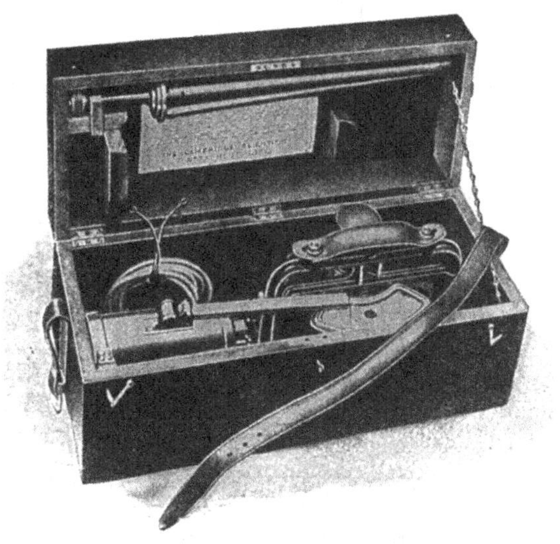

Fig. 103.
Teleskop und Galvanometer im Kasten.

Ein Féry - Pyrometer in seinem Kasten mit tragbarem Galvanometer, welches in Bügeln aufgehängt ist, ist in Fig. 103 abgebildet.

Férys Spiralpyrometer. Eine andere Methode zur Registrierung der Strahlung, die durch den Teleskopspiegel konzentriert wird, ist von Féry angegeben worden (Fig. 104). Das Thermoelement und das Galvanometer sind durch eine Feder aus zwei Metallen S, welche sich in dem Brennpunkt des Spiegels befinden, ersetzt worden. Sie trägt einen Aluminiumzeiger P, welcher über einer Teilung D, die in Temperaturgraden geeicht ist, sich bewegen kann, infolge der differentialen Ausdehnung der Feder, wenn Strahlung auf derselben gesammelt wird. Dieses Instrument besitzt infolgedessen keine Hilfseinrichtungen und abgesehen von einem Kriechen und Verändern des Nullpunktes, was man bei der Feder schwer vermeiden kann, kann diese Form des

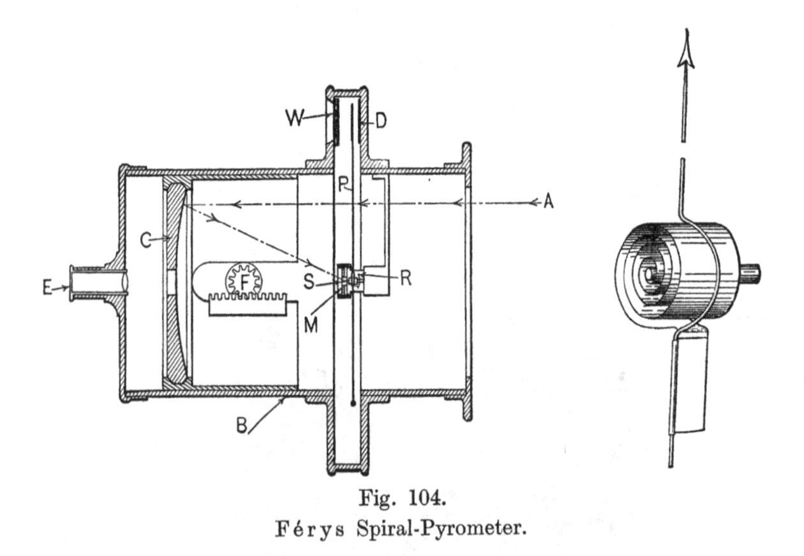

Fig. 104.
Férys Spiral-Pyrometer.

Instrumentes zweckmäßig für viele Verwendungen der Industrie dienen, wenn nur eine bescheidene Genauigkeit gewünscht wird.

Andere Strahlungspyrometer (Thwing, Foster, Brown). Bei dem Thwingschen Apparat ist der reflektierende Spiegel durch einen glänzenden Konus ersetzt worden, welcher durch vielfache Reflexion die Strahlung an seiner engsten Stelle auf ein oder mehrere Thermoelemente konzentriert, die mit einem tragbaren Galvanometer in Serie liegen. Dieser Apparat erfordert keine Brennpunkteinstellung. Man muß aber an der Längsseite des Rohres entlang visieren oder ihn in die richtige Richtung bringen, bis die Angabe des Galvanometers ein Maximum beträgt, wenn die betrachtete Fläche nicht groß ist. Verschieden große Öffnungen können an dem offenen Ende benutzt werden, um verschiedene Temperaturbereiche zu ergeben. Foster hat ferner das Férysche Teleskop in ein Pyrometer mit „festem Brennpunkt" verwandelt (Fig. 105), indem er das Thermoelement D und die Öffnung E F an konjugierte Punkte des Goldspiegels C bringt. Eine beträchtliche Fläche benötigt man zur Einstellung. Dieses Instrument wird ebenfalls durch Ausprobieren eingestellt. In einem ähnlichen, neuerdings von der Brown - Pyrometer-Company hergestellten Instrument ist das Einstellen desselben durch die Verwendung eines Suchers erleichtert, wie er sich bei photographischen Apparaten findet.

Das Féry - Pyrometer der konstanten Brennpunkttype ist von Whipple direkt mit einem langen Rohr mit geschlossenem Ende verbunden worden, wodurch er die Angaben des Instrumentes unabhängig von der Natur des Ofens oder von dem Material machte, dessen Temperatur bestimmt werden soll, da das geschlossene Rohrende direkt in die heiße Stelle oder das geschmolzene Metall bis zu einer genügenden Tiefe eingeführt wird, und das Pyrometer selbst immer auf den Boden

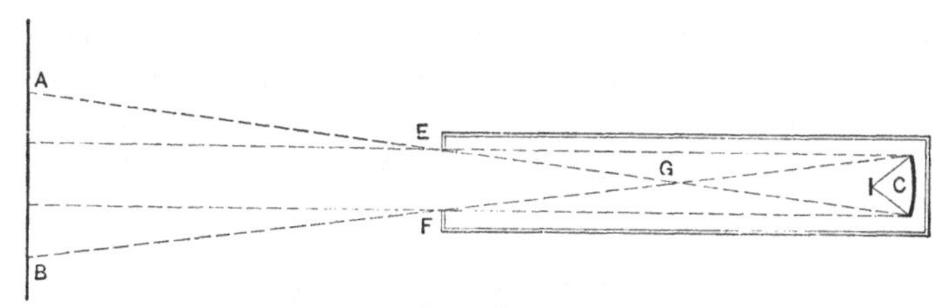

Fig. 105.
Pyrometer mit festem Fokus.

dieses Rohres eingestellt ist und dessen Temperatur angibt. Mr. Whipple hat dieses Instrument mit Erfolg benutzt, um die Temperaturen von geschmolzenem Stahl und Messing im Tiegel zu bestimmen, wobei die Temperatur des ersteren gegen 1550° C betrug. Das Material der Verlängerungsröhre ist abhängig von dem Stoff, in welchen es hineingebracht wird.

Alle Pyrometer mit Gesamtstrahlung können selbstregistrierend gemacht werden, indem man in einfacher Weise an Stelle des zeigenden Galvanometers ein geeignetes Registrierinstrument verwendet. Das Féry - Spiegelteleskop ist im allgemeinen mit dem Fadenschreiber aus Cambridge benutzt worden (Fig. 152).

Einige Versuchsresultate. Um die Anwendungsart des Strahlungspyrometers zu erläutern, wollen wir einige der Untersuchungen anführen, die mit der einen oder der anderen Form desselben ausgeführt sind.

Wir haben schon den frühzeitigen Versuch der Bestimmung der Sonnentemperatur nach dieser Methode erwähnt und wir werden auf diese Sache im Kapitel über die Eichung zurückkommen, ebenso wie auch auf die Temperaturmessung des Kohlelichtbogens mit dem Féry-Pyrometer.

Unter Verwendung seines Pyrometers hat Thwing die Gesamtemission (S. 249, Gleichung Ba) von fließendem, geschmolzenen Eisen und Kupfer gemessen. Für Eisen, welches in die Flüssigkeit bei 1300° oder 1400° C geworfen wurde, wurde die Strahlungsintensität zu 0,29 derjenigen des festen Metalles bei gleicher Temperatur bestimmt und für weichen Stahl war der Wert bei 1600° oder 1650° C — 0,28. Diese Werte schienen bis zu 1800° C zu gelten. Für Kupfer findet Thwing das Emissionsvermögen 0,14 desjenigen des schwarzen Körpers. Burgess findet mit einem Féry-Spiegelpyrometer für Kupfer $E_x = 0,15$ und für Kupferoxyd $E_x = 0,60$ angenähert. Die Beobachtungen von Burgess genügen folgenden Gleichungen:

für flüssiges Kupfer $t = 3,55\,F - 1018$,

für Kupferoxyd $t = 1,41\,F - 169$,

wenn t die wahre Temperatur in Zentigraden bedeutet und F die Angabe des Féry-Pyrometers, das mittelst der Strahlung eines schwarzen Körpers geeicht ist. Man sieht, daß bei 1083° C, dem Schmelzpunkt des Kupfers, das Féry-Instrument 490° zu tief zeigt, wenn es auf eine blanke Oberfläche reinen Kupfers gerichtet ist. Ein Féry-Pyrometer, das auf Kupferoxyd bei 700° C eingestellt ist, gibt höhere Werte an, als wenn es auf eine oxydfreie Oberfläche von flüssigem Kupfer bei 1100° C eingestellt ist. Eine ähnliche Betrachtung der Thwingschen Resultate bei Eisen zeigt, daß für 1520° C, dem Schmelzpunkte des reinen Eisens, ein auf das reine Metall eingestelltes Strahlungspyrometer ungefähr 370° zu tief zeigt unter der Annahme von $E_x = 0,29$ für reines Eisen. Diese Beispiele genügen, um zu zeigen, daß mit einem Pyrometer mit Gesamtstrahlung richtige Temperaturen nur unter sorgfältig angeordneten Bedingungen erhalten werden.

Bedingungen für die Anwendung. Es wird bemerkt worden sein, daß unter den in diesen Kapiteln beschriebenen Apparatenarten nur die Thermosäule als einzige in ihren verschiedenen Formen des thermoelektrischen Teleskopes bis jetzt als Pyrometer benutzt worden ist. Wir haben aber gesehen, daß einige der anderen Arten radiometrischer Apparate ebenso leicht dazu dienen können, Temperaturmeßapparate abzugeben und daß einige von ihnen in gewissen Fällen theoretische und praktische Vorteile gegenüber anderen Pyrometerformen bieten.

Bei manchen Vorgängen in der Industrie sind die Temperaturen so hoch, daß keine als aktiver Teil eines Pyrometers benutzbare Substanz, auch nicht das Platin, für lange Zeit ihrer Einwirkung oder derjenigen der anwesenden chemischen Stoffe widerstehen kann. Wenn es dann gewünscht wird, Apparate mit kontinuierlichen Angaben zu besitzen oder Beobachtungen ohne die Anwesenheit eines Beobachters gemacht werden sollen, ohne daß sie sich gleichzeitig durch die Wärme selbst verändern, ist es notwendig, zu Strahlungspyrometern seine Zuflucht zu nehmen. Daß bei ihnen Temperaturen mit Hilfe einer widerstandsfähigen Form eines tragbaren Millivoltmeters abgelesen werden können und daß solche Instrumente leicht selbstregistrierend gemacht werden können, sind ebenfalls Dinge von großer praktischer Bedeutung.

Dagegen muß man erwähnen, daß im allgemeinen solche Pyrometer, wenn sie auf Körper in freier Luft eingestellt werden, in der Temperatur zu tiefe Angaben machen, veranlaßt durch die selektiv strahlenden Eigenschaften aller Stoffe, obwohl Strahlungspyrometer so geeicht werden können, daß sie die wahren Oberflächentemperaturen angeben, wenn man sie auf irgend eine Substanz einstellt, deren strahlende Eigenschaften bekannt sind (S. 249), und in jedem Falle erhält man eine beständige, aber willkürliche Skala, solange die Oberfläche, auf die man eingestellt hat, sich in ihrem Emissionsvermögen nicht verändert. Glücklicherweise können bei vielen industriellen Vorgängen diese Beschränkungen ebenso leicht wie andere überwunden werden. Flammen und Ofengase, welche ebenfalls erheblich die Ablesungen eines solchen Pyrometers beeinflussen, können gleichzeitig mit den Fehlern durch selektive Strahlung vermieden werden, indem man auf den Boden eines Rohres mit geschlossenem Ende, das in den Ofen eingeführt wird, visiert. So würde beispielsweise ein Rohr aus feuerfestem Ton oder Magnesia oder auch aus anderem Stoff, welcher die Temperatur und die vorhandenen chemischen Einwirkungen aushält, das durch die Wand des Ofens hindurchgeht und in die Mitte des letzteren bis zu einem Abstand von $1/2$ oder 1 m eindringt, am inneren Ende geschlossen und am Außenende offen, eine strahlende Oberfläche von der Temperatur des Ofens ergeben (Fig. 102) und würde sehr angenähert die Bedingungen des idealen schwarzen Körpers verwirklichen, unter denen die Strahlungsinstrumente genaue Angaben machen, was auch immer die Natur des Stoffes ist, auf den man am Boden eines solchen Rohres eingestellt hat. Die Strahlungsgesetze in ihrer einfachsten Form stimmen sehr gut für solch ein strahlendes Rohr, so daß, wenn das Pyrometer durch Gegenüberstellen gegen einen schwarzen Körper geeicht worden ist, die Eichung für die Einstellung auf das Rohrinnere gelten wird, oder auch wenn man durch eine kleine Öffnung in einen klaren geschlossenen Raum von konstanter Temperatur visiert. Das oben erwähnte geschlossene Rohrende kann augenscheinlich auch bei Härtungsbädern und bei mancher anderen Art von industriellen Einrichtungen zur Verwendung kommen.

Man muß bei der Aufstellung und Benutzung irgend eines Strahlungspyrometers darauf achten, daß man genügende Fläche zum Anvisieren zuläßt, dies ist in den Figuren 105, 106 und 107 deutlich gemacht. Die Öffnung des Ofens F muß groß genug sein, so daß der Kegel zwischen M und D nicht abgeschnitten wird, wenn das Instrument T auf D eingestellt wird. Eine kleinere Öffnung ist zulässig, wenn T auf irgend eine solche Ebene wie A (Fig 106) eingestellt wird, wenn der Ofen sich auf einer gleichmäßigen Temperatur befindet.

Die Eichung. Es ist eine sehr schwierige Sache, in ausreichender Weise ein Pyrometer mit Gesamtstrahlung bis zu sehr hohen Temperaturen

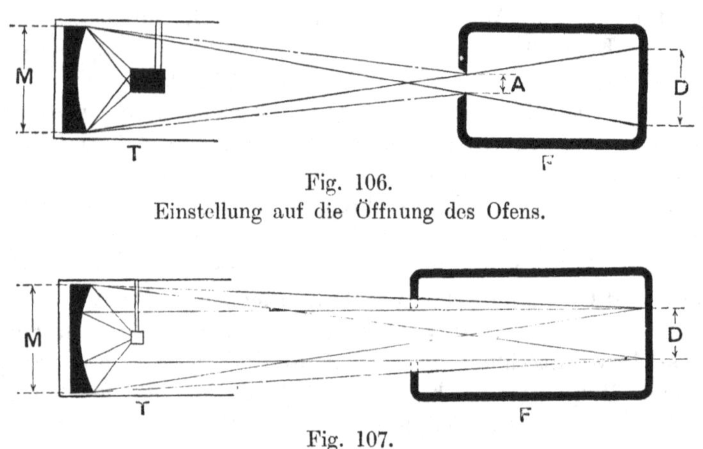

Fig. 106.
Einstellung auf die Öffnung des Ofens.

Fig. 107.
Einstellung auf die Rückwand des Ofens.

genau zu eichen, und dies ist hauptsächlich bei den meisten der industriellen Arten der Fall. So werden verhältnismäßig große Öffnungen gewöhnlich benötigt, was entsprechend große Öfen nötig macht, über deren sichtbare Fläche eine konstante Temperatur aufrecht zu erhalten ist und mit einigen geeichten Hilfsinstrumenten, wie z. B. Thermoelement, optischem oder Normalstrahlungsinstrument, gemessen werden muß. Bei einer hinreichend großen Öffnung zum Anvisieren des Mittelpunktes eines gleichmäßig gewickelten elektrischen Widerstandsofens kann beispielsweise, wenn nicht große Sorgfalt in der Anordnung getroffen wird, ein Unterschied von 30—50^0 C zwischen den beiden Wandungen eines 2 mm dicken Diaphragmas vorhanden sein, gemessen durch Thermoelemente.

Das Pyrometer mit Gesamtstrahlung ist, vielmehr als optische Instrumente, welche nur eine einzige Farbe benutzen, für den Schwärzegrad oder für selektive Emission der Strahlungsquelle, welche man betrachtet, außerordentlich empfindlich; und dieses macht in Verbindung mit der Notwendigkeit einer großen Öffnung die Sache verwickelt. Weiterhin ist es außerordentlich wünschenswert, da die Angaben dieser Instrumente erheblich durch die Anwesenheit von Flammen, Ofengasen und Staub beeinflußt werden, einen klaren Ofen zu haben, auf welchen man einstellt. Während Temperaturen bis zu 1400° oder 1500° C, die man genau messen kann, in großen elektrischen Widerstandsöfen mit Platinwickelung auf Porzellan oder in Metallbädern zu erhalten sind, bei denen man Röhren mit geschlossenen Enden in das flüssige oder feste Metall einführt, so scheint keine genügend befriedigende Methode vorgeschlagen zu sein, die direkte Eichung, frei von den obigen Fehlerquellen bei etwa 2000° oder auch bei 1700° C auszuführen.

Geeignete Iridiumöfen mit einer Glasur überzogen, um die Verdampfung des Iridium zu verhindern, könnten für eine Benutzung bis zu 2000° C konstruiert werden. Aber die Kosten von Öfen genügender Größe dieser Art würden außerordentlich hoch sein und ihre Lebensdauer nur kurz. Kohlerohröfen, umpackt mit den benutzbaren Arten von Magnesia oder Tonerde, sind nicht zufriedenstellend, hauptsächlich wegen der Durchlässigkeit der Umpackung. Dieses kann vielleicht überwunden werden, indem man solche Öfen, um die Diffusion nach Innen zu verhindern, so baut, daß man den Gasdruck vom Inneren nach Außen reguliert oder sie ins Vakuum setzt. Die Anwesenheit von irgend einem Fenster vor einem Instrument mit Gesamtstrahlung, besonders wenn es als Normal benutzt werden soll, ist unzulässig wegen des unbekannten Einflusses der Fensterabsorption auf die Angaben des Pyrometers, oder man muß die letztere experimentell bestimmen. Andererseits kann diese Pyrometerart nicht zwecks Eichung ins Vakuum gebracht werden, da dann seine Angaben von denen, die man in Luft erhält, abweichen würden, bewirkt durch die verschiedene Konvektion, Strahlung und Wärmeleitung am Empfänger.

Weil die gebräuchlichen Formen eines industriellen Instrumentes im allgemeinen nicht genau das Stefansche Gesetz befolgen und oftmals auch nicht einmal angenähert, so kann man keine erhebliche Extrapolation ihrer Temperaturskalen mit Vertrauen zulassen.

Wenn aber ein Normal-Instrument der Gesamtstrahlung einmal in befriedigender Weise in irgend einem Laboratorium geeicht werden kann, und zwar bis zu sehr hohen Temperaturen, dann wird es leicht sein, mit demselben irgend ein anderes derartiges Pyrometer zu vergleichen, indem man gleichzeitig mit beiden Instrumenten auf irgend eine beliebige Strahlungsquelle einstellt.

Es ist vielleicht nützlich, zu bemerken, daß diese Schwierigkeiten bei der Verwirklichung einer zweckmäßigen Eichung in gleicher Weise

Unsicherheiten in die Angaben solcher Instrumente bringen, wie sie gewöhnlich in der Praxis benutzt werden.

Die Berechnung einer Eichung wird in einfacher Weise durch graphische Methoden vorgenommen. Die Gleichung $E = aT^n$, in welcher E die EMK bedeutet, die für die absolute Temperatur T eines schwarzen Körpers erzeugt wird, und a und n Konstanten sind, stellt für die meisten Zwecke gut genug das Verhalten der thermoelektrischen Instrumente der Férytype dar. Trägt man log E als Ordinate und log T als Abszisse auf, so erhält man eine gerade Linie, so daß nur zwei Punkte überhaupt für die Eichung notwendig sind, falls die Skala von E richtig ist, und eine wirkliche Potentialskala der EMKK. Wenn ein Diaphragma zur Erreichung der höheren Temperaturen benutzt wird, so genügt theoretisch eine Beobachtung in Verbindung mit den zwei vorhergehenden, da diese zweite gerade Linie der ersten parallel laufen sollte. In der Praxis ist dieses sehr nahe, aber doch augenscheinlich nicht ganz der Fall wegen fremder Erhitzungen und Unterschiede im Verhalten, wenn das Diaphragma an seiner Stelle und entfernt ist, so daß ein gewisser Betrag von Unsicherheit beim Extrapolieren nach obigem Verfahren besteht.

Pyrometrische Fernrohre können sehr genau mit Hilfe der Kompensationsmethode geeicht werden (S. 123) wodurch ihre Angaben unabhängig werden vom Widerstande des Thermokreises und des Galvanometers.

8. Kapitel.

Optische Pyrometer.

Prinzip. Anstatt die gesamte strahlende Energie, wie bei den im vorigen Kapitel beschriebenen Methoden zu benutzen, wird nur die sichtbare Strahlung verwendet; deren Ausnutzung kann auf sehr verschiedenem Wege erfolgen, was Methoden von ungleicher Genauigkeit, die auch in der Leichtigkeit ihrer Handhabung verschieden sind, liefert.

Bevor wir mit ihrer Betrachtung beginnen, mag es nützlich sein, gewisse Eigenschaften der monochromatischen Strahlung anzuführen und zu erläutern.

Eigenschaften der monochromatischen Strahlung. Ein leuchtender Körper sendet Strahlungen von verschiedenen Wellenlängen aus. Für eine gegebene Wellenlänge und eine gegebene Temperatur ist die Intensität dieser ausgesandten Strahlung für verschiedene Körper nicht die gleiche; dieses drückt man aus, indem man sagt, daß sie für diese Strahlung verschiedene Emissionsvermögen besitzen. In ähnlicher Weise absorbiert ein Körper, welcher Strahlung von gegebener Wellenlänge empfängt, einen Teil derselben und sendet einen anderen Anteil durch Reflexion oder Zerstreuung zurück; ein bestimmter Anteil kann ebenfalls den Körper durchdringen. Das Reflexions-, Zerstreuungs- oder Durchlaßvermögen bei einer bestimmten Temperatur für eine bestimmte Wellenlänge ändert sich von einem Körper zum anderen. Das Emissionsvermögen und das Zerstreuungsvermögen (im Falle eines dunklen und nicht reflektierenden Körpers) ändert sich immer in entgegengesetztem Sinne, indem es zueinander komplementär bleibt.

Substanzen von großem Emissionsvermögen, wie Lampenruß, haben ein sehr geringes Zerstreuungsvermögen; Substanzen von kleinem Emissionsvermögen, wie poliertes Silber oder Magnesia, haben ein sehr großes Zerstreuungs- oder Reflexionsvermögen.

Nimmt man als Maß für das Emissionsvermögen das Intensitätsverhältnis der Strahlung des betrachteten Gegenstandes zu der des schwarzen Körpers (S. 224) bei gleicher Temperatur und als Maß für das Zerstreuungsvermögen das Verhältnis der zerstreuten Strahlungsintensität zu der einfallenden Strahlung, so ist die Summe dieser beiden Größen gleich der Einheit (vgl. S. 228).

Das Emissionsvermögen eines Körpers ändert sich von einer Strahlungsart zur anderen und infolgedessen ebenfalls sein Reflexions- und Durchdringungsvermögen, da diese beiden Größen einander komplementär sind. Daraus folgt, daß die relativen Anteile der sichtbaren Strahlungen, die von einem Körper aufgenommen oder abgegeben werden, nicht die gleichen sind: so daß verschiedene Körper bei gleicher Temperatur uns verschiedene Farbe zu besitzen scheinen.

Bei gleicher Temperatur ist die Eigenfarbe eines Körpers und seine scheinbare Farbe, wenn er durch weißes Licht beleuchtet wird, zueinander komplementär. Gelbe Substanzen, wie Zinkoxyd, welches erhitzt wird, senden grünlich-blaues Licht aus. Bei Temperaturen unterhalb 2000° ist die rote Strahlung sehr vorherrschend und läßt die Ungleichheiten der Strahlung der anderen Wellenlängen zurücktreten. Um die Färbung eines strahlenden Körpers leicht sichtbar zu machen, ist es notwendig, dieselbe mit der eines schwarzen Körpers unter den gleichen Temperaturbedingungen zu vergleichen. Ein in den Körper gebohrtes Loch oder ein Riß auf der Oberfläche gibt ein sehr gutes Mittel zum Vergleich, um sich über seine Färbung ein Urteil zu bilden.

Die Strahlungsintensitäten, die von einem schwarzen Körper ausgesandt werden, nehmen immer mit der Temperatur zu und um so mehr, je schneller wir uns der blauen Seite des Spektrums nähern: andererseits aber beginnen die Strahlungen vom roten Ende zuerst eine Intensität zu erreichen, die man deutlich wahrnehmen kann, so daß die Körperfarbe, wenn man zu immer höheren Temperaturen übergeht, mit Rot beginnt und über Orange und Gelb einem Weiß zustrebt. Weiß ist tatsächlich diejenige Farbe, welche außerordentlich heißen Körpern eigen ist, wie beispielsweise der Sonne.

Körper, die nicht schwarz sind (das Wort „schwarz" wird immer im Sinne des 6. Kapitel, S. 224 gebraucht), haben ein Gesetz des Strahlungsanstieges, das verschieden ist von dem des schwarzen Körpers, weil das Emissionsvermögen mit der Temperatur sich ändert. Es wächst ungleich für die verschiedenen Strahlungen, so daß die Färbung von Körpern im Vergleich mit der Farbe des schwarzen Körpers sich mit der Temperatur verändert.

Folgende Tabelle gibt für verschiedene Färbungen die Verhältnisse der Werte von Emissionsvermögen einiger Körper zu dem des schwarzen Körpers an, nach Bestimmungen von Le Chatelier. Die rote Strahlung wurde durch ein Glas, welches Kupfer enthielt, die grüne mit Hilfe eines Chromkupferglases, die blaue durch eine ammoniakalische Lösung von Kupferhydrat beobachtet. Die Substanz bedeckte die Lötstelle eines Thermoelementes und war mit Furchen durchzogen; die Helligkeit des Inneren dieser Falten wurde mit derjenigen der Oberfläche verglichen.

Emissionsvermögen (Le Chatelier).

		Rot	Grün	Blau
Magnesia	bei 1300°	0,10	0,15	0,20
	1550	0,30	0,35	0,40
Kalk	1200	0,05	0,10	0,10
	1700	0,60	0,40	0,60
Chromoxyd	1200	1,00	1,00	1,00
	1700	1,00	0,40	0,30
Thoroxyd	1200	0,50	0,50	0,70
	1760	0,60	0,50	0,35
Ceroxyd	1200	0,80	1,00	1,00
	1700	0,90	0,90	0,85
Auermischung	1200	0,25	0,40	1,00
	1700	0,50	0,80	1,00

Werte des Emissionsvermögens der Metalle und anderer Substanzen sind in Tabelle X des Anhanges gegeben.

Methoden der Temperaturmessung. Die Bestimmung der Temperatur aus Messungen leuchtender Strahlung kann, wenigstens in der Theorie, direkt auf drei verschiedene Arten vorgenommen werden, indem man benutzt:

die Gesamtintensität der leuchtenden Strahlung;
die Strahlungsintensität einer bestimmten Wellenlänge;
die relative Strahlungsintensität bestimmter Wellenlängen.

In dem Kapitel (6) über die Strahlungsgesetze haben wir die neueren theoretischen und experimentellen Fortschritte, die sich auf diese Methoden beziehen, erörtert.

Messung der gesamten leuchtenden Intensität. Die Helligkeit von Substanzen wächst außerordentlich rasch mit der Temperatur. Man kann mit dem unbewaffneten Auge verhältnismäßig diese Helligkeit schätzen, aber diese Messung ist sehr unsicher, weil eine konstante Vergleichsquelle fehlt. Die Empfindlichkeit des Auges ändert sich tatsächlich mit dem Beobachter, mit dem Licht, welches das Auge gerade vorher aufgenommen hat und mit der vorhandenen Ermüdung. Photometrische Vorgänge, die genau sind wegen der Vergleichung mit einer

Einheitslichtquelle, kann man nicht benutzen wegen der Veränderung der Farbe mit der Temperatur.

Folgende Methode könnte man versuchen: Man ziehe auf einer weißen Fläche durchscheinende oder das Licht zerstreuende Marken von bestimmter Intensität und Abmessung und suche den Bruchteil des Lichtes auf, den man anwenden muß, um diese Marken unsichtbar erscheinen zu lassen. Die Angaben werden doch sehr veränderlich sein und abhängig von dem Ermüdungsgrad des Auges.

Nernst u. a. haben die empirische Formel A von Seite 223 benutzt

$$\frac{J_1}{J_2} = \left(\frac{T_1}{T_2}\right)^x \quad . \quad . \quad . \quad . \quad . \quad . \quad . \quad . \quad . \quad (A)$$

welche die gesamte photometrische Helligkeit eines strahlenden Körpers, ausgedrückt beispielsweise in Hefnerkerzen, mit dessen Temperatur verbindet. Rasch leitet auf theoretischem Wege die allgemeinere Formel ab,

$$J = J_1 \, e^{\alpha\left(1 - \frac{\Theta}{T}\right)} \quad . \quad . \quad . \quad . \quad . \quad . \quad . \quad . \quad (B)$$

worin Θ die absolute Temperatur ist, für welche $J = J_1$. Wenn J_1 die Helligkeit der Hefnerkerze ist, so hat man pro qmm der sichtbaren Strahlung eines schwarzen Körpers $\alpha = 12{,}94$ und $\Theta = 2068$ abs. Für kleine Temperaturunterschiede geht (B) in (A) über, wenn $x \,.\, T =$ konst. Hinsichtlich der Tatsache, daß mehrere Untersuchungen mit erheblichen Temperaturunterschieden mit der Formel (A) als Grundlage gearbeitet haben, sollte bemerkt werden, daß (A) nicht gültig ist, außer wenn T_1 sehr nahe an T_2 liegt.

Unter Benutzung von (A) und unter der Annahme, daß das Licht von 1 qmm eines schwarzen Körpers 12,1 Hefnerkerzen beträgt, wenn die beiden die gleiche photometrische Helligkeit besitzen, findet Nernst für den Schmelzpunkt des Platins 1782^0 und für den des Iridiums 2200^0 bis 2240^0 C; Rasch, der die Zahlen von Nernst mit (B) berechnet, findet für Iridium 2287^0 C. Dieselbe Formel gilt ebenfalls für monochromatisches Licht, was von Interesse ist zu erwähnen, da es bedeutet, daß (A) und (B) in der Anwendung auf das gesamte Licht Beziehungen ergeben, welche in ihrem Werte, wie es von Rasch gezeigt ist, dem Wienschen Gesetz für $\lambda = 0{,}542$ entsprechen, oder angenähert der Wellenlänge der maximalen Empfindlichkeit des Auges, welche aber für verschiedene Personen nicht eine genau konstante Größe ist und auch nicht für die gleiche Person bei verschiedenen Zeiten (vgl. S. 245 und Fig. 88).

Diese Methode, die gesamte photometrische Helligkeit als Maß für die Temperatur zu benutzen, entbehrt sowohl der Empfindlichkeit wie auch der Bestimmtheit, und wird besser durch Methoden ersetzt, die auf der Benutzung einer einzigen Wellenlänge beruhen.

Messung der Intensität einer einfachen Strahlung. Wir können die Temperatur eines Körpers aus der Intensität einer seiner verschiedenen Strahlungen bestimmen, vorausgesetzt, daß wir das Emissionsvermögen bei dieser Temperatur kennen und ferner das Gesetz der Veränderung dieser Strahlung, bestimmt mit Hilfe des Gasthermometers.

Das Emissionsvermögen verändert sich bisweilen mit der Temperatur und ist im allgemeinen nicht bekannt. Dies könnte den Anschein erwecken, daß es ausreichte, um diese Methode und ähnliche Strahlungsmethoden zu verwerfen. Dem ist aber nicht so, aus folgenden Gründen:

1. Bei Temperaturen, die höher sind als der Schmelzpunkt des Platins, ist gegenwärtig keine andere pyrometrische Methode anwendbar.

2. Eine große Anzahl von Substanzen besitzt ein beträchtliches Emissionsvermögen, nahezu die Einheit, und besonders einige von praktischer Bedeutung, wie z. B. Eisen und Kohle.

3. Die Veränderung der Strahlung mit der Temperatur ist genügend ausgeprägt, so daß die durch die Vernachlässigung des Emissionsvermögens bewirkten Fehler klein sind: so wird beispielsweise bei 1000° die Helligkeit des roten Lichtes, das von Kohle ausgesandt wird, für ein Gebiet von 100° vervierfacht: sie wird verdoppelt bei 1500° für das gleiche Temperaturgebiet.

Ferner sind mit Ausnahme einiger besonders weißer Körper die Emissionsvermögen bei hoher Temperatur größer als 0,5. Nimmt man sie zu 0,75 an, so wird der größte Fehler, den man für gewöhnliche Temperaturen zwischen 1000° und 1500° macht, zwischen 25° und 50° liegen.

Weiterhin gibt in denjenigen Fällen, in denen das Emissionsvermögen unbekannt ist, ein optisches Pyrometer noch eine bestimmte Temperaturskala für einen gegebenen Körper, d. h. mit Hilfe von Temperaturen (S. 227).

Wir wollen jetzt die gewöhnlichen Arten von optischen Pyrometern beschreiben, ebenfalls ihre Eichung und dann ihre Anwendungen vorbringen.

Das optische Pyrometer von Le Chatelier. Ed. Becquerel hat im Jahre 1864 vorgeschlagen, die Messung von hohen Temperaturen auf die Messung der Intensität des roten Lichtes, das von heißen Körpern ausgeht, zurückzuführen; aber diese Methode ist in einem vollkommenen Maße niemals verwirklicht und noch weniger benutzt worden. Le Chatelier, welcher die Frage wieder aufgriff, gab eine für solche Messungen geeignete Anordnung an und bestimmte ein empirisches

Strahlungsgesetz der Substanzen in der Abhängigkeit von der Temperatur.

Photometer. Für diese Messungen wird ein photometrischer Apparat benötigt, welcher nicht wie die gewöhnlichen Photometer eine Messung der Gesamthelligkeit, welche von einer Strahlungsquelle hervorgebracht wird, angibt (eine Helligkeit, welche mit den Abmessungen dieser Quelle sich verändert), sondern die jeder Flächeneinheit innewohnende Helligkeit. Man kann ein Photometer benutzen, das auf dem von Cornu angegebenen Prinzip beruht.

Der Apparat (Fig. 108 und 109) besteht der Hauptsache nach aus einem Fernrohr, welches eine kleine .Vergleichslampe, die seitlich angebracht ist, trägt. Das Bild der Flamme dieser Lampe wird auf einen

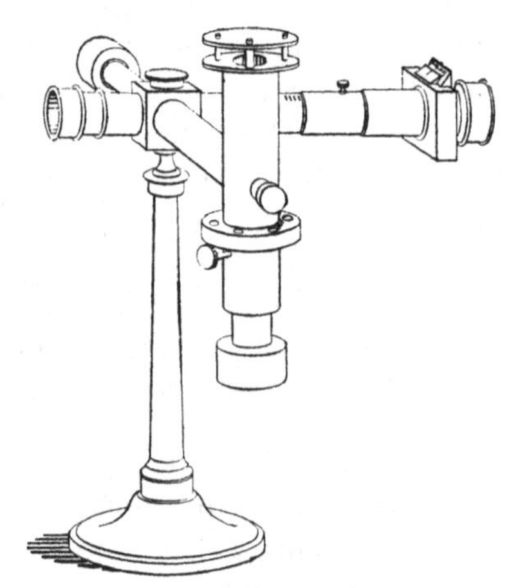

Fig. 108.
Pyrometer von Le Chatelier.

Spiegel M geworfen, welcher unter 45° an dem Hauptbrennpunkt des Fernrohres sich befindet. Man stellt auf Gleichheit der Helligkeit der Bilder ein, des betrachteten Gegenstandes und der Vergleichsflamme, wobei diese Bilder nebeneinander liegen.

Das Fernrohr besitzt vorne ein Objektiv, vor dem eine Irisblende angebracht ist, welche die wirksame Öffnung dieses Objektivs zu verändern gestattet und außerdem einen Halter, dessen Bestimmung es ist, gefärbte absorbierende Gläser aufzunehmen. Am Brennpunkt des Objektives befindet sich ein Spiegel, der um 45° geneigt ist, welcher das Lampenbild, welches durch eine dazwischen geschobene Linse entworfen wird, reflektiert. Ein Okular, vor welchem in einer bestimmten Stellung ein monochromatisches Glas eingefügt ist, dient zur Beobachtung der Bilder der Flamme und des Gegenstandes.

Vor der Lampe ist eine rechtwinkelige Blende angebracht, welche die unbenutzten Lichtstrahlen abfängt und einen Halter trägt, um farbige Absorptionsgläaser aufzunehmen.

Die Ecke des Spiegels mit 45⁰ Neigung liegt in der Ebene des Bildes der geprüften Lichtquelle, so daß das reflektierte Bild und das direkte Bild nebeneinander liegen, getrennt nur durch die Ecke des Spiegels. Dieser Spiegel wird nach einer von Cornu mitgeteilten Methode aus einer schwarzen Glasplatte hergestellt, die mit einem Diamanten geschnitten wird, was eine sehr scharfe Kante liefert.

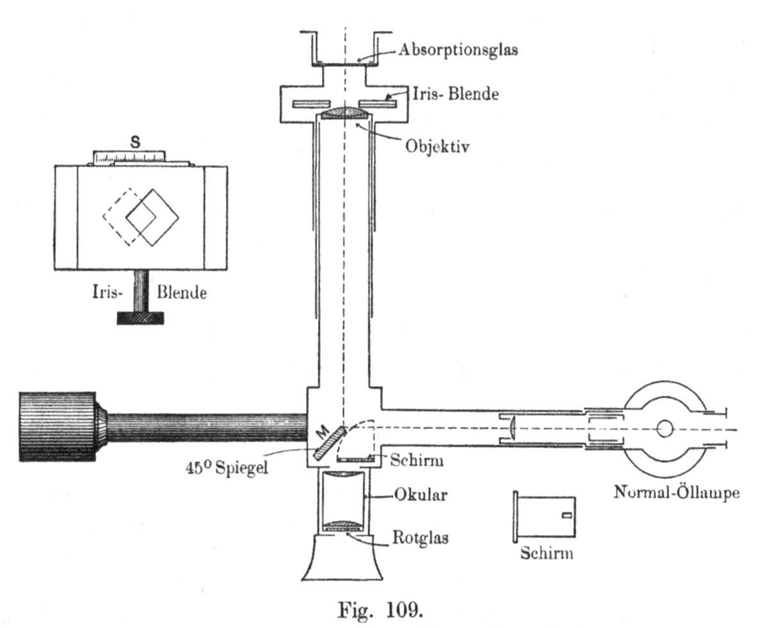

Fig. 109.
Pyrometer von Le Chatelier, Querschnitt.

Um die relativen Intensitäten der Bilder zu verändern, verwendet man gleichzeitig Rauchgläser, die man vor das eine oder das andere der beiden Objektive setzt und die erwähnte Irisblende. Eine Schraube erlaubt, die Öffnung dieser Iris zu verändern und eine passende Skala S gibt die Größe derselben an.

Es ist sehr wichtig, daß die Rauchgläser eine Absorption von höchster Gleichförmigkeit besitzen und keine Absorptionsbanden haben. Diese Bedingungen sind bei gewissen Rauchgläsern älteren Fabrikates erfüllt (CuO, Fe_2O_3, MnO_2); für die Herstellung dieser Gläser benutzt man jetzt die Oxyde des Nickels und Kobalts, welche Absorptionsbanden ergeben.

Um das Absorptionsvermögen dieser Gläser zu bestimmen, wird eine Messung mit und ohne dieselben gemacht; das Verhältnis der Quadrate der Öffnung von der Iris ergibt das Absorptionsvermögen. Als monochromatische Filter kann man benutzen:

1. Rotes Kupferglas, welches die Wellenlänge $\lambda = 659\ \mu\mu$ ungefähr durchläßt[1]. Die Benutzung des Rotglases ist anderen vorzuziehen, da es besser monochromatisch ist und auch Messungen bei tieferen Temperaturen vorzunehmen gestattet, da die zuerst ausgesandte Strahlung rot ist.

2. Grünes Glas (λ ungefähr $= 546\ \mu\mu$). Die Beobachtungen sind dabei für manche Augen leichter als im Rot, aber man kann sie nur für höhere Temperaturen empfehlen.

3. Ammoniakalische Lösung von Kupferoxyd (λ ungefähr $= 460\ \mu\mu$). Die Benutzung dieses letzteren Filters, welches weit vom monochromatischen Licht abweicht, ist ohne Interesse. Das Auge ist nur wenig für das blaue Licht empfindlich und dieses letztere wird erheblich stark nur bei hoher Temperatur. Blaues Glas (Schott & Gen., Nr. F, 3875) verdient den Vorzug.

Einstellen des Apparates. In dem Apparat sind zwei Teile vorhanden, welche eine sehr sorgfältige Einstellung für gute Resultate erfordern, und diese Teile sollten infolgedessen so hergestellt sein, daß sie die notwendige Tätigkeit zulassen, um den gewünschten Effekt hervorzubringen.

1. Das Lichtbündel, welches von der Lampe kommt und welches von dem Spiegel reflektiert wird, und das, welches direkt von dem betrachteten Gegenstande kommt, muß in das Auge als Ganzes eintreten. Diese Bedingung ist erfülltt, wenn die von den beiden Objektiven entworfenen Bilder durch das Okular übereinander gelagert werden.

Dieses wird erreicht, indem man mit einer Linse die beiden Bilder, welche wenig hinter dem Halter des Okulares entstehen, prüft. Es ist augenscheinlich notwendig, um sie zu sehen, die beiden Objektive zu beleuchten, das eine mit der Lampe, das andere mit irgend einer Lichtquelle. Ist die Übereinanderlagerung nicht vorhanden, so stellt man sie durch Probieren her, indem man die Schrauben dreht, welche den Spiegel halten. Wenn der Apparat nicht außerordentlich schlecht behandelt wird, so sollte er unbeschränkt seine Justierung beibehalten.

2. Um ein konstantes Licht zu erhalten, sind gewisse Vorsichtsmaßregeln bei der Regulierung der Vergleichslampe notwendig. Le Chatelier empfiehlt die Verwendung des einfachen Gasolins. Die

[1] Rotgläser, die von dem Verfertiger Pellin, Paris, hergestellt werden, haben eine entsprechende Wellenlänge von $\lambda = 632$. Gläser, welche besser monochromatisch sind, werden von Schott und Gen. in Jena hergestellt, welche ebenfalls hervorragende Rauchgläser liefern. Vgl. S. 321.

Flamme sollte eine konstante Höhe besitzen, beispielsweise gleich derjenigen der rechtwinkeligen Blende, welche sich vor der Flamme befindet. Ihr Bild sollte genau in zwei durch die Kante des Spiegels zerlegt werden, was man durch Drehen der Lampe in ihrem Halter erreicht, welcher exzentrisch ist (Fig. 110).

Bevor man endlich eine Beobachtung macht, ist es notwendig, ungefähr 10 Minuten zu warten, damit die Lampe ins Wärmegleichgewicht kommt; nur dann besitzt die Flamme eine konstante Helligkeit.

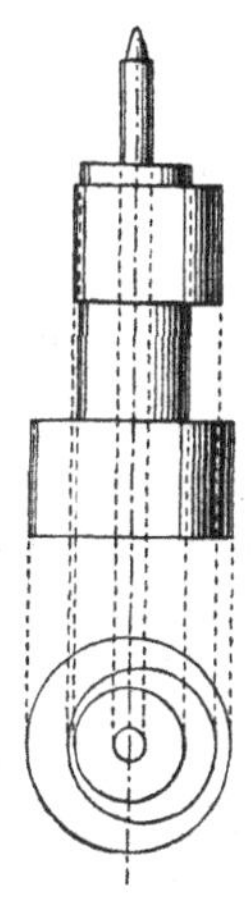
Fig. 110. Anordnung der Lampe.

Die Messungen. Um eine Beobachtung zu machen, wird ein Körper, den man als Einheit nimmt, wie die Flamme einer Stearinkerze oder die Flamme einer Petroleumlampe geprüft. Man beobachtet:

1. n_0, die Zahl der absorbierenden Gläser,
2. d_0, die Öffnung der Iris,
3. f_0, den Auszug des Objektivs für die Scharfeinstellung.

Der gleiche Vorgang wird bei der zu prüfenden Lichtquelle vorgenommen und die Zahlen n_1, d_1, f_1 werden gefunden.

Ist k der Absorptionskoeffizient des Rauchglases, so hat man

$$\frac{J}{1} = \left(\frac{1}{k}\right)^{(n_1 - n_0)} \cdot \left(\frac{d_0}{d_1}\right)^2 \cdot \left(\frac{f_1}{f_0}\right)^2 .$$

Für die beschriebenen Gläser betragen die Absorptionskoeffizienten

$k = {}^1/_{11}$, entsprechend der Wellenlänge $\lambda = 659$;
$k = {}^1/_7$, „ „ „ $\lambda = 546$;
$k = {}^1/_{10}$, „ „ „ $\lambda = 460$.

Für sehr kleine Objekte, welche sehr nahe herangebracht werden müßten, wird ein Ergänzungsobjektiv vorne auf das Fernrohr gesetzt. Das Objekt wird in den Hauptbrennpunkt dieser neuen Linse gebracht, während das Objektiv des Apparates auf Parallelstrahlen eingestellt ist. Das Absorptionsvermögen dieser Zusatzlinse wird auf ${}^1/_{10}$ geschätzt.

Einzelheiten einer Beobachtung. Die erste Messung, die man vorzunehmen hat, ist die Bestimmung der Absorptionskoeffizienten der Schwächungsgläser. Zu diesem Zweck wird ein Gegenstand von geeigneter Helligkeit einmal mit dem Rauchglas vor der Irisblende und dann ohne dieses Glas betrachtet. Ist N die Öffnung der Irisblende ohne das Rauchglas und N′ die Öffnung mit einem solchen Glase, dann ist der Absorptionskoeffizent

$$k = \left(\frac{N'}{N}\right)^2.$$

Folgende Beobachtungen ergeben Zahlen für die Bestimmung des Absorptionsvermögens verschiedener Gläser, welche man im Laufe der Prüfungen benutzt hat, die sich auf die Strahlungen von Glühstrümpfen beziehen.

Absorptionsglas vor der zu prüfenden Strahlungsquelle.

Temperatur	Öffnung der Iris		
	Rot	Grün	Blau
1270° (+ 1 Glas)	19,5	21,2	35
1270 (kein Glas)	5,5	7,9	11,1
	$k_r = 12,5$	$k_g = 7,2$	$k_b = 9,9$

Absorptionsglas vor der Normallampe.

Temperatur	Rot	Grün	Blau
1170° (— 1 Glas)	2,9	5,95	10,2
1170 (kein Glas)	9,4	16,1	31,5
	$k_r = 10,5$	$k_g = 7,3$	$k_b = 9,5$

Emissionsvermögen. Bevor man die Fähigkeit besitzt, die Beziehungen zwischen der Strahlungsintensität glühender Körper und ihrer Temperatur aufzustellen, ist es nötig, das Emissionsvermögen dieser Körper zu kennen. Für diese Messung benutzte Le Chatelier das oben beschriebene Prinzip, daß nämlich das Innere von Spalten in den Körpern angesehen werden kann als eingeschlossen in eine Hülle von gleichförmiger Temperatur. Das Emissionsvermögen ist so bei der betrachteten Temperatur gleich dem Verhältnis der Lichtintensität der Oberfläche zu der am Grunde der tiefen Spalten, augenscheinlich unter der Bedingung, daß die Öffnung der Spalten genügend klein bleibt.

Der zu prüfende Körper wurde in den Zustand einer Paste gebracht, so trocken wie möglich, an das Ende eines vorher flachgeschlagenen Elementes, das infolgedessen die Form einer Scheibe von 2 oder 3 mm Durchmesser besitzt. Das Trocknen wurde sehr langsam vorgenommen, so daß man kein Schwellen der Masse wahrnahm, und man bekam auf diese Weise eine Haut, die mit Furchen durchzogen war; die oben beschriebenen Bedingungen sind dann genügend vorhanden. Das Ende des so vorbereiteten Elementes wird entweder in einer Bunsenflamme oder in einer Gebläselampe erhitzt, und die Temperatur der Lötstelle abgelesen, während gleichzeitig mit dem optischen Pyrometer Beobachtungen vorgenommen werden. Um eine so konstante Temperatur wie möglich zu bekommen, ist es notwendig, sich vor Luftströmen zu hüten und eine Flamme von kleiner Ausdehnung zu benutzen. Hier unten sind einige der erhaltenen Resultate:

1. Element, überzogen mit einer Mischung aus 99 Teilen Thorium und 1 Teile Cer.

Temperatur	Rot (1)	Rot (2)	Grün (1)	Grün (2)	Blau (1)	Blau (2)
950° (— 1 Glas)	16,0	—	21,0	14,0	23,0	—
1170	15,5	9,0	11,0	9,0	12,0	12,0
1375	7,0	3,0	4,5	3,2	3,5	3,5
1525	3,2	2,0	2,0	2,0	1,9	1,9
1650 (+ 1 Glas)	8,3	6,0	5,0	—	4,0	—
2. Magnesia.						
1340° (— 1 Glas)	12,2	4,0	18,5	6,7	19,0	9,0
1460 (— 1 Glas)	4,9	2,5	8,2	3,1	7,7	4,1
1540 (— 1 Glas)	2,4	1,3	3,1	1,8	3,2	2,1

Die Zahlen geben das Verhältnis der Öffnungen der Irisblende an; diejenigen der Reihe (1) beziehen sich auf die Oberfläche und diejenigen der Reihe (2) auf das Innere der Spalten. Die Bezeichnungen (— 1 Glas) und (+ 1 Glas) bedeuten, daß das Absorptionsglas entweder vor der Normallampe oder vor der geprüften Lichtquelle eingeschaltet ist.

Intensitätsmessungen. Folgende Tabelle gibt eine Vorstellung von der Größenordnung der Intensitäten verschiedener Strahlungsquellen, wobei die Helligkeitsmessungen im Roten vorgenommen sind. Einheit ist die Helligkeit des mittleren Teiles der Stearinkerzenflamme.

Kohle beim Beginn des Glühens	0,0001
Schmelzendes Silber (960°)	0,015
Stearinkerze Gasflamme Amylazetat-Lampe	1,0
Schnittbrenner mit Mineralöl	1,1
Argand-Brenner mit Zylinder	1,9
Auer-Brenner	2,05
Fe_3O schmelzend (1350°)	4,8
Schmelzendes Platin	15,0

Glühlampe	40
Krater des elektrischen Lichtbogens	10 000
Sonne am Mittag	90 000

Eichung. Le Chatelier nahm die erste Eichung seines optischen Pyrometers vor durch Messen der Helligkeit von Eisenoxyd, welches an der Lötstelle eines Thermoelementes erhitzt wurde, unter der Annahme, daß im Roten das Emissionsvermögen dieser Substanz gleich 1 ist. Er fand ein Gesetz der Veränderung der Intensität der roten Strahlung als Funktion der Temperatur, welches durch die Formel gut dargestellt wird;

$$J = 10^{6,7} . T^{-\frac{3210}{T}},$$

in welcher die Einheitsintensität der am meisten strahlenden, in der Achse liegenden Gegend der Kerzenflamme entspricht (T ist die absolute Temperatur).

Diese Formel ist, wie von Rasch gezeigt wurde, gleichwertig derjenigen (B) Seite 282 für rotes Licht, in welcher $a = 13,02$. Sie ist deshalb eine Folgerung aus dem Wienschen Gesetz (S. 236).

Die folgende Tabelle gibt in Abständen von 100⁰ die von Körpern ausgesandten Intensitäten der roten Strahlung an, deren Emissionsvermögen gleich der Einheit ist. Diese Zahlen wurden mit Hilfe der oben angegebenen Interpolationsformel berechnet.

Intensitäten	Temperaturen	Intensitäten	Temperaturen
0,00008	600°	39	1800°
0,00073	700	60	1900
0,0046	800	93	2000
0,020	900	1800	3000
0,078	1000	9700	4000
0,24	1100	28000	5000
0,64	1200	56000	6000
1,63	1300	100000	7000
3,35	1400	150000	8000
6,7	1500	224000	9000
12,9	1600	305000	10000
22,4	1700		

Diese Resultate sind graphisch in Fig. 111 dargestellt.

Nachdem man den Wert der Blendenöffnung d_0 bestimmt hat, welche Gleichheit der Helligkeit der Normalkerze mit derjenigen der Vergleichslampe ergibt und das Absorptionsvermögen k des Schwächungsglases, kann man, wie vorher auseinandergesetzt wurde, eine

Tabelle aufstellen, welche direkt die Temperatur angibt, welche jeder Blendenöffnung entspricht.

Mit einem Apparat, für welchen

$$d_0 = 5{,}2;\ k = \frac{1}{11},$$

ist die folgende Tabelle erhalten, in welcher das Pluszeichen sich auf die Rauchgläser bezieht, welche vor das Objektiv gesetzt wurden, und das Minuszeichen auf die vor der Vergleichslampe befindlichen.

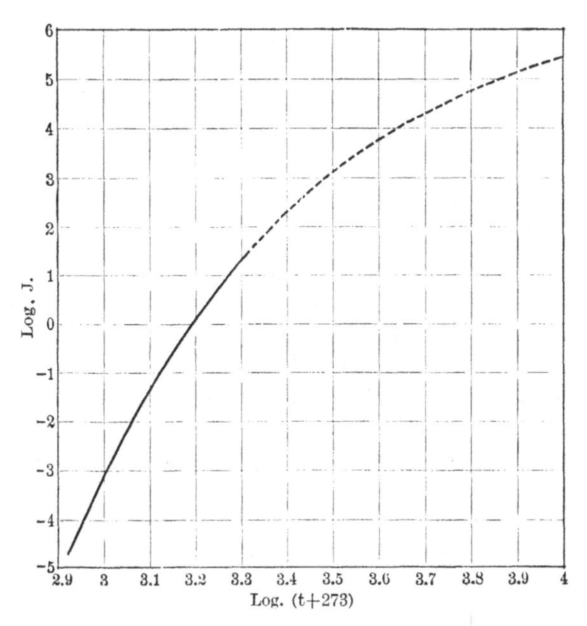

Fig. 111.
Intensität als Funktion der Temperatur.

Diese Eichung ist auf alle in einem Hohlraum befindlichen Körper anwendbar, die mit ihm auf gleicher Temperatur sich befinden, beispielsweise auf das Innere von Öfen, und auf schwarze Körper von beliebiger Temperatur der Umgebung; sie gilt zum Beispiel sehr nahe für ein Stück heißen Eisens, das sich an freier Luft befindet. Für Körper, deren Emissionsvermögen kleiner als 1 ist, wie Platin, Magnesia, Kalk, ist es notwendig, eine besondere Eichung vorzunehmen, wenn man sie in freier Luft strahlen läßt und sie nicht mit einer Hülle von gleicher Temperatur umgibt.

Typische Eichtabelle für ein optisches Le Chatelier-Pyrometer.

Temperaturen	Öffnung der Iris				
	— 2 Gläser	— 1 Glas	0 Glas	+ 1 Glas	+ 2 Gläser
700°	17,3	—	—	—	—
800	6,9	23,0	—	—	—
900	—	11,0	—	—	—
1000	—	5,6	18,6	—	—
1100	—	—	10,5	—	—
1200	—	—	6,5	—	—
1300	—	—	4,0	13,6	—
1400	—	—	—	9,4	—
1500	—	—	—	6,6	—
1600	—	—	—	4,8	—
1700	—	—	—	3,6	12,0
1800	—	—	—	—	9,1
1900	—	—	—	—	7,3
2000	—	—	—	—	5,9

Le Chatelier und Boudouard machten eine Reihe von Messungen mit Strahlungen von verschiedenen Wellenlängen. Die Lötstelle eines Thermoelementes wurde in einem kleinen Platinrohr untergebracht, um mit Annäherung einen geschlossenen Raum zu verwirklichen. Nimmt man die Helligkeit des schmelzenden Platins als Einheit, so sind die erhaltenen Resultate für rote, grüne und blaue Strahlung folgende:

Temperatur als Funktion der Helligkeit (bezogen auf schmelzendes Platin).

t	Log (t + 273)	I_r	Log I_r	I_g	Log I_g	I_b	Log I_b
900°	3,0707	0,0009	$\bar{4},95$	0,00018	$\bar{4},25$	0,00002	$\bar{5},3$
1180	3,161	0,0024	$\bar{3},88$	0,0087	$\bar{3},94$	0,0015	$\bar{3},17$
1275	3,190	0,075	$\bar{2},78$	0,037	$\bar{2},57$	0,013	$\bar{2},11$
1430	3,230	0,23	$\bar{1},36$	0,16	$\bar{1},67$	0,058	$\bar{2},76$
1565	3,265	0,72	$\bar{1},86$	0,47	$\bar{1},20$	0,24	$\bar{1},38$
1715	3,300	1,69	0,23	1,45	0,16	0,9	0,95

Bestimmung von Temperaturen. Endlich hat Le Chatelier sein optisches Pyrometer dazu benutzt, um die höchsten Temperaturen zu bestimmen, die bei einigen der wichtigsten Erscheinungen in der

Natur und auch in der Industrie verwirklicht sind. Diese Resultate, die von älteren Beobachtungen sehr abwichen, wurden zuerst mit erheblichem Vorbehalt angesehen; heute werden sie als in der Größenordnung richtig angesehen, wenigstens innerhalb der Genauigkeitsgrenzen und hinsichtlich der Temperaturskala, die ihm zur Verfügung stand. Im folgenden sind einige der erhaltenen Zahlen:

Siemens-Martin-Ofen	1490° bis 1580° C
Ofen von Glas-Werken	1375° bis 1400° C
Ofen für hartes Porzellan	1370° C
Ofen für neues Porzellan	1250° C
Glühlampe	1800° C
Bogenlampe	4100° C
Sonne	7600° C.

Die Messung der Sonnentemperatur, die allgemein in der Zeit ihrer Bestimmung für zu niedrig galt, wurde durch die Versuche von Wilson und Gray (S. 261) nach einer ganz anderen Methode bestätigt. Spätere Bestimmungen der Sonnentemperatur unter Benutzung der in späterer Zeit aufgestellten Strahlungsgesetze (Kapitel 6) ergeben Werte zwischen 5500° und 6500°.

Eine Reihe von Messungen wurden mit dem Apparat in Eisenwerken vorgenommen. Hier folgen einige Resultate

Gebläse-Ofen zum Schmelzen von Graueisen.

Öffnung vor der Gebläse-Röhre	1930° C
Abstich des Graueisens, Anfang	1400°
Abstich des Graueisens, Ende.	1520°

Bessemer Converter.

Ausströmen der Schlacke	1580° C
Ausströmen des Stahls in den Gießlöffel .	1640°
Ausströmen des Stahls in die Gußkästen .	1580°
Wiedererhitzen des Barrens	1200°
Ende der Bearbeitung	1080°.

Siemens-Martin-Ofen.

Ausfluß des Stahls in den Gießlöffel, Anfang .	1580° C
Ausfluß des Stahls in den Gießlöffel, Ende . .	1420°
Ausfluß in die Formen	1490°.

Eichung mit Hilfe des Wienschen Gesetzes. Wenn nahezu monochromatische Strahlung benutzt wird, kann das optische Pyrometer von Le Chatelier mit Hilfe des Wienschen Gesetzes (III, S. 236) geeicht werden, indem man auf einen schwarzen Körper (Fig. 86) einstellt, dessen Temperatur mit Hilfe eines Thermoelementes angegeben wird. Für diesen Zweck kann das Wiensche Gesetz geschrieben werden:

$$\log J = K_1 - K_2 \cdot \frac{1}{T},$$

wo J die Lichtintensität, beispielsweise bezogen auf das Innere der Hefnerflamme, und T die absolute Temperatur ist. Diese Methode der Eichung besitzt den Vorteil, daß nur zwei Punkte zur vollständigen Eichung des Instrumentes erforderlich sind, denn die Beziehung zwischen $\log J$ und $\frac{1}{T}$ ist linear, so daß diese Größen, wenn sie aufgetragen werden, eine gerade Linie ergeben, welche augenscheinlich auf höhere oder tiefere Temperaturen ausgedehnt werden kann, da das Wiensche Gesetz, wie gezeigt wurde (S. 235), über das größte, meßbare Temperaturintervall gilt, unter der Voraussetzung, daß monochromatisches Licht benutzt wird und die beobachteten Körper nahezu schwarz sind und keine Lumineszenzstrahlung besitzen, d. h. daß ihr Licht nicht durch chemische oder elektrische Erregung hervorgerufen wird. Der Wert von J ist durch die Gleichung von Seite 287 gegeben und für ein bestimmtes Absorptionsglas und Brennweite ist er proportional d^2.

Genauigkeit und Fehlerquellen. Wir wollen mit mehr Einzelheit eine Erörterung der Faktoren geben, welche beim Gebrauch des optischen Le Chatelier-Pyrometers die photometrischen Bestimmungen beeinflussen und so die Genauigkeit der Temperaturbestimmungen vermindern können, da die Ergebnisse einer solchen Erörterung anschaulich darstellen, was man im allgemeinen von optischen Pyrometern erwarten kann. Die Resultate sind aus denjenigen von Waidner und Burgess genommen, welche eine experimentelle Vergleichung aller brauchbaren optischen Pyrometer unternommen haben.

Die Fehlerquellen eines solchen Instrumentes können hervorgerufen sein durch die Hefnersche Amylazetat-Normallampe oder eine andere Normale von konstanter photometrischer Helligkeit oder Temperatur, die vor die Blende gesetzt wird, wenn man das Pyrometer eicht. Ferner durch die zum Vergleich dienende Öllampe, das optische System, die Natur des benutzten Rotglases und die Absorptionskoeffizienten des Rauchglases. Die ersten dieser Einflüsse beziehen sich nur auf vergleichende Resultate mit verschiedenen Instrumenten, während die anderen, wenn sie vorhanden sind, von erheblicher Wichtigkeit beim Arbeiten mit einem einzelnen Instrument werden können. Wir wollen sie nacheinander in der angeführten Ordnung betrachten.

Da nur der zentrale Teil der Amylazetatflamme zur Benutzung kommt, so werden Veränderungen in der Höhe und Schwankungen in der Gesamtintensität, die durch verschiedene Ursachen, wie z. B. Feuchtigkeit und Kohlensäure in der Atmosphäre und Veränderungen, die durch verschiedene Sorten von Azetat bedingt sind, zum großen Teil, wenn nicht sogar ganz bedeutungslos bei dieser Vergleichsmethode, so daß, wenn man nur ein kleines inneres Gebiet der Amylazetatlampe benutzt, dieselbe ein sehr vollkommenes wiederherstellbares Normal unter den verschiedensten Bedingungen des Brennens darstellt. Andererseits werden die Einflüsse von kleinen Schwankungen der Lichtintensität weiterhin wesentlich verkleinert, wenn man sie in Temperaturänderungen ausdrückt, wie dieses gezeigt worden ist (S. 223). So verursacht der Einfluß der Höhenveränderung der Hefnerlampe um 1 mm, was 10% Änderung der Gesamtintensität bedingt, wenn die ganze Flamme benutzt wird, nur eine Änderung von weniger als 1% in der Lichtintensität des inneren Gebietes, welches weniger als 0,5° C Temperaturänderung bei 1000° C bedeutet.

Wenn die Hefnerlampe, wie oben angeführt wurde, auch nur hin und wieder benutzt wird, so dient sie doch mit gutem Vorteil als letztes Normal, mit welchem die Angaben aller photometrischen Pyrometer auf eine gemeinsame Grundlage gebracht werden können, wenn auch die Hefnerlampe für die Benutzung als Vergleichslampe im Pyrometer selbst nach den obigen Ausführungen nicht geeignet ist.

Bei einer Prüfung der Konstanz der Vergleichslampe wurde folgende Anordnung benutzt: um eine vollkommen konstante Lichtquelle zu besitzen, mit der man die Flamme vergleichen könnte, wurde eine 32kerzige elektrische Glühlampe in einem bestimmten Abstande vor das Objektiv des Pyrometers gebracht und ein das Licht zerstreuender Glasschirm vor dem Objektiv eingeschaltet. Die Spannung an den Enden der Lampe wurde genau konstant gehalten, wodurch ein willkürliches, aber unveränderliches Helligkeitsnormal geschaffen wurde.

Die Übereinstimmung der von verschiedenen Beobachtern erhaltenen Resultate, die die Gasolinflamme aufstellten und beobachteten, ist im folgenden angegeben:

Ohne Absorptionsglas.

Beobachter	1	2	3	4
Skalenablesung der Iris	7,4	7,8	7,6	7,3
	7,4	7,9	7,8	7,0
	7,2	7,7	7,6	8,0
	7,8	7,8	7,7	7,1
	7,7	7,7	7,8	8,3
	7,8	7,7	7,4	8,0
Mittel	7,55	7,73	7,65	7,60

Die Beobachter Nr. 2 und 4 hatten vorher in der Benutzung des Instrumentes keine Übung.

Mit Absorptionsglas.

Beobachter	1	3
Skalenablesung der Iris	25,7	25,8
	24,0	24,8
	23,6	26,0
	24,1	25,8
	25,4	24,8
	24,8	24,9
	24,8	25,3
Mittel	24,63	25,34

Hier beträgt die größte Abweichung weniger als 3° bei der Temperatur von 1000° C.

Um die Flammenhöhe in der Gasolinlampe genau zu verfolgen, wurde eine Marke eingefügt, welche aus einem horizontalen Schlitz von 2 mm über dem Fenster vor der Flamme bestand und ein sehr dünner Platindraht in der gleichen Horizontalebene, aber in einem Halter hinter der Flamme. Mit dieser Verbesserung kann ein Beobachter die Flamme auf 0,2 mm einstellen und regulieren. Solche Vorkehrung aber ist nur bei der allergenauesten Arbeit nötig, denn der Versuch zeigte, daß für die meisten Zwecke Veränderungen über 2 mm in der Flamme zugelassen werden können, ohne daß wesentliche Änderungen in der Temperaturbestimmung auftreten.

Betrachtet man den Einfluß der Zeit des Brennens auf die Flammenhöhe und Intensität, welcher durch lokale Erhitzungen und Veränderungen in der Höhe des Öles hervorgerufen wird, so wurde gefunden, daß die Flamme nach 10 Minuten aufhört, höher zu steigen und dann innerhalb von 0,5 mm 3 Stunden lang auf konstanter Höhe bleibt, bis das Öl aufgebraucht ist; während dieser ganzen Periode ändert sich die Helligkeit der Flamme nur um einen Wert, der höchstens 5 Temperaturgraden entspricht.

Man könnte erwarten, daß verschiedene Sorten Öl sehr verschiedene Resultate ergeben würden, aber eine Prüfung dieser möglichen Fehlerquelle zeigte, daß verschiedene Proben von Gasolin und Gasolinen, welche mit mehreren Prozent schweren Kerosens gemischt waren, die gleichen Resultate ergaben. Dies ist von größter Wichtigkeit für die praktische Benutzung des Instrumentes, da daraus hervorgeht, daß eine mit einer bestimmten Gasolinprobe vorgenommene Eichung auch für irgend ein anderes Gasolin bestehen bleibt.

Aus dem Obigen ist es klar, daß Veränderungen in der Helligkeit der Vergleichsflamme, die durch alle möglichen Ursachen hervorgebracht werden, keine Fehler in die Temperaturmessung hineinbringen, die größer sind als 5^0 bei 1000^0 C, d. h. sie liegen in den experimentellen Grenzen, in denen man die photometrische Einstellung machen kann.

Betrachtet man nun die Fehlerquellen, die durch das Einstellen und Visieren auf den Gegenstand, dessen Temperatur gesucht wird, hervorgebracht werden, so muß zuerst bemerkt werden, daß es einen kleinsten Abstand des Gegenstandes gibt, auf den das Pyrometer sich noch einstellen läßt, wobei dieser Abstand etwas über 1 m beträgt, abhängig natürlich von der Brennweite des Objektivs und der Länge des Auszugrohres. Es gibt also ein kleinstes Gebiet, auf welches noch eingestellt werden kann, welches ein Bild genügender Größe liefert und das bestimmte Photometerfeld vollkommen überdeckt; dieses Minimum in der Größe des Gegenstandes beträgt ungefähr 6 mm Seitenlänge, wenn das Instrument in seinem kleinsten Abstand sich befindet; bei größerem Abstand muß auch ein größeres Gebiet betrachtet werden.

Das Auszugrohr kann leicht auf 2 mm beim Einstellen verschoben werden, und da das Bild in allen Fällen vom Objektive 20 cm entfernt ist, ist der durch die Einstellung in der Intensität bedingte Fehler nicht größer als 2%. Dieses entspricht 1^0 C in der Temperatur, was beweist, daß ein Fehler von sogar 5 mm beim Einstellen des Auszugrohres einen erheblichen Fehler in der Temperaturbestimmung nicht hervorbringt. Oftmals muß beim Gebrauche der Abstand des Instrumentes von den untersuchten Gegenständen erheblich verändert werden, und bei schnellem Arbeiten ist es nicht immer praktisch, neu einstellen zu müssen; eine Veränderung in diesem Abstand von einem Viertel seines Wertes, d. h. von 120 cm auf 150 cm bringt eine scheinbare Änderung der Intensität von nur 9% hervor, oder ungefähr 5^0 C in der Temperatur. Daß diese Einstellungsfehler so klein sind, wenn man sie in Temperaturen ausdrückt, was beweist, daß man keine unnützen Vorsichtsmaßregeln nötig hat, ist augenscheinlich von größter Wichtigkeit bei der Benutzung des Instrumentes.

Daß das rote Glas im Okulare nicht einfarbig ist, bewirkt keinen erheblichen Fehler bei der Temperaturmessung bis zu 1600^0 C, obgleich die Farbunterschiede in den beiden nebeneinanderliegenden Photometerfeldern, der Vergleichslampe und der anderen Quelle, sehr störend sind, wenn dieses Glas nicht sehr nahe monochromatisch ist und die Anstrengung des Auges beim Vergleichen derselben erheblich wird. Für ein gutes Arbeiten bei hoher Temperatur muß ein besseres Glas als das gewöhnlich mit dem Instrument in den Handel gebrachte benutzt werden (vgl. S. 321).

Es bleibt die Betrachtung der Fehlerquelle übrig, die durch die Unsicherheit in der Kenntnis des Absorptionskoeffizienten der Schwächungsgläser hervorgerufen wird. Wenn eine Beobachtung (N′) mit und dann eine (N) ohne ein Absorptionsglas gemacht wird, so hat man

$$k = \left(\frac{N'}{N}\right)^2,$$

Fig. 112.
Das Shore-Pyroskop.

so daß die Genauigkeit bei der Bestimmung von k direkt von der Genauigkeit abhängig ist, mit der man die Öffnungen der Iris einstellen und ablesen kann. Fehler von 5° bei 1000° C können kaum durch diese Ursache bedingt sein, obgleich die Bestimmung von k der schwierigste und unsicherste aller Vorgänge bei der optischen Pyrometrie ist.

Abänderungen des Le Chatelier-Pyrometers. Für die Benutzung in technischen Werkstätten und anderen Stellen, wo man mit Sicherheit auf starke Luftströmungen rechnen muß, welche ein unstätes Brennen

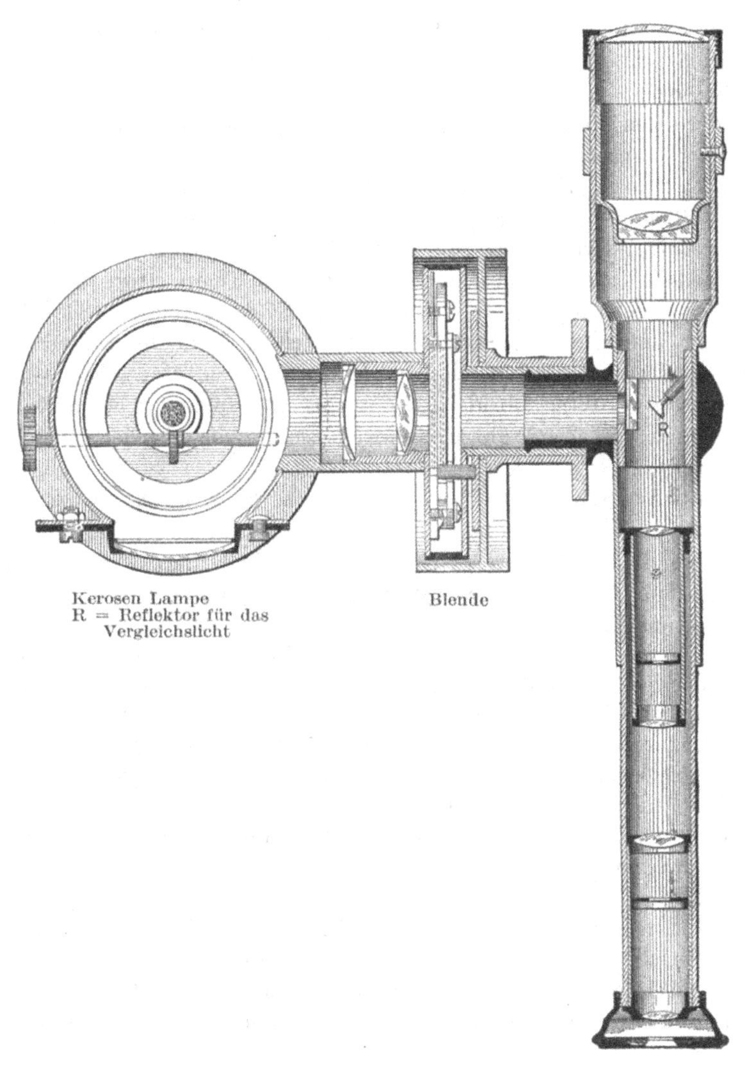

Fig. 112a.
Shore Pyoskop, Schnitt.

der Ölvergleichslampe bewirken, kann das Le Chatelier-Pyrometer durch Einführung einer elektrischen Glühlampe von niederer Spannung (6 Volt), welche vor einem gleichmäßig zerstreuenden Milchglasschirm aufgestellt wird, verbessert werden, welcher durch die Glühlampe erleuchtet die konstante Vergleichsquelle bildet. Die elektrische Lampe kann in einem vertikalen Arm untergebracht werden, welcher gleichzeitig als Handgriff dient; dann wird das Instrument fast so leicht tragbar wie ein Opernglas. Der Nutzen einer derartigen Methode, ein Vergleichslicht von unveränderlicher Intensität einzuführen, wird bei der Beschreibung des Wanner - Instrumentes erörtert werden. Andere Abänderungen sollen unter den optischen Pyrometern von Féry und Wanner besprochen werden.

Das Shore - Pyroskop. Bei diesem Instrument (Fig. 112, 112A, s. S. 298 u. 299) ist das benutzte Prinzip demjenigen des optischen Le Chatelier-Pyrometers ähnlich, während die Einzelteile in einer etwas verschiedenen Art zusammengebaut sind. Die Temperatur wird direkt an einer durch die Blende kontrollierten Skala abgelesen; das Fernrohr ist um eine horizontale Achse drehbar und die Linsen sind durch leicht zu entfernende Überfanggläser geschützt. Wenn man beobachtet, wird die Blende gedreht, bis das anvisierte Objekt und die Flamme, die man durch Reflexion sieht, von gleicher Helligkeit erscheinen.

Das Absorptions - Pyrometer von Féry. Dieses ist dem Instrument von Le Chatelier ähnlich mit der Ausnahme, daß ein Paar absorbierende Glaskeile p, p′ (Fig. 113) an Stelle der Irisblende vorhanden sind; ferner ist der 45^0-Spiegel G mit parallelen Flächen an einem schmalen, senkrechten Streifen versilbert, wodurch ein Photometerfeld von der bei a b abgebildeten Form entsteht, wenn man auf einen heißen Hohlraum blickt. Das Instrument besitzt ebenfalls konstanten Öffnungswinkel, so daß man keine Korrektion für das Einstellen auch bei veränderlichem Abstand vom Ofen zu machen hat. Die Vergleichslampe L hat denselben Zweck wie im Pyrometer von Le Chatelier, und der Meßbereich des Instrumentes kann in ähnlicher Weise durch die Benutzung von Hilfsschwächungsgläsern A A′ erweitert werden. Féry hat außerdem sein Instrument um eine horizontale Achse beweglich gemacht, was beim Einstellen von Vorteil ist.

Die Eichung ist in gleicher Weise einfach. Wenn x die Dicke der Keile, die man an einer Skala abliest, bedeutet, wenn das Licht der Vergleichslampe und des Ofens von gleicher Helligkeit ist, dann ist die Beziehung zwischen der Helligkeit J und der Dicke des Keiles

$$J = c e^{kx},$$

wo k der Absorptionskoeffizient des Glases der Keile für das benutzte rote Licht ist und c eine Konstante.

Nimmt man aber an, daß das Wiensche Gesetz III (S. 236) hier anwendbar ist,

$$J = A e^{-\frac{B}{T}},$$

und vereinigt man diese beiden Gleichungen, so hat man

$$c e^{kx} = A e^{-\frac{B}{T}}$$

woraus

$$kx + C = -\frac{B}{T}.$$

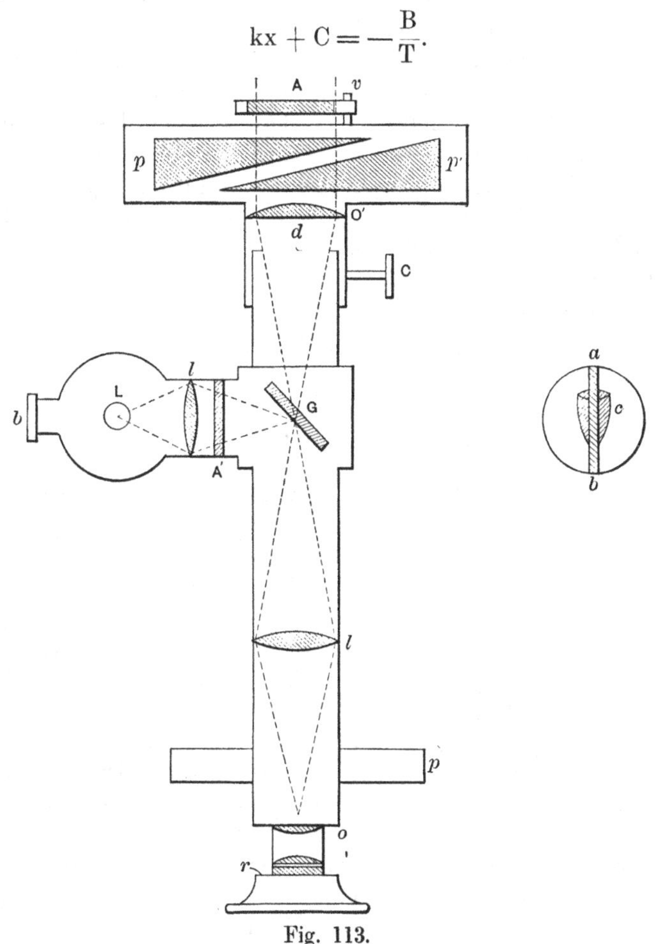

Fig. 113.
Férys Absorptions-Pyrometer.

Daraus folgt, daß die Dicke des Keiles umgekehrt proportional der absoluten Temperatur ist, so daß die Eichung hergestellt werden kann, indem man die Dicke des Keiles nur für zwei Temperaturen auffindet, eine gerade Linie zieht und eine Tabelle einrichtet, welche J und T bzw. mit Hilfe von x ergeben.

Es ist fraglich, ob man etwas gewinnt, wenn man den Keil anstatt der Irisblende einführt, in dem Bestreben, den Meßbereich, in welchem das Instrument ohne Hilfsschwächungsgläser verwendet werden kann, auszudehnen. Hierdurch wird die Empfindlichkeit etwas verkleinert und es kann, was noch wichtiger ist, das mit Keil ausgerüstete Instrument nicht bei so tiefen Temperaturen, wie die ursprüngliche Form von Le Chatelier, benutzt werden. Auch gewinnt man dabei nichts in der Einfachheit der Eichung und Leichtigkeit der Handhabung. Die Gestalt des Photometerfeldes jedoch, die Benutzung einer Öffnung von konstantem Winkel, endlich die Beweglichkeit des Instrumentes um eine horizontale Achse, stellen gegenüber dem Instrument von Le Chatelier Verbesserungen dar. Auch besitzt das Féry - Instrument die weiteren Vorteile, daß es mit größerer Bequemlichkeit auf kleinere Gegenstände eingestellt werden kann und weniger Absorptionsgläser notwendig sind.

Das Wanner-Pyrometer. Wanner benutzte das von Le Chatelier verworfene Polarisationsprinzip und konstruierte ein photometrisches Pyrometer, welches eine für Temperaturmessungen geeignete Abart

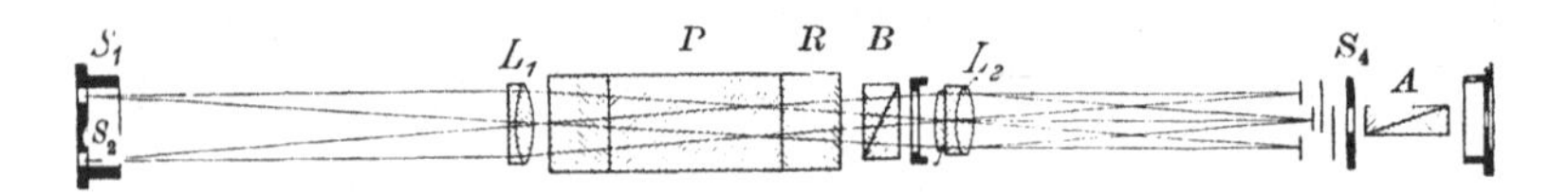

Fig. 114.
Wanner - Pyrometer, Schnitt.

des Königschen Spektrophotometers darstellt. Das Vergleichslicht ist eine 4-Volt-Glühlampe, welche eine Mattscheibe aus Glas erleuchtet; monochromatisches Licht wird mit Hilfe eines geradsichtigen Spektroskopes und mit Hilfe eines Schirmes, welcher nur einen schmalen Streifen im Rot durchläßt, erzeugt, und die photometrische Einstellung wird vorgenommen, indem man beide Hälften des Photometerfeldes mit Hilfe der Polarisationsanordnung auf gleiche Helligkeit bringt.

Der Spalt S_1 wird durch Licht von der Vergleichsquelle beleuchtet, einer kleinen elektrischen 4-Volt-Lampe, welche in Fig. 114 nicht gezeichnet ist, deren Strahlung S_1 nach diffuser Reflexion an einem vor S_1 aufgestelltem Prisma erreicht. Licht von dem Gegenstand, dessen Temperatur gesucht wird, tritt in den Spalt S_2 ein. Die beiden Strahlenbündel werden durch die Linse L_1 parallel gemacht und jedes in ein kontinuierliches Spektrum durch das geradsichtige Prisma in P zerlegt. Jedes dieser Strahlenbündel wird dann durch ein Rochonprisma R in zwei Strahlenbündel zerlegt, die rechtwinkelig zueinander polarisiert sind. Nimmt man nur das rote Licht, so würde man jetzt 4 Bilder haben, die von der Linse L_2 entworfen und über dem Spalt S_4 ausgebreitet würden. Will man 2 rote entgegengesetzt polarisierte Bilder genau vor diesen Spalt bringen, so schaltet man ein Biprisma B in den Strahlengang, dessen Winkel so bemessen ist, daß dieses nur für zwei Bilder bewirkt wird, wobei aber gleichzeitig die Anzahl der Bilder auf 8 ansteigt. In dem Gesichtsfeld vor dem Analysator Nicol A befinden sich jetzt zwei gleichmäßig beleuchtete rote Felder, die mit Licht von entgegengesetzter Polarisation beleuchtet werden, von denen das eine Licht von S_1 allein herkommt und das andere von S_2 allein. Alle anderen Bilder werden von dem Spalt S_4 abgeblendet. Wenn der Analysator einen Winkel von 45^0 mit der Polarisationsebene jedes Strahlenbündels bildet, und wenn die Beleuchtung von S_1 und S_2 von der gleichen Helligkeit ist, so sieht das Auge ein einziges, rotes, rundes Feld von gleichförmiger Helligkeit. Wenn ein Spalt mehr Licht als der andere erhält, so ist die eine Hälfte des Gesichtsfeldes heller und die beiden können wieder auf Gleichheit gebracht werden, indem man den Analysator dreht, wobei letzterer eine geteilte Skala besitzt, welche in Temperaturen geeicht werden kann.

Wenn der Analysator um einen Winkel φ gedreht wird, um die beiden Hälften des Gesichtsfeldes auf die gleiche Helligkeit zu bringen so ist die Beziehung zwischen den beiden Intensitäten von S_1 und S

$$\frac{J_1}{J_2} = \tan^2 \varphi$$

Eichung. Da monochromatisches Licht benutzt wird, und das zur Vergleichung dienende Strahlenbündel, sowie das zu untersuchende von dem Gegenstand kommende die gleichen optischen Veränderungen erleiden, kann das Wiensche Gesetz III die Grundlage der Eichung ergeben.

In der gewöhnlichen Konstruktion und Benutzung entspricht die 45^0-Stellung des Analysators, wenn man auf die Normallampe einstellt, meistens in bequemer Weise irgend einer willkürlich angenommenen Zwischenlage auf der geteilten Skala (Fig. 115) des Instrumentes. Diese bestimmte Lage oder „Normalzahl" ist die Ablesung auf der Skala, auf welche das Instrument durch Veränderung des Stromes, der durch die Vergleichslampe fließt, oder durch Änderung deren Abstandes von dem Spalte S_1, justiert werden muß, während man auf die normale Amylazetatlampe visiert. Die Stellungen der Flamme und des Pyrometers sind auf mechanischem Wege unveränderlich gemacht (vgl. Fig. 115). Die Flammenhöhe muß sorgsam einreguliert werden und die Flamme sollte vor der Eichung ungefähr 10 Minuten lang brennen.

Bedeutet J_0 die Lichtintensität der als Normal dienenden Amylazetatlampe, T_0 die entsprechende absolute Temperatur und φ_0

die Ablesung in Graden auf der Skala des Instrumentes für die „Normalzahl“, und J, T und φ die Intensität, scheinbare Temperatur und

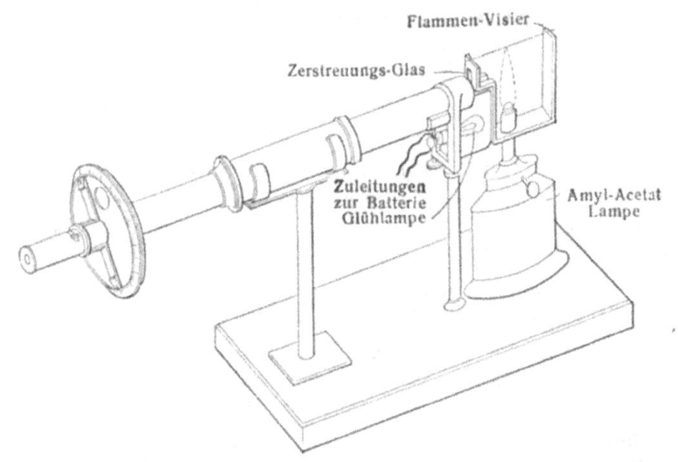

Fig. 115.
Wanner-Pyrometer.

Skalenablesung, wenn man auf den Gegenstand visiert, dessen Temperatur gesucht wird, so hat man

$$\frac{J_0}{J} = \frac{\tan^2 \varphi_0}{\tan^2 \varphi}, \quad . \; . \; . \; . \; . \; . \; . \; . \quad (a)$$

unter der Annahme, daß der Kreis gleichförmig geteilt und die optischen Teile justiert sind. Ferner liefert uns das Wiensche Gesetz III (S. 236)

$$\log \frac{J_0}{J} = \frac{c_2 \log e}{\lambda} \left(\frac{1}{T} - \frac{1}{T_0}\right) \quad . \quad . \quad . \quad . \quad . \quad . \quad (b)$$

Da die Konstante c_2 gleich 14 370 für einen schwarzen Körper und $\lambda = 0{,}656\ \mu$ bei der gewöhnlichen Konstruktion des Instrumentes, so liefert die Kenntnis der scheinbaren schwarzen Temperatur der Normalstrahlungsquelle in Verbindung mit der Ablesung der Normalzahl auf der Analysatorskala, wobei $J = J_0$ für ein solches Instrument, alle für dessen Eichung nötigen Daten, da dann jede Temperatur durch die Gleichungen (a) und (b) mit Benutzung der Skalenablesungen, berechnet werden kann. Die scheinbare Temperatur T_0 der Amylazetatlampe kann zu 1673^0 absolut oder 1400^0 C angenommen werden. Dieses Instrument kann ebenfalls natürlich empirisch mit Hilfe der Angaben des Thermoelementes geeicht werden unter Benutzung eines schwarzen Körpers zum Anvisieren (vgl. S. 224).

Die tatsächliche Berechnung, die für eine Eichung nötig wird, ist sehr einfach, und kann leicht auf graphischem Wege in einer Weise vorgenommen werden, die der für das optische Le Chatelier-Pyrometer vorgeschlagenen ähnlich ist. Aus den oben angegebenen Gleichungen (a) und (b) hat man

$$\log \tan \varphi = a + b \frac{1}{T} \quad . \quad . \quad . \quad . \quad . \quad . \quad . \quad . \quad (c)$$

so daß, wenn log tan φ als Funktion von $\frac{1}{T}$ aufgetragen wird, man eine gerade Linie bekommt, von welcher b die Tangente und a den Schnittpunkt auf der Achse für log tan φ bedeutet. Wenn a und b für die Art des benutzten Pyrometers bekannt sind, ist eine einzige Eichungstemperatur ausreichend, sonst sind zwei Beobachtungen von T und φ nötig, um (c) vollständig aufzulösen. Es ist aber besser, mehrere Temperaturen zu beobachten und die Linie zu ziehen, welche im Anschluß an (c) die Beobachtungen am besten darstellt. Eine Tabelle oder eine Kurve mit φ als Ordinate und t ($= T - 273$) als Abszisse, kann dann für den praktischen Gebrauch aufgestellt werden.

Es ist augenscheinlich notwendig, daß man immer in der Lage ist, genau die Normalintensität J wieder herstellen zu können. Nun verändert sich aber die Helligkeit einer elektrischen Lampe mit dem durch sie fließenden Strom, so daß es häufig nötig wird, die Konstanz der Beleuchtung des Spaltes S_1 gegen eine normale Lichtquelle zu prüfen. Die Amylazetatlampe und ein zerstreuender Mattglasschirm sind vor den Spalt S_2 gesetzt und bringen auf diese Weise das notwendige Normal-Licht hervor. Der Analysator wird dann auf die vorher bestimmte Normalzahl eingestellt und der Abstand der elektrischen Lampe von S_1 reguliert oder der Lampenstrom mit Hilfe eines Rheostaten verändert, bis die beiden Felder von gleicher Helligkeit erscheinen.

In der neuesten Form dieses Instrumentes sind die Einzelheiten seiner mechanischen Konstruktion verbessert worden, und es ist durch Anbringung einer zweiten Skala am Instrument, die in Temperaturen eingeteilt ist, zur direkten Ablesung geeignet gemacht, was natürlich nur für eine bestimmte Normalzahl und für eine Strahlungsquelle gilt, die vom schwarzen Körper nicht weit entfernt ist.

Die zur Eichung dienende Amylazetatlampe kann auch ganz oder zum Teil bei der Benutzung und Eichung des Wanner-Pyrometers vermieden werden. Wenn die elektrische Vergleichslampe in ihrer Lage fest ist, so kann man die Angabe des auf einen schwarzen Körper bei einer einzigen Temperatur eingestellten Instrumentes, wie z. B. den Goldschmelzpunkt (indem man die Skala auf eine passend liegende Normalzahl einstellt) nehmen, oder besser bei einer Anzahl von bekannten Temperaturen bei einem bestimmten durch die Vergleichslampe fließenden Strom. Wenn der gleiche Strom immer bei der Benutzung des Instrumentes eingestellt wird, so gilt dessen Eichung so lange, wie die Lampe sich nicht ändert oder die optischen Teile des Instrumentes nicht schlechter werden. Diese letztere Benutzungsmethode ist bei genauem Arbeiten vorzuziehen, wenn man Apparate zur Eichung zur Hand hat. Die Normalzahl aber kann dabei die durch die Amylazetatlampe gegebene bleiben, wenn man es wünscht. Oder auch man kann die Amylazetatlampe mit ihrer entsprechenden Normalzahl verwerfen und sie nur gelegentlich zur Prüfung und Regulierung der Konstanz des Pyrometers benutzen, wobei dessen Angaben gleichförmig bleiben, wenn man gleichzeitig den Strom in der Vergleichslampe beim Messen konstant hält und dafür sorgt, daß die Vergleichslampe in einer festen Entfernung gehalten wird.

Nach Nernst und v. Wartenberg kann es auch notwendig werden, die Ablesungen des Kreises mit einem konstanten Faktor zu korrigieren; so fanden sie, daß für ein bestimmtes Wanner-Instrument das Verhältnis $\frac{\tan^2 \varphi_1}{\tan^2 \varphi_2}$ über die Skala mit Hilfe eines Sektors bestimmt, nicht konstant blieb, daß aber der Ausdruck $\frac{\tan^2 m\varphi_1}{\tan^2 m\varphi_2}$ konstant war, wo m nahezu 1 ist.

Fehlerquellen. Eine Prüfung eines Wanner-Instrumentes von Waidner und Burgess hat dieselben zu folgendem Schluß geführt; die Empfindlichkeit dieses Pyrometers ändert sich mit der Winkeländerung und ist so abgeglichen, daß sie zwischen 1000^0 und 1500^0 C am größten ist und ist ungefähr folgendermaßen;

0,1 Skalenteil — 1^0 C bei 1000^0 C,
0,1 Skalenteil — 2^0 C bei 1500^0 C,
0,1 Skalenteil — 7^0 C bei 1800^0 C.

Die Einstellungsmöglichkeit auf die Helligkeit der Amylazetatlampe, betrachtet durch das zerstreuende Mattglas, ist ein Maß für die Güte des Instrumentes bei der Wiederholung seiner Angaben. Es ist sehr wichtig, daß dieser zerstreuende Schirm immer genau in derselben Lage relativ zur Flamme und zum Spalt S_2 bleibt und weiterhin, daß er frei ist von Staub und Fingerabdrücken. Diese Anforderungen können nur in befriedigender Weise erreicht werden, wenn man diesen Schirm mit einem Schutzglas bedeckt und eine Vorrichtung für einen genau bestimmten Platz zwischen Flamme und Spalt vorsieht.

Die Konstanz der Amylazetatlampe in der Benutzung mit diesem Pyrometer unter gewöhnlichen Bedingungen des Brennens ist durch folgende Beobachtungsreihe veranschaulicht, während welcher der durch die elektrische Vergleichslampe fließende Strom mit Hilfe eines Milliamperemeters und Widerstandes genau konstant gehalten wurde.

Angabe des Instruments	Abweichung
39,9	— 0,28
39,9	— 0,28
40,1	— 0,48
39,9	— 0,28
39,1	+ 0,52
39,2	+ 0,42
39,8	— 0,18
39,0	+ 0,62
39,6	0,38

Dieses zeigt, daß man sich darauf verlassen kann, daß die Lampe eine Beleuchtungsintensität liefert, deren Konstanz in Temperatur ausgedrückt 0,5% beträgt. Veränderungen in der Flammenhöhe, wenn sie nicht über 2 oder 3 mm hinausgehen, bringen in Verbindung mit Veränderungen in der Zusammensetzung der Atmosphäre keine Fehler bei der Temperaturbestimmung hervor, die über 1% hinausgehen.

Die Unsicherheit beim Einstellen des Nicols, hervorgerufen durch das Nachlassen der Empfindlichkeit des Auges, bei einer genauen Vergleichung der beiden Hälften des Photometerfeldes, beträgt ebenfalls gegen 1%, ist aber bei einiger Übung etwas besser.

Die Einstellung der elektrischen Lampe auf die Normalintensität bei der auf der Skala ausgewählten Normalzahl, kann, wenn man bei der Aufstellung des Zerstreuungsschirmes besondere Vorsicht gebraucht hat, auf 1% vorgenommen werden, ausgedrückt in Temperaturänderung. Diese Fehlerquelle beeinflußt nicht relative Resultate in irgend einer Reihe, wenn man nur einmal auf die Normalzahl einstellt.

Die wichtigste Fehlerquelle, ausgenommen, wenn man besondere Vorsichtsmaßregeln trifft, ist die Helligkeitsveränderung der elektrischen Vergleichslampe durch die Änderung des Stromes der von einer dreizelligen Akkumulatorenbatterie geliefert wird.

Bei der 10-Amperestunden-Batterie, die dem Wanner - Instrument beigegeben wird, fällt die EMK nach Stromschluß um ungefähr 2% in 2 Minuten und sinkt dann langsam weiter, aber die ursprüngliche Spannung stellt sich beinahe wieder her, wenn man den Strom auch nur für kurze Zeit öffnet. Wenn die Batterie in gutem Zustande ist, so beträgt die Veränderung in 3 Stunden bei normaler Entladung (0,75 Ampere) ungefähr 0,08 Volt und etwas weniger für den von der Lampe gebrauchten Strom (0,55 Ampere); taugt die Batterie nichts, so sind diese Veränderungen viel ausgeprägter.

Folgende Tabelle erläutert den Einfluß kleiner Stromveränderungen in der Lampe auf die scheinbare Temperatur der Amylazetatflamme bei Benutzung der kleinen, dem Instrument beigegebenen Batterie von 10 Amperestunden. Die scheinbare Temperaturänderung ist aus der Stromänderung berechnet.

Kleine Batterie.

Zeit (Minuten)	Wanner-Skala	Strom in Ampere	Stromänderung in %	Scheinbare Änderung der Temperatur
15	31,2	0,5645	—	—
20	31,8	0,5640	0,1	1° C
27	32,7	0,5550	1,7	10
37	34,6	0,5400	4,3	25
36	Batterie 2 Minuten lang abgeschaltet.			
40	32,5	0,5610	0,6	3
42	31,7	0,5570	1,5	7
45	32,5	0,5560	2,5	15
47	33,1	0,5505	4,1	24

Eine Batterie von 75 Amperestunden ergab ähnliche Resultate.

Obige Resultate zeigen mit hinreichender Deutlichkeit, daß es nötig ist, den Strom in der Lampe bei genauem Arbeiten ganz konstant zu halten. Eine Reihe von Versuchen hat gezeigt, daß in dem Bereich 1000° bis 1500° C ein Teilstrich der Wannerskala ungefähr 0,009 Ampere entspricht, oder 1° C scheinbare Temperaturänderung wird durch ein Schwanken von 0,0012 Ampere in der Lampe hervorgebracht; um infolgedessen eine Genauigkeit von 5° zu bekommen, muß der Strom auf 0,01 seines Wertes konstant gehalten werden. Obige Tabelle zeigt, daß dieses keineswegs erreicht wird, wenn man die Batterie ohne Stromregulierung benutzt, da selbst bei dem besten Zustand der Batterie der Strom in den ersten 8 oder 9 Minuten der Entladung um 2% anwächst und dann in den nächsten 20 Minuten um 1% abfällt. Der Temperaturkoeffizient der Batterie würde nur unbedeutende Veränderungen hervorrufen. Die Tabelle zeigt ferner, daß ein Öffnen des Stromkreises und darauf folgender erneuter Stromschluß eine deutliche Temperaturänderung von über 20° C hervorrufen kann. Für ein genaues Arbeiten ist es deshalb nützlich, den Strom mit Hilfe eines Milliamperemeters und Widerstandes konstant zu halten, sonst treten Ungenauigkeiten von über 25° C bei den Temperaturmessungen auf. Diese erhöhen sich noch bei einer in schlechtem Zustande befindlichen Batterie.

Messungen und Beschränkungen. Die obenstehende Beschreibung des Wanner-Pyrometers hat gezeigt, wie groß der Lichtverlust durch das angewandte optische System ist. Dies verhindert Temperaturmessungen unterhalb 900° C mit diesem Instrumente. Es gibt keine Methode, dieses Pyrometer genau auf den gewünschten Fleck einzustellen, außer durch den Versuch, da kein Bild des untersuchten Gegenstandes im Okulare entworfen wird. Diese Unbequemlichkeit wird aber zum Teil dadurch ausgeglichen, daß man bei der Veränderung des Abstandes vom Gegenstand nicht neu einstellen muß.

Es ist ferner eine andere Einschränkung vorhanden, welche in bestimmten Fällen eine erhebliche Fehlerquelle werden kann; das Licht heißer Flächen ist im allgemeinen polarisiert und da das Wanner-Instrument ein Polarisations-Pyrometer ist, so muß man darauf achten, diese Fehlerquelle, wenn sie vorhanden ist, zu vermeiden.

Wenn ein glühender Gegenstand senkrecht betrachtet wird, so ist der Bruchteil des polarisierten Lichtes sehr klein, wenn aber der Einfallswinkel wächst, so wird der Anteil des polarisierten Lichtes immer größer. Außerdem ändert sich der von verschiedenen Körpern ausgesandte Bruchteil polarisierten Lichtes mit dem sich ändernden Einfallswinkel sehr erheblich, er ist am größten für blankes Platin und sehr viel kleiner für Eisen, Glas usw. Bei einigen mit dem Wanner-Pyrometer über die Temperatur eines glühenden Platinstreifens in der Gegend von 1350° C angestellten Messungen haben Waidner und Burgess einen maximalen Unterschied in den Angaben von 90° C gefunden für aufeinander senkrechte Lagen vom Azimut des Instrumentes und für einen Inzidenzwinkel von 70° mit der Normalen der Oberfläche.

Dieses bringt unter diesen Bedingungen die Möglichkeit eines Fehlers von 45° C in die Temperaturmessungen hinein. Man kann die Fehlerquelle vermeiden, indem man das Mittel aus vier Ablesungen für um 90° auseinanderliegende Azimute vornimmt. Die Größe der Fehlerquelle infolge dieser Ursache ist für alle praktischen Zwecke bei sehr vielen Substanzen vollkommen zu vernachlässigen, wie z. B. bei Eisen, Porzellan usw. Eine beträchtliche Fläche wird zum Anvisieren mit diesem Pyrometer benötigt, was eine Unbequemlichkeit bildet, wenn kleine Gegenstände aus bestimmtem Abstande betrachtet werden sollen.

Infolge der verhältnismäßig großen Oberfläche, die beim Betrachten mit dem Wanner-Pyrometer erforderlich ist, besteht das Bestreben, das Instrument zu nahe an den Ofen oder an den betrachteten Gegenstand heranzubringen, und wenn dieses praktisch ausgeführt wird, so kann man leicht das Instrument beschädigen, indem man die optischen

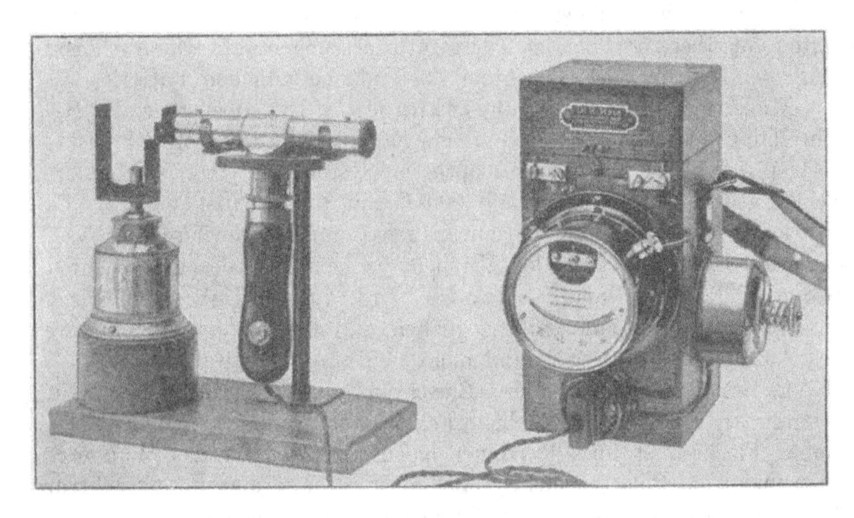

Fig. 116.
Wanners Konstruktion für tiefe Temperaturen.

Teile verletzt und die Eichung um sehr erhebliche Werte verändert. Eine Warnung vor Überhitzung ist manchmal durch eine Farbenänderung des Feldes angezeigt; setzt man eine Wasserkühlung zwischen den Ofen und das Instrument oder schirmt man das letztere auf andere Weise ab, so tritt man augenscheinlich dieser Schwierigkeit entgegen.

Versucht man auf sehr kleine oder entfernte Flächen zu visieren, wie z. B. auf Drähte oder enge Streifen, welche nur einen kleinen Teil des photometrischen Gesichtsfeldes ausfüllen, so können dadurch Beugungseffekte hervorgerufen werden, wie von Hartmann bemerkt worden ist.

Eine Betrachtung der Fehlerquellen und Einschränkungen des Wanner-Pyrometers zeigt, daß sie einen verhältnismäßig großen

Einfluß auf die Temperaturmessungen haben können, und es war daher wohl der Mühe wert, dieselben anzuführen; andererseits aber können dieselben mit einiger Vernunft praktisch vermieden werden und das Instrument wird dann eines von größter Genauigkeit und Bequemlichkeit für diejenigen Messungen, für welche es geeignet ist.

Wir wollen später sehen, wie sein Meßbereich bis auf die höchsten Temperaturen ausgedehnt werden kann.

Instrument für tiefe Temperaturen. Um sein Pyrometer für Temperaturen unter 900° geeignet zu gestalten, hat Wanner eine für die Benutzung von 625—1000° geeignete Abänderung angegeben mit 2 Meßbereichen, 625° bis 800°, und 800° bis 1000° C, wodurch eine sehr große Skala möglich wird und das Instrument für viele Vorgänge in der Industrie geeignet erscheint, für welche es bisher nicht passend war. Bei dieser Form für niedere Temperaturen, die in Fig. 116 abgebildet ist, tritt das Licht des Ofens nicht durch das polarisierende System, und das geradsichtige Prisma ist durch ein Rotglas im Okulare ersetzt, wodurch Licht viel geringerer Intensität als mit dem Apparat für den hohen Meßbereich beobachtet werden kann. Der Apparat ist sehr bequem und leicht in der Handhabung; er erfordert als Hilfseinrichtung eine 4-Volt-Akkumulatorenbatterie, 1 Milliamperemeter und eine Amylazetatlampe.

Das Holborn-Kurlbaum- und Morse-Pyrometer. Wenn ein genügend starker Strom durch den Faden einer elektrischen Lampe geschickt wird, so glüht der Faden zuerst rot, und wenn der Strom anwächst, so wird der Faden, indem er heißer und heißer wird, rot, gelb und weiß, genau wie jeder ansteigend erwärmte Körper. Wenn nun ein solcher Faden zwischen das Auge und einen glühenden Körper eingeschaltet wird, so kann der durch die Lampe fließende Strom reguliert werden, bis ein Teil des Fadens von gleicher Farbe und Helligkeit wie der Körper ist. Wenn dieses zutrifft, so wird dieser Teil des Fadens auf dem hellen Hintergrund unsichtbar und der Strom wird dann ein Maß für die Temperatur, die entweder durch ein Thermoelement oder mit Hilfe der Strahlungsintensität gegeben ist. Dies Prinzip scheint zuerst von Morse benutzt worden und unabhängig davon von Holborn und Kurlbaum entdeckt zu sein. Eine vollkommene Gleichheit von Farbe und Helligkeit kann nur unter Benutzung von monochromatischem Licht erreicht werden, oder wenn der Lampenfaden und der betrachtete Körper in ähnlicher Art strahlen.

Die Holborn-Kurlbaum-Form. Eine kleine elektrische 4-Voltlampe L mit einem hufeisenförmigen Faden ist in der Brennebene des Objektivs und des Okulars eines mit geeigneten Blenden D, D, D versehenen Fernrohres untergebracht, an dem eine zur Einstellung des Objektivs dienende Schraube S vorhanden ist. Der Lampenstromkreis ist durch eine Akkumulatorenbatterie aus 2 Zellen B, durch einen Widerstand und ein Milliamperemeter vervollständigt.

Die Bestimmung einer Temperatur besteht im Einstellen des Instrumentes auf den glühenden Gegenstand, wodurch man dessen Bild in die Ebene A C bringt und in der Einregulierung des Stromes mit Hilfe des Widerstandes, bis die Spitze des Lampenfadens auf dem hellen Hintergrunde verschwindet, während eine vorausgehende Eichung des Stromes als Funktion der Temperatur für die besondere benutzte Lampe die Temperatur durch die Ablesung des Milliamperemeters ergibt. Wenn die Temperatur des Fadens sich erhöht, wirkt der Einfluß

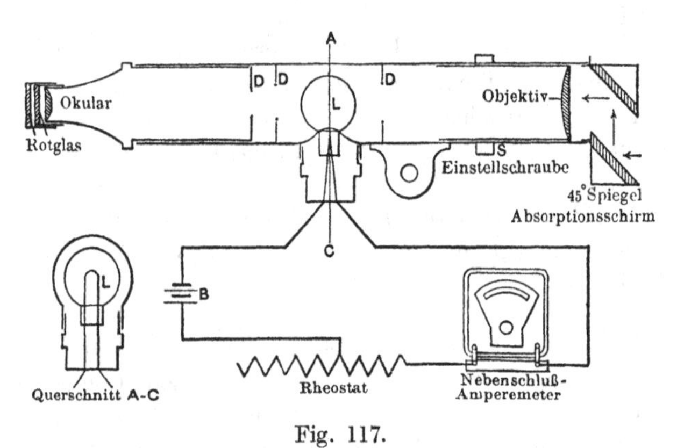

Fig. 117.
Holborn-Kurlbaum-Pyrometer.

der Irradiation oder der zu großen Helligkeit blendend, und die photometrische Vergleichung wird dann bei diesen Temperaturen möglich, indem man ein oder mehrere monochromatische Rotgläser vor dem Okulare einschaltet, wodurch ebenfalls alle Vorteile der Photometrie mit einer einzigen Farbe eingeführt werden. Unterhalb 800° C kann man die Messungen leichter ohne ein Rotglas vornehmen, da der Faden dann selbst rot ist, und die tiefsten Temperaturen werden natürlich erreicht, ohne daß man irgendwelche absorbierenden Stoffe einschaltet. Die untere Grenze des Instrumentes beträgt sehr nahe 600° C. Zwei Rotgläser sind für Temperaturen oberhalb 1200° C nötig und für sehr hohe Temperaturen oberhalb 1500° oder 1600° C ist es notwendig, um ein Überhitzen des Lampenfadens durch den Strom zu vermeiden, absorbierende Gläser oder einen Doppelprismenspiegel (Fig. 121) vor das Obekjtiv zu setzen; diese erfordern ebenfalls natürlich eine Eichung.

Bei sehr hoher Temperatur wird, wenn nicht ein genau monochromatisches Glas benutzt wird, die Pyrometrie schwierig, da der Faden niemals vollständig verschwindet.

Das Auge ist hauptsächlich empfindlich, wenn es die Gleichheit der Helligkeit zweier Flächen feststellt, von denen die eine sich vor der anderen befindet; daher gibt dieses Pyrometer ein sehr feines Mittel zur Beobachtung der Temperaturen, da die Lichtintensität, wie gezeigt wurde (S. 223), sich so viel schneller als die Temperatur ändert.

Die mit diesem Pyrometer erreichbare Genauigkeit wird durch folgende Beobachtungsreihen veranschaulicht, welche für die gewöhnliche Ausführung des Instrumentes bemerkenswert sind.

Temperatur nach dem H.-K.-Pyrometer	Temperatur nach dem Thermoelement	Temperatur nach dem H.-K.-Pyrometer	Temperatur nach dem Thermoelement
1347	1347° C	632	634° C
1351	1347	634	633
1343	1343	633	633
1333	1332	633	632
1342	1342		

Verschiedene Beobachter unterscheiden sich nicht erheblich in ihren Einstellungen und bei tiefer Temperatur erhält man die gleichen Werte, ob man ein rotes Glas benutzt oder nicht.

Für die Eichung des Instrumentes ist es notwendig, auf empirischem Wege die Beziehung zwischen dem Lampenstrom und der Temperatur für eine Anzahl von Temperaturen aufzufinden und dann entweder analytisch oder zweckmäßiger noch graphisch zu interpolieren. Die Eichung ist augenscheinlich unabhängig für jede benutzte Lampe.

Die Beziehung zwischen dem Strom und der Temperatur wird genügend gut durch eine quadratische Formel von der Gestalt

$$C = a + bt + ct^2$$

dargestellt. Daß diese Formel ausreichende Resultate ergibt, ist durch Beobachtung von Holborn und Kurlbaum für eine Lampe nachgewiesen, welche der Gleichung genügt

$$C \,.\, 10^3 = 170{,}0 + 0{,}1600\,t + 0{,}0_3 1333\,t^2,$$

wenn man auf einen schwarzen Körper visiert (S. 224), dessen Temperatur durch ein thermoelektrisches, bei bekannten Temperaturen geeichtes Pyrometer gegeben ist.

C Amp. 10^{-3}	t beob.	t ber.	Δ t
340	686	679	— 7° C
375	778	778	0
402	844	850	+ 6
477	1026	1032	+ 6
552	1196	1196	0
631	1354	1354	0
712	1504	1504	0

Wir können ebenfalls das Verhalten einer der verschiedenen Normalpyrometerlampen des Bureau of Standards anführen; diese Lampe genügt der Gleichung

$$C = 0{,}1681 + 0{,}0_3\,1482\,t + 0{,}0_6\,1700\,t^2.$$

C in Amp.	t beob.	t ber.	Δ t
0,4486	920	921	— 1°
0,5305	1087,5	1087,5	0
0,3357	650	649	+ 1
0,6023	1221	1221	0
0,3525	692	692,5	— 0,5
0,6393	1285	1285	0
0,5309	1089	1088,5	+ 0,5

Keine erhebliche Veränderung in den Angaben dieser Lampe konnte in einem Zeitraum von 5 Jahren entdeckt werden, während die Lampe äußerst häufig in dieser Zeit bis zu Temperaturen von der Höhe von 1500° C benutzt wurde.

Pirani und Meyer haben nachgewiesen, daß für Kohle- und Metallfadenlampen

$$\log C = a + b \log T$$

gilt, wo C = Strom und T = absoluter Temperatur. Dieses gestattet eine Eichung mit nur zwei Temperaturen.

Mendenhall schlägt vor, dieses Pyrometer — das gleiche gilt ebenfalls für alle anderen optischen Instrumente mit monochromatischem Licht — für alle Temperaturen mit Hilfe einer einzigen bekannten Temperatur, z. B. dem Palladium-Schmelzpunkt, zu eichen, und zwar mit Hilfe einer Reihe von Öffnungen verschiedener Größe in einem rotierenden Sektor, welcher unter Benutzung des Wienschen Gesetzes (vgl. S. 236) eine entsprechende Reihe wirksamer Temperaturen ergibt. Der Sektor kann bei einem Durchmesser von 15 cm mit Hilfe einer Welle, die auf einem kleinen Motor befestigt ist, der nahe an der Mitte der Außenseite des Pyrometerrohres sich befindet, in Bewegung gesetzt werden. Mendenhall hat ebenfalls ein geradsichtiges spektroskopisches Okular für dieses Instrument hergestellt und arbeitet mit einem Gesichtsfeld von ungefähr 25 A.-E. Weite, was λ ungefähr auf $^1/_5$% in der Mitte des sichtbaren Spektrums ergibt.

Holborn und Kurlbaum haben, wie auch Waidner und Burgess, eine durchgreifende Prüfung des Einflusses des Alterns unternommen.

Lampen, welche nicht gealtert worden sind oder eine Zeitlang bei einer beträchtlich höheren Temperatur gebrannt haben, als bei welcher sie gewöhnlich benutzt werden sollen, erleiden deutliche Veränderungen und sind unverläßlich; wenn sie aber besonders gealtert werden, so erreichen sie einen bestimmten Ruhezustand, wie es durch folgende Tabelle gezeigt wird, welche Resultate von Holborn und Kurlbaum mit diesen Lampen angibt. Der Strom ist in jedem Falle für eine Temperatur von 1100° C angegeben.

Altern von Lampen.

Lampen-Nr.	Strom		
	1	2	3
Nach 20 Std. Brenndauer bei 1900° C	0,608	0,592	0,589
„ 5 „ „ „ 1900° C	0,613	0,592	0,592
„ 5 „ „ „ 1900° C	0,621	0,597	0,597
„ 5 „ „ „ 1900° C	0,622	0,599	0,600
„ 20 „ „ „ 1500° C	0,622	0,599	0,601

Wenn eine Lampe nicht gealtert ist, so können sich deren Angaben um mindestens 25° C mit der Zeit verändern, während nach einer Erhitzung von 20 Stunden Dauer auf 1800° dieselbe keine weiteren erheblichen Veränderungen in einer Zeitperiode, welche vielen Monaten entspricht, erleidet, wenn sie beim Arbeiten nicht über 1500° erhitzt wird. Dieser Dauerzustand reicht aus, um die höchsten Anforderungen der Praxis zufrieden zu stellen.

Nimmt man Wolframfäden anstatt Kohle, so kann man eine noch größere Dauerhaftigkeit erzielen, aber die selektive Strahlung des Metallfadens kann dabei in gewissen Fällen eine Fehlerquelle werden oder Unbequemlichkeiten verursachen.

Morses Thermovisier. Bei seiner ursprünglichen Form benutzte Morse anstatt eines einfachen Hufeisenbügels einen breiten Spiralfaden in der Lampe seines Pyrometers, so daß man beim Visieren auf einen glühenden Körper notwendig einen besonderen Teil der Spirale sich auswählen und versuchen mußte, denselben zum Verschwinden zu bringen. Das ist ermüdend, da die Spirale ein breites Feld einnimmt und gerade in der Intensität sich so viel verändert, daß sie das Auge zum Hin- und Herwandern veranlaßt. Dieser Einfluß wurde von größerer Bedeutung durch die Tatsache, daß dieses Instrument kein Fernrohr war, weder Okular noch Objektiv besaß, so daß das Auge zwischen dem Faden und dem geprüften Gegenstand hin und her akkomodieren mußte.

An Stelle der 4-Voltbatterie für die Lampen des Holborn-Kurlbaum-Apparates braucht die Spirallampe eine Batterie von 40 oder 50 Volt, was eine teure Einrichtung nötig macht, wenn die Schwankungen der gewöhnlichen 110-Volt-Lichtleitung nicht zu störend sind, um in Verbindung mit einem geeigneten Widerstand oder Nebenschluß hierfür zu dienen.

Das Morse-Instrument war für die Benutzung beim Härten des Stahls bestimmt und trotz der groben Konstruktion, die oben angeführt ist, konnte dieses Pyrometer in dem begrenzten Temperaturgebiet, den dieser Vorgang erfordert, auf ungefähr 3° C in diesem Meßbereich ab-

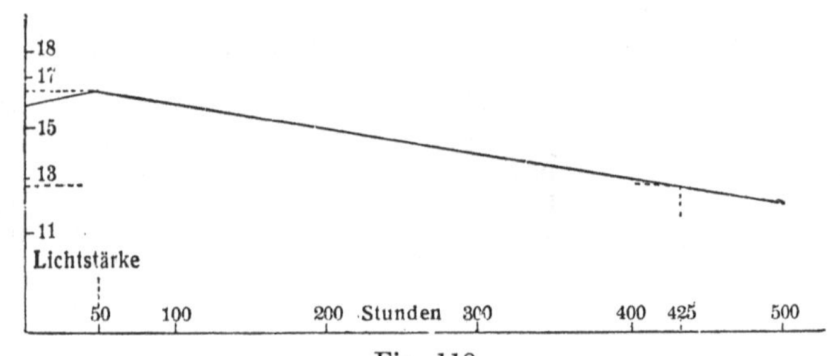

Fig. 118.
Verhalten einer Kohlenfadenlampe.

gelesen werden. Oberhalb von 1100° C hingegen ist es sehr schwierig eine befriedigende Beobachtung vorzunehmen und wird bald danach unmöglich.

Eichungen dieser Spiralfadenlampen zeigten, daß sie, wenn sie bei 1200° C gealtert wurden, für einige Hundert Stunden innerhalb des Meßbereiches, für dessen Benutzung sie bestimmt waren, konstant blieben.

Es ist in dieser Verbindung von Interesse, das Verhalten der gewöhnlichen Kohlenfadenlampe bezüglich ihrer Dauerhaftigkeit anzuführen (vgl. Fig. 118).

Neuere Formen des Morseschen Thermovisiers sind mit Lampen von geringer Voltzahl mit nur einem einzigen Bügel ausgerüstet, haben ein Rotglas, ein Okular und sind in einem Fernrohr eingebaut, zum Teil nach Angaben, welche Morse von Waidner und Burgess erhalten hat.

Hennings Spektral-Pyrometer. Um die Unsicherheiten und Korrektionen wegen des Fehlens von Einfarbigkeit bei gefärbten Gläsern in Verbindung mit dem Holborn-Kurlbaum-Instrument zu vermeiden und um Temperaturmessungen mit beliebig gefärbtem Licht vornehmen zu können, hat Henning ein für genaue Arbeiten im Laboratorium von 1000^0 C an geeignetes Spektral-Pyrometer mitgeteilt. Es ist der Hauptsache nach eine Verbindung des Holborn-Kurlbaum-Instrumentes mit einem Spektrometer, wie es in Fig. 119 dargestellt ist. Der Kollimator KL_2, das Fernrohr FL_1, welches einen Beobachtungsspalt D oder ein Okular besitzt, und das Abbésche

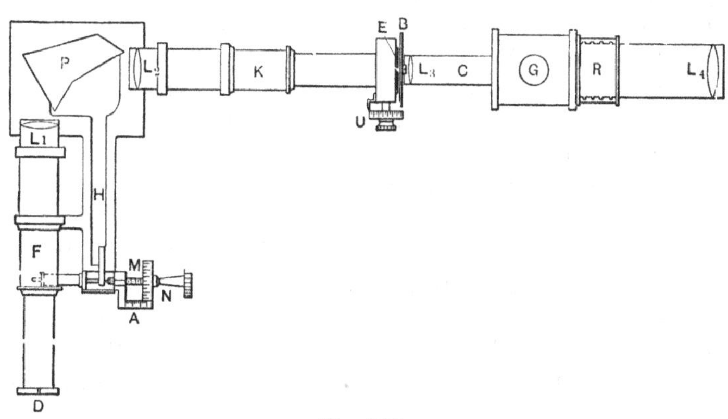

Fig. 119.
Hennings Spektralpyrometer.

Prisma P, welches mit Hilfe der Mikrometerschraube M, N, A auf eine beliebige Wellenlänge eingestellt werden kann, bilden zusammen mit dem in der Breite regulierbaren Spalt E (durch die Schraube U) das Spektrometer. Ein Bild des glühenden Körpers ist mit Hilfe der Linse L_4 der Lampe G überlagert, und beide werden in dem gefärbten Licht mit dem Auge des Beobachters vor D gesehen. Der Schirm B besitzt eine Anzahl geeigneter Blenden. Die Mikrometerskala A ist mit Hilfe von Licht bekannter Lichtquellen, wie z. B. Vakuumröhren mit Helium- und Quecksilberfüllung, in Wellenlängen geeicht. Das Instrument kann ebenfalls so gebaut werden, daß es als Spektro-Photometer dienen kann.

Henning hat sein Spektralpyrometer in einer Arbeit über Metallfadenlampen und zur Bestimmung von Absorptions- und Reflektionskoeffizienten von Metallen benutzt. Er hat nachgewiesen, daß für eine Anzahl von Metallen die Gleichung $\frac{1}{S} - \frac{1}{S_0} = \text{konst.}$ gilt, in welcher

S und S_0 die absoluten schwarzen Temperaturen für die Wellenlängen λ und λ_0 bedeuten, und zwar über ein großes Temperaturgebiet; und daß die Absorptionskoeffizienten praktisch mit der Temperaturänderung konstant bleiben.

Eichung von optischen Pyrometern. Wir haben schon erwähnt, daß die beste Methode, ein optisches Pyrometer bis ungefähr 1600^0 C zu eichen, darin besteht, seine Angaben zu bestimmen, während man in einen experimentellen schwarzen Körper (S. 225) visiert, dessen Temperatur am besten mit Hilfe zweier oder mehrerer Thermoelemente bestimmt wird, welche vorher durch Bestimmung ihrer EMKK bei den Erstarrungspunkten von dreien oder mehreren reinen Metalle geeicht worden sind. Diese Eichungen werden im allgemeinen am besten einem besonders ausgerüsteten Normal-Laboratorium überlassen. Trotzdem ist es oft wünschenswert, das eigene optische Pyrometer wenigstens angenähert eichen zu können, wenn man auch nicht über eine vollkommene Einrichtung zum Eichen verfügt.

Man kann den schwarzen Körper nahezu ersetzen durch einen Widerstandsrohrofen der Heraeustype mit einem Diaphragma, beispielsweise einem Stück Graphit, welches man an dessen Mittelpunkte oder ein wenig dahinter anbringt, und auf welches das optische Pyrometer eingestellt wird. Die Temperatur dieses Diaphragmas kann man mit einem geeigneten Thermoelement oder optischen Pyrometer bestimmen. Blickt man in einen solchen Ofen, dessen Gesamtlänge ungefähr das 20- oder 30fache seines Durchmessers beträgt, so macht ein optisches Pyrometer ungefähr um 5^0 bis zu 15^0 C zu tiefe Angaben.

Folgende Methode kann ebenfalls benutzt werden und verlangt kein Hilfspyrometer, verlangt aber ein bis drei oder noch mehr tiefe Tiegel mit Substanzen bekannter Schmelzpunkte, am besten die reinen Metalle, wie z. B. Al oder Sb, Cu, Ni oder Fe. Das optische Pyrometer wird auf den Boden einer Porzellanröhre eingestellt, die am besten innen geschwärzt ist und in das schmelzende Metall hineingetaucht wird und die Angabe des Pyrometers beim Erstarrungspunkt des Metalles abgelesen.

Wo mehrere optische Pyrometer in dem gleichen Institut benutzt werden, ist es gut, wenigstens eines derselben sauber geeicht zu haben und als Normal zu benutzen. Die anderen kann man leicht eichen, indem man ihre Angaben mit der des Normals vergleicht, während man auf irgend einen passenden glühenden Körper visiert, vorausgesetzt, daß alle Pyrometer die gleiche Lichtfarbe benutzen; im anderen Falle ist es sicherer, einen Ofen als Strahlungsquelle zu benutzen, obwohl Graphit oder Eisen (Oxyd) in den meisten Fällen ausreichend ist.

Das Merkmal für eine genügende Vergleichsquelle für Pyrometer, welche verschiedene Färbungen benutzen, besteht darin, daß man die

Strahlungsquelle, wenn möglich, mit verschieden gefärbten Gläsern betrachtet, die man nacheinander bei einem Pyrometer anwendet. Wenn die gleiche Angabe für alle erhalten wird, beispielsweise für Rot, Gelb und Grün, so ist die Strahlungsquelle zufriedenstellend.

Die Vergleichslampe mit breitem Faden. Eine sehr bequeme und schnelle Methode um ein optisches Instrument mit Hilfe eines anderen zu eichen, ist in Figur 120 abgebildet; sie wurde von Waidner und Burgess für die Bestimmung von Temperaturen glühender Lampenfäden und der Schmelzpunkte von sehr schwer schmelzbaren Metallen mitgeteilt. Figur 120 zeigt die Benutzung eines Kohlestreifens C, der für diesen bestimmten Zweck ins Vakuum eingeschlossen ist. Das Normalpyrometer L und die Lampe F, deren Fadentemperatur zu bestimmen ist, werden beide auf die gleiche Helligkeit wie C gebracht und die Ströme in L und F ergeben ein Maß ihrer Temperaturen, welche

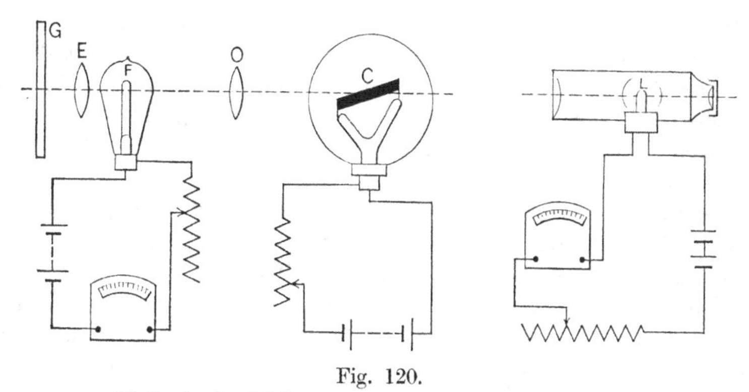

Fig. 120.
Methode der Eichung von Waidner und Burgess.

als gleich angenommen werden, wenn die Farbe des Glases G die gleiche ist, wie sie vor L benutzt wird und wenn die Fäden F und L aus dem gleichen Material bestehen. Die Linsen E und O erleichtern die Ablesungen von F und machen die beiden optischen Systeme gleich. Augenscheinlich kann jede Art eines optischen Pyrometers an die Stelle der Lampe F gesetzt und auf eine ähnliche Art und Weise geeicht werden. Diese Vergleichslampen mit Kohlestreifen können gelegentlich bis zu Temperaturen von einer Höhe von 1800° oder sogar 2000° C benutzt werden. Wenn sie nur bei verhältnismäßig tiefen Temperaturen gebraucht werden, können sie selbst durch Bestimmung des Stromes als Funktion der Temperatur geeicht werden und dann als zweites Normal dienen, welches den schwarzen Körper ersetzt. Solche Lampen dieser Type, wie sie augenblicklich zu bekommen sind, ändern sich sehr rasch, auch bei kurzer Brenndauer, so daß es besser ist, eine Fadenlampe oder ein anderes optisches Pyrometer als Normal und die breiten Streifen nur als Vergleichsquellen zu benutzen. Um solche Vergleichungen bis zu höheren Temperaturen auszudehnen, würde es wünschenswert sein, die Kohle durch Wolframstreifen zu ersetzen, wodurch man wahrscheinlich bis zu 2500° C oder höher kommen könnte, auch ist ein dicker Wolframdraht in seiner Konstanz besser als die Kohle bei öfterer Verwendung bei hoher Temperatur.

Andere Vergleichsquellen kann man auch anwenden, beispielsweise für diese sehr hohen Temperaturen den Arsem-Vakuumofen (Fig. 176), mit welchem Temperaturen von nahezu 3000° C erhalten werden können, und außerdem die Bedingungen eines schwarzen Körpers vollkommen verwirklicht sind.

Die Benutzung von keilförmigen Hohlräumen. Wir haben schon gesehen, daß bei der Eichung seines optischen Pyrometers Le Chatelier mit Vorteil die Risse in hochtemperierten Stoffen um die Lötstelle eines Thermoelementes herum benutzte, um angenähert die Bedingungen der schwarzen Strahlung herzustellen. Féry hat darauf hingewiesen, daß das Meßinstrument notwendigerweise ebenfalls im Kirchhoffschen Sinne schwarz sein muß, wenigstens, wenn absolute Messungen gemacht werden und führte die Benutzung konischer Empfänger ein.

Mendenhall zeigte bei einer Prüfung der Beziehung zwischen wahrer und scheinbarer Temperatur der Metalle mit Hilfe des optischen Pyrometers, daß, wenn ein dünner Metallstreifen in Keilform mit schmalem Winkel vorliegt, die Strahlung aus dem Inneren des Keiles, den man elektrisch heizt, wenn er ein Lampenfaden ist, sehr nahe diejenige des schwarzen Körpers ist; so daß gleichzeitige Ablesungen außen und innen an solchem Keil mit einem geeichten Pyrometer ein Maß für die selektiven Eigenschaften der Substanz darstellen; der Keil kann ebenfalls den schwarzen Körper zum Vergleich eines optischen Pyrometers mit einem anderen ersetzen. Nimmt man Reflexion nach dem Reflexionsgesetz an und einen Winkel des Keiles L, so ist die Anzahl der Reflexionen senkrecht zur Ecke des Keiles $n = \frac{180}{L}$; wenn das Reflexionsvermögen des Stoffes r ist, ist das des Keiles r^n. Für viele Metalle ist r von der Größenordnung von 0,7 für rotes Licht, während für einen 10°-Keil $r^n = 0{,}0016$ und $e = a\varepsilon = 0{,}998\ \varepsilon$, entsprechend einer Temperaturdifferenz gegenüber einem schwarzen Körper der gleichen Helligkeit von nur 0,5° C bei 1600°. Für matte Flächen ist die Abweichung von der Schwärze größer. Der Temperaturunterschied zwischen der inneren und äußeren Seite des Keiles ist kleiner als 1° C für Metalle von 0,04 mm oder geringerer Dicke. Mendenhall und Farythe r erhielten beim Durchbrennen solcher Keile aus Platin einen Wert für den Platinschmelzpunkt, der nur 8⁰ tiefer liegt, als die von Waidner und Burgess bestimmte Zahl (1753⁰ C).

Monochromatische Gläser. Um das Wiensche Gesetz genau und bequem anwenden zu können, besonders aber wenn Extrapolation auf der Temperaturskala nötig ist, ist es sehr wünschenswert, daß in der Färbung des in einem optischen Pyrometer benutzten Lichtes keine Veränderung eintritt. Bei denjenigen Pyrometern, bei denen das monochromatische Licht mit Hilfe von gefärbten Gläsern erzeugt wird, kann durch das Fehlen der Gleichförmigkeit im durchgelassenen Licht ein Fehler auftreten, indem sich mit der Temperatur die maximale Intensität des Lichtes in ihrer Lage verschiebt. Für solche inhomogene Gläser ist es gleichwertig, eine kontinuierliche Änderung der Wellenlänge mit der Temperatur in das Wiensche Gesetz (S. 236) einzuführen.

Das Verhalten von bestimmten Jenaer Gläsern, welche hinsichtlich der Kleinheit dieses Effektes in erster Reihe stehen, ist nach Beobachtungen von Waidner und Burgess in folgender Tabelle dargestellt:

Glas	Dicke in mm	Temp. der Strahlungsquelle (C)	$\lambda_{max.}$	Grenzen der durchgelassenen Banden
Rot, Nr. 2745 . .	3,04	1000	0,645 μ	0,698 μ — 0,610 μ
		1250	0,650	0,731 — 0,602
		1450	0,656	0,772 — 0,598
Rot, Nr. 2745 . .	6,05	1450	0,661	0,753 — 0,608
Grün, Nr. 431III .	6,18	1150	0,547	0,602 — 0,532
		1450	0,546	0,631 — 0,468
Blau, Nr. 3086 .	4,32	1320	0,462	0,500 — 0,421
		1470	0,462	0,511 — 0,408

Die Lage des optischen Schwerpunktes (λ_{max} in der Tabelle) ist, wie man sieht, für das grüne und blaue Licht an derselben Stelle bleibend, wandert aber bei dem roten Glas langsam nach längeren Wellen zu, wenn die Temperatur anwächst. Ein Fehler von 0,005 in der Bestimmung der äquivalenten Wellenlänge bei einem Farbglase, entspricht einem Fehler in der Temperaturbestimmung von ungefähr 5⁰ bei 1750⁰ C.

Für einige der neueren monochromatischen Jenaer Gläser sind folgende Zahlen hinsichtlich der Durchlässigkeit von Schott und Genossen mitgeteilt worden.

Durchlässigkeiten (D) von Jenaer Gläsern für 1 mm Dicke.

Glas		Durchgelassener Bruchteil für die Wellenlängen (in μ)					
Type	Name	$\lambda = 0{,}644$	0,578	0,546	0,509	0,480	0,436
F 4512 . . .	Rot Filter	0,94	0,05	—	—	—	—
F 2745 . . .	Kupfer Rubin	0,72	0,39	0,47	0,47	0,45	0,43
F 4313 . . .	Gelb Glas (dunkel)	0,98	0,97	0,93	0,83	0,09	—
F 4351 . . .	„ „ (mittel)	0,98	0,97	0,96	0,93	0,44	0,15
F 4937 . . .	„ „ (hell)	1,00	1,00	1,00	0,99	0,74	0,40
F 4930 . . .	Grün Filter	0,17	0,50	0,64	0,62	0,44	—
F 3875 . . .	Blau „	—	—	—	0,18	0,50	0,73
F 3815 . . .	Neutrales Schwarz	0,35[1])	0,35[1])	0,37[1])	0,35[1])	0,34[1])	0,30[1])

Der Bruchteil der Durchlässigkeit D_x für irgend eine andere Glasdicke x ist durch den Ausdruck gegeben $D_x = D^x$, wo D die Durchlässigkeit für 1 mm bedeutet, wie sie in der Tabelle angegeben ist.

Erweiterung der Skala. Alle optischen Pyrometer, welche auf der Benutzung einer einzigen Wellenlänge beruhen, wie z. B. das von Le Chatelier, Wanner und Holborn-Kurlbaum, können ihre Skalen unbegrenzt durch die Benutzung von neutralen Schwächungsgläsern, wie z. B. Jenaer Rauchglas, erweitern oder auch mit Hilfe von Reflexionsspiegeln, Prismen aus schwarzem Glas (vgl. Fig. 121) oder rotierenden Sektoren, die man zwischen dem Ofen oder einer anderen Strahlungsquelle, deren Temperatur gemessen werden soll, und dem Pyrometer aufstellt.

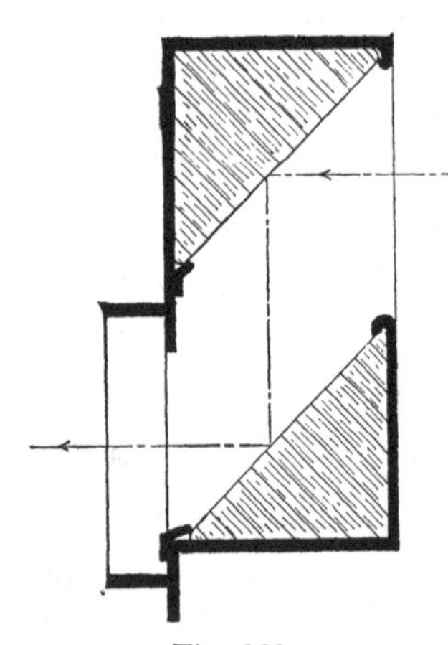

Fig. 121. Schwächungs-Spiegel.

Dasselbe Prinzip zur Temperaturberechnung unter Anwendung des Schirmes bezieht sich auf alle diese Schwächungsvorrichtungen und ebenfalls auf alle Pyrometer.

Es ist nur notwendig, den Absorptionskoeffizienten für die Schwächung für das beim Pyrometer benutzte gefärbte Licht aufzufinden. Dieser Absorptionskoeffizient kann unter Benutzung des Wienschen Gesetzes (S. 236) und aus Beobachtungen bei einer oder mehreren Temperaturen bestimmt werden. So gibt, wenn k der Absorptionsfaktor,

[1]) Für eine Dicke von 0,1 mm.

d. h. der reziproke Wert des Absorptionskoeffizienten bedeutet, T_1 und T_2 die scheinbaren Temperaturen in absoluten, vom Pyrometer angegebenen Graden, wenn man auf einen schwarzen Körper zuerst mit und dann ohne das absorbierende Glas einstellt, das Wiensche Gesetz III

$$\log_{10} k = \log \frac{J_1}{J_2} = \frac{c_2 \log e}{\lambda} \left(\frac{1}{T_2} - \frac{1}{T_1} \right),$$

wenn c = 14 370 für den schwarzen Körper und λ die Wellenlänge in μ (= 0,001 mm) des im Pyrometer benutzten Lichtes ist. Angewandt auf die Spektralpyrometer von hohem Meßbereich von Wanner und Henning, gilt die oben gegebene Formel genau bis zu den höchst erreichbaren Temperaturen, wenn das Absorptionsglas für alle Helligkeiten einen konstanten Koeffizienten besitzt; bei denjenigen Pyrometern jedoch, die gefärbte Gläser benutzen, welche niemals genau monochromatisch sind, tritt in der Extrapolation ein Fehler auf, der aber meistenteils durch eine Eichung der Wellenlänge der benutzten Gläser als Funktion der Temperatur vermieden werden kann, wie es im vorigen Paragraphen gezeigt wurde. Daß diese Korrektionen in befriedigender Weise angebracht werden können, geht aus folgenden Zahlen von Waidner und Burgess über die Bestimmung des Schmelzpunktes des Platins mit Hilfe eines Holborn-Kurlbaum-Pyrometers hervor, welches rote, grüne und blaue Gläser benutzte und mit verschiedenen Arten von Absorptionsgläsern ausgerüstet war. Die Metalle wurden in einem Iridiumofen, der einem schwarzen Körper sehr nahe kam, geschmolzen. Die Beobachtungen von Nernst und v. Wartenberg mit einem Wanner-Pyrometer mit gelbem Licht sind ebenfalls zum Vergleich mit hineinbezogen, wobei ihre Resultate auf die gleiche Grundlage, d. h. für c_2 = 14 500 in der Formel von Wien reduziert sind. Messungen derselben Beobachter über das Palladium ergaben in gleicher Weise übereinstimmende Resultate.

Elimination von Korrektionen bei optischen Pyrometern.

Beobachter	Absorptionsmittel	Absorptionsfaktor	Wellenlänge	Zahl der Beobachtungen	Schmelzpunkt des Platins
Waidner und Burgess . .	Spiegel	199	0,668	23	1753° ± 3 C
	„	228	0,547	7	1751 ± 3
	Sektor	35,4	0,668	10	1753 ± 2
	Sektor	35,4	0,547	6	1748 ± 2
	Sektor	35,4	0,462	4	1749 ± 3
Nernst und v. Wartenberg . . .	Rauchglas . . .	147	0,5896	4	1750 ± 5

Bei den meisten Stoffen, die früher als Absorptionsgläser benutzt wurden, entweder als Spiegeltype oder als Durchlaßglas, ist eine außerordentliche Veränderung im Absorptionsfaktor mit der Wellenlänge des einfallenden Lichtes vorhanden (vgl. S. 321) und die obige Tabelle). Schott und Genossen in Jena stellen jetzt ein „neutral-schwarzes" Glas her (F 3815) von einem Absorptionsfaktor, welcher in dem ganzen sichtbaren Spektrum sehr konstant bleibt. Der Bruchteil der Durchlässigkeit für dieses Glas ist in der Tabelle (S. 322) angegeben.

Die Benutzung eines rotierenden Sektors ist für genaues Arbeiten im Laboratorium, wo die Intensität der beobachteten Strahlungsquelle heruntergedrückt werden soll, vorzuziehen, da diese Art der Schwächung einen konstanten Absorptionsfaktor besitzt, welcher auf geometrischem Wege mit großer Genauigkeit bestimmt werden kann. Die Absorptionsgläser sind gewöhnlich zweckmäßiger zu benutzen als die Schwächungsvorrichtungen mit Reflexion und sind ebensogut oder noch besser.

Einige wissenschaftliche Anwendungen. Unsere Kenntnis der bei hohen Temperaturen auftretenden Erscheinungen ist in den allerletzten Jahren sehr vermehrt worden, hauptsächlich bedingt durch die bequeme und genaue Anwendbarkeit von optischen Pyrometern, welche monochromatisches Licht benutzen. Wir wollen kurz einige Gebrauchsarten aufzählen, bei welchen diese Art des Instrumentes im Laboratorium benutzt worden ist, als Beispiele dafür, was man bei Messungen hoher Temperaturen auf optischem Wege erlangen kann.

Temperaturen von Flammen. Jede in eine Flamme eingeführte Substanz nimmt eine tiefere Temperatur dort an, als die der Flamme selbst beträgt, hervorgerufen durch Wärmeleitung, Strahlung und verminderte Strömungsgeschwindigkeit des Gases um den Körper herum. E. L. Nicols versuchte unter Benutzung von Thermoelementen mit immer dünneren Drähten die wahre Flammentemperatur durch Extrapolation auf einen Draht mit dem Durchmesser Null zu bestimmen. Die Unsicherheit dieser Methode ist beträchtlich, obwohl sie übereinstimmende Resultate liefert, welche aber wahrscheinlich zu tief sind.

Die Strahlungsmethoden sind von mehreren Experimentatoren angewandt worden, die von einem optischen Pyrometer angegebene Temperatur hängt ab von der Dicke und Dichte der Flamme einerseits und andererseits von ihrem Reflexions- und Absorptionsvermögen. Das Reflexionsvermögen einer Flamme ist klein und ändert sich wahrscheinlich mit der Art der Flamme; die bis jetzt erhaltenen Resultate sind in diesem Punkt sehr auseinandergehend.

Kurlbaum setzte eine Flamme zwischen den schwarzen Körper und das Auge und nahm an, daß beide auf gleicher Temperatur wären, wenn die Flamme auf dem Hintergrund verschwände. Diese Methode ergab tiefere Resultate, als sie von Lummer und Pringsheim erhalten waren (S. 237). Kurlbaum und Steward behaupten beide, daß der Kohlenstoff in der Flamme selektiver strahlt als Platin, und der letztere findet für den Wert von A im Wienschen Verschiebungsgesetz 2282, ($\lambda_m T = A = 2282$) unter der Annahme von Nicols Wert von 1900° C für die Azetylenflammentemperatur. Féry hat aber nachgewiesen, daß die Helligkeit der Natriumlinie mit einem Spektrophotometer gemessen, nicht größer wird, wenn man einen Lichtstrahl von einem Kohlebogen schräge gegen die untersuchte Flamme wirft, was zu beweisen scheint, daß das Zerstreuungsvermögen für das von der Kohle kommende Licht gleich Null ist. Dies würde einen Wert von A von der Größenordnung von 2800° bedingen, oder von 2400° C für die Azetylenflamme; unter der Annahme, daß $\lambda_m = 1{,}05\ \mu$.

Férys Methode zur Messung von Flammentemperaturen besteht darin, die Umkehr einer Metallinie mit Hilfe des von einem festen Körper von bestimmter Temperatur ausgesandten Lichtes hervorzubringen. Das Bild des Fadens einer Glühlampe wird von einer Linse mit großer Öffnung auf den engen Spalt eines Spektroskopes geworfen. Die Strahlen vom Faden her gehen durch die zu untersuchende Flamme, welche Natrium oder einen anderen Metalldampf enthält. Wenn der Faden in seiner Temperatur andauernd gesteigert wird, so kehrt sich beispielsweise die D-Linie um und in dem Moment, wo sie verschwindet, nimmt man an, daß der Faden und die Flamme die gleiche Temperatur besitzen, welche man messen kann, indem man mit einem optischen Pyrometer auf den Faden visiert. Einige von Férys Resultaten sind folgende:

Bunsen	offen	1870° C
	halb offen	1810° C
	geschlossen	1710° C
Azetylen		2550° C
Gebläse mit Leuchtgas u. Sauerstoff		2200° C
Gebläse mit $H_2 + O$		2420° C.

Für diese Bestimmung benutzte Féry sein Absorptionspyrometer. Die erhaltenen Resultate können etwas hoch sein, aber kaum mehr als 100° C, da ein dünner Platindraht in einer offenen Bunsenflamme geschmolzen werden kann.

Es sind auch andere Bestimmungen der scheinbaren Temperaturen von Flammen nach verschiedenen optischen Methoden auf Grund der Strahlungsgesetze vorgenommen worden, von denen einige Werte ergeben haben, die sehr viel unter den wahren Temperaturen liegen, wenn sie durch die Fähigkeit dieser Flammen schwer schmelzbare Stoffe von bekanntem Schmelzpunkt zu schmelzen, gemessen werden.

Unter Benutzung des Wienschen Verschiebungsgesetzes in der Form λ_{max} T = 2940 fand Ladenburg 1405⁰ für die Hefner- und 1842⁰ für die Azetylenflamme. Becker erhielt mit einer spektro photometrischen Methode für die Hefnerkerze 1395⁰.

Kurlbaum und Schulze fanden nach einer Methode ähnlich wie Féry deutliche Veränderungen in der Temperatur der Bunsenflamme, wenn sie dieselbe mit verschiedenen Salzen färbten; dagegen zeigte E. Bauer unter Benutzung der gleichen Methode, daß, wenn er einen bestimmten Teil der Flamme gebrauchte, von einem Salz zum anderen keine solche Differenz besteht und auch nicht von einer Farbe zur anderen. Für die Knallgasflamme findet Bauer 2240⁰ unter Anwendung des Planckschen Gesetzes und 2200⁰ bis 2300⁰ mit der Umkehr der D-Linie unter Benutzung eines Lichtbogens als Lichtquelle in der Methode von Féry. Bauer fand für verschiedene Teile der Bunsenflamme unter Benutzung verschiedener optischer Methoden Werte von 1660⁰ bis 1850⁰.

Auf sinnreiche Weise ist die Temperatur der Bunsenflamme auf Veranlassung von Rubens von H. Schmidt bestimmt worden. Er brachte in dem auf seine Temperatur zu untersuchenden Flammenteil Drähte aus Platin bzw. Platin-Rhodium. Die eingeführten Drähte strahlen fortdauernd Energie aus und empfangen solche von der Flamme. Man kann jedoch bewirken, daß die Flamme keine Energie an den Draht abgibt, indem man dem letzteren auf elektrischem Wege so viel Energie zukommen läßt, als die von ihm ausgestrahlte beträgt. In diesem Falle tritt mit der Flamme kein Wärmeaustausch auf und die mit Hilfe eines optischen Pyrometers gemessene Drahttemperatur gibt die Flammentemperatur an. Bei der Ausführung der Methode wurde für eine Anzahl Temperaturen des elektrisch geheizten Drahtes die von der Längeneinheit des Drahtes ausgestrahlte Energie in absolutem Maße bestimmt und so eine Kurve gewonnen; darauf wurde der Draht in die Flamme gebracht und aus dem Widerstand desselben und der Stromstärke die pro Längeneinheit zugeführte elektrische Energie bestimmt und für verschiedene Temperaturen diese Energie ebenfalls als Kurve aufgezeichnet. Der Schnittpunkt der beiden Kurven ergibt die Flammentemperatur. Die maximal erreichte Temperatur im Saum der Flamme wurde zu 1800⁰ C gefunden. Die Durchschnittstemperatur betrug 1640⁰ C. Der Verfasser stellte ebenfalls fest, daß die Gesetze der schwarzen Strahlung in den beiden Absorptionsbanden des Bunsenbrenners bei 2,7 und 4,4 μ quantitativ gültig waren. Mit Hilfe des Strahlungsgesetzes ergab sich eine Temperatur von etwa 1670⁰ C im Mittel.

Alle oben beschriebenen Methoden gehen von der Annahme aus, daß Flammen nicht lumineszieren; sonst sind die erhaltenen Resultate zu hoch. Unwahrscheinliche Resultate bekommt man ebenfalls, wenn die Flammen farblos sind, d. h. wenn sie keine feinverteilten, durch die Flamme erhitzten Teilchen erhalten, wie eine offene Bunsenflamme.

Temperatur von Glühlampenfäden. Seit den Beobachtungen von Le Chatelier mit dessen optischem Pyrometer und den von Lummer und Pringsheim, welche die Wiensche Beziehung $\lambda_{max} T =$ konst. benutzten, sind zahlreiche Bestimmungen von Lampentemperaturen mit Hilfe von optischen Pyrometern vorgenommen worden. Die ersten befriedigenden Beobachtungen wurden von Waidner und Burgess für eine Anzahl Lampen im Jahre 1906 angestellt unter Benutzung ihrer Methode des Graphitstreifens zum Vergleich (S. 319) und mit Hülfe eines Holborn-Kurlbaum-Instrumentes, das nacheinander mit roten, grünen und blauen Gläsern vor dem Okular ausgerüstet wurde, um die Bestimmung der wahren Temperatur aus den scheinbaren Temperaturen zu ermöglichen, von denen die letzteren natürlich von der selektiven Strahlung der Oberfläche der Fäden abhängen. Sie fanden, daß wenn sie bei Platinfäden, die in ein evakuiertes Glasgefäß eingeschlossen waren, den Temperaturunterschied zwischen der blauen und roten Ablesung zu der mit blauem Licht beobachteten scheinbaren Temperatur hinzufügten, wenn sie auf den Kohlenfaden visierten, daß dann sehr nahe wahre Temperaturen erhalten wurden, beispielsweise für den Platinschmelzpunkt 1760° C. Unter der Annahme, daß diese empirische Beziehung allgemein gültig sei, fanden sie folgendes:

Normale Brenntemperaturen von Glühlampen.

	Watt pro Kerze	Volt	Beobachtete schwarze Temperatur (rot)	Wahre Temperatur Maximum	Wahre Temperatur Minimum
Kohle	4,0	50	1710° C	1800° C	1755° C
	3,5	118	1760	1850	1805
	3,1	118	1860	1950	1905
Tantal	2,0	110	1865	2000	1935
Wolfram	1,0	100	2135	2300	2215

Bei einigen der anderen Bestimmungen ist kein Versuch gemacht wegen der ungenügenden Schwärze der Fäden eine Korrektion anzubringen, und die Resultate scheinen im allgemeinen zu tief zu sein. Wir wollen folgende Bestimmungen anführen:

Normale Lampentemperaturen nach verschiedenen Beobachtern:

Beobachter	Kohle	Tantal	Wolfram	Methoden und Bemerkungen
Grau . . .	1660	—	1850	Iridium-Streifen und Wanner-Pyrometer.
Coblentz .	1785 1570	1910 1670	2060 1810	$\lambda_m T = C$ und Graphit „schwarz", $\lambda_m T = C$ und Platin „schwarz"; Temperatur beobachtet von Waidner und Burgess mit rotem Licht.
Féry . . .	1780	—	1875	Verbindung der Gesetze von Stefan und Wien; unter der Annahme, daß W sich wie Pt verhält, Benutzung des Absorptions-Pyrometers.
Pirani . .	—	2000	2080	Widerstand u. optische Messungen.
Joly . . .	1650 bis 1720	1740	1810	Gesamt-Helligkeit (Nernst); andere Methoden ergaben tiefere Werte.

Diese Zahlen sind nicht direkt vergleichbar, da die Belastungen nicht genau die gleichen sind: angenähert betragen sie W = 1,25 Watt pro Kerze; Ta = 1,5 Watt pro Kerze; Kohle = 3,5 Watt pro Kerze.

Die Benutzung der Gleichung $\lambda_m T = C$ (Coblentz) ist fraglich, da die Form der Energiekurven von Lampenfäden nicht dieselbe ist, wie die des schwarzen Körpers.

Die normale Brenntemperatur der Nernstlampe ist mehrmals gemessen worden und liegt zwischen dem außerordentlich tiefen Resultat von Hartmann von 1535°, das mit einem Thermoelement bestimmt ist, und dem Wert 2360°, der von Ingersoll nach einer Methode mit der Wirksamkeit des Lichtes gewonnen ist. Mendenhall und Ingersoll fanden, daß Rhodium auf einem Nernstfaden unterhalb seiner normalen Brenntemperatur schmolz, hingegen Iridium nicht, was diese Temperatur auf ungefähr 2100° C zu setzen erlaubt; eine Anwendung des Wienschen Gesetzes ergab ihnen den Wert 2125° C.

Temperaturen innerhalb von Öfen. Die optischen Pyrometer hauptsächlich in den Formen von Wanner und von Holborn und Kurlbaum sind bei der Prüfung der Erscheinungen bei sehr hohen Temperaturen sehr oft benutzt worden, besonders bei der Bildung, Veränderung und Dissoziation vieler chemischer Stoffe. Außer den zahlreichen Schmelzpunktbestimmungen, die überall beschrieben sind, wollen wir als Beispiele die Arbeiten von Nernst und seinen Mitarbeitern in Berlin über die Dissoziation der Gase bis zu Temperaturen oberhalb von 2000° C anführen, die in einem Iridiumofen ausgeführt worden sind; ferner die Untersuchungen von Tucker u. a. an der Columbia-Universität über das Carborundum und andere Ofenprodukte; von Thompson an der Mass. Inst. of Technology über eine Anzahl chemischer Reaktionen; von Greenwood und von Prim in Manchester, die einen Kohleofen im Vakuum und unter Druck benutzten, über Siedepunkte der Metalle und die Bildungstemperatur vieler chemischer Substanzen. Bei allen oben erwähnten Untersuchungen wurde das Wanner-Pyrometer benutzt; wenn aber die Ofenöffnung, wie gewöhnlich, klein ist, so bietet es Vorteil, ein Instrument zu benutzen,

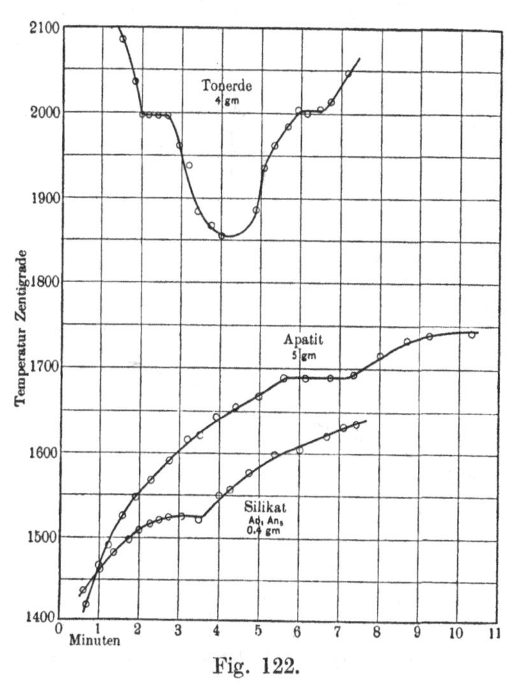

Fig. 122.
Schmelzpunkte mit dem optischen Pyrometer.

daß nur wenige Millimeter Fläche zum Anvisieren braucht, wie die Type von Holborn und Kurlbaum. Dieses ist an der Reichsanstalt bei der Vergleichung der optischen und Gasskala benutzt worden und am Bureau of Standards bei den meisten Arbeiten bei hoher Temperatur, ebenso wie am Geophysical Laboratory. Mit Benutzung eines Arsemofens (Fig. 176) war Dr. Kanold mit seinem Pyrometer in der Lage, Schmelz- und Erstarrungspunkte von Salzen, Legierungen und Mineralien bis zu Temperaturen oberhalb 2100° C zu bestimmen unter Aufnahme der Heiz- und Abkühlungskurven und unter Benutzung der latenten Umwandlungswärme. Wenige Zehntel Gramm des Stoffes genügen, um einen sehr scharfen Punkt zu ergeben (vgl. Fig. 122).

Schmelzpunkte von mikroskopischen Proben kann man ebenfalls leicht mit dem Holborn - Kurlbaum - Pyrometer erhalten, wenn man die Abweichung von der Schwärze oder das Emissionsvermögen irgend einer Substanz, wie z. B. des Platins, kennt; auf einem Streifen von diesem oder einem anderen geeigneten Stoff, wie beispielsweise Iridium, Kohle oder Wolfram, kann man die Substanz anbringen, deren Schmelzpunkt gesucht wird.

In Figur 123 ist der von Burgess zur Bestimmung der Schmelzpunkte der Eisengruppe in Wasserstoff benutzte Apparat dargestellt (Kap. 11), welcher Proben von der Größenordnung von 0,001 mg

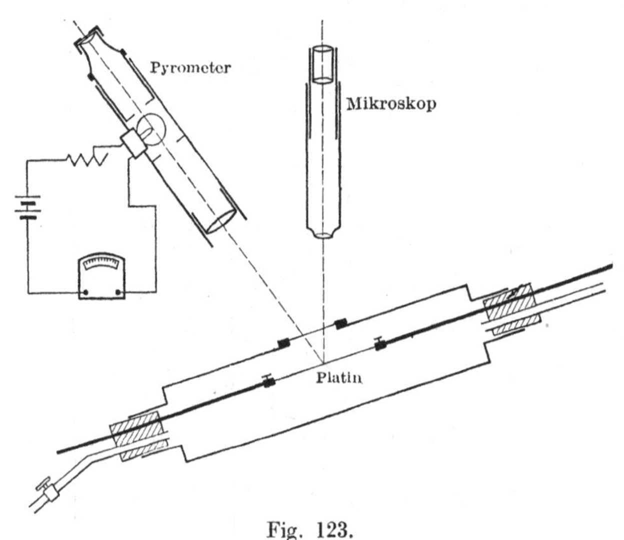

Fig. 123.
Apparat von Burgess für mikroskopische Proben.

auf einem Platinstreifen schmilzt, welcher mit einem fein regulierbaren elektrischen Strom geheizt wird. Das Halterohr besteht aus innen geschwärztem Messing, und durch ein Glimmerfenster beobachtet man gleichzeitig das Schmelzen der Probe mit einem Mikroskop und die Temperatur des Streifens mit dem Pyrometer.

Die beschriebene Methode ist von Burgess in der letzten Zeit vereinfacht worden. Offenbar kann man anstatt das Schmelzen der Substanz und die Temperatur des Platinstreifens gesondert zu beobachten, beide Beobachtungen vereinigen durch Ausbildung des Mikroskops als Pyrometer. Man erreicht dieses durch Anbringen einer kleinen Glühlampe innerhalb des Mikroskopokulars an der Stelle, wo sonst im Huyghenschen Okular das Fadenkreuz zu sitzen pflegt. Diese Glühlampe liegt in Serie mit einem Rheostaten und einem Amperemeter, und man bringt durch Regulierung des Lampenstromes die Spitze des Lampenfadens auf die gleiche Helligkeit mit dem vom Mikroskop von oben anvisierten Platinblech mit der aufgebrachten Probe. Das Auge des Beobachters hat also gleichzeitig den Lampenfaden und die zu schmelzende Masse im Fokus, und man kann nunmehr wie bei dem Pyrometer von Holborn und Kurlbaum den Lampenstrom als Maß für die Temperatur des Platinblechs benutzen. An der Austrittsblende des Okulars ist ein monochromatisches Glas, zweckmäßig das Jenaer Rotfilter F. 4512 vorhanden, während, um ein Überhitzen der Lampe zu vermeiden, oberhalb 1400° C vor das Objektiv des Mikroskops ein Rauchglas einzuschalten ist. Der Versuch einer Schmelzpunktsbestimmung wird so ausgeführt, daß der Beobachter mit einer Hand den Heizstrom des Platinblechs mittelst eines Rheostaten langsam erhöht, während er mit der anderen den Lampenstrom so einstellt, daß dauernd die Glühfadenspitze die gleiche Helligkeit wie das Platin zeigt.

Die Eichung des Apparates kann ebenso wie bei der Benutzung zweier Instrumente geschehen, indem man das Pyrometer wie ein Holborn-Kurlbaum-Instrument eicht und bei der Schmelzpunktbeobachtung wegen der Emission des Platins, der Absorption des Ofengases und wegen des Fensters Korrektionen anbringt, vielleicht auch wegen der Oberflächenspannung der Schmelzprobe. Die Bestimmung der einzelnen Korrektionen ist unbequem und nicht sehr sicher; deshalb ist es vorzuziehen, die Anordnung mit einigen Substanzen bekannter Schmelzpunkte zu eichen, die man auf dem Platinbande anbringt; als solche sind Gold, Nickel, Kobalt und Palladium zweckmäßig. Als Gleichung zwischen der Temperatur und dem Lampenstrom gilt für nicht große Intervalle $\log . i = a + b \log . T$, für größere eine Gleichung mit 3 Konstanten. Die Gleichung mit 2 Konstanten würde auch für größere Intervalle Gültigkeit behalten, falls der Temperaturkoeffizient des Lampenfadens klein ist und der Wärmeverlust desselben hauptsächlich durch Strahlung bedingt ist. Hat man nach der letzten Methode die Eichung vorgenommen, so wird der Fehler in der Schmelztemperatur für Stoffe mit ähnlichen Eigenschaften sehr klein. So gehen bei den Metallen, die mit Platin Legierungen bilden, die Wirkung des Legierens, das Leitvermögen und die Oberflächenspannung sowohl in die Kalibrierung als auch in die Bestimmung des unbekannten Schmelzpunktes ein, so daß der hierdurch bedingte Fehler recht klein sein wird. Bei Substanzen von verschiedenem Verhalten, wie bei Salzen und Metallen, muß man Vorsicht walten lassen, denn es läßt sich meistens nicht die Kalibrierung mit Schmelzpunkten von Metallen auf die Schmelzpunktsbestimmungen von Salzen übertragen. Bei sehr gut schmelzenden Metallen, wie Gold und Nickel, ist eine Genauigkeit von 1—2° erreichbar. Bezüglich der Ausführung des Instrumentes ist zu bemerken, daß eine einzelne achromatische Linse von 48 mm Brennweite und ein 6,4 Okular hinreichend gute Vergrößerung und ein ausgedehntes Gesichtsfeld liefern. Für größere Arbeitsabstände des Objektivs von der Probe kann man nach einem Vorschlag von Robin eine Bikonkavlinse etwas hinter dem Brennpunkt des Objektivs im Rohr des Mikroskops einfügen; damit aber geht eine beträchtliche Verlängerung des Auszugsrohres und eine Verkleinerung des Gesichtsfeldes Hand in Hand.

Messung von Flächentemperaturen. Die Messung von Temperaturen heißer Flächen wird bisweilen von Bedeutung, wenn es sich darum handelt, den Durchgang von Wärmemengen durch dieselben zu ermitteln. Liegt die Temperatur der zu messenden Flächen noch unterhalb der Rotglut, so gestaltet sich die Messung derart, daß Thermoelemente, meistens wohl aus Silber-Konstantan, an mehreren Stellen der Fläche angebracht werden, wobei man auf guten Kontakt zu achten hat, oder auch derart, daß man eine Verschiebung eines Elementes über die Fläche vornimmt, deren Temperatur sich dabei nicht ändern darf, und dabei die EMK zweckmäßig mit Hilfe eines Registrierapparates aufnimmt. Benutzt man mehrere Elemente, so kann man sie mit Hilfe eines Umschalters am Meßinstrument schnell gegeneinander austauschen. Die Drähte des Elementes wählt man dabei so dünn, wie es die mechanische Festigkeit erlaubt; dadurch bewirkt man einmal eine sehr schnelle Temperaturannahme, andererseits wird der Fehler durch Wärmeableitung längs der Drähte klein bleiben. Hat man es mit glühenden Flächen zu tun, so kann man die Temperatur derselben von Stelle zu Stelle sehr genau mit dem Mikropyrometer von Burgess bestimmen, wobei man die Fläche gleichzeitig in ihrem Aussehen prüfen kann, jedoch wird sich die Anwendung des Instrumentes meistens auf Flächen kleiner Ausdehnung beschränken. Bei der Beobachtung ausgedehnter glühender Flächen tritt an seine Stelle am besten ein Holborn-Kurlbaum-Pyrometer, welches in seiner Aufstellung meßbar verschoben wird, so daß nacheinander die zu beobachtenden Stellen der glühenden Fläche das ausgestrahlte Licht in das Instrument hineinsenden. Hierbei muß natürlich, um einwandfreie Messungen machen zu können, die Oberfläche an jeder Stelle das gleiche Emissionsvermögen aufweisen.

Bedingungen für die Anwendung. Das optische Pyrometer, welches monochromatisches Licht benutzt, kann wegen der Unsicherheit im Emissionsvermögen und wegen der verhältnismäßig geringen Empfindlichkeit des Auges bei der Vergleichung von Lichtintensitäten nicht so genaue Resultate wie die elektrischen Methoden ergeben, obwohl die zu erlangende Genauigkeit genügt, da, wie wir gesehen haben, die Strahlungsgesetze in dem praktisch erreichbaren Temperaturgebiet immerhin sichergestellt sind, ausreichend für alle Bedürfnisse der Industrie und die meisten der Wissenschaft, wenn man besondere Vorsichtsmaßregeln ergreift. Der Meßbereich dieses Pyrometers reicht von ungefähr 650° C bis zu den höchsten erhältlichen Temperaturen.

Das optische oder Strahlungs-Pyrometer ist besonders für manche Fälle gut geeignet, in welchen andere Methoden versagen, wenn z. B. eine Berührung mit dem Gegenstand, dessen Temperatur gesucht wird, nicht hergestellt werden kann, oder wenn aus irgend einem Grunde das Pyrometer in einem größeren Abstand aufgestellt werden muß; beispielsweise im Falle eines sich bewegenden Körpers, wie eines Rades, welches in ein Hammerwerk kommt; im Falle sehr hoher Temperaturen, wie bei dem Tiegel eines Gebläseofens oder auch eines elektrischen Ofens; ferner im Falle isolierter Körper, welche frei in der Luft strahlen, wie z. B. von Flammen oder Drähten, die durch einen elektrischen Strom geheizt werden, die nicht ohne eine Änderung ihrer Temperatur berührt werden können. Wir haben ebenfalls gesehen, daß man sehr genaue Resultate in solchen Fällen erhalten kann, wenn die Emissionsvermögen der anvisierten Gegenstände bekannt sind, wie das oftmals der Fall ist.

Das Pyrometer ist nicht minder im Falle stark erhitzter Öfen bequem, wie z. B. bei Stahl- und Porzellanöfen; aber bei diesem Gebrauche muß man dafür sorgen, daß man es vor der Helligkeit von Flammen, die immer heißer als der Ofen sind, schützt, und gegen das Eindringen von kalter Luft. Die Einrichtung mit dem geschlossenen Rohr, die in Verbindung mit dem Wärmestrahlungspyrometer beschrieben wurde, ist günstig wenn man sehr genaue Resultate zu erhalten wünscht. Das optische Pyrometer hat die Unbequemlichkeit, ein persönliches Eingreifen des Aufsichtsführenden zu erfordern, und kann kaum von einem Arbeiter, ohne daß er beaufsichtigt wird, bedient werden, während die Einrichtung des Wärmestrahlungspyrometers so vorgenommen werden kann, daß eine Beobachtung sich auf eine Skalenablesung zurückführen läßt. Das letztere Pyrometer aber ist in größerem Maße dem durch Fehlen von Schwärze, ferner dem durch Flammen und Ofengase bedingten Fehler ausgesetzt.

Einige Anwendungen in der Industrie. Die verschiedenen Formen der optischen Pyrometer mit monochromatischem Licht haben in die industrielle Praxis allgemeinen Eingang gefunden, wo sie sehr nützliche Dienste leisten und bei manchen Vorgängen mit Vorteil das Auge des Betriebsleiters ersetzen können. Praktisch kann jeder Vorgang im Ofen mit dieser Pyrometerart mit großer Genauigkeit verfolgt werden, wobei ein Schutz vor dem Verbrennen und ein viel gleichförmigeres Brennprodukt erzielt wird. Mehrere Arten von Öfen, für welche solche Pyrometer geeignet sind, sind die verschiedenen Öfen zum Schmelzen des Stahles, Gebläseöfen, Koksöfen, keramische Brennöfen und Glasschmelzen. Beim Schmieden, Ausglühen, Härten und ähnlichen Vorgängen beim Stahl und in der Praxis des Gießens im allgemeinen werden solche Pyrometer in gleicher Weise mit Nutzen gebraucht.

Wir haben schon unsere Aufmerksamkeit (S. 293) auf einige von Le Chatelier angestellte industrielle Messungen mit dessen optischem Pyrometer gerichtet, wir können ebenfalls einige mit dem Wanner-Pyrometer an einer Batterie von 6 Koksöfen vorgenommenen Bestimmungen erwähnen.

Ofen	1	2	3	4	5	6
Über den Retorten	1232	1264	1370	1464	1409	1436
Gerade über dem Generator . . .	1409	1397	1464	1397	1296	1264
Fünfter Fluß	1126	1002	1112	1104	1096	1119
Nahe dem letzten Fluß	992	982	918	932	970	932

Die Type von Morse oder von Holborn-Kurlbaum kann bequem auf fernere Objekte eingestellt werden. Es ist möglich, solch ein Instrument in einer Gießerei oder Schmiede aufzustellen und von einer Stellung aus die Temperaturen mehrerer Öfen zu messen, von Stücken, die sich unter dem Hammer befinden und von Metall, welches in Gießkellen hinein- oder aus denselben herausströmt.

Messungen der relativen Intensität verschiedener Strahlungen. Es liegt in diesem Prinzip, daß die Bestimmung von Temperaturen mit dem Auge abgeschätzt wird, wie z. B. von Arbeitern in industriellen Werkstätten. Zahlreiche Versuche, nicht mit großem Erfolg, sind angestellt worden, um diese Methode zu verändern und sie praktisch zu gestalten; es ist nötig, dieses nur von dem Gesichtspunkt einer rohen Kontrolle über die Heizung von industriellen Öfen zu betrachten. Neuerdings ist eine Abänderung dieser Methode von Nordmann mitgeteilt worden, welche, wie wir sehen werden, bei der Schätzung der außerordentlich hohen Temperaturen von Sternen von Interesse ist.

Benutzung des Auges. Pouillet unternahm einen Vergleich der Farben von glühenden Körpern mit Hilfe des Luftthermometers. Die von ihm aufgestellte Tabelle ist heute an irgend einer Stelle abgedruckt:

Pouillets Farbskala.

Erst sichtbares Rot . .	525°	Dunkel-Orange	1100°
Dunkelrot	700	Hell-Orange	1200
Übergang zum Kirschrot	800	Weiß	1300
Kirschrot	900	Strahlendes Weiß . . .	1400
Hellrot	1000	Blendendes Weiß . . .	1500

Die Abschätzung dieser Farben ist sehr willkürlich und schwankt von einer Person zur anderen; mehr aber noch, sie verändert sich für den gleichen Beobachter mit der äußeren Beleuchtung. Die Farben sind verschieden am Tage von denen des Nachts; es ist dasselbe, wie die Gasflamme des Tages über gelb aussieht und des Nachts weiß erscheint. Irgendwelche Genauigkeit, die man mit der Methode des Auges erlangen kann, besteht nur im Roten. Arbeiter können manchmal besser als 25^0 C bis hinauf zu 800^0 C schätzen. Bei 1200^0 werden Fehler von über 200^0 gemacht.

Die Benutzung von Kobaltglas. Man kann die Farbveränderungen vergrößern, wenn man im Spektrum den mittleren Teil der Strahlung unterdrückt, beispielsweise das Grüne und Gelbe, so daß man nur noch das Rot und das Blau übrig behält. Die relativen Veränderungen von zwei Farben sind um so größer, je mehr sie im Spektrum voneinander entfernt liegen; das Rot und das Blau bilden aber die beiden äußersten Gebiete des sichtbaren Spektrums.

Es ist zu diesem Zwecke vorgeschlagen worden, Kobaltglas zu benutzen, welches das Gelb und das Grün ausblendet, dagegen das Rot und das Blau hindurchläßt. Es muß daran erinnert werden, daß das Verhältnis der durchgelassenen Strahlungen mit der Glasdicke sowohl, wie auch mit ihrer absoluten Intensität sich verändert.

Bedeuten J_a und J_b die ausgesandten Strahlungsintensitäten, k_a und k_b die von dem Glas von der Dicke 1 durchgelassenen Anteile, dann wird durch eine Dicke e der Anteil durchgelassen werden,

$$\frac{J_a\, k_a{}^e}{J_b\, k_b},$$

welcher sich mit e in allen den Fällen verändern wird, in denen k_a von k_b verschieden ist.

Hieraus folgt, daß zwei Kobaltgläser, die sich hinsichtlich der Dicke oder der Menge des Kobalts voneinander unterscheiden, nicht dieselben Resultate ergeben werden, so daß, wenn das Kobaltglas zufällig einmal zerbricht, alle Übung des Auges hinfällig ist.

Außerdem besitzt Kobalt die Unbequemlichkeit, für das Rot ein ungenügendes Absorptionsvermögen zu besitzen, welches bei den gewöhnlichen Temperaturen, welche man öfters benutzt, hervortritt. Es würde ohne Zweifel möglich sein, durch Zugabe von Kupferoxyd das Absorptionsvermögen für das Rot zu vermehren.

Man würde bessere und vergleichbarere Resultate erhalten, wenn man Lösungen metallischer Salze oder geeignet ausgewählte organische Verbindungen benutzte, aber nur wenige Versuche sind in dieser Richtung unternommen worden.

Pyroskop von Mesuré und Nouel. Es ist bekannt, daß, wenn man zwischen zwei Nicols eine senkrecht zur Achse geschnittene Quarzplatte setzt, eine bestimmte Anzahl der Farben des Spektrums unterdrückt wird. Dieses letztere wird dann von dunklen Streifen durchzogen, deren Dicke von der Dicke des Quarzes und der Winkelstellung der Nicols abhängt. Mesuré und Nouel haben dieses Prinzip benutzt, um die zentralen Gebiete des Spektrums auszublenden; diese Lösung ist ausgezeichnet und verdient den Vorzug vor der Benutzung absorbierender Stoffe. Der Apparat (Fig. 124) besteht in der Hauptsache aus einem Polarisator P und einem Analysator A, dessen Einstellung zur Auslöschung den Nullpunkt der Teilung auf dem Teilkreise CC ergibt. Dieser Kreis ist in Grade eingeteilt und kann sich vor einer bestimmten Marke J bewegen. Zwischen den beiden Nicols P und A ist ein Quarz Q von geeigneter Dicke sorgfältig geeicht eingeschaltet.

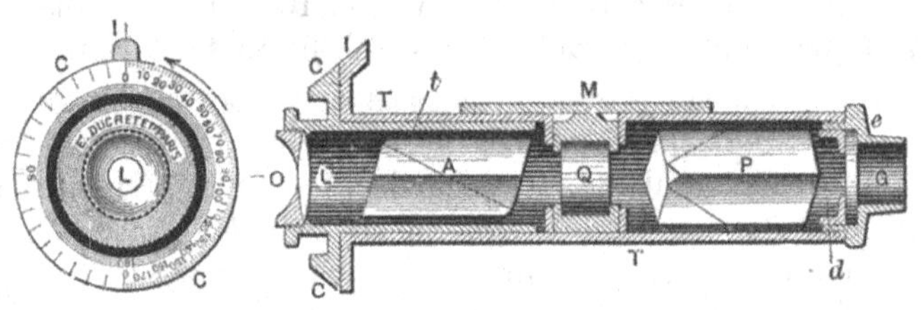

Fig. 124.
Apparat von Mesuré und Nouel.

Die Vorrichtung M gestattet, denselben rasch zu entfernen, wenn es nötig ist, die Einstellung der Nicols P und A nachzuprüfen. Der Quarz Q ist senkrecht zur Achse geschnitten. Eine Linse ist auf die gegenüberliegende Öffnung O eingestellt, die mit einer planparallelen Glasplatte oder, wenn es wünschenswert ist, mit einem zerstreuenden feinen Mattglase versehen ist.

Da die verschiedenen Mengen der einzelnen Strahlen, welche ein glühender Körper aussendet, mit der Temperatur sich verändern, so folgt, daß bei einer gegebenen Stellung des Analysators A die erhaltene Komplementärfarbe für verschiedene Temperaturen verschieden ist.

Wenn der Analysator gedreht wird, während ein bestimmter strahlender Körper betrachtet wird, so bemerkt man, daß die Veränderungen der Farbe für eine bestimmte Lage des Analysators viel schneller vor sich gehen. Eine sehr kleine Drehung ändert plötzlich die Farbe von Rot auf Grün.

Läßt man nunmehr den Analysator in fester Stellung, so bringt eine kleine Temperaturveränderung des glühenden Körpers die gleiche Wirkung hervor. Die Übergangsfarbe Rot-Grün, bildet die sog. empfindliche Farbe. Es sind dann zwei Absorptionen vorhanden, die eine im Gelb und die andere im Violett.

Dieser Apparat kann auf zwei verschiedene Weisen angewandt werden. Erstens kann man dauernd den Analysator in einer Stellung lassen, welche die empfindliche Farbe für die gewünschte Temperatur gibt, und die Farbänderungen beobachten, welche hervorgebracht werden, wenn die Temperatur in einer oder der anderen Richtung von der ausgewählten abweicht. Dieses ist die gewöhnliche Methode zur Benutzung dieses Instrumentes. Es ist bei einem bestimmten praktischen Vorgang (Stahl, Glas) wünschenswert, sicher zu sein, daß die Temperatur des Ofens immer dieselbe bleibt; das Instrument wird dann einmal für gerade diese Temperatur eingestellt. Es genügt, nur wenige Übung zu bekommen, um das Auge daran zu gewöhnen, die Richtung der Farbänderung abzuschätzen.

Die Erfinder haben versucht, ihren Apparat als Meßinstrument auszubilden. Über diesen Vorschlag läßt sich noch sehr streiten. Theoretisch ist er leicht ausführbar; es genügt, an Stelle des festen Analysators einen drehbaren zu setzen, um die empfindliche Farbe gerade einstellen zu können und den Winkel aufzuschreiben, welcher die Stellung des Analysators angibt. Tatsächlich ist aber die empfindliche Farbe nicht genau genug bestimmt und ändert sich mit dem Beobachter. Eine von einem Beobachter vorgenommene Eichung gilt nicht für einen anderen. Es ist nicht einmal sicher, daß derselbe Beobachter immer die gleiche empfindliche Farbe auswählt. Bei jeder Temperatur ist die empfindliche Farbe etwas verschieden und es ist unmöglich, über die ganze Temperaturskala hin die Farben im Gedächtnis zu behalten, welche man an dem Tage der Eichung gewählt hatte. Es besteht sogar eine erhebliche Schwierigkeit, dieses für eine einzelne Temperatur zu behalten.

Folgende Zahlen geben eine Vorstellung von den Unterschieden, welche zwischen zwei Beobachtern vorhanden sein können bezüglich der Lage der empfindlichen Farbe:

	Temperatur	Winkel des Analysators	
		(1)	(2)
Sonne	6000^0	84	86
Gasflamme	1680	65	70
Rot glühendes Platin .	800	40	45

Die Fehler bei der Temperaturbestimmung, welche aus der unsicheren Lage der empfindlichen Farbe entstehen, gehen so über 100^0

hinaus. Bei Beobachtern, welche größere Erfahrung besitzen, verkleinert sich der Unterschied ein wenig, bleibt aber immer noch sehr erheblich.

Crovas Pyrometer. Crova dachte daran, der Methode zur Temperaturschätzung, welche auf der ungleichen Veränderung der verschiedenen Strahlung im Spektrum beruht, eine wissenschaftliche Grundlage durch Messung der absoluten Intensität jeder der beiden benutzten Strahlungen zu geben; diese Methode scheint aber vom praktischen Gesichtspunkt aus keine genaueren Resultate als eine der vorhergehenden ergeben zu haben.

Das Auge ist viel weniger für den Helligkeitsunterschied als für den Farbunterschied empfindlich, so daß kein Vorteil bei der Benutzung von Intensitätsbeobachtungen vorhanden ist. Crova verglich miteinander zwei Strahlungen:

$$\lambda = 676 \text{ (rot)},$$
$$\lambda = 523 \text{ (grün)},$$

welche von dem zu untersuchenden Gegenstand und von einer als Normal benutzten Öllampe kamen. Zu diesem Zweck bringt er mit Hilfe einer veränderlichen Blende eine der beiden Strahlungen, die von jeder der Lichtquellen ausgeht, auf Gleichheit und mißt danach das Verhältnis der Intensitäten der beiden anderen Strahlungen.

Der Apparat ist ein Spektrophotometer. Vor der halben Höhe der Flamme ist ein total reflektierendes Prisma angebracht, welches Licht von einem Milchglas reflektiert, das vom Lichte einer Öllampe beleuchtet wird, nachdem es zuerst durch zwei Nicols und eine Blende von veränderlicher Öffnung hindurchgegangen ist. Auf der anderen Hälfte des Spaltes wird mit Hilfe einer Linse ein Bild des zu untersuchenden Körpers entworfen.

Bevor man den Apparat benutzt, ist es notwendig, die äußeren Grenzen in der Verschiebung des Spektrums so zu justieren, daß man sie nacheinander auf den Spalt in die Brennebene des Okulares bringen kann, und zwar die beiden ausgewählten Strahlungen ($\lambda = 676$ und $\lambda = 523$). Für diesen Zweck wird zwischen die beiden gekreuzten Nicols eine 4-mm-Quarzplatte eingeschaltet, welche das Gesichtsfeld aufhellt. Um es wieder dunkel zu machen, muß der Analysator für die Wellenlänge $\lambda = 523$ um $115^0\,38'$ gedreht werden und um $65^0\,52'$ für $\lambda = 676$. Das Instrument wird dann so justiert, daß die durch den Quarz hervorgerufene dunkle Bande in die Mitte des Okularspaltes fällt.

Bei dem so justierten Apparat bringt man, um Messungen bei tiefen Temperaturen vorzunehmen, welche tiefer liegen als diejenige des in der Normallampe brennenden Kohlenstoffes, die roten Strahlungen mit der Blende auf gleiche Helligkeit und sodann ohne das Diaphragma wiederum zu berühren, das Grün durch Drehen des Nicols auf gleiche Helligkeit. Der optische Grad ist durch die Formel gegeben

$$V = 1000 \cos^2 \alpha,$$

wobei man mit α den Winkel zwischen den beiden Hauptstellungen des Nicols bezeichnet.

Für höhere Temperaturen ist der Vorgang umgekehrt; man bringt zuerst mit Hilfe des Diaphragmas das Grün auf Gleichheit, sodann das Rot durch Drehung des Analysators auf Gleichheit. Der optische Grad ist dann durch die Formel gegeben $N = \frac{1000}{\cos^2 \alpha}$ und die Drehung ändert sich von 0^0 bis 90^0; die optischen Grade ändern sich von 1000^0 bis unendlich. Diese Methode, welche theoretisch ausgezeichnet ist, besitzt bestimmte praktische Nachteile:

1. Mangel an Genauigkeit in den Messungen. Läßt man einen Fehler von 10% bei jeder der Beobachtungen, die sich auf die rote und grüne Strahlung beziehen, zu, so beträgt der gesamtmögliche Fehler 20%; nun verändert sich zwischen 700^0 und 1500^0 das Verhältnis der Intensitäten von 1 zu 5: dies führt zu einem Unterschied von $^1/_{25}$ bei 800^0, was 32^0 ausmacht.

2. Mühsame und langsame Beobachtungen. Es ist schwierig, genau auf den Körper oder den Punkt des Körpers einzustellen, den man zu prüfen wünscht. Das Einstellen und Beobachten dauert manchmal ungefähr $^1/_2$ Stunde.

3. Es fehlt ein Vergleich mit Hilfe der Gasskala.

Der Grund, welcher anfangs zur Prüfung dieser Methode geführt hatte, war die Vermutung, daß das Emissionsvermögen von Substanzen im allgemeinen für alle Strahlungen das gleiche wäre und daß infolgedessen sein Einfluß verschwinden würde, wenn man das Intensitätsverhältnis zweier Strahlungen bildete. Die oben angeführten Messungen des Emissionsvermögens beweisen, daß diese Vermutung sehr häufig ungenau ist.

Crova schlug vor, die obere Grenze des Spektrums eines glühenden Körpers als Messung für seine Temperatur zu benutzen, und Hempel hat diese Methode mit einer besonderen Art eines Spektroskopes versucht, unter Benutzung eines Lumineszenzschirmes zum Beobachten, wenn die obere Grenze des Spektrums unter den sichtbaren Strahlungen liegt; aber im Vergleich mit den photometrischen und Strahlungs-Pyrometern kann man damit nur rohe Resultate erhalten.

Benutzung des Flicker-Photometers. Lummer und Pringsheim haben gezeigt, daß die Verbindung eines Spektralapparates mit einem Flicker-Photometer die Genauigkeit des Vergleiches der Intensitäten zweier Farben wesentlich erhöht, und ebenfalls die Benutzung des Wienschen Gesetzes (S. 236) bei der Berechnung von Temperaturen zuläßt.

Visiert man auf einen schwarzen Körper bei der absoluten Temperatur T und mißt man die beiden den Wellenlängen λ_1 und λ_2 entsprechenden Intensitäten J_1 und J_2, so erhält man aus dem Wienschen Gesetz:

$$\log \frac{J_1}{J_2} = 5 \log \frac{\lambda_2}{\lambda_1} + \frac{c_2 \log e}{T} \left(\frac{1}{\lambda_2} - \frac{1}{\lambda_1} \right)$$

worin T allein unbekannt ist. Thürmel hat nachgewiesen, daß das Purkinje-Phänomen die Beobachtungen nicht fälscht und daß Resultate, die besser sind als 2%, erhalten werden können, daß ferner ein Beobachter seine Ablesungen innerhalb dieser Fehlergrenze wiederholen kann.

Im folgenden sind einige der Beobachtungen von Thürmel am schwarzen Körper angeführt.

Temperatur mit dem spektralen Flicker-Photometer.

Verhältnis der Wellenlängen	Temperatur mit	
	optischem Apparat	Thermoelement
660—480	1502°	1477°
660—500	1489	—
660—480	1742	1698
660—500	1703	—

Visiert man auf andere Gegenstände als auf einen schwarzen Körper, so erhält man ungenaue Temperaturen, die gewöhnlich zu tief sind, hervorgerufen durch den Gestaltsunterschied der Energiekurve gegenüber der des schwarzen Körpers und wegen des veränderlichen Wertes des Absorptionsvermögens mit der Wellenlänge von Substanz zu Substanz (vgl. S. 246).

Stern-Pyrometer. In den letzten Jahren ist unter den Astronomen ein wachsendes Interesse für die Bestimmung der physikalischen Besonderheiten von Sternen vorhanden, bedingt durch die Entwickelung und Abänderung der physikalischen für ihre Bedürfnisse geeigneten Instrumente.

Unter der Annahme, daß das Energieverhältnis zweier Spektralfarben beispielsweise des Roten und Blauen nach dem Planckschen Gesetze (S. 236) für anvisierte terrestrische oder Himmelskörper sich ändert, hat M. Nordmann neuerdings ein Photometer mit verschiedener

Farbe konstruiert, und dasselbe zur Bestimmung wirksamer Sterntemperaturen benutzt.

Mit diesem Apparat, welcher sich noch in einem etwas rohen Entwickelungszustand befindet, sind in den verschiedenen Teilen des Spektrums Messungen von der Helligkeit des beobachteten Sternes gemacht worden, bezogen auf die eines künstlichen Sternes, der mit Hilfe eines elektrischen Hilfsnormals verwirklicht war, wobei in den gemeinsamen Weg der Strahlen beider Sterne eine Anzahl monochromatischer Flüssigkeitsfilter eingeschaltet waren.

Wir wollen die Messungen mit rotem und blauem Licht betrachten. Wenn T, T′, T″.... bekannte Temperaturen bestimmter Lichtquellen bedeuten, gegeben beispielsweise durch elektrische Öfen oder den Kohlenbogen, und wenn R, R′, R″.... und B, B′, B″.... die entsprechenden Bildintensitäten, gemessen durch Rot- bzw. Blaufilter, mit Hilfe des Sternphotometers sind, so ist nach dem Planckschen Gesetz die Beziehung $\log \frac{R}{B} = f\left(\frac{1}{T}\right)$ eine gerade Linie. Hat man den Apparat einmal daher bei bekannten Temperaturen geeicht, so ist es nur nötig, die roten und blauen Intensitäten für irgend eine Lichtquelle, beispielsweise einen Stern zu messen, um dessen scheinbare oder schwarze Temperatur zu finden. Die gefundene Temperatur wird der wahren Temperatur um so näher liegen, je mehr die spektrale Energiekurve des Sternes derjenigen des schwarzen Körpers sich nähert. In der von Nordmann benutzten Form des Apparates ist es ebenfalls notwendig, wegen des Wanderns der äquivalenten Wellenlänge mit der Temperatur bei den benutzten monochromatischen Filtern zu korrigieren. Dieses könnte man vermeiden, wenn man den Apparat in ein Spektral-Photometer verwandelt, in genau derselben Weise, wie das Henningsche Spektral-Pyrometer die Farbgläser des Holborn-Kurlbaum-Instrumentes vermeidet.

Einige der von M. Nordmann für die effektiven Stern-Temperaturen gefundenen Resultate in absoluten Graden sind folgende:

ϱ Persei . . .	2870°	Polarstern. .	8200°
ζ Cephii . . .	4260°	α Lyrae . . .	12200°
Sonne . . .	5320°	δ Persei . . .	18500°
γ Cygni. . . .	5620°	λ Tauri . . .	40000°

M. Féry hat eine Form des Stern-Pyrometers konstruiert, welche die Benutzung gefärbter Filter vermeidet. Das Prinzip dieses Apparates, welches auf dem Wienschen Verschiebungsgesetze beruht (S. 235), besteht darin, die Färbung einer Vergleichslampe durch Veränderung des Verhältnisses der ausgesandten monochromatischen Strahlungen zu verändern, so daß man diese Farbe mit der des Sternes, dessen Temperatur man messen will, vergleichen kann.

Um dieses Prinzip zu verwirklichen, wird das von der Lampe L kommende Licht (Fig. 125), nachdem es durch den Spalt F hindurch-

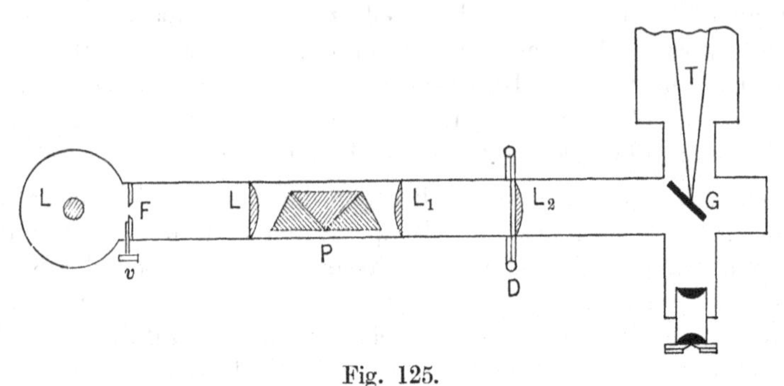

Fig. 125.
Férys Spektralpyrometer.

gegangen ist, durch das geradsichtige Prisma P zerlegt, und mit Hilfe der Linsen L und L_1 wird ein Spektrum in der Ebene einer Blende D entworfen, auf welche wir noch zurückkommen. Eine dritte Linse L_2 entwirft auf dem halbversilberten Spiegel G ein weißes oder unzerlegtes Bild der Fläche des Prismas P.

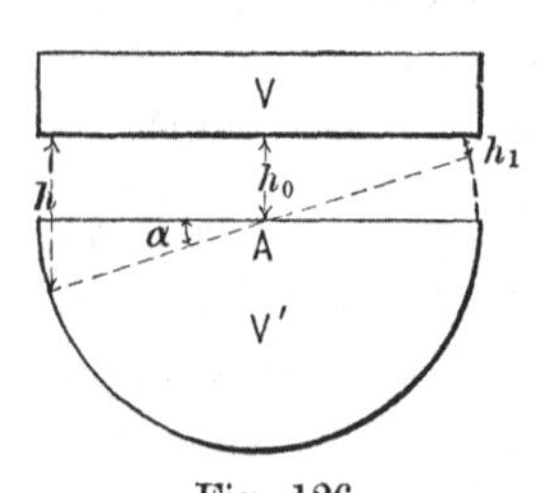

Fig. 126.
Das Diaphragma im einzelnen.

Das vom Stern kommende Licht wird durch ein Fernrohrobjektiv gesammelt, dessen Tubus bei T gezeichnet ist, und ein Bild des Sternes wird auf dem nichtversilberten Teile des Spiegels G entworfen und kann mit einem Okular gleichzeitig mit dem anliegenden, durch das Licht der Vergleichslampe beleuchteten Feld untersucht werden.

Fig. 126 gibt die Einzelheiten der Blende D der Fig. 125. Das Spektrum wird zwischen den beiden Schirmen V und V′ entworfen. Der letztere ist halbkreisförmig und kann um den Punkt A als Achse gedreht werden. Diese Drehung von V′ bewirkt, daß das Intensitätsverhältnis des äußersten Rot und Blau sich ändert und liefert dem durch die Linse L entworfenen Gesichtsfeld (Fig. 125) die gewünschte Färbung.

Beide der oben beschriebenen Arten des Apparates können für die tieferen Temperaturen mit Hilfe eines elektrischen Ofens und für die höheren Sterntemperaturen unter Benutzung der Temperatur des Lichtbogens und der Sonne als Fixpunkte geeicht werden.

Spektro-photometrische Messungen der scheinbaren Temperaturen der Sonne und von 109 Sternen sind von Wilsing und Scheiner gemacht worden, welche als Vergleichsquelle eine gegen einen schwarzen Körper geeichte Glühlampe benutzten. Licht von 5 Wellenlängen wurde benutzt und die Beobachtungen wurden mit Hilfe des Planckschen Gesetzes reduziert, unter Benutzung einer ähnlichen Gleichung wie auf Seite 236. Im folgenden sind einige ihrer Resultate, unter der Annahme $c_2 = 14\,600$ angegeben.

Wilsings und Scheiners Sterntemperaturen (Abs.)

Sonne	.5130—5600°	α Leoni . . .	8700°
ζ Pegasi . . .	7900°	α Lyrae . . .	8100°
α Pegasi . . .	8700°	γ Geminorum .	6900°

Wir wollen auf die Frage der scheinbaren Sonnentemperatur in Kapitel 11 zurückkommen.

Wirkung des Lichtes auf Selen. Es ist seit langer Zeit bekannt, daß auf Selen fallendes Licht den elektrischen Widerstand des letzteren ändert, und auf diesem Prinzip beruhende Pyrometer sind beschrieben worden. Licht einer glühenden Strahlungsquelle, deren Temperatur zu bestimmen ist, fällt auf eine Selenzelle, welche einen Teil eines elektrischen Stromkreises mit Batterie und Amperemeter bildet. Wenn das Licht in seiner Intensität infolge der Temperaturänderung sich verändert, so ändert sich auch der Widerstand des Selens und die Angaben des Amperemeters können empirisch in Form von Temperaturen ausgedrückt werden. Da das Selen für die unsichtbaren Wärmewellen sehr unempfindlich ist, so liegt die untere Grenze dieser Methode über der Rotglut. Das Selen braucht ebenfalls eine gewisse Zeit, um seinen ursprünglichen Widerstand wieder zu erlangen, nachdem Licht auf dasselbe gefallen ist, und dieses Nachhinken kann störend sein. Da ein Zeigerinstrument benutzt wird, so könnte die Methode leicht registrierend gemacht werden.

9. Kapitel.

Verschiedene pyrometrische Methoden.

Während einige der besonderen Pyrometerarten, welche wir in dem vorigen Kapitel beschrieben haben, allgemein mit der Zeit als für die Messung von hohen Temperaturen geeignet erkannt worden sind, sowohl für wissenschaftliche als auch industrielle Messungen, so bleiben trotzdem noch einige Methoden übrig, von denen einige auf besonderen Gebieten der Untersuchung oder in der Praxis nützlich sind, und andere eine wichtige Entwickelung in der Geschichte der Pyrometrie darstellen. Wir wollen in Kürze einige wenige dieser Methoden erwähnen.

Das Kontraktions-Pyroskop von Wedgwood, das älteste unter solchen Instrumenten, bietet heute kaum mehr als historisches Interesse, da seine Verwendung fast ganz aufgegeben ist. Es benutzt die dauernde von Tonarten angenommene Zusammenziehung unter dem Einfluß von hoher Temperatur. Diese Zusammenziehung ist mit der chemischen Natur der Masse, der Korngröße, der Dichte der nassen Masse, der Erhitzungsdauer usw. veränderlich. Um vergleichbare Resultate zu bekommen, würde es notwendig sein, gleichzeitig unter den gleichen Bedingungen eine große Anzahl von Zylindern herzustellen, deren Eichung mit Hilfe des Gasthermometers vorzunehmen wäre. Wedgwood benutzte Zylinder aus feuerfestem Ton, die bis zur Wasserabgabe oder bis zu 600^0 gebrannt wurden; dieses vorläufige Brennen ist unentbehrlich, wenn man vermeiden will, daß sie unter plötzlicher Einwirkung der Hitze in Stücke gehen. Diese Zylinder besitzen eine ebene Fläche, auf welcher sie im Meßapparat ruhen, so daß sie immer die gleiche Strecke bedecken (vgl. das Titelblatt). Die Zusammenziehung wird mit Hilfe einer durch zwei gegeneinander geneigte Flächen gebildeten Vorrichtung gemessen. Zwei ähnliche Vorrichtungen von 6 Zoll Länge, die eine eine Fortsetzung der anderen, sind nebeneinander aufgestellt; an dem einen Ende besitzen sie eine maximale Trennung von $\frac{1}{2}$ Zoll und am anderen eine minimale von 0,3 Zoll. In der Länge betragen die Teilungen 0,05 Zoll. Jeder

Teilstrich beträgt $^1/_{240}$ von $^2/_{10}$ eines Zolles oder $^1/_{1200}$ Zoll, was einer relativen Zusammenziehung von $\frac{1}{1200} : \frac{5}{10} = \frac{1}{600}$, ausgedrückt durch die anfänglichen Dimensionen, entspricht. Wir haben infolgedessen folgende Beziehung zwischen den Wedgwoodgraden und der linearen Zusammenziehung der Längeneinheit:

Wedgwood	0	30	60	90	120	150	180	210	240
Zusammenziehung	0	0,05	0,10	0,15	0,20	0,25	0,30	0,35	0,40

Le Chatelier hat Versuche angestellt, um die Grade des Wedgwood-Pyrometers mit Hilfe der Skala des Luftthermometers auszudrücken unter Benutzung tonartiger Substanzen verschiedener Art und in erster Linie von Zylindern eines alten Wedgwood-Pyrometers der École des Mines. Die Zusammenziehung, welche den Übergang in den wasserfreien Zustand begleitet, ist sehr veränderlich mit der Natur der Massen. Bei diesen Versuchen war die Zeit des Erhitzens ½ Stunde.

Zentigradtemperatur	600°	800°	1000°	1200°	1400°	1550°
Wedgwood	0	4	15	36	90	132
Argile de Mussidan	0	2	14	36	78	120
Limoges Porzellan	0	0	2	21	88	91
Faïence de Choisy-le-Roi	0	2	5	12	48	75
Faïence de Nevers	0	0	0	32	geschmolzen	
Kaolin	0	4	12	15	55	118
Ton 25, Titansäure 75	0	4	9	19	123	160

Diese Tabelle zeigt, wie veränderlich die Beobachtungen sind; es ist infolgedessen unmöglich, die alten Messungen von Wedgwood und seinen Nachfolgern zu vergleichen, da die Herstellung der Zylinder im Laufe der Zeit sich geändert hat. Wedgwood hat eine mit Hilfe eines Extrapolationsvorganges vorgenommene Eichung angegeben, die er aber nicht auseinandergesetzt hat, eine Teilung, nach welcher er 10 000° C 130 Graden seines Pyrometers zuerteilte, was ungefähr 1550° entspricht; man könnte noch versuchen, die Teilung wiederzubekommen durch Benutzung der Schmelzpunkte von Metallen, die von Wedgwood unternommen wurden, aber die Resultate sind zu sehr abweichend, um einen bestimmten Schluß zuzulassen. Nach Wedgwood sollte Kupfer leichter schmelzen als Silber, Eisen nicht weit vom Silber fern liegen; es ist wahrscheinlich, daß diese Beobachtungen mit sehr unreinen Metallen angestellt wurden oder zum Teil mit Metallen, die vor ihrem Schmelzen sehr oxydiert waren. In jedem Falle besitzen die Zylinder, welche er bei seinen ersten Versuchen gebrauchte, eine viel größere Zusammenziehung als diejenigen des Pyrometers der Minenschule, deren Teilung oben angegeben wurde. Man kann mit bestimmtem Vorbehalt folgende Teilung für Messungen, die mit den ersten Zylindern angestellt wurden, annehmen, deren Anwendung in die Nähe des Jahres 1780 fällt:

Wedgwood - Grade	0	15	30	100	140
Zentigrade	600	800	1000	1200	1400

Die Zubereitung der Zylinder war ein Vorgang, der viel Sorgsamkeit verlangte; geformt aus weicher Masse, waren sie natürlich etwas unregelmäßig. Nach dem ersten Brennen mußten sie aufgeputzt werden, um ihnen ein gleichförmiges Aussehen zu verleihen. Heute wird in wenigen Manufakturen, wo die Methode noch benutzt wird, eine viel größere Regelmäßigkeit, durch Benutzung einer sehr trocknen Paste, erreicht; durch Verwendung von 5% Wasser beispielsweise und einem Formen unter großem Druck, gegen 100 kg pro qcm in Formen aus gedrehtem Stahl. Die Genauigkeit der Messungen ist durch Vermehrung des Durchmessers auf beispielsweise 50 mm erhöht worden. Es ist notwendig, zu gleicher Zeit die Dicke auf 5 mm zu verkleinern, damit die Zusammendrückung in der ganzen Masse gleichförmig erfolgt. Dieser Apparat kann nicht in irgend einem Falle als wirkliches Pyrometer angesehen werden, sondern er dient nur indirekt dazu, die Temperaturen mit Hilfe der Luftthermometerskala auszuwerten. Die Teilung ist mühsam und kann nur mit Hilfe der Zwischenbenutzung eines anderen Pyrometers vorgenommen werden; die Verwendung von Fixpunkten ist für diese Teilung nicht geeignet, da die Kurve der Zusammenziehung von Ton als Funktion der Temperatur zu unregelmäßig ist, als daß zwei oder drei Punkte zur Bestimmung genügten; in keinem Falle besitzen die Angaben dieses Instrumentes eine erhebliche Genauigkeit.

Als einfaches Pyroskop hingegen, d. h. als ein Apparat, um die Gleichheit oder Ungleichheit zweier Temperaturen gerade anzuzeigen, ist das Wedgwood - Pyrometer sehr bequem. Es hat den Vorteil, fast nichts zu kosten, ist leicht zu benutzen und liegt in den Grenzen des Auffassungsvermögens eines jeden Arbeiters. Es scheint sich besonders für bestimmte keramische Industrien zu empfehlen, in welchen die sich dort befindenden gewöhnlichen Pasten benutzt werden können, um die Zylinder herzustellen. Es ist zu diesem Zweck notwendig, daß das normale Brennen dieser Massen bei einer in dem Bereich der starken Zusammenziehung liegenden Temperatur unterbrochen wird. Dieses ist der Fall bei feiner Fayence und bei gewöhnlichem irdenem Brenngut. Es würde aber nicht bei zinnhaltiger Fayence und auch nicht bei Porzellan zutreffen, da das Brennen des ersteren vor dem Beginnen der Zusammenziehung und das des letzteren nach dem Ende derselben unterbrochen wird.

Ausdehnung von festen Körpern. Eine der ersten Formen von Zeigerpyrometern beruhte auf der relativen Ausdehnung zweier Metalle, oder auf der eines Metalles und des Graphits oder feuerfesten Tones. Einige dieser Instrumente hatten einmal eine sehr ausgedehnte Benutzung, sowohl in Europa als auch in Amerika, und haben es auch noch, oftmals unter dem Namen mechanische Thermometer, für die Instrumente mit tieferem Meßbereich, von denen einige für bestimmte industrielle Vorgänge, welche keine genaue Temperaturbestimmung oder Kontrolle nötig haben, geeignet sind. Eine gebräuchliche Form eines Zeigerinstrumentes ist in Figur 127 abgebildet. Ein Rohr aus Eisen schließt einen Graphitblock ein und ihre verschiedene Ausdehnung bei einer Temperaturänderung wird mit Hebeln auf einen Zeiger übertragen, der sich über einer in Grade eingeteilten Teilung dreht. Die obere Grenze dieser Instrumente liegt ungefähr bei 800° C, sie werden aber sehr leicht schlecht, wenn sie bei höheren Temperaturen benutzt werden. Ihre Angaben ändern sich mit der Zeit, bewirkt durch Veränderungen im Stoffe durch die andauernden Erhitzungen. Ein Regulieren des Nullpunktes eines solchen Instrumentes, was man oft vornehmen sollte, bessert die übrige Skala nicht vollkommen, da die Eigenschaften der Ausdehnung zweier Stoffe beim Erhitzen sich verschiedentlich ändern. Verschiedene Eintauchtiefen verändern ebenfalls die Angaben.

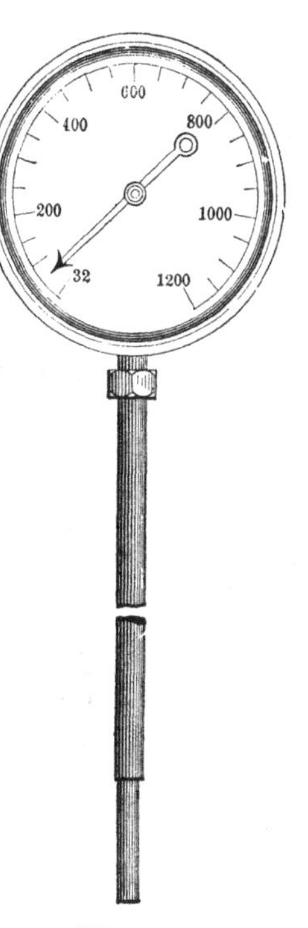

Fig. 127. Ausdehnungs-Pyrometer.

Das Meldometer von Joly. Eine abgeänderte Form dieses Instrumentes war früher erwähnt (S. 260). Da es in seiner gebräuchlichen Form Chemikern, Mineralogen u. a. bei der Bestimmung von Schmelzpunkten und der Prüfung kleiner Proben von Salzen, Metallen und Legierungen große Dienste leisten kann, so mag eine weitere Beschreibung von Interesse sein. Ein Platinstreifen (Fig. 128) von 10 cm Länge, 4 cm Breite und 0,02 mm Dicke wird zwischen 2 Klammern C_1, C_2 gehalten und steht unter einer geringen Spannung durch die Feder S. Ein Strom aus einer Akkumulatorenbatterie, reguliert durch einen feinregulierbaren Widerstand R, wird durch den Platinstreifen geschickt, dessen Länge in irgend einem Augenblick durch die Mikrometerschraube M gegeben ist, deren Kontakt durch das Schließen des Stromkreises einer elektrischen Glocke bemerkt wird. Der Platinstreifen wird am besten mit Hilfe von Salzen von bekannten Schmelzpunkten, wie KNO_3 (399° C), KBr (730°), NaCl (800°) und K_2SO_4 (1060°) geeicht. Metalle können ebenfalls benutzt werden, haben aber die Neigung, das Platin zu verderben. Die obere Grenze des Instrumentes liegt ungefähr bei 1500° C, wobei der Palladiumschmelzpunkt mit Schwierigkeit noch zu erlangen ist. Eine andauernde Verlängerung setzt ein, etwas bevor dieser Punkt erreicht ist. Der Goldschmelzpunkt (1063° C) kann bis auf 2° C bestimmt werden, und nur wenige Augenblicke sind für eine Beobachtung nötig.

Um eine Beobachtung zu machen, wird ein Stück des Stoffes, dessen Schmelzpunkt gesucht wird, auf die Mitte des Streifens gebracht unter

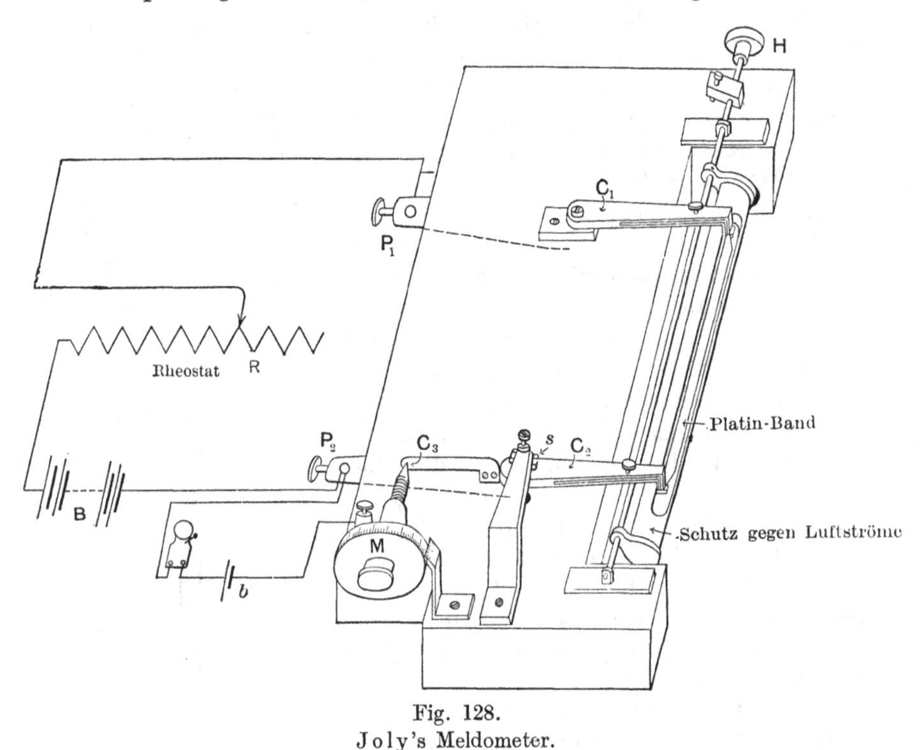

Fig. 128.
Joly's Meldometer.

ein schwach vergrößerndes Mikroskop, das ungefähr 25fach vergrößert. Der Strom wird gesteigert und im Augenblick des Schmelzens, das mit dem Mikroskop beobachtet wird, wird das Mikrometer so gestellt, daß es Kontakt macht und abgelesen; woraus durch Interpolation, die meistens in bequemer Weise graphisch vorgenommen wird, die Temperatur, welche der Länge des beobachteten Streifens entspricht, gefunden wird. Dieses Instrument gibt eine genäherte, aber nicht ganz lineare Beziehung zwischen Streifenlänge und Temperatur.

Quecksilberthermometer von hohem Meßbereich. Obwohl das Quecksilber normalerweise ungefähr bei 356° C siedet, so kann man doch diese Flüssigkeit, wenn man sie unter hohen Druck setzt, am Sieden verhindern, und bei geeignetem Einschluß kann sie als thermometrische Substanz bis zu viel höheren Temperaturen hinauf dienen. Unter dem Druck von einer Atmosphäre irgend eines trägen Gases wie Stickstoff oder Kohlensäure und eingeschlossen in sehr hartes Glas, kann das Quecksilberthermometer bis zu 550° C benutzt werden. Wenn ein für nur mäßige Temperaturen, für 200° C oder weniger bestimmtes Thermometer gasfrei abgeschmolzen wird, so tritt eine Destillation des Quecksilbers in die kälteren Teile der Kapillaren auf, wenn nicht die Säule genügend über dem erhitzten Gebiet geschützt ist, oder das ganze Thermometer eingetaucht wird.

Es gibt zwei Methoden, um den notwendigen Druck in den Kapillaren hervorzubringen, um eine Destillation und ein Sieden des Quecksilbers zu verhindern. Bei der einen ist ein kleines Gefäß am Ende der Kapillaren vorhanden, und das Thermometer wird bei Atmosphärendruck bei gewöhnlicher Temperatur des Quecksilbers abgeschmolzen; bei der anderen ist ein großes oberes Gefäß vorhanden, und das Abschmelzen wird bei erhöhtem Druck vorgenommen, unter Benutzung eines Hilfsrohres. Die zweite Konstruktion verdient den Vorzug, da bei ihr die Veränderung des inneren Druckes beim Anstieg der Temperatur und infolgedessen eine Formänderung des eigentlichen Gefäßes, welches das Quecksilber enthält, viel weniger als bei der ersten auftritt.

Infolge der Formänderungen des Glases und den dadurch bedingten Änderungen in den Angaben sollten alle Quecksilberthermometer für hohen Meßbereich mit einigen Fixpunkten versehen sein, hauptsächlich mit dem Eispunkt. Dieses gestattet in bequemer Weise das Verhalten der Thermometer, bewirkt durch Volumänderung des Gefäßes nach der Eichung des Instrumentes, zu kontrollieren. Die Gefäße solcher Thermometer sollten sorgfältig vor dem Füllen auf eine höhere Temperatur erhitzt werden, als bei der das Instrument benutzt werden soll; auch sollte das Thermometer nach seiner Herstellung erhitzt werden und sich langsam abkühlen, sonst entstehen beträchtliche und unregelmäßige Änderungen in seinen Angaben, welche mehrere Grade betragen. Es ist ebenfalls zweckmäßig, das Thermometer häufig zu heizen und langsam abzukühlen, bevor man es eicht und benutzt. Der Nullpunkt eines solchen Thermometers sollte bei genauem Arbeiten nach jeder Beobachtung bestimmt werden. Wenn eine beträchtliche Fadenlänge beim Ablesen in die Luft ragt, so kann ein erheblicher Fehler, etwa 25° C, bei hohen Temperaturen infolge des Temperaturunterschiedes von Gefäß und Faden hervorgebracht werden. Diese Fadenkorrektion ändert sich ein wenig von einer Glassorte zur anderen und beträgt nahezu

$$0{,}00016\, n\, (T - t)^0\, C,$$

wo

n die Anzahl der aus dem Bad herausragenden Grade,
T die Temperatur des Bades,
t die mittlere Temperatur der herausragenden Quecksilbersäule bedeutet,

bestimmt mit irgendwelchen Hilfsmitteln, wie z. B. dem Fadenthermometer von Mahlke. Unter den für die Konstruktion von Instrumenten mit hohem Meßbereich geeigneten Thermometergläsern und den oberen Grenzen, bis zu denen sie mit Sicherheit benutzt werden können, sind zu erwähnen:

Jenaer 16^{III} Normal,
Corning Normalglas, und
das französische Verre dur,

welches bis zu 450° C oder etwas höher benutzt werden kann; Jenaer 59^{III}, ein Borosilikatglas, welches, obwohl es manchmal bis zu 550° C geteilt wird, nicht oberhalb von 520° benutzt werden sollte; mit bestimmten Arten von Verbrennungsröhren kann man 570° C erreichen. Wenn nach sauberem Altern und vorläufigem Hocherhitzen der Nullpunkt eines Thermometers sinkt, so ist es bei zu hohen Temperaturen benutzt worden.

Thermometer, welche als Hauptnormale bei hoher Temperatur benutzt werden sollen, oder Instrumente, welche durch sich die Temperaturskala reproduzieren, sollten sowohl Eispunkt wie auch den Wassersiedepunkt besitzen, was ein Eichen des Instrumentes mit Hilfe des Grundintervalles 0° bis 100° C erlaubt. Hervorgerufen durch die Tatsache, daß die Ausdehnung des Quecksilbers im Glas mit der Glassorte sich ändert, wird es notwendig, da die letztere ebenfalls für alle Sorten von der Gasausdehnung, auf welcher die Temperaturskala begründet ist, verschieden ist, eine Korrektion anzubringen, um die Angaben der Quecksilberthermometer auf die Gasskala zu reduzieren, außer wenn das Thermometer ursprünglich mit Hilfe dieser Skala „geteilt" worden war. Die Beziehung zwischen den durch Jenaer Gläser gegebenen Skalen und der Gasskala ist aus nebenstehender Tabelle ersichtlich.

Wenn die Kapillare des Thermometers ungleichförmig ist, so muß man sie mit Hilfe eines 50°- oder 100°-Fadens kalibrieren.

Gewöhnlich werden Thermometer für hohe Temperaturen sehr bequem durch Vergleichen mit einem Normal geeicht oder mit Hilfe von Ablesungen bei einer Anzahl bekannter Temperaturen. Thermometer für hohe Temperaturen für einen bestimmten beschränkten Meßbereich besitzen eine beträchtliche Rohrlänge und sind gleichzeitig mit einer weitreichenden Skala unter Zwischenschaltung von Kugeln aus-

Abweichung von Thermometern aus Jenaer Glas von der Gasskala.

Gasskala	Jena 16III	Gasskala	Jena 59III
0	0	0	0
100	100,00	100	100,0
150	149,90	200	200,7
200	200,04	300	304,1
220	220,21	325	330,9
240	240,46	350	358,1
260	260,83	375	385,4
280	281,33	400	412,3
300	301,96	425	440,7
		450	469,1
		475	498,0
		500	527,8

gerüstet, welche die Teile der Skala verschwinden lassen, welche man nicht haben will[1]).

Das Glas der Quecksilberthermometer ist mit Vorteil durch Quarz ersetzt worden, welcher zumeist eine treffliche thermometrische Hülle darstellt, da er eine verschwindende Ausdehnung und keine erhebliche Nullpunktsveränderung besitzt und ferner die Fähigkeit hat, bei sehr hohen Temperaturen benutzt werden zu können. Solche Thermometer mit Quecksilber in Quarz werden jetzt von Siebert und Kühn gebaut und bis ungefähr zu 700° C geteilt.

Dufour hat versucht, Zinn an Stelle des Quecksilbers in Quarzthermometern zu setzen, wobei er eine Temperatur von über 1000° C erhielt. Solche Thermometer sind aber noch nicht in Benutzung gekommen. Es ist eine schwierige, noch nicht recht gelöste Sache, eine Substanz aufzufinden, welche als thermometrische Flüssigkeit zur Benutzung im Quarz bei hohen Temperaturen geeignet ist.

Schmelzpunktspyrometrie. Schon vor langer Zeit, im Jahre 1827, schlug Prinsep vor, Temperaturen mit Hilfe der Schmelzpunkte bestimmter Metalle und Legierungen zu vergleichen, aber die nichtoxydierbaren Metalle sind nicht zahlreich und sind alle verhältnismäßig sehr teuer: Silber, Gold, Palladium, Platin. Manchmal sind jedoch diese Metalle und ihre Legierungen benutzt worden unter der Annahme, daß der Schmelzpunkt einer Mischung zweier Substanzen das arithmetrische

[1]) Thermometrische Gläser und Thermometer für hohe Temperaturen sind in Hovestadts „Jenaer Glas“ (deutsch und englisch) beschrieben worden; ferner in Mathias „Les modifications permanentes du verre“ und in den Veröffentlichungen des Bureau of Standards. Guilleaume „Thermométrie de Précision“ gibt Einzelheiten in der Handhabung und Eichung an.

Mittel des Schmelzpunktes der Komponenten ist, was nicht genau richtig ist. Die Benutzung dieser Legierungen ist heute vollkommen aufgegeben worden, und zwar mit Recht.

In bestimmtem Sinne kann man aber sagen, daß diese Methode der Pyrometrie noch in Benutzung ist, da die Temperaturskalen mehrerer Eichungs-Laboratorien praktisch durch die Erstarrungstemperaturen reiner Metalle bestimmt sind. Benutzt man metallische Salze, unter welchen eine große Anzahl ohne Veränderung erhitzt werden kann, so kann man eine Skala von Schmelzpunkten aufbauen, deren Benutzung oftmals sehr bequem wäre; aber diese Arbeit ist bis jetzt noch nicht fertiggestellt, wenigstens nicht mit genügender Genauigkeit. Den einzelnen Salzen kann man deren wohl bestimmte Verbindungen und eutektische Mischungen anreihen, welche vollkommen definierte Schmelzpunkte besitzen. Hingegen kann man nicht irgend eine beliebige Mischung zweier Salze nehmen, da im allgemeinen das Erstarren derselben in einem großen Temperaturbereich und in fortschreitender Weise vor sich geht.

Bei einigen Vorgängen in der Metallurgie ist es oft notwendig, mit Sicherheit zu wissen, daß die Gegenstände über eine bestimmte Temperatur hinaus erhitzt worden sind. Salzbäder bekannter Erstarrungspunkte und aus Stoffen, die die Metalle nicht angreifen, können ausgezeichnet dazu dienen, um solche Gegenstände zu erhitzen und gleichzeitig von selbst das Minimum der zulässigen Temperatur anzugeben.

Wir können in dieser Verbindung die Untersuchungen von Brearley und Morewood, ferner von Grenet über reine Salze und Eutektika, und über isomorphe Mischungen, die für diesen Zweck geeignet sind, anführen. Für die Behandlung von Stahl in der Hitze empfiehlt Grenet folgende Reihe von Salzen:

Grenets Reihe von Salzen für die Behandlung von Stahlsorten bei hoher Temperatur.

	Schmelzpunkt		Schmelzpunkt
K_2SO_4	1070° C	KCl	775° C
$BaCl_2$	955	KBr	730
Na_2SO_4	865	KI	682
$5\,K_2SO_4 + 5\,Na_2SO_4$ . . .	850	$5{,}8\,KCl + 4{,}2\,NaCl$	655
$3\,K_2SO_4 + 7\,Na_2SO_4$ . . .	830	$3\,NaCl + 7\,KBr$	625
$2\,K_2SO_4 + 8\,Na_2SO_4$ . . .	825	$Ba(NO_3)_2$	600
Na_2CO_3	810	$Ca(NO_3)_2$	550
$NaCl$	800		

Die Unsicherheit in unserer Kenntnis der Zahlenwerte der Schmelzpunkte einiger dieser Salze ist in der Tabelle auf der folgenden Seite und in Kapitel 11 anschaulich gemacht.

Es würde der Mühe wert sein, eine sorgsame Bestimmung der Schmelzpunkte dieser und anderer Salze auszuführen unter Benutzung der Sorgfalt und der Verbesserung derjenigen Methoden, welche in den neueren Arbeiten auf Metalle angewendet worden sind und auch unter der Benutzung großer Salzmengen, nämlich 300—1000 g.

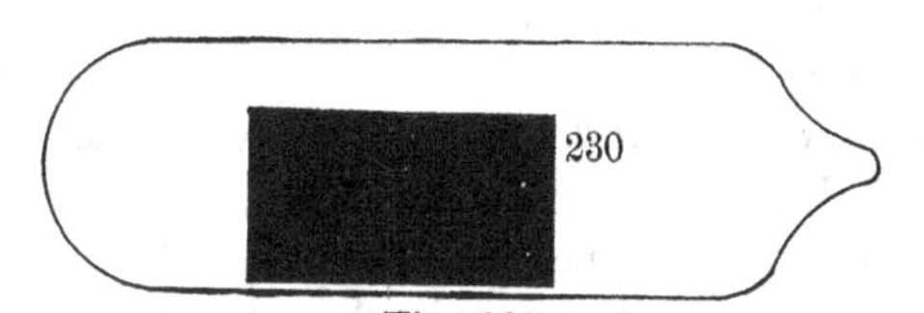

Fig. 129.
Sentinel-Pyrometer.

„Sentinel-Pyrometer" und Pasten, wie z. B. diejenigen von Brearley (The Amalgams Company, Sheffield) sind ebenfalls bei bestimmten Vorgängen von Nutzen. Die ersteren sind in die Form kleiner Zylinder gebracht, aus molekularen Salzmischungen bestehend. Für Temperaturen unter 500° C werden sie in Glasröhren eingeschlossen und haben infolgedessen unbeschränkte Lebensdauer und für höhere Temperaturen werden sie in Schalen gesetzt (Fig. 129).

Datum	1896	1894	1903	1905
Autoren	Ramsay und Eumorfopoulos	Mc Crae	Ruff und Plato	Hüttner und Tammann
Methode	Meldometer	Thermo-elektrisch	Thermo-elektrisch	Thermo-elektrisch
Kalibrations-zahlen	$KNO_3 = 339$ $K_2SO_4 = Au + 7^0 = 1052$	Diphenylamin $= 304$ SBP $= 445$ Au $= 1072$	Reichsanstalt Skala	Sb $= 630{,}6$ Au $= 1064$
Quantität in g	0,001	Klein	20	25—40
Na_2SO_4 . . .	884	883	880	897
Na_2CO_3 . . .	851	861	—	853
NaCl	792	813	820	810
NaBr	733	761	765	748
NaI	603	695	650	—
K_2SO_4 . . .	1052	1059	1050	1074
K_2CO_3 . . .	880	893	880	894
KCl	762	800	790	778
KBr	733	746	750	740
KI	614	723	705	680
Li_2SO_4 . . .	815	—	—	859
Li_2CO_3 . . .	618	—	—	734
$CaCl_2$	710	802	780	—
$SrCl_2$	796	854	—	—
$BaCl_2$	844	916	960	—

Zwei solche „Sentinels" kann man beispielsweise benutzen, um einen Ofen innerhalb eines bestimmten Temperaturbereiches zu kontrollieren, wobei die eine flüssig und die andere fest ist. Die Masse, bestehend aus Salzen mit Paraffin gemischt, wird auf das zu erhitzende Metall aufgetragen und das Schmelzen dieser Masse wird dann leicht erkannt. Der von diesen „Sentinels" und „Pasten" überbrückte Meßbereich reicht bis zu 1070° C.

Jede Methode, welche auf der Benutzung von Schmelzpunkten allein, seien es nun Metalle, Legierungen oder Salze, beruht, ist augenscheinlich eine diskontinuierliche und ist hauptsächlich bei den Vorgängen von Nutzen, welche nur eine maximale oder minimale Temperatur benötigen.

Schmelzkegel. Anstatt das Schmelzen kristallisierter Substanzen, welche plötzlich aus dem festen in den flüssigen Zustand übergehen, zu benutzen, kann man das langsame Weichwerden glasartiger Gebilde benutzen, d. h. Mischungen, welche einen Überschuß einer der drei Säuren besitzen: Kieselsäure, Borsäure oder Phosphorsäure. Es ist in diesem Falle notwendig, einen bestimmten Vorgang zur Bestimmung eines bestimmten Grades der Erweichung zu haben; eine bestimmte Senkung eines Prismas gegebener Gestalt benutzt man dazu. Diese kleinen, aus glasartigen Stoffen gebildeten Prismen sind unter dem Namen „Schmelzkegel" bekannt.

Diese Methode wurde zuerst von Lauth und Vogt vorgeschlagen, welche dieselbe in der Manufaktur in Sèvres vor 1882 anwandten. Sie entwickelten dieselbe aber nicht so weit wie es möglich war; sie begnügten sich damit, eine kleine Anzahl von Schmelzkegeln zu verfertigen, welche den verschiedenen bei der Herstellung des Sèvres-Porzellans benutzten Temperaturen entsprachen.

Seger, Direktor des Untersuchungslaboratoriums der Königl. Porzellanmanufaktur in Berlin, veröffentlichte im Jahre 1886 eine wichtige Schrift über diesen Gegenstand. Er gab eine ganze Reihe von Schmelzkegeln an, die als „Seger-Kegel" bekannt sind, mit Zwischenräumen von ungefähr 25° mit Einschluß des Temperaturgebietes von 600° bis 1800° C. Die Substanzen, welche in die Zusammensetzung dieser Kegel hineingehören, sind der Hauptsache nach:

reiner Quarzsand,
norwegischer Feldspat,
reines Kalziumkarbonat,
Zettlitz-Kaolin.

Die Zusammensetzung dieses letzteren ist:

SiO_2	46,9
Al_2O_3	38,6

Fe_2O_3	0,8
Alkali	1,1
Wasser	12,7

Um sehr wenig schmelzbare Kegel zu bekommen, wird kalzinierte Tonerde hinzugefügt und für sehr schmelzbare Kegel Eisenoxyd, Bleioxyd, Natriumkarbonat und Borsäure.

Die Gestalt dieser Kegel (Fig. 130) ist die einer dreieckigen Pyramide von 15 mm Seitenlänge und 15 mm Höhe. Unter der Einwirkung der Wärme ziehen sie sich zuerst, wenn das Erweichen anfängt, ohne Formänderung zusammen, dann biegen sie sich über, krümmen sich und lassen ihre Spitze nach unten wenden, endlich fließen sie vollkommen auseinander. Man sagt, daß der Kegel gefallen oder daß er geschmolzen ist, wenn er sich zur Hälfte hinübergebogen hat, seine Spitze nach unten gekehrt.

Die Schmelzpunkte dieser Substanzen sind in der Berliner Porzellan-Manufaktur durch Vergleich mit dem früher beschriebenen thermo-

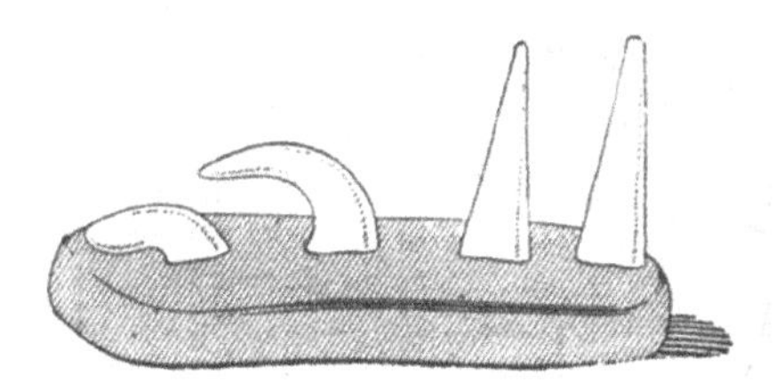

Fig. 130.
Seger-Kegel.

elektrischen Le Chatelier-Pyrometer bestimmt worden. Die Kegel sind numeriert und zwar für die weniger schmelzbaren, welche zuerst angegeben wurden, von 1—38, der letzte, der am wenigsten schmelzbar ist, entspricht dabei 1980°. Die zweite, leichter schmelzbare und später von Cramer und Hecht aufgestellte Reihe ist von 01 bis 022 beziffert; dieser letzte Kegel, der am leichtesten schmelzbare, entspricht 590°.

Wenn man, anstatt die in Deutschland verfertigten Kegel zu benutzen, den Wunsch hat, dieselben sich selbst unter der Benutzung der gleichen Formel herzustellen, so ist es zu empfehlen, eine neue Eichung vorzunehmen. Die Kaoline und Feldspate verschiedener Herkunft besitzen niemals die gleiche Zusammensetzung, und sehr kleine Änderungen im Werte des darin befindlichen Alkalis können deutliche Änderungen in der Schmelzbarkeit hervorrufen, wenigstens bei den weniger leicht schmelzbaren Kegeln. Es ist ebenso in dieser Hinsicht von Nutzen, das Verhalten neuer Kegel mit alten zu vergleichen, auch wenn sie aus der gleichen Fabrik stammen. Es muß bemerkt werden, daß bei einer großen Anzahl von Kegeln Kieselsäure und Tonerde in den Anteilen $Al_2O_3 + 10\ SiO_2$ gefunden wird. Das ist aus dem Grunde der Fall, weil diese Mischung leichter schmelzbar ist, als es mit Kieselsäure und Tonerde allein der Fall ist. Dies bildet den Ausgangspunkt für die anderen Kegel, wobei der weniger schmelzbare, durch Zugabe von Tonerde und der leichter schmelzbare durch Zugabe von Alkali erhalten wird.

Die Tabelle auf den Seiten 358—361 ergibt die Liste der Kegel der Seger - Skala, wie sie gewöhnlich verfertigt werden.

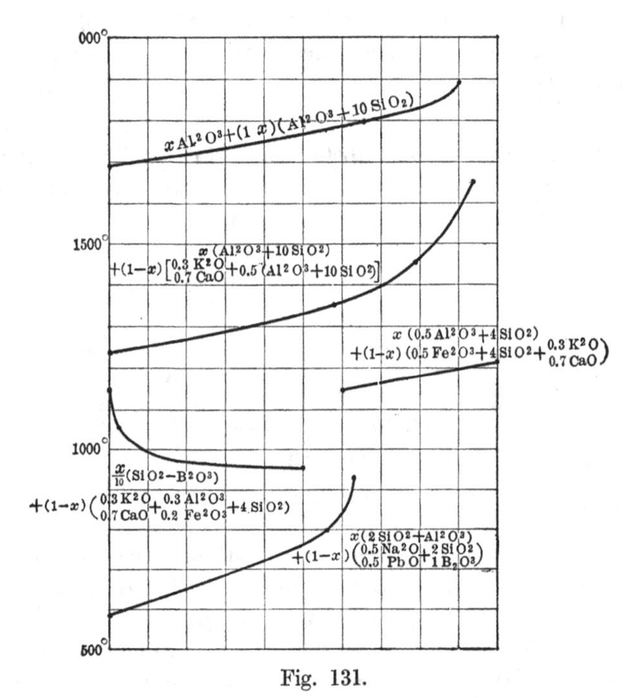

Fig. 131.
Zusammensetzung von Seger-Kegeln.

Diese Kegel können in eine Anzahl von Gruppen geteilt werden, bei welchen in jeder die Zusammensetzung verschiedener Kegel aus der eines einzigen der betreffenden Gruppe abgeleitet wird, im allgemeinen aus dem am meisten schmelzbaren durch Zugabe verschiedener Mengenverhältnisse oder manchmal auch durch Einfügung einer anderen Substanz.

Die Kegel 28 bis 38 sind aus dem Kegel 27 durch Zugabe von wachsenden Mengen von Al_2O_3 abgeleitet.

Die Kegel 5 bis 28 aus dem Kegel 5 durch Zugabe wachsender Menge der Mischung $Al_2O_3 + 10\ SiO_2$.

Die Kegel 1 bis 5 aus dem Kegel 1 durch Einfügen wachsender Mengen Tonerde an Stelle von Eisensesquioxyd.

Die Kegel 010 bis 1 aus dem Kegel 1 durch Einfügung von Borsäure an Stelle von Kieselsäure.

Die Kegel 022 bis 011 aus dem Kegel 022 durch Hinzufügen zunehmender Mengen der Mischung $Al_2O_3 + 2\ SiO_2$.

Figur 131 gibt die graphische Darstellung dieser Angaben. Die Ordinaten sind Temperaturen und die Abszissen sind die aus der Tabelle entnommenen Werte von x.

Diese Segerschen Schmelzkegel werden im allgemeinen sehr viel in der keramischen Industrie benutzt; sie sind in allen nicht dauernd geheizten Öfen sehr bequem, deren Temperatur gleichmäßig bis zu einem bestimmten Höhepunkt anzuwachsen hat, bei welchem Punkt das Abkühlen anfangen kann. Es ist ausreichend, vor dem Anheizen eine bestimmte Anzahl von Schmelzkegeln gegenüber einer durch Glas verschlossenen Abzugsöffnung aufzustellen, durch welche man dieselben beobachten kann. Sieht man sie allmählich fallen, so weiß man, zu welchen Zeiten der Ofen eine Reihe bestimmter Temperaturen angenommen hat.

Bei Öfen mit Dauerbetrieb können die Kegel in den Ofen während des Betriebes gesetzt werden; das ist aber viel schwieriger. Es ist nötig, dieselben auf kleinen irdenen Stützen aufzustellen, welche in den gewünschten Ofenteil mit Hilfe eines Eisenstabes eingebracht werden. Wenn man sie aber andererseits anfangs in den kalten Ofen setzt, werden sie an ihrem Platz durch einen kleinen Tonklumpen gehalten.

Neuere Untersuchungen über Seger-Kegel mit Rücksicht auf deren Verbesserung, sind in gleicher Weise durch den Vorstand des Laboratoriums für Tonindustrie als auch an der Reichsanstalt ausgeführt, und infolge derselben sind Veränderungen in ihrer Zusammensetzung, im Schmelzpunkt und in der Numerierung vorgenommen worden. Die Verbesserungen bezogen sich hauptsächlich auf die Vermehrung der Schärfe der Schmelzpunkte, auf möglichste Vermeidung der durch den Betrag des Erhitzens bedingten Trägheit und auf das Auffinden von Zusammensetzungen, welche durch die gewöhnliche keramische Ofenatmosphäre nicht beeinflußt werden. Dieses hat dazu geführt, Blei- und Eisenverbindungen zu vermeiden. Die Kegel Nr. 21 bis 25 sind fallen gelassen, da ihre Schmelzpunkte zu nahe aneinander lagen und 4 neue Kegel, Nr. 39 bis 42, die widerstandsfähigsten von allen, sind hinzugefügt worden.

Die Original-Skala der Seger-Kegel.

Nr.	Grad C	Zusammensetzung	X	Formeln
38	1890	1 Al_2O_3 + 1 SiO_2	9	
36	1850	1 „ +1,5 „	8	
35	1830	1 „ +2 „		
34	1810	1 „ +2,5 „		
33	1790	1 „ +3 „		$X Al_2O_3 + (1-X)(Al_2O_3 + 10\,SiO_2)$
32	1770	1 „ +4 „		
31	1750	1 „ +5 „		
30	1730	1 „ +6 „		
29	1710	1 „ +8 „		
28	1690	1 „ +10 „		
27	1670	1 $\left\{\begin{matrix}0{,}3\,K_2O\\0{,}7\,CaO\end{matrix}\right\}$ + 20 (Al_2O_3 + 10 SiO_2)	0	
26	1650	1 „ +7,2 „	93	
25	1630	1 „ +6,6 „		
24	1610	1 „ +6 „		
23	1590	1 „ +5,4 „		
22	1570	1 „ +4,9 „		
21	1550	1 „ +4,4 „		
20	1530	1 „ +3,9 „		
19	1510	1 „ +3,5 „		
18	1490	1 „ +3,1 „		
17	1470	1 „ +2,7 „		$X(Al_2O_3 + 10\,SiO_2) + (1-X)\left(\left\{\begin{matrix}0{,}3\,K_2O\\0{,}7\,CaO\end{matrix}\right\} + 0{,}5\,(Al_2O_3 + 10\,SiO_2)\right)$
16	1450	1 „ +2,4 „	79	
15	1430	1 „ +2,1 „		
14	1410	1 „ +1,8 „		
13	1390	1 „ +1,6 „		
12	1370	1 „ +1,4 „		
11	1350	1 „ +1,2 „	58	
10	1330	1 „ +1 „		
9	1310	1 „ +0,9 „		
8	1290	1 „ +0,8 „		
7	1270	1 „ +0,7 „		
6	1250	1 „ +0,6 „		
5	1230	1 „ +0,5 „	0	
4	1210	1 „ +0,5 Al_2O_3 + 4 SiO_2	1	
3	1190	1 „ + $\left\{\begin{matrix}0{,}45\,Al_2O_3\\0{,}05\,Fe_2O_3\end{matrix}\right\}$ + 4 SiO_2		
2	1170	1 „ + $\left\{\begin{matrix}0{,}4\,Al_2O_3\\0{,}1\,Fe_2O_3\end{matrix}\right\}$ + 4 SiO_2		$X(0{,}5\,Al_2O_3 + 4\,SiO_2) + (1-X).(0{,}5\,Fe_2O + 4\,SiO_2 + 0{,}7\,CaO)$
1	1150	1 „ + $\left\{\begin{matrix}0{,}3\,Al_2O_3\\0{,}2\,Fe_2O_3\end{matrix}\right\}$ + 4 SiO_2		
01	1130	1 $\left\{\begin{matrix}0{,}3\,K_2O\\0{,}7\,CaO\end{matrix}\right\}$ + $\left\{\begin{matrix}0{,}3\,Al_2O_3\\0{,}2\,Fe_2O_3\end{matrix}\right\}$ + $\left\{\begin{matrix}3{,}95\,SiO_2\\0{,}05\,B_2O_3\end{matrix}\right\}$	1,05	
02	1110	1 „ + 1 „ + $\left\{\begin{matrix}3{,}90\,SiO_2\\0{,}10\,B_2O_3\end{matrix}\right\}$		
03	1090	1 „ + 1 „ + $\left\{\begin{matrix}3{,}85\,SiO_2\\0{,}15\,B_2O_3\end{matrix}\right\}$		$\frac{X}{10}(SiO_2-B_2O_3) + (1-X)\left(\left\{\begin{matrix}0{,}3\,K_2O\\0{,}7\,CaO\end{matrix}\right\} + \left\{\begin{matrix}0{,}3\,Al_2O_3\\0{,}2\,Fe_2O_3\end{matrix}\right\} + 4\,SiO_2\right)$
04	1070	1 „ + 1 „ + $\left\{\begin{matrix}3{,}80\,SiO_2\\0{,}20\,B_2O_3\end{matrix}\right\}$		
05	1050	1 „ + 1 „ + $\left\{\begin{matrix}3{,}75\,SiO_2\\0{,}25\,B_2O_3\end{matrix}\right\}$	1,25	
06	1030	1 „ + 1 „ + $\left\{\begin{matrix}3{,}70\,SiO_2\\0{,}30\,B_2O_3\end{matrix}\right\}$		

Nr.	Grad C	Zusammensetzung	X	Formeln
07	1010	1 $\begin{Bmatrix} 0{,}3\ K_2O \\ 0{,}7\ CaO \end{Bmatrix}$ + 1 $\begin{Bmatrix} 0{,}3\ Al_2O_3 \\ 0{,}2\ Fe_2O_3 \end{Bmatrix}$ + $\begin{Bmatrix} 3{,}65\ SiO_2 \\ 0{,}35\ B_2O_3 \end{Bmatrix}$		$\frac{X}{10}(SiO_2—B_2O_3) + (1—X)\left(\begin{Bmatrix} 0{,}3\ K_2O \\ 0{,}7\ CaO \end{Bmatrix} + \begin{Bmatrix} 0{,}3 Al_2O_3 \\ 0{,}2 Fe_2O_3 \end{Bmatrix} 4SiO_2\right)$
08	990	1 „ +1 „ + $\begin{Bmatrix} 3{,}60\ SiO_2 \\ 0{,}40\ B_2O_3 \end{Bmatrix}$		
09	970	1 „ +1 „ + $\begin{Bmatrix} 3{,}55\ SiO_2 \\ 0{,}45\ B_2O_3 \end{Bmatrix}$		
010	950	1 „ +1 „ + $\begin{Bmatrix} 3{,}5\ SiO_2 \\ 0{,}5\ B_2O_3 \end{Bmatrix}$	5	
011	920	1 $\begin{Bmatrix} 0{,}5\ Na_2O \\ 0{,}5\ PbO \end{Bmatrix}$ +0,8 Al_2O_3 + $\begin{Bmatrix} 3{,}6\ SiO_2 \\ 1{,}0\ B_2O_3 \end{Bmatrix}$	0,62	$X\ (2\ SiO_2 + Al_2O_3) + (1—X)\left(\begin{pmatrix} 0{,}5\ Na_2O \\ 0{,}5\ PbO \end{pmatrix} + \begin{Bmatrix} 2\ SiO_2 \\ 1\ B_2O_3 \end{Bmatrix}\right)$
012	890	1 „ +0,75 „ + $\begin{Bmatrix} 3{,}5\ SiO_2 \\ 1{,}0\ B_2O_3 \end{Bmatrix}$		
013	860	1 „ +0,70 „ + $\begin{Bmatrix} 3{,}4\ SiO_2 \\ 1{,}0\ B_2O_3 \end{Bmatrix}$		
014	830	1 „ +0,65 „ + $\begin{Bmatrix} 3{,}3\ SiO_2 \\ 1{,}0\ B_2O_3 \end{Bmatrix}$		
015	800	1 „ +0,60 „ + $\begin{Bmatrix} 3{,}2\ SiO_2 \\ 1{,}0\ B_2O_3 \end{Bmatrix}$	0,57	
016	770	1 „ +0,55 „ + $\begin{Bmatrix} 3{,}1\ SiO_2 \\ 1{,}0\ B_2O_3 \end{Bmatrix}$		
017	740	1 „ +0,50 „ + $\begin{Bmatrix} 3{,}0\ SiO_2 \\ 1{,}0\ B_2O_3 \end{Bmatrix}$		
018	710	1 „ +0,40 „ + $\begin{Bmatrix} 2{,}8\ SiO_2 \\ 1{,}0\ B_2O_3 \end{Bmatrix}$		
019	680	1 „ +0,30 „ + $\begin{Bmatrix} 2{,}6\ SiO_2 \\ 1{,}0\ B_2O_3 \end{Bmatrix}$		
020	650	1 „ +0,20 „ + $\begin{Bmatrix} 2{,}4\ SiO_2 \\ 1{,}0\ B_2O_3 \end{Bmatrix}$		
021	620	1 „ +0,10 „ + $\begin{Bmatrix} 2{,}2\ SiO_2 \\ 1{,}0\ B_2O_3 \end{Bmatrix}$		
022	590	1 „ + $\begin{Bmatrix} 2{,}0\ SiO_2 \\ 1{,}0\ B_2O_3 \end{Bmatrix}$	0	

In der folgenden Tabelle sind die Schmelzpunkte von Kegeln nach der Tonindustriezeitung für 1910 angegeben, gleichzeitig mit ihren Bestandteilen, wenn sich die letzteren von den Originalreihen unterscheiden.

Skala der Seger-Kegel von 1910.

Nr.	Grad C	Zusammensetzung			
42	2000	Al_2O_3			
41	1960	Al_2O_3 0,13 SiO_2			
40	1920	Al_2O_3 0,33 SiO_2			
39	1880	Al_2O_3 0,66 SiO_2			
38	1850	Nr.	Grad C	Nr.	Grad C
37	1825	28	1630	14	1410
36	1790	27	1610	13	1380
35	1770	26	1580	12	1350
34	1750	20	1530	11	1320
33	1730	19	1520	10	1300
32	1710	18	1500	9	1280
31	1690	17	1480	8	1250
30	1670	16	1460	7	1230
29	1650	15	1435		

Nr.	Grad C	Zusammensetzung		
6a	1200	0,013 Na_2O 0,288 K_2O 0,685 CaO 0,014 MgO	0,693 Al_2O_3	6,801 SiO_2 0,026 B_2O_3
5a	1180	0,028 Na_2O 0,274 K_2O 0,666 CaO 0,032 MgO	0,684 Al_2O_3	6,565 SiO_2 0,056 B_2O_3
4a	1160	0,043 Na_2O 0,260 K_2O 0,649 CaO 0,048 MgO	0,676 Al_2O_3	6,339 SiO_2 0,086 B_2O_3
3a	1140	0,059 Na_2O 0,244 K_2O 0,630 CaO 0,067 MgO	0,667 Al_2O_3	6,083 SiO_2 0,119 B_2O_3
2a	1120	0,085 Na_2O 0,220 K_2O 0,599 CaO 0,096 MgO	0,652 Al_2O_3	5,687 SiO_2 0,170 B_2O_3
1a	1100	0,109 Na_2O 0,198 K_2O 0,571 CaO 0,122 MgO	0,639 Al_2O_3	5,320 SiO_2 0,217 B_2O_3
01a	1080	0,134 Na_2O 0,174 K_2O 0,541 CaO 0,151 MgO	0,625 Al_2O_3	4,931 SiO_2 0,268 B_2O_3
02a	1060	0,157 Na_2O 0,153 K_2O 0,513 CaO 0,177 MgO	0,611 Al_2O_3	4,572 SiO_2 0,314 B_2O_3
03a	1040	0,182 Na_2O 0,130 K_2O 0,484 CaO 0,204 MgO	0,598 Al_2O_3	4,199 SiO_2 0,363 B_2O_3
04a	1020	0,204 Na_2O 0,109 K_2O 0,458 CaO 0,229 MgO	0,586 Al_2O_3	3,860 SiO_2 0,407 B_2O_3
05a	1000	0,229 Na_2O 0,086 K_2O 0,428 CaO 0,257 MgO	0,571 Al_2O_3	3,467 SiO_2 0,457 B_2O_3
06a	980	0,247 Na_2O 0,069 K_2O 0,407 CaO 0,277 MgO	0,561 Al_2O_3	3,197 SiO_2 0,493 B_2O_3

Nr.	Grad C	Zusammensetzung		
07a	960	0,261 Na_2O 0,055 K_2O 0,391 CaO 0,293 MgO	0,554 Al_2O_3	2,984 SiO_2 0,521 B_2O_3
08a	940	0,279 Na_2O 0,038 K_2O 0,369 CaO 0,314 MgO	0,543 Al_2O_3	2,691 SiO_2 0,559 B_2O_3
09a	920	0,336 Na_2O 0,018 K_2O 0,335 CaO 0,311 MgO	0,468 Al_2O_3	3,087 SiO_2 0,671 B_2O_3
010a	900	0,338 Na_2O 0,011 K_2O 0,338 CaO 0,313 MgO	0,423 Al_2O_3	2,626 SiO_2 0,675 B_2O_3
011a	880	0,349 Na_2O 0,340 CaO 0,311 MgO	0,4 Al_2O_3	2,38 SiO_2 0,68 B_2O_3
012a	855	0,345 Na_2O 0,341 CaO 0,314 MgO	0,365 Al_2O_3	2,04 SiO_2 0,68 B_2O_3
013a	835	0,343 Na_2O 0,343 CaO 0,314 MgO	0,34 Al_2O_3	1,78 SiO_2 0,69 B_2O_3
014a	815	0,385 Na_2O 0,385 CaO 0,230 MgO	0,34 Al_2O_3	1,92 SiO_2 0,77 B_2O_3
015a	790	0,432 Na_2O 0,432 CaO 0,136 MgO	0,34 Al_2O_3	2,06 SiO_2 0,86 B_2O_3
016	750	Bf.[1] 0,31 Al_2O_3	1,61 SiO_2 1 B_2O_3	
017	730	Bf. 0,2 Al_2O_3	1,4 SiO_2 1 B_2O_3	
018	710	Bf. 0,13 Al_2O_3	1,26 SiO_2 1 B_2O_3	
019	690	Bf. 0,08 Al_2O_3	1,16 SiO_2 1 B_2O_3	
020	670	Bf. 0,04 Al_2O_3	1,08 SiO_2 1 B_2O_3	
021	650	Bf. 0,02 Al_2O_3	1,04 SiO_2 1 B_2O_3	
022	600			

[1]) Bf. = { 0,50 Na_2O, 0,25 CaO, 0,25 MgO }

Es würde nützlich erscheinen, soweit es möglich ist, diese Kegel durch reine Zusammensetzungen und Eutektika zu ersetzen, welche bestimmte Schmelzpunkte besitzen, da die Erweichungs-Temperaturen erheblich, in einigen Fällen bis um 100° oder mehr, durch die Geschwindigkeit des Erhitzens beeinflußt werden, wie dieses von mehreren Beobachtern bemerkt worden ist. Dr. Kanolt vom Bureau of Standards hat eine Reihe von Messungen an einigen der „Standard Pyrometric Cones" von Prof. Orton der Ohio State University ausgeführt, welche den Nummern 25 bis 36 der Seger-Serie entsprechen und ebenfalls auch an dieser Seger-Serie selbst. Seine Arbeit zeigt, daß ein Erhitzen der Kegel mit einer Schnelligkeit von 5° C pro Minute in der Nähe ihrer Erweichungstemperatur für diese Temperaturen zu hohe Werte liefert. Die Geschwindigkeit des Erhitzens im Versuchs- oder Eichungsofen muß nahezu auf diejenige verkleinert werden, welche in der Brennpraxis vorhanden ist, um eine richtige Eichung der Kegel für die Benutzung in der keramischen Industrie zu bekommen.

Es wurde gefunden, daß die Seger- und Orton-Kegel sehr nahe in ihrem Verhalten übereinstimmten. Bei langsamem Erhitzen wurde gefunden, daß die Kegel der Reihe 25 bis 36 bei Temperaturen, die um 40° bis 70° C tiefer lagen, als in der Tabelle von 1910 Seite 358 angegeben wurde, weich wurden, in naher Übereinstimmung mit den von Heraeus gefundenen Resultaten. Ein Schmelzen in Luft oder im Vakuum ergab die gleichen Resultate. Kanolts Messungen wurden mit einem optischen Pyrometer angestellt, dessen Skala dargestellt wird durch Au = 1064°, Pd = 1550°, Pt = 1755° C.

An der Reichsanstalt finden Hofmann und Meißner ähnliche Differenzen zwischen den Erweichungs-Temperaturen in keramischen Öfen für eine Erhitzungsdauer von ungefähr 60 Stunden innerhalb eines elektrischen Ofens.

Erweichungs-Temperaturen von Seger-Kegeln.

Kegel-Nr.	Im elektrischen Ofen	Im keramischen Brennofen	Differenz
4	1225	1160	65
6	1260	1200	>60
7	1285	1180	105
8	1305	<1200	105
9	1335	1225	110
10	1345	1235	110
13	1395	1315	80
14	1415	1375	40
16	1460	1405	55
17	1480	1410	70

Im ganzen kann man sagen, daß die Serie der Seger-Kegel relative Temperaturen auf ungefähr 25° C bei höheren Temperaturen für irgend eine bestimmte Art eines Vorganges verläßlich angibt, auf die Zahlenwerte der so gemessenen Temperaturen sollte aber nicht allzuviel Vertrauen gesetzt werden.

Wiborghs Thermophone. Ein anderes billiges, in Abständen arbeitendes Pyroskop ist durch Wiborgh auf den Markt gebracht worden. Seine Thermophone bestehen aus irdenen, widerstandsfähigen Zylindern von 2,5 cm Länge und 2 cm Durchmesser, welche eine explosive Mischung enthalten. Ein Thermophon wird rasch an den Ort gebracht, dessen Temperatur man zu kennen wünscht, und die Zeit bis auf ein Fünftel Sekunde bestimmt, bis der Zylinder zerplatzt. Eine Tabelle gibt dann die Temperatur an. Gut übereinstimmende Resultate erhält man, wenn die Thermophone trocken gehalten werden, wobei verschiedene Zylinder gleicher Herstellung auf ein Fünftel Sekunde übereinstimmen oder auf 20° bei 1000° C.

Strömungs-Pyrometer. Wenn ein Strom einer Flüssigkeit oder eines Gases durch einen heißen Raum aufrecht erhalten wird, ist es augenscheinlich möglich, die Temperatur des letzteren durch Beobachtung der Eintritts- und Austritts-Temperaturen der Flüssigkeit zu schätzen. Carnelly und Burton konstruierten solch ein Pyrometer unter Benutzung eines Wasserstromes aus einem Reservoir von konstanter Lage und konstanter Temperatur. Die Teilung eines solchen Pyrometers ist durchaus empirisch und kann für eine bestimmte Lage und gewöhnliche Temperatur durch Bestimmung der Eintritts- und Austritts-Temperatur für drei oder mehrere bekannte Ofentemperaturen hergestellt werden. Für jede verschiedene Lage und Temperatur des Reservoirs ist die Teilung verschieden. Solches Pyrometer erfordert augenscheinlich eine etwas lästige, dauernde Einrichtung und besitzt die weiteren Unbequemlichkeiten, daß es keine direkte Ablesung gestattet und daß sich seine Angaben mit nur schwierig kontrollierbaren Faktoren ändern.

Zur Bestimmung von Temperaturen von Gebläsen sind Pyrometer mit Luftströmen benutzt worden, wobei Luft von außen in das Gebläse eintritt, sich in demselben vermischt, und die Temperatur der heraustretenden Mischung mit einem Quecksilberthermometer bestimmt wird, woraus man die Temperatur des Gebläses nach empirischer Eichung berechnen kann. Nur sehr unsichere Resultate kann man auf diese Weise erhalten, da sie von der Geschwindigkeit des Gebläsestromes, der Größe der Öffnungen und der Temperatur der abgesaugten Luft abhängen. Solches Pyrometer ist in Fig. 132 dargestellt.

Pyrometer wie das von Carnelly beruhen ebenfalls auf der Zirkulation eines Wasserstromes, dessen Eintritts- und Austritts-Temperaturen gemessen werden können.

Pyrometer mit strömenden Gasen. Verschiedene Versuche sind gemacht worden, um Pyrometer zu bauen, welche auf der Veränderung der inneren Reibung mit der Temperatur beruhen, wobei dieser Gegenstand eingehend von Holman, Barus und Callendar geprüft wurde; aber infolge der nicht einfachen Beziehung zwischen der Temperatur und der Viskosität für enge Röhren, ist kein einfaches Pyrometer, das auf dieser Beziehung allein beruhte und keine willkürliche Eichung nötig

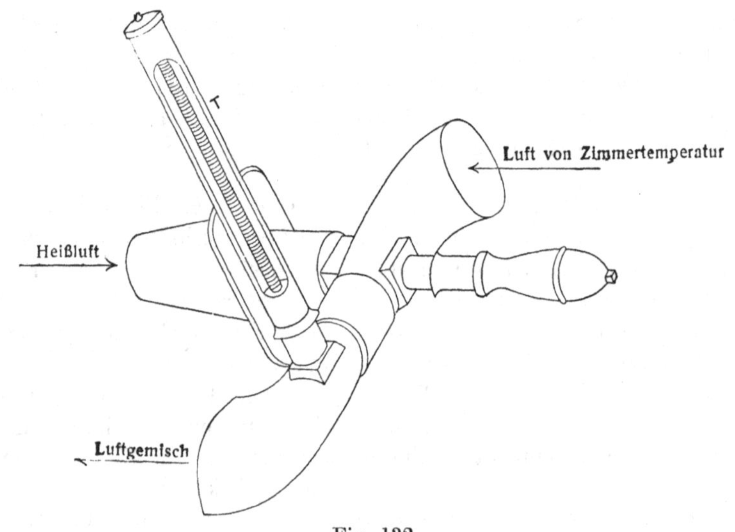

Fig. 132.
Heiß-Luft-Pyrometer.

hätte, mitgeteilt worden. Diese Methode kann vielleicht dazu dienen, wie zuerst von Barus vorgeschlagen wurde, um in unabhängiger Weise die Temperaturskala unter den Bereich auszudehnen, der durch die anderen Formen des Gasthermometers gegeben ist.

Job hat nachgewiesen, daß, wenn ein kurzes Stück Platindraht in das Ende einer Porzellanröhre von weniger als 1 mm Durchmesser eingefügt und ein konstanter Gasstrom, wie aus einer elektrolytischen Zelle oder einem Gebläse durch diese Kapillare hindurchgeschickt wird, dann der Druck, welcher auf der Rückseite entsteht, der Temperatur proportional ist, oder $T = k(H - h_0)$, wo H durch ein zwischen die Zelle oder das Gebläse und die Porzellankapillare eingeschaltetes Manometer gegeben wird und h_0 den Anfangsdruck bedeutet. Diese einfache Beziehung stimmt sehr genau bis zu Temperaturen von der Höhe bis zu 1500° C und die Methode kann durch eine besondere Auswahl der Manometerflüssigkeit und des Anfangsdruckes h_0 sehr empfindlich gemacht werden. Die Angaben ändern sich aber mit der Eintauchtiefe der Kapillaren und hängen nicht nur von der Viskosität des Gases, sondern auch von der relativen Ausdehnung des Platins und Porzellans ab.

Ein Pyrometer, das von der Druckänderung, die in einem Gas- oder Dampfstrom, der durch eine kleine Öffnung A strömt, hervorgebracht wird, abhängt (Fig. 133), ist für hohe Temperatur von Uhling und Steinbart angegeben worden, unter Benutzung eines Dampfaspirators D zur Erzeugung eines gleichmäßigen Stromes. Es ist wichtig, daß die Luft durch die Öffnungen A und B bei konstantem Druck

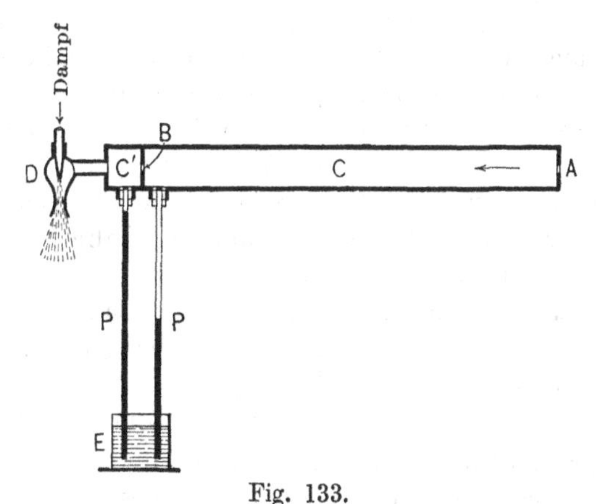

Fig. 133.
Uhling-Steinbart Pyrometer.

hindurchströmt, welcher bei Q gemessen wird, daß die ganze Luft auf eine gleichförmige Temperatur bei A erhitzt wird, daß die Öffnungen, welche nur nadelstichartig sind, vollkommen sauber bleiben, daß die Temperatur der kälteren Öffnung D konstant bleibt und daß keine Undichtigkeiten vorhanden sind. Das heiße Ende CA ist in ein Rohr von Nickel oder Platin eingeschlossen und die Luft wird vor dem Eintritt in A filtriert.

Obgleich im Prinzip einfach, ist der Apparat in seiner Konstruktion sehr umständlich und teuer. Er ist zur direkten Ablesung und ebenfalls zum Aufzeichnen gebaut worden. Die Eichung ist empirisch und der Apparat so konstruiert, daß die Temperaturen an der Säule des Wassermanometers P abgelesen werden. Die Feinheit in der Konstruktion eines derartigen Druckapparates bedingt es, daß er mit der Zeit und mit der Benutzung schlechter wird; auch benötigt man einen Dampfkessel für das Arbeiten desselben.

In dem Pyrometer von Threw wird Luft unter einem konstanten Druck durch ein in dem heißen Gebiet liegendes gewundenes Rohr hindurchgepreßt und der Druck auf der Ausströmungsseite zwischen einer heißen und kalten Öffnung mit einer Wassersäule genau in gleicher Weise wie beim Uhlingschen Apparat gemessen. Beide Instrumente sind hauptsächlich in der Praxis der Gebläseöfen benutzt worden.

Pyrometer mit Dampfdrucken. Hierbei wird die Tatsache benutzt, daß der Druck eines gesättigten Dampfes oder eines solchen, der sich in Berührung mit seiner Flüssigkeit befindet, nur von der Temperatur des Dampfes abhängig ist und unabhängig von dessen Volumen. Die Angaben eines solchen Pyrometers können auf diejenigen eines Druckanzeigers zurückgeführt werden. Hierbei ist ein deutlicher Vorteil gegenüber dem Gasthermometer vorhanden, da das Volumen des Einschlußgefäßes nicht eingeht. Dieses Gefäß muß jedoch in beiden Fällen gasdicht sein. Für verhältnismäßig tiefe Temperaturen, wo Äther oder Wasser benutzt werden kann, Wasser beispielsweise bis zu 350° C, sind mehrere industrielle Formen unter Benutzung dieses Prinzipes beschrieben worden, welches für manche Einrichtungen befriedigend gearbeitet hat, besonders bei dem Apparat von Schäffer und Budenberg und den Instrumenten von Fournier.

Die Schwierigkeit, dieselben gasdicht und dauerhaft zu machen, wenn Quecksilber oder eine für höhere Temperaturen geeignete Substanz benutzt wird, scheint für die allgemeine Einführung dieser Instrumentenart als Pyrometer ein erhebliches Hindernis zu bilden.

Andere pyrometrische Methoden. Wir haben die Liste der Methoden zur Messung hoher Temperaturen, welche vorgeschlagen worden sind, keineswegs erschöpft; ohne bei irgend einer verweilen zu wollen, wollen wir einige erwähnen, welche in besonderen Fällen Dienste leisten können. Die Veränderung des Siedepunktes solcher Substanzen wie Naphthalin, Benzophenon und Schwefel mit dem Druck, die zuerst im einzelnen von Crafts im Jahre 1882 untersucht wurde, ergeben eine kontinuierliche Temperaturskala von sehr großem Bereich, obwohl ein verhältnismäßig sehr komplizierter Druckapparat notwendig wird. Ferner ist die Schallgeschwindigkeit in irgend einem Stoff eine Funktion von dessen Temperatur; und schon im Jahre 1837 wurde eine Methode zur Temperaturmessung nach diesem Prinzip von Cagniard-Latour mit trockener Luft als Substanz vorgeschlagen. Andere Erscheinungen, die weniger viel versprechen, welche benutzt oder vorgeschlagen worden sind, sind folgende: Wärmeleitung, Drehung der Polarisation, magnetisches Moment, Dissoziation, Leitfähigkeit von Gasen und Dämpfen, korpuskulare Emission von stromführenden Metallen im Vakuum, und eine Anwendung der Clapeyronschen Gleichung.

10. Kapitel.

Registrierende Pyrometer.

Unter den verschiedenen Methoden zur Messung hoher Temperaturen können einige zur dauernden Registrierung eingerichtet werden. Das ist sowohl zur Anwendung für die Industrie, als auch für wissenschaftliche Untersuchungen von Nutzen. In Untersuchungs-Laboratorien ist man soviel als möglich bestrebt, die Beobachtungen automatisch vorzunehmen, wobei man sowohl dem Einfluß im voraus gefaßter Meinungen, oder auch der Unachtsamkeit des Beobachters entgeht; in industriellen Werkstätten gibt die Beobachtung solcher Vorgänge eine dauernde Kontrolle über die Arbeit der Beschäftigten, so daß die Anwesenheit eines Beaufsichtigenden unnötig wird.

In den letzteren Jahren liegt einer der wichtigsten Fortschritte in der Pyrometrie in der Entwickelung mehrerer Arten von einfachen, bequemen und nützlichen Instrumenten für das Aufzeichnen von Temperaturen bei industriellen Vorgängen. Es ist nicht möglich, dieselben alle an dieser Stelle zu beschreiben, wir wollen aber über einige eine Übersicht geben, ebenso wie wir unsere Aufmerksamkeit auf die historische Entwickelung des Gegenstandes richten wollen. Bestimmte Formen von Apparaten für Temperatur-Registrierung, geeignet für die Laboratoriums-Untersuchung von Fragen, welche Temperaturänderungen bedingen, aber für jede oder wenigstens die meisten größeren technischen Einrichtungen zu kompliziert, sind schon seit einer größeren Anzahl von Jahren vorhanden gewesen, jedoch die neuere Einführung von Apparaten größerer Einfachheit hat sowohl technische Untersuchungen sehr befördert, als auch die Mittel für eine genaue Kontrolle gar mancher industrieller Vorgänge geliefert, welche bis dahin dem Zufall unterworfen war.

Formen von Temperaturschreibern. Es gibt mehrere Arten, nach welchen die Änderung der Temperatur mit der Zeit registriert werden kann, und die benutzte Methode hängt von dem augenblicklichen Problem ab. Die einfachste und auch fast allgemeine Anwendung von allgemeinem Nutzen sowohl im Betriebe, als auch im Laboratorium ist die Zeit-Temperatur-Kurve; d. h. die Zeit bildet die eine Koordinate und die Temperatur oder eine ihr proportionale Größe die andere auf der Schreibfläche. Viele Temperaturschreiber beruhen auf diesem Grundsatz. Für ein bestimmtes Temperaturintervall gibt es augenscheinlich eine äußerste Empfindlichkeit, über welche ein derartiger Schreibapparat nicht hinausgehen darf, ohne die Größe der Schreibfläche in unzulässiger Weise zu vermehren, wenn man nicht in Stufen arbeitet, wodurch natürlich der Apparat nur zum Teil registrierend wird, und gelegentlich einen Eingriff des Aufsehers verlangt.

Bei bestimmten Untersuchungen im Laboratorium ist es von Bedeutung, die Geschwindigkeit der Temperaturänderungen als Funktion der Temperatur zu haben, oder die Temperatur-Geschwindigkeits-Kurve. So benutzt man bei der Untersuchung bestimmter Erscheinungen, wie z. B. des Schmelzens und der allotropischen Umwandlungen, besonders um deren Auftreten festzustellen, gewöhnlich die Begleiterscheinung der Absorption oder Entwickelung von Wärme, welche durch eine Veränderung in der Geschwindigkeit des Erwärmens oder Abkühlens zutage tritt. Methoden zur Aufzeichnung der Temperatur-Geschwindigkeits-Kurve sind von Le Chatelier und von Dejean beschrieben worden.

Bei den beiden beschriebenen Methoden wird jede zufällige Veränderung der Ofentemperatur, hervorgerufen durch Zugluft oder irgendwelche äußere Ursachen, oder durch die Änderung der Geschwindigkeit des Heizens oder Abkühlens, aufgezeichnet. Das ist sehr wünschenswert in denjenigen Fällen, in welchen die Veränderungen der Ofentemperatur oder seines Inhaltes gesucht werden, aber in denjenigen Fällen, in welchen man die Umwandlungen, welche in der Substanz selbst innerhalb des Ofens vor sich gehen, zu erhalten wünscht, wie beispielsweise, wenn man die Abkühlungskurve einer Stahlprobe bestimmt, muß man bei genauem Arbeiten die zufälligen Schwankungen im Wärmeinhalt, welche nicht der Probe selbst anhaften, vermeiden. Dieses kann man erreichen, wie es durch den jüngeren Sir Roberts-Austen gezeigt wurde, durch Bestimmung der Differential-Temperatur-Kurve oder durch Aufzeichnen der Temperatur des Probestücks als Funktion der aufeinander folgenden Temperaturunterschiede zwischen der beobachteten Probe und einem anderen Körper, den man den neutralen nennt, da er keine Umwandlung besitzt, und den man innerhalb des Ofens nahe dem Probestück aufgestellt.

Obwohl es noch andere Methoden zum Ablesen und Beschreiben von Temperaturkurven gibt, so sind doch die oben erwähnten die einzigen, welche bis jetzt für Selbstregistrierung herangezogen worden sind. Wir wollen Typen von Apparaten beschreiben, welche alle drei Methoden verwenden.

Arten von Abkühlungskurven. Es ist von Interesse, das Auftreten eines Umwandlungsgebietes, wie es beschrieben ist, erkennen zu können, beispielsweise indem man nach den verschiedenen oben erwähnten Methoden abkühlt. In Figur 134 sind diese verschiedenen Formen von Temperaturkurven dargestellt, in welchen Θ die Temperatur

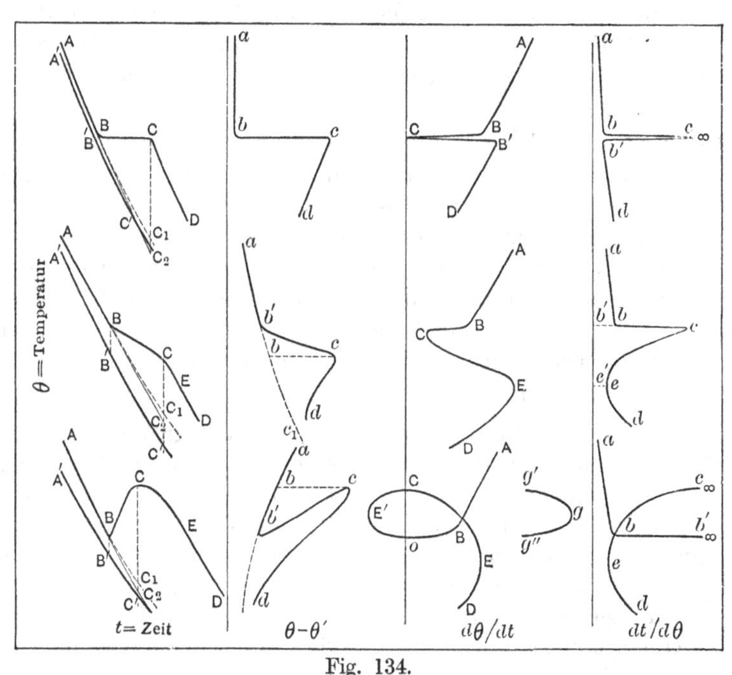

Fig. 134.
Typen von Abkühlungskurven.

und t die Zeit für die drei folgenden Fälle bedeutet: in der ersten Kurve setzt die Wärmeentwickelung die Strahlung und andere Verluste während der Umwandlungszeit ins Gleichgewicht, oder die Temperatur bleibt konstant, wie beim Erstarren einer reinen, gut eingeschlossenen Substanz; in der zweiten Kurve, der meist benutzten, tritt die Umwandlung in einem bestimmten Temperaturintervall ein, oder es ist eine unvollkommene Wärmeisolation vorhanden; und bei der dritten ist Rekaleszenz vorhanden, oder die Reaktion oder Umwandlung entwickelt so schnell Wärme, daß sie einen Temperaturanstieg bewirkt. Die Bezeichnung ist für alle Kurven die gleiche und sie können miteinander verglichen werden durch Betrachten der entsprechenden Buchstaben.

Wir haben auch die reziproke Geschwindigkeitskurve von Osmond mit aufgenommen, die durch Auftragen der Zeitintervalle erhalten wird, die nötig sind, um gleiche Temperaturabnahmen als Funktion der Temperatur hervorzubringen. Obwohl diese Kurve nicht automatisch ohne umständlichen Apparat registriert werden kann, so ist doch die Methode der reziproken Geschwindigkeit in der metallographischen Praxis eine allgemein gebräuchliche. Rosenhain benutzt noch eine andere Gestalt der Kurve, die abgeleitete Differential-Kurve, oder die Temperaturdifferenz zwischen Probe und neutralem Stoff für gleiche Temperaturabnahme, als Funktion der Temperatur aufgetragen. Die Beobachtungen dafür werden wie bei der Differential-Kurve vorgenommen.

Im ganzen erhält man die vollständigsten, ausreichendsten, am besten aufgezeichneten und leicht gedeuteten Resultate innerhalb großer Temperaturintervalle durch gleichzeitiges Aufzeichnen oder Beobachten der Zeit-Temperatur- und Differential-Kurven. Wie wir sehen werden, ist es auch möglich, diese beiden in einer einzigen Kurve zu vereinigen, welche zwischen der Probe und dem neutralen Stoff die Differenzen als Funktion der Temperatur angibt. Die Zeit kann, wenn man es wünscht, in diesem letzteren Falle durch einen geeigneten Unterbrecher angegeben werden.

Die reziproke Geschwindigkeitskurve kann mit großer Genauigkeit mit einem Chronographen in Verbindung mit einem Kompensationsapparat aufgenommen werden, indem der Beobachter in gleichen Zwischenräumen die Kurbeln stellt, und diese Methode kann so genau wie man es wünscht, vorgenommen werden, wenn eine automatische Kontrolle des Ofens vorgesehen wird. Die Gestalt der erhaltenen Kurve ist genau die gleiche wie diejenige, welche nach der abgeleiteten Differentialmethode erhalten wird. Diese beiden Methoden können in gleicher Weise mit Vorteil auf die gleiche Probe angewandt werden, wie es am Bureau of Standards üblich ist.

Methoden der Aufzeichnung. Das Aufzeichnen kann entweder auf photographischem Wege oder mit Hilfe einiger elektrischer oder mechanischer Mittel geschehen, für welches wir den Ausdruck „autographisch“ benutzen wollen. Die letztere Methode besitzt den Vorteil, daß der Experimentator jeden Teil des Schreibapparates beobachten kann, deshalb den Vorgang verfolgen und in jedem Augenblick die den Versuch oder Vorgang beeinflussenden Bedingungen verändern kann, während bei dem photographischen Apparat es im allgemeinen notwendig wird, zu warten, bis die Platte entwickelt ist, um erkennen zu können, was eingetreten ist. Die Handhabung der photographischen Methode ist gewöhnlich ebenfalls schwieriger und zeitraubend, die Einstellung weniger sicher, und die Aufzeichnung benötigt oftmals weitere graphische Behandlung, weswegen die photographische Methode für die meisten Bedürfnisse der Industrie nicht geeignet ist. Die autographische Methode ist im allgemeinen nicht geeignet für die Auslegung von Erscheinungen, welche sich in einem Bereich weniger Sekunden abspielen, so daß es für sehr schnelle Temperaturänderungen notwendig wird, die photographische Methode zu benutzen. Ein autographischer Schreibapparat ist gewöhnlich weniger schnell für sehr verschiedene Geschwindigkeiten einstellbar und viele Typen eines derartigen Apparates sind nur für eine oder zwei Geschwindigkeiten ausgerüstet. Dieses ist aber keine erhebliche Unbequemlichkeit, ausgenommen im Falle, daß man das gleiche Instrument für sehr verschiedene Zwecke benutzt.

Folgende Pyrometer sind registrierend gebaut worden:

das Gasthermometer mit konstantem Volumen,
das thermoelektrische Pyrometer,
das elektrische Widerstandsthermometer,
das Gesamtstrahlungs-Pyrometer,
das Strömungs-Pyrometer.

Das optische Pyrometer der Morse - Type könnte halbregistrierend gebaut werden, aber die anderen optischen und auch die diskontinuierlichen Pyrometer können nur mit großer Schwierigkeit zur Registrierung dienen.

Das registrierende Gas-Pyrometer. Die Umwandlung des Gas-Pyrometers in ein aufzeichnendes Instrument ist äußerst einfach und schon seit langer Zeit verwirklicht. Es genügt, die von dem Porzellangefäß kommende Röhre dauernd mit einem aufzeichnenden Manometer zu verbinden, um ein Registrier-Pyrometer mit theoretischer Vollkommenheit zu haben. Praktisch besitzen aber diese Instrumente sehr viele Unbequemlichkeiten, welche deren Einführung im allgemeinen verhindert haben und sie sind meistensteils durch andere Arten ersetzt worden, die sowohl für Laboratoriumszwecke als auch für technische besser geeignet sind.

Oberhalb von 1000° ist die Durchlässigkeit des Porzellans für Wasserdampf hinreichend groß, um dasselbe bald untauglich zu machen. Untersuchungen, die von der Pariser Gas-Compagnie angestellt wurden, zeigten, daß in Öfen von 1100° das Eindringen des Wasserdampfes genügend schnell erfolgt, so daß sich in wenigen Tagen Wasser in den kälteren Teilen des Apparates ansammelt.

Absolute Undurchlässigkeit des Apparates, welche ganz unentbehrlich ist, da das Arbeiten des Apparates die Unveränderlichkeit der Gasmasse voraussetzt, ist sehr schwierig zu erlangen. Oftmals besitzt die Glasur des Porzellans in sich Löcher. Die zahlreichen Verbindungsstellen, welche bei dem Registrierapparat vorhanden sind, und vor allem die Metallteile des Apparates, können den Sitz kleiner, schwierig zu entdeckender Undichtigkeiten bilden.

Die Verbindung der metallischen Teile mit dem Porzellanrohr wird im allgemeinen mit Kitt hergestellt, immer mit Substanzen organischen Ursprungs, welche in der Verbindung mit einem industriellen Apparat, der im allgemeinen schwerfällig und dickwandig ist, nicht mit Sicherheit gegen Strahlung mit Hilfe eines Wassermantels geschützt werden können; das bildet eine erhebliche Unbequemlichkeit.

Bei einem Laboratoriumsapparat von kleiner Gestalt, ist der Schutz der Verbindungsstelle leichter, dann aber bilden die großen Abmessungen des Gefäßes, wie es auseinander gesetzt worden ist, einen erheblichen Nachteil. Man kann in einem kleinen Ofen kein großes Gebiet finden, dessen Temperatur gleichförmig ist.

Ein anderer, sehr erheblicher Nachteil des registrierenden Gas-Pyrometers ist die Schwierigkeit seiner Eichung. Schon in Verbindung mit dem Quecksilbermanometer bildet der schädliche Raum eine Quelle von Verwickelungen; aber man kann diesen Einfluß messen und deswegen korrigieren. Bei dem registrierenden Manometer ist der schädliche Raum viel größer und außerdem mit der Formänderung des elastischen Rohres veränderlich. So kann die Eichung nur auf empirischem Wege vorgenommen werden, unter Verwendung von Bädern von bestimmten Schmelz- oder Siedepunkten, ein Vorgang, der sich zumeist nur schwierig mit einem Apparat aus sehr zerbrechlichem Porzellan verwirklichen läßt, oder auch durch Benutzung eines großen Röhrenofens, dessen Temperatur mit Hilfe einer anderen Pyrometerart, die bei den bestimmten ausgesuchten Punkten geeicht ist, gegeben wird. Das registrierende Gasthermometer ist infolgedessen von geringem praktischem Interesse.

Registrier-Pyrometer des elektrischen Widerstandes. Einige befriedigende Lösungen gibt es von dem Problem, das Widerstands-Pyrometer selbstregistrierend zu machen.

Der Schleifdraht-Schreibapparat von Callendar. Um sein Pyrometer selbstregistrierend zu machen (Fig. 135 und 137), benutzt Callendar folgende sehr einfache Anordnung: Zwei Zweige einer Wheatstoneschen Brücke, die zur Messung des Widerstandes der heißen Spule dient, bestehen aus einem einzigen Draht, auf welchem ein Kontakt schleift, welcher mit einer der Galvanometerzuleitungen verbunden ist. Jeder Stellung des Kontaktes entspricht, wenn das Galvanometer auf Null steht, ein bestimmter Widerstand und infolgedessen eine bestimmte Temperatur der Spule. Die Stellung des Kontaktes kann leicht aufgezeichnet werden, wenn man an demselben eine

Schreibfeder anbringt, welche auf einem Papierblatt gleitet, das sich senkrecht zur Drahtlänge bewegt. Um die auf diese Weise erhaltene Kurve der Temperaturkurve entsprechen zu lassen, genügt es, daß die Stellung des Kontaktes in jedem Augenblick so abgeglichen ist, daß das Galvanometer auf Null steht. Dieses Resultat wird mit Hilfe eines durch ein

Fig. 135.
Callendars Schreibapparat.

Relais gesteuerten Uhrwerkes erhalten, welches vom Galvanometer in der einen oder anderen Richtung, gemäß der Richtung der Ablenkung, welche letzteres vom Nullpunkt aus einzunehmen strebt, betätigt wird. Es ist ein Galvanometer mit beweglicher Spule, dessen Nadel einen Arm trägt, welcher unter Herstellung eines Kontaktes einen Strom schließt. Die von diesem Instrument gezeichnete Kurve benutzt rechtwinkelige

Koordinaten, was beim Ablesen der Temperaturen von praktischer Wichtigkeit ist.

Figur 136 gibt ein Beispiel von einer von diesem Apparat aufgezeichneten Kurve, welche den Einfluß des Heizens auf die Temperatur eines Glühofens durch einen geübten und einen ungeübten Arbeiter zeigt. Es muß bemerkt werden, daß ein kontinuierlicher Kurvenzug erhalten wird.

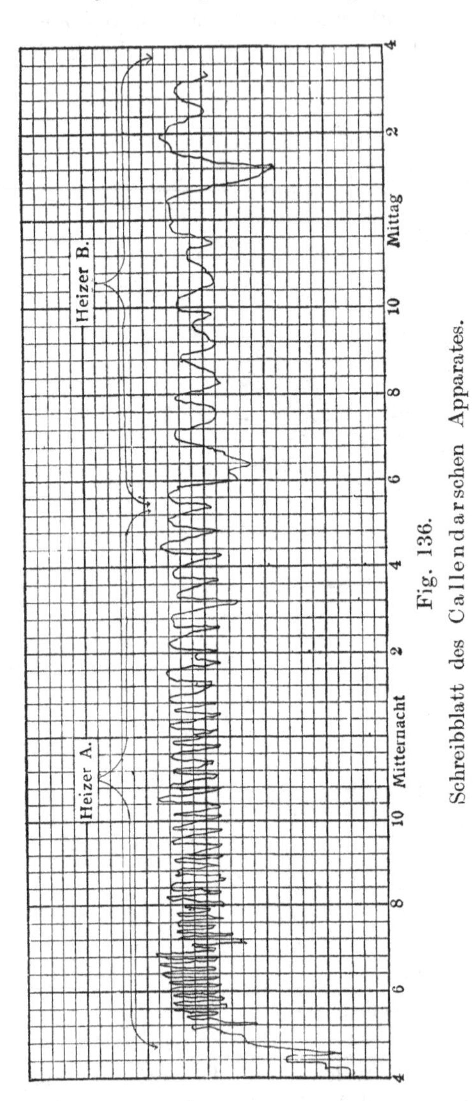

Fig. 136. Schreibblatt des Callendarschen Apparates.

Dieser Schreibapparat besitzt eine interessante Einzelheit, welche ein gutes Arbeiten sichert und welche mit Vorteil in anderen ähnlichen Fällen benutzt werden könnte. Der Zeiger der Galvanometernadel schlägt nicht gegen einen festen Leiter, an welchem er wegen des Erhitzens durch den Stromdurchgang und besonders wegen des Extrastromes beim Öffnen hängen bleiben würde. Der Leiter besteht aus dem metallischen Umfang eines Rades, welchem eine langsame, gleichmäßigeRotationsbewegung erteilt wird, die alles Anhaften unmöglich macht. Dieser Kunstgriff macht es möglich, die Relais mit Hilfe eines empfindlichen Galvanometers zu betreiben, was man auf andere Art nicht erreichen könnte.

Dieser Registrierapparat ist natürlich sehr teuer, aber bis vor kurzer Zeit war er der einzige empfindliche, allgemein anwendbare, mit welchem man ein Diagramm bei hohen Temperaturen mit rein mechanischen Mitteln ohne Zuhilfenahme der Photographie erhalten konnte. Der Apparat leidet ferner unter den Unbequemlichkeiten, die einem derart komplizierten Mechanismus innewohnen, indem er den Aufwand sorgfältiger Arbeit zur Justierung benötigt; trotzdem hat er sich von außerordentlichem Nutzen bei manchen technischen Vorgängen, welche eine genaue Temperaturkontrolle erfordern, erwiesen, besonders bei langdauernden Arbeiten.

Für die Benutzung im Laboratorium muß man bemerken, daß notwendigerweise die äußerst hohe Empfindlichkeit der Widerstandsmethode zur Temperaturmessung durch die Registrierung verloren geht; aber ein derartiger Verlust ist nicht erheblich genug, um zu verhindern, daß diese empfindlichste Registriermethode bei vielen Laboratoriumsuntersuchungen von großem Nutzen ist. Eine Empfindlichkeit von 1 auf 5000° kann mit Leichtigkeit erhalten werden und mit Sorgfalt noch eine erheblich höhere Empfindlichkeit. Das verhältnismäßig große Volumen des Gefäßes oder der Thermometerspule ist manchmal ein Nachteil bei der Aufnahme von Abkühlungskurven von Stahlsorten. Callendar hebt ebenfalls noch folgende Punkte hervor: Die Skala des Instrumentes ist gleichförmig und unabhängig von der EMK der Batterie, da sie durch das Verhältnis des Widerstandes des Brückendrahtes zu dem des Thermometers bestimmt ist, und dieses kann so eingerichtet werden, daß es jeden gewünschten Temperaturbereich liefert. Es ist ein großer Vorteil in der Praxis, daß die Skala niemals eine Justierung verlangt, sondern immer auf 1‰ genau ist, vorausgesetzt, daß der Brückendraht gut und gleichförmig ist.

Für gewöhnliches Arbeiten werden die Thermometer im allgemeinen mit einer „Eisspule" oder einer Gleichgewichtsspule ausgerüstet, um den Widerstand des Thermometers bei 0° C einzustellen. Die Eisspule für jedes Thermometer ist mit ihren besonderen Klemmen verbunden, während das Thermometer, zu welchem sie gehört, in Benutzung ist. Wenn das Thermometer einen ausgedehnten Temperaturbereich überbrücken soll, und man wünscht, die Empfindlichkeit sehr groß zu haben, so kann man eine Anzahl Hilfswiderstände oder „Nullwertspulen", die im allgemeinen von 0 bis zu 20 Ohm reichen, vorsehen, wodurch man den Meßbereich auf das Zwanzigfache von dem des 1 Ohm-Brückendrahtes ausdehnen kann. Mit einem Thermometer von 26 Ohm würde der so erhaltene Bereich 200° C betragen oder 2000° mit einem Pyrometer von 2,6 Ohm.

Die wichtigsten Punkte bei der Eichung eines Schreibapparates mit Schleifdraht sind die Einstellungen des Nullpunktes vom Galvanometer und des Nullpunktes des Schleifdrahtes. Das erstere wird erreicht durch Drehung des Torsionskopfes der Aufhängung, bis der Galvanometerarm frei über dem Kontaktrade schwingt; für den letzteren Zweck kann der Schleifdraht selbst relativ zum Registrierpapier verschoben werden, wobei das Pyrometer und die Kompensationszuleitungen kurzgeschlossen und die Batterie eingeschaltet ist.

Dieser Schreibapparat kann ebensowohl wie die anderen, die wir aufzählen wollen, angeordnet werden, daß er irgendwelche Zusatzkräfte elektrischer Art registriert und kann deshalb ebenfalls als thermoelektrischer Schreibapparat arbeiten.

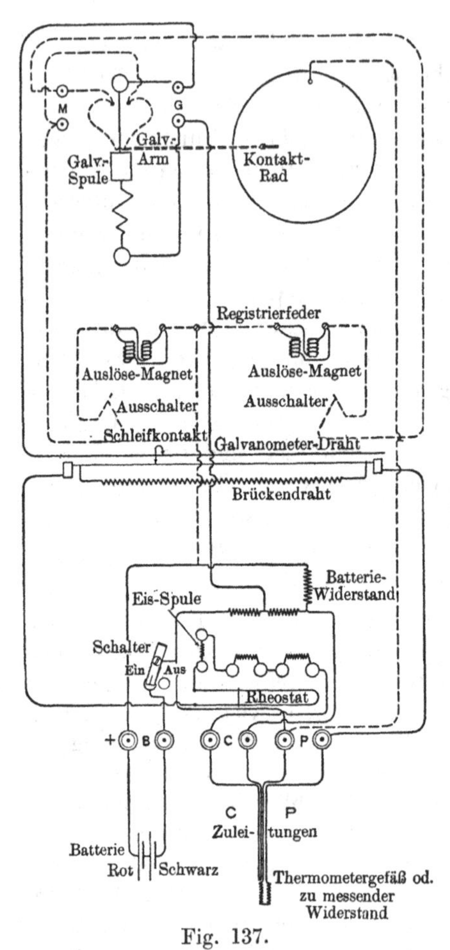

Fig. 137.
Schaltungsschema des Callendarschen Apparates.

Wenn man ihn so zur Temperaturmessung mit Hilfe von Thermoelementen in der Methode der Gegenschaltung benutzt, so ist die zum Betreiben der Relais verfügbare Stromstärke viel schwächer als bei der oben beschriebenen Verwendung, so daß man keine große Empfindlichkeit erhalten kann. Figur 135 zeigt einen Callendarschen Schreibapparat, wie er von der Cambridge-Instrument-Company hergestellt worden ist, angeordnet für die thermoelektrische Temperaturmessung in Verbindung mit einem elektrischen Widerstandsofen. In Figur 137 ist das Schaltungsschema eines für Bedürfnisse der Praxis angeordneten Callendarschen Registrierapparates dargestellt.

Schreibapparate mit Ablenkung. Der Fadenschreiber von Figur 152 oder eine andere Art eines registrierenden Millivoltmeters, die hauptsächlich für die Benutzung mit Thermoelementen bestimmt ist, kann ebenfalls dazu dienen, verhältnismäßig kleine Temperaturbereiche zu registrieren, wenn es als Ablenkungsgalvanometer in einer Wheatstoneschen Brücke für ein Widerstandsthermometer benutzt wird, unter der Voraussetzung, daß die Empfindlichkeit des Registrierinstrumentes ausreicht. Dies ist aber leicht zu erreichen, da ein Galvanometer mit hohem Widerstande nicht nötig oder erwünscht ist. In Figur 138 ist eine solche Anordnung dargestellt, wie sie von Callendar benutzt wurde. Der Schreibapparat von Siemens und Halske (Fig. 150) ist ebenfalls mit einer sehr empfindlichen Skala, d. h. 1,5 Millivolt beispielsweise bei einem Galvanometerwiderstand von 10,5 Ohm, zu erhalten.

Man braucht irgend eine Form einer Brücke für Platinthermometer mit einem Schleifdraht und einen Rheostaten, welcher eine Feinregulierung gestattet. Dieser Rheostat liegt in Serie mit einer Akkumulatorenbatterie und dient dazu, die Skala des Schreibers zu justieren. Das eine Ende des Registrierapparates ist mit G verbunden zwischen den

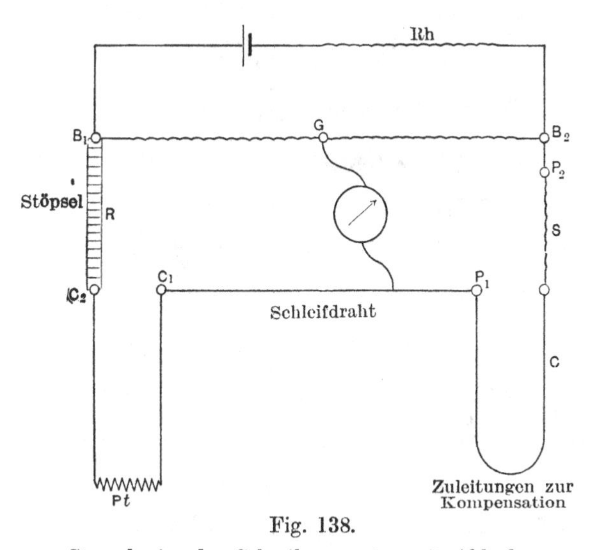

Fig. 138.
Stromkreise des Schreibapparates mit Ablenkung.

das Verhältnis gebenden Brückenzweigen B_1 G und B_2 G, und das andere mit dem Schleifkontakt auf dem Brückendrahte. Die Kompensationsleitungen liegen in Serie mit den Ausgleichswiderständen. Bei dieser Anordnung bleibt der Widerstand $S + C$ nahezu konstant, so daß, wenn die Galvanometerablenkung richtig eingestellt ist, wenn das Thermometer sich auf 0^0 C oder einer anderen geeigneten Temperatur befindet, die Skala sehr nahe stimmen wird, wenn das Thermometer sich auf irgend einer anderen Temperatur befindet, falls die Stöpsel R richtig eingestellt sind. Auf diese Weise kann eine viel größere Empfindlichkeit erhalten werden, als wenn man solch einen Schreibapparat mit Thermoelementen benutzt. So ist es möglich, eine Skala von 50 mm für 1^0 C zu bekommen, wenn man es wünscht. Solche große Empfindlichkeit aber ist nur nötig bei einer äußerst feinen Thermostatenregulierung. Die Skala des Galvanometers ist nicht genau eine aus gleichen Teilen und dieses muß man bei genauem Arbeiten berücksichtigen.

Die Schreibapparate von Leeds und Northrup. Diese Firma hat zwei Arten von Widerstandsapparaten, die für Temperaturmessungen geeignet sind, in den Handel gebracht, von denen der eine eine elektromagnetische und der andere mechanische Regulierung be-

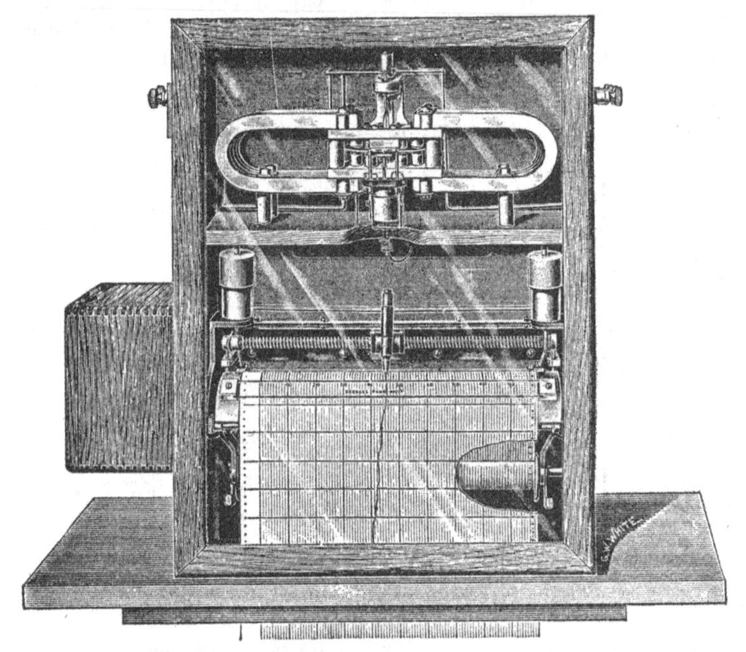

Fig. 139.
Schreibapparat von *Leeds* und *Northrup*.

sitzt. Der erstere ist bereits zu einem abgeschlossenen Instrument vervollkommnet, während der zweite in den Einzelheiten noch Verbesserungen unterworfen ist. Beide sind von der Gleichgewichtstype und geben Federregistrierungen in rechtwinkeligen Koordinaten, welche den Temperaturen proportional sind; in beiden Fällen ist der registrierende Mechanismus von dem Galvanometersystem ganz unabhängig und die Genauigkeit von Änderungen der Galvanometerkonstanten unbeeinflußt.

Die allgemeine Ansicht des Schreibapparates mit elektromagnetischer Regulierung ist in Figur 139 dargestellt. In der gewöhnlichen

Konstruktion wird dieser Schreibapparat für jeden Meßbereich über 40^0 bis 1000^0 C hergestellt, mit einer Empfindlichkeit von $^1/_5$ % und einer Konstanz der gleichen Einstellung von $^2/_5$ %. Die Feder folgt Temperaturänderungen im Betrage von $^1/_5$ % des ganzen Bereiches pro Sekunde und gibt ein kontinuierlich gezogenes Diagramm.

Der vollständige Schreibapparat besteht aus vier wesentlichen Teilen: einem Differentialgalvanometer, ausgerüstet mit einem Glockenmagneten, um periodisch den Kontaktapparat arbeiten zu lassen; einem Uhrwerk, welches das Papier treibt und auf den kontaktgebenden Glockenmagneten einwirkt; einem einfachen Mechanismus, bestehend aus einer Schraube und zwei Elektromagneten der Glockentype, um die Feder zu treiben und den Kontakt ins Gleichgewicht zu setzen; und einem Förderapparat für das Papier von einem Uhrwerk angetrieben, welcher ein zusammenhängendes Papierband von einer Rolle herunterschafft und über eine Fläche treibt, wo es unter eine gewöhnliche Schreibfeder gerät.

Der mechanische Schreibapparat ist im allgemeinen von gleichem Bau, mit der Ausnahme, daß die Bewegungsmechanismen alle auf mechanischem Wege betrieben werden, mit dem Zusatz, daß der Federmechanismus um so schneller läuft, je mehr die Galvanometernadel abgelenkt ist, oder umgekehrt. Dieses erlaubt, viel raschere Temperaturänderungen zu verfolgen, als es mit dem elektromagnetisch regulierten Schreibapparat geschehen kann.

Beide Instrumente können ebenfalls für den Gebrauch von Thermoelementen angeordnet werden; und der mechanische Schreiber ist außerdem eingerichtet worden, um direkt die Differential-Temperaturkurve (S. 370), mit Hilfe eines doppelten Galvanometersystemes, aufzuzeichnen, wobei das Papier proportional der Temperatur der Probe und die Feder proportional der Temperaturdifferenz zwischen Probe und neutralem Stoff bewegt wird.

Carpentiers elektrothermischer Schreibapparat. Dieses System gibt rechtwinkelige Koordinaten durch Benutzung eines zylindrischen Rahmens, welcher das Papier trägt, der dauernd vorrückt und gegen welchen die von dem Galvanometerarm getragene Feder mit Hilfe folgender elektrothermischen Konstruktion Marken zeichnet; der Galvanometerarm trägt einen dünnen Platin-Silberdraht, durch welchen ein elektrischer Gleich- oder Wechselstrom mit Hilfe einer Batterie oder auch der gewöhnlichen Lichtleitung fließen kann. Die Schreibfeder und der Draht sind so an dem Ende des Armes mit Hilfe einer Feder angebracht, daß, wenn kein Strom in dem Draht fließt, die Feder von dem Papier abgehoben ist; das Hindurchfließen eines Stromes aber bewirkt eine Streckung des Drahtes infolge seiner Ausdehnung und die Feder treibt dann die Schreibfeder gegen das Papier ohne Stoß. Mit einem geeigneten Umschalter kann man mindestens 4 Kontakte in der Sekunde auf dem Papier erhalten; und wo mehrere Diagramme auf dem gleichen Papier aufgezeichnet werden sollen, wie beispielsweise für mehrere Einzelthermometer, kann man das gleiche Prinzip der elektrothermischen Regulierung ebenfalls mit dem Kommutator anwenden, welcher für jeden Stromkreis Punkte oder Striche von verschiedener Länge ergibt, wenn die Kontaktflächen entsprechend eingerichtet sind.

Diese Art des Schreibapparates und Kommutators kann augenscheinlich in Verbindung mit jeder Art eines Pyrometers benutzt werden, dessen Angaben mit einem Galvanometer erhalten werden.

Thermoelektrische Pyrometer als Schreibapparate. Wir wollen die thermoelektrischen Registriermethoden nach der Art der Kurve, welche sie aufzeichnen, nämlich nach Temperatur-Zeit, Differential- und Temperatur-Geschwindigkeit ordnen, wobei alle sowohl mit photographischen als auch autographischen Registrierapparaten verwirklicht werden können. Vielleicht wegen der allgemeinen Bequemlichkeit des Thermoelementes für Temperaturmessungen scheint man bis in die neueste Zeit hinein mehr Aufmerksamkeit auf die Entwickelung von Registriermethoden für diese Pyrometerart als für irgend eine andere aufgewendet zu haben, und dieses mit Rücksicht auf die Tatsache, daß das Thermoelement unter dem Übelstand leidet, im Vergleich zum Widerstandsthermometer beispielsweise, an und für sich sehr wenig Energie für den Betrieb eines Schreibapparates zu besitzen.

Hauptsächlich aus diesem Grunde scheint es, daß die ersten thermoelektrischen Schreibapparate photographische Instrumente waren; und tatsächlich sind erst in den letzten Jahren befriedigende thermoelektrische Registrierapparate konstruiert worden, welche außerdem verschiedene Kunstgriffe anwenden, um die Empfindlichkeit für das Registriergalvanometer zu erhalten, indem sie gewöhnlich einen unterbrochenen oder punktierten Kurvenzug benötigen, wenigstens bei Benutzung von Pt/Rh-Elementen. Die Schwierigkeit des Problems wird in diesem Falle deutlich, wenn man sich daran erinnert, daß nur sehr schwache Ströme erhalten werden können; so ist für eine Genauigkeit von 10^0 C ein Apparat mit einer Empfindlichkeit von mindestens $^1/_{40000}$ Volt nötig, und da das Galvanometer wenigstens einen Widerstand von 100 Ohm besitzen sollte, wie es oben auseinandergesetzt wurde, wenn man die Ablenkungsmethode verwendet, so beträgt der entsprechende Strom nur $^1/_{1000000}$ eines Ampere.

In denjenigen Fällen, wo es wie bei manchen industriellen Messungen gestattet ist, bestimmte Legierungen der unedlen Metalle zu benutzen, welche große EMKK hervorbringen, und deren Widerstand so klein ist, daß der Galvanometerwiderstand ebenfalls verkleinert werden kann, ist es möglich, Schreibapparate herzustellen, welche eine vollkommen ausgezogene Kurve ergeben mit einer für manche technische Vorgänge ausreichenden Genauigkeit.

Schreibapparate für Temperatur-Geschwindigkeit. Wie wir gesehen haben, ist es manchmal von Interesse, besonders im Laboratorium, direkt die Geschwindigkeit des Eintrittes bestimmter Erscheinungen, wie der Abkühlungs-Geschwindigkeit oder chemischer Umwandlung zu messen. Wir benötigen einen Apparat, welcher den Betrag der Temperaturänderung der Probe als Funktion deren Temperatur ergeben soll.

Versuche von Le Chatelier. Le Chatelier benutzte diese Methode im Jahre 1887 bei seiner Untersuchung über die Eigenschaften von Tonen. Er war ebenfalls der erste, welcher einen photographischen Apparat zum Registrieren der Werte für die Abkühlungs- oder Erhitzungskurven benutzte mit einer Anordnung, die beschrieben werden soll, bei welcher die photographische Platte in Ruhe blieb.

Ein von einem Galvanometerspiegel reflektiertes Lichtbündel fällt periodisch in bestimmten Zwischenräumen, beispielsweise von einer Sekunde, auf eine feststehende empfindliche Platte. Der gegenseitige Abstand zweier aufeinanderfolgender Bilder ergibt die Temperaturänderung während der Zeiteinheit, d. h. die Geschwindigkeit des Erhitzens oder Abkühlens; der Abstand desselben Bildes von dem Bilde, welches dem Anfang des Erhitzens entspricht, ergibt die Messung der Temperatur.

In allen Fällen des photographischen Aufzeichnens ist es nützlich, die gewöhnlichen Galvanometerspiegel, welche ganz ungenügende Bilder in Gestalt und Helligkeit liefern, durch besondere aus plankonvexen Linsen zu ersetzen, welche auf der ebenen Fläche versilbert sind. Diese Spiegel sind etwas schwerer als Spiegel mit parallelen Flächen, besitzen aber zwei wichtige Vorteile: das Fehlen von Nebenbildern, die an der Vorderwand des Spiegels reflektiert sind und eine größere Festigkeit, welche ein zufälliges Verbiegen des Spiegels infolge des Anfassens seines Halters vermeidet. Man kann leicht gute Spiegel dieser Art von 20 mm Durchmesser bekommen und mit etwas größerer Schwierigkeit solche von 30 mm Durchmesser. Diese letzteren ergeben 9 mal soviel Licht als die gewöhnlichen Spiegel. Es ist leicht, die Linsen so auszuwählen, daß sie einen Spiegel von bestimmter Brennweite ergeben. Eine Plankonvexlinse, deren Hauptbrennweite für durchfallendes Licht 1 m beträgt, ergibt nach dem Versilbern der ebenen Fläche ein optisches System, daß einem Hohlspiegel von einem Krümmungsradius von 1 m gleichwertig wäre.

Le Chatelier benutzte diskontinuierliches Aufzeichnen. Bei dieser Art des Aufzeichnens sollte die Lichtquelle periodische Veränderungen erleiden; die einfachste Verwendung ist die des elektrischen Funkens zwischen zwei metallischen Spitzen. Die Unterbrechung des Stromes wird von einem Pendel in bestimmten Zeitzwischenräumen bewirkt.

Um einen Funken von genügender Helligkeit zu bekommen, ist es notwendig, einen Induktor zu benutzen, der eine freie Funkenlänge von 50 mm ergibt und ihn durch eine Leydener Flasche zu verstärken, welche die Länge dieser Funken auf 5 mm verkleinert. Es genügt für diesen Zweck eine Flasche von 1—2 Litern. Die Auswahl des Metalls für die Spitzen ist ziemlich unwichtig; Zink, Aluminium und besonders Magnesium ergeben Funken, welche photographisch sehr wirksam sind. Diese Metalle besitzen den Nachteil, sehr rasch in der Luft zu oxydieren, so daß es von Zeit zu Zeit notwendig wird, die Spitzen mit einer Feile zu reinigen. Die metallischen Stifte können einen Durchmesser von 5 mm besitzen und der gegenseitige Abstand der Spitzen beträgt 2 mm. Man kann ohne Zweifel auch Quecksilber benutzen, welches ebenso wirksame Funken wie Magnesium liefert, eingeschlossen in einem Apparat, in dem das Metall vor Veränderung geschützt wäre.

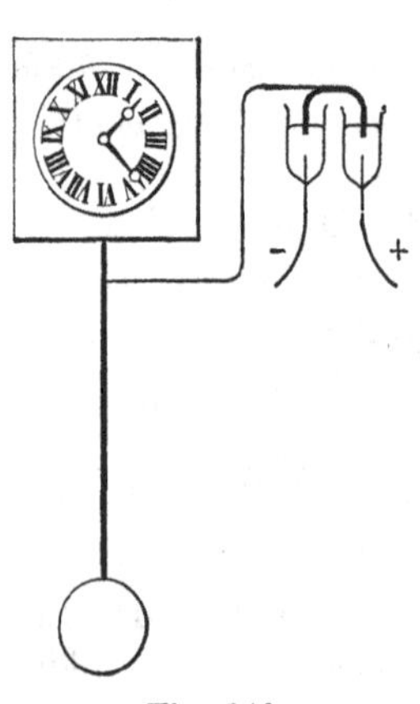

Fig. 140.
Uhr-Unterbrecher.

Um die Unterbrechung zu bewirken, wird an einem Pendel (Fig. 140) eine senkrechte Platingabel angebracht, welche in zwei Quecksilbernäpfe mit Alkoholüberdeckung eintaucht. Es ist nützlich, um den Widerstand, welchen das Eintauchen der Gabel der Bewegung des Pendels entgegensetzt, auf einen kleinen Wert zu bringen, diese Gabel in eine gleiche Horizontalebene wie die Drehungsachse des Pendels zu bringen. Auf diese Weise vermeidet man translatorische Bewegungen des Quecksilbers, welche die meisten Störungen hervorbringen. Die einzige Verbesserung, die man bei dieser intermittierenden Beleuchtung anbringen muß, besteht darin, mit einem für direkte Photographie viel zu breiten und unregelmäßigen Funken die Beleuchtung eines sehr engen Spaltes hervorzubringen. Es genügt nicht, den Funken hinter den Spalt in einem kleinen Abstande anzubringen, da die kleinste Verschiebung des Funkens bewirken würde, daß das Lichtbündel neben den Spiegel des Galvanometers fällt. Diese Schwierigkeit wird durch einen wohlbekannten Kunstgriff vermieden. Eine Linse wird zwischen die Elektroden und den Spiegel eingeschaltet (Fig. 141). Die Stellung der Elektroden ist so abgeglichen, daß das Bild des Spiegels zwischen ihnen

entworfen wird. Bei einem gegenseitigen Abstand der Elektroden von 2 mm, einer Linse von 100 mm Brennweite und einem Spiegel von 25 mm Durchmesser berührt das Bild des letzteren gerade die zwei Spitzen; der Funke überdeckt dann notwendig das Bild des Spiegels und die von der Linse ausgehenden Strahlen fallen sicherlich auf den Spiegel auf. Man ist auf diese Weise sicher, wenn man vor die Linse einen engen metallischen Spalt bringt, daß alle hindurchgelassenen Strahlen den Spiegel erreichen und auf die photographische Platte geworfen werden, gleichgültig, wo der Spalt vor der Linse sich befindet.

Um Zeit zu sparen, ist es von Vorteil, mehrere Beobachtungsreihen auf dieselbe Platte zu bringen. Dieses wird leicht erreicht, wenn man

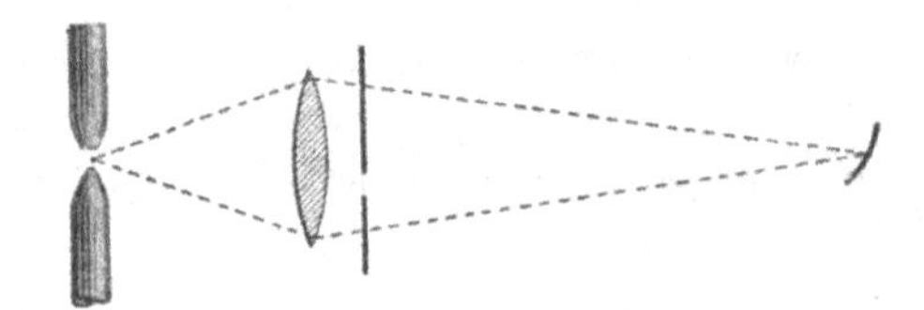

Fig. 141.
Anordnung zur Beleuchtung.

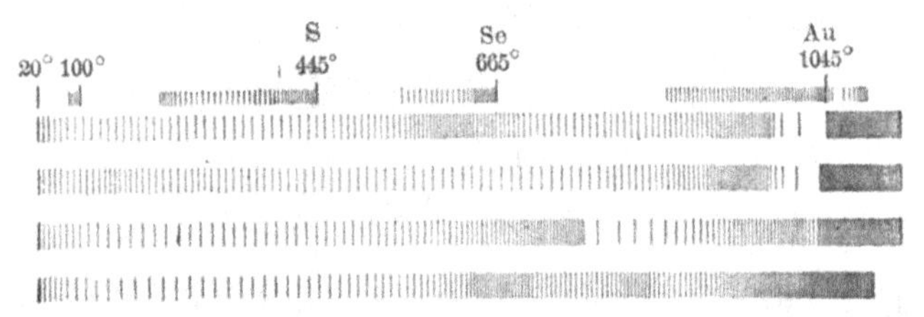

Fig. 142.
Erhitzungskurven von Tonen.

die Platte so anordnet, daß sie zwischen zwei Beobachtungsreihen vertikal verschoben werden kann oder indem man den Spalt so stellt, daß er mit dem gleichen Erfolg vor der Linse verschoben werden kann.

Das Diagramm (Fig. 142) gibt die Reproduktion von Negativen, welche sich auf die Einwirkung der Wärme auf Tone beziehen. Die erste Zeile ergibt die Eichung des Elementes; sie ist aus verschiedenen einzelnen Photographien abgeleitet, welche, um Platz zu sparen, vereinigt sind. Die folgenden Zeilen bilden die Reproduktion von photographisch hergestellten Negativen ohne Eingreifen der Hand des Beobachters. Die zweite Zeile stellt beispielsweise die Erhitzung eines gewöhnlichen Tones dar. Eine leichte Zusammendrängung der Linien zwischen 150° und 350° zeigt eine erste Erscheinung unter Absorption von Wärme an; sie besteht in der Verdampfung des eingeschlossenen

Wassers. Eine zweite, viel deutlicher ausgeprägte Abkühlung zwischen 550° und 650° zeigt die Wasserabgabe an, die gewöhnlich beim Ton so genannt wird und in der Abgabe zweier Wassermoleküle aus der Verbindung besteht. Endlich zeigt der erhebliche Raum zwischen den Linien bei 1000° ein plötzliches Freiwerden von Wärme infolge einer isomeren Zustandsänderung an, nach welcher die Tonerde in Säure unlöslich wird. Die anderen Reihen beziehen sich auf die Erhitzung anderer Arten von Ton, die dritte Zeile auf Kaolin, die fünfte auf Steargillit.

Dejeans Apparat. Eine andere Methode zur Aufzeichnung der Geschwindigkeit des Erhitzens oder Abkühlens als Funktion der Temperatur ist von Dejean vorgeschlagen worden. Das Neue an dieser Methode, welche einen kontinuierlichen Kurvenzug ergibt, ist die Benutzung eines Induktionsgalvanometers oder Relais, welches in den Stromkreis des empfindlicheren Galvanometers G_1 des Saladin-Systems

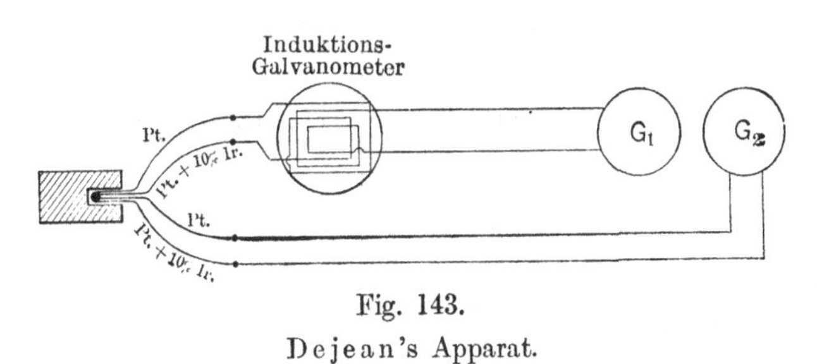

Fig. 143.
Dejean's Apparat.

(Fig. 160) eingeschaltet werden kann. Das Prinzip des Apparates ist in Fig. 143 dargestellt. Das Induktionsrelais ist ein abgeändertes d'Arsonval - Galvanometer mit einem Elektromagneten und beweglicher Spule, wobei die letzere aus zwei voneinander isolierten Wickelungen gebildet wird, deren eine mit einem Thermoelement verbunden ist. Ein Erhitzen oder Abkühlen der einen Lötstelle dieses Elementes bewirkt, daß die Spule abgelenkt wird und ihre Bewegung im Felde des Elektromagneten induziert in der zweiten Wickelung der Spule eine EMK, welche ihrer Winkelgeschwindigkeit proportional oder auch infolgedessen der Änderungsgeschwindigkeit der EMK des Elementes oder angenähert der Abkühlungs- oder Erhitzungsgeschwindigkeit, d. h. proportional $\frac{d\Theta}{dt}$. Die induzierte EMK wird durch Verbindung dieser Windung mit dem Galvanometer G_1 gemessen. Die Galvanometerablenkung geht durch ein Minimum hindurch, wenn die Erhitzung oder Abkühlung sich im Minimum befindet, d. h. in einem Gebiete, in welchem eine Wärmeentwickelung oder Absorption stattfindet. Ein zweites

Thermoelement in Serie mit einem zweiten Galvanometer des Saladin-Systems ergibt die Temperatur der Probe. Wir haben deshalb auf der Platte P (Fig. 134), wenn die Kurve photographisch aufgenommen wird, die Temperaturen als Abszissen und die Geschwindigkeit des Abkühlens als Ordinaten. Dejean hat diese Methode bei der Untersuchung von Stahlsorten benutzt und ebenfalls mit ihr das System Kupfer-Kupferoxyd untersucht. Die Übergangstemperaturen sind sehr deutlich ausgeprägt; wenn man es wünscht, kann direkte Ablesung an die Stelle des photographischen Registrierens treten unter Vermehrung der Genauigkeit. Die Methode ist aber unempfindlich, wenn die Temperatur sich nicht rasch ändert. Sie bildet augenscheinlich eine ganz allgemeine Methode, um die Änderungsgeschwindigkeit der EMK $\left(\frac{dE}{dt}\right)$ zu registrieren.

Weder bei der Anordnung von Le Chatelier, noch bei der von Dejean können Unterschiede in der Geschwindigkeit des Heizens und auch des Abkühlens, welche durch die Substanz selbst bedingt sind, von denen durch äußere Ursachen bedingten unterschieden werden, da kein neutrales Stück benutzt wird (vgl. S. 398).

Schreibapparate für Temperatur-Zeit. Eine große Anzahl von Instrumententypen sind zur direkten Registrierung von Temperaturen als Funktion der Zeit für die Benutzung mit Thermoelementen konstruiert worden. Die älteren Formen waren zum größten Teil photographischer Art und gaben kontinuierliche Diagramme, während viele der neueren autographisch sind, welche in der Regel nicht zusammenhängende Resultate ergeben. Wir wollen nur wenige erwähnen, welche genügend die benutzten Grundlagen erläutern.

Der Apparat von Sir Roberts-Austen. Mit Rücksicht auf sein historisches Interesse, wie auch auf die ihm innewohnende Brauchbarkeit, wollen wir zuerst mit einigen seiner Abarten den photographischen Apparat des jüngeren Sir Roberts-Austen, Direktor der Königl. Münze in London, beschreiben.

Ein vertikaler, mit einer passenden Lichtquelle beleuchteter Spalt, wirft sein Licht mit Hilfe eines Galvanometerspiegels auf eine Metallplatte, welche mit einem feinen horizontalen Schlitz durchzogen ist, während sich hinter diesem Schlitz eine lichtempfindliche Fläche — Platte oder Papier — vorüberbewegt, welche den Lichtstrahl aufnimmt, der durch den Schnitt des horizontalen Spaltes mit dem Bilde des vertikalen Spaltes entsteht. Wenn alles in Ruhe bleibt, so würde der durch dieses Lichtbündel hervorgerufene Eindruck ein Punkt sein. Bewegt sich die Platte allein, so bekommt man eine vertikale gerade Linie; dreht sich der Galvanometerspiegel allein, eine horizontale Linie.

Endlich liefert die gleichzeitige Bewegung der Platte und des Spiegels eine Kurve, deren Abszissen die Temperaturen und deren Ordinaten die Zeit darstellen. Die Beleuchtung des Spaltes und die Bewegung der empfindlichen Fläche kann auf mehrfache Weise erreicht werden.

Bezüglich der Beleuchtung des Spaltes sind zwei sehr verschiedene Fälle in Betracht zu ziehen, der von Laboratoriumsuntersuchungen mit schnellem Erhitzen und Abkühlen, was nur wenige Minuten dauert, und der des kontinuierlichen Aufzeichnens von Temperaturen in den Werkstätten der Industrie, was Stunden und Tage, d. h. also Zeiträume, die 100 oder auch 1000 mal länger sind, dauern kann. Die Geschwindigkeit der Verschiebung der empfindlichen Fläche und infolgedessen die Expositionszeit in der Lichtwirkung können in demselben Verhältnis sich verändern. Die Lichtquelle muß infolgedessen notwendigerweise sehr verschieden ausfallen, je nach dem vorliegenden Falle. Für sehr langsame Bewegungen ist es ausreichend, eine kleine Petroleumlampe mit einer 5 bis 10 mm hohen Flamme zu benutzen; für schnellere Verschiebungen kann man eine gewöhnliche Öllampe, einen Auerbrenner oder eine Glühlampe benutzen; endlich kann man für sehr schnelle Verschiebungen der empfindlichen Platte, wie 10 mm oder 100 mm pro Minute, mit Vorteil das Knallgasgebläse oder den elektrischen Lichtbogen verwenden. Für Hydrooxygenlicht ist die Lampe von Dr. Roux sehr bequem mit Magnesiakugeln; sie verbraucht wenig Gas und ist in ein metallisches Gefäß eingeschlossen, welches alle störenden Zerstreuungen des Lichtes abhält. In neueren Apparaten wird oftmals die Nernstlampe benutzt.

Fig. 144. Quecksilber-Lampe.

Der elektrische Lichtbogen liefert viel mehr Licht als man braucht, und das schnelle Abbrennen der Kohle macht durch die Verschiebungen des Lichtpunktes die Konstanz einer geeigneten Beleuchtung des Spaltes schwierig. Für sehr kurze Versuchszeiten kann man mit großer Bequemlichkeit den Quecksilberbogen im Vakuum benutzen (Fig. 144) oder den Bogen zwischen zwei Quecksilberflächen. Um ihn zum Brennen zu bringen, braucht man 3 Ampere bei 30 Volt. Die einzige Unbequemlichkeit desselben ist seine Neigung zum Ausgehen, nachdem er wenige Minuten gebrannt hat, infolge der Verdampfung des Quecksilbers im inneren Rohr. Es genügt zwar ein kleiner Anstoß, um ihn wieder zum Brennen zu bringen, wodurch man eine kleine Quecksilbermenge von dem äußeren ringförmigen Raum in das innere Rohr hineinbringt. Es gibt aber besondere Arten von Quecksilberlampen, welche frei von dieser Störung sind, besonders diejenigen, bei welchen das Brennen des Quecksilberbogens in einem Rohr aus Quarzglas erfolgt, die aber meist eine etwas höhere Spannung mit geeignetem Vorschaltwiderstand benutzen.

Was man auch für eine Lichtquelle verwendet, so sollte der Spalt immer mit Hilfe einer Linse beleuchtet werden, die man, wie es für das diskontinuierliche Aufzeichnen beschrieben war, anordnet; d. h. man projiziert das Bild der Lichtquelle auf den Galvanometerspiegel. Wenn sie groß genug ist, genügt es auch, den Spalt vor die Lichtquelle zu setzen, indem man diese nahe genug heranbringt, so daß man sicher ist, daß einige der Lichtstrahlen beim Hindurchfallen auf den Spiegel auffallen. Es besteht aber die Gefahr, daß der Spalt beträchtlich warm wird und sich dadurch verändern kann; aus diesem Grunde wird man dazu gebracht, Lichtquellen von größerer Ausdehnung zu verwenden als es sonst nötig sein würde. Im Falle der Benutzung einer Linse ist die ausgenutzte Lichtintensität so groß, als wenn man den Spalt direkt neben der Lichtquelle aufstellt, solange wie das Bild des letzteren größer ist als das des Galvanometerspiegels; mit den gewöhnlichen Abmessungen der benutzten Lichtquellen ist diese Bedingung immer ohne besondere Vorsicht erfüllt.

An Stelle eines beleuchteten Spaltes mit besonderer Lichtquelle kann man auch einen Platindraht benutzen, oder besser, wie das Charpy tut, den Kohlenfaden einer durch einen elektrischen Strom geheizten Glühlampe verwenden; in neuester Zeit sind im Handel auch dickdrähtige Glühlampen mit geradem Wolframdraht mit ca. 5 cm langem, starken Leuchtdraht zu haben, die mit wenigen Volt Spannung aber entsprechender Stromstärke ca. 30—40 Kerzen ergeben und vollauf einen beleuchteten Spalt ersetzen.

Damit die von dem Schreibapparat gezogene Kurve sehr fein ist, müssen die beiden Spalte, der beleuchtete und der horizontale, in gleicher Weise eng sein. Gut arbeitende Mechaniker können solche Spalte in Metalle hineinschneiden. Es ist aber leichter, dieselben herzustellen, indem man eine photographische Bromsilberplatte nimmt, dieselbe dem Licht aussetzt, sie bis zur vollkommenen Schwärzung entwickelt, wäscht und trocknet; wenn man dann die Gelatine mit der Spitze eines mit einem Lineal geführten Federmessers schneidet, kann man durchlässige Spalte von vorzüglicher Feinheit und Schärfe bekommen.

Als empfindliche Flächen benutzt man Platten oder Films mit Bromsilbergelatine. Professor Roberts-Austen benutzte ausschließlich Platten, welche leichter die Herstellung einer größeren Zahl positiver Abdrücke zulassen. Charpy benutzte bei seinen Untersuchungen über das Härten des Stahles lichtempfindliches Papier, was eine viel einfachere Einrichtung zuläßt.

Für industrielles Registrieren würde Papier die Benutzung großer Rollen, welche mehrere Tage lang anhalten, erlauben, wie es bei dem magnetischen Schreibapparat von Mascart benutzt wurde. Aber im allgemeinen braucht man die Resultate des Diagramms sofort; dieses ist immer der Fall bei Laboratoriums-Untersuchungen und zumeist auch bei Arbeiten in der Industrie. Man zieht deshalb vor, sich mit ganz kurzen Papierstreifen, die auf einem Zylinder aufgerollt sind, zu begnügen. Es gibt ein derartiges Modell, was wohlbekannt und leicht benutzbar ist: die Zylinder für Schreibapparate mit innerer Uhrwerkbewegung von der Firma Richard, Paris; sie können mit jeder gewünschten Rotationsgeschwindigkeit bei dem Hersteller bestellt werden. Leider läßt sich diese Geschwindigkeit nicht nach Wunsch des Beobachters verändern, was bei Laboratoriumsuntersuchungen wünschenswert ist.

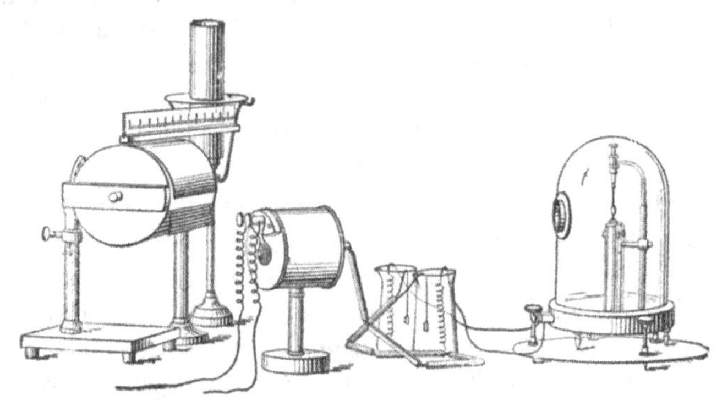

Fig. 145.
Charpys Apparat.

Bei dem von Charpy benutzten Apparat und auch in der sehr ausgearbeiteten, von Töpfer in Potsdam für Kurnakow konstruierten Form ist die vertikale Bewegung der Platte durch einen mit dem empfindlichen Papier umwundenen sich drehenden Zylinder ersetzt worden, auf welchem die Ablenkungen des Galvanometers aufgezeichnet werden. Diese Form des Schreibers war auch von Roberts-Austen benutzt und von ihm verworfen worden. Figur 145 stellt die Einrichtung des von Charpy bei seinen Untersuchungen über das Ablöschen von Stahl benutzten registrierenden Pyrometers dar. Rechts steht das Galvanometer, zur Linken der Schreibzylinder von Richard und in der Mitte der elektrische Ofen, der zur Erhitzung der Stahlproben benutzt wurde. Es ist von Interesse, nebenbei zu bemerken, daß Charpy der erste war, welcher elektrische Heizung bei dieser Art Arbeit benutzte. Kurnakows Apparat, welcher in einem dunklen Raume aufgestellt werden muß, ist mit einem Hilfsfernrohr und Skala ausgerüstet unter Benutzung von rotem Licht, so daß der Versuch während der Aufnahme des Diagramms überwacht werden kann. Nach der Konstruktion kann man dem Zylinder 5 Geschwindigkeiten erteilen, auch ist ein System zur Kompensation der EMK vorgesehen, um die höchste Empfindlichkeit über eine Reihe von Temperatur-Gebieten zu bekommen.

Es gibt eine andere Anordnung, die von C. L. A. Schmidt benutzt wurde, bei welcher der Versuch überwacht werden kann, während das photographische Diagramm einer Abkühlungskurve aufgenommen wird. Sie besteht darin, das empfindliche Galvanometer G, welches die Licht-

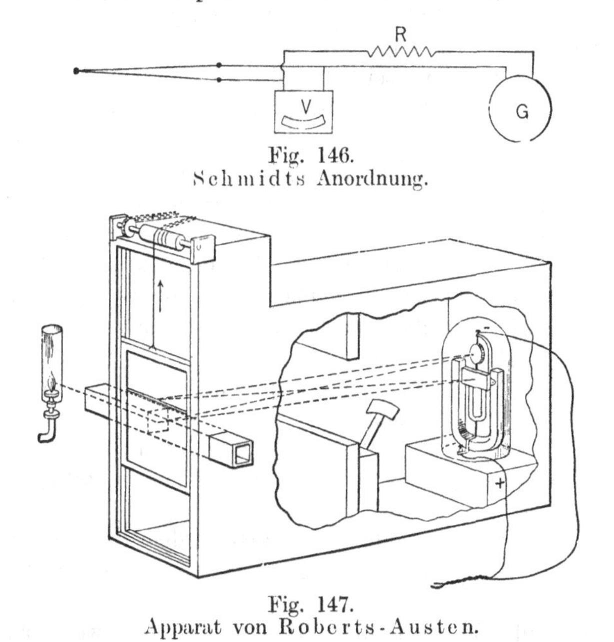

Fig. 146.
Schmidts Anordnung.

Fig. 147.
Apparat von Roberts-Austen.

aufzeichnung vornimmt (Fig. 146), mit einem hohen Vorschaltwiderstand R in Serie an ein direkt zeigendes Millivoltmeter V als Nebenschluß anzulegen. Wenn der Widerstand von R + G im Vergleich zu dem von V groß ist, so werden die Angaben des Millivoltmeters nicht in erheblichem Maße durch diesen Vorgang geändert werden. Schmidt bewegt die photographische Platte in einer Anordnung wie bei dem Apparat von Roberts-Austen mit Hilfe einer von einem kleinen Motor angetriebenen Schraube. Auf diese Weise kann man der Platte jede beliebige Geschwindigkeit erteilen.

Wenn man Platten benutzt, so kann man dieselben in einem beweglichen, durch ein Uhrwerk regulierten Rahmen unterbringen; dies ist die erste von Professor Austen angewandte Anordnung (Fig. 147).

Aber diese etwas teuere und umständliche Anordnung besitzt den gleichen Nachteil wie die Registrierzylinder, da nur eine einzige Geschwindigkeit der lichtempfindlichen Fläche erteilt werden kann. Um die Platte zu bewegen, benutzte Roberts-Austen später ein Schwimmersystem, bei welchem die Geschwindigkeit des Niveauanstieges von Wasser durch die Einwirkung einer Mariotteschen Flasche und eines einfachen Wasserhahnes nach Wunsch überwacht wird. Die Platte wird in einer unveränderlichen Vertikalebene mit Hilfe seitlicher Führungen gehalten, deren Reibung im Vergleich zur Beweglichkeit des Schwimmers zu vernachlässigen ist. Die Skizze (Fig. 148) gibt die Anordnung eines ähnlichen, von Pellin für das Laboratorium des Collège de France gebauten Apparates. Er trägt eine 13×18 cm-Platte, welche an dem Schwimmer mit Hilfe zweier seitlicher Federn (in der Skizze nicht sichtbar) befestigt ist. Auch sind die beiden Führungen des Schwimmers, die sich im Wasser befinden, nicht angedeutet; der Spielraum an den Führungen beträgt nur $^2/_{10}$ mm; die Unsicherheit, welche dieser Spielraum in der Lage der Platte hervorrufen kann, ist ganz zu vernachlässigen. Die Kurve (Fig. 149) ist die Wiedergabe eines mit einer derartigen Anordnung von Roberts-Austen über die Erstarrung des Goldes vorgenommenen Versuches.

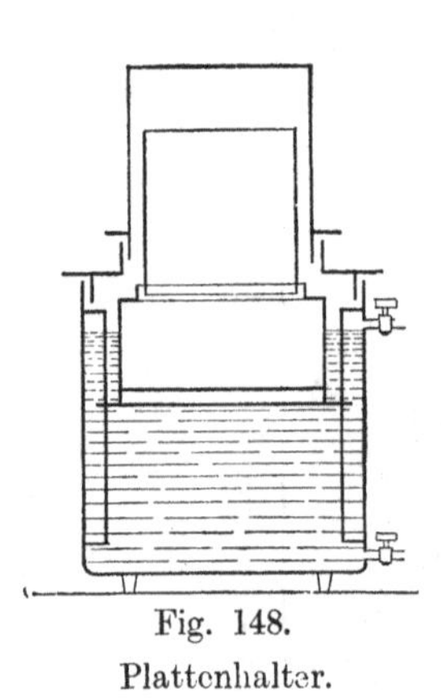

Fig. 148.
Plattenhalter.

Während der ganzen Zeitdauer des Erstarrens blieb die Temperatur stationär, sodann trat eine Erniedrigung der Temperatur in regelmäßig abnehmendem Betrage ein in dem Maße, wie die Temperatur des Metalles sich derjenigen der Umgebung näherte.

Man kann auf jeder lichtempfindlichen Fläche, auf welcher man eine Kurve aufgenommen hat, die der Temperatur der Umgebung entsprechende Linie nicht entbehren, oder wenigstens keine dieser parallele Ausgangslinie. Diese ist sehr leicht in dem Falle der geführten Platte oder des auf einem Zylinder sich drehenden Papieres zu erzeugen. Es genügt, nachdem man das Element auf die Temperatur der Umgebung gebracht hat, der lichtempfindlichen Platte die umgekehrte Bewegungsrichtung zu erteilen; die während der Dauer dieser umgekehrten Bewegung gezogene zweite Kurve ist genau die Null-Linie der Temperaturteilung. Man kann jedoch diese Abhängigkeit vermeiden, indem man gleichzeitig mit der Kurve eine Ausgangslinie mit Hilfe eines festen am Galvanometer angebrachten Spiegels aufzeichnet, welcher sich im Strahlengang des Lichtbündels befindet, das den beweglichen

Spiegel beleuchtet. Roberts - Austen hat zugleich das von dem festen Spiegel reflektierte Strahlenbündel dazu benutzt, um die Zeit in genauer Weise einzutragen. Ein durch ein zweites Pendel angetriebener beweglicher Schirm schneidet in gleichen Zeitintervallen dieses zweite Lichtbündel ab. Die Ausgangslinie besteht dann, anstatt kontinuierlich zu verlaufen, aus einer Anzahl unterbrochener Marken, deren aufeinanderfolgende entsprechende Teile in Zwischenräumen von 1 Sekunde entstehen, wie es in Figur 149 zu sehen ist.

Die so erhaltenen Kurven müssen in sorgsamer Weise geprüft werden, um die Punkte aufzufinden, in denen der Gradient kleine Unregelmäßigkeiten aufweist, welche für die Umwandlungen des untersuchten Körpers

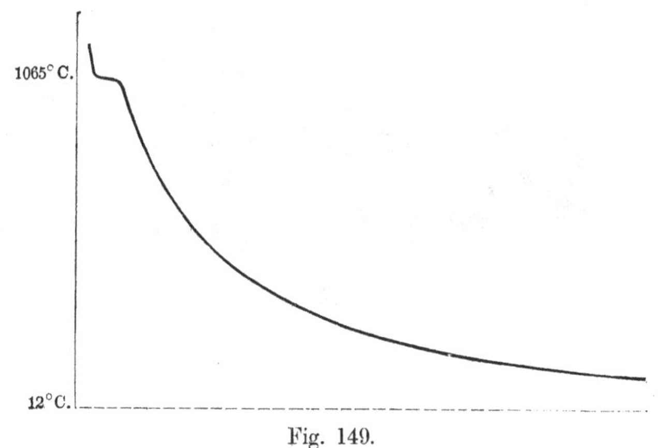

Fig. 149.
Diagramm, erhalten mit dem Apparat von Roberts-Austen.

von Bedeutung sind. Im allgemeinen sind diese Unregelmäßigkeiten sehr unbedeutend und es würde, um dieselben mit Sicherheit zu erkennen, gut sein, Kurven zu bekommen, welche auf viel größerer Skala ausgezogen wären. Praktisch ist diese Vergrößerung ohne Hilfsmittel, welche entweder den Meßbereich oder die Empfindlichkeit begrenzen, nicht möglich; so kann die Empfindlichkeit des Galvanometers und damit die Ablenkung vermehrt werden, aber dann fällt für einen größeren Temperaturbereich der Lichtstrahl nicht mehr auf die photographische Platte.

In der Praxis hat es Schwierigkeiten gemacht, in bequemer Weise eine genügend gleichmäßige Plattenbewegung in dem Registriersystem von Roberts - Austen wirklich herzustellen und es sind daher Versuche gemacht worden, um Methoden aufzufinden, bei welchen die photographische Platte in fester Stellung verbleibt. Dieses ist mit Erfolg von Saladin erreicht worden, dessen Apparat (Fig. 160, S. 402) von

Wologdin abgeändert wurde, um die Temperatur-Zeit-Kurve zu ergeben, nach Entfernung des Prismas M und Ersatz des zweiten Galvanometers G_2 durch einen ebenen Spiegel, welcher sich um eine horizontale Achse drehen kann. Dieser Spiegel kann durch ein hydraulisches System, wie im Apparat von Roberts-Austen oder durch ein Uhrwerk, wie in dem von Pellin in Paris gebauten Modell, reguliert werden. Die Ablenkung des Galvanometers G_1 liefert dem Lichtstrahl eine horizontale Bewegung über die Platte, welche der Temperatur proportional ist, während die vertikale Bewegung des Lichtbündels durch

Fig. 150.
Schreibapparat von Siemens & Halske.

gleichförmige Umdrehung des Spiegels gegeben wird und deshalb angenähert der Zeit proportional ist, was von der ebenen Platte registriert wird.

Autographische Schreibapparate. Um befriedigende autographische oder Schreibkurven mit Platinelementen ohne Einbuße der Empfindlichkeit des Galvanometers zu bekommen, ist es notwendig, die Reibung der Feder oder des Stiftes auf dem Papier zu vermeiden. Dies ist durch die Benutzung von mechanischen Einrichtungen erreicht worden, welche bewirken, daß die Feder oder der Stift am Ende des Galvanometerarmes nur einen Augenblick mit dem sich bewegenden Papier in Berührung kommt[1]).

[1]) Es gibt eine beträchtliche Anzahl von thermoelektrischen Schreibapparaten. Unter den Fabrikanten dieser Instrumente sind zu erwähnen; Siemens & Halske, Berlin; Hartmann & Braun, Frankfurt a. M.; Pellin, Chauvin und Arnoux, Carpentier und Richard in Paris; Leeds & Northrup. Die Twing Instrument Company, und Queen in Philadelphia. Die Scientific Company in Cambridge, England und Rochester (New-York); die Bristol Company in Waterburg, Conn.

In der Form dieses Instrumentes von Siemens und Halske (Fig. 150 und 151) wird das Papier P durch das gleiche Uhrwerk angetrieben, welches mit Hilfe des Armes B das Herunterdrücken des Stiftes N hervorruft, der periodisch auf dem Papier Punkte mit Hilfe eines Schreibmaschinenbandes aufzeichnet, welches oberhalb und unterhalb der Schreibfläche läuft. Dieses System erlaubt andauernd eine Aufzeichnung über eine sehr lange Zeitperiode vorzunehmen. Bei den meisten der anderen Schreibapparate ist das Papier auf einer Trommel aufgewickelt, und verschiedene Anordnungen sind in Benutzung, um das Diagramm zu erhalten; so benutzen Hartmann und Braun bei ihrem

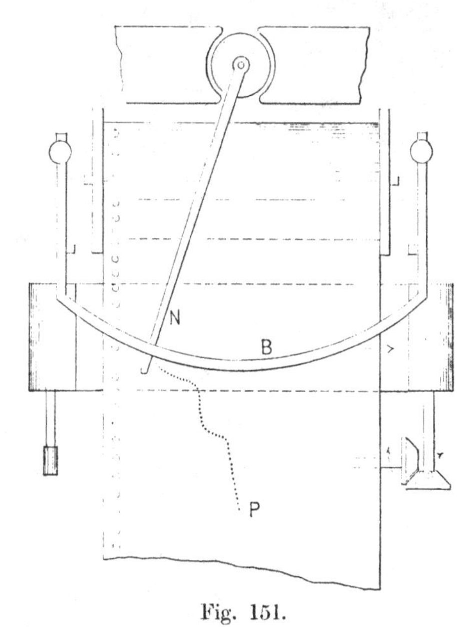

Fig. 151.
Prinzip des Registrierapparates.

Apparat einen Silberstift, welcher Punkte aus Sulfid auf präpariertem Papier hinterläßt, und bei dem Fadenschreiber aus Cambridge werden rechtwinkelige Koordinaten erhalten, indem man den Galvanometerarm gegen einen mit Tinte gefeuchteten Faden schlagen läßt, welcher parallel zur Trommel verläuft (Fig. 152).

Ein Trommelregistrierapparat von Siemens und Halske mit Galvanometer mit Zapfenlagerung, geeignet für technische Zwecke und eingeschlossen in ein staubdichtes metallisches Gehäuse ist in Figur 153 dargestellt. Er kann so eingestellt werden, daß er 7 Tage lang aufzeichnet.

Wie früher festgestellt wurde, geben alle diese autographischen Instrumente für die Platin-Thermoelemente unterbrochene Kurven und

Fig. 152.
Faden-Schreibapparat.

Fig. 153.
Apparat mit Trommel.

sind für eine oder zwei Geschwindigkeiten gebaut, und obwohl sie sehr empfindlich gemacht sind, sind sie doch nicht geeignet, Umwandlungspunkte aufzufinden, welche sehr plötzlich eintreten, da das registrierende

Intervall nicht leicht erheblich unter 10 Sekunden verkürzt werden kann, und dieser Zwischenraum bei den meisten Instrumenten größer als 15 Sekunden ist. Mit anderen Worten, sie können mit Vorteil nur für langsames Abkühlen oder Heizen benutzt werden.

Ein kontinuierlicher Federzug kann aber mit geeigneten Galvanometern in Verbindung mit Elementen aus unedlen Metallen, welche hohe EMKK hervorbringen, erhalten werden, wie z. B. mit denen von Bristol, Hoskins, Thwing usw.

Will man den Einfluß der Unregelmäßigkeit äußerer Bedingungen, welche die Geschwindigkeit des Abkühlens beeinflussen, herausbringen, so besteht eine allgemein benutzte Methode, wenn man kleine Umwandlungen aufzufinden beabsichtigt, darin, daß man ein zweites Thermoelement in den Ofen bringt, aber genügend weit entfernt von der untersuchten Substanz, damit deren Verhalten nicht geändert wird. Abwechselnd werden die Temperaturangaben des zu untersuchenden Stückes (Θ) und des Ofens (Θ') bestimmt, am besten in bestimmten Zeiträumen. Die Zahlen sind leicht miteinander verglichen, indem man die beiden Temperatur-Zeit-Kurven nebeneinander, wie es in Figur 154 dargestellt ist, aufträgt, oder auch indem man die Temperaturdifferenz Θ—Θ' als Funktion der Temperatur Θ des zu untersuchenden Stückes aufträgt.

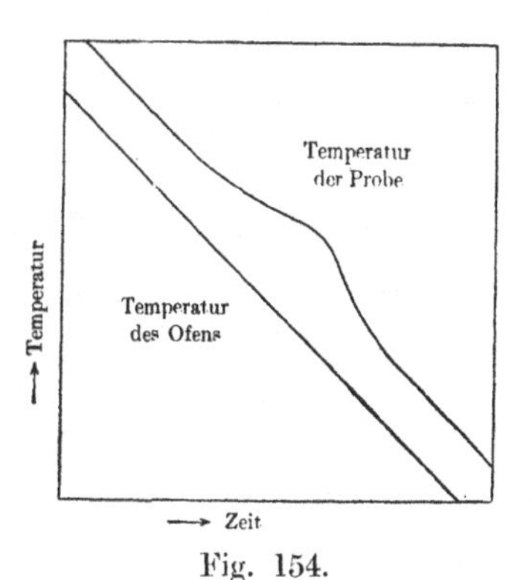

Fig. 154.
Temperaturkurven von Ofen und Inhalt.

Diese Methode kann registrierend gemacht werden, indem man entweder zwei Instrumente benutzt, oder indem man einen der oben aufgezählten autographischen Schreibapparate so abändert, daß er die Kurven zweier Thermoelemente auf der gleichen Schreibfläche aufzeichnet. In der Praxis aber geht man gewöhnlich zu dieser Methode nur über, wenn man große Empfindlichkeit nötig hat, wie beim Auffinden kleiner Änderungen der inneren Energie, wobei der Kompensationsapparat in Verbindung mit dem Ablenkungsgalvanometer die empfindlichste und eine rasch arbeitende Anordnung zur Vornahme der Messungen darstellt. Es ist zweckmäßig, Thermoelemente der gleichen Zusammensetzung zu benutzen, so daß man sowohl Ablesungen der Temperatur der Probe als auch der von dem Ofen durch die gleiche Einstellung des Kompensationsapparates bekommt, und so von den Galvanometerablenkungen nur abhängig ist, um die Restbeträge von Θ und Θ' zu messen.

Betrachtet man die Genauigkeit dieser Methode, so muß bemerkt werden, daß die Größe, die man wirklich zu messen wünscht, $\Theta-\Theta'$ ist und zwar als Funktion von Θ, und dieses wird erreicht durch Messung von Θ und Θ' selbst, wodurch die Empfindlichkeit für $\Theta-\Theta'$ nicht größer ist als für Θ und Θ' selbst. Mit anderen Worten, die Methode erfordert die höchste Feinheit in der Messung, um die gesuchte Größe zu bekommen, ebenso wie einen außerordentlich großen Maßstab bei der Berechnung oder beim Auftragen, um die Beobachtungen zu reduzieren.

Halbautomatisches Registrieren. Der Brearley-Kurvenzeichner, der von der Cambridge-Company verfertigt wird, ist ein halb-

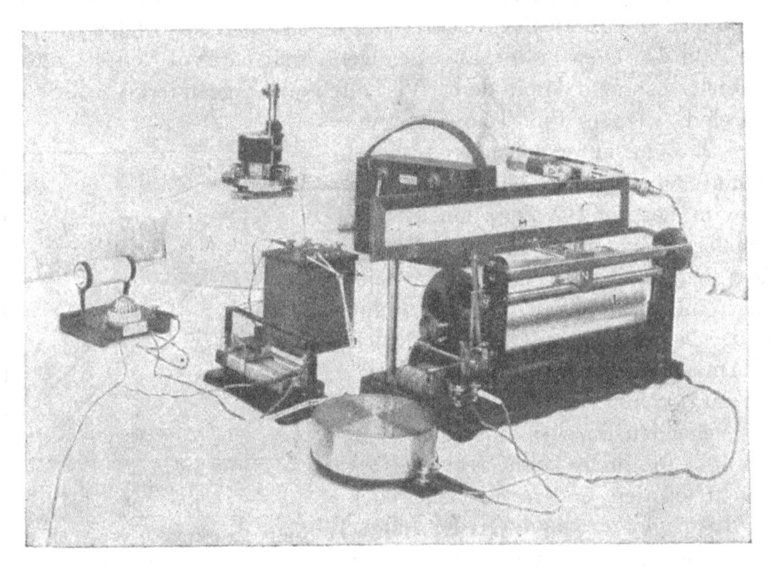

Fig. 155.
Brearleys Kurvenzeichner mit Nebenapparaten.

automatischer Apparat zum Aufzeichnen der Zeit-Temperaturkurve. Mit seinen Hilfseinrichtungen in Figur 155 dargestellt, erkennt man einen kleinen Röhrenofen in Verbindung mit einer elektrischen Einrichtung, so daß er geeignet ist, ein Probestück innerhalb des Ofens zu erwärmen; ein Platin-Iridium-Element, dessen heiße Lötstelle in dem Probestück sich befindet, ist hintereinander mit einem Widerstand und einem Galvanometer mit beweglicher Spule mit regulierbarer Empfindlichkeit verbunden; eine Nernstlampe gibt die Beleuchtung und liefert ein scharfes Bild bei M auf der Skala G. Die rotierende Trommel L wird überragt von einem schleifenden Wagen N, welcher zwei Zeiger trägt, von denen der eine M fest ist; während der zweite direkt darunter eine Feder trägt und jede Sekunde auf das um die Trommel gewundene Papier heruntergedrückt wird. Den Zeiger M läßt man dem Lichtfleck folgen, indem der Beobachter einen Handgriff am Ende einer langen Schraube dreht, auf welcher N sitzt. Eine elektromagnetische Regulierung des Uhrwerkes der Trommel und der Feder ist vorhanden; die Kurve besteht deshalb aus einer Reihe von Punkten in Zwischenräumen von 1 Sekunde. Die Temperaturskala kann so groß gemacht werden wie man wünscht, und es kann eine vollständige Erhitzungs- und Abkühlungskurve von einer Stahlprobe in wenigen Minuten aufgenommen werden. Dieses Instrument ist ebenfalls jetzt so gebaut, daß es einen kontinuierlichen Kurvenzug gibt. In Figur 156 ist die Kurve für eine Probe gezeichnet.

Eine andere Arbeitsmethode, bei welcher der Apparat vollkommen autographisch für verhältnismäßig geringe Temperaturbereiche und gleichzeitig sehr empfindlich arbeitet, besteht darin, ein Registriergalvanometer in Verbindung mit einem Kompensationsapparat zu benutzen. Dieses bedingt, daß der Beobachter die Kurbeln des Kompensationsapparates beim Übergang von einem Temperaturbereich zum nächsten einstellt, wobei diese Intervalle sich in ihrer Länge mit der Galvanometerempfindlichkeit ändern, die man regulieren können sollte, um größere oder kleinere Temperaturbereiche zu umfassen.

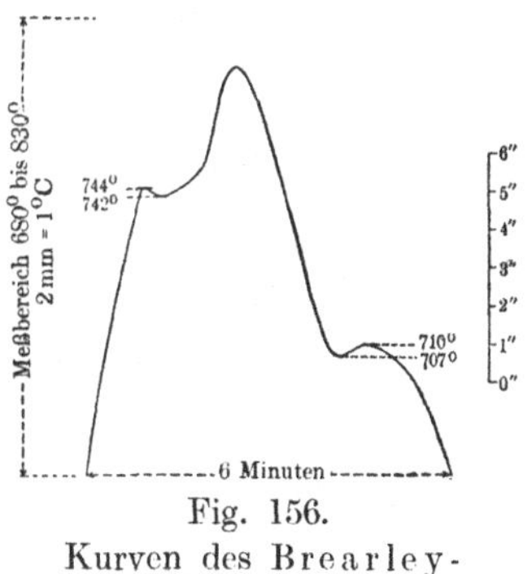

Fig. 156.
Kurven des Brearley-Apparates.

Differential-Kurven. Die Methode der Seite 395 kann leicht abgeändert werden, so daß sie $\Theta-\Theta'$, die Differenz der Temperatur zwischen dem Untersuchungsstück und dem Ofen angibt, und zwar durch direkte Messung anstatt durch Berechnung, mit dem noch vorhandenen Vorteil, daß die Genauigkeit von $\Theta-\Theta'$ sehr groß im Vergleich zu der von Θ, der Temperatur der Probe, gemacht werden kann. Dies kann beispielsweise erreicht werden, indem man einen Umschalter, welcher mit einem Uhrwerk angetrieben werden kann, in den Thermokreis bei A (Fig. 157) einschaltet, so daß abwechselnde Messungen von Θ und $\Theta-\Theta'$ als Funktion der Zeit vorgenommen werden können. Augenscheinlich können die Verbindungen so gemacht werden, daß entweder das Galvanometer G_2 des eigentlichen direkt zeigenden oder Kompensationsystems, welches Θ mißt, oder auch ein besonderes Instrument G_1, wie es in der Figur dargestellt ist, dazu dienen kann, um Θ—Θ' zu messen. Beide Galvanometer können photographische oder autographische Schreibapparate sein.

Benutzung eines neutralen Körpers. Gelegentliche Änderungen in den Angaben des Hilfsthermoelementes, welches Θ' die Ofentemperatur gibt, können weitgehend vermieden werden, wenn man dieses Element in eine neutrale Substanz hineinbringt. Der Stoff des neutralen Körpers sollte so beschaffen sein, daß er keine Umwandlungen, welche eine Absorption oder Entwickelung von Wärme innerhalb des untersuchten Temperaturbereiches bedingen, erleidet, also z. B. ein Stück Platin, Porzellan, oder auch in einigen Fällen Nickel oder Nickelstahl. Es ist ebenfalls wünschenswert, daß die Probe und der neutrale Körper möglichst die gleichen Wärmekapazitäten und Emissionsver-

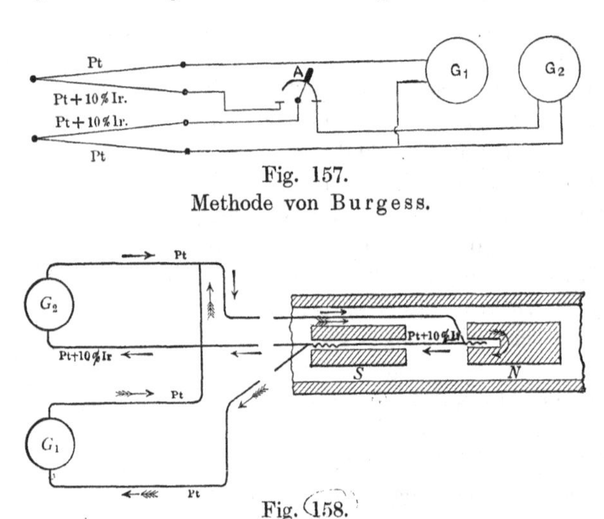

Fig. 157.
Methode von Burgess.

Fig. 158.
Benutzung eines neutralen Körpers, Roberts-Austen.

mögen besitzen. Die zu untersuchende Probe und das neutrale Stück werden dicht nebeneinander gesetzt und hinsichtlich der Temperaturverteilung im Inneren des Ofens symmetrisch angeordnet.

Roberts-Austen hat wiederum das Verdienst, zuerst eine empfindliche Differentialmethode unter Benutzung des neutralen Körpers mitgeteilt zu haben. Er änderte auch seinen photographischen Schreibapparat (Fig. 147) derart ab, daß er mit Hilfe eines zweiten Galvanometers die $(\Theta - \Theta')$—t-Kurve auf der gleichen Platte wie die Θ—t-Kurve zeichnete, woraus eine Kurve, welche Θ—Θ' als Funktion von Θ gibt, konstruiert werden konnte. Seine Anordnung des direkt zeigenden und Differentialthermoelementes und der Galvanometerkreise ist in Figur 158 dargestellt, worin S die Probe oder das zu untersuchende

Stück und N den neutralen Körper bedeutet, welcher keine Umwandlungen besitzt; das Galvanometer G_2 mißt die Temperatur Θ der Probe und G_1 mißt den Temperaturunterschied Θ—Θ' zwischen der Probe und dem neutralen Körper. Kurven für Stahl und für Legierungen wurden gewöhnlich mit den Probestücken im Vakuum aufgenommen.

Es ist augenscheinlich, daß Roberts-Austens letzte photographische Anordnung, obwohl sehr empfindlich, doch umständlich und sehr schwierig in der Einstellung war und in der Praxis große Sorgsamkeit bei der Benutzung verlangte, da sie beispielsweise ungefähr 3 oder 4 aufeinanderfolgende Expositionen nötig machte, wenn man auf die benachbarten Temperaturbereiche einstellte, um die Abkühlungskurve eines Stahles von 1100° bis 200° C aufzunehmen.

Die meisten der genaueren neuen Arbeiten sind unter der Benutzung der Grundlage dieser Methode ausgeführt worden, indem man die Beob-

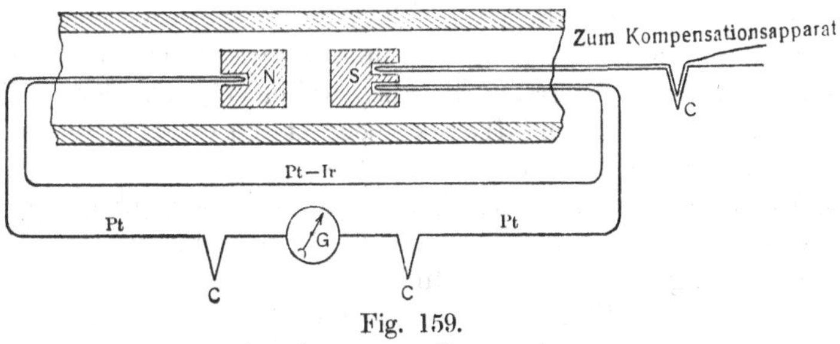

Fig. 159.
Anordnung von Carpenter.

achtungen von Θ direkt an einem Kompensationsapparat und von Θ—Θ' mit dem gleichen oder einem Hilfsgalvanometer vornahm. In diesem Falle der direkten Ablesung kann die einfachere Anordnung mit Thermoelementen, wie sie in Figur 157 dargestellt ist und von Burgess stammt, mit Vorteil diejenige von Roberts-Austen (Fig. 158) ersetzen oder auch die in Figur 159 gezeichnete Abänderung, wie sie von Carpenter u. a. benutzt wurde. Die erste kommt mit einem Thermoelement und einer Bohrung einer zweiten Höhlung in die Probe aus.

Diese Methode ist offenbar fähig, eine sehr hohe Empfindlichkeit zu erreichen, da das mit dem Differential-Thermoelement verbundene Galvanometer, welches Θ—Θ' als Funktion von t angibt, so empfindlich wie es erwünscht ist, unabhängig von dem Θ—t-System gemacht werden kann. Es besteht weiter der Vorteil, daß bezüglich des Temperaturbereiches, über welchen eine bestimmte Genauigkeit in Θ—Θ' erhalten werden kann, keine Beschränkungen auftreten. Es ist aber eine Einschränkung in der Sicherheit der Deutung der Resultate nach dieser Methode vorhanden, besonders, wenn die Abkühlungsgeschwindigkeit groß ist, bedingt durch die Tatsache, daß es praktisch unmöglich ist, die ideale Bedingung zu verwirklichen, daß man Θ—Θ' = a konstant hat oder daß man die Abkühlungskurven des zu untersuchenden und neutralen Stückes in Temperaturintervallen, in welchen keine Umwandlungen des Untersuchungsstückes vorkommen, parallel erhält. Die Abkühlungsgeschwindigkeit und infolgedessen der Wert von Θ—Θ' wird durch mehrere Faktoren beeinflußt, unter welchen der wichtigste die Masse jeder Substanz — die unbekannte und die des neutralen Körpers —, deren spezifische Wärme, Leitfähigkeit und Emissionsvermögen, wie auch das Verhältnis der Wärmekapazitäten des Ofens und der darin befindlichen Proben ist. Die (Θ—Θ')—t-Linie ist aber immer eine flache Kurve, außer in den Gebieten, in welchen in der zu untersuchenden Substanz Umwandlungen vor sich gehen.

Das autographische System des Registrierens kann ebenfalls benutzt werden und es ist möglich, einen Apparat zu bauen, mit Hilfe dessen sowohl die Θ—t als auch die (Θ—Θ')—t-Kurve gleichzeitig auf dem gleichen Blatt durch den gleichen Galvanometerarm aufgezeichnet werden kann. Um dieses zu erreichen, haben wir ein registrierendes Millivoltmeter von Siemens und Halske benutzt mit einem Gesamtmeßbereich von 1,5 Millivolt und einem Widerstand von 10,6 Ohm. Die von dem Differentialthermoelement hervorgebrachte EMK, welche Θ—Θ' proportional ist, wird direkt mit diesem Instrument aufgezeichnet. 1^0 C entspricht ungefähr 16 bis 19 Mikrovolt zwischen 300^0 und 1100^0 C für ein Platin-Iridium-Element, oder ungefähr 1,8 mm auf dem Registrierpapier. In Serie mit dem Pt-Ir-Element, welches die Temperaturen angibt, liegt ein geeigneter Widerstand, in diesem Falle ungefähr 200 Ohm, so daß der Galvanometerarm in den Grenzen des Papieres gehalten werden kann, wenn er die Werte von Θ aufschreibt. Der Stromkreis wird abwechselnd durch das direkte und das Differentialthermoelement in Reihe mit dem Schreibapparat geschlossen mit Hilfe eines polarisierten Relais, welches von der gleichen Batterie betrieben wird, welche den Galvanometerarm herunterdrückt, wenn die Marke auf dem Papier erzeugt wird. Die Thermoelementenkreise können diejenigen der Figuren 157, 158 oder 159 sein, wobei aber das Galvanometer G_2, welches Temperaturen angibt, fortfällt.

Es ist ersichtlich, daß, wenn man die beiden Kurven (Θ—Θ')—t und Θ—t auf demselben Blatt aufzeichnet, eine gewisse Einbuße in der Möglichkeit vorhanden ist, kleine und schnelle Umwandlungen aufzufinden, da der Markenabstand verdoppelt wird. Gewöhnlich wird auch bei solch einer Anordnung das Galvanometer für das eine oder das andere System nicht völlig aperiodisch sein. Andererseits ist es von großem Vorteil, die Kurven zusammen und unabhängig von den Unregelmäßigkeiten der Geschwindigkeit des Uhrwerkes zu erhalten, welche eine erhebliche Fehlerquelle für die genaue Lage der Umwandlungspunkte bilden, wenn zwei getrennte Instrumente benutzt werden. Das gleiche Resultat kann man erlangen, wenn man das Galvanometer auf der Temperaturseite mit Nebenschluß versieht. Dieses drückt natürlich den Widerstand des Thermoelementenkreises sehr herunter, was ein Nachteil ist, außer wenn ein empfindliches Galvanometer mit hohem Widerstand benutzt wird. Solche für mechanische Registrierungen geeignete Galvanometer sind noch nicht vorhanden. In Thwings registrierenden Pyrometern zeichnen zwei Galvanometer, von denen das eine Temperaturen und das andere die Unterschiede angibt, ihre Kurven auf ein einziges von einem Uhrwerk angetriebenes Blatt.

Wenn man nur das Vorhandensein eines Umwandlungspunktes, ohne dessen Temperatur genau zu messen, aufzufinden wünscht, kann man die empfindliche Art des registrierenden Millivoltmeters direkt ohne andere Hilfseinrichtungen mit dem Differential-Thermoelement verbinden, wie es von Hoffmann und Rothe bei der Untersuchung der Umwandlungspunkte des flüssigen Schwefels vorgenommen wurde.

Saladins Apparat. Es ist manchmal von Vorteil, die Möglichkeit zu haben, die Zahlen unabhängig von der Zeit zur registrieren und zu erörtern und so $\Theta - \Theta'$, die Differenz der Temperatur zwischen dem Probe- und neutralen Stück direkt als Funktion von Θ der Temperatur des Probestückes auszudrücken. Dieses kann natürlich erreicht werden, indem man die aus den Kurven der angegebenen Differential-Methode erhaltenen Resultate, welche die Zeit enthalten, neu aufträgt. Es war hingegen Saladin, einem Ingenieur der Creusert-Werke, vorbehalten, im Jahre 1903 eine Methode zu erfinden, welche direkt auf photographischem Wege die $\Theta - (\Theta - \Theta')$-Kurve aufzeichnet, wodurch jedes neue Auftragen vermieden wird. Diese Methode hat ebenfalls den Vorteil, die photographische Platte an ihrem Platze unbeweglich zu lassen. Die Formen der auf diese Weise erhaltenen Kurve sind in Figur 134 dargestellt.

Die Anordnung des Apparates in seiner einfachsten Form ist, herrührend von Le Chatelier, in Figur 160 dargestellt. Licht von der Lichtquelle S trifft den Spiegel des empfindlichen Galvanometers G_1, dessen Ablenkungen die Temperaturunterschiede $(\Theta - \Theta')$ zwischen dem zu untersuchenden Probestück und dem neutralen Körper messen. Die horizontalen Ablenkungen des Lichtbündels werden nunmehr in eine vertikale Ebene gedreht, indem sie durch ein total reflektierendes Prisma M, das unter einem Winkel von 45^0 aufgestellt ist, hindurchgehen. Ein zweites Galvanometer G_2, dessen Ablenkungen ein Maß der Temperatur des Probestückes bilden, und dessen Spiegel in seiner Nullstellung in einem rechten Winkel zu der Stellung von G_1 sich befindet, reflektiert das Strahlenbündel horizontal auf die Platte bei P. Der

Lichtfleck bewirkt auf diese Weise auf derselben die beiden rechtwinkelig zueinander stehenden Bewegungen und gibt infolgedessen auf der Platte eine Kurve, deren Abszissen angenähert der Temperatur Θ des Probestücks und deren Ordinaten proportional $\Theta - \Theta'$ sind. Die Empfindlichkeit dieser Methode hängt von der des Galvanometers G_1 ab, welche

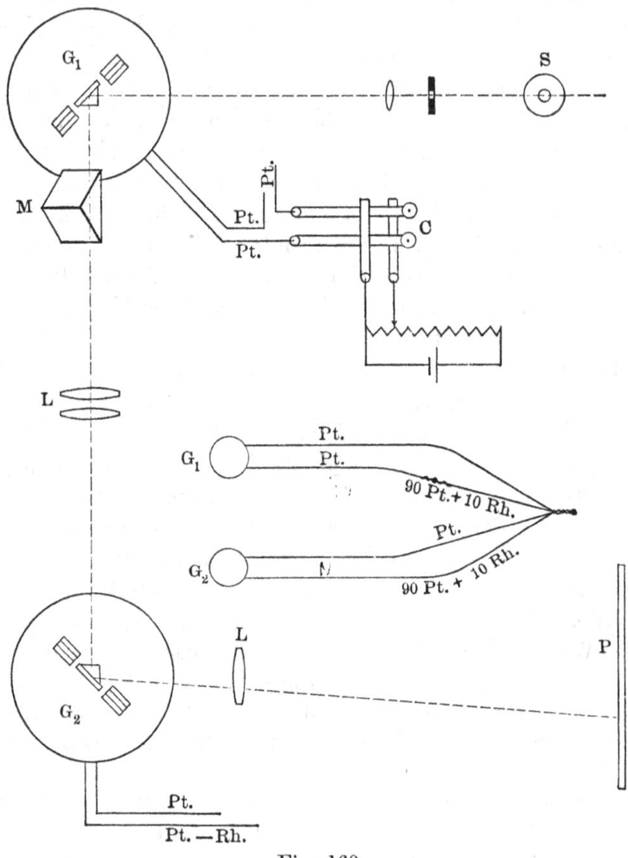

Fig. 160.
Saladins Apparat.

leicht so eingerichtet werden kann, daß sie für jeden Grad C 5 oder 6 mm ergibt. Die Anordnung der Stromkreise des Thermoelementes ist die gleiche wie in den Figuren 158 oder 159. Wenn man es wünscht, kann die Zeit ebenfalls registriert werden und zwar mit Hilfe eines gezahnten Rades, das mit einem Uhrwerk angetrieben und in den Strahlengang des Lichtes eingebracht wird. Geeignete Formen dieses Apparates, welcher vielfach in metallurgischen Laboratorien benutzt wird, werden von Pellin in Paris und von Siemens und Halske in Berlin hergestellt. Die Linsen zwischen G_1 und G_2 kann man fortlassen.

Wenn Stahlsorten und metallische Legierungen im festen Zustand untersucht werden sollen, so kann man mit Vorteil das thermoelektrische Verhalten des Probestückes selbst benutzen, um die kritischen Gebiete mit dem Apparat von Saladin zu registrieren. So mißt Boudouard $\Theta - \Theta'$ mit Hilfe von Platindrähten, welche er in Höhlungen an jedem Ende der Probe einbringt, indem er die Tatsache benutzt, daß die Umwandlung gewöhnlich am Probestück entlang fortschreitet. Diese Abänderung läßt das neutrale Stück vermeiden und auch einen Platindraht oder einen Draht der Legierung, ist aber, wie Le Chatelier nachgewiesen hat, weniger genau als die übliche Form des Saladinschen Apparates; auch können seine Angaben unbestimmt oder zweideutig werden, wenn die Reaktion von der Mitte zwischen den eingebetteten Drähten oder von jedem Ende ausgeht.

Die Methode von Saladin ist, wie bemerkt werden muß, eine ganz allgemeine, um die Beziehungen zwischen zwei Erscheinungen zu registrieren, welche mit Hilfe ihrer EMK oder durch die Ablenkungen zweier Galvanometer gemessen werden können. Die Leeds und Northrup Company hat neuerdings ihren autographischen Schreibapparat (S. 378) abgeändert, so daß er die $\Theta - (\Theta - \Theta')$-Kurve zeichnet, indem sie mehrere Differentialelemente in Serie benutzt, um die nötige Empfindlichkeit herauszubringen.

Registrierung von raschem Abkühlen. Keine der experimentellen, bis jetzt beschriebenen Anordnungen ist für die Messung sehr raschen Abkühlens, d. h. mehrerer 100^0 in wenigen Sekunden geeignet, mit denen man es in Vorgängen wie beim Ablöschen oder Abschrecken zu tun hat. Die Ausbildung von Methoden zur Messung rasch sich verändernder Temperaturen ist zweifellos bei der Lösung vieler physikalischer und metallurgischer Probleme sehr benutzbar für Prozesse, welche Erzeugnisse hervorbringen, deren Eigenschaften von der Abkühlungsgeschwindigkeit abhängen. Es sind aber auf diesem Gebiet nur wenig vorläufige Untersuchungen vorgenommen worden.

Die Versuche von Le Chatelier. Le Chatelier benutzte bei einer Untersuchung über das Ablöschen kleiner Stahlproben und über den Einfluß verschiedener Bäder ein Galvanometer mit einer Schwingungsdauer von 0,2 Sekunden und einem Widerstande von 7 Ohm, dessen Ablenkungen hervorgerufen durch den Strom eines in das der Abkühlung unterworfenen Probestück eingeschlossenen Thermoelementes, auf einer photographischen Platte mit vertikaler Bewegung mit einer Geschwindigkeit von 3 mm pro Sekunde aufgezeichnet wurden. Ein Halbsekundenpendel, welches durch den Strahlengang des von einer Nernstlampe als Lichtquelle gelieferten Lichtes hindurchschlug, ergab eine Zeitmessung. Er hatte den Erfolg, Temperaturgebiete von 700° C in 6 Sekunden befriedigend zu registrieren, unter der Benutzung von zylindrischen Probestücken mit 18 mm Seitenlänge, wobei er Resultate von großem theoretischen und praktischen Interesse für die Härtung von Stahlproben durch Ablöschen in Bädern verschiedener Flüssigkeitsarten erhielt. Le Chatelier erkannte, daß es wünschenswert sei, die Genauigkeit und Empfindlichkeit zu erhöhen und schlug, um die Technik dieser Methode zu verbessern, die vorteilhafte Verwendung einer Oscillographenanordnung für die Registrierung vor oder ein Seitengalvanometer von sehr kurzer Periode, wie das Einthovensche, mit welchem die Ablenkungen eines versilberten Quarzfadens von hohem Widerstande in einem starken magnetischen Feld auf photographischem Wege gemessen werden.

Die Versuche von Benedicks. Den Vorschlägen von Le Chatelier folgend, führte Benedicks eine Anzahl Untersuchungen über das Abkühlungsvermögen von Flüssigkeiten aus, über die Geschwindigkeit des Ablöschens und über bestimmte Bestandteile des Stahles. Die Fehlerquellen bei Abkühlungskurven von Metallen sind in neuerer Zeit auch von Hayes untersucht worden.

Der Apparat von Benedicks ist in seiner Anordnung zur Aufnahme der Zeit-Temperaturkurve von Stahlproben während des Ablöschens in Figur 161 dargestellt. Die hier zur Verwendung kommenden Grundlagen können augenscheinlich auch bei anderen Arten der Versuchstechnik, welche ein rasches Abkühlen mit sich bringen, benutzt werden.

Das Versuchsstück A wird in einem kleinen elektrischen Ofen B erhitzt, welcher in seinem unteren Teil mit einer engen Öffnung parallel zu seiner Längsachse versehen ist, durch welche ein Halter C hindurchgeht, der sich um eine horizontale Achse drehen kann, wobei ihm eine bestimmte Drehung durch eine Spiralfeder D erteilt und er in vertikaler Richtung durch einen elektromagnetischen Regler E gehalten wird. Durch eine Höhlung in C wird ein Thermoelement in das Innere von A eingeführt und die kalte Lötstelle im Eisgefäß F gehalten, von welchem die Drähte zu einem Kommutator G geführt sind, mit Hilfe dessen entweder das Thermoelement A oder der zur Eichung dienende Apparat b, c usw. mit dem Meßinstrument J verbunden werden kann, wobei dieses letztere ein kleines Seitengalvanometer von Edelmann in München ist. Das von der Bogenlampe K kommende Licht geht durch das Mikroskop des Galvanometers, das mit einem Projektionsokular ausgerüstet ist, hindurch, und liefert ein Bild der beweglichen Seite auf dem mit einem rotierenden Zylinder ausgerüsteten Registrierapparat L, welcher das lichtempfindliche Papier trägt. Endlich ist die elektromagnetische Auslösung E mit einem Akkumulator N und einem Kontakt T an der Klappe vor dem Zylinder L verbunden.

Der Vorgang des Registrierens ist infolgedessen folgender: Der Zylinder L wird in Umdrehung versetzt, und wenn die Ecke des lichtempfindlichen Papiers das Fenster T erreicht, geht die Klappe in die

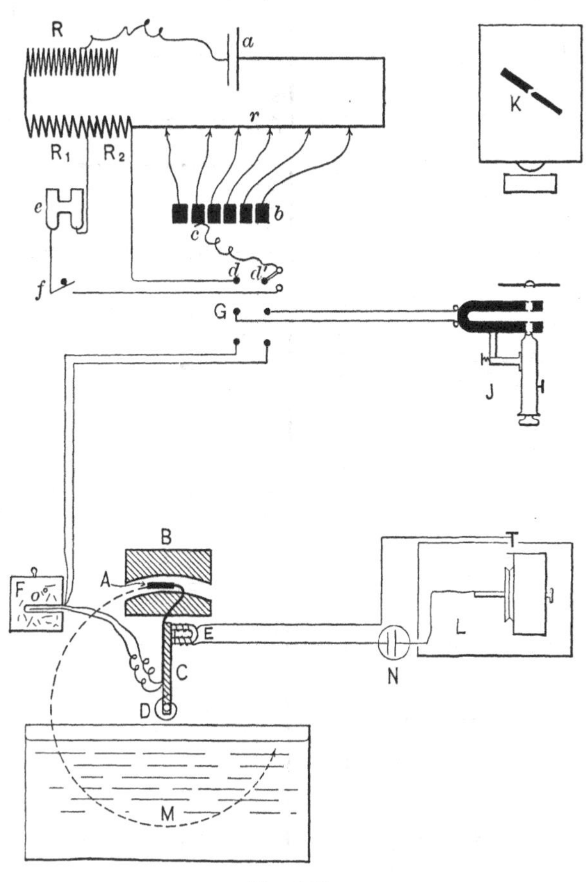

Fig. 161.
Apparat von Benedicks.

Höhe. Zu gleicher Zeit wird der Stromkreis von E geschlossen und läßt den Arm C los; dadurch löscht sich automatisch und schnell die Probe A in dem Wasserbehälter M, der darunter steht, ab.

Vorsichtsmaßregeln müssen getroffen werden, um die Drähte des Thermoelementes, welche in das Probestück führen, zu isolieren und um einen guten Kontakt der Elementenlötstelle mit dem Probestück

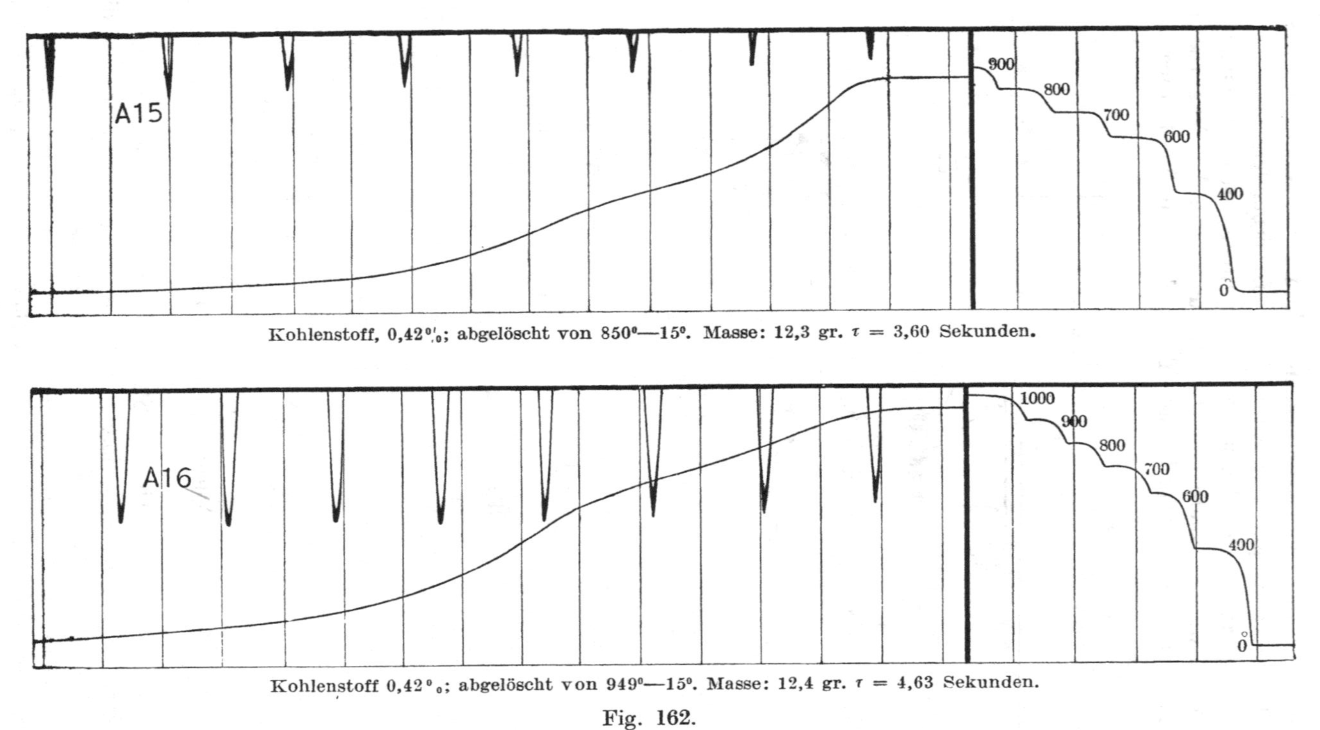

Kohlenstoff, 0,42%; abgelöscht von 850°—15°. Masse: 12,3 gr. τ = 3,60 Sekunden.

Kohlenstoff 0,42%; abgelöscht von 949°—15°. Masse: 12,4 gr. τ = 4,63 Sekunden.

Fig. 162.
Ablöschkurven mit Benedicks Apparat.

bei wasserdichter Verbindung zu sichern. Kapillaren aus Quarzglas, welche ebenfalls plötzlichen Temperaturänderungen standhalten, wurden zur Isolierung benutzt, und das Wasser durch Verwendung komprimierter Luft, welche in das Einschlußrohr C der Drähte des Thermoelementes eingebracht wurde, daran gehindert, in die Verbindungsstellen einzutreten.

Der zur Eichung dienende Apparat besteht aus einem Schleifdrahtkommutator c b, dessen Kontakte mit bestimmten Punkten eines Schleifdrahtes r an solchen Stellen verbunden sind, welche elektromotorische Kräfte ergeben, die bestimmten Temperaturen des Thermoelementes entsprechen, beispielsweise 400^0, 600^0 usw., wenn die Widerstände R, R_1 und R_2 besonders eingestellt sind; Veränderungen in der Batterie a werden mit Hilfe des Normalelementes und des Widerstandes R geprüft. Diese Anordnung gestattet, das Galvanometer sofort vor jedem Versuch zu eichen und liefert die Zahlen der Eichung auf der gleichen Platte wie die Kurve des Ablöschens.

Das Seitengalvanometer hat einen Widerstand von 6700 Ohm. Seine Empfindlichkeit kann so eingestellt werden, daß sie derjenigen des Thermoelementes folgt, obgleich dieses nicht notwendig ist. Die Zeitkorrektion für dieses Galvanometer ist zum Glück eine solche, daß die direkt aufgezeichnete Kurve einfach eine Parallelkurve zu derjenigen ist, welche man bekommen würde, wenn die Ablenkungen vollkommen augenblicklich erfolgten; oder mit anderen Worten: es ist keine Korrektion dafür nötig, daß das Instrument nicht momentan anspricht. Es bleibt natürlich eine kleine unbekannte Zeitkorrektion infolge der Trägheit des Thermoelementes gegenüber dem Probestück.

In Figur 162 sind Kurven für Stahl gezeichnet mit 0,42 Kohlenstoff, der sowohl von 850^0 als auch von 950^0 C aus abgelöscht ist. Die Zeit t ist bis zu 100^0 C aufgenommen. Die Eichkurven sind ebenfalls in der Figur zu sehen.

Messung schnell veränderlicher Temperaturen in Gasen. Zur Messung schnell sich ändernder Temperaturen kann sowohl das Thermoelement als auch das Widerstandsthermometer benutzt werden. Man muß aber darauf bedacht sein, erstens die zu Temperaturmessungen dienende Vorrichtung so auszubilden, daß sie die Temperatur der Umgebung so rasch wie möglich annimmt und zweitens zur Anzeige der Temperatur einen Apparat verwenden, der einer Stromänderung momentan folgt. Als letzterer sind die Seitengalvanometer mit photographischer Registrierung zweckmäßig, besitzen auch genügende Empfindlichkeit und ihre Schwingungsdauer kann auf wenige Tausendstel einer Sekunde verkleinert werden. Um eine schnelle Temperaturannahme des Thermoelementes oder Widerstandsthermometers zu erreichen, muß man diese Apparate aus äußerst dünnen Drähten herstellen, da, je geringer die Masse wird, eine um so geringere Wärmemenge verwendet zu werden braucht, um die Vorrichtung zu erwärmen. Natürlich darf durch Verkleinerung der Dicke der Vorrichtung die Festigkeit nicht leiden und man wird deshalb zu solchen Stoffen seine Zuflucht nehmen, welche bei sehr geringer Dicke noch eine genügende Festigkeit besitzen, wie z. B. zum Wolfram. Die Form, die man der Meßvorrichtung gegeben hat, ist am besten die Drahtform, da bei der Form des Streifens mit zunehmender Breite der Verlust an Wärme durch Strahlung der Breite proportional wächst, während der Verlust durch Wärmeleitung des Gases nur langsam zunimmt; daher wird der Wärmeverlust eines Drahtes durch Ausstrahlung kleiner sein als eines Rechtecks von gleicher Masse und der Draht daher die Temperatur der Umgebung besser annehmen.

Registrierende Strahlungs-Pyrometer. Jede Erscheinung, deren Größe durch die Ablenkung eines Galvanometers gemessen werden kann, kann mit optischen Mitteln selbstregistrierend gemacht werden. Fällt Gesamtstrahlung oder auch monochromatische auf die Streifen eines Bolometers, so kann man dasselbe dazu benutzen, um die Intensität zu registrieren, welche, wie wir gesehen haben, eine Funktion der Temperatur des strahlenden Körpers ist. Langley machte im Jahre 1892 sein Bolometer zu einem Registrierinstrument, wobei die Aufzeichnungen auf photographischem Wege vorgenommen wurden. Dieses System der Aufzeichnung wurde auch für den Atlas der Sonnenspektren benutzt und gelegentlich auch zur Bestimmung der Sonnentemperatur und für andere astrophysikalische Untersuchungen; und obgleich es bei Laboratoriumsuntersuchungen zum Aufzeichnen hoher Temperaturen mit Hilfe der Gesamt- oder auch der monochromatischen Strahlung benutzt werden könnte, ist es wohl wegen des Verlustes an Empfindlichkeit für solche Zwecke nicht allgemein zur Verwendung gekommen. Die experimentellen Anordnungen sind notwendigerweise sehr mühsam und schwierig. Man kann ihre Beschreibung in den Annalen des Astrophysical Observatory der Smithsonian Institution finden. Callendar hat auch seine Schleifdrahtmethode benutzt, um die elektrischen Widerstände von Langleys Bolometer zu registrieren. Die Kurve der Figur 163 gibt das Diagramm der Sonnenstrahlung für einen Tag.

Die Strahlungspyrometer der Férytype sind leicht selbstregistrierend herzustellen, wobei es nur notwendig ist, für das die Angaben machende Instrument ein geeignetes mit Registrierung der Ablenkung zu setzen, wie z. B. den Fadenschreiber aus Cambridge oder ein registrierendes Millivoltmeter von Siemens und Halske mit dem nötigen Meßbereich und der erforderlichen Empfindlichkeit. In Figur 164 ist das Temperaturdiagramm eines Manufaktur-„Biskuit"-Ofens dargestellt, aufgenommen mit einem Strahlungspyrometer von Féry und einem Cambridge-Fadenschreiber. Ein Schreibapparat mit Schleifdraht nach Callendar könnte ebenfalls benutzt werden, um sehr hohe Temperaturen zu registrieren, wenn eine allzu hohe Empfindlichkeit nicht erforderlich wäre.

Die Instrumente von Morse oder von Holborn und Kurlbaum können halbregistrierend hergestellt werden; d. h. ein registrierendes

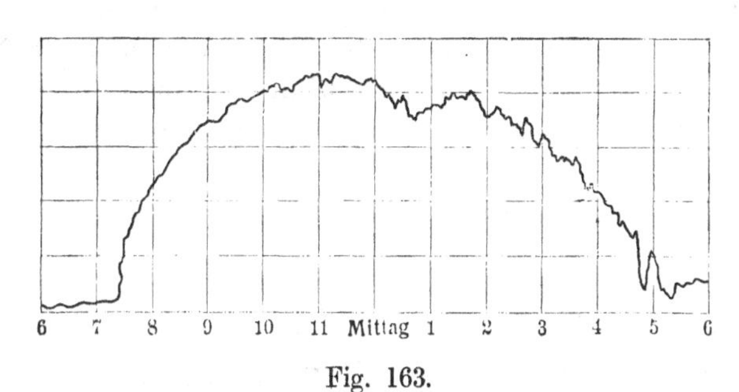

Fig. 163.
Diagramm der Sonnenstrahlung.

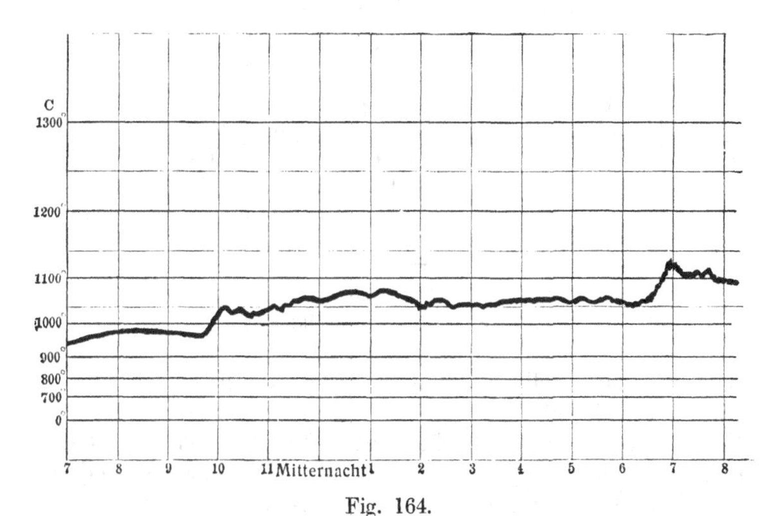

Fig. 164.
Temperaturkurve eines Manufaktur-Brennofens.

Ampèremeter kann man in den Lampenstromkreis einfügen und es dazu benutzen, jede Temperatur zu registrieren, auf welche das Pyrometer durch den Beobachter eingestellt wird. Diese Methode würde ihre Vorteile bei der Kontrolle derjenigen industriellen Vorgänge haben, für welche diese Pyrometerart sich am besten eignet.

Hilfsmittel beim Registrieren. Wir wollen endlich eine Anzahl von Hilfsapparaten und -Methoden erwähnen, welche in besonderen Fällen von Nutzen sind.

Einstellung des Meßbereiches. Es ist manchmal wünschenswert, den Meßbereich des Registrierapparates auf ein begrenztes Temperaturgebiet zu bringen und dadurch eine größere Empfindlichkeit über eine größere Temperaturskala zu erlangen. Dieses kann man auf mehrere Weisen erreichen. Wir wollen als Erläuterung die Skalenkontrolldose von Peake benutzen, wie sie von der Cambridge-Company für ihre Fadenschreiber angewendet wird. In ihrer vollständigeren Form ist diese Anordnung für die Benutzung von Thermoelementen

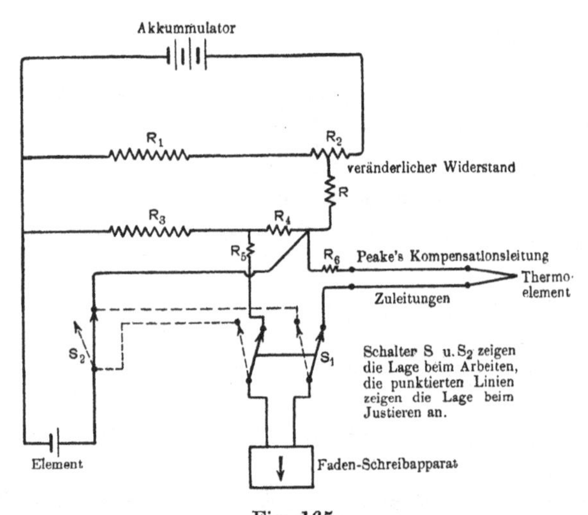

Fig. 165.
Peakes Skalenkontrolldose.

in Figur 165 dargestellt, die mit Peakes Kompensationszuleitungen ausgerüstet ist (S. 165).

Ein 6 Volt-Akkumulator schickt einen Strom durch eine Reihe von festen Widerständen R_3, R_4, R_7 und einen Teil eines veränderlichen Widerstandes R_2 den Stromkreis des Kompensationsapparates.

Ein zweiter Stromkreis, der Pyrometerkreis, besteht aus dem Element, den Zuleitungen R_5 und R_6 und dem Schreibapparat und ist abgezweigt an den Enden des Widerstandes R_4 im Kreise des Kompensationsapparates. Daher ist der Potentialfall in R_4, hervorgerufen durch den vom Akkumulator kommenden Strom, der elektromotorischen Kraft des Elementes entgegengerichtet und deshalb befinden sich die beiden bei einer bestimmten Temperatur, sagen wir 750° C, gerade im Gleichgewicht, und es fließt dann kein Strom durch den Kreis des Pyrometers. Wenn jetzt die Temperatur des Elementes sinkt, so fließt ein Strom in einer Richtung durch den Registrierapparat, während wenn sie steigt, ein Strom in der umgekehrten Richtung fließen wird. So kann die Nullstellung ohne Ablenkung des Zeigers des Registrierapparates in dem Mittelpunkt der Skala gehalten werden und in diesem Falle 750° C entsprechen, während der Widerstand R_5 so abgeglichen werden kann, daß das eine Ende der Skala 600° C und das andere 900° C entspricht.

Die Genauigkeit der Anordnung hängt von dem Strom in R_4 ab, welcher konstant gehalten werden muß, und um dieses zu erreichen, wird ein Clarkelement an den Widerständen R_3 und R_4 abgezweigt; wenn die Spannung des Akkumulators normal ist, gibt dieses Element keinen Strom her, wenn aber die Spannung des Akkumulators langsam fällt, so gibt das Clarkelement einen kleinen Strom und ist bestrebt, die Spannung an den Enden von R_3 und R_4 nahezu konstant zu halten.

Die Änderung in der EMK des Clarkelementes mit der Temperatur setzt ebenfalls sehr nahe die entsprechenden Änderungen in den Kompensationszuleitungen ins Gleichgewicht, so daß das Verhalten des Apparates von den Veränderungen der Temperatur der kalten Lötstelle nahezu unabhängig ist. Die Anordnung kann vereinfacht werden durch Weglassen des Clarkelementes, wird aber dadurch weniger genau.

Mehrfach-Stromkreise und deren Registrierung. Es gibt verschiedene Anordnungen, um mehrere Diagramme auf einer einzigen Schreibfläche mit Hilfe eines Galvanometers aufzunehmen. Praktisch benutzen sie alle einen automatisch betriebenen Kommutator und sind oftmals so konstruiert, daß die einzelnen Diagramme durch den Abstand oder die Länge von Punkten und Strichen unterschieden werden. Während es möglich ist, gleichzeitig sehr verschiedene Temperaturen zu registireren, ist es gewöhnlich in der Praxis gut, dieses nicht zu versuchen und nicht Temperaturen zu registrieren, welche häufig über das Blatt hinausgehen, da die Deutung dann zweifelhaft wird. Es ist ebenfalls oftmals bequem, einen einzigen Stromkreis zur Registrierung zu haben, welcher beispielsweise gleichzeitig mit einem oder mehreren zur Ablesung dienenden Instrumenten sich in einer Werkstatt befinden kann. Eine Anordnung mit vier Thermoelementenkreisen ist in Fig. 166 dargestellt, wobei ein Schreibapparat für alle Elemente eine dauernde Aufzeichnung ergibt und die Temperaturangabe eines jeden ebenfalls mit Hilfe eines direkt zeigenden Galvanometers vorgenommen werden kann.

Ein Schaltbrett kann auch dazu benutzt werden, um die Pyrometer gegeneinander austauschbar zu machen, wie es in Fig. 167 dargestellt ist, wo vier Widerstandsthermometerkreise vorgesehen sind, um mit

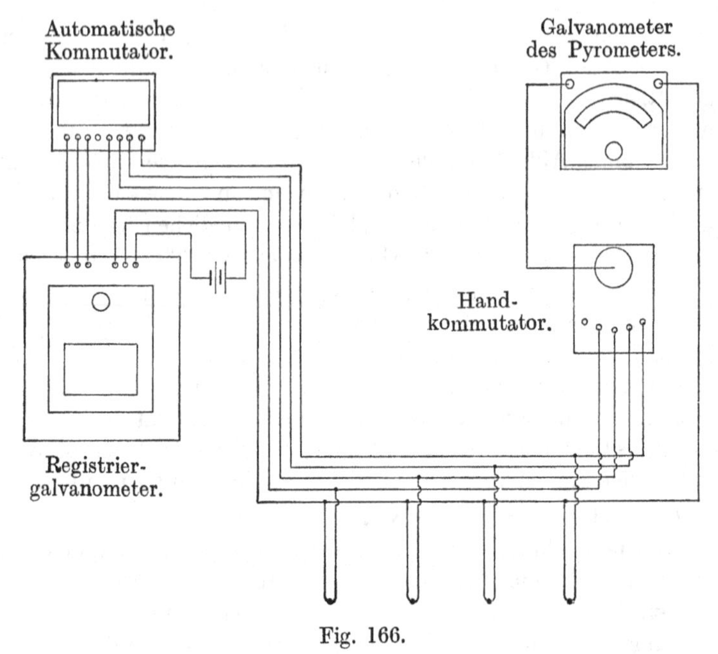

Fig. 166.
Schreib- und Ableseapparat mit vier Thermoelementen.

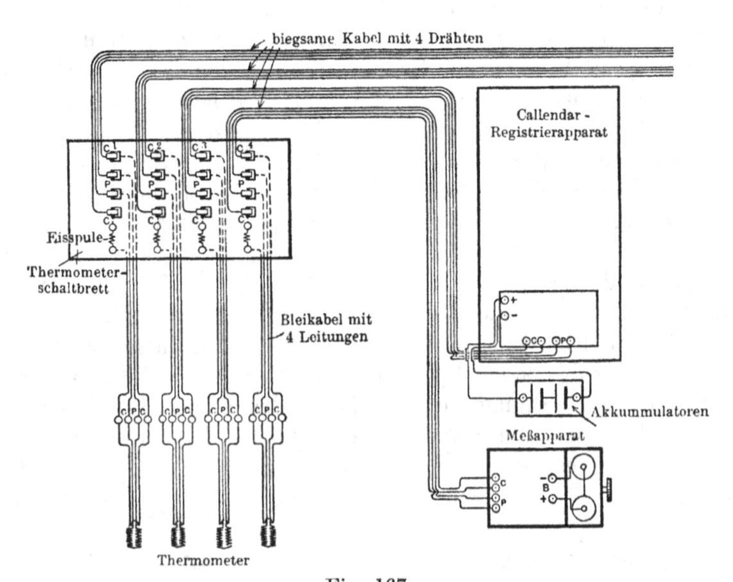

Fig. 167.
Schreib- und Ableseapparat mit vier Widerstandspyrometern.

verschiedenen gerade benötigten Instrumenten benutzt zu werden (vgl. auch Fig. 70). Im allgemeinen kann man sagen, daß praktisch jede industrielle Anforderung in der Vereinigung von Pyrometerkreisen mit Registrier- und Ablese-Instrumenten und auch mit Weckervorrichtungen in befriedigender Weise gelöst werden kann.

Ofenregulierung und Thermostaten. Bei bestimmten Vorgängen, z. B. beim Aufnehmen von Erwärmungs- und Abkühlungskurven, ist es von Vorteil, die Temperatur des elektrischen Ofens andauernd um gleiche Beträge steigern oder sinken lassen zu können. Dieses ist für eine Wechselstromanordnung leicht zu erreichen mit Hilfe eines Salzwasserrheostatens, der aus einer Mariotteschen Flasche wegen des Erhitzens gespeist wird. Die Metallelektroden können in ihrer Gestalt so beschaffen sein, daß sie die Gleichförmigkeit des Temperaturanstiegs begünstigen; während des Abkühlens wird das Wasser abgehebert. Der ganze Apparat kann vollkommen automatisch eingerichtet werden, wenn man es wünscht, so daß eine Anzahl Erwärmungs- und Abkühlungskurven aufgenommen werden können mit jeder gewünschten Geschwindigkeit, ohne Eingreifen des Beobachters. Es ist gut, die Temperatur des Widerstandes niedrig zu halten, indem man Wasser durch ein gewundenes Rohr in demselben durchfließen läßt.

Es ist oftmals wünschenswert, einen Ofen auf konstanter Temperatur zu halten. Die dazu benutzte Methode hängt in hohem Maße von der in Frage kommenden Temperatur ab. In dem Bereich, in welchem flüssige Bäder benutzt werden können bis 350° C, mit geeigneten Ölen oder geschmolzenen Salzen ist es ausreichend, wenn man sie besonders rührt und mit einer thermostatischen Regulierung ausrüstet. Mit einem empfindlichen Gasregulator kann eine Konstanz von 0,05° C erhalten werden und mit elektrischer Regulierung eine etwas bessere Gleichförmigkeit.

Eine gleichförmige Temperatur in großem Volumen kann mit Hilfe eines Dampfes erhalten werden, welcher sich im Gleichgewicht mit seiner Flüssigkeit befindet. Dieses System ist für hohe Temperatur nicht anwendbar, und es ist schwierig, eine konstante Temperatur in langen Zeiträumen aufrecht zu erhalten.

Für hohe Temperaturen können nur Luftbäder benutzt werden, wobei der elektrische Widerstandsrohrofen die meist gebräuchliche Form bildet. Besondere Windungen und sorgsame Regulierung ist nötig, wenn man ein beträchtliches Volumen auf konstanter Temperatur zu halten wünscht. Verschiedene Anordnungen sind zur automatischen Regulierung von Ofentemperaturen vorgeschlagen worden, welche gewöhnlich auf der Benutzung von Relais beruhen, welche entweder elektrisch oder optisch betätigt werden. Die meisten der beschriebenen Schreibapparate können mit solcher Hilfseinrichtung ausgerüstet werden.

Wir können auch den optischen Regulator von Kolowrat anführen, welcher einen elektrischen Ofen auf 2° oder 3° bei 1000° C konstant halten kann, und entweder für thermoelektrische oder für Widerstandsmessung der Temperatur eingerichtet werden kann. Das Licht einer kräftigen Strahlungsquelle, einer Nernstlampe, wird vom Galvanometerspiegel auf eine Skala, welche Temperaturen darstellt, reflektiert. Wenn ein Anstieg der Temperatur des Ofens erfolgt, so fällt der Lichtfleck auf eine Thermosäule, welche eine Anzahl von Relais betätigt, die in den Heizstrom Widerstand einschalten und dadurch den Ofen langsam ab-

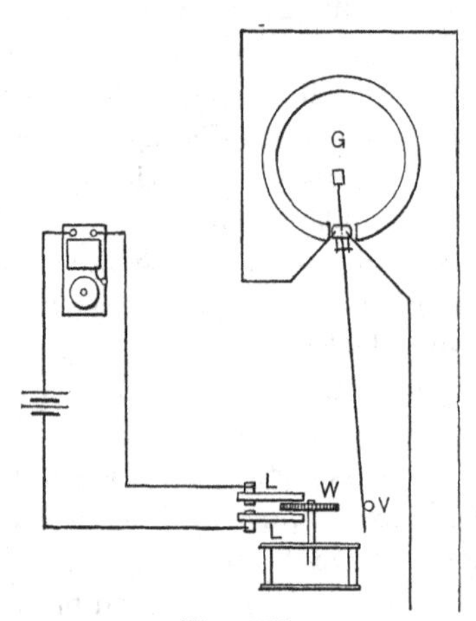

Fig. 168.
Darwins Temperaturalarm.

kühlen. Der Widerstand wird ausgeschaltet, wenn der Lichtfleck die Thermosäule verläßt.

Unter den zahlreichen elektrischen Thermostaten-Regulierungen wollen wir die von H. Darwin erwähnen, welche ebenfalls als Weckvorrichtung benutzt werden kann (Fig. 168). Wenn die Galvanometernadel G V von dem Anschlag V durch einen Anstieg in der Temperatur abgelenkt wird, so schlägt die Nadel gegen das von einem Uhrwerk angetriebene Rad W und schließt einen Stromkreis bei L, welcher entweder derjenige der Weckvorrichtung, wie abgebildet, oder mit Hilfe eines Relais derjenige des Regulierungsstromkreises sein kann.

11. Kapitel.

Die Eichung der Pyrometer.

Thermometrische Skalen. Die allgemein anerkannte normale Temperaturskala ist diejenige des Gasthermometers, welche, wie wir gesehen haben, in der Form des Stickstoffthermometers mit konstantem Volumen bis zu 1550° C verwirklicht worden ist. Diese Skala ist durch die Bestimmung bestimmter Ausgangstemperaturen festgelegt, wie z. B. durch Schmelz- oder Erstarrungspunkte und durch Siedepunkte. Es ist wünschenswert, die Temperaturen mit Hilfe der normalen oder thermodynamischen Skala zu definieren, welche von den Eigenschaften irgend einer besonderen Substanz unabhängig ist. In der Gegenwart aber geht bei hoher Temperatur die Genauigkeitsgrenze, die man in der Gaspyrometrie erreicht, nicht über die Abweichung der Gasskala mit konstantem Volumen von der thermodynamischen Skala hinaus; und die durch verschiedene Gase bestimmte Skala ist ebenfalls praktisch übereinstimmend, so daß wir für die meisten praktischen Zwecke sagen können, daß jede der Skalen gegeneinander austauschbar ist.

Oberhalb des Meßbereiches des Gasthermometers sind wir dazu gezwungen, zu einer Extrapolation zu greifen, mit Hilfe irgend einer Erscheinung, die sich mit der Temperatur ändert. Zu diesem Zweck benutzt man gewöhnlich die Strahlungsgesetze, welche auf den Beziehungen beruhen, welche, wie man gefunden hat, bei tieferen Temperaturen zwischen der Gesamtstrahlung und der monochromatischen Strahlung sowie der Temperatur bestehen. Geradeso wie die thermodynamische Temperaturskala unabhängig ist von den thermischen Eigenschaften irgend einer besonderen Substanz, jedoch genau durch ein ideales Gas dargestellt würde und nahezu durch die thermischen Eigenschaften der gewöhnlichen Gase verwirklicht wird, so ist auch in ähnlicher Weise die Strahlungsskala der Temperatur unabhängig von den strahlenden Eigenschaften irgendwelcher besonderen Substanz, würde aber genau nur durch die Strahlung eines schwarzen Körpers verwirklicht werden und wird nahezu verwirklicht durch die Strahlung eines fast vollkommen geschlossenen klaren Ofens von gleichförmiger Temperatur. Die Strahlungsskala kann dann praktisch so definiert werden, was auch der Fall ist, daß sie die thermodynamische Skala ist, so daß wir tatsächlich eine einzige kontinuierliche Temperaturskala besitzen, von den tiefsten Temperaturen bis zu den höchst erreichbaren.

Leider besteht bis jetzt noch keine genügend gute Übereinstimmung zwischen den wenigen Temperaturen, welche oberhalb 1200° C mit dem Gasthermometer bestimmt worden sind, so daß noch eine beträchtliche Ungenauigkeit in den Werten vorhanden ist, welche die Konstanten der Strahlungsgesetze ergeben, und deshalb auch in den Fixpunkten der höheren Meßbereiche.

Fixpunkte. Da die durch das Gasthermometer bestimmte Skala eine allgemein anerkannte ist, so ist es notwendig, um ein Pyrometer zu eichen, dessen Angaben mit Hilfe der Gasskala auszudrücken. Im allgemeinen ist es nicht angängig, die Angaben eines Pyrometers direkt mit denen eines Gasthermometers zu vergleichen. Die Benutzung des letzteren wird nur auf die Bestimmung ganz bestimmter wiederherstellbarer Temperaturen oder Fixpunkte eingeschränkt, wie sie durch Erstarrungs- und Siedepunkte der chemischen Elemente und bestimmter Verbindungen gegeben sind. Die bei pyrometrischen Untersuchungen erreichbare Genauigkeit ist daher durch die Genauigkeit unserer Kenntnis dieser Ausgangstemperaturen begrenzt und ihre Bestimmung ist immer und auch jetzt noch von grundlegender Wichtigkeit in der Pyrometrie gewesen. Es ist eine große Anzahl von Temperaturen für diese Benutzung vorgeschlagen worden; die tatsächlich zur Anwendung kommende Zahl ist aber sehr klein. Im allgemeinen sollten diejenigen Bestimmungen, die mit dem Gasthermometer selbst angestellt sind, den Vorzug verdienen, obwohl auch andere auf indirektem Wege mit Hilfe der Gasskala wie mit Thermoelementen, optischen Pyrometern und Widerstandsthermometern vorgenommene, vorhanden sind, welche ein beträchtliches Gewicht besitzen; und tatsächlich ist auch der allgemeinere Gebrauch, wenn man mit dem Gasthermometer arbeitet, derart, daß man in einem Ofen oder Bade dessen Angaben mit denjenigen eines bequemeren Instrumentes vergleicht und dann die Gasskala mit Hilfe des letzteren auf Schmelz- oder Siedepunkte durch Interpolation überträgt.

Wir haben schon unsere Aufmerksamkeit auf eine Anzahl dieser Fixpunkts-Bestimmungen gerichtet, unter welchen folgende mit größerer Einzelheit betrachtet werden sollen.

Schwefel. (Siedepunkt) 444,6° C auf der Stickstoffskala mit konstantem Volumen oder 444,5° auf der Skala mit konstantem Druck; entspricht ungefähr 444,7° auf der thermodynamischen Skala unter einem Druck von 760 mm; mit einer Veränderung von 0,090° pro mm Quecksilber im Atmosphärendruck.

Der Siedepunkt des Schwefels ist Gegenstand mehrerer Reihen sorgfältiger Beobachtungen gewesen, unter welchen wir folgende anführen wollen, wobei wir zwischen den direkten und ganz unabhängigen Bestimmungen mit dem Gasthermometer und den indirekten unterscheiden wollen, indem wir die ersteren in Kursivschrift geben.

Siedepunkt des Schwefels.

Beobachter	Methoden und Bemerkungen	S. S. P. beob.	Korr. auf konst. Vol. $P_0 = 1$ At.
Regnault	Konst. Vol. (ungefähr)	*447,5°*	—
Crafts	Konst. Vol.	*445*	—
Callendar und Griffiths	Konst. Druck	*444,53*	*444,74°*
Reichsanstalt	Konst. Vol. Wiebe und Böttcher-Skala	444,5	444,5
Chappuis und Harker	Konst. Vol. korr. von 445,2° . .	*444,7*	*444,7*
Holborn	Konst. Vol. extrapolierter Pt. Widerstand	444,55	444,55
Rothe	Konst. Vol. Hg-Therm. P. T. R. Skala	444,7	444,8
	Thermoelemente	445,0	—
Eumorfopoulos . . .	Konst. Druck	*444,55*	*444,76*
Holborn und Henning	Konst. Vol.	*444,51*	*444,51*
Day und Sosman . .	Konst. Vol.	*444,55*	*444,55*
	Bester Wert aus obigen Zahlen	—	***444,6***

Regnaults Zahl wurde erhalten durch Eintauchen des Thermometerbehälters in den flüssigen Schwefel, aber diese Flüssigkeit überhitzt sich und ergibt so einen zu hohen Wert. Die anderen acht sehr übereinstimmenden Resultate wurden in Dampf erhalten.

Das zuerst von Chappuis und Harker veröffentlichte Resultat war unter Benutzung eines Thermometers mit konstantem Volumen 445,2°, aber diese Differenz gegenüber dem Resultat von Callendar und Griffiths war augenscheinlich bedingt nur durch einen ungenauen Wert, welcher für den Ausdehnungskoeffizienten der Porzellangefäße angenommen war, welche die ersteren benutzten. Eumorfopoulos veröffentlichte zuerst den Wert 443,7°, welcher sogleich als unsicher erkannt wurde, da er von dem unbekannten Ausdehnungskoeffizienten des Quecksilbers abhängig war, welcher seitdem von Callendar und Moß bis zu hohen Temperaturen bestimmt worden ist.

Callendar und Griffiths arbeiteten ebenso wie Eumorfopoulos mit einem Luftthermometer mit konstantem Druck, und es ist interessant, zu bemerken, daß die zwischen mehreren experimentellen Bestimmungen mit der Methode mit konstantem Volumen und konstantem Druck vor handene Differenz von der Größenordnung der Differenz ist, die man zwischen den beiden Gasskalen erwarten muß — derjenigen mit konstantem Volumen und konstantem Druck —, wie es aus der Tabelle von Callendar (S. 28) hervorgeht und aus Fig. 1. Tatsächlich wird es bei Arbeiten mit höchster Genauigkeit wahrscheinlich wünschenswert sein, die Beobachtungen nunmehr auf die thermodynamische Skala zu reduzieren.

An der Reichsanstalt ist eine neue Bestimmung des SSP in neuerer Zeit von Holborn und Henning ausgeführt worden unter Benutzung mehrerer Gase und mit Gefäßen aus Glas und Quarz. Ihr Resultat ist ungefähr 0,2^0 C tiefer, als es nach den älteren Messungen mit konstantem Druck erwartet werden sollte.

Um den genauen Wert des Schwefelsiedepunktes hervorzubringen, ist es nicht ausreichend, das geschützte Thermometer in den Schwefeldampf einzutauchen, sondern es ist notwendig, dasselbe gegen Überhitzung durch die Strahlung der Flüssigkeit und der unteren Wände einerseits zu schützen und andererseits vor Abkühlung durch flüssigen Schwefel, der sich auf der Hülle des Thermometers kondensiert, sowie vor Ausstrahlung des Thermometers selbst. Wenn keine besonderen Vorsichtsmaßregeln getroffen werden, können Veränderungen von 1^0 C vorkommen. Der Schwefel siedet sehr sanft ohne zu stoßen und in einem besonders gebauten Apparat kondensiert er sich mit einer sehr scharfen Grenze in der Nähe des Endes der Siederöhre. Ein konischer oder zylindrischer Aluminiumschutz mit einer Schirmhülle, die nahe um das Thermometerrohr herum angebracht ist, dient dem doppelten Zweck, nämlich das Instrument vor Strahlung zu schützen und auch vor kondensiertem Schwefel. Ein Schwefelsiedeapparat mit eingebrachtem geschütztem Thermometer ist in Fig. 169 dargestellt, mit welchem Messungen auf ungefähr 0,03^0 übereinstimmend erhalten werden können. Gas- oder elektrische Heizung kann benutzt werden und die Siederöhren können aus hartem Glas, Porzellan oder Aluminium sein. Eine von Waidner und Burgess ausgeführte Prüfung der verschiedenen Formen des Schwefelapparates, wie er von früheren Beobachtern benutzt wurde, zeigte, daß dieselben bis auf wenige Hundertel Grad die gleiche Temperatur ergaben. Im Handel vorkommender Schwefel ergibt den gleichen Siedepunkt wie der best erhältliche. Ein Merkmal für die wirkliche Herstellung des SSP ist die Konstanz der Angabe, wenn ein Thermometer mit seinen Hilfseinrichtungen mehrere Zentimeter im Dampf verschoben wird. Waidner und Burgess haben ebenfalls gezeigt, daß auf diese Weise gemessen die Dampfsäule oberhalb des siedenden Schwefels auf ungefähr 0,03^0 C konstant ist.

In der Reichsanstalt sind ferner von Meißner im Jahre 1912 Beobachtungen über die Konstanz des Schwefelsiedepunktes angestellt worden, wobei Schutzhüllen aus verschiedenen Stoffen für die benutzten

Platinthermometer zur Verwendung gelangten. Dabei zeigte sich, daß bei den Vergleichungen eine Eisenschutzhülle und Asbestschutzhülle innerhalb der Beobachtungsfehler auf $\pm$ 0,02 ° C übereinstimmende Werte für den Widerstand der Platinthermometer beim S.S.P. lieferten. Es

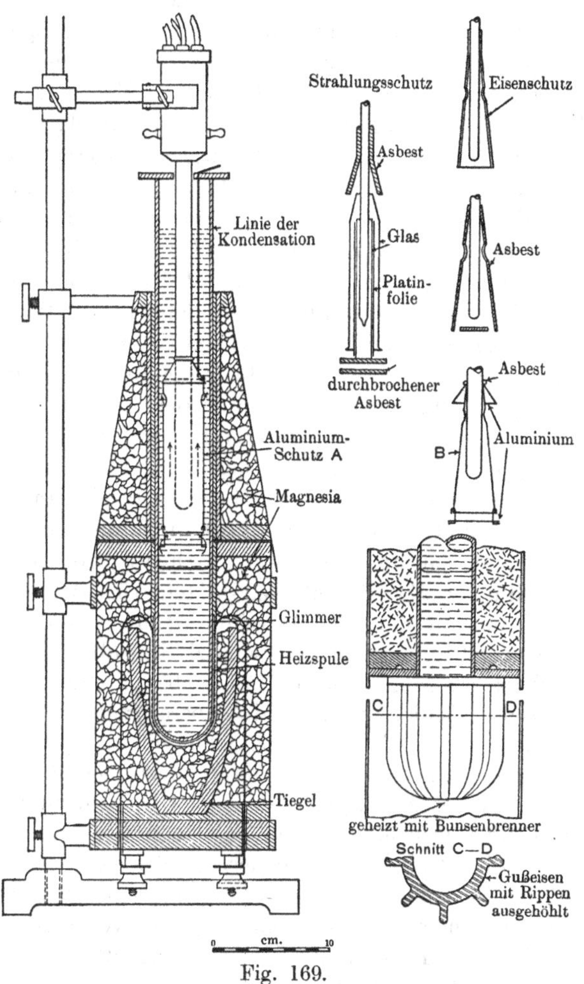

Fig. 169.
Typen des Schwefel-Siedeapparates.

hatte jedoch die Eisenschutzhülle den Nachteil, daß das Metall vom Dampfe des siedenden Schwefels angegriffen wurde und allmählich durch Abbröckeln von Schwefeleisen den siedenden Schwefel verunreinigte. Eine Aluminiumhülle, die nicht vom Schwefel angegriffen wurde, ergab einen um 0,20 ° C niedrigeren Wert des Schwefelsiedepunktes als die anderen Hüllen, obwohl die Form die gleiche war. Diese Abweichung ist auf das Reflexionsvermögen des Aluminiums zu schieben; wurde nämlich die Innenseite der Hülle mit Platinschwarz geschwärzt, so verschwand der Unterschied völlig. Es ist demnach die Zustrahlung der Aluminiumhülle wegen des geringen Emissionsvermögens des blanken Aluminiums nicht ausreichend, um die Ausstrahlung der Spule zu kompensieren. Würde die Hülle vollkommen geschlossen sein, so käme es zwar auf das Emissionsvermögen des Metalles gar nicht an. Nun besitzt aber die Hülle große Öffnungen für den Zutritt und Auslaß des Schwefeldampfes; auch ist ihre Temperatur stets niedriger wegen der Ausstrahlung, als die Siedetemperatur des Schwefels. Diese Ergebnisse mit der Aluminiumschutzhülle stehen in gewissem Widerspruch mit Ergebnissen von Waidner und Burgess einerseits und Day und Sosman andererseits. Die Erklärung für denselben sieht Meißner in dem Umstand, daß die Umhüllungsrohre der Platinthermometer von Waidner und Burgess aus Porzellan, und das Gasthermometergefäß von Day und Sosman aus Metall bestand, während die in der Reichsanstalt benutzten Platinthermometer Glashüllen besaßen. Bei den undurchsichtigen Stoffen kann keine Ausstrahlung der im Innern befindlichen Körper, also auch keine erhebliche Abkühlung, erfolgen. Die Wandung selbst aber steht in gutem Wärmeaustausch mit dem Schwefeldampf und kann daher auch bei minder wirksamer Schutzhülle die Siedetemperatur annehmen. Nimmt man dem Glase die Durchlässigkeit durch Hinüberschieben einer dünnen Eisenblechhülle, so stellt sich der richtige Wert für den Widerstand auch mit der Aluminiumschutzhülle ein. Die Lage der Widerstandsspule innerhalb der Schutzhülle soll so sein, daß das untere Ende der ersteren mindestens 1,5 cm oberhalb des unteren Endes der letzteren sich befindet, während das obere Spulenende mindestens 1,5 cm unterhalb der seitlich an der Schutzhülle angebrachten Ausströmungsöffnungen für den Schwefeldampf sich befinden soll.

Mit Rücksicht auf die ganz vorzügliche Übereinstimmung der Beobachtungen in der oben angeführten Tabelle sind die von Jaquerod und Waßmer mit dem Wasserstoffthermometer vorgenommenen Bestimmungen der Siedepunkte von Naphthalin und Benzophenon und die ersten Bestimmungen von Day und Sosman von den Erstarrungspunkten des Zinks und Kadmiums mit dem Stickstoffthermometer nicht mit dem oben angeführten Wert für Schwefel in befriedigender Übereinstimmung. Wie von Waidner und Burgess, welche das Platinthermometer benutzten, gezeigt wurde, würde der Schwefelpunkt der Schätzung nach nahezu um 1^0 zu hoch in der Arbeit der oben angeführten Beobachter sein.

Day und Sosman haben daher in ihrer letzten Untersuchung den Schwefelsiedepunkt neu bestimmt, wobei sie den Versuch gemacht haben, das übertragende Thermoelement ganz auszuschalten. Sie tauchten die Thermometerkugel direkt in den Dampf des siedenden Schwefels, der in einem passend konstruierten Apparat siedete. Der letztere war mit zwei Heizspulen ausgerüstet, von denen die eine dazu diente, als Hauptheizspule die siedende Flüssigkeit zu erwärmen, die andere aber den Zweck hatte, den 1 cm starken Luftmantel um den siedenden Dampf herum zu heizen und damit den Gradienten vom normalen Wert (ohne Strom) bis auf Null in demselben zu verändern. Keine dieser Änderungen verursachte eine merkliche Änderung in der Temperatur des Schwefeldampfes, wenn nur die zugeführte Wärme ausreichte, um die Röhre mit Dampf zu füllen. Die Kugel selbst war mit einem Mantel aus Aluminiumblech umgeben, der durchlöchert war, um die Zirkulation des Schwefeldampfes zu gestatten, ferner mit einem Loch am Boden ausgerüstet zum Entweichen des flüssigen Schwefels, der sich gegebenenfalls im Mantel kondensierte. Der Mantel bot Schutz gegen direkten Strahlungsaustausch mit dem flüssigen Schwefel oder mit den Ofenwänden und sein kegelförmiges Dach leitete den kondensierten Schwefel von der Kugel fort. Der Siedepunkt wurde in sehr guter Übereinstimmung mit den letzten Resultaten von Holborn und Henning zu *444,5* in der thermodynamischen Skala gefunden.

Mit Rücksicht auf die sehr allgemeine Benutzung des Schwefelsiedepunktes als Eichungstemperatur ist es von höchster Bedeutung, dessen Wert endgültig, wenigstens besser als $0{,}1^0$ C, festzulegen.

In der Tat scheint es jetzt für das Erreichen der höchsten Genauigkeit notwendig zu werden, die Temperaturangaben auf eine gleiche Grundlage zu stellen. Als solche ist dann die thermodynamische Skala zu benutzen, welche die internationale Wasserstoffskala nur um Werte verändern würde, welche in die Fehlergrenzen der absoluten Messungen fielen. Mit dem Platinthermometer könnte man diesen Plan vorläufig zwischen 0^0 und 450^0 C verwirklichen, indem man nach der Callendarschen Gleichung dessen Widerstand beim Eispunkt, Siedepunkt und dem Siedepunkt des Schwefels bestimmt. Für den letzteren sollte man das Mittel aus den Werten von Callendar und Griffiths, Chappuis und Harker, Holborn und Henning und Day und Sosman international festsetzen, das mit einer Unsicherheit von $0{,}2^0$ behaftet ist, ein Nachteil, den man später herausbringen könnte, der aber nicht in Frage kommt gegenüber dem Gewinn einer gemeinsamen Grundlage für die Messung der Temperaturen mit Platinthermometern.

Die verschiedenen Bestimmungen der Veränderung des Schwefelsiedepunktes mit dem Druck sind in sehr naher Übereinstimmung. Für genaue Arbeiten verdient die zweigliedrige Formel von Holborn und Henning oder auch die von Harker und Sexton den Vorzug.

$$t = t_{760} + 0{,}091_2\,(H - 760) - 0{,}0_4 4_2\,(H - 760)^2.$$

Zink. (Erstarrungspunkt oder Schmelzpunkt.) 419,4° C. Erstarrungspunkte erleiden nur geringe Veränderungen bei Schwankungen des Atmosphärendruckes und ihre experimentelle Bestimmung ist etwas leichter als diejenige von Siedepunkten, wenn ein Thermoelement benutzt wird. Die direkte Bestimmung eines metallischen Erstarrungs- oder Schmelzpunktes mit dem Gasthermometer ist zurzeit mit unüberwindlichen experimentellen Schwierigkeiten verknüpft, so daß man immer seine Zuflucht zu irgendwelchen Hilfspyrometern nehmen muß, deren Angaben genau durch direkten Vergleich mit dem Gasthermometer geeicht worden sind.

Zink ist leicht in genügender Reinheit zu haben. Einige neuere Bestimmungen dieses Punktes sind:

Heycock und Neville	419,4° [1])
Stansfield	418,2
Holborn und Day	*419,0*
Day und Sosman	*418,2*
Waidner und Burgess	419,37
Holborn und Henning	*419,40*

Der erste und vorletzte der Werte wurden erhalten mit dem Widerstandspyrometer unter Annahme von 444,7° für den Wert des SSP; Stansfields Beobachtung wurde mit einem registrierenden Thermoelement erhalten und die anderen durch direkte Übertragung mit Thermoelementen oder Widerstandsthermometern vom Stickstoffthermometer.

Zink. (Siedepunkt.) 920° C. Mit einer Veränderung von 0,15° für eine Änderung von 1 mm im Atmosphärendruck.

Der Siedepunkt des Zinks ist Gegenstand einer großen Anzahl von Bestimmungen gewesen und ist trotzdem einer der am wenigsten bekannten und infolgedessen nur sehr wenig zur Benutzung geeigneten Punkte und kann daher nicht empfohlen werden. Er ist zweifellos Gegenstand so vieler Untersuchungen gewesen, da er augenscheinlich den einzigen Punkt in der Nähe der oberen Grenze früherer Versuche mit dem Gasthermometer bildete, welcher direkt mit diesem Instrument bestimmt werden konnte; aber der Einfluß des Überhitzens in Dämpfen von so hoher Temperatur und eine ungleichmäßige Temperaturverteilung sind auch bei elektrischer Heizung nur sehr schwierig zu vermeiden.

Einige der erhaltenen Resultate sind in folgender Tabelle angeführt:

E. Becquerel	*930°*	und	*890°* C
Sainte-Claire-Deville	*915*	bis	*945*
Barus	*926*	und	*931*

[1]) Der Wert 419,0° wird erhalten, wenn eine Beobachtung mit einer augenscheinlich zu kleinen Probe mit hineingezogen wird.

Violle	*930*	
Holborn und Day (2 Beobachtungen) .	*910*	und *930*
Callendar	916	
D. Berthelot	*918*	

Der Wert 930⁰, wie er durch Violles und Barus Resultate gegeben war, wurde allgemein bis zur Neuzeit angenommen, aber die neueren Bestimmungen zeigen, daß 930⁰ um 10⁰ zu hoch ist. Der angenommene Wert 920⁰ besitzt wahrscheinlich keinen Fehler, der größer als 5⁰ C ist.

Gold. (Schmelzpunkt oder Erstarrungspunkt.) 1063⁰ C. Dieser Punkt ist heute einer der bestbekannten Fixpunkte und Gold besitzt auch den Vorteil, in sehr großer Reinheit erhältlich zu sein, oxydiert sich nicht in der Luft und wird auch nicht leicht durch siliziumhaltiges Material bei der Benutzung in Tiegeln angegriffen. Seine Kosten bilden das einzige Hindernis für seine Benutzung in beträchtlichen Mengen. Es sind jedoch Methoden mitgeteilt worden, wie die Einschaltung einer kleinen Drahtlänge zwischen die Drähte eines Thermoelementes, welche nur sehr kleine Mengen von Gold erforderlich machen. Diese Drahtmethoden geben im Mittel die gleichen Resultate wie die Tiegelmethode, wie von Holborn und Day und von D. Berthelot gezeigt wurde, obwohl deren Genauigkeit etwas geringer ist.

Die älteren Bestimmungen des Goldschmelzpunktes waren sehr auseinandergehend, aber die neueren, in denen elektrische Heizung benutzt wurde, stimmen ausgezeichnet überein.

Pouillet	*1180*⁰ C	
E. Becquerel	*1092*	und *1037*
Violle	*1045*	
Holborn und Wien	*1070*	bis *1075*
Heycock und Neville	1062	
D. Berthelot	*1064*	
Holborn und Day	*1064*	
Jaquerod und Perrot	*1067*	
Day und Sosman	*1062*	

Violles Wert wurde lange Zeit als der beste des Goldschmelzpunktes angesehen, spätere Bestimmungen zeigten aber, daß er ungefähr 20⁰ zu tief lag. Der hohe Wert von Holborn und Wien wurde mit einem Thermometer mit Porzellangefäß erhalten und kann ersetzt gedacht werden durch den Wert von Holborn und Day, zu dessen Bestimmung Stickstoff in einem Pt/Ir-Gefäß in Verbindung mit einem Thermoelement benutzt wurde. Die Übereinstimmung ihrer Resultate beim Arbeiten unter verschiedenen Bedingungen geht aus folgenden Beobachtungen hervor.

Gold (Probe 1) . . . . . 1064,0 — 0,6 (Tiegel-Methode)
Gold (Probe 2) . . . . . 1063,5 ,, ,,
Gold (Probe 2) . . . . . 1063,9 (Draht-Methode).

Nicht weniger als 300 g wurden für die Beobachtungen in Graphit- und Porzellantiegeln benutzt, während bei der Drahtmethode 0,03 g des Metalls ausreichend sind.

Berthelot benutzte sein optisches Gaspyrometer in Verbindung mit Thermoelementen und schätzt seine Resultate auf eine Genauigkeit von 2^0 ein. Das Resultat von Heycock und Neville wurde durch Extrapolation vom Schwefelsiedepunkt aus mit der Formel des Platinwiderstandes erhalten, während der Wert von Jaquerod und Perrot mit Hilfe eines Quarzgefäßthermometers mit konstantem Volumen mit verschiedener Gasfüllung sich ergab, wobei die Resultate auf wenige Zehntel eines Grades übereinstimmten. Sie benutzten eine abgeänderte Form der Drahtmethode, welche darin bestand, daß sie ein kleines Stück Golddraht als Teil eines Wechselstromkreises benutzten, wobei das Abschmelzen des Goldes durch Verschwinden des Tones in einem Telephon bemerkt wurde.

Day und Sosman benutzten ihr vorher beschriebenes Stickstoffthermometer. Eine frühere Bestimmung durch Day und Clement mit dem gleichen Apparat ergab 1059^0 für den Goldpunkt mit einer Probe, welche später als eisenhaltig erkannt wurde. Leider haben Holborn und Valentiner in ihrer Gasthermometerarbeit bis 1600^0 C nicht den Goldpunkt wiederholt. Eine Prüfung ihrer thermoelektrischen Zahlen zeigt einen Unterschied von ungefähr 5^0 bei dieser Temperatur an, gegenüber dem Wert, der hier als wahrscheinlichster angeführt ist.

Berthelot hat auf die Tatsache aufmerksam gemacht, daß die späteren Bestimmungen genügend Übereinstimmung zeigen, so daß eine Reduktion derselben auf die thermodynamische Skala wünschenswert erscheint (vgl. S. 23).

Beobachter	Gas	Anfangs-druck	Korrek-tion	Beob. Temp.	Thermo-dyn. Temp.
D. Berthelot	Luft	76 cm	+ 1,36° C	*1064°*	1065,6°
Holborn und Day . . .	N	29 „	0,27	*1064*	1064,3
Jaquerod und Perrot . .	Luft, N, O, CO	23 „	0,21	*1067,2*	1067,4
Day und Sosman	N	21 „	0,21	*1062,4*	1062,6

Silber. (Erstarrungspunkt oder Schmelzpunkt.) 961,0°. Der Erstarrungspunkt des Silbers ist keine konstante Temperatur, außer in einer reduzierenden Atmosphäre, auch ist dieses Metall flüchtig, wodurch es für die Benutzung ungeeignet wird unter Bedingungen, in denen sein Dampf Platindrähte angreifen kann, wie bei Thermoelementen, deren elektrische Eigenschaften das Silber sehr erheblich verändert.

Zahlreiche Bestimmungen dieses Punktes sind ausgeführt worden, aber nur die neueren Beobachtungen berücksichtigen den Einfluß der oxydierenden und reduzierenden Atmosphäre. Einige der Bestimmungen des Silberpunktes sind folgende:

	Reines Ag.	In Luft
Pouillet	—	*1000*° C
E. Becquerel	—	*960* und *916*
Violle	—	*954*
Holborn und Wien	*970*	—
Heycock und Neville	960,5	955
D. Berthelot	*962*	957
Holborn und Day	*961,5*	955
Day und Sosman	*960,0*	—
Waidner und Burgess	960,9	953 bis 957

Geschmolzenes Silber, welches man der Luft aussetzt, absorbiert allmählich Sauerstoff, welcher den Erstarrungspunkt tiefer macht und dieser letztere ist keine bestimmte Temperatur, da er mit der Geschwindigkeit des Abkühlens der Masse und der Umgebung sich ändert. Dieses Tieferwerden kann 20° oder mehr betragen. Die Drahtmethode ergab 953,6 ± 0,9 wie von Holborn und Day gefunden wurde. Der Erstarrungspunkt des reinen Silbers kann in einem Graphittiegel in einer Atmosphäre von Stickstoff oder von CO erhalten werden, oder auch unter Bedeckung mit gepulvertem Graphit, d. h. unter Bedingungen, welche die Oxydation verhindern. Der Schmelz- und Erstarrungspunkt ist in gleicher Weise scharf und wegen der Möglichkeit, leicht sehr reines Silber zu bekommen, kann dessen Benutzung als Fixpunkt sehr empfohlen werden.

Kupfer. (Erstarrungspunkt oder Schmelzpunkt.) 1063° in Luft, 1083° rein. Ob der Gold- oder der Kupferpunkt der höhere sei, war in der Pyrometrie lange Zeit eine offene Frage. Der größere Vorzug des Kupfers in der Praxis ist durch seine Billigkeit bedingt, aber die Tatsache daß Kupfer augenscheinlich zwei Erstarrungspunkte besitzt, hat nicht den gleichen Nachteil wie beim Silber, da die beiden Kupferpunkte sehr bestimmt sind, wobei der höhere bei 1083° derjenige des reinen Metalls ist und leicht in einem Graphittiegel erhalten wird, wenn das Metall vor der Luft durch eine Lage gepulverten Graphites geschützt ist. Der tiefere Wert, 1063°, wird durch die Drahtmethode gegeben und Kupfer kann Gold auf diese Weise ersetzen. Dazwischen liegende Werte innerhalb 1063 und 1083° erhält man in Tiegeln bei unvollkommenem Schutz vor Luft, wobei der Einfluß durch die Bildung und Auflösung von Kupferoxyd hervorgebracht wird, während Sättigung des Kupfers mit dem Oxyd den eutektischen Punkt 1063° für ungefähr 3,5 % Cu_2O ergibt. Das Vorhandensein der eutektischen Temperatur ist gewöhnlich bei beliebigem Prozentsatz des vorhandenen Cu_2O auffindbar und diese Tatsache kann dazu dienen, die Reinheit des Kupfers in einem Tiegel zu prüfen.

Wir wollen folgende Bestimmungen des Kupferpunktes anführen:

Heycock und Neville	1080,5°
Stansfield	1083
Holman	1086
Holborn und Day	*1084,1*
Day und Sosman	*1082,6*
Waidner und Burgess	1083

Die von Holborn und Day und von Day und Sosman erhaltenen Werte sind die einzigen direkt mit Hilfe des Gasthermometers bestimmten. Der Unterschied von 20° C zwischen dem Cu und dem Cu-Cu_2O.-Punkt ist von verschiedenen Beobachtern bestimmt worden.

Palladium. (Schmelzpunkt.) 1550°. Diese Temperatur bildet die augenblickliche obere Grenze des Gasthermometers. Im folgenden sind einige der neueren Bestimmungen des Palladiumschmelzpunktes angegeben:

Beobachter	Methode	Beob. Schmelzpunkt	Reduziert auf $c_2 = 14500$
Nernst und v. Wartenberg	Optisch; Wiens Gesetz $c_2 = 14600$	1541°	1546°
Waidner und Burgess .	Optisch; Wiens Gesetz $c_2 = 14500$	1546	1546
Holborn und Valentiner	Stickstoffthermometer, Thermoelement u. optisch $c_2 = 14200$	*1575*	1560
Day und Sosman . . .	Stickstoffgas u. Thermoelemente	*1549*	—

Palladium kann in Luft mit der Drahtmethode geschmolzen werden und bildet daher eine bequeme Kontrolle der Temperatur für Thermoelemente (vgl. S. 174). Es muß bemerkt werden, daß die Gasthermometerbestimmung von Day und Sosman einem Wert von $c_2 = 14450$ in der Wienschen Gleichung zu entsprechen scheint.

Platin. (Schmelzpunkt.) 1755°. Oberhalb des Palladiumpunktes muß man seine Zuflucht zur Extrapolation nehmen. Es ist eine große Anzahl experimenteller Bestimmungen des Platinschmelzpunktes vorhanden, von denen einige nur auf der Extrapolation von rein empirischen Formeln von Temperaturen unterhalb 1100° C aus beruhen. So beruhen beispielsweise die thermoelektrischen Bestimmungen mit der Formel $E = -a + bt + ct^2$ auf Zahlen, welche diese Gleichung nur in dem Gebiet von 300° bis 1200° C befriedigen. Mit Rücksicht auf die große Wichtigkeit dieser Temperatur als bester Ausgangstemperatur im oberen Teil der Skala sind alle Bestimmungen, von denen wir wissen, daß sie vorgenommen sind, in die Tabelle aufgenommen worden. Die vor dem Jahre 1900 gefundenen Werte sind durch ungenaue Werte der Ausgangstemperaturen beeinflußt und können deshalb nicht genau sein, außer durch Zufall.

Experimentelle Bestimmungen des Platinschmelzpunktes.

Datum	Beobachter	Methode	Veröffentlichter Schmelzpunkt	Reduziert auf gemeinsame Skala[1])
1877—1879	Violle	Kalorimetrisch	1775—1779	—
1892	Barus	Thermoelektrisch	1757—1855	—
1895	Holborn und Wien	„	1780	—
1896	Holman, Lawrence und Barr	„	1760	—
1898	Petavel	Gesamthelligkeit des Pt.	1766	—
1903	Nernst	Gesamthelligkeit vom schwarzen Körper	1782	—
1905	Holborn und Henning	Thermoelektrisch und optisch	1729	—
1905	Holborn und Henning	Thermoelektrisch	1710	1755
1905	Harker	Thermoelektrisch	1710	1755
1906	Nernst und v. Wartenberg	Optisch, $c_2 = 14\,600$	1745	1751
1907	Waidner und Burgess	Optisch, $c_2 = 14\,500$	1753	1753
1907	Holborn und Valentiner	Optisch, $c_2 = 14\,200$	1782	1763
1907	Waidner und Burgess	Monochromatische Strahlung von Pt.	1750	1750
1907	Waidner und Burgess	Thermoelement (2 Formeln)	1706—1730	1753
1909	Féry	Monochrom. Strahlung von Pt., oxydierende Atmosphäre reduzierende Atmosphäre	1690 1740	— —
1910	Sosman	Thermoelement von Pd = 1549°	1752	1755
1910	Ruff	Optisch	1750	—
		Bester Wert	—	**1755**

[1]) Auf $c_2 = 14\,500$ im Wienschen Gesetz.

Die veröffentlichten thermoelektrischen Bestimmungen, welche auf der Extrapolation der thermoelektrischen Skala (Gleichung 3, S. 102) von tiefen Temperaturen aus beruhen, haben geringes oder gar kein Gewicht. Die von Nernst im Jahre 1903 benutzte Methode ist keiner großen Genauigkeit fähig. Férys und auch Ruffs Messungen scheinen nur rohe Bestimmungen gewesen zu sein und die von dem ersteren angegebenen Unterschiede können auf den Oberflächeneigenschaften des Platins in den verschiedenen Teilen einer Gasflamme beruhen und nicht auf oxydierender und reduzierender Atmosphäre als solcher. Alle optischen Messungen der anderen Beobachter wurden in einer oxydierenden Atmosphäre vorgenommen und liegen mindestens 50° höher als Férys Werte in oxydierender Atmosphäre. Die vorhandene Unsicherheit im Platinpunkt ist hauptsächlich auf den Unterschied von c_2 in der Wienschen Formel zu setzen und auf die verschiedenen Gasskalen, mit Hilfe derer die Extrapolationen vorgenommen sind. Der hier dem Platinpunkt zuerteilte Wert 1755 ist abgeleitet aus der Day und Sosmanschen Gasskala (Pd = 1549), den optischen Bestimmungen von Nernst und v. Wartenberg und von Waidner und Burgess, und aus den gleichen Differenzen zwischen dem Platin- und Palladiumpunkt, wie sie von den letzteren und von Holborn und Valentiner gefunden wurde, nämlich:

Beobachter	Pt—Pd
Nernst und v. Wartenberg	204° C
Holborn und Valentiner	207
Waidner und Burgess	207.

Rhodium. (Schmelzpunkt.) 1940°. Die anderen Glieder der Platingruppe besitzen weniger gut bestimmte Schmelzpunkte als Palladium und Platin. Für Rhodium sind folgende Bestimmungen unter anderen vorgenommen worden:

Mendenhall und Ingersoll (Pt = 1755)	1932
v. Wartenberg (mit Wolframofen)	1940

Iridium. (Schmelzpunkt.) 2300°. Obwohl es fraglich ist, ob die Temperatur von 2000° C und darüber mit Hilfe der Gasskala bestimmt werden kann, so kann es doch trotzdem wünschenswert erscheinen, so genau wie möglich eine oder mehrere Temperaturen in diesem Bereich mit anderen Methoden zu bestimmen, wie z. B. mit der spezifischen Wärme und den Strahlungsgesetzen. Iridium und Wolfram scheinen sich für diesen Zweck am meisten zu eignen. Für derartige Bestimmungen kann man bis jetzt aber kaum eine Genauigkeitsgrenze angeben; für Iridium sind folgende Werte gefunden worden:

Violle	1950° C.
V. der Weyde	2200

Nernst . . . . 2200 bis 2240
Rasch (berechnet aus Nernsts Zahlen) 2285
Mendenhall und Ingersoll 2300
v. Wartenberg 2360

v. Wartenbergs Bestimmung wurde in einem Wolframofen im Vakuum vorgenommen; die von Mendenhall und Ingersoll mit einem Kügelchen auf einem Nernststift.

Die neuere Entwickelung von Öfen, die für die Benutzung bei den äußersten Temperaturen taugen, wird ohne Zweifel uns in den Stand setzen, andere Punkte in diesem Gebiet der Skala schärfer zu bestimmen. Es ist von Interesse zu bemerken, daß die außerordentlich hohe Temperatur des elektrischen Lichtbogens nämlich 3600° C, nach den verschiedenen Strahlungsmethoden und den Methoden der spezifischen Wärme Resultate ergibt, welche auf ungefähr 100° C übereinstimmen.

Andere Metalle, welche unter 1100° C schmelzen, wie z. B. Kadmium, Blei, Antimon und Aluminium sind ebenfalls bei dem Versuch, Fixpunkte zu bestimmen, benutzt worden, und einige der erhaltenen Resultate sind in der nebenstehenden Tabelle für Metalle, die unterhalb 1100° C schmelzen, angegeben.

Tabelle für Erstarrungspunkten bis zu 1100° C.

Beobachter	Stansfield	D. Berthelot	Heycock und Neville. Callendar.	Waidner und Burgess	Holborn und Day	Day und Sosman
Jahr	1898	1898-1901	1895-99	1910	1900-1901	1910
Instrument	Registrier-Thermoelement	Optische Interferenz	Elektrischer Widerstand	Elektrischer Widerstand	Stickstoff Ther. und Thermoelement	Stickstoff Ther. und Thermoelement
Eichungswerte	0° 100 444,53	Luft-Ausdehnung	0° 100 444,53	0° 100 444,70	Pt-Ir-Gefäß. Stickstoff-Thermometer	Pt-Rh-Gefäß. Stickstoff-Thermometer
Sn	232,1°	—	231,9°	231,9°	—	—
Bi	268,4	—	269,2	—	—	—
Cd	—	—	320,7	321,0	321,7°	320,0°
Pb	325,9	—	327,7	327,4	326,9	—
Zn	418,2	—	419,0	419,4	419,0	418,2
Sb	—	—	629,5	630,7	630,6	629,2
Al	649,2	—	645,5	658,0	657,0	658,0
Ag_3-Cu_2 . .	—	—	778,5	779,2	—	—
Ag (in Luft)	—	—	955,0	—	955,0	—
Ag (rein) . .	961,5	962	960,7	960,9	961,5	960,0
Au	1062,7	1064	1061,7	—	1064,0	1062,4
Cu-Cu_2O . .	—	—	—	1063,2	1064,9	—
Cu	1083,0	—	1080,5	1083,0	1084,1	1082,6

Die Eisengruppe. Ein sehr häufig benutzter Fixpunkt ist der Schmelzpunkt des Nickels (1450°). Die thermoelektrischen auf empirischen Formeln beruhenden Bestimmungen ergaben Werte von 1484 bis 1427°. Day und Sosman finden 1452 mit dem Gasthermometer und Ruer 1451 mit dem Thermoelement unter der Annahme des Palladiums = 1541. Der Erstere findet für Kobalt 1490, und nach den Messungen mehrerer Beobachter würde Eisen einen Schmelzpunkt von ungefähr 1520 auf der gleichen Skala besitzen. Diese Metalle sind leicht oxydierbar und enthalten gewöhnlich hinreichende Mengen von Verunreinigungen, wodurch die Schmelztemperaturen etwas beeinflußt werden. Am besten arbeitet man mit ihnen in einer Wasserstoffatmosphäre. Mikroskopische in Wasserstoff auf Platin geschmolzene Proben ergaben nach Messungen von Burgess mit einem optischen Pyrometer (vgl. S. 329) Ni = 1435, Co = 1464 und Fe = 1505.

Metalle mit Schmelzpunkten über 2000° C. Oberhalb des Platinschmelzpunktes hat man in neuerer Zeit mehrfach Versuche gemacht Fixpunkte aufzustellen. Mit der Ausnahme von Iridium und Rhodium, welche wir schon erwähnt haben, scheint es notwendig zu sein mit allen in diesem hohen Temperaturbereich benutzbaren Elementen im Vakuum zu arbeiten. Eine sehr bequeme Art, dieselben anzuordnen ist die als Fäden oder als Streifen in Glühlampen.

Von den so untersuchten Elementen ist nur das Tantal und das Wolfram mit guter Übereinstimmung von mehreren Beobachtern bestimmt worden; Wolfram ist auch das einzige, welches ohne erhebliche Verdampfung schmilzt, und da es den höchsten bis jetzt gemessenen Schmelzpunkt besitzt, scheint es am besten für einen außerordentlich hohen Fixpunkt geeignet zu sein.

Für Wolfram sind folgende Werte gefunden worden:

Waidner und Burgess (1906—1910) ($c_2 = 14500$) . .	3050—3250° C
v. Wartenberg (1907—1910) ($c_2 = 14600$)	2800—2900
Pirani (1910) ($c_2 = 14500$)	3250

Der Wert 3000° C ist wahrscheinlich bis auf 100° C richtig.

Für Tantal hat man:

v. Bolton (1905)	2250—2300°
Waidner und Burgess (1907 und 1910)	2910
Pirani (1910)	3000
Pirani und Mayer (1911)	2850

Messungen der Schmelzpunkte von Osmium, Molybdän, Titan und anderer sehr schwer schmelzbarer Elemente sind ebenfalls vorgenommen worden, aber keine von denselben scheinen sich, wie die vorausgehenden als Fixpunkte in der Pyrometrie zu eignen.

Schmelzpunkte der Chemischen Elemente. In Tabelle II des Anhanges ist eine Zusammenstellung der Schmelzpunkte der chemischen Elemente angegeben, mit gleichzeitiger Andeutung unserer Kenntnis von der vorhandenen Genauigkeit.

Typische Erstarrungspunkt-Kurven. Die Kurven der Erstarrungspunkte für Kupfer, Antimon, Silber und Aluminium sind in den Figg. 170 bis 173 dargestellt nach Zahlen, die im Bureau of Standards erhalten wurden, wobei die Zeit in Minuten als Abszisse und die EMK eines 90 Pt/10 Rh-Thermoelementes als Ordinate für Kupfer und Aluminium aufgetragen worden ist, dagegen für

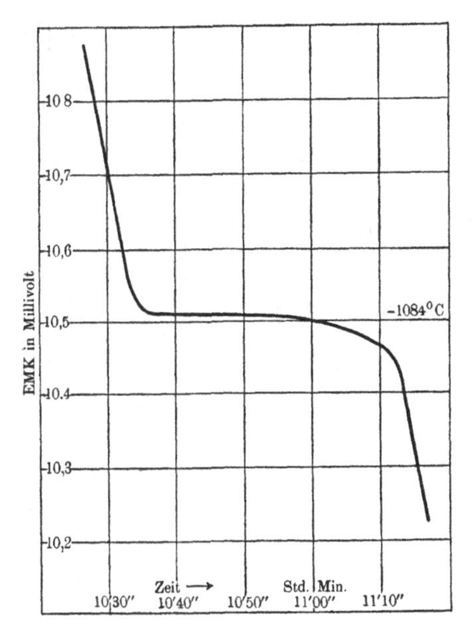

Fig. 170.
Erstarren des Kupfers.

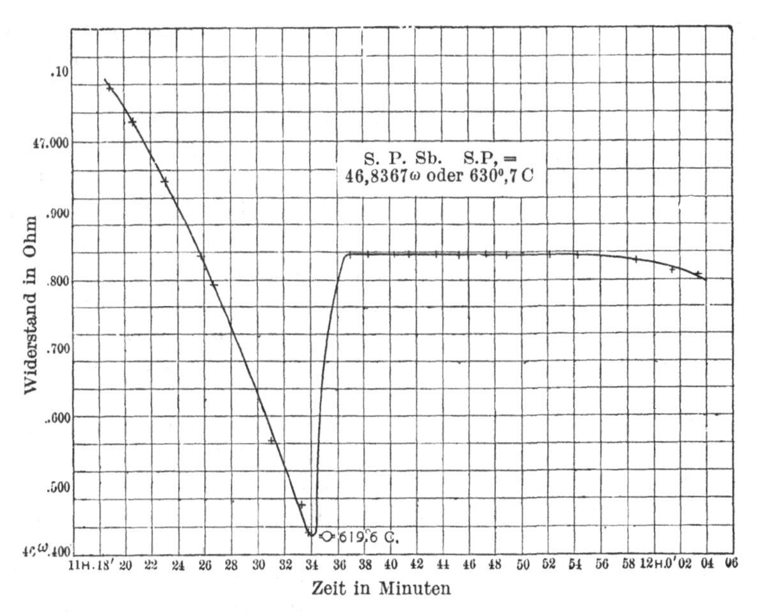

Fig. 171.
Erstarren des Antimons.

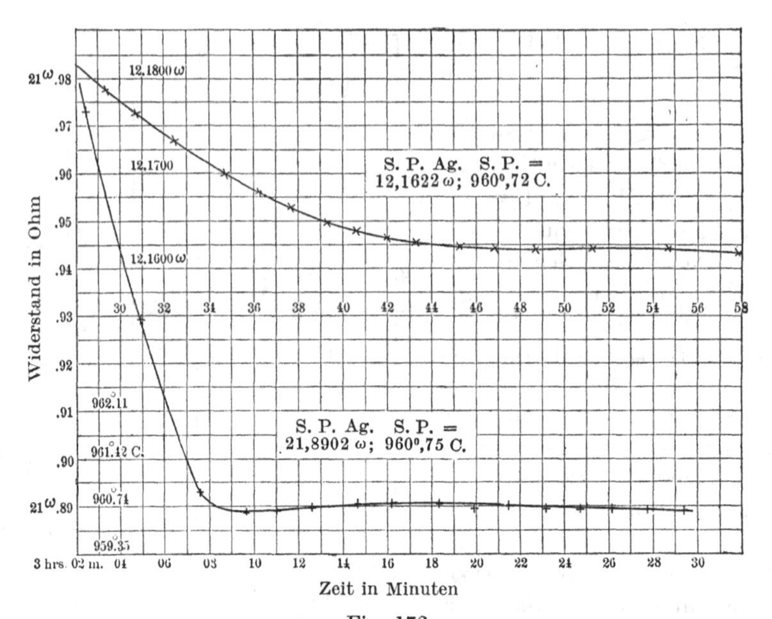

Fig. 172.
Erstarren des Silbers.

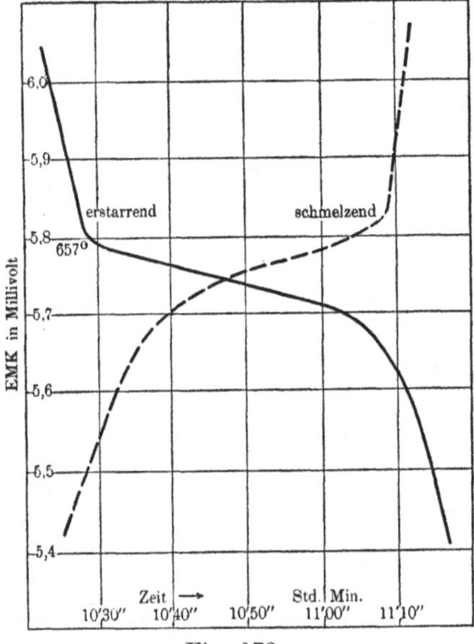

Fig. 173.
Erstarren und Schmelzen des Aluminiums.

Antimon und Silber die Widerstände eines Platinthermometers. Ein Betrachten der Kupferkurve zeigt, aus welchem Grunde dieses Metall für den Gebrauch geeignet ist, da es eine sehr flache Kurve liefert. Bei Aluminium würde ein rasches Abkühlen für eine genaue Bestimmung schädlich sein. Die in diesem Falle in der Kurve beim Übergangspunkt beobachtete Neigung ist charakteristisch für die Anwesenheit von Verunreinigungen, wie auch für geringe Leitfähigkeit und latente Wärme. Für dieses Metall ist die Schmelzkurve ebenfalls angegeben, welche deutlich zeigt, daß sich die Schmelz- und Erstarrungspunkte etwas unterscheiden. Antimon erleidet große Unterkühlungen, abhängig von der Geschwindigkeit des Abkühlens, und kann darin über 30° C erreichen; aber das Maximum ist eine sehr ausgeprägte Temperatur für mäßige Unterkühlungen und bei Benutzung eines rasch arbeitenden Thermometers in einer nicht zu kleinen Metallmenge. Für Silber sind zwei Abkühlungsgeschwindigkeiten gezeichnet.

Siedepunkte. Manchmal ist es erwünscht, ein Pyrometer bis zur Zimmertemperatur zu eichen, auch wenn in diesem Falle die Benutzung eines Quecksilberthermometers gewöhnlich den Vorzug verdient. Man kann die Siedepunkte von Wasser, Anilin oder Naphthalin und Benzophenon benutzen oder auch den Erstarrungspunkt des Zinns, nämlich 231,9°.

Wasser. 100° nach der Festsetzung mit einer Änderung von 0,04° für eine Änderung von 1 mm im Atmosphärendruck.

Anilin. 184,1° mit einer Veränderung von 0,05° pro Millimeter. Dieser Wert ist wahrscheinlich bis auf 0,1° genau. Anilin oxydiert sich aber leicht.

Naphthalin. 218,0° mit einer Änderung von 0,058° pro Millimeter. Dieser Punkt ist durch mehrere Beobachter sehr sorgfältig bestimmt worden (vgl. S. 211), auch ist Naphthalin billig und leicht in genügender Reinheit erhältlich, was am besten durch Bestimmung seines Erstarrungspunktes festgestellt wird, welcher 180,0° C betragen sollte.

Benzophenon. 306,0° mit einer Änderung von 0,063° pro Millimeter. Obwohl es teuer und schwierig rein zu bekommen ist (Schmelzpunkt = 47,2°), so scheint diese Substanz bis jetzt die einzig befriedigende zu sein, welche zwischen 218° und 445° einen genügend konstanten Siedepunkt besitzt. Der Apparat für den Schwefelsiedepunkt (Fig. 169) kann sowohl für Naphthalin als auch für Benzophenon benutzt werden, wenn er mit einem Hilfsrohr zum Kondensieren ausgerüstet wird. Diese beiden Siedepunkte kann man leicht besser als auf 0,05° konstant halten.

Metallsalze. Die verschiedenen erwähnten Fixpunkte haben nicht alle eine sehr bequeme Anwendungsmöglichkeit. Es würde den Vorzug verdienen, wenn man an Stelle der Metalle Metallsalze zur Bestimmung der Fixpunkte besäße, wenn man nachweisen kann, daß sie sonst zur Zufriedenheit arbeiten. Diese Salze sind zum Glück zum größten Teil ohne Wirkung auf Platin, was von großem Vorteil bei der Eichung von Thermoelementen und Widerstandsthermometern ist. Es gibt aber nur wenige, deren Schmelzpunkte bis zur Gegenwart in genügend genauer Weise bestimmt worden sind.

Unter den Salzen, deren Erstarrungs- oder Schmelztemperaturen sorgfältig gemessen sind und welche deshalb für die Zwecke der Eichung dienen können, sind folgende:

NaCl (schmelzend) von W. P. White	801^0 C
NaCl (erstarrend) von G. K. Burgess	800
Na_2SO_4 (schmelzend) von W. P. White . . .	885
Diopsid (CaMg $[SiO_3]_2$ (schmelzend) von Day und Sosman	1391
Anorthit ($CaAl_2$ $SiO_3]_2$) (schmelzend) von Day und Sosman	1549
Lithium Metasilikat (Li_2SiO_3) (schmelzend), F. M. Jaeger	1201
Natriummetasilikat (Na_2SiO_3) (schmelzend), F. M. Jaeger	1087

Die Übergangspunkte einiger Salze können in befriedigender Weise nur durch die eintretende Erwärmung nach großer Unterkühlung erhalten werden, wenn man ihre Erstarrungspunkte aufzunehmen versucht. Dieses ist beispielsweise der Fall für Diopsid, Anorthit und die Silikate, deren Werte nur für chemisch bereitete, künstlich hergestellte reine Salze gelten. Wo ein Rühren anwendbar ist, kann man in hohem Maße das Unterkühlen vermeiden, sowohl bei der Aufnahme von Erstarrungspunkten der Metalle als auch der Salze.

Im allgemeinen ergeben die Salze einen weniger scharfen Schmelzpunkt als die Metalle, hauptsächlich wegen der geringen Leitfähigkeit und der Schmelzwärme der ersteren; auch wirken natürlich Verunreinigungen in der gleichen Weise. Es besteht aber keine Schwierigkeit, eine innerhalb 1^0 C flache Schmelzpunktkurve für einige reine Salze, wie z. B. NaCl und Na_2SO_4 zu erhalten. Es gibt ohne Zweifel noch andere Salze, welche mit Vorteil untersucht werden könnten, wie beispielsweise:

		Schmelzpunkt
1 Mol NaCl + 1 Mol KCl	ungefähr	650^0
Pb_2O_5 2 Na_2O	„	1000
$MgSO_4$	„	1150

K_2SO_4 ist des öfteren benutzt worden, scheint aber mehrere dimorphe Abarten mit verschiedenen Schmelzpunkten, wie Schwefel, zu besitzen, so daß der wirklich beobachtete Punkt unsicher sein kann. Auf S. 352 ist eine Zusammenstellung von Salzen und das Verhalten ihres Schmelzpunktes angegeben, nach verhältnismäßig weniger genauen Methoden als wie oben angegeben.

Legierungen: Eutektische Punkte. Im Falle bestimmter Legierungen gibt es gut ausgeprägte Übergangspunkte, welche als Fixpunkte mit Vorteil in denjenigen Temperaturgebieten dienen können, in welchen es keine bequem liegenden oder brauchbaren metallischen Erstarrungspunkte gibt. Die am schärfsten ausgeprägten derartigen Umwandlungen sind die Erstarrungstemperaturen der Eutektika, bei denen die Wärmeentwickelung und die Konstanz der Temperatur während der Umwandlung, falls die Komponenten rein sind und die Legierung sehr nahe die eutektische Zusammensetzung besitzt, sich in manchen Fällen mit der Erstarrung eines reinen Metalls gut vergleichen lassen.

Solch ein geeignetes Eutektikum mit günstiger Lage ist das des Silbers und Kupfers, welches zufällig die Zusammensetzung Ag_3-Cu_2 besitzt, dessen Erstarrungstemperatur von Heycock und Neville zu 779,0° und von Waidner und Burgess zu 779,2° gefunden wurde. Es gibt wahrscheinlich eine beträchtliche Zahl solcher Umwandlungstemperaturen, welche mit Vorteil als Fixpunkte benutzt werden könnten. So geben die Eutektika des Aluminiums oder des Antimons mit den Gliedern der Eisengruppe wahrscheinlich schärfer bestimmte Temperaturen als diejenigen der im Handel erhältlichen Metalle, die man oft bei der Eichung von Thermoelementen benutzt. Ein anderer gut bekannter und leicht wieder herstellbarer Umwandlungspunkt beim Abkühlen im festen Zustand ist die Rekaleszenztemperatur des Stahls (Eisen-Kohle) mit dem größten Effekt für C = 0,9 % bei ungefähr 705° C für ein langsames Abkühlen und etwas tiefer für rasches Abkühlen.

Reproduzierbarkeit der Erstarrungspunkte. Es ist für eine genaue Pyrometrie, wie auch bei der Eichung von Instrumenten, von großer Wichtigkeit, die bestimmten Temperaturen beim Sieden, beim Erstarren und Schmelzen genau reproduzieren zu können. Wir haben gesehen, daß die gewöhnlich für die Siedepunkte benutzten Stoffe leicht mit genügender Reinheit zu haben sind, um diese Temperaturen innerhalb 0,05° wiederzugeben, und daß deren Erstarrungspunkte eine feine Prüfung für ihre Reinheit bilden.

Es gibt einige Vergleiche der thermischen Reproduzierbarkeit einiger Metalle, deren Erstarrungstemperaturen als Fixpunkte benutzt werden. So fanden Day und Allen im Jahre 1904 unter Benutzung von Thermoelementen, daß die bei der Aufstellung der Reichsanstaltsskalen benutzten Metalle mit Ausnahme des Antimon in Amerika so erhältlich seien, daß sie dieselbe Skala innerhalb 1° C lieferten. Waidner und Burgess haben unter Benutzung sowohl von Thermoelementen als auch von Platinpyrometern, von denen das letztere durch eine viel größere Empfindlichkeit und Verläßlichkeit ausgezeichnet ist, neuerdings eine erschöpfende Prüfung der Reproduzierbarkeit mehrerer metallischer Erstarrungspunkte vorgenommen, was aus folgender Tabelle hervorgeht, in welcher die Proben von leistungsfähigen amerikanischen und deutschen Firmen als deren beste Produkte gekauft wurden.

Metall	Sn	Cd	Pb	Zn	Sb	Al	Cu
Anzahl der Proben	5	3	4	3	6	3	4
Reproduzierarbeit[1]) in Grad C	0,06	0,26	0,10	0,06	2,3	1,2	1,0

[1]) Die Reproduzierbarkeit ist definiert als mittlere Abweichung des Erstarrungspunktes der Metalle von deren mittlerem Erstarrungspunkt.

Dabei waren eine oder mehrere sorgfältig analysierte Proben eines jeden Metalles vorhanden und die Tabelle zeigt, daß es mit Ausnahme des Sb und Al sehr leicht ist, diese Metalle aus mehreren Bezugsquellen rein genug zu erhalten. Das einzige genügend reine Antimon war „Marke Kahlbaum" und das beste Aluminium war das der Aluminium-Company in Amerika. Die im Kupferpunkte bemerkte Unsicherheit ist hauptsächlich durch Oxydation und die Unsicherheiten der Messung bedingt. Von den anderen oft benutzten Metallen, die aber nicht in der obigen Tabelle angeführt sind, sind Silber und Gold leicht in höchster Reinheit zu haben; Palladium und Platin etwas weniger leicht, aber deren Reinheit in Drahtform wird leicht durch Messung ihres Temperaturkoeffizienten (vgl. Kapitel 5) erkannt.

Die Temperatur des Lichtbogens und der Sonne. Bei bestimmten Untersuchungen, welche außerordentlich hohe Temperaturen bedingen, und als Vergleichsquellen für scheinbare Sterntemperaturen können der positive Krater des Kohlebogens und die Sonnenscheibe benutzt werden, obwohl die wirklichen Werte, die man ihren Temperaturen zuerteilen soll, noch etwas zweifelhaft sind. Im Falle der Messungen mit Hilfe der Strahlungsgesetze muß man in der Erinnerung behalten, daß wenn die anderen Dinge auch gleich sind und Lumineszenz ausgeschlossen, doch die gefundenen Werte infolge der selektiven Strahlung der Kohle und der Sonnenscheibe oder infolge der Abweichung ihrer Strahlung von den Gesetzen des schwarzen Körpers zu tief sind. Man sollte ebenfalls erwarten, daß Messungen nach der Methode der Gesamtstrahlung tiefere Temperaturen ergeben würden, als Methoden mit spektral zerlegter Strahlung, wenn der Lichtbogen und die Sonne Energieverteilungen besäßen, welche sich von denen des schwarzen Körpers bei gleichen Temperaturen unterscheiden. Nebenstehende Messungen sind an dem positiven Krater des Lichtbogens angestellt worden.

Es scheint wahrscheinlich, daß die Temperatur des Lichtbogens nicht über 3600^0 C hinausgeht und der Wert 3500^0 C scheint am besten die Resultate darzustellen. Erhebliche Änderungen in der Stromstärke beeinflussen die scheinbare Temperatur weniger als Veränderungen in der Art der benutzten Kohlen. Macht man eine Beobachtung am Lichtbogen, so ist es zweckmäßig, die positive Elektrode horizontal und die negative vertikal anzuordnen. Man sollte auch darauf achten, daß sich eine genügende große Fläche auf der maximalen Temperatur befindet, besonders wenn man Methoden der Gesamtstrahlung benutzt. Dieses kann man nur erreichen, wenn man dicke Kohlen benutzt von einem Durchmesser von 1,5 cm oder mehr und entsprechend starke Ströme.

Beobachtungen mit Hilfe mehrerer Strahlungsgesetze sind auch über die scheinbare Temperatur der Sonnenscheibe angestellt worden. Die Beobachtung zeigt in gleicher Weise, daß die scheinbare Temperatur

Temperatur des Kohlebogens.

Beobachter	Jahr	Temperatur Zentigrade	Methode
Le Chatelier	1892	4100°	Photometrisch, Intensität des roten Lichts.
Violle	1895	3600	Kalorimetrisch; spezifische Wärme der Kohle.
Wilson und Gray . .	1895	3330	Gesamtstrahlung von Kupferoxyd; empirische Relation.
Petavel	1898	3830	Gesamthelligkeit von Pt; empirische Formel.
Wanner	1900	3430 – 3630	(Verschieden mit der benutzten Kohle.) Photometrisch nach dem Wienschen Gesetz. S. 236.
Very	1899	3330—3730	Wiensches Verschiebungsgesetz.
Lummer u. Pringsheim	1899	3480—3930	Wiensches Verschiebungsgesetz.
Féry	1902	3490	Gesamtstrahlung; Stefan-Boltzmannsches Gesetz.
Féry	1904	3880 3343	Photometrisch; Wiensches Gesetz, Gesamtstrahlung.
Waidner und Burgess	1904	3420	Holborn - Kurlbaum -Pyrometer (rotes und grünes Licht). — Wiensches Gesetz
		3410	Wanner-Pyrometer. — Wiensches Gesetz
		3450	Optisches Le Chatelier-Pyrometer. — Wiensches Gesetz

vom Mittelpunkt nach dem Rande abfällt, infolge der Absorption in den äußeren Schichten, woraus folgt, daß die Photosphäre eine Temperatur besitzt, die etwa 500° höher ist als die beobachtete Temperatur für den Mittelpunkt der Scheibe.

A. Wenn das Stefansche Gesetz gilt und wenn die Solarkonstante J, wie auch der Koeffizient σ bekannt sind, ergibt die Formel $J = \sigma T^4$ mit einer besonderen Auswahl der Einheiten T (absolut) direkt an; oder es kann ein geeichtes Pyrometer der Gesamtstrahlung benutzt werden, wenn man für die Absorption in der Erdatmosphäre eine Korrektion anbringt.

B. Wenn die Lage der Wellenlänge mit maximaler Energie bekannt ist und die spektrale Energiekurve der Sonne derjenigen des schwarzen Körpers ähnlich ist, kann das Wiensche Verschiebungsgesetz $\lambda_m T = C$ benutzt werden, wenn C bekannt ist.

C. In ähnlicher Weise kann auch die Beziehung $E_m T^{-5} = \text{konst.}$ benutzt werden.

D. Endlich ergibt uns die Plancksche Gleichung

$$J = C_1 \lambda^{-5} \left(e^{\frac{c_2}{\lambda T}} - 1 \right)^{-1}$$

eine weitere Methode, falls c_2 bekannt ist.

Wenn diese Methoden mit Einschluß der Messungen bei einigen Wellenlängen nach D alle die gleiche Temperatur für die Sonne ergeben unter Benutzung der für einen schwarzen Körper charakteristischen Konstanten in den einzelnen Gleichungen, so würde daraus folgen, daß die gefundene scheinbare Temperatur die wahre Temperatur der Sonne sein würde. Die spektralen Methoden scheinen aber im allgemeinen verhältnismäßig hohe Werte zu liefern, was bedeutet, daß die wahre Sonnentemperatur, wenn man Lumineszenzeinflüsse ausnimmt, höher liegt als irgend einer der beobachteten Werte.

Einige der neueren Beobachtungen sind unten für den scheinbaren Mittelwert der Sonnentemperatur angegeben.

Einige neuere Bestimmungen der scheinbaren Sonnentemperatur.

Beobachter	Mittlere Temperatur. Zentigrade.	Methode
Millochau und Féry .	5090—5390	(A) Mit Aktinometer (Solarkonstante = 2,8—2,55) und Pyrometer der Gesamtstrahlung.
Scheiner	5930	(A)
Wilsing und Scheiner	5130—5600	(D) Mit 5 Wellenlängen; $c_2 = 14\,600$.
Nordmann	5050—5630	Abart von (D) mit Photometer verschiedener Wellenlänge; Lichtbogen = 3343° C gesetzt, $c_2 = 14\,600$.
Abbot und Fowle . .	6160	(B) $\lambda_m = 0{,}433\ \mu$; C = 2930.
Abbot und Fowle . .	5570	(A) Solarkonstante = 1,95; Kurlbaums Wert von σ (S. 230).
Kurlbaum	5460 oder 6120	(D) Mit mehreren Wellenlängen und für $c_2 = 14\,580$ oder 14 200.

Goldhammer hat nachgewiesen, daß (B) wahrscheinlich die am wenigsten geeignete Methode ist und (D) die mit den wenigsten Einwänden behaftete, falls mehrere Wellenlängen benutzt werden. Für Messungen würde, nachdem man wegen der Erdatmosphäre korrigiert hat, der Wert 6000° C für die Vergleichung mit anderen Himmelskörpern geeignet zu sein scheinen.

Tabelle der Fixpunkte. Nach dem gegenwärtigen Stande unserer Kenntnis sind die Fixpunkte, welchen wir den Vorzug zuweisen wollen, in der untenstehenden Tabelle zusammengestellt, in welcher Temperaturen unterhalb 1600° C mit Hilfe der Skala des Stickstoffthermometers mit konstantem Volumen ausgedrückt sind, welches bis zu 1100° C, wie wir gesehen haben, in der Hand mehrerer Experimentatoren nahezu übereinstimmende Resultate geliefert hat. Zwischen 1100° und 1600° C sind die Resultate von Day und Sosman angeführt und oberhalb 1600° C sind die Temperaturen mit Hilfe des Wienschen Gesetzes ausgedrückt, in welchem c_2 zu 14500 angenommen ist, was augenblicklich die Zahlen am besten wiedergibt. Schätzungen der Genauigkeit, mit welcher diese Fixpunkte bekannt sind und ebenfalls deren Reproduzierbarkeit, aus einer bekannten verläßlichen Quelle, sind in der Tabelle angegeben. Die Unsicherheit irgend einer Meßanordnung ist natürlich mit unter die Reproduzierbarkeit aufgenommen.

Tabelle der Fixpunkte.

	Siedepunkte	Genauigkeit nach der Definition	Reproduzierbarkeit
Wasser	100,0° C	—	0,001°
Naphthalin	218,0	0,2	0,02
Benzophenon	306,0	0,3	0,03
Schwefel	444,7	0,5	0,03
	Erstarrungspunkte		
Zinn	231,9	0,2	0,03
Kadmium	321	0,3	0,05
Blei	327	0,3	0,05
Zink	419	0,5	0,05
Antimon	631	1,5	0,3
Natriumchlorid	800	2,0	1,0
Silber	961	2,0	0,3
Gold	1063	3,0	0,5
Kupfer	1083	3	1
Lithiummetasilikat	1202	5	2
Diopsid	1391	10	5
Nickel	1450	15	10
Palladium	1550	15	5
Platin	1755	20	10
Wolfram	3000	100	25
Kohlenbogen	3500	150	50
Sonne	6000	500	100

Die Eichung der Pyrometer. Die oben angeführte Erörterung hat gezeigt, daß wir eine Anzahl von Fixpunkten besitzen, welche mit genügender Genauigkeit für die Benutzung zur Eichung von Pyrometern aufgestellt sind. Für eine solche Eichung gibt es zwei Möglichkeiten außer der direkten Vergleichung mit einem Gasthermometer, einem Vorgang, der gewöhnlich nicht in Frage kommt und durch die Aufstellung dieser Fixpunkte an Hand der Gasskala noch mehr überflüssig geworden ist. Wenn es die Konstruktion erlaubt, so kann ein Pyrometer geeicht werden, indem man seine Angaben bei zwei oder mehreren dieser Fixpunkte bestimmt, es kann aber auch mit einem anderen verglichen werden, welches auf diese Weise geeicht worden ist. Die letztere Methode ist eine für die gewöhnlichen Zwecke übliche, wie bei der Eichung von Instrumenten in der Industrie. Aber für Pyrometer, welche als Normalien benutzt werden sollen, sollte die erstere Methode wenn möglich zur Anwendung kommen.

Wir haben mit gewisser Länge in den entsprechenden Kapiteln die Methode der Eichung für die verschiedenen Pyrometer auseinandergesetzt, und es ist nicht nötig, sich weiter bei diesem Gegenstande aufzuhalten, außer daß wir darauf hinweisen, daß man nicht annehmen kann, ein Pyrometer behalte, wenn es einmal geeicht ist, für alle Zeit seine Eichung bei, besonders nicht, wenn es starkem Gebrauch unterworfen ist.

Eichungslaboratorien. Unter Anerkennung der Wichtigkeit, eine gemeinsame und gültige Temperaturskala aufzustellen, zu erhalten und zu verteilen, und um Mittel zu schaffen, Pyrometer und andere Instrumente mit der ihren eigenen Genauigkeit beglaubigt zu bekommen, sind von einigen der Regierungen Laboratorien eingerichtet worden, wie z. B. in Deutschland die Physikalisch-Technische Reichsanstalt, das National Physical Laboratory in England, das National Bureau of Standards in den Vereinigten Staaten und das Laboratoire d'Essais und das Laboratoire Central d'Electricité in Frankreich, deren Aufgabe nicht nur in der Eichung von Instrumenten, sondern auch in der Ausführung von Untersuchungen besteht. Das deutsche Institut, das älteste dieser Laboratorien, ist bei der Entwickelung der ausgezeichneten deutschen Instrumente ein wichtigster Faktor gewesen und hat der Industrie sowohl wie auch wissenschaftlichen Interessen außerordentliche Dienste geleistet; die anderen staatlichen Laboratorien nehmen nahezu eine Stellung von gleicher Bedeutung in den entsprechenden Ländern ein.

Metalle und Salze mit beglaubigten Schmelzpunkten. Es kann oftmals von großer Bequemlichkeit sein, wenn man sein eigenes Pyrometer zu eichen wünscht, und in Streitigkeitsfällen zwischen Privatleuten bezüglich ihrer entsprechenden Temperaturskalen, geeignete Metalle oder Salze zu besitzen, deren Schmelzpunkte durch ein Normal-Laboratorium beglaubigt worden sind. Das Bureau of Standards ist im Begriff solche beglaubigten Metalle und Salze mit genügendem Meßbereich und in ausreichender Zahl vorzubereiten, damit man die gewöhnlichen Anforderungen der Pyrometereichung befriedigen kann.

Elektrisch geheizte Öfen. Für die Eichung von Pyrometern sowohl wie auch zur Lösung mancher anderen Fragen bei hoher Temperatur ist es notwendig, eine konstante Temperatur eine beträchtliche Zeit lang aufrecht zu erhalten, und die Möglichkeit zu haben, eine bestimmte Temperatur sehr genau wiederherstellen zu können.

Elektrisch geheizte Widerstandsöfen dienen am besten diesem Zweck, und in den letzten Jahren sind in ihrer Konstruktion große Verbesserungen vorgenommen worden.

Öfen mit Nickeldraht von 1 bis 2 mm Durchmesser auf Porzellan gewunden haben beträchtliche Anwendung erfahren, können aber nur langsam angeheizt werden, und ihre obere Grenze liegt ungefähr bei 1200° C, wenn der Ofen häufig benutzt werden soll, obwohl man bei einer einzigen Heizung mit einiger Vorsicht 1400° C erhalten kann. Platindraht ist zur Erreichung höherer Temperaturen benutzt worden, aber die Benutzung dieses Materials in Drahtform ist für Heizzwecke sehr teuer.

Heraeus hat elektrische Heizungen bis zu 1300° oder 1450° C, abhängig von der Gestalt des Ofens, hergestellt, die allgemein anwendbar

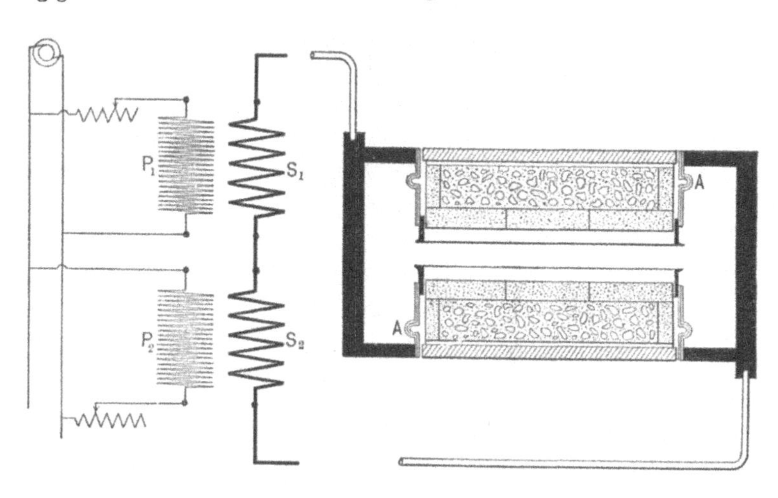

Fig. 174.
Iridium-Rohrofen.

ist, und zwar durch die Einführung von Platinfolie an Stelle des Drahtes, welche ungefähr nur 1,5 Gramm pro qcm wiegt oder eine Dicke von 0,007 mm besitzt. Dieses verkleinert die Kosten eines Platinofens sehr erheblich und besitzt den weiteren Vorteil, etwas größere Gleichmäßigkeit der Heizung zu ergeben und mit etwas größerer Geschwindigkeit hohe Temperaturen erreichen zu können, als dieses mit Öfen mit Drahtwickelung möglich ist. Oberhalb 1500° C setzt chemische Einwirkung zwischen dem Platin und dem gewöhnlich benutzten Röhrenmaterial ein, so daß deshalb, falls das Platin es erlaubt, 1700° nur für eine kurze Zeit hergestellt werden kann, wodurch trotzdem die obere sichere Grenze für lange Heizperioden für Öfen mit Folie 1400° beträgt.

Ihre größte Schwäche ist das Zerspringen der Porzellanröhren, auf welche die Folie aufgewickelt ist, und die Verdampfung des Platins, wenn es nicht mit einer geeigneten Masse überzogen wird.

Für sehr hohe Temperaturen bis hinauf zu 2100° können die Iridiumrohröfen von Heraeus benutzt werden, wie sie mit Erfolg von Nernst

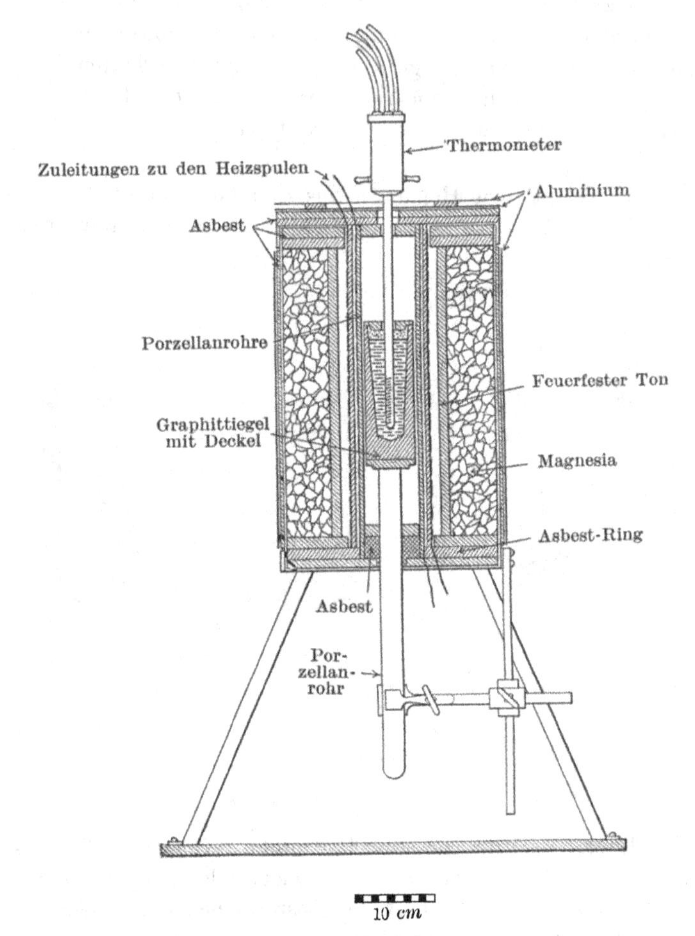

Fig. 175.
Tiegelofen mit doppelter Wickelung.

und anderen beim Studium der Dampfdrucke bei diesen Temperaturen, wie auch bei Untersuchungen über Schmelzpunkte und physikalisch-chemische Dinge mit Erfolg benutzt sind. In Fig. 174 ist der von Waidner und Burgess für die Bestimmung der Schmelzpunkte des Palladiums und Platins benutzte Ofen und seine Hilfseinrichtungen dargestellt.

Für tiefere Temperaturen können Röhren aus Platin oder aus einer Platinlegierung benutzt werden mit großer Einschränkung der Kosten.

Tiegelöfen. Eine geeignete Form des elektrisch geheizten Tiegelofens für Bestimmungen der Schmelz- und Erstarrungspunkte bis zu 1100° C, wie sie am Bureau of Standards benutzt wird, ist in Fig. 175 abgebildet. Die doppelte Wickelung mit Platinband gibt eine sehr feine

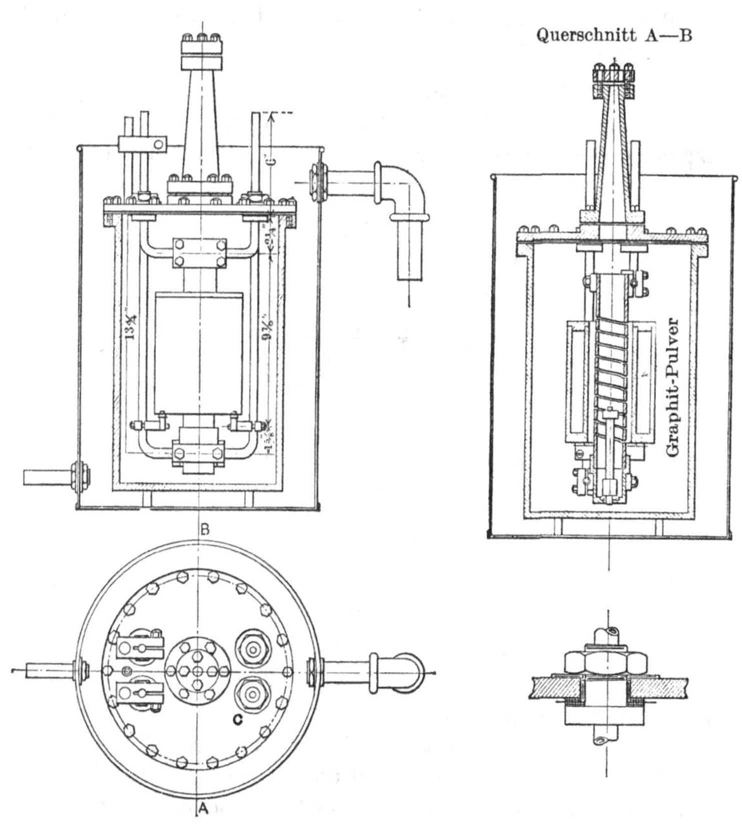

Fig. 176.
Arsem-Vakuumofen.

Temperaturregulierung, wenn die beiden parallel durch besondere Vorschaltwiderstände mit der gleichen Batterie verbunden werden. Dieser Ofen ist dazu bestimmt, einen Tiegel von 300 ccm Fassungsvermögen aufzunehmen, so daß er ein tiefes Eintauchen des Thermometers bei einer konstanten Temperatur gestattet. Wenn das Erstarren oder das Schmelzen eines Metalles 20 Minuten oder länger beobachtet wird, so wird die Form der Erstarrungs- oder Schmelzkurve ein sehr empfindliches Mittel, um die Reinheit der Probe festzustellen. Eine andere Form des Tiegelofens, die mit Erfolg an dem Carnegie Geophysical Laboratory bis über 1600° C benutzt wird, ist in Fig. 52 dargestellt. Die charakteristische Eigenschaft dieses Ofens liegt in der Heizspule mit im Inneren aufgewundenen Platindraht; obwohl er zuerst sehr viel kostet, so ist er nach seiner Konstruktion ein sehr dauerhafter Ofen. Beide Arten von Öfen können zur Benutzung mit irgend einer Atmosphäre eingerichtet werden. Weniger befriedigende Resultate erhält man mit gewöhnlichen Gasöfen bis zu 1300° C.

Vakuum- und Drucköfen. Mr. Arsem von der General Electric Company hat eine Art von Vakuumofen angegeben, welche für bestimmte Schmelzpunkte geeignet ist, wie z. B. für Tone, widerstandsfähige Back-

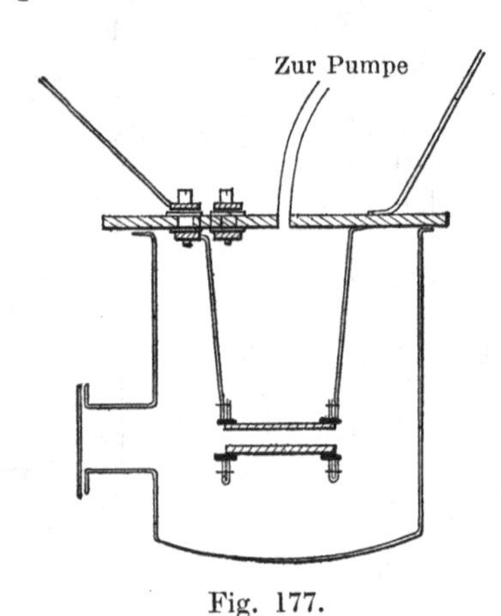

Fig. 177.
v. Wartenbergs Wolframofen.

steine und Aschen und auch für chemische Untersuchungen bis zu 2500° C oder höher. Bei einer seiner gewöhnlichen, wassergekühlten Formen, wie sie in Fig. 176 abgebildet ist, wird die Heizung bewirkt durch Hindurchschicken eines Wechselstromes niederer Spannung durch eine Graphitspirale; die höchsten Temperaturen können in wenigen Minuten erreicht werden. Das Innere wird durch ein Glimmer- oder Glasfenster beobachtet. Die Temperaturen werden mit einem optischen Pyrometer gemessen. Nimmt man die Heizkurve auf, so werden die Umwandlungspunkte für nur wenige Zehntel Gramm eines Stoffes leicht beobachtet (vgl. S. 329). Solch ein Ofen ist im Bureau of Standards mehrere Jahre lang in konstanter Benutzung gewesen.

v. Wartenberg hat mit Erfolg einen Röhrenwiderstandsofen aus Wolfram konstruiert, den er ins Vakuum setzte (Fig. 177) und mit welchem er die Schmelzpunkte einer Anzahl schwer schmelzbarer Elemente, die oberhalb 2000° C schmelzen, bestimmte.

Die Herren Hutton und Petavel in Manchester (England) haben einen Druckofen für Arbeiten bei hoher Temperatur konstruiert, dessen wesentliche Teile in Fig. 178 abgebildet sind. Ein vertikales Kohlerohr wurde an den Enden elektrisch verkupfert, in Messinggußstücke eingelötet und bei A und B mit Wasserzirkulation ausgerüstet. Temperaturablesungen wurden von der Seite mit einem Kohlerohr vorgenommen, welches in einem Messingrohr mit einem Fenster an seinem Ende befestigt war, während ein Strom von Wasserstoff bei C eingelassen wurde. Der ganze Ofen war in zerdrückte Holzkohle eingepackt, während ein dünnwandiger Graphittiegel das zu prüfende Metall enthielt. Dieser Ofen wurde von Greenwood zur Bestimmung der Siedepunkte einiger Metalle und deren Veränderung mit dem Druck benutzt. Andere Arten von Öfen sind in den Kapiteln 2, 4 und 5 beschrieben worden.

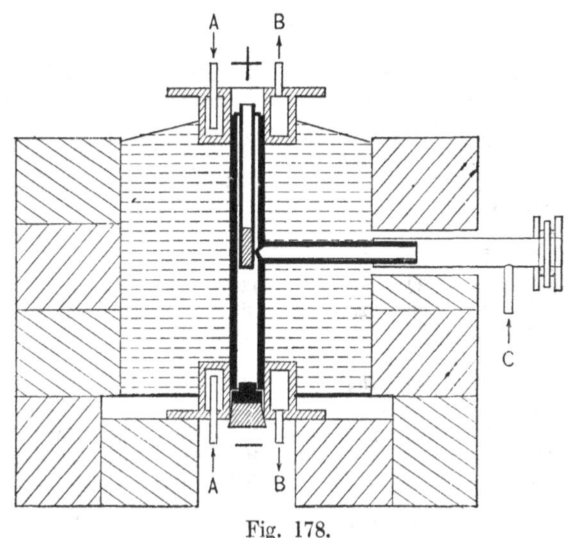

Fig. 178.
Graphitofen von Hutton und Petavel.

Tabelle I.

Tabelle zur Temperaturumrechnung.

(Dr. L. Waldo, in Metallurgical and Chemical Engineering, März 1910.)

C	0	10	20	30	40	50	60	70	80	90
	F	F	F	F	F	F	F	F	F	F
—200	—328	—346	—364	—382	—400	—418	—436	—454	—	—
—100	—148	—166	—184	**—202**	—220	—238	—256	—274	—292	**—310**
— 0	+ 32	+ 14	— 4	— 22	— 40	— 58	— 76	— 94	**—112**	—130
0	32	50	68	86	**104**	122	140	158	176	194
100	**212**	230	248	266	284	**302**	320	338	356	374
200	392	**410**	428	446	464	482	**500**	518	536	554
300	572	590	**608**	626	644	662	680	698	**716**	734
400	752	770	788	**806**	824	842	860	878	896	**914**
500	932	950	968	986	**1004**	1022	1040	1058	1076	1094
600	**1112**	1130	1148	1166	1184	**1202**	1220	1238	1256	1274
700	1292	**1310**	1328	1346	1364	1382	**1400**	1418	1436	1454
800	1472	1490	**1508**	1526	1544	1562	1580	1598	**1616**	1634
900	1652	1670	1688	**1706**	1724	1742	1760	1778	1796	**1814**
1000	1832	1850	1868	1886	**1904**	1922	1940	1958	1976	1994
1100	**2012**	2030	2048	2066	2084	**2102**	2120	2138	2156	2174
1200	2192	**2210**	2228	2246	2264	2282	**2300**	2318	2336	2354
1300	2372	2390	**2408**	2426	2444	2462	2480	2498	**2516**	2534
1400	2552	2570	2588	**2606**	2624	2642	2660	2678	2696	**2714**
1500	2732	2750	2768	2786	**2804**	2822	2840	2858	2876	2894
1600	**2912**	2930	2948	2966	2984	**3002**	3020	3038	3056	3074
1700	3092	**3110**	3128	3146	3164	3182	**3200**	3218	3236	3254
1800	3272	3290	**3308**	3326	3344	3362	3380	3398	**3416**	3434
1900	3452	3470	3488	**3506**	3524	3542	3560	3578	3596	**3614**

C°	F°
1	1,8
2	3,6
3	5,4
4	7,2
5	9,0
6	10,8
7	12,6
8	14,4
9	16,2
10	18,0

F°	C°
1	0,56
2	1,11
3	1,67
4	2,22
5	2,78
6	3,33

Beispiele: 1347° C = 2444° F + 12,6° F = 2456,6° F; 3367° F = 1850° C + 2,78° C = 1852,78° C.

C	0	10	20	30	40	50	60	70	80	90		
	F	F	F	F	F	F	F	F	F	F	F°	C°
2000	3632	3650	3668	3686	**3704**	3722	3740	3758	3776	3794	7	3,89
2100	**3812**	3830	3848	3866	3884	**3902**	3920	3938	3956	3974	8	4,44
2200	3992	**4010**	4028	4046	4064	4082	**4100**	4118	4136	4154	9	**5,00**
2300	4172	4190	**4208**	4226	4244	4262	4280	4298	**4316**	4334	10	5,56
2400	4352	4370	4388	**4406**	4424	4442	4460	4478	4496	**4514**	11	6,11
2500	4532	4550	4568	4586	**4604**	4622	4640	4658	4676	4694	12	6,67
2600	**4712**	4730	4748	4766	4784	**4802**	4820	4838	4856	4874	13	7,22
2700	4892	**4910**	4928	4946	4964	4982	**5000**	5018	5036	5054	14	7,78
2800	5072	5090	**5108**	5126	5144	5162	5180	5198	**5216**	5234	15	8,33
2900	5252	5270	5288	**5306**	5324	5342	5360	5378	5396	**5414**	16	8,89
3000	5432	5450	5468	5486	**5504**	5522	5540	5558	5576	5594	17	9,44
3100	**5612**	5630	5648	5666	5684	**5702**	5720	5738	5756	5774	18	10,00
3200	5792	**5810**	5828	5846	5864	5882	**5900**	5918	5936	5954		
3300	5972	5990	6008	6026	6044	6062	6080	6098	**6116**	6134		
3400	6152	6170	6188	6206	6224	6242	6260	6278	6296	6314		
3500	6332	6350	6368	6386	**6404**	6422	6440	6458	6476	6494		
3600	**6512**	6530	6548	6566	6584	**6602**	6620	6638	6656	6674		
3700	6692	**6710**	6728	6646	6764	6782	**6800**	6818	6836	6854		
3800	6872	6890	**6908**	6926	6944	6962	6980	6998	**7016**	7034		
3900	7052	7070	7088	**7106**	7124	7142	7060	7178	7196	**7214**		
C	**0**	**10**	**20**	**30**	**40**	**50**	**60**	**70**	**80**	**90**		

Tabelle II.
Schmelzpunkte der chemischen Elemente[1]).

Element	Schmelzpunkt	Bemerkungen
Helium	<— 269 ?	S. P. He = — 268.5. Kamerlingh-Onnes.
Wasserstoff	— 259	Travers-Jaquerod.
Neon	— 253 ?	
Sauerstoff	— 230 ?	Gebiet von — 227 bis — 235.
Fluor	— 223	Moissan-Dewar.
Stickstoff	— 210,5	Fischer-Alt.
Argon	— 188	Ramsay-Travers.

[1]) G. K. Burgess, Journ. Wash. Acad. Sc. **1**, 16. 1911.

Element	Schmelzpunkt	Bemerkungen
Krypton	— 169	Ramsay-Travers.
Xenon	— 140	Ramsay-Travers.
Chlor	— 101,5	Johnson-Mc Intosh.
Quecksilber	— 38,7 ± 0,5	
Brom	— 7,3	Gebiet von — 7,5 bis — 7,0.
Caesium	26	Gebiet von — 25,3 bis 26,5.
Gallium	30,1	Lecoq-Boisbaudran.
Rubidium	38	Gebiet von 37,8 bis 38,5.
Phosphor	44,1	Hulett.
Kalium	62,3 ± 0,2	
Natrium	97,5 ± 1,0	
Jod	114 ± 1	
Schwefel	113,5 bis 119,5	Verschiedene Sorten.
Indium	154,5 ± 0,5	
Lithium	186	Kahlbaum.
Selen	217 bis 220	Verschiedene Sorten,Saunders.
Zinn	231,9 ± 0,2	
Wismut	270	Gebiet von 267,5 bis 271,5.
Thallium	302 ± 1	
Kadmium	321,0 ± 0,2	Gebiet von 320,0 bis 321,7.
Blei	327,4 ± 0,4	
Zink	419,4 ± 0,3	Gebiet von 418,2 bis 419,4.
Tellur	451 ± 1	
Arsen	{ 500 ? 850	Guntz-Broniewski. Jolibois.
Antimon	630 ± 1	„Kahlbaum“ allein „rein“.
Cer	635	
Magnesium	650 ± 2	
Aluminium	658 ± 1	
Calcium	805 ± 5	
Lanthan	810 ?	Muthmann-Weiß.
Strontium	> Ca, < Ba ?	
Neodym	840 ?	Muthmann-Weiß.
Barium	850	Guntz.
Germanium	< Ag	Winkler.
Praseodym	940 ?	Muthmann-Weiß.
Silber	961 ± 2	
Radium	600 bis 1200 ?	Unbekannt.
Gold	1063 ± 3	
Kupfer	1083 ± 3	
Mangan	1225 ± 15	
Yttrium	1000 bis 1400 ?	Unbekannt.
Samarium	1300 bis 1400	Muthmann-Weiß.
Scandium	1000 bis 1400 ?	Unbekannt.
Silicium	1420 ± 15	
Nickel	1450 ± 10	Day-Sosman = 1452.
Kobalt	1490	Day-Sosman.
Chrom	1505 ± 15	
Eisen	1520 ± 15	
Palladium	1550 ± 15	Day-Sosman = 1549.
Zirkon	< Silicium	Troost.
Thorium	> 1700, < Pt	v. Wartenberg.
Vanadium	1730 ± 30	
Platin	1755 ± 20	Waidner-Burgess = 1753.

Element	Schmelzpunkt	Bemerkungen
Beryllium	> 1800	Parsons.
Ytterbium	1600 bis 2000?	Unbekannt
Titan	{ 2200 bis 2400? { 1800 bis 1850	Weiß-Kaiser. Hunter.
Rhodium	1920?	Gebiet von 1907 bis 1970.
Ruthenium	> 1950	Joly.
Niob	2200?	v. Bolton = 1950.
Bor	2200 bis 2500	Weintraub.
Iridium	2300?	Gebiet von 2100 bis 2350.
Uran	nahe Mo	Moissan.
Molybdän	2500?	Gebiet von 2110 bis > 2500.
Osmium	2700?	Waidner-Burgess.
Tantal	2850	Waidner-Burgess = 2910.
Wolfram	3000 ± 100	{ Gebiet von — 2575 bis 3250. { Waidner-Burgess = 3080.
Kohle	?	Unbekannt.

Tabelle III.

Siedepunkt des Wassers.

Temperatur Zentigrade; Barometer in mm Quecksilber.

mm	0	1	2	3	4	5	6	7	8	9
730	98,880	98,918	98,956	98,994	99,032	99,069	99,107	99,145	99,183	99,220
740	99,258	99,295	99,333	99,370	99,407	99,445	99,482	99,519	99,557	99,594
750	99,631	99,668	99,705	99,742	99,779	99,816	99,853	99,890	99,926	99,963
760	100,000	100,037	100,073	100,110	100,146	100,183	100,219	100.256	100,292	100.327

Tabelle IV.

Siedepunkt des Schwefels.

Temperatur Zentigrade; Barometer in mm Quecksilber.

mm	0	1	2	3	4	5	6	7	8	9
730	442,00	442,09	442,18	442,27	442,36	442,45	442,53	442,62	442,71	442,80
740	442,89	442,98	443,07	443,16	443,25	443,34	443,43	443,52	443,61	443,70
750	443,79	443,88	443,97	444,06	444,15	444,24	444,34	444,43	444,52	444,61
760	**444,70**	444,79	444,88	444,97	445,06	445,15	445,25	445,34	445,43	445,52

Die Tabelle beruht auf der Annahme des normalen Schwefelsiedepunktes zu **444,7⁰**. Die anderen Temperaturen sind nach der Formel von Holborn und Henning berechnet.

Tabelle V.

Skala des Widerstandsthermometers (Zentigrade).

Werte der Temperatur in Zentigrad (t) als Funktion von Platintemperaturen (pt), für Thermometer mit $\delta = 1{,}500$.

pt	t	Differenz für 1° pt	pt	t	Differenz für 1° pt	pt	t	Differenz für 1° pt	pt	t	Differenz für 1° pt
0	0,000	0,985	**250**	255,99	1,066	**500**	534,89	1,170	**750**	844,26	1,313
10	9,867	0,988	260	266,67	1,070	510	546,62	1,175	760	857,42	1,319
20	19,762	0,991	270	277,38	1,073	520	558,40	1,180	770	870,65	1,326
30	29,687	0,994	280	288,13	1,077	530	570,22	1,185	780	883,95	1,333
40	39,641	0,997	290	298,92	1,081	540	582,10	1,190	790	897,32	1,340
50	49,625	1,000	**300**	309,75	1,084	**550**	594,03	1,195	**800**	910,76	1,347
60	59,639	1,003	310	320,61	1,088	560	606,00	1,200	810	924,28	1,355
70	69,683	1,006	320	331,51	1,092	570	618,03	1,205	820	937,87	1,363
80	79,758	1,009	330	342,46	1,096	580	630,11	1,210	830	951,54	1,370
90	89,863	1,012	340	353,44	1,100	590	642,24	1,216	840	965,28	1,378
100	100,00	1,015	**350**	364,46	1,104	**600**	654,43	1,222	**850**	979,10	1,386
110	110,17	1,018	360	375,52	1,108	610	666,67	1,227	860	993,01	1,394
120	120,37	1,021	370	386,62	1,112	620	678,97	1,232	870	1007,00	1,403
130	130,60	1,024	380	397,76	1,116	630	691,32	1,238	880	1021,07	1,411
140	140,86	1,027	390	408,95	1,120	640	703,73	1,244	890	1035,23	1,420
150	151,16	1,031	**400**	420,18	1,125	**650**	716,20	1,250	**900**	1049,47	1,428
160	161,49	1,034	410	431,45	1,129	660	728,73	1,256	910	1063,80	1,437
170	171,85	1,038	420	442,77	1,134	670	741,32	1,261	920	1078,21	1,445
180	182,25	1,041	430	454,13	1,138	680	753,97	1,267	930	1092,71	1,455
190	192,68	1,044	440	465,53	1,142	690	766,67	1,274	940	1107,31	1,464
200	203,14	1,048	**450**	476,97	1,146	**700**	779,44	1,280	**950**	1122,00	1,474
210	213,64	1,052	460	488,46	1,151	710	792,27	1,286	960	1136,79	1,484
220	224,18	1,055	470	500,00	1,156	720	805,17	1,293	970	1151,69	1,494
230	234,75	1,058	480	511,58	1,160	730	818,13	1,299	980	1166,68	1,503
240	245,35	1,062	490	523,21	1,165	740	831,16	1,306	990	1181,76	1,513
250	255,99	1,066	**500**	534,89	1,170	**750**	844,26	1,313	**1000**	1196,95	1,524

Tabelle VI.

Skala des Widerstandsthermometers (Fahrenheit).

$\delta = 1{,}50.$

Platintemperaturen	Gasskala Temperaturen	Platintemperaturen	Gasskala Temperaturen	Platintemperaturen	Gasskala Temperaturen	Platintemperaturen	Gasskala Temperaturen
0	0,56	60	59,7	130	129,3	**200**	**199**,8
10	10,35	70	69,5	140	139,4	210	209,9
20	20,19	80	79,5	150	149,4	212	212,0
30	30,03	90	89,4	160	159,4	220	220,1
32	32,0	**100**	**99**,4	170	169,5	230	230,3
40	39,9	110	109,3	180	179,6	240	240,5
50	48,9	120	119,3	190	189,7	250	250,7

Platin-temperaturen	Gasskala Temperaturen	Platin-temperaturen	Gasskala Temperaturen	Platin-temperaturen	Gasskala Temperaturen	Platin-temperaturen	Gasskala Temperaturen
260	260,9	720	752,5	1180	1293,7	1640	1904,1
270	271,2	730	763,6	1190	1306,1	1650	1918,3
280	281,4	740	774,8	**1200**	**1318,7**	1660	1932,5
290	291,7	750	786,0	1210	1331,1	1670	1946,8
300	**302,0**	760	797,3	1220	1343,7	1680	1961,2
310	312,3	770	808,6	1230	1356,3	1690	1975,7
320	322,7	780	819,9	1240	1368,9	**1700**	**1990,2**
330	333,0	790	831,2	1250	1381,5	1710	2004,7
340	343,4	**800**	**842,6**	1260	1394,2	1720	2019,3
350	353,8	810	854,0	1270	1406,9	1730	2034,0
360	364,2	820	865,4	1280	1419,6	1740	2048,7
370	374,6	830	876,8	1290	1432,4	1750	2063,4
380	385,1	840	888,3	**1300**	**1445,2**	1760	2078,2
390	395,6	850	899,7	1310	1458,1	1770	2093,1
400	**406,1**	860	911,2	1320	1471,0	1780	2108,0
410	416,6	870	922,7	1330	1483,9	1790	2123,0
420	427,1	880	934,3	1340	1496,8	**1800**	**2138,0**
430	437,6	890	945,9	1350	1509,8	1810	2153,1
440	448,2	**900**	**957,5**	1360	1522,9	1820	2168,3
450	458,8	910	969,1	1370	1535,9	1830	2183,5
460	469,4	920	980,8	1380	1549,1	1840	2198,7
470	480,0	930	992,5	1390	1562,1	1850	2213,0
480	490,6	940	1004,2	**1400**	**1575,3**	1860	2229,4
490	501,3	950	1015,9	1410	1588,5	1870	2244,9
500	**512,0**	960	1027,7	1420	1601,8	1880	2260,4
510	522,7	970	1039,5	1430	1615,1	1890	2276,0
520	533,4	980	1051,3	1440	1628,4	**1900**	**2291,6**
530	544,2	990	1063,1	1450	1641,8	1910	2307,3
540	554,9	**1000**	**1075,0**	1460	1655,2	1920	2323,0
550	565,7	1010	1086,9	1470	1668,7	1930	2338,9
560	576,5	1020	1098,8	1480	1682,2	1940	2354,8
570	587,3	1030	1110,8	1490	1695,7	1950	2370,8
580	598,2	1040	1122,8	**1500**	**1709,3**	1960	2386,8
590	609,1	1050	1134,8	1510	1722,9	1970	2402,9
600	**620,0**	1060	1146,9	1520	1736,6	1980	2419,0
610	630,9	1070	1158,9	1530	1750,3	1990	2435,3
620	641,8	1080	1171,0	1540	1764,0	**2000**	**2451,6**
630	652,8	1090	1183,1	1550	1777,8	2010	2468,0
640	663,8	**1100**	**1195,3**	1560	1791,6	2020	2484,4
650	674,8	1110	1207,5	1570	1805,5	2030	2500,8
660	685,8	1120	1219,7	1580	1819,4	2040	2517,5
670	696,9	1130	1232,0	1590	1833,4	2050	2534,2
680	707,9	1140	1244,3	**1600**	**1847,4**	2060	2551,0
690	719,0	1150	1256,6	1610	1861,6	—	—
700	**730,1**	1160	1270,0	1620	1875,6	—	—
710	741,3	1170	1281,3	1630	1889,9	—	—

Tabelle VII.

Hilfstabellen zu V und VI.

Korrektionen für t bei kleinen Änderungen in δ.

Zentigrad - Skala				Fahrenheit - Skala			
	Δt für $\Delta\delta = 0{,}01$		Δt für $\Delta\delta = 0{,}01$		Δt für $\Delta\delta = 0{,}01$		Δt für $\Delta\delta = 0{,}01$
50	—0,002	550	+0,247	100	—0,003	1100	+0,53
100	0,000	600	0,300	200	0,000	1200	0,64
150	+0,008	650	0,357	300	+0,014	1300	0,76
200	0,020	700	0,420	400	0,038	1400	0,90
250	0,037	750	0,487	500	0,07	1500	1,05
300	0,060	800	0,560	600	0,11	1600	1,23
350	0,087	850	0,637	700	0,18	1700	1,38
400	0,120	900	0,720	800	0,25	1800	1,56
450	0,157	950	0,807	900	0,33	1900	1,73
500	0,200	1000	0,900	1000	0,42	2000	1,95

Die Berechnungen von t aus pt werden mit der Tabelle V vorgenommen, als ob das Thermometer $\delta = 1{,}50$ besäße. Die obigen Korrektionen (Δt) werden dann an den berechneten t-Werten für den dem Thermometer eigenen δ-Wert angebracht.

Beispiel: Wenn pt = 470,0°, woraus t = 500,00° C folgt (Tab. V), so ist, wenn $\delta = 1{,}52$ der korrigierte Wert von t — 500,40° C (Tab. VII).

Tabelle VIII.

Temperaturkorrektionen für Platin von verschiedenem δ.

(Thermometer nach der Callendarschen Methode geeicht; Eis, Dampf und S.S.P.)

Temperatur °C	Korrektion in °C für untenstehende δ-Werte.							
	1,525	1,550	1,575	1,600	1,650	1,700	1,800	1,900
200	+0,02	+0,05	+0,08	+0,10	+0,14	+0,16	+0,20	+0,21
300	+0,02	+0,05	+0,08	+0,11	+0,19	+0,27	+0,45	+0,55
400	0,00	0,00	+0,01	+0,03	+0,08	+0,14	+0,29	+0,37
500	—0,02	—0,05	—0,09	—0,11	—0,18	—0,24	—0,39	—0,57
600	—0,09	—0,18	—0,30	—0,40	—0,62	—0,88	—1,42	—1,96
700	—0,33	—0,70	—1,03	—1,32	—1,78	—2,2	—2,9	—3,5
800	—0,90	—1,65	—2,24	—2,7	—3,6	—4,4	—5,8	—7,1
900	—1,90	—3,1	—4,0	—4,9	—6,5	—8,1	—10,8	—13,5
1000	—3,3	—5,2	—6,8	—8,2	—10,7	—13,1	—17,1	—20,8
1100	—5,5	—8,1	—10,3	—12,2	—15,7	—18,7	—24,3	—29,1

Obige Tabelle gilt nur, wenn der Wert von δ durch Benutzung des S.S.P. als eines dritten Eichpunktes für das Widerstandsthermometer bestimmt worden ist.

Tabelle IX.

Umrechnungstabelle für Absorptionskoeffizienten.

Werte von A' entsprechend c' aus Werten von A entsprechend c.

A \ c/c'	14.200 auf 14.300	14,200 auf 14,400	14,200 auf 14,500	14,200 auf 14,600	14,200 auf 14,700	14,300 auf 14,400	14,300 auf 14,500	14,300 auf 14,600	14,300 auf 14,700	14,400 auf 14,500	14,400 auf 14,600	14,400 auf 14,700	14,500 auf 14,600	14,500 auf 14,700	14,600 bis 14,700
0,05	0,049	0,049	0,048	0,048	0,047	0,049	0,049	0,048	0,048	0,049	0,049	0,048	0,049	0,049	0,049
0,1	0,098	0,097	0,095	0,094	0,092	0,098	0,097	0,095	0,094	0,098	0,097	0,095	0,098	0,097	0,098
0,2	0,19	0,19	0,19	0,18	0,18	0,19	0,19	0,19	0,18	0,19	0,19	0,19	0,19	0,19	0,19
0,3	0,29	0,29	0,28	0,27	0,27	0,29	0,29	0,28	0,27	0,29	0,29	0,28	0,29	0,29	0,29
0,4	0,39	0,38	0,37	0,36	0,35	0,39	0,38	0,37	0,36	0,39	0,38	0,37	0,39	0,38	0,39
0,5	0,49	0,48	0,46	0,45	0,44	0,49	0,48	0,46	0,45	0,49	0,48	0,46	0,49	0,48	0,49
0,6	0,59	0,57	0,54	0,53	0,52	0,59	0,57	0,54	0,53	0,59	0,57	0,54	0,59	0,57	0,59
0,7	0,68	0,66	0,64	0,62	0,60	0,68	0,66	0,64	0,62	0,68	0,66	0,64	0,68	0,66	0,68
0,8	0,77	0,75	0,73	0,70	0,69	0,77	0,75	0,73	0,70	0,77	0,75	0,73	0,77	0,75	0,77
0,9	0,87	0,84	0,82	0,79	0,77	0,87	0,84	0,82	0,79	0,87	0,84	0,82	0,87	0,84	0,87

Die Tabelle beruht auf der Gleichung: $\frac{c}{c'} \log A = \log A'$ in der Anwendung des Wienschen Gesetzes (Seite 236), um Beobachtungen auf einen gemeinsamen Wert von c_2 zu reduzieren.

Beispiel: Ein Beobachter hat $c_2 = 14200$ in Gleichung III, Seite 236, zugrunde gelegt; man will seine Resultate auf $c_2 = 14500$ reduzieren. War das beobachtete $A = 0,50$, so beträgt nach der Tabelle der korrigierte Wert von $A' — 0,46$.

Tabelle X.

Absorptionsvermögen [1]) für polierte Metalle und andere Substanzen.

Substanz / Werte von λ	Blau 0,4	Grün 0,5	Orange 0,6	Rot 0,7	Ultrarot		
					2,0	5,0	8,0
Silber	0,16	0,10	0,075	0,058	0,021	0,015	0,012
Gold	0,72	0,53	0,156	0,077	0,032	0,030	0,020
Platin	0,52	0,42	0,36	0,31	0,19	0,07	0,05
Palladium	—	0,42	0,36	0,31	—	—	—
Rhodium	—	0,24	0,23	0,21	0,09	0,07	0,06
Iridium	—	0,25	0,25	0,24	0,14	0,06	0,05
Eisen	0,50	0,45	0,42	0,41	0,22	0,09	0,06
Kupfer:							
flüssig	—	0,35	0,20	0,15	—	—	—
fest	—	0,47	0,17	0,09	—	—	—
Nickel	0,47	0,39	0,35	0,31	0,17	0,06	0,05
Wolfram	0,53	0,51	0,49	0,46	0,15	0,06	0,04
Tantal	—	0,62	0,55	0,45	0,10	0,07	0,06
Molybdän	0,56	0,55	0,52	0,50	0,18	0,08	0,06
Chrom	—	0,45	0,45	0,44	0,37	0,19	0,11
Vanadium	—	0,44	0,43	0,42	0,32	0,18	0,10
Antimon	—	—	0,47	—	0,40	—	—
Magnesium	—	0,28	0,27	—	0,23	0,14	0,07
Tellur	—	0,52	0,52	0,52	0,49	0,41	0,28
Silicium	—	0,66	0,68	0,70	0,72	0,72	0,72
Graphit:							
poliert	0,79	0,78	0,77	0,76	0,65	0,50	0,45
matt	—	—	>0,90	>0,90	—	—	—
Kupferoxyd	—	0,70	0,70	0,65	—	0,60	—
Eisenoxyd	—	—	0,65 bis	0,90	—	—	—
Chromoxyd	—	>0,90	>0,90	>0,90	—	—	—
Porzellan	—	—	0,25 bis	0,50	—	—	—
Thorerde (rein)	—	—	0,07 bis	0,13	—	—	—
Tonerde	—	—	0,10	0,10	—	—	—
Zirkon	—	—	0,06 bis	0,09	—	—	—
Magnesia	—	—	0,06 bis	0,09	—	—	—
Kalk	—	—	0,10 bis	0,40	—	—	—

[1]) Absorptionsvermögen a = Emissionsvermögen e (E des schwarzen Körpers = 1 gesetzt) = 1 — r, wo r das Reflexionsvermögen.

Literatur-Verzeichnis.

Allgemeine Werke.

(Die fettgedruckten Zahlen geben den Band an.)

Weinhold, Konstruktions-Prinzipien von Pyrometern. Pogg. Ann. **149**, 186. 1873.

Bolz C. H., Die Pyrometer. Eine Kritik der bisher konstruierten hoher Temperaturmesser in wissenschaftlich-technischer Hinsicht. 1888.

Barus C., Die physikalische Behandlung und die Messung hoher Temperaturen. Leipzig 1892. Bull. U. S. Geological Survey. **54**, 1889; **103**, 1893.

Kayser, Handbuch der Spektroskopie. **2**, 1902. Zusammenfassung von Strahlungsmethoden.

Callendar, Measurement of Extreme Temperatures. Nature. **59**, 1899.

Waidner C. W., Methods of Pyrometry. Proc. Eng. Soc. Western Pennsylvania. Sept. 1904.

Waidner and Burgess, Establishment of High-temperature Scale. Phys. Rev. **24**, 441. 1907.

Burgess, Estimation of High Temperatures. Proc. Am. Electroch. Soc. **11**, 247. 1907.

Chwolson, Traité de Physique. (Instrumente, Theorie, Literatur.)

Leber, Ch. XIV in Geigers Handbuch der Eisen- und Stahlgießerei. 1911.

Normal-Skala der Temperatur.

Carnot, Betrachtungen über die bewegende Kraft der Wärme.

Lippmann, Thermodynamics. S. 51.

Thomson and Joule, Philosophical Transactions of the Royal Society. **42**. 579. 1862.

Thomson (Lord Kelvin), Collected Papers. **1**, 174.

Lehrfeldt, Philosophical Magazine. **45**, 363. 1898.

Callendar, Phil. Trans. **178**, 161—220. 1888.

Regnault, Gesammelte Werke. **1**, 168. 1847.

Chappuis, Untersuchungen über das Gasthermometer. Trav. du Bureau International des Poids et Mesures. **6**, 1888.

Chappuis and Harker, Trav. et Mém. du Bureau International des Poids et Mesures. 1900. Phil. Trans. 1900.

Schreber, Absolute Temperatur. W. Beibl. **22**, 297. 1898.

Berthelot, D., Reduktion der Angaben des Gasthermometers auf die absolute Skala. Trav. et Mém. du Bureau Int. **13**, 1903. C. R. **138**, 1153. 1904.

Boltzmann, Über die Bestimmung der absoluten Temperatur. Wied. Ann. **53**, 948. 1894

Mach, E., Theorie der Wärme.
Callendar, Thermodynamical correction to gas thermometer. Phil. Mag. May. 1903.
Rose-Innes, Phil. Mag. (6). **2**, 130. 1901.
Pellat, C. R. **136**, 809. 1903.
Chappuis, Il. de Phys. **3**, 833. 1904. Ann. des Poids et Mesures. **13**, a3. 1907.
Berthelot, Ann. des Poids et Mesures. **13**, b3. 1907.
Buckingham, Bull. Bureau Standards. **3**, 237. 1907.
Rose-Innes, Phil. Mag. **14**, 301. 1908.

Gas-Pyrometer.

Prinsep, Ann. Chim. et Phys. 2d Series. **41**, 247. 1829.
Pouillet, Treatise on Physics. 9th ed., **1**, 233. 1858. Comptes Rendus. **3**, 782. 1836.
Becquerel, Ed., C. R. **57**, 855, 902, 955. 1863.
Sainte-Claire-Deville und Troost, C. R. **90**, 727, 773. 1880; **45**, 821. 1857; **49**, 239. 1859; **56**, 977; **57**, 894, 935. 1863; **98**, 1427. 1884; **69**, 162. 1864. Ann. Chim. et Phys. (3). **58**, 257. 1860. Répert. Chim. Appl. 326. 1863.
Violle, Spezifische Wärme von Platin. C. R. **85**, 543. 1877.
— Spezifische Wärme von Palladium. C. R. **87**, 98. 1878; **89**, 702. 1879.
— Siedepunkt des Zinks. C. R. **94**, 721. 1882.
Meyer, C. und V., Dichte der Halogene. Ber. D. Ch. Ges. **12**, 1426. 1879.
Barus, Bull. U. S. Geological Survey. **54**. 1889. Phil. Mag. (5). **34**, 1. 1892.
— Report on Pyrometry. Congress at Paris 1900.
Regnault, Gesammelte Werke. **1**, 168. Paris 1847. Mém. de l'Institut. **21**, 91, 110. 1847. Ann. Chim. et Phys. (3). **68**, 89. 1861.
Holborn und Wien, Bull. de la Soc. pour l'encouragement (5). **1**, 1012. 1896. Wied. Ann. **47**, 107. 1892. **56**, 360. 1895. Zeitschr. f. Instrkde. 257. 1892.
Crafts und Meier, Dampfdichte des Jod. C. R. **90**, 690. 1880.
Langer and V. Meyer, Pyrochemical Researches (Brunswick). 1885.
Joly, Pogg. Ann. Jubelband, 97. 1874.
Randall, Durchlässigkeit von Platin. Bull. Soc. Chim. **21**, 682. 1898.
Mallard and Le Chatelier, Ann. des Mines. **4**, 276. 1884.
Murray, J. R. Erskine, On a new form of constant-volume air thermometer. Edinburgh Proc. **21**, 299. 1896—1897. Journ. Phys. Chem. **1**, 714. 1897.
J. Rose-Innes, The thermodynamic correction for an air thermometer, etc. Nature. **58**, 77. 1898. Phil. Mag. (5). **45**, 227. 1898; **50**, 251. 1900. Proc. Phys. Soc. London (1). **16**, 26. 1898.
Chappuis, Phil. Mag. (5). **50**, 433. 1900; (6). **3**, 243. 1902. Report for Paris Congr. 1900. Jour. de Phys. Jan. 1901. 20.
Berthelot, D., Über eine neue Methode der Temperaturmessung. C. R. **120**, 831. 1895. Ann. Chim. et Phys. (7). **26**, 58. 1902.
Holborn und Day, Wied. Ann. **68**, 817. 1899. Amer. Journ. Sci. (4). 8, 165. 1899. Zs. f. Instrkde. Mai. 1900. Amer. Journ. Sci. (4). **10**, 171. 1900.
Drudes Ann. **2**, 505. 1900.
Chappuis and Harker, Trav. et Mém. du Bureau Int. des Poids. 1900, 1902. Phil. Trans. 1900.
Callendar, Phil Mag. **48**, 519. 1899. Proc. Roy. Soc. **50**, 247. 1891.
Callendar and Griffiths, Phil. Trans. **182**, 1891.
Berthelot, D., Über Gasthermometer und die Reduktion ihrer Angaben auf die absolute Skale. Trav. et Mém. du Bureau Int. **13**, 1903.
Travers, Studies in Gases (Macmillan). Proc. Roy. Soc. **70**, 485.

Kapp, Ann. der Phys. **5**, 905. 1901.
Wiebe und Böttcher, Gas-Thermometrie, Ber. Berlin. Akad. **44**, 1025. Zs. f. Instrkde. 1888.
Jaquerod und Perrot, Verschiedene Gase in Quarz. C. R. **138**, 1032. 1904.
Day and Clement, Am. Jl. Sci. **26**, 405. 1908.
Day and Sosman, Scale 400° to 1550° C. Am. Journ. Sci. (4). **29**, 93. 1910. Pub. 157. Carnegie Institution of Washington 1911.
Day, A. L., Met. and Chem. Eng. **8**, 257. 1910.
Holborn und Valentiner, Ann. d. Phys. (4). **22**, 1. 1907.
Berthelot, Wert der Gaskonstanten. Zeitschr. Elektroch. **10**, 621. 1904.
Jaquerod und Perrot, Ausdehnungskoeffizienten. C. R. **140**, 1542. 1905.
Holborn und Henning, Ann. d. Phys. (4). **35**, 761. 1911.

Kalorimetrische Pyrometer.

(Vgl. auch Spezifische Wärme.)

Violle, Siede- und Schmelzpunkte. C. R. **89**, 702. 1879.
Le Chatelier, Sixteenth Congr. of the Société technique de l'industrie du gaz. June. 1889.
Euchéne, Thermal relations in the distillation of oil. (Monograph.)
Ferrini, Rend. Lomb. **35**, 703. 1902.
Berthelot, Kalorimetrie. Ann. Chim. et Phys. (4). **20**, 109; (5). **5**, 5; (5). **10**, 433, 447; (5). **12**, 550.
Hoadley, Trans. Am. Inst. Mech. Engs. **2**, Nr. 23; 42. **3**, Nr. 65. 187.

Thermoelektrische Pyrometer.

Becquerel, Ann. Chim. et Phys. (2). **31**, 371. 1826.
Pouillet, Traité de Physique. 4. Ausgabe. **2**, 684. C. R. **3**, 786; **4**, 513. 1836.
Becquerel, Ed., Annales du Conservatoire. **4**, 597. 1864. C. R. **55**, 826. 1862. Ann. de Chim. et de Phys. (3). **68**, 49. 1863.
Tait, Thermoelectric power. Trans. Roy. Soc. Edinb. **27**, 125. 1872—1873.
Regnault, Gesammelte Untersuchungen über Wärmemaschinen. **1**, 240. C. R. **21**, 240. 1847. (Fe-Pt Element.)
Knott and Mac Gregor, Graphical representations. Trans. Roy. Soc. Edinb. **28**, 321. 1876—1877.
Seebeck, Fundamental-Prinzipien. Pogg. Ann. **6**, 133, 263. 1826.
Cumming, Inversion points. Trans. Cambridge Soc. **2**, 47. 1823.
Draper, Phil. Mag. (3). **16**, 451. 1840.
Mousson, Arch. d'Elec. (Geneva). **4**, 5. 1844. (Inhomogenität.)
Magnus, Pogg. Ann. **83**, 469. 1851. (Inhomogenität.)
Thomson, Trans. Edinb. Soc. **21**, 123. 1854. Phil. Mag. (4). **11**, 214, 281, 379, 433. 1856. C. R. **39**, 116. 1854. Phil. Trans. **146**, 649. 1856.
Avernarius, Formeln und verschiedene Elemente. Pogg. Ann. **119**, 406. 1863. **122**, 193. 1864.
Kleminic und Czermak, Pt-Cu-Ni-Fe-Elemente. Wied. Ann. **50**, 175. 1893.
Le Chatelier, Thermoelektrisches Pyrometer. C. R. **102**, 819. 1886. Journal de Phys. (2). **6**. Jan. 1887; Genie civil. March 5. 1887; 16th Congr. of the Société technique de l'industrie du gaz. June. 1889; Bull. de la Société de l'encouragement. 1892; Bull. Soc. Chim. Paris. **47**, 42. 1887.
Barus, Washington 1889. Bull. of the U. S. Geological Survey. **54** and **103**. (Bd. **54** enthält eine sehr vollständige Übersicht über das ganze Gebiet der Pyrometrie.) Phil. Mag. (5). **34**, 15, 376. 1892. Am. Journ. Sci. **36** 427. 1888; **47** (3), 366; **48**, 336. 1894. (Pt.Pt-Ir-Elemente, Formeln.)

Holborn und Wien, Wied. Ann. **47**, 107. 1892; **56**, 360. 1895. Zeitschr. d. Vereins deutscher Ingenieure. **41**, 226. 1896. Stahl und Eisen. **16**, 840. (Pt.Pt-Rh-Elemente.)
Roberts-Austen, Recent progress in pyrometry. Trans. Am. Institute of Mining Engineers. 1893. (Siehe auch Begistrierende Pyrometer.)
Damour, E., Bull. de l'Assoc. amicale des anciens élèves de l'Ecole des Mines. March. 1889.
Howe, H., Pyrometric data. Engineering and Mining Journ. **50**, 426. 1890. Metallurgical laboratory notes (expts. with thermocouples). 1902.
Holborn und Day, Pt-Legierungen. Ann. d. Phys. (4). **2**, 505. 1900.
— Über den Schmelzpunkt des Goldes. Ann. d. Phys. **4**, 99. 1901. Amer. Journ. Sci. **11**, 145. 1901.
— Über die thermoelektrischen Eigenschaften bestimmter Metalle. Sitzungsber. d. Berl. Akad. 1899. 69. Amer. Journ. Sci. (4). **8**, 303. 1899. Mitt. d. Phys.-techn. Reichsanst. **37**. 1899.
Stansfield, Pt alloys, formulae. Phil. Mag. (5). **46**, 59. 1898.
Holman, Exponential formulae. Phil. Mag. **41**, 465. 1896. Proc. Am. Acad. **31**, 234.
Holman, Lawrence, and Barr, Phil. Mag. **42**, 37. 1896. Proc. Am. Acad. **31**, 218.
Schoentjes, Arch. de Phys. (4). **5**, 136. 1898.
Noll, Thermoelektrizität chemisch reiner Metalle. Wied. Ann. 1894. 874.
Steinmann, Thermoelektrizität bestimmter Legierungen. C. R. **130**, 1300; **131**, 34. 1900.
Belloc, Thermoelektrizität von Stahlsorten. C. R. **131**, 336. 1900. Ann. Chim. et Phys. **30**, 42. 1903. C. R. **134**, 105. 1902.
Berthelot, D., Über die Eichung von Elementen. C. R. **134**, 983. 1902.
Thiede, Apparat für Erstarrungspunkte. Zeitschr. f. angew. Chem. **15**, 780. 1902.
Lindeck und Rothe, Die Eichung von Thermoelementen zur Messung hoher Temperaturen (wie sie an der Phys.-Techn. Reichsanstalt ausgeführt wird). Zeitschr. f. Instrumentenk. **20**, 285. 1900 u. folgende Jahre.
Nichols, Temperature of flames etc., with thermocouple. Phys. Rev. **10**, 234. 1900.
Harker, Gas vs. thermoelectric scales. Phil. Trans. **203**, 343. 1904.
Chauvin und Arnoux, Zusammengesetztes Element. Bull. Soc. d'Encourag. **109**, 1171. 1907.
Crompton, Fe-Ni, Fe-Cu. Lond. Electrician. **56**, 808. 1906.
Bristol, Pyrometers. Am. Soc. Mech. Eng. **27**, 552. 1906. Am. Machinist. 1906. 201. Electrochem. and Met. Ind. **4**, 115. 1906.
Pécheux, Le pyromètre thermoeléctrique. Paris 1909. (Ni-Cu, etc., Elemente.) C. R. **139**, 1202. 1904; **148**, 1041. 1909; **149**, 1062. 1909.
Broniewski, Thermoelektrische Eigenschaften von Legierungen (mit Literaturangabe 1822—1909). Rev. de Métallurgie. **7**, 45. 1910.
Wilson, C. H., Electrochem. and Met. Ind. **7**, 116. 1909.
Barrett, Phil. Mag. (5). **49**, 309. 1900. (Fe-Ni-Mn bis 1000° C.)
Harrison, Fe-Ni-Cu alloys to 1050° C. Phil. Mag. (6). **3**, 177. 1902.
Boudouard, Stahlsorten 0—1200° C. Rev. d. Métallurgie. **1**, 80. 1904.
Hevesy und Wolff, Ni-Ag-Element. Phys. Zeitschr. **11**, 473. 1910.
Stupakoff, Pamphlets on Industrial Practice.
Schneider, Thermokräfte erhitzter Drähte. Elektrotechn. Zeitschr. **25**, 233. 1904.

Hirschson, C-Ni Element. Zeitschr. f. chem. Apparatk. 1907. 622.
Sosman, Pt-Rh. Amer. Journ. Sci. **30**, 1. 1910.
Day and Allen, Pt-Rh to 1600° C. Phys. Rev. **19**, 177. 1904.
Palmer, Fe-Cu 0—200° Phys. Rev. **21**, 65. 1905.
Campbell, A., Composite thermocouples. Phil. Mag. **9**, 713. 1905.
White, Constancy of thermoelements. Phys. Rev. **23**, 449. 1906. Meltingpoint methods. Amer. Journ. Sci. **28**, 453. 1909.
Geibel, Die Edelmetalle. Zeitschr. f. anorg. Chem. **69**, 38. 1910; **70**, 240. 1911.
Waidner and Burgess, Comparison of thermoelectric and resistance scales. Bull. Bur. Standards. **6**, 182. 1910.
Memmler und Schob, Mitt. K. Materialprüfungsamt. **28**, 307. 1910.

Korrektionen für die kalten Lötstellen.

Offerhaus, C. and E. H. Fischer, Electrochem. and Met. Ind. **6**, 362. 1908.
Vogel, R., Zeitschr. f. anorg. Chem. **45**, 13. 1905.
Schultze und Koepsel, Zentralbl. f. Akkumulatoren. 8, 102. 1907.

Kompensationsapparate für Temperaturmessungen.

Feußner, Zeitschr. f. Instrumentenk. **10**, 113. 1890.
Lehrfeldt, Phil. Mag. **5**, 668. 1903.
Varley, Brit. Assoc. **36**, 14. 1866.
Raps, Zeitschr. f. Instrumentenk. **15**, 215. 1895. Elektrotechn. Zeitschr. **16**, 507. 1895; **24**, 978. 1903.
Franke, Elektrotechn. Zeitschr. **24**, 978. Zeitschr. f. Instrumentenk. **24**, 93. 1904.
Harker, Phil. Mag. **6**, 41. 1903.
Holman, Phil. Mag. **42**, 37. 1896.
Lindeck, Zeitschr. f. Instrumentenk. **20**, 293. 1900.
Hausrath, Ann. d. Phys. **17**, 735. 1905. Zeitschr. f. Instrumentenk. **27**, 309. 1907.
Dießelhorst, Zeitschr. f. Instrumentenk. **26**, 173, 297. 1906; **28**, 1. 1908.
White, Zeitschr. f. Instrumentenk. **27**, 210. 1907. Phys. Rev. **25**, 334. 1907.
Wenner, Phys. Rev. **31**, 94. 1910.

Elektrische Widerstands-Pyrometer.

Müller, Pogg. Ann. **103**, 176. 1858.
Siemens, W., Proc. Royal Soc. **19**, 351. 1871. Bakerian Lecture 1871. Transactions of the Society of Telegraph Engineers 1879. British Association. 1874. 242.
Benoît, C. R. **76**, 342. 1873.
Callendar, Phil. Trans. of R. S. **178**, 160—230. 1888. Proc. Roy. Soc. Lond. **41**, 231. 1886. Phil. Trans. 1887. Phil. Trans. 1892. 119 (with Griffiths).
— Platinum pyrometers. Iron and Steel Institute. May. 1792. Phil. Mag. **32**, 104. 1891; **33**, 220. 1892.
— Proposals for a standard scale of temperatures. B. A. Report. 1899; Phil. Mag. **47**, 191, 519. 1899; is a résumé of the question. Phil. Trans. **199**, 1. 1902.
— Steam temperatures. Br. Assoc. Rept. 1897. 422. (Ibid. with Nicholson) Proc. Inst. C. E. 1898. 131.
— Gas-engine Cylinders, with Dalby. Engineering (London) **84**, 887. 1907.
Heycock and Neville, Determination of high temperatures. Journ. of Chem. Soc. **67**, 160. 1024. 1895. Phil. Trans. **189**, 25. 1897; **202**. 1—69.

Barus, Amer. Journ. Sci. (3). **36**, 427. 1888.
Holborn und Wien, Ann. d. Phys. **47**, 107. 1892; **56**, 360. 1895. Bull. de la Soc. d'encouragement, 5te Serie. **1**, 1012. 1896.
Chappuis and Harker, A comparison of platinum and gas thermometers made at the B. Int. des Poids et Mesures. B. A. Report. 1899; Trav. et Mém. du Bureau Int. des Poids et Mesures. 1900, 1902; Phil. Trans. 1900; Journ. de Phys. **10**, 20. 1901. Proc. Roy. Soc. **65**, 377. 1899.
Appleyard, Phil. Mag. (5). **41**, 62. 1896.
Dickson, Formulae Phil. Mag. (5). **44**, 445. 1897; **45**, 525. 1898.
Wade, Wied. Beibl. **23**, 963. 1899. Proc. Cambr. Soc. **9**, 526. 1898.
Waidner and Mallory, Phys. Rev. 8, 193. 1899.
Barnes and Mc Intosh, New form of platinum thermometer. Phil. Mag. **6**, 353. 1903.
Tory, Br. Assoc. Rpt. 1897. 588. Phil. Mag. **50**, 421. 1900.
Whipple, Temperature indicator, etc. Phys. Soc. (Lond.) **18**, 235. 1902.
Chree, Platinum Thermometry at the Kew Observatory. Proc. Roy. Soc. **67**, 3.
Harker, On the high-temperature standards of the National Physical Laboratory. Proc. Roy. Soc. **73**, 217. 1904.
Jäger, Genauigkeit der Widerstandsbestimmungen. Zeitschr. f. Instrumentenk. **26**, 69. 1906.
Burstall, Rapidly varying temperatures. Phil. Mag. **40**, 282. 1895. Proc. Inst. Mech. Engrs. 1901. 1031.
Hopkinson, Gas-engine Temperatures. Engineering **81**, 777. 1906. Phil. Mag. **13**, 84. 1907.
Edwards, H., Contr. Jefferson Lab. **2**, 549. 1904. Proc. Am. Acad. **40**, No. 14.
Marvin, Nickel to 300° C. Phys. Rev. **30**, 522. 1910. — Direct-reading Bridge for Ni and Pt. Journ. Frankl. Inst. **171**, 439. 1911.
Travers and Gwyer, Scale 444° to — 190°. Proc. Roy. Soc. **74**, 528. 1905.
Campbell, A., Direct Reading. Phil. Mag. **9**, 713. 1905.
Waidner and Burgess, Pt and Pd to 1100° C. Bull. Bureau Standards **6**, 149—230. 1909. (Contains bibliography of about 135 titles.)
Holborn und Henning, Pt-Gasthermometer bis zum SSP. Ann. d. Phys. (4). **26**, 835. 1908; **35**, 761. 1911.
Clark, Fisher and Wadsworth, Pyrometer Bridge. Electrician. **60**, 376. 1906.
Harris, Deflectional Bridge Pyrometer. Electrician. **62**, 430. 1908.
Cambridge Co., Callendar and Griffiths Bridge. Electrician. **60**, 477. 1906.
Bruger, Hartmann und Braum Instrument. Elektrotechn. Zeitschr. **27**, 531. 1906.
Northrup, E. F., Measurement of Temperature by Electrical Means. Am. Inst. Elec. Eng. **25**, 219, 473. 1906.

Strahlungsgesetze.

(Ältere Arbeiten.)

Newton, Opuscula Mathematica **2**, 417.
Prevost, Sur l'équilibre du feu. Geneva 1809. 1792.
Dulong und Petit, Ann. Chim. et Phys. **7**, 225, 337. 1817.
Kirchhoff, Pogg. Ann. **109**, 275. 1860. Ann. Chim. et Phys. **59**, 124. 1860.
Stewart, B., Edinburgh Trans. 1858; Proc. Roy. Soc. **10**, 385. 1860.
Provostaye and Desains, Ann. Chim. et Phys. 1860—1865.
Draper, Amer. Journ. Sci. **4**, 388. 1847.
Becquerel, C. R. **55**, 826. 1862.
Clausius, Pogg. Ann. **121**, 1. 1864.

Rosetti, F., Phil. Mag. (5). **7**, 324, 438, 537. 1879.
Violle, C. R. **88**, 171. 1879; **92**, 866, 1204. 1881; **105**, 163. 1887.
Weber, Wied. Ann. **32**, 256. 1887.
Tait, Edinb. Proc. **12**, 531. 1884.
Tyndall, Phil. Mag. **28**, 329. 1864.
— The laws of radiation and absorption. Mém. by Prevost, Stewart, Kirchhoff and Bunsen, edited by D. B. Brace. Am. Bk. Co. 1902.
Ritchie, Mutual radiation. Pogg. Ann. **38**, 378. 1866.

Neuere Arbeiten.

Kayser, Handbuch der Spektroskopie. **2**, 1902. (Enthält eine vortreffliche Übersicht über Strahlungsarbeiten.)
Drude, Theorie der Optik.
Stefan, Über die Beziehung zwischen der Wärmestrahlung und Temperatur. Wien. Ber. **79**, B. 2, 391. 1879.
Schleirmacher, Über das Stefansche Gesetz. Wied. Ann. **26**, 287. 1885.
Boltzmann, Ableitung des Stefanschen Gesetzes. Wied. Ann. **22**, 291. 1884.
Paschen, Über die Emission erhitzter Gase. Wied. Ann. **50**, 409. 1893; **51**, 1. 1894; **52**, 209. 1894.
— Emission fester Körper. Wied. Ann. **49**, 50. 1893; **58**, 455. 1896; **60**, 662. 1897. Astrophys. Journ. **2**, 202. 1895.
— Über die Strahlung des schwarzen Körpers. Wied. Ann. **60**, 719. 1897. Berl. Ber. 1899. 959. Ann. d. Phys. **4**, 277. 1901; **6**, 646. 1901.
Paschen und Wanner, Über eine photometrische Methode. Berl. Ber. 1899. 5.
Wanner, Photometrische Messung der schwarzen Strahlung. Ann. d. Phys. **2**, 141. 1900.
Féry, Radiation from oxides. Ann. Chim. Phys. (7). **27**, 433. 1902.
Petavel, Heat dissipated by platinum, etc. Phil. Trans. **191**, 501. 1898; **197**, 229. 1901.
Milliken, Polarization of light from incandescent surfaces. Phys. Rev. **3**, 177. 1895.
Langley, Distribution of energy in solar spectrum, etc. Amer. Journ. Sci. **31**, 1. 1886; **36**, 367. 1888. Phil. Mag. (5). **26**, 505. 1888.
Wilson and Gray, Temperature of arc and sun. Proc. Roy. Soc. **55**, 250. 1894; **58**, 24. 1895.
Michelson, W., Theoretical study of the distribution of energy in the spectra of solids. Journ. de Phys. (2). **6**, 467. 1887. Phil. Mag. (5). **25**, 425. 1888. Journ. Russian Phys.-chem. Soc. **34**, 155. 1902.
Violle, Die Strahlung glühender Körper. Journ. de Phys. (3). **1**, 298. 1892. C. R. **114**, 734; **115**, 1273. 1892.
— Strahlung widerstandsfähiger Körper, im elektrischen Ofen erhitzt. C. R. **117**, 33. 1893.
John, St., Über die Gleichheit von Lichtemissionsvermögen bei hoher Temperatur. Wied. Ann. **56**, 433. 1895.
Kurlbaum, Über die neue Platin-Lichteinheit der Phys. Techn. Reichsanstalt. Verh. d. Phys. Ges. (Berlin). **14**, 56. 1895.
Larmor, On the relations of radiation to temperature. Nature. **62**, 562. 1900; 6 (63) **3**, 216.
— Plancks eq. Proc. Roy. Soc. **83**, 81. 1909.
— Theory. Phil. Mag. **20**, 353. 1910.
Guillaume, Die Strahlungsgesetze und die Theorie der Glühkörper. Rev. Gén. des. Sci. **12**, 358, 422. 1901.

Wien, Die schwarze Strahlung und der zweite Hauptsatz. Berl. Ber. 1893. 55
— Temperatur und Entropie der Strahlung. Wied. Ann. **52**, 132. 1894.
— Die obere Wellenlängengrenze in der Strahlung fester Körper. Wied. Ann. **46**, 633. 1893; **52**, 150. 1894.
— Über die Verteilung der Energie im Emissionsspektrum des schwarzen Körpers. Wied. Ann. **58**, 662. 1896.
— Über die Theorie der Strahlung des schwarzen Körpers. Ann. d. Phys. **3**, 530. 1900. Paris. Congr. Rpts. **2**, 23. 1900.
Wien und Lummer, Methode zum Beweis des Strahlungsgesetzes eines absolut schwarzen Körpers. Wied. Ann. **56**, 451. 1895.
Beckmann, Schwarze Strahlung etc. Dissertation. Tübingen 1898.
Lummer, Über Grauglut und Rotglut. Wied. Ann. **62**, 13. 1897. — Strahlung schwarzer Körper. Paris Cong. Rpts. **2**, 56. 1900. Arch. Math. Phys. (3). **2**, 157. 1901; **3**, 261. 1902.
Lummer und Jahnke, Ann. d. Phys. **3**, 283. 1900.
Compau, Strahlungsgesetze. Ann. Chim. Phys. (7). **26**, 488. 1902.
Lummer und Pringsheim, Die Strahlung des schwarzen Körpers zwischen 100° und 1300° C. Wied. Ann. **63**, 395. 1897.
— Verteilung der Energie im Spektrum des schwarzen Körpers. Verh. d. Deutsch. Phys. Ges. **1**, 23 u. 215. 1899.
— Infrarote Strahlung. Verh. d. Deutsch. Phys. Ges. **2**, 163. 1900.
— Über schwarze Strahlung. Ann. d. Phys. **6**, 192. 1901.
— Die theoretische Skale der Strahlung bis 2300° absolut. Verh. d. Deutsch. Phys. Ges. (5). **1**, 3. 1903.
Lummer und Kurlbaum, Der elektrisch geheizte schwarze Körper und die Messung seiner Temperatur. Verh. d. Phys. Ges. (Berlin) **17**, 106. 1898. Ann. d. Phys. **5**, 829. 1901.
— Über die Änderung der photometrischen Intensität mit der Temperatur. Verh. d. Deutsch. Phys. Ges. **2**, 89. 1900.
Pringsheim, Ableitung des Kirchhoffschen Gesetzes. Verh. d. Deutsch. Phys. Ges. **3**, 81. 1901. — Emission der Gase. Paris Cong. Rpts. **2**. 1900.
Bottomley, Radiation from solids. Phil. Mag. (6). **4**, 560. 1902.
Pringsheim, Ableitung des Kirchhoffschen Gesetzes. Verh. d. Deutsch. Phys. Ges. **3**, 81. 1901.
— Emission der Gase. Paris. Cong. Rpts. **2**. 1900.
Planck, Entropie und Temperatur der strahlenden Wärme etc. Ann. d. Phys. **1**, 719. 1900. Sitzungsber. d. Berl. Akad. **1**, 440. 1899.
— Über irreversible Strahlung. Ann. d. Phys. **1**, 69. 1900.
— Über eine Verbesserung der Wienschen Spektralgleichung. Verh. d. Deutsch. Phys. Ges. **2**, 202. 1900. Ann. d. Phys. **4**, 553. 1901;
— Energieverteilung im Normalspektrum. Verh. d. Deutsch. Phys. Ges. **2**, 237. 1900.
— Theorie. Ann. d. Phys. **31**, 758. 1910.
Rayleigh, Phil. Mag. (5). **49**, 539. 1900; (6). **1**, 98. 1901.
Thiesen, Verh. d. Deutsch. Phys. Ges. **2**, 65. 1900.
Rubens, Infrarote Strahlung. Wied. Ann. **69**, 576. 1899.
Rubens und E. Nichols, Wied. Ann. **60**, 418. 1897.
Rubens und Kurlbaum, Experimentelle Bestätigungen. Berl. Ber. 1900. 929. Ann. d. Phys. **4**, 649. 1901. Astrophys. Journ. **14**, 335. 1901. Ann. d. Phys. **4**, 649. 1904.
Maxwell, Pressure of radiation. Electricity and Magnetism, chap. on Electromagnetic theory.

Bartoli, Wied. Ann. **22**, 31. 1884.
Galitzine, Wied. Ann. **47**, 479. 1892.
Pellat, Journ. de Phys. July. 1903.
Lebedew, Ann. de Phys. **6**, 433. 1901. Paris Cong. Rpts. **2**, 133. 1900.
Nichols, E. F. and Hull, Phys. Rev. 1901 and 1903; Astrophys. Journ. **17**, 315. 1903.
Rayleigh, Phil. Mag. (6). **3**, 338. 1902.
Day and Van Orstrand, The black body and the measurement of extreme temperatures. Astrophys. Journ. **19**, 1. 1904.
Mendenhall, C. and Saunders, Astrophys. Journ. **13**, 25. 1901.
Rasch, Über die photometrische Bestimmung von Temperaturen. Ann. d. Phys. **13**, 193. 1904.
Stewart, G. W., Spectral-energy curves of black body at room temperature. Phys. Rev. **15**, 306. 1902. **17**, 476. 1903.
Cotton, Kirchhoffs Law. Rev. Gén. des Sci. Feb. 1899. 15. Astrophys. Journ. **9**, 237. 1899.
Ångström, Gaseous Absorption. Ann. d. Phys. **6**, 163. 1901.
Bahr, Ibid. **29**, 780. 1909.
Valentiner, Stefans Gesetz und Gasskale bis zu 1600° C. Ann. d. Phys. (4). **31**, 275. 1910.
Wartenberg, V., Emissionsvermögen und Temperatur. Verh. d. Phys. Ges. **12**, 121. 1910.
Holborn und Henning, Emissionsvermögen. Berl. Akad. Ber. 1905. 311.
Burgess, Radiation from Cu. Bull. Bureau Standards. **6**, 111. 1909.
Poynting, Radiation in the Solar System. Phil. Trans. **202**, 525. 1903.
Féry, Ann. Chim. et Phys. **17**, 267. 1909. Rev. Gén. d. Sci. Sept. 1903.
— Stefans law. C. R. **148**, 915, 1150. 1909.
— Conical Receivers. C. R. **148**, 777. 1909.
— Selective Receivers. C. R. **148**. 1043. 1909.
Nernst, Von Gasen. Phys. Zeitschr. **5**, 777. 1904.
Holborn und Henning, Lichtemission und Schmelzpunkte. Berliner Sitzungsber. **12**, 311. 1905.
Lucas, Pt-Strahlung. Phys. Zeitschr. **6**, 418. 1905.
Burgess, Pt-Radiation. Bull. Bureau Standards. **1**, 443. 1905.
Hertzsprung, Radiation and Luminous Equivalent. Zeitschr. f. wissenschaftl. Photogr. **4**, 42. 1906.
Jeans, Theory. Proc. Roy. Soc. **76**, 545. 1905. Phil. Mag. **12**, 57. 1906; **17**, 229. 1909.
Lummer und Pringsheim, Auerbrenner. Phys. Zeitschr. **7**, 89. 1906. — Lorentz-Jeans Formel. Phys. Zeitschr. **9**, 449. 1908.
Swinburne, Proc. Phys. Soc. **20**, 33. 1906. Engineering (Lond.) **82**, 217. 1906.
Cantor, Strahlung und Dopplers Prinzip. Ann. der Phys. **20**, 333. 1906.
Thomson, J. J., Electrical Origin of Radiation. Phil. Mag. **14**, 217. 1907.
— Theory. Phil. Mag. **20**, 238. 1910.
Lorentz, Theory. N. Cimento, **16**, 5. 1908.
Richardson, Ionization and Temperature. Phys. Rev. **27**, 183. 1908.
Coblentz, Radiation Constants. Bull. Bureau Standards. **5**, 339. 1909.
— Reflecting Power of Metals. Journ. Frank. Inst. Sept. 1910.
Hagen und Rubens, Emissionsvermögen und Temperatur. Sitzungsber. d. Berl. Akad. **16**, 478. 1909; **23**, 467. 1910.
Wilson, H. A., Theorie. Proc. Roy. Soc. **82**, 177. 1909. Phil. Mag. **20**, 121. 1910.

Pokrovzkij, Spektrophotometrische Beziehungen. Journ. Russ. Phys.-chem. Soc. **41**, 73. 1909.
Polara, Theorie. Accad. Lincei. **18**, 513. 1909.
Bauer und Moulin, Stefans Gesetz. C. R. **149**, 988. 1909. C. R. **150**, 167. 1910.
Einstein, Theorie. Phys. Zeitschr. **10**, 185. 1909.
Saurel, Theorie. Phys. Rev. **30**, 350. 1910.
Féry und Drecq, Stefans Gesetz. Journ. de Phys. (5). **1**, 551. 1911.
Parmentier, Stefans Gesetz. Ann. Ch. et Phys. **22**, 417. 1911.
Warburg und Leithäuser, Plancks Gesetz. Sitzungsber. d. Berl. Akad. 1910. 925. P. T. R. Tätigkeit. 1910.
Warburg, Hupka und Müller, Wiens Gesetz. P.T.R. Tät. 1911.
Warburg, Leithäuser, Hupka und Müller. c_2 in Plancks Gesetz. Anm. d. Phys. 1913, Bd. 40.
Humphreys, Summary. Astrophys. Journ. **31**, 281. 1910.
Violle, Report on Radiation. Ann. Ch. et Phys. (8). **2**, 134. 1904.
Drysdale, Luminous Efficiency of Black Body. Journ. de Phys. (4). 8, 197; 1909.
Westphal, Stefans Gesetz; Verh. d. deut. Phys. Ges. 1912.

Strahlungs-Pyrometer.

Violle, Solar radiation. Ann. Chim. et Phys. (5). **20**, 289. 1877. Journ. de Phys. 1876. 277.
Rosetti, Ann. Chim. et Phys. **17**, 177. 1879. Phil. Mag. **18**, 324. 1879.
Deprez and d'Arsonval, Société de Physique. Feb. 5. 1886.
Boys, Radiomikrometer. Phil. Trans. **180**, 159. 1887.
Wilson and Gray, Temperature of the sun. Phil. Trans. **185**, 361. 1894.
Langley, Bolometer. Amer. Journ. Sc. **21**, 1881; **31**, 1. 1886; **32**, 90. 1886; (4). **5**, 241. 1898. Journ. de Phys. **9**, 59.
Terreschin, Diss. St. Petersburg 1898. Journ. Russ. Phys.-chem. Ges. **29**, 22, 169, 277. 1897.
Petavel, Proc. Roy. Soc. **63**, 403. 1898. Phil. Trans. **191**, 501. 1898.
Abbot, Bolometer. Astrophys. Journ. 8, 250. 1898.
Belloc, Bolometer errors. L'éclair. élec. (5). **15**, 383. 1898.
Scheiner, Strahlung und Temperatur der Sonne. Leipzig 1899.
Warburg, Temperatur der Sonne. Verh. d. Deutsch. Ges. (1). **2**, 50. 1899.
Féry, The measurement of high temperatures and Stefan's law. C. R. **134**, 977. 1902. Journ. de Phys. Sept. 1904.
Rubens, Empfindliche Thermosäule. Zeitschr. f. Instrumentenk. **18**, 65. 1898.
Féry, C. R. **134**, 977. 1902.
— Spiral-Pyrometer. Engineering (Lond.) **87**, 663. 1909. Bull. Soc. Franç. Phys. 1907. 186.
Coblentz, Radiation Instruments. Bull. Bureau Standards. **4**, 391. 1908.
Foster, Trans. Amer. Electroch. Soc. **17**, 223. 1910.
Ångström, Pyrheliometer. Astrophys. Journ. **9**, 232. Solar Research Int. Union. **1**, 178.
Callendar, Absolutes Bolometer. Proc. Roy. Soc. **77**, 6. 1905. Phys. Soc. Lond. May 12. 1905; July 8. 1910.
Kimball, Pyrheliometers. Bull. Mt. Weather Obs. **1**, 83. 1908.
Abbot and Fowle, Pyrheliometers and Bolometers. Annals Smithsonian Astrophys. Obs. **2**. 1908.
Abbot, Silver-disc Pyrheliometer. Smithsonian Misc. Coll. **56**, 1. 1911.
Thwing, Journ. Frank. Inst. May. 1908.

Optische Pyrometer.

(Vgl. auch die Strahlungsgesetze unter Lummer, Pringsheim, Kurlbaum, Wanner, Wien, Rasch, Féry etc.)

Kirchhoff, Ann. Chim. et Phys. **59**, 124. 1860.

Becquerel, Ed., Optische Messung von Temperaturen. C. R. **55**, 826. 1863. Ann. Chim. et Phys. **68**, 49. 1863.

Violle, Strahlung des Platins. C. R. **88**, 171. 1879; **91**, 866. 1204. 1881.

Kurlbaum und Schulze, Pyrometrische Untersuchung von Nernst Lampen. Verh. d. Deutsch. Phys. Ges. (5). **24**, 425. 1903.

Berthelot, D., On a new optical method etc. Ann. Chim. et Phys. (7). **26**, 58. 1902.

Lummer, Photometrisches Pyrometer. Verh. d. Deutsch. Phys. Ges. 1901. 131.

Féry, Temperatur des Lichtbogens. C. R. **134**, 1201. 1902.

— Absorptions-Pyrometer. Journ. de Phys. (4). **3**, 32. 1904.

Le Chatelier, Pyrometer, On the measurement of high temperatures. C. R. **114**, 214—216. 1892. Journ. de Phys. (3). **1**, 185—205. 1892. Industrie électrique. April. 1892.

— On the temperature of the sun. C. R. **114**, 737—739. 1892.

— On the temperatures of industrial furnaces. C. R. **114**, 470—473. 1892. Introduction to Metallurgy (Roberts-Austen). 1903.

— Discussion of Le Chateliers method: (Violle) C. R. **114**, 734. 1892. Journ. de Phys. (3). **1**, 298. 1892. (Becquerel) C. R. **114**, 225 u. 390. 1892. (Le Chatelier) C. R. **114**, 340. 1892. (Crova) C. R. **114**, 941. 1892. Kaysers Spektroskopie 1902.

Crovas Pyrometer, Spectrometric study of certain luminous sources. C. R. **87**, 322—325. 1878.

— On the spectrometric measurement of high temperatures. C. R. **87**, 979—981. 1878.

— Study of the energy of radiations emitted by calorific and luminous sources. Journ. de Phys. **7**, 357—363. 1878.

— Spectrometric measurement of high temperatures. Journ de Phys. **9**, 196—198. 1879. C. R. **90**, 252—254. 1880. Ann. Chim. et Phys. (5). **19**, 472—550. 1880.

— Photometric comparison of luminous sources of different lines. C. R. **93**, 512—513. 1881.

— Solar photometry. C. R. **95**, 1271—1273. 1882.

Methode mit dem Ende des Spektrums.

Crova, A., Study of the energy of radiations emitted by calorific and luminous sources. Journ. de Phys. **7**, 357—363. 1878.

Hempel W., On the measurement of high temperatures by means of a spectral apparatus. Zeitschr. f. angew. Chem. **14**, 237—242. 1901.

Wanners Pyrometer.

König, A., Ein neues Spektralphotometer. Wied. Ann. **53**, 785. 1894.

— Beschreibung des Wanner Instrumentes. Age. Febr. 18. 1904. 24. Phys. Zeitschr. **3**, 112—114. 1902. Stahl und Eisen. **22**, 207—211. 1902. Zeitschr. d. Ver. deutsch. Ing. **48**, 160, 161. 1904.

Wanner, Photometrische Messung der Strahlung schwarzer Körper. Ann. d. Phys. **5**, 141—155. 1900.

Martens und Grünbaum, Verbesserte Form von Königs Spektrophotometer. Ann. d. Phys. **5**, 954. 1903.

Hase, Messungen mit dem Wanner-Pyrometer. Zeitschr. f. anorg. Chem. **15**, 715. 1902.
Nernst und v. Wartenberg, Verh. d. Phys. Ges. 8, 146. 1906.
Pyrometer für tiefe Temperatur. Journ. f. Gasbel. **50**, 1005. 1907.
Holborn und Kurlbaum Pyrometer. Sitzungsber. d. Berl. Akad. June 13. 1901. 712—719. Ann. d. Phys. **10**, 225. 1902. Vgl. auch Strahlungsgesetze, Schmelzpunkte.
Morse Thermogage, Amer. Machinist. 1903.
Henning, Spektralpyrometer. Zeitschr. f. Instrumentenk. **30**, 61. 1910.
Waidner und Burgeß, Temperatur des Lichtbogens. Phys. Rev. **19**, 241. 1904. Bull. Bureau Standards. **1**, 109. 1904.
— Optical-Pyrometry. Phys. Rev. **19**, 422. 1904. Bull. Bureau Standards. **1**, 189. 1905.
— Radiation from Pt and Pd. Bull. Bureau Standards. **3**, 163. 1907.
Holborn, Engineering (Lond.) **84**, 345. 1907. Brit. Assoc. Rpt. 1907. 440.
Nernst, Photometrisches. Phys. Zeitschr. **7**, 380. 1906.
Holborn und Valentiner, Optische und Gas-Skala bis 1600° C. Ann. d. Phys. (4). **22**, 1. 1907.
Féry, Vacuum-tube Temperatures. Soc. Franç. Phys. 1907. 305. Journ. de Phys. **6**, 979. 1907.
Kurlbaum und Schulze, Ber. d. Deutsch. Phys. Ges. 1906.
Pirani, Verh. d. Phys. Ges. **12**, 301, 1054. 1910; **13**, 19. 1911.
Mendenhall, C. E., Phys. Rev. **33**, 74. 1911.
Gillett, H. W., Journ. d. Phys. Chem. **15**, 213. 1911.
Thuermel, Ann. d. Phys. **33**, 1139. 1910.
v. Wartenberg, Metalltemperaturen. Verh. d. Deutsch. Phys. Ges. **12**, 121. 1910.

Expansions- und Kontraktions-Pyrometer.

Wedgwood, Phil. Trans. **72**, 305. 1782; **74**, 358. 1784.
Weinhold, Pogg. Ann. **149**, 186. 1873.
Bolz, Die Pyrometer. Berlin 1888.
Guyton and Morveau, Ann. Chim. et Phys. 1st Series. **46**, 276. 1803; **73**, 254. 1810; **74**, 18. 129. 1810; **90**, 113, 225. 1814.
Joly, J., The Meldometer. Proc. Roy. Irish Academy (3). **2**, 38. 1891.
Ramsay and Eumorfopoulos, Phil. Mag. **41**, 360. 1896.
Weber, Quecksilberthermometer mit hohem Bereich. Ber. d. Berl. Akad. Dez. 1903.
Wiebe, Ibid. Juli. 1884. Nov. 1885. Zeitschr. f. Instrumentenk. **6**, 167. 1886. **8**, 373. 1888; **10**, 207. 1890.
Schott, Ibid. **11**, 330. 1891.
Hovestadt, Jenaer Glas (übersetzt von J. D. und A. Everett).
Marchis, Dauernde Veränderungen des Glases etc.
Dickinson, Bull. Bureau of Standards. **2**, 189. 1906.
Guillaume, Treatise on Thermometry of Precision. (Gauthier Villars, 1889.)
Fischer und Bobertag, Glasthermometer für hohe Temperatur. Zeitschr. f. Elektr. Chem. **14**, 375. 1908.
Bureau of Standards. Circ. 8, 2nd Ed. 1911.
Dufour, Quarzthermometer. C. R. **188**, 775. 1900.
Siebert, Zeitschr. f. Elektrochem. (Halle) **10**, 26.

Schmelzkegel-Pyroskop.

Lauth and Vogt, Pyrometric measurements. Bull. Soc. Chim. **46**, 786. 1886.
Seger, Tonindustrie-Ztg. 1885. 121; 1886. 135, 229.
Tonindustrie-Zeitg. 1893. Nr. 49; 1895. Nr. 52; 1908. Nr. 119.
Stahl u. Eisen 1909. 440; 1910. 1505.
Beranger, A., Matériaux et Produits Réfractaires. Paris 1910. (sehr vollständiger Bericht.) Zeitschr. f. angew. Chem. 1905. 49. Sprechsaal, 1907. 118, 156, 391, 483; 1906. 1284; 1908. 561.
Rothe, Tonindustrie-Zeitschr. **30**, 1473. 1906; **31**, 1365. 1907.
Hoffmann, Tonindustrie-Zeitschr. **33**, 1577. 1909.
Cramer und Hecht, Tonindustrie-Zeitschr. 1896. Nr. 18.
Segers Schriften.
Simonis, Tonindustrie-Zeitschr. **31**, 146. 1907; **32**, 1764. 1908.
Hofmann, H. O., Trans. Am. Inst. Mining Eng. **24**, 42. Tätigkeit P. T. Reichsanstalt 1909, 1910.

Pyrometer auf dem Strömen von Flüssigkeit beruhend.

Job, A., Viscosity pyrometer. C. R. **134**, 39. 1902.
Uhling und Steinbart, Stahl u. Eisen 1899.
Carnelly and Burton, Water circulation. Journ. Chem. Soc. (Lond.) **45**, 237. 1884. Ebenfalls beschrieben in Sir Roberts-Austens Metallurgy. 1902.
Barus, Bull. **54**. Geolog. Survey. 1889.
Uehling, E. A., Proc. Cleveland Inst. Engrs. Jan. 1900. Electroch. and Met. Ind. **3**, 160. 1905.

Registrierende Pyrometer.

Le Chatelier, Study of clays. C. R. **104**, 144. 1887.
— Quenching of Steels. Rev. de Métallurgie. **1**, 134. 1904.
Roberts-Austen, First Report to the Alloys Research Committee. Proc. Inst. Mech. Engrs. 1891. 543. Nature. **45**. 1892; B. A. Report 1891; Journ. of Soc. of Chem. Industry. **46**, 1. 1896. Proc. Inst. Mech. Eng. 1895. 269; 1897. 67, 243. Proc. Roy. Soc. **49**, 347. 1891. Fifth Report Alloys Research Committee. 1899. Proc. Inst. Mech. Eng. 1899. 35. Metallographist. **2**, 186. 1899.
Charpy, G., Study of the hardening of steel. Bull. de la Soc. d'encouragement (4). **10**, 666. 1895.
Callendar, Platinum recording pyrometer. Engineering. May 26. 1899. 675. Phil. Mag. **19**, 538. 1910.
Stansfield, Phil. Mag. (5). **46**, 59. 1898. Phys. Soc. London (2). **16**, 103. 1898.
Bristol, Air pyrometer. Eng. News. Dec. 13. 1900.
Saladin, Iron and Steel Metall. and Metallog. **7**, 237. 1904.
Queen and Co., Electroch. and Met. Ind. **3**, 162. 1905.
Siemens und Halske, Zeitschr. f. Instrumentenk. **24**, 350. 1904; **25**, 273. 1905.
Einthoven, Arch. Neerland. **10**, 414. Proc. Acad. Sc. Amsterdam (2). **6**, 707. 1904.
Benedicks, Iron and Steel Inst. **2**, 153. 1908.
Le Chatelier, Rev. de Métallurgie. **1**, 134. 1904.
Wologdine, Rev. d. Métallurgie. **4**, 552. 1907.
Kurnakow, Zeitschr. f. anorg. Chem. **42**, 184. 1904.
Schmidt, Chem. Eng. **6**, 80. 1907.
Harkhort, Metallurgie. **4**, 639, 1907.
Bristol, Trans. Am. Inst. Mech. Engrs. **22**, 143. Nr. 874.
Dejan, Rev. de Métallurgie. **2**, 701. 1905; **3**, 149. 1906.

Burgess, Methods of Obtaining Cooling Curves. Bull. Bureau Standards. **5**, 199. 1908.
Bruger, Phys. Zeitschr. 1906. 775.
Brown, Electroch. and Met. Ind. **7**, 329. 1909.
Northrup, Proc. Am. Electroch. Soc. May. 1909.
Rengade, Bull. Soc. Chim. **7**, 934. 1909.
Hayes, Proc. Am. Acad. **47**. 3. 1911.

Verschiedene pyrometrische Methoden.

Quincke, Akustisches Thermometer. Ann. d. Phys. **63**, 66. 1897.
Krupps Heißluft-Pyrometer.
Von Bergen, Journ. Iron and Steel Inst. **1**, 207. 1886.
Sexton, A. H., Fuel and Refractory Materials. Chapter on Pyrometry; several industrial forms described.
Hurter, T., Industrial Air Pyrometer. Journ. Soc. Chem. Ind. 1886. 634.
Wiborghs Pyrometer. Journ. Iron and Steel Institute. **2**, 110. 1880.
Fourniers Vapor Pressure Thermometers. Engineering (London) **89**, 447. 1910.

Schmelzpunkte.

Metalle.

Prinsep, Ann. Chim. et Phys. (2), **41**, 247. 1829.
Lauth, Bull. Soc. Chim. Paris. **46**, 786. 1886.
Becquerel, E., Ann. Chim. et Phys. (3). **68**, 497. 1863.
Violle, C. R. **85**, 543. 1877; **87**, 981. 1878; **89**, 702. 1879.
Holborn und Wien, Wied. Ann. **47**, 107. 1892; **56**, 360. 1895. Auch Zeitschr. f. Instrumentenk. 1892. 257.
Holborn und Day, Ann. d. Phys. (1). **4**, 99. 1901. Amer. Journ. Sc. **11**, 145. 1901. Wied. Ann. **68**, 817. 1899. Amer. Journ. Sc. (4). **8**, 165. 1899.
Ehrhardt und Schertel, Jahrb. f. d. Berg- u. Hüttenwesen im Königr. Sachsen. 1879. 154.
Callendar, Phil. Mag. (5). **47**, 191. 1899; **48**, 519.
Curie, Ann. de Chim. et de Phys. (5). **5**. 1895.
Barus, Bull. **54**. U. S. Geological Survey. 1889. Behandlung u. Messung hoher Temper. Leipzig 1892. Amer. Journ. Sc. (3). **48**, 332. 1894.
Berthelot, C. R. **126**. Feb. 1898.
Le Chatelier, C. R. **114**, 470. 1892.
Moldenke, Zeitschr. f. Instrumentenk. **19**, 153. 1898. (Stahl und Eisen.)
Cusack, Proc. Roy. Irish Arad. (3). **4**, 399. 1899.
Landolt und Börnstein, Phys. Chem. Tabellen. Berlin 1912.
Carnelly, Melting and Boiling Point Tables. London 1885.
Smithsonian Physical Tables. 5th ed. 1910.
Holman, Lawrence, and Barr, Phil. Mag. (5). **42**, 37. 1896. Proc. Am. Acad. **31**, 218.
Heycock and Neville, Phil. Trans. **189**, 25. Journ. Chem. Soc. **71**, 333. 1897. Nature. **55**, 502. 1897. Chem. News. **75**, 160. 1897.
Heraeus, Mangan. Zeitschr. f. Elektrochem. **8**, 185. 1902.
Nernst, Zeitschr. f. Elektrotechn. 1903.
Rasch, Ann. d. Phys. 1904.
Berthelot, D., Ann. Chim. et Phys. 1902.
— Gold. C. R. **138**, 1153. 1904.
Richards, Application of phase rule to Cu, Ag, Au. Amer. Journ. Sc. (4). **13**, 377. 1902.

Jaquerod and Perrot, Gold. C. R. **138**, 1032. 1904.
Pirani und Meyer, Ta. Verh. d. Deutsch. Phys. Ges. **13**, 540. 1911.
Féry and Cheneveau, Pt. C. R. **148**, 401. 1909.
Carpenter, Iron. Iron and Steel Inst. **3**, 290. 1908.
Lewis, Cr. Chem. News. **86**, 13. 1902.
Holborn und Henning, Sn, Cd, Zn. Ann. d. Phys. **35**, 761. 1911.
Day and Allen, Phys. Rev. **19**, 177. 1904.
Day and Clement, Amer. Journ. Soc. **26**, 405. 1908.
Day and Sosman, Zn to Pd. Amer. Journ. Sc. **29**, 93. 1910.
Tammann und Mitarbeiter in Zeitschr. f. anorg. Chem. Metalle und binäre Legierungen.
Tammann, Einfluß des Druckes auf Sn und Bi. Zeitschr. f. anorg. Chem. **40**, 54. 1904.
Johnston and Adams, Ibid. Amer. Journ. Sc. **31**, 501. 1911.
Arndt, Übersicht. Verein z. Beförd. d. Gewerbefleißes. Verhandl. 1904. 265.
Harker, Pt and Ni. Proc. Roy. Soc. **76**, 235. 1905.
Nernst und Wartenberg, Pd und Pt. Phys. Ges. Verhandl. 8, 48. 1906.
Holborn und Valentiner, Pd und Pt. Sitzungsber. d. Berlin. Akad. **44**, 811. 1906.
Waidner und Burgeß, Pd und Pt. Bull. Bureau Standards. **3**, 163. 1907.
— — Pt. C. R. May 3. 1909.
— — W und Ta. Journ. d. Phys. **6**, 830. 1907.
— — Reproducierbarkeit von Metallschmelzpunkten. Bull. Bureau Standards. **6**, 149. 1909.
Burgess, Iron Group. Bull. Bureau Standards. **3**, 345. 1907.
— Chemical Elements. Journ. Wash. Acad. Sc. **1**, 16. 1911.
Dejean, Kupfer. Rev. d. Métallurgie. **3**, 149. 1906.
Mendenhall and Ingersoll, Pd, Rh, Ir on Nernst Glower. Phys. Rev. **25**, 1. 1907.
Locke, eine Drahtmethode. Zeitschr. f. Elektrochem. **13**, 592. 1907.
Wartenberg, W. Chem. Ber. **40**, 3287. 1907.
— Widerstandsfähige Metalle. Phys. Ges. Verhandl. **12**, 121. 1910.
Ruff, Widerstandsfähige Metalle und Oxyde. Chem. Ber. **43**, 1564. 1910.
Bolton, Niob. Zeitschr. f. Elektrochem. Chem. **13**, 145. 1907.

Salze und Mischungen.

Carnelly, J. C. S. Trans. 1876. 489; 1877. 365; 1878. 273.
Le Chatelier, Bull. Soc. Chim. **47**, 301. C. R. **118**, 350, 711, 802.
Meyer, V., Riddle und Lamb, Chem. Ber. **27**, 3129. 1894.
Mac Crae, Ann. d. Phys. **55**, 95. 1894.
Hütner und Tammann, Zeitschr. f. anorg. Chem. **43**, 215. 1905.
Ruff und Plato, Chem. Ber. **36**, 2357. 1903.
Joly, Proc. Irish Acad. No. 2. 1891.
Ramsay and Eurmorfopoulos, Phil. Mag. **41**, 360. 1896.
Day and Sosman, Amer. Journ. Sc. **31**, 341. 1911.
Grenet, Rev. de Métallurgie. **7**, 485. 1910.
Brearly and Morewood, Sentinel Pyrometers. Journ. Iron and Steel Inst. **73**, 261. 1907.
Liebknecht und Nilsen, Chem. Ber. **36**, 3718. 1903.
Watson, Phys. Rev. **26**, 198. 1908.
Burgess, C. H. and A. Holt, Rapid for borates, etc. Proc. Roy. Sc. London. Nov. 24. 1904.

Heraeus, W. C., Keramisches. Zeitschr. f. angew. Chem. 1905. 49.
Dölter, Silikate. Zeitschr. f. Elektrochem. **12**, 617. 1906.
Lampen, Porcelains etc. Journ. Am. Ch. Soc. **28**, 846. 1906.
White, Thermoelectric manipulation. Am. Journ. Sc. **28**, 453. 1909.
Boudouard, Slags. Journ. Iron and Steel Inst. (1). **67**, 350. 1905.

Siedepunkte.

Barus, (vgl. Schmelzpunkte). Am. Journ. Sc. (5). **48**, 332. 1894.
Troost, C. R. **94**, 788. 1882; **94**, 1508. 1882; **95**, 30. 1882.
Le Chatelier, C. R. **121**, 323. 1895. (Siehe auch unter „Thermoelektrisches Pyrometer".)
Berthelot, Séances de la soc. de physique. Paris. Feb. 1898 and Bull. du Muséum. No. 6. 1898. 301.
Callendar and Griffiths, Proc. Roy. Soc. London. **49**, 56. 1891.
Chappuis and Harker, Travaux et Mém. du Bureau Int. des Poids et Mesures, **12**. 1900. Phil. Trans. 1900.
Preyer und V. Meyer, Zeitschr. f. anorg. Chem. **2**, 1. 1892. Berl. Ber. **25**, 622. 1892.
Young, S,, Trans. Chem. Soc. 1891. 629.
Mac Crae, Wied. Ann. **55**, 95. 1895.
Callendar, Phil. Mag. (5). **48**, 519. 1899. (Auch Schmelzpunkt.)
Berthelot, D., Ann. Chim. et Phys. 1902.
Féry, Cu und Zn. Ann. Chim. et Phys. (7). **28**, 428. 1903.
Rothe, R., Schwefel. Zeitschr. f. Instrumentenk. **23**, 364. 1903.
Greenwood, Of metals. Proc. Roy. Soc. **A 82**, 396. 1909; **83**, 483. 1910. Chem. News. **104**, 31, 42. 1911.
Kraft und Merz, S, Se, Te bei vermindertem Druck. Chem. Ber. **36**, 4344. 1903.
Ruff und Johannsen, Alkalimetalle. Chem. Ber. **38**, 3601. 1905.
Harker and Sexton, Pressure change of S. B. P. Elect. Rev. **63**, 416. 1908.
Eumorfopoulos, Sulphur. Proc. Roy. Soc. **81**, 339. 1908.
Callendar and Moss, Sulphur. Proc. Roy. Soc. **83**, 106. 1909.
Holborn und Henning, Schwefel etc. Ann. d. Phys. (4). **35**, 761. 1911.
Waidner and Burgess, Sulphur. Bull. Bureau Standards. **7**, 127. 1911.
Wartenberg, Metalle. Zeitschr. f. anorg. Chem. **56**, 320. 1908.
Moissan, Metals. Ann. Chem. et Phys. (8). **8**, 145. 1906.
Watts, Metals. Trans. Am. Electroch. Soc. **12**, 141. 1907.
Smith and Menzies, Hg. Journ. Am. Ch. Soc. **32**, 1434. 1910.
Jaquerod and Wassmer, Benzophenone and Naphthaline. Journ. d. Chem. et de Phys. **2**, 52. 1904.
Waidner and Burgess, Ibid. Bull. Bureau Standards. **7**, 3. 1910.

Pyrometrische Stoffe.

Porzellan: Ausdehnung.

Deville and Troost, C. R. **57**, 867. 1863.
Bedford, B. A. Report. 1899.
Benoït, Trav. et Mém. du Bureau Int. **6**, 190.
Tutton, Phil. Mag. (6). **3**, 631. 1902.
Chappuis, Phil. Mag. (6). **3**, 243. 1902.
Holborn und Day, Ann. d. Phys. (4). **2**, 505. 1900.
Holborn und Grüneisen, Ann. d. Phys. (4). **6**, 136. 1901.

Metalle: Ausdehnung.

Holborn und Day, Ann. d. Phys. **4**, 104. 1901. Am. Journ. Sc. (4). **11**, 374. 1901.
Le Chatelier, C. R. **128**, 1444. 1899; **129**, 331; **107**, 862. 1888; **108**, 1046. 1896; **111**, 123. 1890.
Charpy and Grenet, C. R. **134**, 540. 1902.
Terneden, Thesis. Rotterdam 1901. (Fortschr. d. Phys. 1901.)
Dittenberger, Zeitschr. d. Ver. Deutsch. Ingen. **46**, 1532. 1902.
Day and Sosman, Amer. Journ. Sc. **29**, 111. 1910.

Quarz.

Le Chatelier, C. R. **107**, 862. 1888; **108**, 1046; **111**, 123; **130**, 1703.
Callendar, Chem. News. **83**, 151. 1901.
Holborn und Henning, Ann. d. Phys. **4**, 446. 1903.
Scheel, Deutsch. Phys. Ges. (5). **5**, 119. 1903. Verhandl. d. Phys. Techn. Reichsanst. 1904.
Shenstone, Properties of Amorphous Quartz. Nature. **64**, 65 and 126. 1901. (Enthält historische Übersicht.)
Dufour, Tin-quartzthermometer. C. R. **130**, 775.
Villard, Permeability for H at 1000° C. C. R. **130**, 1752.
Joly, Plasticity etc. Nature. **64**, 102. 1901.
Moissan und Siemens, Einrichtung von Wasser. C. R. **138**, 939. 1904.
— Löslichkeit in Zn und Pb. C. R. **138**, 86. 1904.
— Dampfdruck derselben. C. R. **138**, 243. 1904.
Heraeus, Eigenschaften: Allgemeine Zusammenstellung. Zeitschr. f. Elektrochem. **9**, 848. 1903.
Brun, Fusion. Arch. Sc. Phys. Nat. (Geneva) (4). **13**, 313. 1902.
Hutton, Lamps etc. Am. Electroch. Soc. Sept. 1903.
Day and Shepherd, Science. **23**, 670. 1906.

Glas: Ausdehnung.

Holborn und Grüneisen, Ann. d. Phys. (4). **6**, 136. 1901.
Bottomley und Evans, Phil. Mag. **1**, 125. 1901.
Hovestadt, Jenaer Glas.

Widerstandsfähige Stoffe.

(Siehe auch Öfen.)

Scott, E. K., Furnace linings. Faraday Soc. 1905. Electroch. and Met. Ind. **3**, 140. 1905.
Beranger, A., Matériaux et Produits Réfractaires. Paris 1910.
Neumann, Stahl u. Eisen **30**, 1505. 1910. (Literatur über Tonerde.)
Fitzgerald, Furnace materials. Electroch. Ind. **2**, 439, 490. 1904.
Dunn, Soc. Ch. Ind. Journ. **23**, 1132, 1904.
Brauner, Bibliography of Clays and the Ceramic Arts. American Ceramic Society.
Hutton and Beard, Conductivity. Faraday Soc. Trans. **1**, 264. 1905.
Wologdine, Conductivity etc. Bull. Soc. d'Encour. 8, 879. 1909.
Schoen, Use of Quartz Tubes. Metallurgie. **5**, 635. 1908.
Walden, Journ. Am. Ch. Soc. **30**, 1351. 1908.
Acheson, Siloxicon. Electroch. Ind. **6**, 379. 1908.
Arndt, Berliner Magnesia. Chem. Ztg. **30**, 211. 1906.

Goodwin and Mailey, Phys. Rev. **23**, 22. 1906.
Aubrey, Bauxite. Electroch. and Met. Ind. **4**, 52. 1906.
Bleninger, Fire Clays. Proc. Eng. Soc. West. Penn. **25**, 565. 1910.
Bywater, Journ. of Gas Lighting. **102**, 831. 1908.
Bölling, Silundum. Elektrochem. Ind. **7**, 24. 1909.
Tucker, Ibid. **7**, 512. 1909.
Buchner, Fused Alumina. Zeitschr. f. anorg. Chem. **17**, 985. 1904.
Phalen, Alundum. Elektrochem. Ind. **7**, 458. 1909.
Day and Shepherd, Lime-silica. Am. Journ. Sc. **22**, 265. 1906.
Shepherd and Rankine, Binary Systems. Am. Journ. Sc. **28**, 293. 1909.
Heinicke, Magnesia-alumina. Zeitschr. f. anorg. Chem. **21**, 687. 1908.
Iddings, Igneous Rocks. 1909. (Wiley & Sons.)
Moissan, Le Four Electrique.
Sexton, Fuel and Refractory Materials.

Verschiedenes.

Le Chatelier, Specific heat of carbon. C. R. **116**, 1051. 1893. Soc. Franç. de Phys. Nr. 107. 1898. 3.
Barus, Bull. of U. S. Geological Survey. No. 54. 1889. (Pyrometry.) Report on the progress of pyrometry to the Paris Congress. 1900.
— Viscosity and temperature. Wied. Ann. **96**, 358. 1899.
Callendar, Nature **49**, 494. 1899.
— Long-range temperature and pressure variables in physics. Nature **56**, 528. 1897.
Baly and Chorley, Liquid-expansion pyrometer. Berl. Ber. **27**, 470. 1894.
Dufour, Tin in quartz pyrometer. C. R. **180**, 775. 1900.
Berthelot, Interference method of high-temperature measurements. C. R. **120**, 831. 1895. Journ. de Phys. (3). **4**, 357. 1895. C. R. Jan. 1898; applications in C. R. Feb. 1898.
Moissan, Le Four Electrique. Paris 1898.
Töpler, Druckwage. Wied. Ann. **56**, 609. 1895. **57**, 311. 1896.
Quincke, Ein akustisches Thermometer für hohe und tiefe Temperatur. Wied. Ann. **63**, 66. 1897.
Scheel, K., Über Fernthermometer. Verlag von C. Marhold, Halle, 1898. 48.
Heitmann, Über einen neuen Temperatur-Fernmeßapparat von Hartmann und Braun. E. T. Z. **19**, 355. 1898.
Chree, Recent work in thermometry. Nature. **58**, 304. 1898.
Lémeray, On a relation between the dilation and the fusing points of simple metals. C. R. **131**, 1291. 1900.
Holborn und Austin, Zerstäubung von Pt-Metallen in verschiedenen Gasen. Phil. Mag. (6). **7**, 388. 1904. Wissenschaftl. Abh. d. Phys.-Techn. Reichsanstalt.
Stewart, (dasselbe). Phil. Mag. (5). **48**, 481. 1899.
Hagen und Rubens, On some relations between optical and electrical properties of metals. Phil. Mag. (6). **7**, 157. 1904. (Vgl. auch Berl. Berichte.)
Kahlbaum, Über die Destillation der Metalle. Phys. Zeitschr. 1900. 32.
Kahlbaum, Roth, und Seidler, Ibid. Zeitschr. f. anorg. Chem. **29**, 177. 1902.
Glaser, Latent and sp. hts. of metals. Métallurgie. **1**, 103, 121. 1904.
Richards, Metallurgical calculations.
Scudder, Liquid baths for melting-point determinations. Chem. News. **88**, 104. 1903.
Guertler, Entglasungs Temperaturen. Zeitschr. f. anorg. Chem. **40**, 268. 1904.

Kraft und Bergfeld, Lowest evaporation temperatures of metals in vacuo. Chem. Ber. **38**, 254. 1905.
Kraft, Metalle im Vakuum siedend. Chem. Ber. **38**, 262. 1905.
Wiebe, Schmelzpunkte und Ausdehnung. Verhandl. d. Phys. Ges. **8**, 91. 1906.
Richards, J. W., Latent Heat of Vaporization, Metals etc. Am. Electroch. Soc. Trans. **13**, 447. 1908.
Mason, F. C., Magnetic Pyrometer. Am. Machinist. **33**, 875.
Pawlow, Schmelzen und Oberflächenspannung. Zeitschr. f. Phys. Chem. **65**, 1. 1908.
Hot-blast pyrometers. Roberts-Austens Metallurgy. Journ. Iron and Steel Inst., 1884. 195, 240; 1885. 235; 1886. 207. **2**, 110. 1888. Proc. Inst. M. E. 1852. 53. Journ. Soc. Chem. Ind. 1885. 40; 1897. 16.
Wiborgh, Industrial Air Pyrometer. Journ. Ir. and St. Inst. **2**, 110. 1888.
Callendar, Industrial Air Pyrometer. Proc. Roy. Soc. **50**, 247. 1892.
— Measurement of extreme temperatures. Nature. **59**, 495 and 519—a review of various pyrometric methods.
Siebert, Quarz-Thermometer. Zeitschr. f. Elektrochem. Halle. **10**, 26.
Mahlke, Über einen Apparat zum Vergleich von Thermometern zwischen 250° und 600° C. Zeitschr. f. Instrumentenk. **14**, 73. 1894.
Kraft, F., Evaporation and boilling of metals in quartz in electric furnace. Ber. d. Deutsch. Chem. Ges. **36**, 1690. 1903.

Chemische Bestimmung von Temperaturen.

Haber und Richardt, Das Wassergasgleichgewicht in der Bunsenflamme und die chemische Bestimmung hoher Temperaturen. Zeitschr. f. anorg. Chem. **38**, 5. 1904.
Zenghelis, Chemische Reaktionen bei sehr hohen Temperaturen. Zeitschr. f. Phys. Chem. **46**, 287. 1903.
Nernst, Über die Bestimmung hoher Temperaturen. Phys. Zeitschr. **4**, 733. 1903.

Thermochemische Daten.

Haber, Technische Gasreaktionen 1908.
Nernst, $Q = RT^2 (d \log K/dT)$. Phys. Zeitschr. **4**, 733. 1903.
Haber und Mitarbeiter, Die Vorgänge bei der Gasverbrennung. Zeitschr. f. Phys. Chem. **68**, 726; **69**, 337. 1909; **71**, 29. 1910.
Zenghelis, Zeitschr. f. Phys. Chem. **46**, 287. 1903.
v. Wartenberg, Zusammenfassung. Fortschr. d. Chem. **2**, 205. 1910.
Jüptner, V., Energiebeziehungen. Zeitschr. f. anorg. Chem. **42**, 235. 1904.
v. Wartenberg, Verhandl. d. Phys. Ges. **8**, 97. 1906.
Nernst und v. Wartenberg, H_2O und CO_2-Dissoziation. Zeitschr. f. Phys. Chem. **56**, 513, 534, 548. 1906.
Tucker and Lampen, Carborundum Formation Temperatures. Journ. Am. Chem. Soc. **28**, 853. 1906.
Hutton and Petavel, High-temperature Electrochemistry. (References.) Electrician **50**, 308, 349. 1902. Phil. Trans. **207**, 421. 1908.

Glühlampen-Temperaturen.

Le Chatelier, Journ. de Phys. (6). **1**, 203. 1892.
Lummer und Pringsheim, Verh. d. Deutsch. Phys. Ges. **1**, 23, 215. 1899.
Janet, C. R. **123**, 690. 1896; **123**, 734. 1898.
Pirani, Verh. d. Phys. Ges. **12**, 301. 1910.
Féry and Chéneveau, C. R. **149**, 777. 1909. Journ. de Phys. **9**, 397. 1910.

Waidner and Burgess, Bull. Bureau Standards. **2**, 319. 1907. Elec. Wld. **48**, 915. 1906.
Henning, Zeitschr. f. Instrumentenk. **30**, 61. 1910.
Grau, Elektrotechn. u. Maschinenb. **25**, 295. 1907.
Coblentz, Bull. Bureau Standards. **5**, 339. 1908.
Morris, Stroud and Ellis, Electrician. **59**, 584, 624. 1907.
Jolley, Electrician. **63**, 700, 755. 1909.

Temperatur von Flammen.

Kurlbaum, Phys. Zeitschr. **3**, 187. 1902.
Lummer und Pringsheim, Phys. Zeitschr. **3**, 233. 1902.
Stewart, E. W., Phys. Rev. 1902, 1903.
Féry, C. R. **137**, 909. 1903.
Haber und Richardt, Zeitschr. f. anorg. Chem. **38**, 5. 1904.
Haber und Hodsman, Zeitschr. f. Phys. Chem. **67**, 343. 1909.
Becker, Ann. d. Phys. 28, 1017. 1909.
Allner, Journ. f. Gasbeleucht. **48**, 1035, 1057, 1081, 1107. 1905.
Amerio, Accad. Sc. Torino. **41**, 290. 1905.
Ladenburg, Phys. Zeitschr. **7**, 697. 1906.
Schmidt, Verh. d. Phys. Ges. **11**, 87. 1909.
Shea, Bunsen with Thermocouples. Phys. Rev. **30**, 397. 1910.
Bauer, E., Le Radium. Déc. 6. 1909. C. R. **147**, 1397. 1908. C. R. **148**, 908, 1756. 1909.

Sonnen- und Stern-Temperaturen.

(Siehe auch Strahlungs-Pyrometer.)

Abbot, The Sun. 1911. Astrophys. Journ. **34**, 197. 1911.
Pringsheim, Physik der Sonne. 1910.
Goldhammer, Ann. d. Phys. **25**, 905. 1908.
Millochau, C. R. **148**, 780. 1909. Journ. de Phys. 8, 347. 1909.
Wilsing und Scheiner, Pub. Astrophys. Obs. Potsdam. Nr. 56. **19**. Astrophys. Journ. **32**, 130. 1910.
Abbot and Fowle, Pub. Astrophys. Obs. Smithsonian Institution. **2**. 1908. Astrophys. Journ. **29**, 281. 1909.
Nordmann, C. R. **149**, 557, 662, 1038. 1909; **150**, 448, 669. 1910. Bull. Astron. Apr. 1909. 170.
Kurlbaum, Sitzungsber. d. Berl. Akad. **25**, 541. 1911.

Laboratoriumsöfen.

Kalähne, A., Über elektrische Widerstandsöfen. Ann. d. Phys. **11**, 257. 1903.
Haagen, E., Öfen mit Platintolöe. Zeitschr. f. Elektrochem. 509. 1902.
Heraeus, W. C., Elektrischer Laboratoriumsofen. Zeitschr. f. Elektrochem. 1902. 201. Electrician **49**, 519; **50**, 173. 1902.
Norton, C. L., Laboratory electric furnaces. Elec. World and Eng. **36**, 951. 1900.
Fitzgerald, F. A. J., Principles of resistance furnaces. Trans. Am. Elec. Chem. Soc. **4**, 9. Elec. chem. Industr. **2**, 242. 1904.
Berthelot, D., Ann. de Phys. et Chim. **26**, 58. 1902.
Holborn und Day, Ann. d. Phys. **2**, 505. 1900.
Dölter, Elektrische Öfen für Schmelzpunkte. Zentralbl. f. Min. 1902. 426.
Day und Allen, Phys. Rev. **19**, 177. 1904.
King, Carbon vacuum tube. Astrophys. Journ. **28**, 300. 1908.
Tucker, Tube furnace. Tr. Am. Electroch. Soc. **11**, 303. 1907.
Lampen, Journ. Am. Ch. Soc. **28**, 846.

Stansfield, The Electric Furnace (McGraw-Hill Co.).
Moisan, H., Le Four Electrique.
Wright, J., Electric Furnaces and Their Application. (Henley Pub. Co.)
Hutton and Petavel, Inst. Elec. Eng. (Manchester Sec.) Nov. 25. 1902. Journ. of **32**, 227. 1903.
Hutton and Patterson, Electroch. and Met. Ind. 1905. 455. Trans. Faraday Soc. **1**, 187.
Hutton, Electrician. **58**, 579. 1907.
Howe, Electric muffle. Proc. Am. Soc. Test. Materials. **6**, 202. 1906.
Friedrich, Gas metallographic furnace. Metallurgie **3**, 206. 1906.
— Electric furnaces. Metallurgie **4**, 778. 1907. Journ. Am. Ch. Soc. **28**, 921. 1906.
Arsem, Vacuum Furnace. Journ. Am. Chem. Soc. **28**, 921. 1906. Trans. Am. Electroch. Soc. **9**, 153. 1906. Journ. Eng. Chem. Jan. 1910.
Ruff, Vakuumofen. Chem. Ber. **43**, 1564. 1910.
v. Wartenberg, Wolframofen. Zeitschr. f. Elektr. Chem. **15**, 876. 1909.
Heraeus, Iridiumofen. Zeitschr. f. angew. Chem. **18**, 49. 1905.
Mit Kryptol, Zeitschr. f. angew. Chem. **18**, 239. 1905. Metallurgie **4**, 617. 778. 1907; **5**, 186, 638. 1908.
Müller, Vakuumofen. Metallurgie. **6**, 145. 1909.
Oberhoffer, Vakuumofen. Metallurgie. **4**, 427. 1907.
Sabersky-Adler, Electric hardening furnace. Trans. Faraday Soc. **5**, 15. 1909.
Harker, Solid Electrolyte Tube. Proc. Roy. Soc. **76**, 235. 1905.

Thermostaten und Ofenregulierung.

Darwin, H., Electric Thermostat. Electrician. **52**, 256. Astrophys. Journ. **20**, 347. 1904.
Morris, Ellis and Stroud, Automatic Rheostat Control. Electrician (Lond.) **61**, 400. 1908.
Sodeau, Regulators. Soc. Chem. Ind. Journ. **23**, 1134. 1904.
Plato, Mechanisch-automatischer Rheostat. Zeitschr. f. Phys. Chem. **55**, 721. 1906.
Portevin, Continuous water rheostat. Rev. de Métallurgie. **5**, 295. 1908.
Kolowrat, Electro-optical regulator. Journ. de Phys. **8**, 495. 1909.
Bodenstein, Thermostaten. Faraday Soc. May 23. 1911.

Metallographische Praxis.

Frankenheim, Abkühlungskurven. Pogg. Ann. **39**, 376. 1836.
Plato, Abkühlungskurven. Zeitschr. f. Phys. Chem. **55**, 721. 1906; **58**, 350. 1908; **63**, 447.
Osmond, Cooling Curves. C. R. **103**, 743, 1112. 1886; **104**, 985. 1887. Annales des Mines. **14**, 1. 1888.
Wüst, Abkühlungskurven. Metallurgie. **3**, 1. 1906.
Tammann, Thermische Analyse. Zeitschr. f. anorg. Chem. **37**, 303. 1903; **45**, 24. 1905; **47**, 289. 1905.
Portevin, Thermische Analyse. Rev. de Métallurgie. **4**, 979. 1907; **5**, 295. 1908.
Dejean, Abkühlungskurven. Rev. de Métallurgie. **2**, 701. 1905; **3**, 149. 1906.
Le Chatelier, Microscopic Methods. Rev. de Métallurgie. **3**, 359. 1906.
Robin, Hardness of Steels at High Temperatures. Rev. de Métallurgie. **5**, 893. 1908.
Rosenhain, W., Observations on Recalescence Curves. Phys. Soc. Lond. **21**, 180. 1908. Proc. Inst. of Metals.
Burgess, G. K., On Methods of Obtaining Cooling Curves. Electroch. and Met. Ind. **6**, 366, 403. 1908. Bull. Bureau Standards. **5**, 199. 1908.
Guertler, Treatise on Métallographie. 1909.

Oberhoffer, Metallographic Examination in Vacuo at High Temperatures. Metallurgie. **6**, 554. 1909.
Heyn, Progress from 1906 to 1909. Rev. de Métallurgie. **7**, 34. 1910. (Mit Literaturübersicht.)
Ruer, Treatise on Metallography. 1907.,
Shepherd, Thermometric Analysis of Solid Phases. Journ. Phys. Chem. **8**, 92. 1904.
Desch, Metallography. 1910. (Longman.)
Guillet, Traitements Thermiques. 1909. (Dunod.)
Cavalier, Alliages Métalliques. 1909.
Carpenter and Keeling, Steels. Journ. Iron and Steel Inst. 1904. 224.

Spezifische Wärme.

Eisen:

Oberhoffer, P., Metallurgie. **4**, 447, 486. 1907.
Weiss and Beck, Journ. d. Phys. **7**, 255. 1908.
Harker, Phil. Mag. **10**, 430. 1905.

Eisen und Nickel:

Lecher, Verh. d. Phys. Ges. **9**, 647. 1907.

Kohle:

Kunz, Ann. d. Phys. **14**, 309. 1904.

Gase:

Pier, Zeitschr. f. Elektrochem. **15**, 536. 1909.
Holborn und Austin, Berl. Sitzungsber. **5**, 175. 1905.
Holborn und Henning, Ann. d. Phys. **23**, 809. 1907.

Metalle:

Stücker, Wien. Sitzungsber. **114**, 657. 1905.
Tilden, Phil. Trans. **194**, 233. 1900; **201**, 37. 1903.

Wasserdampf:

Holborn und Henning, Ann. d. Phys. **18**, 739. 1905.

Eisen-Kohle:

Oberhoffer und Meuthen, Metallurgie. **5**, 173. 1908.
Byström, Fortschritte d. Phys. **16**, 369. 1860.

Silikate und Pt:

White, Am. Journ. Sc. **28**, 334. 1909.

Platin:

Plato, Zeitschr. f. Phys. Chem. **55**, 736. 1906.
Violle, C. R. **85**, 543. 1877.

Kupfer:

Naccari, Atti di Torino. **23**, 107. 1887.
Richards and Frazier, Chem. News. **68**, 1893.
Le Verrier, C. R. **114**, 907. 1892.

Ferromagnetische Substanzen:

Dumas, Arch. Sc. Phys. Nat. **29**, 352, 458. 1910.

NH_3 und chemisches Gleichgewicht:

Nernst, Zeitschr. f. Elektr. Chem. **16**, 96. 1910.

Sach- und Namenregister.